謹以此書
獻給地球村的每一位村民。

I dedicate the book to each and
every member of the global village.

我們要學會更好地餵養自己，
從而減少疾病使生命更加健康長壽。

We must learn to feed ourselves better,
so as to lessen diseases and make life healthier and longer.

我們要學會全面地認知和解決食事問題，
從而使社會更和諧、文明更多彩、種群可持續。

We must learn to comprehend and solve food issues more holistically,
so as to make society more harmonious, our civilization more enriched,
and our species more sustainable.

食學與聯合國 17 項可持續發展目標中的 12 項目標高度相關。食學是解決當今人類食問題的公共產品。

——聯合國前副祕書長 吳紅波

12 of the 17 Sustainable Development Goals adopted by the United Nations are intimately linked to food-related issues. Shiology discipline system is a public product for solving human's food-related problems.

Wu Hongbo,

Former Under-Secretary-General of the United Nations

食問題是威脅人類可持續發展的首要問題，要探索整體治理。食學就是開啟整體解決人類食問題之門的一把金鑰匙。

——聯合國糧食及農業組織第八任總幹事

若澤・格拉齊亞諾・達席爾瓦

Food issues are ones of supreme proportions threatening sustainable development of human beings and call for global governance. Shiology is a golden key to solving human food problems.

José Graziano da Silva,

The 8th Director-General of the Food and Agriculture Organization of the United Nations

當今世界忽視了對大眾的食教育，食學提出食者與食業者的雙元教育結構，構建了人類食教育的整體體系。

──聯合國教科文組織第八任總幹事 松浦晃一郎

In today's world, food education for the general public has been regrettably scarce. By proposing a dual structure of education with content designed for food consumers and for food producers respectively, Shiology has managed to have an integrated system of food education established for humans.

Koichiro Matsuura,

The 8th Director-General of UNESCO of the United Nations

食學是全球範圍內首次對人類與食物之間存在的各種關係的系統研究，為反思和改變人類不當的食行為提供了理論武器。

──歐洲食品安全局管理委員會第二主席 派翠克・沃爾

Shiology is the world's first systematic study of various relationships between humans and food and provides a theoretical weapon for reflecting on and changing humans' improper eating behaviors.

Patrick Wall,

Former founder member of management board, and the second Chairperson, of the European Food Safety Authority

食學

SHIOLOGY

劉廣偉
LIU GUANG WEI

化解全球爭端　優先解決食問題

早期因為是農業社會，生活並不富裕，所以見面時總是禮貌地問候：「吃飽飯了沒有？」從吃飽到吃好，我們這一代人見證了整個社會經濟發展過程。隨著科技進步，食物供應鏈讓人們一年四季想吃什麼就吃什麼。然而從食材、食物到食品，人們對吃這件事愈來愈馬虎，日積月累導致腸胃癌症發生率飆升，嚴重影響國人健康與身體素質。

劉廣偉先生是一位奇人，他寫這本書和他的親身經歷息息相關。他下鄉做過農民，學過食材怎麼種植與養殖；進城學藝當廚師，學過食物如何烹飪與發酵；接著做食事相關媒體、社團及教育等等，他的一生都在和食事打交道。人們常說「民以食為天」，這個「天字號」問題到底有多大？很少有人追問。劉廣偉先生40年如一日，全憑一己之力，著眼77億人的食事利益，構建起一個3-13-36的食學知識體系，覆蓋人類所有的食事問題。劉廣偉先生認為，我們以往把這個「天字號」的問題看窄了、看小了、看少了。

與作者深交，也是因為彼此對《食學》有共同理念而結緣。我從事食品與餐飲行業40幾年，發現人們對吃缺乏整體認知。食物系統（Food System）是一個客觀存在，食學（Shiology）是認知這個客觀存在的知識體系，是全面解決人類食事問題的交叉科學。因此，當我看到《食學》一書時，困擾多年的食事系統性問題似乎出現一絲曙光！

2020年新冠肺炎疫情蔓延全球，世界經濟按下了暫停鍵。反思人類在地球已有7000年文明歷史，如今上天入地無所不能，卻仍有8億人吃不飽飯，20億人有過食病。區域因食物浪費、短缺所引起的衝突加劇，聯合國公布的17個可持續發展目標當中，有12個與食問題相關。劉廣偉先生108萬字的《食事問題概論》，從現象、原因、危害、治理等維度，總結分析了當今人類面臨的302個問題。

劉廣偉先生桃李滿天下，他從實踐中總結出理論基礎，以文化弘揚食學，以教育培養人才，創辦了《烹飪藝術家》月刊雜誌。他主張「作廚如行醫、烹鮮若治國」。他認

為中餐有 34 個菜系、110 個流派。他提出烹飪是「五覺審美」的藝術。2021 年一場拜師儀式中，底下有許多董字輩、總字輩企業界學生，均來自大陸知名餐飲品牌。

這本教科書級巨作適用於各界人士研讀，尤其與食品、餐飲相關的產官學者，值得深入了解並探討其論點；相信大學圖書館、餐飲科系、書局和媒體朋友等多予關注，能讓更多讀者從中受益。

化解全球爭端，優先解決吃的問題，全面解決吃的問題；這也是大成集團長期以來所認同的理念與朝向目標，是以為推薦。

大成集團副董事長／韓家宸

前言

二版前言

　　人類文明面臨新的挑戰。突如其來的新冠疫情，輕而易舉地打亂了人類的生存秩序。它感染了 200 多個國家和地區，讓數十億人安靜地宅在家中，它給經濟按下了暫停鍵，它為教育搖響了休課鈴。有人說，它的破壞力遠超兩次世界大戰。其實，這是一場「生態之戰」。世界大戰是人類內部的衝突，「生態之戰」是人類與外部的衝突。世界大戰威脅的是族群生存，「生態之戰」威脅的是種群生存。

　　敢問「生態之戰」的交戰雙方，是誰率先挑起衝突？我們不得不承認，是人類。人類的不當行為，是誘發「生態之戰」的重要因素，是威脅人類可持續發展的首要因素。面對這場「生態之戰」，讓我們再次反思人類生存之根本選項：是任性而為，及時行樂，耗盡資源？還是有所不為，顧及子孫，持續發展？我認為，今天的人類文明需要變軌，變軌的核心是矯正不當行為。其中，矯正不當食事行為迫在眉睫。食事行為與食事問題是因果關係，食事問題是人類社會問題的根問題。食事問題不僅可以誘發世界大戰，也可以誘發「生態之戰」。食事問題一直伴隨著人類，從未讓人類徹底安寧。老的食事問題還沒有解決好，新的食事問題又出現了。食事問題不能全面解決，可持續發展就不能實現。

　　《食學》是一個解決食事問題的整體理論體系，主張對人類食事的全面認知、對食事行為的即時矯正、對食事問題的徹底解決，從而減少疾病使個體更健康、減少社會衝突使社會更和諧、減少生態衝突使種群可持續。自 2018 年 11 月《食學》出版以來，得到了社會的廣泛關注，很是令人欣慰，讓我感到不再孤單。

　　2019 年 6 月，G20 首腦峰會在日本召開，峰會的唯一指定後援活動第三屆世界食學論壇，得到了聯合國糧農組織和日本國外務省的大力支持。聯合國前副祕書長吳紅波擔任論壇主席，聯合國教科文組織前總幹事松浦晃一郎撥冗出席，聯合國糧農組織總幹事若澤・格拉齊亞諾・達席爾瓦（José Graziano da Silva）視頻發言，中國前外交部長李

肇星、日本國前外長高村正彥蒞臨會議。來自 20 國集團的食事專家一致通過了《淡路島宣言》，對食學體系給予了高度評價：「食學科學體系是解決人類食事問題的公共產品。食學科學體系，跳出了現代學科體系認知的局限，首次將食物生產、食物利用、食為秩序納為一個整體。食學學科體系是人類認識食事問題、解決食事問題的一把金鑰匙。」

2019 年 12 月，聯合國「數位合作時代發展中國家政策和決策專家會議」在紐約聯合國總部召開，我提出了「食事 SEB 秩序」方案。這個以食學為理論支撐的整體解決人類食事問題的方案，得到了聯合國劉振民副祕書長以及與會專家的高度重視。在原定會議的框架外，又組織召開了一次「食事 SEB 秩序」專題會議。聯合國公共機構和數位政府司、可持續發展目標司的官員參加了會議，對「食事 SEB 秩序」提案給予了充分肯定，並擬於 2020 年在聯合國總部對「食事 SEB 秩序」提案進行第三次專題研討。

這次新冠肺炎疫情（COVID-19）給了我更多的研究時間。構建人類食事認知整體體系，就如同在編織一張巨大的「網」，要把所有的食事認知連接在這張網上。既要整體綱目有序，又不能漏掉任何一個；既要解開纏繞在一起的疙瘩，還要織補漏洞的空白。本次第二版的訂修內容，主要包括以下六個方面。

第一，完善了食學科學體系的內容。從原來的 3-32 的三級體系，升級為 1-3-13-36-191 的五級體系。確定了人類食事的 13 個基本範式，並將其定為三級學科。將第一版的三級學科調整為四級學科，並增加了 4 門新學科，成為 36 個四級學科。確定了新增學科的名稱、定義、任務、體系及面對的問題，對五級學科定位與任務進行了初步梳理。

第二，增加了第五部「食事文明」。重點闡述了食事與文明、食事問題與文明的關係，論述了食事問題的分布與現狀，分析了食事問題的根源，提出了食事問題應對的五個階段。全面梳理了人類錯綜複雜的食事問題，構建了 A、B 兩組「食事問題體系」，為全面解決食事問題提供了靶向。從原始文明、農業文明、工業文明的人類發展歷史進程的視野，提出了「食業文明時代」的理論，論述了食業文明時代的六個特徵。

第三，增加了「食事數控學」。數位控制是一種工具，與傳統工具相比，它不僅可以提高食物生產環節的效率，還可以提高食物利用、食事秩序等環節的效率。它內在的強制性特徵，可以彌補無世界性政體而帶來的全球管理空白，使整體矯正人類不當食事行為、構建人類食事新秩序成為可能。數位控制是提高人類食事效率的第四次飛躍，是未來的大趨勢，是全面、徹底解決食事問題的有效方式。食事效率的整體提高，是人類文明進步的重要標誌。

第四，釐清了「吃學」體系的構成。吃學，是餵養自己的學問，是食學 13 門三級學科之一，是食學科學體系的核心，食學所有學科都是圍繞著它的存在而存在。吃學體系由吃方法學、吃美學、吃病學、吃療學等構成。確定了吃學、吃事、吃物等相關概念。與此同時，將《錶盤膳食指南》升級並更名為《錶盤吃法指南》，為每一位地球村民提供一個簡單易行的吃事工具，從而吃出健康、吃出快樂、吃出長壽。

　　第五，增加了編碼系統。為了推動食學體系的規範化建設，方便今後的分類與檢索，對食學的各門學科和食事的各種問題進行了編碼。食學學科編碼由 2 個字母和 6 位數字組成，例如：食物馴化學〔SS113000〕、食學教育學〔SS132100〕、過食病學〔SS123304〕，等等。食事問題編碼由 3 個字母和 6 位數字組成，例如：食事制約類問題〔SIb131000〕、食物捕撈的過度問題〔SIb112301〕、合成物的副作用問題〔SIb114202〕，等等。

　　第六，對某些學科的名稱做了調整，對一些學科的內容進行訂正和增補，完善了食學的定律與法則，增加了若干表格和圖片，增加了示意圖、插圖和表格的 3 個索引，增加了《淡路島宣言》《食事 SEB 秩序》2 個附錄（編按：繁體版移至第 20 ～ 29 頁）。

　　本次第二版的修訂，是在最新研究成果和讀者意見回饋的基礎上進行的，使食事認知這張大「網」更有模有樣了。但是還有很多問題，還沒有完全織好，還需要不斷地細化「網眼」。歡迎讀者朋友批評指正（郵箱：01@eatology.org）。

劉广偉

2020 年 4 月 10 日於中國北京

一版前言

　　食學，作為 21 世紀的學科，是一個全新的知識體系，是人類所有食事認知的總合。在此之前，沒有一門學科能夠涵蓋人類的全部食事認知。食學，跳出了現代學科體系的局限，首次從食物生產、食物利用、食為秩序三個方面，將人類的食事認知歸納為一個整體體系，從而終結了人類食事認知「盲人摸象」的歷史，將推動食事管理「頭疼醫頭，腳疼醫腳」低效範式的變革。食學，是站在一個更高的視角，來觀察人與食物、人類與食物母體系統、食事與世界秩序之間的客觀現實，並發現其中的運行規律。食學，是解決人類大大小小的食事問題和食因問題的一把金鑰匙。

　　今天，人們對「食學」還很陌生，對它的邏輯結構、研究範疇、存在價值，還有許多誤解。常常有人問我，食學是食品學還是食文化學？食學和農學、醫學是什麼關係？我的回答是：食學是一個更大範圍的知識體系。例如，農學只是食物生產的一個方面，食品科學是食物生產的另一個方面；又如，現代醫學中的營養學只是食物利用的一個方面，傳統醫學中的食療學是食物利用的另一個方面；再如，食文化學只是食為秩序的一個方面，食經濟學是食為秩序的另一個方面，如此等等。它們都是人類食事認知的局部，不是食事認知的全部。食學，不僅包含了它們，而且包含了所有與食事相關的認知。食學，不僅釐清了它們之間的內在關係，而且找到了它們自身的本質特徵，同時填補了所有空白。也可以這樣理解：食學是從「食事」的角度對農學的擴充與更名，是一個更大的體系。食學，是對人類所有食事認知的整體概括，其整體價值大於部分之和。

　　為使讀者容易瞭解食學內容，本書特別注重三點：一是關於食學學科的基本概念的確定。一門新的學科，必然針對許多新事象，需要用新的概念來表達，或者是借用傳統概念給予重新定義。正確把握這些概念的內涵和外延，是學習食學的前提；二是關於食學學科的確立與定位。主要是從定義、任務和面對的問題三個方面展開闡述，並解讀食學與其他學科之間的關係，以期讓讀者能夠看清、看透食學的輪廓與價值；三是關於食

學學科的體系構建。主要闡述三角結構和三級學科的設置原則與價值，同時對四級學科的分類也進行了初步的探索。我希望通過上述討論，能夠使讀者更好地瞭解食學、學習食學、利用食學。食學不是一個束之高閣的理論，是關係到世界上每一個人健康與長壽的學科，是關係到我們子孫後代幸福生活的學科。食學改變你我，食學改變世界。

本書由五大部組成，第一部為總論，闡述了食學確立的基礎理論；第二部為食物生產學，從食物之源、食物野獲、食物馴化、食物合成、食物加工、食物流轉、食為用具7個範式確立了16門三級學科；第三部為食物利用學，從食物成分、食者體質、食物攝入3個範式確立了9門三級學科；第四部為食為秩序學，從食為控制、食為教化、食為記錄3個範式確立了7門三級學科。總共32門三級學科，由此形成了3-32的食學學科體系，確定了各級學科的名稱、定義、任務、體系及面對的問題。這32門三級學科的構建，可分為釐清、確立、扶正、補白四個類型。

一是釐清，是對現代科學體系中的食相關學科，從原理的角度釐清學科名目。具體是：（1）把「農學」從食物馴化的本質釐清為食物種植學、食物養殖學、食物菌殖學，其中食物菌殖學是新命名；（2）把「食品科學」從食物加工原理的角度釐清為食物碎解學、食物烹飪學、食物發酵學，其中食物碎解學是新命名。（3）把現代醫學中的與食物和食者相關體系釐清並重新命名為食物元素學、食物合成學、食者體構學、合成食物療疾學。

二是確立，是對當代實踐中存在的模糊、邊緣的食事認知體系給予了學科確立。具體是：（1）從食物的來源領域確立並命名了食物母體學；（2）從「天然食物」獲取方式的角度確立了食物採摘學、食物狩獵學、食物採集學和食物捕撈學；（3）從食物生產的流通領域，確立了食物貯藏學、食物運輸學、食物包裝學；（4）從食行為的器具領域，確立並命名了食為工具學。

三是扶正，是把一直被排除在現代學科體系之外，有著千年歷史的食事認知體系，首次界定了它應有的學科位置。具體是：把傳統醫學中與食相關的內容，界定並命名為食物性格學、食者體性學、偏性食物療疾學等。

四是補白，是在人類食事認知的空白領域創立新的學科。具體是：（1）在食物利用領域創立了進食學、進食審美學；（2）創建了食為秩序學的整體體系，包括食為經濟學、食事法律學、食為行政學、食學教育學、食為習俗學等。

本書提出的「食界三角」「食學三角」「食學3-32體系」，首次把人類海量、碎片化的食事認知整合在一起，構建出一個整體體系，宣導從32個方面去認知和解決人類的食事問題；本書提出的「進食座標」「5步進食環」「食學膳食羅盤」「錶盤膳食

指南」，旨在用形象生動的方式解讀食者、食物、食法、食廢及食後徵之間的動態關係，為人類找到健康長壽的科學進食方法；本書提出的「AWE 禮儀」，正視人類食物未來的稀缺性，號召世界上沒有食前禮儀族群的每一個人，在每餐前例行 AWE 禮儀，以此敬畏食物、珍惜食物；本書提出的「食物母體」「食權」「食為秩序」「食業文明」，闡述了「人類食事共同體」是「人類命運共同體」理論的底層構件，說明了食權是人權的基礎，提出了構建世界食為新秩序，揭示了食事不僅是文明之源，更是文明的首要內容，並決定著人類文明的未來。食事的優劣，是人類文明進步的試金石。

本書的不足，一是對食學的內在定律、規律研究不夠；二是對部分三級學科內容及體系研究不透；三是對四級以下的學科體系尚未充分展開。全書共計 33 萬字，並配有 250 餘幅圖表和「專業詞彙」「參考資料」，以方便讀者閱讀。由於本人的學識所限，在寫作過程中，難免存在差錯和謬誤，歡迎讀者批評指正（郵箱：01@shiology.org）。

本書可作為高等院校相關專業（農業、食品、旅遊、商貿、醫學、經濟、行政、法律、教育等）的輔助教材，是食學專業的基礎教材，是相關科研院所的學術參考書，是食業（農業、食品業、餐飲業、養生業、醫療業等）工作者的學習參考書，也是廣大民眾膳食養生的指南書。

劉六律

2018 年 11 月 8 日於中國北京

目 錄

〔推薦序〕　化解全球爭端　優先解決食問題／大成集團副董事長 韓家宸　　　8

〔前　言〕　二版前言　　　10

　　　　　　一版前言　　　13

《淡路島宣言》　　　20

《世界健康膳食指南》　　　22

《食事 SEB 秩序》　　　23

第一部　總論

導言　　　36

食學定義　　　42

食學任務　　　59

食學結構　　　66

食學三級學科　　　72

食學四級學科　　　75

食學體系　　　81

食學科學位置　　　93

食學原理　　　99

食學價值　　　117

第二部　食物生產學──從食物源頭到餐桌的認知體系

第1章　食物母體學──對食物源的認知與敬畏　137

1-1　食母保護學　保護食物母體不受破壞　140

1-2　食母修復學　食物母體破壞的應對　145

第2章　食物野獲學──野生食物的獲取　150

2-1　食物採摘學　陸生植物類食物的直接獲取　152

2-2　食物狩獵學　陸生動物類食物的直接獲取　157

2-3　食物捕撈學　水生類食物的直接獲取　162

2-4　食物採集學　礦物類食物的直接獲取　168

第3章　食物馴化學──野生食物繁殖的人工控制　175

3-1　食物種植學　植物類食物的馴化　178

3-2　食物養殖學　動物類食物的馴化　189

3-3　食物菌殖學　菌類食物的馴化　198

第4章　人造食物學──化學方式生產非天然食物　204

4-1　調物合成食物學　調理食物用的人造食物　206

4-2　調體合成食物學　調理身體用的人造食物　211

第5章　食物加工學──增強食物的適用性　216

5-1　食物碎解學　用物理（非熱）方法加工食物　221

5-2　食物烹飪學　用熱方法加工食物　227

5-3　食物發酵學　用菌方法加工食物　240

第6章　食物流轉學──食物的時空管理　246

6-1　食物貯藏學　食物的時間管理與控制　248

6-2　食物運輸學　食物的空間管理與控制　254

6-3　食物包裝學　食物的外衣製作與應用　　　　　　　　　260

第 7 章　食為工具學——提升食事的人工效率　　　　　　265

7-1　食為手工工具學　提高食事人工效率的手工工具　　　268

7-2　食為動力工具學　提高食事人工效率的動力工具　　　272

第三部　食物利用學——食物轉化為肌體的認知體系

第 8 章　食物成分學——雙元認知食物的利用價值　　　　292

8-1　食物元性學　食物性格的認知與利用　　　　　　　　295

8-2　食物元素學　食物元素的認知與利用　　　　　　　　301

第 9 章　食者肌體學——雙元認知肌體的需求特徵　　　　307

9-1　食者體性學　食者體性的認知與適應　　　　　　　　310

9-2　食者體構學　食者結構的認知與適應　　　　　　　　315

第 10 章　吃學——餵養自己的知識體系　　　　　　　　　323

10-1　吃方法學　滿足你的食化系統需求　　　　　　　　327

10-2　吃美學　進食過程中的雙元審美　　　　　　　　　351

10-3　吃病學　吃出來的疾病　　　　　　　　　　　　　361

10-4　偏性物吃療學　利用偏性食物治療疾病　　　　　　374

10-5　合成物吃療學　利用合成食物治療疾病　　　　　　387

第四部　食事秩序學——食物生產與利用的衝突管理體系

第 11 章　食事制約學——矯正不當食事行為　　　　　　　404

11-1　食事經濟學　食物資源的高效利用　　　　　　　　406

11-2　食事法律學　食事行為的規定與約束　　　　　　　420

11-3　食事行政學　食事效率的政體管理　　　　　　　　427

11-4　食事數控學　用數位技術提高食事效率　　　　　　446

第 12 章　**食為教化學──傳承正確的食事行為**　　　　　454

12-1　食學教育學　食學的普及與傳播　　　　　　　　　456

12-2　食為習俗學　食俗的弘揚與摒棄　　　　　　　　　475

第 13 章　**食事歷史學──回顧過往食事以矯正當今食為**　485

13-1　野獲食史學　依靠野生食物的生存方式　　　　　　491

13-2　馴化食史學　食物供給穩定的生存方式　　　　　　495

第五部　食事文明

食事與文明　　　　　　　　　　　　　　　　　　　　503

食事問題　　　　　　　　　　　　　　　　　　　　　507

食事問題分布　　　　　　　　　　　　　　　　　　　520

食事問題應對　　　　　　　　　　　　　　　　　　　525

食事互聯網　　　　　　　　　　　　　　　　　　　　531

食業文明時代　　　　　　　　　　　　　　　　　　　540

附錄一　**食學詞表**

專業詞彙表　546／食學科學體系表（見書末拉頁1）／

食事問題體系表（見書末拉頁2）

附錄二　**索引**

示意圖索引　569／插圖索引　571／表格索引　572

附錄三　**參考書目**／574

《淡路島宣言》

第三屆世界食學論壇於 2019 年 6 月 24 日至 26 日在日本兵庫縣淡路島舉行。淡路島四面環海、風景明媚，在溫暖的氣候下，孕育各種農作物，是食材的寶庫。在日本的歷史中，有「御食國」之稱，今天依然是日本無人不知的食材聖地。

我們追溯人類與食物關係的起源，討論 77 億人如何通過合理飲食實現健康與長壽。本屆論壇的主題是「SDGs 與食物問題」。本屆論壇是 2019 大阪 G20 峰會指定的後援活動，在聯合國糧農組織和日本外務省的支持下，來自二十國集團成員的食物領域專家學者就食事問題進行了廣泛深入的研討。

一、形成了 4 大食事共識

1. 食事問題的有效解決是人類可持續發展的前提。2015 年 9 月，聯合國通過了《2030 年可持續發展議程》，提出了 17 項可持續發展目標（SDGs），有 12 項與食事問題高度相關。食事，不僅是文明的起源，更決定著文明的當下和未來。

2. 人類社會存在九大食事問題。回望人類 7000 年的文明史，食事問題一直困擾著我們，老問題沒有得到有效解決，新問題又在不斷湧現。它們是（1）食物數量問題、（2）食物品質問題、（3）食物可持續問題、（4）食用方法問題、（5）食者食病問題、（6）食者壽期問題、（7）食物浪費問題、（8）食者數量問題、（9）食者食權問題。

3. 食學學科體系是解決人類食事問題的公共產品。食學學科體系，跳出了現代學科體系認知的局限，首次將食物生產、食物利用、食為秩序納為一個整體。食學學科體系是人類認識食事問題、解決食事問題的一把金鑰匙。

4. 食在醫前，人類健康要從上游抓起。從健康的角度看，食物是藥物的上游，食學是醫學的上游，會吃食物就可以少吃藥物。用食學管理健康屬於上游管理，用醫學管理健康屬於下游管理。健康的上游管理，會提升人類個體的健康與壽期，減少家庭的醫療費用支出，減輕國家的醫保負擔。

我們希望越來越多的國家，將本國所有與食物相關的產業視為一個整體，採取綜合措施，有效解決人類可持續發展問題。

二、推介國際社會使用《世界健康膳食指南》

科學全面的膳食方法，和提高人類壽期關聯緊密。日本國民平均壽命達 84 歲，首先得益於正確的膳食方法。《世界健康膳食指南》（源自 2018 年 11 月出版的《食學》），融合了傳統與現代、東方與西方的膳食方法，從 12 個方面指導膳食，能夠提高每一個人的健康和壽期，同時可以減少醫療費用的支出（見第 22 頁）。

第三屆世界食學論壇致力於聯合國可持續發展目標（SDGs）的落實，本屆論壇是 2019 大阪 G20 峰會的後援活動，積極推動人類食事問題的有效解決，以努力普及食學體系為目的。

第三屆世界食學論壇強調加強與其他國家和地區組織、論壇等機構合作的重要性，鼓勵論壇祕書處與其建立機構層面的聯繫，讚賞祕書處為推動世界食學論壇所做的工作，支持祕書處做好第四屆論壇的準備工作。食學讓人類更加健康長壽，讓我們的地球家園更加美好！

聯合國前副祕書長　吳紅波

聯合國教科文組織前總幹事　松浦晃一郎

聯合國糧農組織常駐日本代表　MbuliCharlesBoliko

食學學科體系奠基人、世界食學論壇創辦者　劉廣偉

第三屆世界食學論壇合辦者　南部靖之

暨第三屆世界食學論壇全體與會者

2019 年 6 月 26 日於日本淡路島

《世界健康膳食指南》

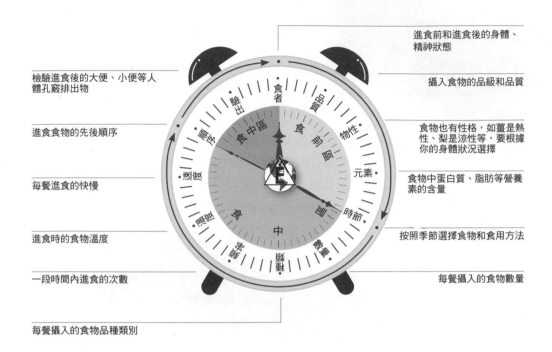

進食前和進食後的身體、精神狀態

檢驗進食後的大便、小便等人體孔竅排出物

攝入食物的品級和品質

進食物的先後順序

食物也有性格，如薑是熱性、梨是涼性等，要根據你的身體狀況選擇

每餐進食的快慢

食物中蛋白質、脂肪等營養素的含量

進食時的食物溫度

按照季節選擇食物和食用方法

一段時間內進食的次數

每餐攝入的食物數量

每餐攝入的食物品種類別

使用說明：

1. 本指南適用於地球村全體村民，不針對某一國民。

2. 本指南比 3 維的國民膳食指南多出 9 個維度，指導您從 12 個維度去吃，吃出健康和人類應有的壽期。

3. 錶盤上的指針標出了三個區，12 點～ 4 點是食前區，4 點～ 10 點是食中區，10 點～ 12 點是食後區。一餐的食後是新一餐的食前，人的進食是一個迴圈的過程。

4. 本指南追求滿足食者的差異性，只指出要關注的方向和幅度，不對這些維度做出群體平均值的量化。因為每一個人都是不一樣的，所以統一的定量指南是不科學的。只有自己最瞭解自己，定量的問題只能由自己掌控。

5. 要想更好地使用本指南，吃出健康長壽，請您開始食學學習，增加食學知識和踐行能力。

《食事 SEB 秩序》

聯合國經濟和社會事務部暨數位合作時代發展中國家政策和決策專家會議：
現將人類食事 SEB 秩序方案報告如下。

一、SEB 背景

　　綜觀當今世界，人類面對的食事問題多如牛毛，既不可能由一國一地區單獨解決，也無法用傳統的方式來解決。在這樣的背景下，數位平臺日益成為全球各行各業共同關注的焦點。為此，我們提出了一個應對人類食事問題的 SEB 方案，以期能夠充分發揮高科技優勢，解決人類可持續發展面臨的最大挑戰。

二、SEB 解析

　　SEB 是「食事 SEB 秩序」的簡稱，是一個以可持續發展目標（SDGs）為任務，以構建食事秩序整體治理體系（Eatology）為理論支撐，以區塊鏈（Blockchain）等數位化科技為技術條件的行動方案，旨在從根本上解決人類現存的食事問題。SEB 三個字母分別是 SDGs（可持續發展目標）、Eatology（食事秩序 3-13-36 整體治理體系）和 Blockchain（區塊鏈）的縮寫（如圖 1）。

圖 1　SEB 構成圖

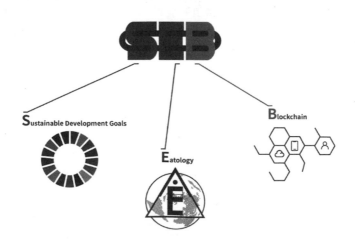

三、SEB 構成

SEB 由任務目標、理論支撐、技術條件三個要件構成。

任務目標。構建 SEB 是為了解決食事問題。回望人類進化、發展的漫長歷史，食事的重要性不言而喻，其影響隨處可見。它不僅是人類健康存活下去的基礎，是一切人類文明的根基，更具有催化、引導甚至左右人類歷史走向的力量。然而，儘管人類社會幾經轉型，食事問題卻始終困擾著我們，沒能得到徹底解決。現在，食事問題已經成為威脅人類生存的世界性難題，構建 SEB，就是要高度重視食事問題，準確理解食事問題，創新思路解決食事問題。同時，構建 SEB 也為了落實可持續發展目標。2015 年 9 月，聯合國可持續發展峰會發布了《變革我們的世界：2030 議程》，制定了 17 項可持續發展目標（SDGs）和 169 項子目標，為未來 15 年全球發展指明了方向。在 17 項可持續發展目標中，食事是貫穿首尾的關鍵主題，至少有 12 項目標與食事相關。因此，唯有解決好食事問題，可持續發展目標才可能真正實現。

理論支撐。要徹底解決這些食事問題，必須將它們歸納為一個整體，以一貫重視的態度加以認知。為此，我們需要構建一個食事秩序的整體治理體系，也就是將人類面臨的各種食事問題歸納為一個整體，給予全方位認知，即「食事秩序 3-13-36 整體治理體系」。它主要分為三個層級，第一個層級包括食物生產、食物利用和食事秩序三方面，第二個層級包括 13 個範式，第三個層級則包括隸屬於上述 13 個範式之下的 36 個學科分支（如圖 2）。3-13-36 整體治理體系將推動人類食事問題從「局部治理」向「整體治理」轉變，從「百年效果」向「千年效果」升級，推動建立更為和諧的全球食事秩序，進而促進實現人類社會的可持續發展。

技術條件。解決威脅人類發展的各種食事問題，單純依靠人腦註定行不通，借助區塊鏈、雲存儲、大資料、人工智慧等數位平臺技術是必由之路（如圖 3）。

互聯網的普及和移動設備在全球的廣泛應用為構建數位平臺掃清了障礙。據統計，2018 年，世界主要經濟體的互聯網及智慧手機成人用戶占比約 70%，其中加拿大、美國、德國、英國、西班牙、以色列、澳洲、韓國等經濟體的國占比超過 85%。截至 2019 年 1 月，全球近 77 億人口中，互聯網用戶已達 43.9 億，目前還在以每秒 11 人的速度增加。預計到 2025 年，5G 網路將覆蓋全球三分之一的人口，移動設備將具備更強大的處理能力，成為更綜合的資訊處理平臺。

人工智慧將資料轉化為知識，再通過智慧演算法，把知識形成決策性判斷，讓機器具備理解和決策能力；雲計算擁有強大的計算能力、存儲能力和通道能力，大數據通過

圖 2 食事秩序 3-13-36 整體治理體系

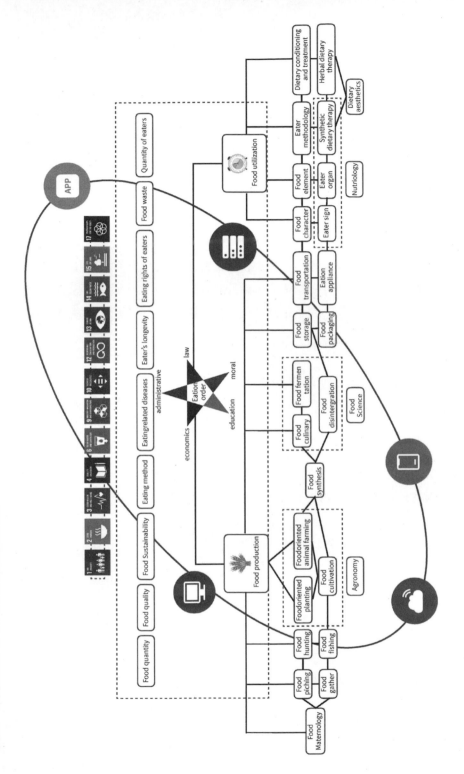

圖 3　SEB 技術條件圖

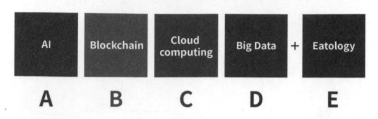

資料疊加產生海量、高增長率、多樣化和具真實性的資訊資產；區塊鏈則表現為一種分散式的資料庫形式，從集中式記帳演進到分散式記帳，從隨意增刪改查到不可篡改，從單方維護到多方維護，從外掛合約到內置合約，構建了全新的信任體系。

四、SEB 架構

　　SEB 既要實現萬物之間的互聯，也要實現萬物與人的互聯。隨著人類社會與物理系統達成互聯互通，沉默的物理系統將獲得語境感知，具備更強大的處理能力和感應能力，人們也將開拓出全新的解決問題的方式和路徑。具體而言，SEB 將要鏈接的主體主要包括個人（食者及食業者）、食物、食事法人、機構和食事應用程式（APP）。同時，SEB 還將衍生出更多的新模式、新業態，為解決食事問題帶來更科學的認知，既規範每一個食者的食行為，也規範每一個食業企業的食行為（如圖 4）。具體說有下述四個連結。

　　連結食者。所有的人都是食物消費者，如前文所述，我們構建 SEB 的根本目標是在滿足食者和食業者基本需求的同時，解決食事問題，推動人類社會可持續發展。為此，我們在食事秩序 3-13-36 整體治理體系的食物利用環節，提出了適用於全球 77.1 億的《錶盤吃法指南》，它最大的特點是從食前、食入、食出 3 個階段，12 個維度全面指導進食，同時突破國籍、性別、年齡等個人屬性的局限。要充分發揮《錶盤吃法指南》的指導作用，需要發動最廣泛的地球村民共同構建雲端膳食資料庫。這些海量的資訊將被匯入互聯網中的資料庫中加以存儲，再經過程式的智慧分類、整理，被編輯成為可供其他食者參考的進食資料庫，久而久之，總結出最適合自己的、科學而合理的進食方法。

　　連結食物。SEB 要連結世界各地每一組食物，平臺在這些食物（或包裝上）會安裝

圖 4　SEB 的 4 個連結

感測器，生成它們自己的 ID，使其可以在 SEB 上確立身分，得到認知，同時可以發送和捕獲各種資料。為此，我們設計了一個由數位和英文字母組成的烹飪產品編碼體系，這個體系包括國別、菜系、流派、門類、綱目、主料、部位、技法、味覺、嗅覺、觸覺、視覺、聽覺、時間、食者、民族和季節 17 個要素，共有 27 位，適用於全世界所有的烹飪產品（如圖 5）。每當廚師烹製好某道菜品時，就會按照這 17 個要素生成一個編碼，編碼將被發布到 SEB 上，產生智慧交互。

圖 5　世界食品編碼系統

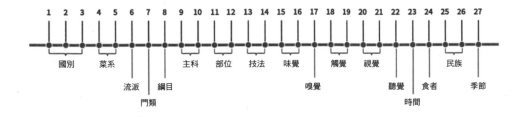

連結食業法人。SEB 還將連結全球各地的食事法人，這其中既包括 3-13-36 體系中36 個領域的企業、事業單位、基金會及社團等，也包括政府機構及非盈利組織等。SEB 數位技術平臺憑藉交易成本低、交易風險低、交易效率高等諸多優勢，將為食業企業開

闢一片有廣闊盈利前景的新天地，幫助他們創造出新的商業價值。事業單位、政府機構將在 SEB 上實現治理理念的創新及治理效果的升級。SEB 還將為基金會和社團組織搭建視野廣泛、公正透明的公益平臺，無論是從事研究活動，還是慈善募集，都將取得事半功倍的效果。

連結食事應用程式（APP）。截至 2019 年第一季度，全球可供下載的 Android 系統應用程式達 260 萬個，iOS 系統應用程式 220 萬個，海量的 APP 已經成為人們的工作和生活不可或缺的組成部分。過去幾年，APP 經濟的興起不僅豐富了人們的互聯網生活，還不知不覺地改變了許多人的生活習慣，外賣、網購、社交、物流、辦公、資訊、視頻……可以說 APP 的影響無處不在。SEB 將連結 3-13-36 體系中食物生產、食物利用、食為秩序三個方面的海量食事 APP，讓原本功能單一的 APP 連結在一起，創造更大能量。

五、SEB 發展

SEB 可以分為兩個發展階段，即解決特定問題階段和多點多級遞進階段。在解決特定問題階段，特定區域的食者、食業者、食物、食事法人、特定功能的 APP 及相關設備將被連結起來，為了解決某個特定的（以及與此相關）的食事問題聯合工作。這個階段主要以解決相對單純的食事問題為主，覆蓋區域相對較小，會形成一定數量的小型 SEB。進入多點多級遞進階段，兩個或兩個以上的、解決特定問題的小規模 SEB，將為解決更複雜的食事問題快速相互連結起來，結成一個整體，共同解決更複雜的食事問題的階段。在這個階段，大量小型規模的 SEB 會逐漸成長為中型和大型 SEB，不斷壯大，最終形成覆蓋全球的網狀結構。

六、SEB 價值

21 世紀人類面臨的挑戰是全球層面的。當氣候變化引發生態災難時，人類會怎樣？當我們的食母系統資源走向枯竭時，人類又會怎樣？當食事引發傳染性疾病時，我們如何應對？當全球饑餓人口不斷增加，同時食物浪費又日趨嚴重時，等待我們的又將是什麼？對於這些問題，不同國家、地區、種族的人們可能會有不同意見，產生激烈的爭論。但同時，我們不得不承認，這些問題既無法憑藉某一方的力量解決，也不可能單純依靠人類的大腦解決。在這些難題面前，我們唯有攜起手來，借助高科技，整體認知，整體解決。

2017 年 6 月 22 日，臉書的創始人兼首席執行官馬克·祖克柏在個人主頁上呼籲建

立全球社群（global community）。祖克柏指出「歷史就是人類學會如何讓更多人走到一起的過程——人們起初結成部落，接著創建城市，再接著又成立國家。在每一步進程中，我們建立了諸如社群、媒體和政府之類的社會基礎設施，以完成我們自己不能獨立完成的事情。……我們現在最大的機會都是全球性的，例如：傳播繁榮和自由，促進和平與理解，使人們擺脫貧困，加速科學發展。我們最大的挑戰也需要全球回應，例如結束恐怖主義，應對氣候變化和預防流行病。這種進步要求所有人團結在一起，共同打造一個全球性社群。」

古往今來，沒有什麼問題比食事問題更值得重視，沒有什麼問題比食事問題更能讓地球村民受益，沒有什麼問題比食事問題更能把全球最廣泛的力量團結在一起。讓解決問題的創新想法成為現實，推動落實可持續發展目標，構建可以關照全球 77.1 億人的食事新秩序，讓人類迎來食事文明的曙光，這便是食聯網的價值所在。

七、SEB 落實

我們計劃分 7 步落實 SEB，2019 年主要以規劃為主，2020 年完成立項，2021 年開始試點，2022 年初步推廣，2023 年進行期中總結，2024 年開展具體實施，2028 年實現聯網（如圖 6）。

圖 6　落實 SEB 7 階段圖

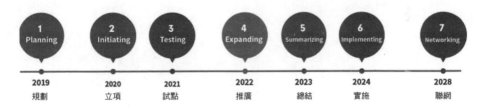

我們衷心期待貴部及各位專家能夠認可此項提案，向國際社會宣傳此項方案，以便把國家管理者、國際組織、科技企業等食物相關領域的夥伴們聯合起來，開展世界各國各地區間的合作，讓創新想法成為現實。

世界食學論壇理事長 劉廣偉

於美國紐約

2019 年 12 月 17 日

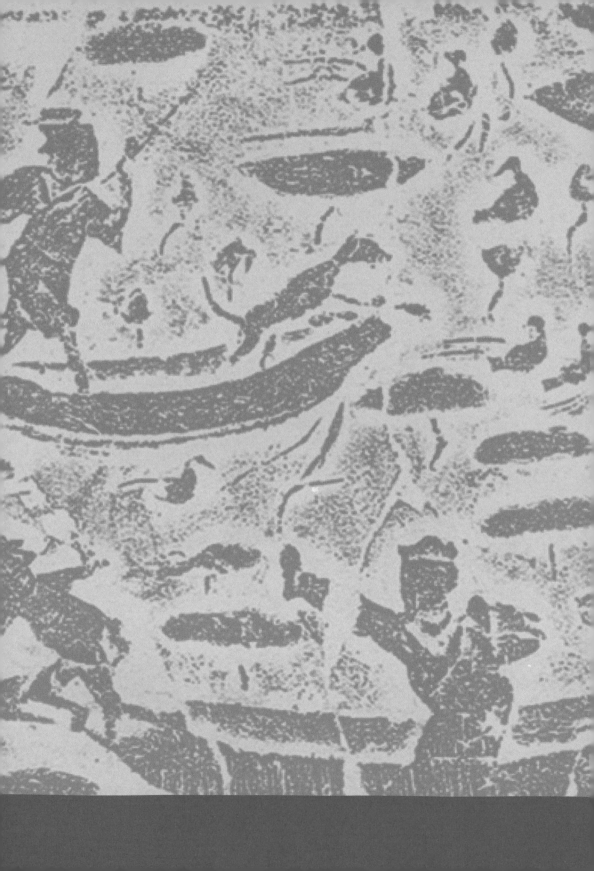

第一部

總論

我們賴以生存的地球已存在 46 億年，地球上最早的生物（細菌）出現在 42 億年前。在滄海桑田的不斷變遷中，數不盡的生物繁衍生息，是一個和諧的大家庭。目前，已知的植物有 50 萬種，動物有 250 萬種，人類只是其中的一種，作為早期人類代表的南方古猿起源於 550 萬年前。

食物鏈是生態的組成形式，人類是食物鏈中的小小一環。550 萬年以來，共有 1076 億人參與了食物鏈的食它與被食。自西元前 1 萬年的食物馴化開始，人類在食物鏈中的角色逐漸改變，只有食它，少有被食。進入 20 世紀，火葬在世界各地被廣泛提倡，人類屍體的被食（分解）也大幅減少。與此同時，人類干擾食物鏈的行為則由小變大、由少變多，特別是工業文明興起以來，這種干擾日趨加劇，並且迎來一族新的食物——化學合成食物。

人類有著 7000 年的文明史，更有輝煌的科技發展史。人類攻下了一個又一個科學高峰，相對論讓我們可以瞭望浩瀚的宇宙，量子力學讓我們可以窺見極微的世界。然而，作為哺乳動物的人類，為什麼至今仍沒有活到哺乳動物應有的壽期？作為食物鏈中一環的人類，為什麼要加劇干擾生態，以致威脅到自身的生存與可持續？作為以腦容量大著稱的智慧人類，為什麼還有 11%（約 8.2 億人[1]）的人口處於饑餓中（如插圖 1-1 所示），至今沒有構建出關照每一個人食物利益的世界秩序？這是 3 個讓「萬物之靈長」的人類尷尬的問題。

食物決定生命，生命至高無上。食物支撐生命創造一切價值，食物的價值是一切價值的基礎。傾聽食物的聲音，塑造優質的生命。

食事決定文明，文明光芒四射。食事推動文明照亮所有生命，食事的問題是一切問題的根源。矯正食事的行為，實現持續的文明。

食事問題包括的不僅是食物問題，食物問題包括的不僅是糧食問題，人類的食事問題多如牛毛。我們需要全面的認知和解決食事問題，而不再是部分的認知和解決食事問題。我們需要建立著眼於百年的應對機制，追求食事問題的百年解決，使食事問題治理效果可以平衡維繫百年。我們需要建立著眼於千年的應對機制，追求食事問題的千年解決，使食事問題治理效果可以平衡維繫千年。

人類有許多理想社會的暢想，諸如亞洲的天下大同、歐洲的烏托邦等，但是一直沒

---

[1] 聯合國糧食及農業組織（FAO）：《2019 年世界糧食安全和營養狀況——防範經濟減速和衰退》（*The State of Food Security and Nutrition in the World 2019: Safeguarding Against Economic Slowdowns and Downturns*），2019 年版，第 vii 頁。

有找到正確入徑。當所有的食事問題得到了全面徹底的解決，我們迎來了「食事文明」時代，叩開了人類理想社會的大門。到那時，我們的子孫，以及子孫的子孫，從一出生下來，就不會受到食事問題的困擾，並且知道他的子孫也不會有食事問題的煩惱。到那時，個體的生活將會更加輕鬆幸福，群體的衝突將會大幅減少，人類種群的持續將會更有保障。

　　全面徹底解決食事問題是人類邁入整體文明的開端，能夠全面徹底解決食事問題的整體知識體系就是食學，食學是生存之學，是個體長壽生存之學、是群體和諧生存之學、是種群持續生存之學。食學改變你我，食學改變世界。

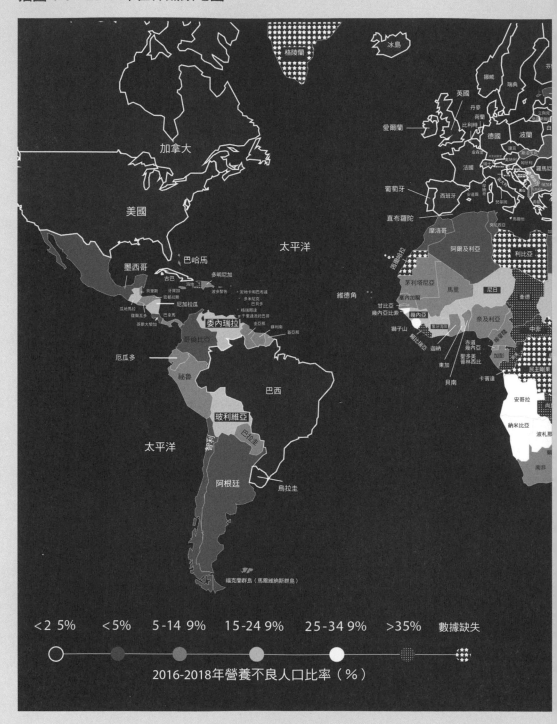

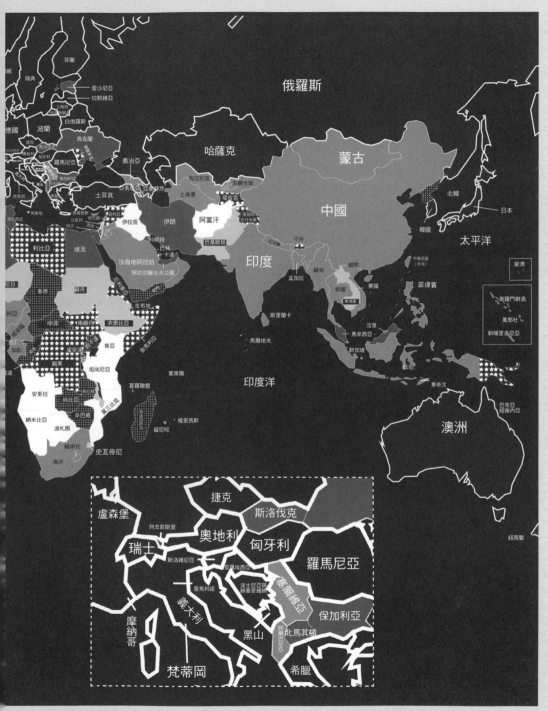

導言

　　食物，是指維持人類生存與健康的所有入口之物；食事，是指所有與食物生產、利用相關的行為及其結果；食事認知是指人類對食事客體的主觀反應。食事認知是解決食事問題的理論工具。沒有食事認知就沒有食事問題的解決。人類對食事的認知程度，決定著食事問題的解決能力。食事問題不能有效解決，人類的可持續發展就不能實現。

食事與認知

　　食事，是人類生存第一要事。昨天如此，今天如此，明天如此。無論文明如何演變、無論時代如何發展、無論科技如何進步，都必須堅持食事優先，他事列後。他事，諸如衣服之事、房屋之事、交通之事、醫藥之事、通信之事、金融之事、航天之事和軍火之事，等等。資源有限，優先食事。若他事搶先，將威脅社會的和諧、將威脅人類的存在。

　　從人類發展的歷史長河來看，食事不僅在諸事之前，而且也在文明之前。始於西元前1萬年的農業文明，是以食物馴化為標誌的。當食物有了剩餘，人們有了多餘的時間，其他職業才開始萌生，其他行業才逐漸形成。可以這樣說，文明是從食事中走來，他事也是從食事中走來。食事久遠，文明後來，食事在先，諸事隨後。這是一個亙久存在的客觀事實，無法改變；這是一個持續存在的客觀規律，不容改變。

　　食事認知，是解決食事問題的前提。食事問題絕不僅是吃飽的問題，吃飽只是個食物數量問題，只是人類九大食事之一。還有食物利用領域的問題，例如，吃事方法、吃病、吃療、吃權等。以上都是顯性的食事問題，還有隱性的食事問題，例如，社會衝突、生態衝突、人均壽命和可持續發展等。這些隱性的食事問題，長期被錯位認知。其實，食事問題是人類社會諸多問題的根問題。

　　食事問題的全面解決，有待對食事問題的全面認知。認知一個食事問題，就能解決一個食事問題；認知十個食事問題，就能解決十個食事問題；認知一部分食事問題，就能解決一部分食事問題；認知一時的食事問題，就能解決一時的食事問題；全面地認知食事問題，就能全面地解決食事問題；徹底地認知食事問題，就能徹底地解決食事問題。食事問題的徹底解決，是人類文明進程中的一個偉大的里程碑。

　　人類7000年的文明光輝燦爛，但是至今沒有徹底解決食事問題，究其根本原因，就是沒有全面、整體的食事認知。

食事認知的人類共識

食事共識，是人類食事公共價值的載體，它可以形成人類應對食事問題的公共價值觀。那麼，人類在食事上是否有共識？如果有，這些共識是什麼？對此，我的回答是，人類有5大共識：一是「人人需食」，二是「天天需食」，三是「食皆同源」，四是「食皆求壽」，五是「食皆求嗣」。

人人需食，是指空間上的每一個人生存之必須；天天需食，是指時間上的每一個人生存之必須；食皆同源，是指食源上人類共享一個系統；食皆求壽，是指在食之目的上，每一個人都追求健康長壽；食皆求嗣，是指在食物供給上，每一個人都希望有持續保障使子孫延續。

發現了人類食事共識，就可以凝聚食事「共力」，並以此「共力」去矯正不當的食事行為，去解決人類的食事問題。這20個字的五大共識是77億人共同的價值觀，是一股巨大的能量，是解決人類食事問題和衍生問題的原動力。在人類文明進步的過程中，食事公共價值在前，他事公共價值列後，順序不可顛倒。

食事認知的現狀

食事是一種客觀存在，認知是一種主觀意識。食事認知（Shiance Knowledge），簡稱「食知」，是人類智慧的濫觴，是人類文明的積澱。食事認知有兩個傳承途徑：一個是口傳心授，另一個是文獻記錄。食事認知的記錄媒介多種多樣，從遠古描繪的食物和獲取食物的岩畫，到其後的文字，再到當今的數位多媒體記錄。食事認知包括食物生產、食物利用、食事秩序三個領域。

人類對食事的認知，是人類認識自然、利用自然的一份寶貴財富，是推動文明進化的重要力量。今天，人類食事認知呈現出海量化、割據化、碎片化和認知誤區、認知盲區5個特徵。

第一是海量化。海量化是食事認知數量的極大狀態。人類有7000年文明史，對食事的認知活動從來沒有停止過。世界上200多個國家和地區，有77.1億[2]人口，1800多個民族，5000多種語言，與食事相關的語言、經驗、文字、文章、書籍、圖畫、視頻等，燦若繁星，浩如煙海。關於食事認知的存量，至今沒有人能夠說清楚。它是人類認知世界的重要組成部分。可以這樣說，沒有任何一項事物的認知，能夠超過食事認知的

---

② 聯合國經濟和社會事務部人口司（UN DESA）：人口資料（Population Data），（https://population.un.org/wpp/Download/Standard/Population/）。

體量。

第二是割據化。割據化是食事認知不同範疇的獨立狀態。在現代科學體系中，食事認知體系和其他認知體系有所不同，一直處於非整體化狀態。農學、食品科學、營養學都是分別設立，相互之間沒有直接關係，或者說它們並不同屬於一個上位學科，食品科學的上位是工程學，營養學的上位是醫學。這種割據的認知狀態，不能認清客觀食事的整體，儘管這是今天人類認知食事的主流。這種割據認知，就如同「盲人摸象」，看不到客觀食事的整體。割據認知不能替代整體認知。

第三是碎片化。碎片化是食事認知的小而散的無序狀態。這是指上述農學、食品科學、營養學之外的食事認知狀態，它們散落在各種學科之中，讓你難尋其形、難辨其類、難覓其蹤。這一點，從當今的圖書館目錄中就可見一斑。人類與食事相關的書籍林林總總，但沒有形成一個整體體系，沒有一個獨立的類目。除部分食材在農業類目之下，部分食物加工在工業類目之下，食物營養在醫學類目之下，其他與食物、食為相關的書籍則散落在各種類目之中，支離碎散，不成一體。

第四是認知誤區。認知誤區是食事認知的錯誤與錯位。由於某地域、某種族群、某事項的食事認知的局限性長期存在，過度強調某一視角、某一維度的認知與實踐帶來的效應，使片面性的認知占了上風，妨礙了人們站在整體的角度、全域的高度看待食事，出現了許許多多的認知誤區。這些誤區具有很強的影響力和行為慣性，具有濃厚的地域、宗教、文化特徵，影響著我們的思維與行為，是我們正確認知食事的一大障礙。

第五是認知盲區。認知盲區是食事認知的空白。儘管人類對食事的認知有著悠久的歷史，儘管當代科學突飛猛進，但我們對食事的認知依然存在許多盲區。這是因為認知的維度單一和深度不夠，許多未知領域尚有待開疆拓土。同時由於割據化的食事認知占據統治地位，遲遲沒有形成一個整體認知體系，導致許多視角盲點的存在，使得我們在一些食事領域的認知還是空白。

日本學者石毛直道從食文化的角度，對食事認知的相關要素及這些要素所輻射的領域進行了匯總（如圖 1-1 所示）。個人層級的要素包括營養、愛好、食欲等 7 項，社會層級的要素有健康、味覺、生理、飲食習慣等 13 項，這些要素所輻射的學科領域則達 17 門之多。這個構圖橫跨生產領域與消費領域、縱跨自然科學與社會科學，同時還被分為機體、食生活、經濟和技術 4 個象限。這幅圖可以說明當今人類食事認知的複雜性和非系統性。

由於缺少對人類食事的整體認知體系，阻礙了我們對客觀食事的全面把握，制約了我們徹底解決食事問題的能力。

圖 1-1 立足於食文化視角的食事認知結構 *

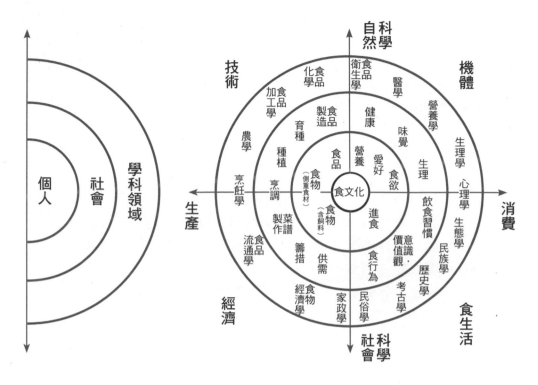

* 〔日〕石毛直道（Naomichi Ishige）著：《食文化研究的視野》，DOMESU 出版 2011 年版，第 10 頁。

圖 1-2 食事認知局限性示意圖

食事認知的整體體系

　　如何更全面、更準確地認識人類的食事？如何正確認識食事在人類文明進化過程中的重要價值？如何更好地發揮和利用人類食事共識的偉大力量？如何更好地解決人類面臨的諸多食事難題？僅僅依靠傳統的認識體系是不夠的。要放棄固有的「頭痛醫頭，腳痛醫腳」的思維模式，終結「盲人摸象」的認知歷史，就要開拓新思路，找到新方法。為應對客觀的食事整體，需要建立一個整體的認知體系，筆者將這個體系命名為「食學」。

　　很多學者都已經認識到構建整體的、普遍的知識體系的重要性。比如，量子物理學開創者之一的埃爾溫·薛丁格[③]指出，「我們從先輩那裡繼承了對於統一的、無所不包的知識的強烈渴望。大學（University）這個名稱使我們想起了從古到今多少世紀以來，只有普遍性（Universal）才是唯一可以打滿分的。可是近 100 多年來，知識的各種分支在廣度和深度上的擴展使我們陷入了一種奇異的兩難境地。」

　　經常有人問筆者，在人類科學如此發達、學科如此完備的今天，我們還需要一個「食學」嗎？筆者的回答是肯定的：非常需要，而且迫切需要！我們關心的是將之前互不相連的食事認知連接起來，從食物的生產到食物的利用，再到食事秩序方面。食學，正是這種整體思考的結果，食學因人類的所有食事問題而生，為解決人類的所有食事問題而立。食學的建立，是人類食事認知的一次革命。食學是為了開展對人類食事的整體性研究，從而建立起來的完整知識體系。它不是簡單地將若干門學科的知識機械拼湊，而是以食事為核心，綜合相關學科並發現自身規律形成的一個具有新質內容的整體知識體系。

　　現代科學體系誕生 300 年來，許多領域的整體知識體系脫穎而出，成為人們解決問題的有力工具。但一直沒有把食事認知歸納為整體體系。人類的食事問題是一個錯綜複雜的整體，要想更準確地認識和把握它，從而更有效地應對它，必須建立一個整體的認知體系。以整體應對整體，不是以部分應對部分，更不是以部分應對整體，這才是徹底解決食事問題的根本思路。我不僅宣導創立食學科學體系，我同時還主張「食事優先」「食學優先」「食業優先」，因為它們是解決人類當今和未來諸多重大問題的主要矛盾的主要方面。面對人類今天的食事問題及衍生問題，用整體觀建立一個整體的食事認知體系，以期有效地應對，是唯一正確的選擇。食學的價值是巨大的，是解決人類今天和未來食事問題的一把金鑰匙。

---

③ 〔奧地利〕埃爾溫·薛丁格（Erwin Schrödinger）著：《生命是什麼》（*What Is Life?*），羅來歐、羅遼父譯，湖南科學技術出版社 2003 年版，第 1 頁。

從認識論的角度來看食學體系，其原理很簡單，就是承認整體與部分的價值差異，把部分認知歸納為整體認知，且此處的整體價值大於部分之和。從現代科學體系的角度來看食學體系，就不容易理解。因為食學體系打破了現代科學體系中食事相關學科設置的藩籬，且這些藩籬已經存在了數百年，教育了數代人。其實，現代科學體系並不是完美無缺的，也不是不可質疑的。相反，它是在不斷地質疑中發展起來的。可能是因為食事太為尋常了，讓人們長期忽視了對它的整體認知的價值。由於我的一生都在從事食事相關的工作，都在和各種食事問題打交道，我發現要想徹底的解決某一個食事問題，它總會牽連出另一個或多個食事問題，就這樣順著問題探尋了幾十年，一個連著一個、一組連著一組、一群連著一群，最終我發現它們是一個整體。我們要從整體的角度來認識它們，才能全面地、準確地應對它們。於是，我提出並構建了一個食事認知的整體體系。當這個整體體系建立起來以後，就可以發現我們過去的很多錯誤、很多偏見、很多漏洞。有了這個整體認知體系，就可以解決以往不能解決的食事問題，就可以全面而徹底地解決人類的食事問題。

近代科學體系的發展，存在兩個問題：一是在方向和領域裡忽視中觀研究；二是在方法和思維上忽視整體研究。「相對論」和「量子力學」把人類認知帶到了宏觀和微觀兩個極致領域，在為人類謀得利益的同時，離人類的正常生存範圍越來越遠，似乎忘記了本來。「陰陽論」則側重整體與和諧的中觀研究，主張天人相應的可持續發展觀。陰陽論指的是所有事物內部均由 A、B 兩個方面組成，AB 之間有統一、對立、互化等關係，所有事物的外部均是另一事物的內部。近 300 年來，現代文明對推動人類進步發揮了巨大作用。在相當長的一段時間裡，人們自覺不自覺地忽視傳統文明的思維方式和研究成果。其實，傳統文明和現代文明對人類的社會發展和生活實踐都發揮著積極作用，只是作用的角度與方式各有不同。我們要避免用「片面的美」掩蓋「整體的真」，現代微觀漸進的認知和傳統宏觀把握的認知，是食學科學體系建設的兩大法寶。陰陽論、相對論、量子力學是食學科學建設的三大工具。

圖 1-3 食事與認知示意圖

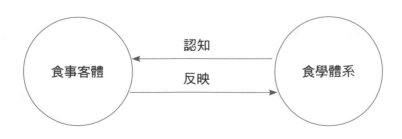

食學定義

　　科學是人類對客觀事物分科認知的理論體系，食學是人類對食事認知的理論體系。食學科學的創建，首先面對的問題就是食學的定義。不同的定義會賦予這個概念不同的基因，沒有準確定義的概念就如同一個遊魂，沒有生命、沒有方向，無所依著。本章討論「食學」概念的本質特徵，「食學」概念的內涵與外延。同時，討論食學科學體系的若干基本概念。食學的定義，是食學科學建設的基石，是食學科學發展的立足點，是食學科學確立的里程碑。

基本概念

　　食物、食物母體系統、食事、食為（食事行為）、食為系統、食化（食物轉化）、食化系統、食界三角、食事社會階段（缺食社會、足食社會、優食社會）等概念，是食學科學的基本概念。食學的創建與研究都是圍繞這些概念展開的，準確界定這些概念的內涵和外延是確立食學定義的前提。

▋ 食物

　　這裡所說的食物，特指人類的食物。食物是指維持人類生存的入口之物。是可被人類轉化為肌體及能量的入口物質。食物包括所有以維持人類生存與肌體健康為目的吃入口中的物質。我們日常生活中的食物概念的外延比較窄，不包括茶、酒，甚至不包括水。

圖 1-4　食物體系

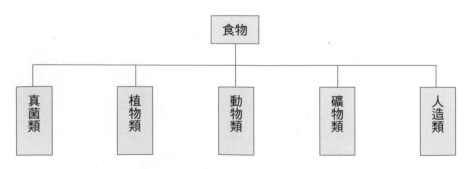

從社會學的角度看，食物的概念可以劃分為狹義、中義和廣義。狹義的概念是近代產生的，專指能夠直接入口的食品，不包括飲品。中義的概念包括所有的食材和飲品，不包括本草和合成食物。廣義的概念包括所有入口之物。

　　從圖1-4我們可以看出，食物分為五類，即真菌類食物、植物類食物、動物類食物、礦物類食物（水、鹽等）人造類食物。前四類是天然食物，也包括傳統醫學概念中的「本草」，即偏性食物。第五類是非天然食物，是傳統食物概念擴大的部分。合成物類食物包括食品添加劑、口服藥品和其他類別的人造食物。為什麼要把它們也納入食物的概念中呢？因為它們都符合「入口」和「維持人類生存與肌體健康」這兩個條件，也就是說在途徑和目的上是高度一致的。所不同的是，人造類食物是食物鏈的外來者，也是後來者，它們是一個另類，不是人類固有的傳統食物。儘管它們與天然食物存在很大的差異性，儘管很多人還不情願接受這個擴大了的概念，但是，它們從口中進入肌體並發揮作用的事實不容質疑。

　　從原生性角度，還可以把食物分為2類，即天然食物、人造食物（如圖1-5所示）。天然食物可以分為野生天然食物、馴化天然食物。其中的野生食物又可以分為原生態野生食物、汙生態野生食物，其中的馴化食物又可以分為無化學汙染的馴化食物、

圖1-5　原生性角度的食物體系

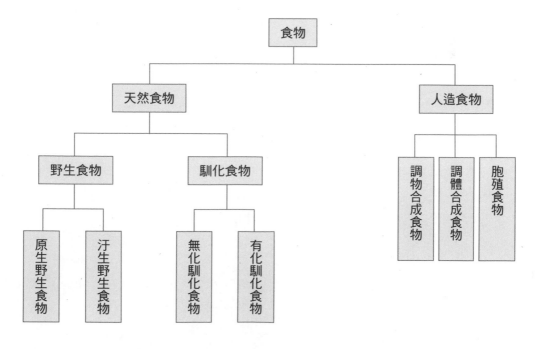

有化學汙染的馴化食物。人造食物可以分為化學合成食物、細胞培殖食物。

梳理上述食物概念，釐清它們之間的關係，有助於我們研究入口之物與人類生存和肌體健康之間的本質關係，發現更多的人類肌體與食物之間的奧祕，從而更好地把控食物與健康的管理，增加食者個體的生命長度，即壽期。

▌食物母體系統

食物母體是指孕育食物的生態整體機制，即食源體。食物母體系統，是指食物的孕育系統，簡稱「食母系統」，是從人類食物來源的角度進行表述的生態。一是表達食物孕育與人類的依賴關係；二是表達人類共享一個食源系統。食物決定生命，它來源一個母體，這是「人類命運共同體」的根本原理和底層邏輯。

食物母體系統，可以分為兩個方面，即無機系統和有機系統。無機系統包括水、鹽、空氣、溫度等，有機系統包括微生物、植物、動物等。這個龐大的系統在過去的550 萬年間曾經哺育了 1076 億人口，時至今日更是每天哺育著 77.1 億人口。面對人類無休止的干擾，城市規模的不斷擴大，空氣、水體、土壤的嚴重汙染以及溫室效應的加劇等，我們的食物母體系統已經不堪重負。特別是百億人口時代的即將來臨，食物需求將挑戰食物產能的極限。食物母體系統的正常運轉，是人類食物持續供給的保障，也是人類種群延續的基礎。食物母體系統的整體或局部失衡，將直接威脅到人類的生存。一切對無機系統的汙染行為和對有機系統的干擾行為，都無異於人類自斷食源、自掘墳墓。

▌食事

食事（Shiance），是指所有與食物生產、利用相關的行為及其結果。食事是人類文明的重要內容，遠古人類的生活，幾乎都是食事。今天的食事依舊占據著人類社會活動的半壁江山。吃事，是指餐桌上的行為及結果。食事不僅是指吃事，它包括食物生產、食物利用、食事秩序等所有相關行為和結果（如圖 1-6 所示）。為了準確表達這個概念，筆者構建了一個英文詞 Shiance。進入 21 世紀，隨著交通、資訊業的發展，人類的食事已經形成了一個相互聯繫的客觀整體，有待我們去發現、去認知。

▌食為

食為（Shiance behavior），是食事行為的簡稱，包括食物生產和食物利用的相關活動（如圖 1-7 所示）。為什麼要確立這樣一個概念？因為它是食學研究的主要對象，

圖 1-6 食事體系

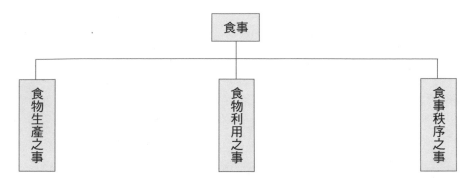

這是一個反映「與食相關的所有行為」的概念。為此筆者構建了一個英文詞 Shiance behavior，而沒有選擇 eat-action，因為後者只反映餐桌上的行為，而不是所有的食事行為。

食為，不僅指餐桌上的進食行為，還指人類所有的食事行為。食為包括採摘、狩獵、捕撈、種植、養殖、運輸、貯藏、烹飪、發酵、採購、銷售等，既包括吃食物和鑒賞食物，又包括與食事相關的經濟、行政、法律、教育等行為。這個概念的確立，有利於我們全面地認知食事客體。

食為的起源伴隨著人類的起源。一般認為，猿誕生於 2500 萬年前，人類最早的祖先出現於距今大約 600 萬年～ 450 萬年前。如果從人類於 500 萬年前可以直立行走算起，食為的起源遠遠早於人類文明起源（7000 年前），前者歷史是後者歷史的 500 倍。食為是文明的源頭，這是我們認識食為重要性的一個前提。恩格斯說，古猿通過勞

圖 1-7 食為體系

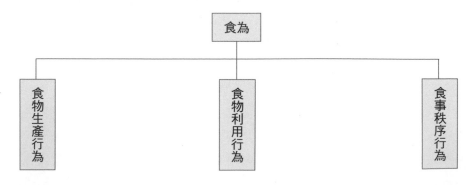

動轉化為人。毫無疑問，那時的勞動是以食為為主的勞動。也就是說，正是人類與其他物種不同的食為，孕育了人類的文明進化。這是人類食為的獨特性效應，針對這種獨特性的研究，是把握人類今天與未來的重要科學領域。

從時間的角度看，人類的食為可以分為 5 個歷史階段（如圖 1-8 所示）：第一階段是指 2500 萬年～ 200 萬年前，作為猿人特徵的擇食、獲食、攝食等行為方式，是猿人食為階段；第二階段是指 170 萬年～ 30 萬年前，作為直立人特徵的擇食、獲食、攝食等行為方式，是直立人食為階段；第三階段是指 30 萬年～ 2.8 萬年前，作為智人特徵的擇食、獲食、攝食等行為方式，是智人食為階段；第四階段是 1.5 萬年前～ 19 世紀中葉，作為古代人特徵的擇食、獲食方式，是古代人食為階段；第五階段是 1860 年第一次工業革命至今，作為現代人特徵的擇食、獲食、攝食等行為方式，是現代人食為階段。

圖 1-8　人類食為五階段

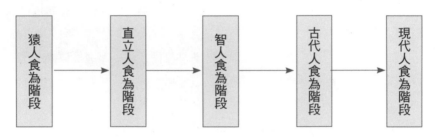

分析以上五大階段，有兩個顯著特點。一是時間間隔大幅遞減，從約 2300 萬年、約 197 萬年、約 2.8 萬年～約 260 年。二是食為的內容趨於繁雜，從採摘、狩獵、食用到種植、養殖、食用，再到種植、養殖、各類加工、食用，再到合成食物的生產與利用等。認識人類食為的五個階段的歷史規律，研究人類食為的發展趨勢，是關係到種群發展與延續的重要課題。

人類的食事行為，是人類發展與成長的核心要素，是智慧、審美、禮儀、權力、秩序等文明之源頭。其在人類文明發展歷史中的作用和地位，如何評價它都不會為過。但是人類的食事行為不能任性、不能妄為，必須接受來自兩個方面的約束：一是必須遵循食母系統客觀規律的約束，以維持、延長人類種群的持續；二是必須遵循食化系統客觀規律的約束，以維持、提高人類個體的健康壽期。

如果違背了食物母體的運行機制，人類將面臨滅頂之災；如果違背了食物轉化系統

的運行機制，人類的生命品質將會嚴重下降直至提前終結。這是因為，食母系統的形成已經有 6500 萬年，食化系統的形成也有 2500 萬年，而人類文明的歷史只有 7000 年。人類今天的食事行為是跳不出這兩個以萬年為單位的運行機制的。人類的食事行為必須遵循這兩個運行機制，且缺一不可。人類不能挑戰這兩個運行機制，只能適應它們的規律，遵循它們的機制。

在食學概念中食為與食物相對應，簡明準確，使用頻繁。食為是人類行為的主要內容，在今天依舊占有很大的比例。食為是推動人類進化的主要動力，食為文明是人類文明的重要基礎，這是確立「食為」概念的價值所在。

▌食為系統

食為系統，是指人類食事活動的整體運行機制。人類的食為，從某一個個體上看，似乎很簡單，特別是作為具有攝食能力自然人的食者，單一地看，只是日常的烹飪和進食行為。但是，當把全人類的食為看作一個整體時，則是一個龐大的客觀集合，有著極其複雜的內在運行機制。

食為系統，是人類社會行為的主要構成，是為滿足人類食欲（渴望進食的生理本能）的種種行為的整體系統，它是客觀存在的，是不斷變化的。從生存和延續的角度看，這個系統要遠遠重要於人類其他的行為系統。

食為系統，經歷了由小到大、由散到整、由無序到有序的六個漸進過程。第一是個體食為系統，是指個體每天、每年乃至一生的食為整體運行機制，是一個微系統；第二是家庭食為系統，是指家庭全體人員的食為整體運行機制；第三是族群食為系統，是指族群內部的食為整體運行機制；第四是國家食為系統，是指以國家為單位的食為整體運行機制，是一個相對封閉的系統；第五是區域食為系統，是指一個區域範圍內的食為整體運行機制，國與國之間往往是因食物而打開大門，形成更大範圍的區域食為系統；第六是世界食為系統，是指人類的食為整體運行機制。隨著國與國、區域與區域之間食物交流的逐漸增加，特別是 16 世紀以來，發現新大陸、殖民統治和自由化貿易，更加快了世界食為系統的進化（如圖 1-9 所示）。

人類對食為系統的整體認知還非常有限，尤其是當代，許多食為需要矯正，例如，食物不當的化學添加、食物的浪費等。如何矯正人類的不當食為，完善優化食為系統，是關係到人類可持續發展的重大課題。

對群體而言，當我們面對饑餓、衝突、環保等問題時，不再怨天尤人、不再捨本求末，而是反思我們所在的不同範圍、不同規模的食為系統，開展頂層設計和總體規劃，

增加食為總量的社會占比，提升食物的原生性品質，讓每一款食物都成為正向量、正能量的優品。

圖 1-9　食為系統體系

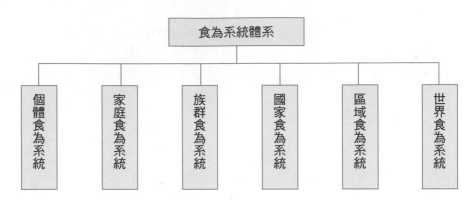

對個體而言，當你感到身體不適時（不包括外感、外傷），首先要做的不是看醫生，而是反思自己的食為，近期吃了什麼？吃法有何不當？找出原因，修正行為，就能收到意想不到的效果。即使你得了某些疾病，也可以採用食物療法調理健康，還能節省大量的醫療費用。

我們需要建設一個關懷全球每一個人的食為系統，即關懷每一個人的食物數量、品質及可持續供給的食為系統。

▌食化

食化（Food Converting），是食物轉化的簡稱。食化是指食物轉化為肌體能量和肌體構成以及廢物排泄的全過程。我們已經有「消化」的概念了，為什麼要創造「食化」這個新概念？消化是從人體角度出發，強調食物被人體消化的過程。食化是從食物角度出發，強調食物的轉化為肌體過程。消化是建立在現代醫學維度的認知，食化是全維度的整體認知，食化的概念大於消化的概念。確立食化概念，是為了更好地研究食物轉化規律，提高食物利用率。

食化，主要包括 4 個方面的含義（如圖 1-10 所示）。一是肌體構成，指食物轉化為肌體自身的構成；二是能量釋放，指食物轉化為能量供肌體使用；三是信息傳遞，指食物作為人與自然之間的介質而傳遞的某些生物資訊，儘管我們對這些資訊認識的還很不夠；四是廢物排泄，指食物被肌體吸收利用後，排出體外的代謝物。例如，食物中的

「糖」經代謝產能後會排出 CO2 和 H2O，而蛋白質的代謝產物會以氮化物的形式從尿中排出等等。

圖 1-10　食化系統功能

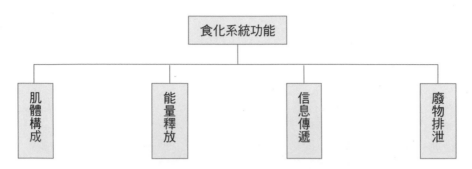

食化既包括食物元素的轉化，也包括食物性格的轉化。食化是人類食物與健康研究的核心，因為食物的採摘、狩獵、捕撈、採集、種植、養殖、培養、碎解、烹飪、發酵、貯藏、運輸以及對食物元素、食物性格的認知與研究等，都是為了讓食物在人體內更好地發揮作用，食化是「食物旅行」的最後一站（如圖 1-11 所示）。

圖 1-11　食物旅行

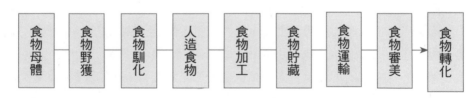

▌食化系統

食化系統，是指食物轉化為肌體構成和能量釋放及廢物排出全過程的整體機制。包括消化、吸收、利用、排泄、釋放等過程（如圖 1-12 所示）。它是肌體和外部環境相互應答的最主要的系統，它是一個智慧系統，它既是若干直接食化器官的工作系統，又是整個肌體的存在系統。它是從食物轉化的角度來認知的生命系統。

由於食化系統是一個智慧系統，筆者稱其為「食腦」。食腦與頭腦是君臣關係，也就是說，食物的轉化過程「頭腦」說了不算，「食腦」說了算，頭腦指揮不了食腦。頭

腦是為食腦服務的，食腦存則頭腦存、食腦亡則頭腦亡，但頭腦亡食腦仍可存（如植物人）。食化系統的效率直接影響每一個生命的空間品質和時間長度。

圖 1-12　食化系統過程

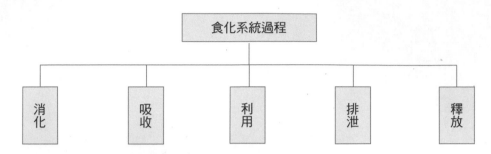

人類食化系統的形成，如果從類人猿算起，至今已有 2500 萬年的時間。這個系統形成的時間遠遠早於人類大腦（頭腦）智化系統，或者說，大腦的智化過程是為了滿足食腦的需求而發生的。所以說，食腦為君，頭腦為臣。今天我們對食腦的認知遠遠落後於大腦。

食化系統，是人類生存、健康、長壽的基石。面對食化系統，至今我們還有許多未知的領域。進一步研究、認知這個系統，並主動掌握、順應其內在的規律，是人類面臨的重大課題，它直接關係到每一個個體的健康與壽期。

食化系統，是以人類的個體為單位的，每一個人就是一個完整的、天然的食化系統。今天地球上有 77.1 億人，就有 77.1 億個食化系統；未來有 100 億人，就會有 100 億個食化系統。從微觀的角度看，這 77.1 億個食化系統沒有兩個完全相同，它們之間存在明顯的個體差異，而這種差異性正是打開每一個個體健康壽期的一把鑰匙。

▋ 食界三角

食界（Shiance Sphere）即人類食事範圍的界限。食界三角是指人類食事運行範圍，是在食物母體系統、食事行為系統和食物轉化系統三者之間展開的。其中食母系統、食化系統均屬於自然界的運行機制，食為系統屬於人類社會界的運行機制，正確認知三者之間的相互關係，是構建食學科學體系的理論基礎。

從人類史的角度來看，顯生宙生態系統的形成大約在 5.4 億年前，其間經過了 5 次物種大滅絕。今天的食母系統形成於約 6500 萬年前，食化系統的形成在 4000 萬至

5000 萬年前，人類（猿人）的食為系統的形成大約在 550 萬年前。也就是說，這 3 個系統的形成期的時間差距很大，人類食為系統的形成時間晚於食母系統、食化系統 10 倍以上。這是我們研究、認識這 3 個系統及其相互關係的一個重要前提（如圖 1-13 所示）。

圖 1-13　食界三系統起源

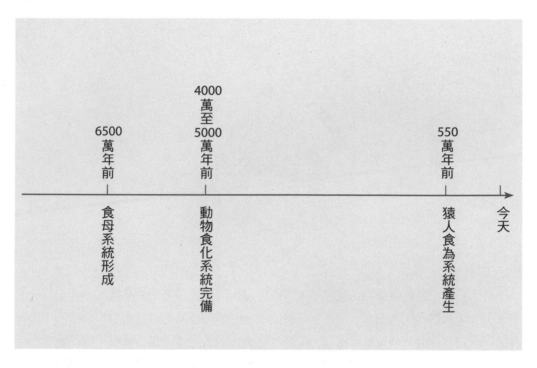

從形態的角度來看，食母系統和食化系統是客觀系統，食為系統是主觀系統。食母系統是一個大的「整系統」，食化系統是 77.1 億個小的「微系統」，食為系統是一組由少到多、由小到大的「層系統」。

從關係的角度來看，三大系統之間的本質關係是，食為系統向食母系統索取食物，然後供給食化系統；食化系統將食物利用後，排出的廢物及人的屍體又回歸到食母系統內（如圖 1-14 所示）。上述可以看出，77.1 億個食化系統通過食為系統共享一個食母系統。儘管我們的個人、家庭、地區、國家利益不同，但在食母系統面前我們的利益相同；儘管我們的家族、地區、國家、種族文化不同，但在食母系統面前我們的文化相通。可以這樣說，正因為人類共享一個「食母系統」，所以「人類食事共同體」是「人

類命運共同體」理論的底層基石。食母系統、食為系統、食化系統構成了食界三角，食母系統和食化系統是自然界屬性，食為系統是社會界屬性，三者之間相互影響，不可分離。

食界三角劃清了食學研究的疆界。食學研究的目標，就是追求食為系統與食物母體系統、食化系統的和諧。建立食界三角之間的和諧關係是人類文明進步的根本體現。

圖 1-14　食界三角

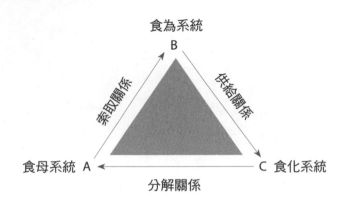

食事社會

食事社會，是指從食物角度認知人群與環境形成的關係總和。關於人類社會歷史的劃分有許多維度，如人類學、經濟學、歷史學、文學的維度等。從食事的角度看人類社會發展，可以劃分為 3 個歷史階段，即缺食社會、足食社會、優食社會。前兩個食事社會是按照食物數量這一維度來劃分的；後一個食事社會是由食物數量、食物品質、吃事方法三個維度來界定的。

在不同的食事社會階段中，缺食、足食、優食 3 個群體所占比例不同，其大概的比例劃分為：在全體社會成員群體中，缺食群占 70% 以上的為缺食社會；足食群占 70% 以上的為足食社會；優食群占 70% 以上的為優食社會（如圖 1-15、圖 1-16、圖 1-17 所示）。

由於經濟發展水準的差異，缺食社會、足食社會、優食社會這三個食事社會階段，彼此之間具有一定的交叉和重疊（如圖 1-18 所示）。從食事社會的整體進程看，缺食社會和足食社會的交匯點是始於 18 世紀中葉的第一次工業革命，動力工具、生物技術的應用和化學合成物的施用，使得食物產量得到大幅增長，多數人就此告別缺食得以飽

圖 1-15　缺食社會

圖 1-16　足食社會

圖 1-17　優食社會

圖 1-18　食事社會三階段

食。而優食社會具有的三大食事特徵，即食物數量充足、食物品質優異、吃法優異，從當今情況看，後兩者還未實現，也就是說，優食社會還沒有到來。

　　需要指出的是，上述食事社會階段是以人類社會的整體發展即全球視角命名，不是以某個政體國度為單位的。因為我們共有一個食物母體系統，哪個國家都不能獨立於這個系統之外。從整體看，今天的人類群體雖然有十分之一尚處在缺食階段，但是其餘多數已躋身足食群，因此當今人類正處於足食社會階段。其所面對的食事問題，也大多是這一社會階段的重點突出問題。人類未來的目標是整體走進優食社會，食事社會 3 階段理論的提出，能夠讓我們更好地把握人類社會的發展趨勢。不同的食事社會階段，有著不同的食事表現，對這些表現的界定維度有以下 19 個，它們是主要群體、獲食方式、化合物施用、食為工具、食物數量、食物質量、生產效率、吃事特點、吃事方法、利用效率、群體壽期、主要吃病、吃療應用、食事衝突、生態衝突、食物浪費、人口控制、吃事權利以及種群可持續。下面我們就來具體闡述一下這 3 個食事社會階段的各種特徵。

　　缺食社會。缺食指食物短缺。缺食社會是由食物供給短缺的人群為主構成的社會形態。缺食者指吃不飽的個體。缺食群指吃不飽的群體。其特徵主要表現在以下方面：社

會主要群體為缺食群，占比 70% 以上；獲食方式為採摘、狩獵、捕撈、採集等野獲方式；食物生產加工中沒有施用化學合成物；食為工具為傳統工具；食物數量不穩定；食物品質較好；食物生產效率低；吃事特點為饑不擇食；吃事方法簡單；食物利用效率低；群體壽期約 30 ～ 50 歲；主要吃病為缺食病和汙食病；開始應用偏性物進行吃療；沒有合成物吃療的應用；食事衝突多；生態衝突極少；由於食物數量不足，食物浪費現象極少；人口數量少，無須進行人口控制；吃事權利只能惠及一部分人。此階段的生產方式和吃事行為可以支撐人類可持續。

足食社會。足食指食物供給相對充足。足食社會是由食物供給充足的人群為主構成的社會形態。足食者指能夠吃飽的個體。足食群指能夠吃飽的群體。其特徵主要表現在以下方面：社會主要群體為足食群；獲食方式為以種植、養殖、培養等為代表的食物馴化；化學合成物施用多；食為工具以動力工具為主；食物數量充足；食物品質較差；食物生產效率高；吃事特點為飽食過食現象經常出現；吃事方法由簡單上升到多維度；食物利用效率中等；群體壽期約 50 ～ 80 歲；主要吃病為過食病；偏性物吃療得到部分應用；合成物吃療得到廣泛應用；由於食物數量充足，食事衝突較少；由於食物生產居於中心位置，生態衝突很多；食物浪費多；人口得到部分控制；吃事權利惠及多數人。此階段的生產方式和吃事行為不可支撐人類可持續發展。

優食社會。優食指食物品質與食用方法雙優。優食社會是優食群為主構成的社會形態，是食為系統與食化系統更和諧、食為系統與食母系統更和諧的社會階段。優食者指食物充足優質、食法優良的個體。優食社會又稱「雙優社會」。優食群指食物充足優質、食法優良的群體。其特徵主要表現在以下方面：社會主要群體為優食群；獲食方式為以數控為主的馴化方式；化學合成物使用少；食為工具多為數控工具；食物數量有餘；食物品質優；食物生產效率高；吃事特點是對徵而食，適於每一個個體的食化器官；吃事方法為全維度；食物利用效率高；群體壽期約 80 ～ 120 歲，名列哺乳動物前矛；吃病極少發生；偏性物吃療得到全面應用；合成物吃療應用較少；食事衝突極少；生態衝突少；食物浪費極少；人口得到整體控制；吃事權利惠及所有人；此階段的生產方式和吃事行為可以支撐人類可持續（如表 1-1 所示）。

核心定義

給「食學」這個概念下一個準確的定義，首先要從「食」與「學」的漢字來源和漢語表義的角度來考察，才能更好地把握「食學」這個雙音節詞彙的概念，並從關係、功能、本質、發生 4 個維度展開討論。

表 1-1　食事社會階段主要特徵

食事	缺食社會	足食社會	優食社會
主要群體	缺食群	足食群	優食群
獲食方式	野獲	馴化	馴化
化合物施用	無	多	少
食為工具	傳統工具	動力工具	數控工具
食物數量	不穩定	充足	有餘
食物質量	優	較差	優
生產效率	低	高	高
吃事特點	饑不擇食	飽食過食	對徵而食
吃事方法	簡單	多維度	全維度
利用效率	低	中	高
群體壽期	30-50 歲	50-80 歲	80-120 歲
主要吃病	缺食病、汙食病	過食病	極少食病
偏性物吃療	開始應用	部分應用	全面應用
合成物吃療	無	廣泛應用	少量應用
食事衝突	多	較少	極少
生態衝突	極少	多	少
食物浪費	極少	多	極少
人口控制	無	部分控制	整體控制
吃事權利	部分人	多數人	所有人
種群可持續	可	不可	可

▌「食」的詞義

「食」字在漢語的語境裡，既是名詞，又是動詞。《說文》中「六穀之飯曰食」；《漢書‧酈食其傳》「民以食為天」中「食」是指糧食，後演變成與「吃」同義。「食」作為動詞是「吃」，作為名詞是「食物」。「食」在漢語裡的這種動詞和名詞的雙重性質，表達吃或食物，可以涵蓋內容更廣。「食」的使用頻率很高。

▌「學」的詞義

「學」在漢語的語境裡，也有動詞和名詞兩種屬性。作為動詞是學習、效法，指獲得知識。《廣雅》：「學，識也。」《尚書大傳》：「效也。」作為名詞是指學問、學科。《廣雅‧釋室》：「學，官也。」《後漢書‧列女傳》：「天機積學。」

▋「食學」的詞義

由於「食」與「學」均有動詞和名詞兩種組合，所以「食學」一詞的含義，有 4 種組合（如表 1-2 所示）。即 A. 動詞＋名詞，表達的意思是食（吃）學；B. 名詞＋名詞，表達的意思是食物學；C. 動詞＋動詞，表達的意思是「吃學習」，沒有現實意義；D. 名詞＋動詞，表達的意思是「食物學習」，沒有現實意義。其中 C 項、D 項不作考慮，我們只討論 A 和 B。B 項的表達是食物學，局限於食物研究，範圍太窄，不能對應食為系統。A 項表達是吃學，是動詞，有擴展性。因此，筆者選擇 A 項，並將「食」學的動詞含義擴展到餐桌以外的所有與食事相關的行為。

表 1-2　食學詞性分析表

類別	食 + 學				含義
	動詞	名詞	動詞	名詞	
A	√			√	食（吃）學
B		√		√	食物學
C	√		√		吃學習
D		√	√		食物學習

▋食學的定義

從上述語詞的分析來看，食學不是食物學，不是吃學，也不是食文化學。那麼，食學是什麼呢？這就需要給「食學」這個名詞作為科學概念下個定義，規定它的內涵與外延。也就是要用簡明準確的詞句，確定「食學」作為一門學科，它所研究的對象是什麼。邏輯學告訴我們，一個概念可以有 4 個維度的定義（如圖 1-19 所示）。

從關係角度定義：食學，是一門研究人與食物之間相互關係的科學，或者說，是研究在人類飲食過程中，人與自然之間相互關係的科學。食學是研究人與食物之間關係及規律的科學。[④] 食學是從食事角度出發，研究人與生態及之間關係規律的科學。

---

④ 〔中〕劉廣偉（Liu Guangwei）：《食學改變世界》（*SHIOLOGY Will Change the World*），《中國食品報》（*China Food News*），2014 年 7 月 8 日。

圖 1-19　食學定義維度

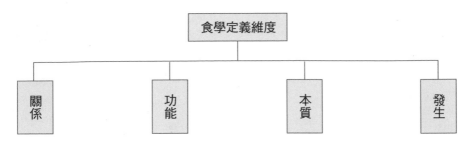

　　從功能角度定義：食學是研究解決人類食事問題的科學。食學因食事問題而生，既有老問題，又有新問題。既有小問題，又有大問題，更有大難題，有效地解決人類的食事問題，是食學存在的唯一理由。

　　從本質角度定義：食學是研究人類食事認知及其規律的科學。食學是由人類食事認識的一系列概念、判斷構成的具有嚴密邏輯性的體系。食學是研究人與自然之間能量轉換的科學。人的生存依賴能量的支持，食物是人與自然界能量轉換的介質，食為是獲取食物能量的方式。

　　從發生角度定義：食學是一個研究人類食事行為發生、發展及其演變規律的科學。食學是研究人類食事行為及其規律的科學。

　　從以上 4 個角度來探討食學定義，是為了讓我們能更加準確地認識和把握食學概念。以上 4 個角度的定義，各有所見，各有所長。其中「食學是研究人與食物之間關係及規律的科學」，簡明準確地揭示了「食學」研究對象的本質內涵，比較符合當今科學定義常規。筆者更喜歡「食學是研究人類食事行為及其規律的科學」這個定義。食學定義的確定，明確了科學的本質屬性和科學性質，也明確了科學研究的方向、內容和任務。

▎「SHIOLOGY」的構建

　　在《食學概論》一書中，筆者構建了一個英語單詞 SHIOLOGY，用於對應漢語「食學」。[5] 有人問筆者為什麼要構建一個新詞？為什麼不直接用 Food-Science 或 Eat-Science 等詞彙呢？首先食學不是食物學，所以 Food-Science 不合適。其次食學不僅是吃

---

⑤　〔中〕劉廣偉（Liu Guangwei）、張振楣（Zhang Zhenmei）著：《食學概論》（*SHIOLOGY*），華夏出版社 2013 年版，第 2 頁。

學，還包括所有食物生產和食事秩序領域的學科，用 Eat-Science 會產生歧義。所以需要構建一個專門的詞彙，用 Shiology 代指食物的採摘、狩獵、捕撈、採集、種植、養殖、培養、碎解、烹飪、發酵、貯存、運輸、包裝、貿易和食事的行政、教育、執法等行為之和，以更好地表達食學的動詞內涵。由於「Eat（吃）」不是食事行為的整體概念，只是食事行為的部分概念，它不能準確地表達所有的食事行為。所以，筆者用漢字「食」的拼音 shi 與英文的「ology」組成一個新詞「Shiology」，來表達食學的含義。而另一個由「Eat」和「ology」組成的英文新詞「Eetology」，則用於為食學的下級學科「吃學」命名。這樣，這兩個新創英文名詞既表達準確，又區分清晰。

食學任務

　　食學的任務就是要解決食事問題，既包括具體問題，也包括整體問題；既包括生產問題，也包括利用問題；既包括顯性問題，也包括隱性問題；既包括食物問題，也包括食者問題；既包括老問題，也包括新問題。食學的任務就是研究食事規律，矯正食事行為，完善食事秩序，提高食事效率。

基本任務

　　食學的基本任務就是要解決人類壽期不充分問題、食事的社會衝突問題和食事的生態衝突問題。即延長個體壽期，優化社會秩序、維持種群延續。通俗地說是「食事三個健康」，即個體健康、社會健康、種群健康。如何讓世界上每一個人都能吃飽、吃好、吃出健康、吃出充分的壽期？如何讓世界的食物資源配置更合理，減少因食物資源短缺而產生的爭端與衝突？如何處理好人類不斷增長的食物訴求與食母系統供給產能的關係？維護人類可持續發展。食學的任務，不僅與每個人的基本生存目標高度一致，也與人類的文明目標高度一致。

▌ 延長個體壽期

　　據科學家的測算，哺乳動物的壽命約為生長期的 5 ～ 7 倍，人的生長期為 20 ～ 25 年，預期壽命為 100 ～ 175 年。我們還遠遠沒有活到哺乳動物應有的平均壽期，即壽期不充分。追求長壽是每個人的訴求，個體壽期的延長，有利於人類智慧的疊加，也是人類文明的高度表現。

　　有人會問，吃對於健康壽期有那麼重要嗎？讓我們來具體分析一下，眾所周知，長壽需要兩個方面的支撐：生存要素和健康要素（如圖 1-20 所示）。生存要素有 4 項：陽光、氧氣、食物和適宜的溫度，缺少它們，肌體便無法存在；健康要素有 6 項：吃事、基因、環境、運動、心態和醫事，缺少它們，人類不可長壽。

　　從圖中我們不難看出，在生存四要素中，食物四分天下有其一。其中陽光、氧氣是自然供給，溫度是廉價的供給，儘管熱帶、溫帶、寒帶的溫度不同。只有食物來之不易，豐富多彩。從主觀行為角度看，食物與人類生存的關係最為重要；在健康六要素中，吃事不僅居其一，醫療有一半也是依靠吃（偏性食物、合成食物）。

吃事是所有健康管理的基礎，是所有健康管理的上游。由此可見，吃在生存與健康兩大領域都是至關重要的因素，所以說吃與個體的壽期息息相關。

食物與個體的關係主要體現在 4 個方面，一是構成肌體，個體肌體的大小強弱均和食物密切相關；二是生命能量，人體活動所需能量來源於食物；三是調理亞衡，疾病萌生期可用食物來調理肌體的亞衡狀態；四是治療疾病，食物既可以治療吃病，也可以治療部分非吃病。另外，從更長的時間視角看，食物是決定物種基因的重要因素。

圖 1-20　長壽因素

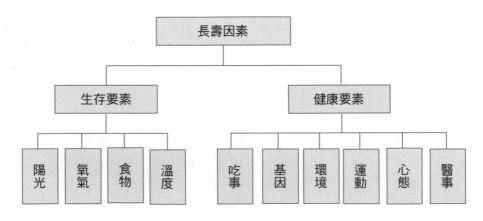

在人體生存狀態 3 個階段中，食學、傳統醫學和現代醫學，對這 3 個階段的干預度是不相同的（如圖 1-21 所示）。

現代醫學主要干預疾病階段，也就是人患上疾病的階段，研究病理是為治療疾病服務的；傳統醫學干預亞健康和疾病階段，干預手段以介入治療和藥物治療為主，吃療是藥療的輔助手段；食學干預貫穿三個階段。加強食學干預，強調預防疾病為先，追求延長健康階段和亞健康階段，縮短疾病階段，這就是健康干預的「兩長一短」法則，是使人更健康、更長壽的有效方法。

對於人類健康而言，食學干預人的一生，醫學只干預人的一段。食學的干預是主動的，醫學的干預是被動的。決定人類健康的，首先是食，食在醫前。另外是醫中有食，無論是傳統醫學還是現代醫學，口服治療都在 50% 以上，另外 50% 的非口服治療，患者每天也要吃飯以維持肌體運轉。所以說從食物和吃法著手，才能牢牢抓住健康的主動權，才能真正從以治療為主轉移到預防為主，才能把人類的健康壽命水準提高到新階段。通過以上分析，我們可以看到食物和吃法與健康的重要性，遠遠大於其他因素。

圖 1-21　食學、醫學與健康關係

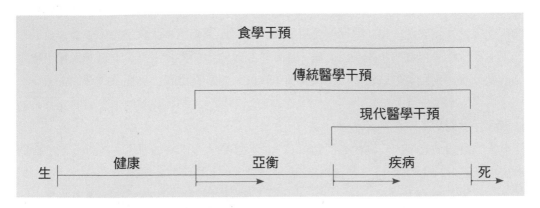

　　延長個體壽期，需要保障食物和數量供給。據聯合國糧食及農業組織[6]統計，2019 年全球穀物總產量為 27.15 億噸，按當時全球總人口為 77.1 億計算，人均已經達到 352.1 公斤，但由於貧富差異、食物浪費、食物他用、不平衡、不充分問題十分嚴重，仍有 8.21 億人處於饑餓狀態。從全球的角度看，保障食物供給至今沒有得到徹底解決，突出表現在非洲和亞洲部分地區。保障處於饑餓狀態的 8.21 億人的基本食物供給，仍然是迫在眉睫的大問題。食物數量供給的保障，有兩個方面：第一是食物的生產數量，這是一個硬道理；第二是減少食物浪費，據聯合國統計，人類每年有三分之一的糧食被浪費掉了。任何動物都不浪費食物，唯獨人類有此陋習。

　　延長個體壽期，需要食物的品質安全保障。現代食物生產中食物品質威脅主要來自 3 個方面：一是被汙染，二是被添加，三是被轉基因。食物在生產、加工、運輸等過程中的每一個環節都面臨著品質安全威脅。特別是工業革命以來，在食物生產效率大幅提高的浪潮下，農藥化肥、飼料激素、添加劑等大量化學製品的使用，使食物的品質受到前所未有的挑戰，嚴重威脅人們的飲食安全。食物的原生性是食物品質的一個重要指標。食物的馴化與加工都是逆原生性的，且生產鏈條越來越長。保障食物品質，要宣導短鏈，控制長鏈。

　　延長個體壽期，需要選擇科學的吃方法。有了充足的優質食物，還要有優良的吃方法。吃方法不當，人類依然不能活到應有的壽期。食學的任務是要更好地指導人類科學

---

⑥　聯合國糧食及農業組織（FAO）：2019／20年度穀物產量刷新紀錄，同時貿易量接近紀錄（Record cereal production and near-record trade in 2019/20），（http://www.fao.org/worldfoodsituation/csdb/zh/）。

的吃，不僅要吃出哺乳動物應有的壽期，還應吃出哺乳動物的最高壽期，這樣才配稱為動物中的「萬物之靈長」，在這個領域還有很大的空間可為。筆者認為，隨著食學研究的深化並為民眾廣泛接受和應用，食學理論成熟期人類平均壽命會達到 100 歲，食學理論繁榮期人類平均壽命將達到 120 歲。食學將為人類康而壽做出巨大貢獻。人類平均壽期的延長，可推動人類智慧的積累與疊加，因此人類的智慧將得到更大的釋放。

▌優化社會秩序

人類社會，經歷了一個由無序到有序，由小序到大序的發展過程。先後經歷了 3 個歷史階段，第一是以野獲食物為標誌的世界秩序，時間段由人類誕生直至西元前 1 萬年，這一階段的特徵是世界秩序的點狀化，人類只有族群內的小秩序，而在整體上並不相聯，這是世界秩序 1.0 階段。第二是以農業文明為標誌的世界秩序，時間段由西元前 1 萬年至 300 年前，點與點之間因食物交流等因素聯結起來，這一階段的特點是片狀化，但尚未形成區域化，這是世界秩序 2.0 階段。第三是以工業文明為標誌的世界秩序，時間段由 300 年前至今，這一階段的世界秩序特點是由區域化走向全球化。工業文明帶來了交通的飛速發展，殖民主義帶來區域秩序範式的輸出，互聯網等現代通信工具的出現，為世界秩序建設提供了有力的技術支撐，這是世界秩序 3.0 階段。第四是以全球化為標誌的世界秩序，是 21 世紀及未來。在這之前的世界秩序，是以部分群體及國家利益為出發點的世界秩序。關照世界每一個人利益的世界秩序，是世界秩序 4.0 階段，即食事文明時代。人類因此步入世界秩序的新階段，其特點是全世界形成了一個整體的運行機制。

食事秩序是人類社會整體秩序的基礎。持續獲得充足優質的食物，是個體生存的最基本訴求。通過約束與教化兩種範式，構建一個關照世界上每一個人食物利益的食事秩序，是通向世界秩序 4.0 階段的必經途徑。讓每一個人都有獲得食物的保障，這就是吃權（Eating Right）。吃權是每一個人獲得食物的權利，是人權的基礎，是構建世界食事秩序的基礎。換句話說，沒有整體的世界食事秩序，就不會有世界秩序 4.0。隨著人類科學與經濟的發展，世界食事秩序的形成正在加速。如何積極主動地研究、控制這個系統，建立一個和諧公正的世界食事秩序，使食物的生產與分配更加均衡，從而減少各種因食物引起的衝突，使人人都能吃飽、吃好、吃出健康壽命，是食學的一項基本任務。

世界食事秩序的建設，將掀起人類對食為系統的大反思、大變革，不僅會改變人們的食生活、食健康，還將改變全球經濟格局、社會格局、文化格局和生態格局，從而推動世界秩序的正向變革與進化。

▌維持種群延續

食物是生存要素。食事與生態之間的種種衝突，是威脅人類可持續發展的重要因素，食事問題能有效解決，可持續發展才能實現。

威脅種群延續的因素有四個方面，即基因變異、生態災難、資源短缺、科技失控（如圖 1-22 所示）。基因包括退化和改變，其中食物起著至關重要的作用；生態災難包括自然災難和人為災難，其中食為災難是人為災難的主要內容；資源短缺包括食物資源和非食物資源，從生存的角度看，食物資源直接威脅可持續，這個問題的另一面是人口膨脹，其本質依舊是食物供需平衡問題；科學失控，是指在宏觀和微觀兩個方向，科學地無限探索帶來的不確定性和不可控性的危害，威脅種群延續。

圖 1-22　威脅種群延續四因素

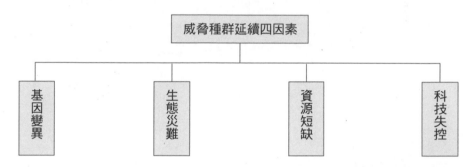

人類的食物來源於生態，形象地講，大地、水域是食物的母親，陽光是食物的父親。從食學的角度看，人類對食物生態的干擾來自兩個方面：一是食為干擾，二是非食為干擾。人類食為給食物母體帶來的威脅，包括食物生產環節的過度開發、食物加工環節的汙染物排放，包括人類食事對生物鏈的破壞等。這些都是造成食物母體生態失衡的重要原因。

控制人口增長，是保障食物母體系統可持續的另一個方面。一直以來，人口數量和食物供給的關係是相互促進的，豐足的食物會促進人口的增加，而人口數量的增長又提高了對食物的需求數量。人口問題，從來就不僅是社會學的就業與老齡化問題，人口問題的本質是食物的供需問題。21 世紀人類總量將步入百億級，當人口的數量達到食物母體系統所能承受的臨界點時，就是極限，就是「天花板」。如何維持食物供給與人口數量的平衡，不能依靠傳統的戰爭和瘟疫的被動方法，主動控制全球人口增長是維護種群延續的一個重要課題。

另外，食物短缺一直在威脅著人類的可持續發展。2018 年，聯合國糧農組織在《糧食和農業的未來：實現 2050 目標的各種途徑》的調研報告中，曾就營養不良的人口數量前景，按照現行模式、層級化加強模式和可持續模式三種不同的發展模式做出預測，結果是 2030 年營養不良的人口數量，在現行模式下接近 6 億人；在層級化加強模式下接近 10 億人；在可持續發展模式下稍高於 2.5 億人（如表 1-3 所示）。

表 1-3　聯合國糧食及農業組織對營養不良人口數量預測 *

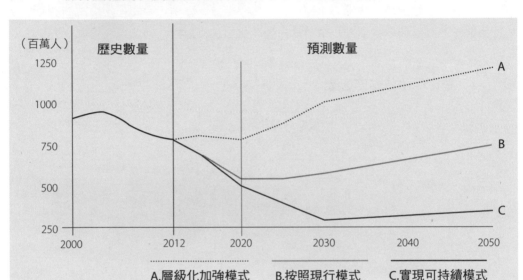

* 聯合國糧食及農業組織（FAO）：《糧食和農業的未來：實現 2050 目標的各種途徑》（*The future of food and Agriculture : Alternative pathways to 2050*），2018 年版，第 112 頁。

食事對於人類的種群延續是如此重要，它理所當然地得到世界各國和國際組織的關切。2000年9月，聯合國提出「千年發展目標」，八項目標中有六項與食事相關，它們是消滅極度貧困和饑餓；普及小學教育；促進性別平等，授權於女性；減少兒童死亡率；增進孕婦健康；與HIV／AIDS、瘧疾和其他疾病作鬥爭；保證環境的可持續性；實現發展上的全球夥伴關係。[⑦] 繼「千年發展目標」之後，在2015年召開的聯合國可持續

---

⑦　〔英〕提姆・朗（Tim Lang）、麥克・希斯曼（Michael Heasman）著：《食品戰爭——飲食、觀念與市場的全球之爭》（*Food Wars : The Global Battle for Mouths, Minds and Markets*），劉亞平譯，中央編譯出版社 2011 年 10 月版，第 80 頁。

發展峰會上，聯合國193個成員國一致正式通過了17個可持續發展目標（SDGs），旨在從2015年到2030年間，以綜合方式徹底治理社會、經濟和環境三個維度的可持續發展問題。在這17個目標中，有12個目標與食事相關（如圖1-23所示）。其中，既有「零饑餓」「清潔飲用水」「保護海洋生態」「保護陸地生態」這些與食事顯性相關的目標，也有「應對氣候變化」「產業、創新和基礎設施」「負責任消費和生產」這些與食事隱性相關的目標。自2016年開始，可持續發展（SDGs）已經成為歷屆G20首腦峰會的重要議題。

　　科技再發展、再進步，人類也無法整體離開地球這個美好家園。不要輕信那些到其他星球尋求食物或移民的幻想。認真研究人類如何處理好與生態和諧相處，才是長治久安之道。

圖 1-23　聯合國可持續發展 17 個目標中，有 12 個與食事問題相關 *

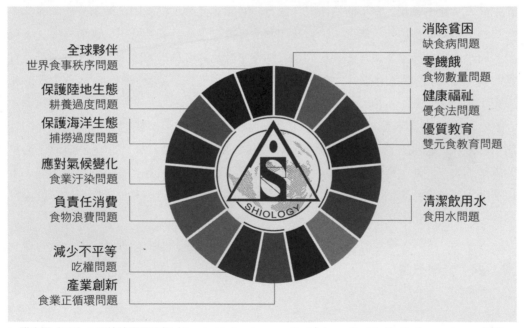

全球夥伴
世界食事秩序問題

保護陸地生態
耕養過度問題

保護海洋生態
捕撈過度問題

應對氣候變化
食業汙染問題

負責任消費
食物浪費問題

減少不平等
吃權問題

產業創新
食業正循環問題

消除貧困
缺食病問題

零饑餓
食物數量問題

健康福祉
優食法問題

優質教育
雙元食教育問題

清潔飲用水
食用水問題

* 聯合國（UN）：可持續發展目標（Sustainable Development Goals）,https://sustainabledevelopment.un.org/SDGs。

食學結構

中國有一個成語叫「綱舉目張」，那麼，構建食學體系的「綱」在哪裡呢？筆者認為這個「綱」就是食學三角結構。食學的三角結構，簡稱「食學三角」，指的是食物生產、食物利用、食事秩序三者之間的關係。它是我們認識、構建食學體系的基礎，並由此形成食學的二級學科。

食學三角的建立

綜觀人類龐大複雜的食事，人們常用飲食生活、飲食文化、飲食思想、美食藝術、食品科學等概念來描述，各有各的角度，各說各的觀點。在幾十年的思考與研究中，筆者發現，儘管歷史階段不同、種族文化不同，但人類的生存與社會功能都在圍繞著食物的生產、食物的利用、食事的秩序這 3 個方面展開，其中食物利用是極為少用的概念，食事秩序是筆者提出的新概念。筆者為什麼選擇食物生產、食物利用、食事秩序 3 個概念，而沒選其他概念？這是因為它們是人類食事行為的最基本的因素。食物生產涉及食物的質與量，食物利用涉及人的生命品質與長度，食事秩序涉及人與人、人與生態的和諧相處。

為了準確表達三者之間的關係與功能，也為了便於記憶，我把食物生產、食物利用、食事秩序組成一個三角形，命名為「食學三角」（如圖 1-24 所示）。自此，海量的碎片的食事認知，將因這個三角匯聚，一片都不會落下。並且，在這個結構下面，可以清晰方便地細化認知，派生分支。從食學理論的角度看，這個三角一經形成，就再也不會分開，它將帶領我們去探索更多的未知空間。

圖 1-24　食學三角

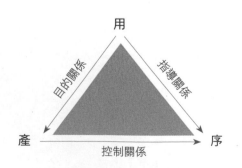

圖中的「用」是食物利用，是指食物從入口到排泄的過程和效率，這是一段在人體內部不到十公尺長的距離，它雖然很短，但內涵非常豐富，包括肌體構成、能量釋放、資訊傳遞和廢物排泄等。這其中蘊藏著無限奧祕，等待著我們去揭示、去探尋。這是保障人體健康、長壽的領域。

圖中的「產」是食物生產，是指農業、食品工業、餐飲業等所有食物生產的領域。這是一條很長的線，從源頭到餐桌；這是一個很大的產業，占世界 GDP 總量的 40% 以上，是保障人類食物品質和數量的領域。

圖中的「序」是食事秩序，主要是指三大矛盾的調節：一是調節食生產和食利用之間的矛盾與衝突；二是調解人群與人群之間的食事矛盾與衝突；三是調節人類與生態之間的矛盾與衝突。食事秩序涉及經濟、法律、行政、教育、習俗、效率等多方面，既是構建可持續的人類社會的食為規則，也是實現人類與生態、人群與人群、食生產與食利用之間和諧的保障。

從圖 1-24 中我們可以看到，食物利用是根本，食物生產與食事秩序都是服務於食物利用的。食物生產與食物利用的關係是手段與目的關係，即生產是為了利用，其根本是食物供給的質與量。

食事秩序與食物利用的關係是方式與服務的關係，是圍繞著人人康而壽提供服務指導的。食事秩序與食物生產的關係是環節與控制關係，約束、控制食物的生產緊緊圍繞著「世代人人康而壽」這個總目標，調節人與人、人與社會、人與生態的和諧關係。

在食學三角提出之前，食物生產、食物利用、食事秩序 3 個領域的認知與研究是極不均衡的，食物生產領域最發達，食物利用和食事秩序領域相對薄弱，這是當今人類諸多食事問題沒有得到有效解決的根源所在。開展深入、全面的食物利用領域的研究，是提升個體健康壽期的不二選擇。開展深入、全面的食事秩序領域的研究，是解決食物生產與利用、食事利益下的人與人、種群與生態之間矛盾與衝突的理論法寶。

在此之前，食物生產、食物利用、食事秩序三者之間是割裂、分散的，各執一說、各行其是，在自己的理論體系內，都是絕對正確，而當三者連成三角形後，就會發現各自的不足。服從整體的目標，還可以讓我們發現許多食事認知的空白領域。

食學三角的轉動

食學三角的轉動，指的是食學三角各要素的權重變化。食學三角形是食為系統的本質結構。人類食為系統的內部變化，始終圍繞著「食學三角」的變化，只是遲遲未被我們發現而已。遠古時代和農業文明時代食為系統是以「食用」為中心的，而近代工業文

明的效率法則，迫使食為系統以「食產」為中心。為了便於表達三者之間的關係，這裡用三角形的頂角表示重要性。

食學三角第一次轉動（偏離）。工業文明以追求高效率、高利潤而行走天下，食物的生產環節毫無例外地「被高效」了，人類數千年形成的以食物利用為中心的模式，在近 300 年間不自覺地轉向以食物生產為中心（如圖 1-25 所示）。科學與商業緊緊圍繞著食物生產效率而展開，在追求食物數量和適口性的同時，不惜威脅食用者的健康，降低了食物利用效率。

圖 1-25　食學三角第一次轉動

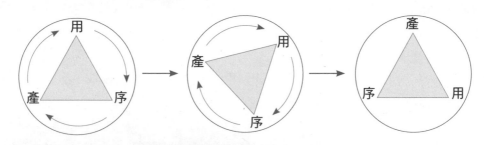

英國學者提姆・朗和麥克・希斯曼[8] 將這種以食物生產為中心的模式稱為「生產主義範式」，他們認為，「生產主義範式起源於過去 200 年食品的工業化及其伴生的化學、交通和農業技術發展。在這一時期，世界許多地方的食品供應從地方性的、小規模的生產轉向集中化大生產和食品的大規模分銷。這種轉換是生產主義範式的基本特點。生產主義範式因 20 世紀中期以來許多國家的饑荒、食品短缺和分配不善所強化，在整個世界範圍內，政府都在制定應用大規模工業技術的全國性政策來增加生產，現代化學、交通、加工和種植技術得到充分利用。這一範式的根本目標是為日益增長的城市人口提高勞動和資本的產出和效率。」

如上所述，食學三角第一次轉動的結果，將食物生產推向食為系統的主導位置。而食物利用的效率，即食用者的身體健康被嚴重的邊緣化。

食學三角第一次轉動形成的模式既不合理，也不可持續。食物生產歸根結底是為了

---

[8] 〔英〕提姆・朗（Tim Lang）、麥克・希斯曼（Michael Heasman）著：《食品戰爭——飲食、觀念與市場的全球之爭》（*Food Wars: The Global Battle for Mouths, Minds and Markets*），劉亞平譯，中央編譯出版社 2011 年版，第 17～18 頁。

食物利用，食物利用的效率才是根本。食物生產的效率必須服從食物利用的效率，這才是人類正確的選擇。

這次轉動促使食物生產效率提高，從而帶來了大量的食物，極大地緩解了人類食物供給的不足。然而，隨著對食產效率的不斷追求，其副作用開始凸顯。食物生產登上了追求高效的快車，在商業逐利的規則中，生產者不願剎車減速，消費者無知盲從。食物生產的效率有一個度的問題，超越了這個度，影響了食物品質，就是一個「偽高效」。因為在超高效率規則下所生產出的食物，品質會出現嚴重下降，最終影響了食物利用的效率。面對這種「偽高效」，生產者「兩塊田」現象出現了。一塊自留田生產效率低，利用效率高的食物自用；另一塊售賣田生產效率超高，利用效率偏低的食物賣給他人。每一個食物的生產者都不能生產所有的食物，每一個生產者都把超高效的食物賣給他人，其結果是生產者吃到的只有一款是好食物，其他都是「偽高效」的食物。這是一種食物生產的負迴圈模式，是互害的模式、是不可持續的模式。

食學三角的第二次轉動（回歸）。從歷史的角度講，今天食學的任務，是要推動食學三角形的第二次轉動，就是再轉回到以食物利用為中心。這是一個回歸的轉動，一個正本清源的轉動。以食物利用為根本就是以人類健康壽期為中心（如圖 1-26 所示）。

圖 1-26　食學三角第二次轉動

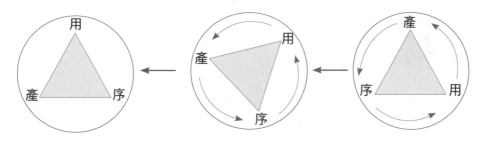

今天，我們這個理論模型的轉動，將推動人類實踐的偉大變革。要徹底轉到以食物利用為中心，需要我們有更大的勇氣和創新精神。因為這不是一個簡單的機械的回歸，它會挑戰許多傳統的理論和學科，否定許多固有的規則和習慣，它將帶來一個全新的、互利的、可持續的社會模式。固有的知識體系難以支撐這次轉動，食學科學體系的確立，則為我們提供了改變實踐的理論力量。食學三角形第二次轉動，將是人類社會 21 世紀的一場巨大變革。

食學三角價值

食學三角轉動，指的是食學三角要素的權重變化。食學三角是食學科學的重要內容。它不僅是食學科學內在的核心結構，更是食學體系建設的基石。關於食學三角的價值，主要體現在以下四個方面。

食學三角的 3 邊價值。食學三角不是一條邊，也不是更多條邊，而是 3 條邊。也就是說，既不是一個要素，也不是更多的要素，而是 3 個要素。這 3 個要素分別代表著食物生產、食物利用、食事秩序。3 邊價值的重點是「三」，是確定了三要素。

食學三角的整體價值。食學三角 3 條邊的位置，既不是平行，也不是交叉，而是構成三角形，構成一個整體。這代表著食物生產、食物利用、食事秩序三者是相互聯繫的，是不可分割的，它們是一個穩定的整體。

食學三角的頂角價值。食學三角有一個頂角，這個頂角代表三角形的重點。在三個角中只能有一個重點，不能有兩個重點。這代表著食生產、食利用和食秩序中只能有一個重點，不能有多個重點，以此確定三者之間的權重關係。

食學三角的轉動價值。從社會結構的角度看，食學三角是轉動的，它的轉動帶來重點的變化。人類很長一段時間都是以食物利用為重點的，工業革命後逐漸演變為以食物生產為重點。只有從理論上認識到這個轉動的本質，才能推動實踐的變革。

食學二級學科體系

食學三角的 3 個支點，同時也是食學體系的 3 個二級學科，它們是食物生產學、食物利用學和食事秩序學（如圖 1-27 所示）。

圖 1-27　食學二級學科體系

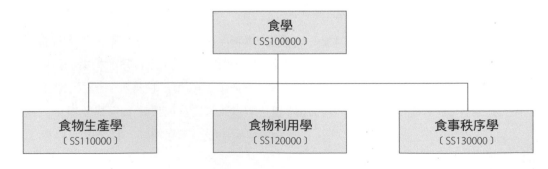

食學中的食物生產學，是一門涵蓋所有食物生產認知的學科。食物生產是一個古老的行業，如果從原始人類對天然食物的採摘、狩獵、捕撈和採集算起，已經有數百萬年的歷史。而食物生產學則是食學體系下的一門新興學科，它將所有與食物生產相關的內容集於一體，以更高的視角和更寬的視野給予研究認知。食物生產學下轄食物母體學、食物野獲學、食物馴化學、人造食物學、食物加工學、食物流轉學、食為工具學 7 門食學三級學科，組成了完整全面的人類食物生產體系。

食學中的食物利用學，是一門涵蓋了食物利用方方面面認知的學科。食物利用是人類食為的核心，所有食物生產的最終目的都是食物利用，食物利用學也居於食學三個二級學科的中心位置。食物利用學的本質是研究如何實現食物利用的最高效率。從學術研究的角度看，食物利用學提出的「雙元認知食物」「雙元認知肌體」「食在醫前」「人體健康、亞衡、疾病三個階段」「吃事三階段」「科學進食 1-3-12 體系」「吃事的五覺審美」等新觀點，都讓這門學科具有了十分重要的價值。食物利用學下轄食物成分學、食者肌體學、吃學 3 門食學三級學科，組成了完整全面的人類食物利用體系。

食事秩序學是與食物生產學和食物利用學並列的一門食學二級學科。食事秩序學的研究內容是人類所有食事行為的和諧與持續，既包括食為與食母系統的和諧及持續，也包括食為與食化系統的和諧與持續。當今人類的食事問題且多且嚴重，亟須從約束和教化兩個方面著力，以預防和減少因不當食事行為引起的種種問題。食事秩序學下轄食事制約學、食為教化學、食事歷史學 3 門食學三級學科，由此構成完整全面的人類食事秩序體系。

食學三級學科

在構建食學科學體系的研究中，筆者發現人類海量的食事，存在 13 個具有內在原理、結構共性的組合。它們是歸納海量食事不可缺少的層級，需要一個概念來表達。經過反覆比較，最終筆者選擇了「範式」概念。範式（Paradigm）的概念和理論由美國著名哲學家湯瑪斯·庫恩提出的。這 13 個食事範式是開展食學研究、建立科學體系、不可或缺的構件，它們可以把人類海量的食事認知分成若干區塊，有利於我們更好地構建食事認知體系（如圖 1-26 所示）。

圖 1-28　食事 13 基本範式

在食學體系中，筆者把 13 個範式作為食學的三級學科，上承食物生產、食物利用、食事秩序 3 門二級學科，下轄食母保護學等 36 門四級學科，發揮著承上啟下的「模塊」「構件」的作用。這個層級的設置，使食學體系的架構更為完整，表述更為明了清晰。這一層級的劃分原則，是在食學的二級學科之下，尋找最大的共性組合。

▌食學三級學科體系

在食學體系中共有 13 個三級學科。它們是食物母體學、食物野獲學、食物馴化學、人造食物學、食物加工學、食物流轉學、食為工具學、食物成分學、食者肌體學、吃學、食事制約學、食為教化學和食事歷史學（如圖 1-29 所示）。

圖 1-29　食學三級學科體系

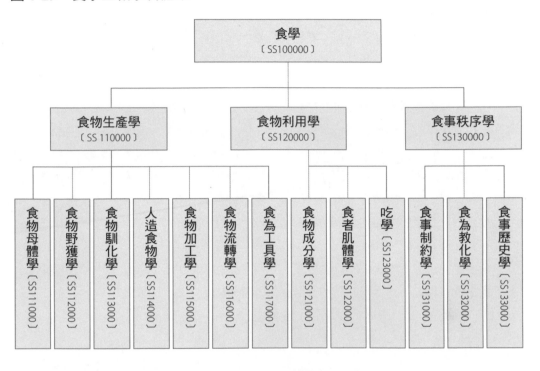

食物母體從食物來源的角度強調了人類食物對地球生態的依賴關係。食物母體學隸屬於食物生產學，下轄 2 門食學四級學科：食母保護學、食母修復學。

食物野獲是指人類用採摘、狩獵、捕撈、採集等方式對天然食物的直接獲取。食物野獲學隸屬於食物生產學，下轄 4 門食學四級學科：食物採摘學、食物狩獵學、食物捕撈學、食物採集學。

食物馴化是指用種植、養殖和培養的方式對天然食物進行馴化。食物馴化學隸屬於食物生產學，下轄 3 門食學四級學科：食物種植學、食物養殖學、食物菌殖學。

人造食物是指用化學合成等方式生產合成食物。人造食物學隸屬於食物生產學，下轄 2 門食學四級學科：調物合成食物學、調體合成食物學。

食物加工是指用物理、加熱、微生物等方式對食物進行加工。食物加工學隸屬於食物生產學，下轄 3 門食學四級學科：食物碎解學、食物烹飪學、食物發酵學。

食物流轉是指對食物的貯藏、運輸和包裝。食物流轉學隸屬於食物生產學，下轄 3 門食學四級學科：食物貯藏學、食物運輸學、食物包裝學。

食為工具是指人類的食為活動中使用的各種工具。食為工具學隸屬於食物生產學，下轄 2 門食學四級學科：食為手工工具學、食為動力工具學。

食物成分是指食物中所蘊含的各種對人體產生作用的成分。食物成分學隸屬於食物利用學，下轄 2 門食學四級學科：食物元性學、食物元素學。

食者肌體是指人體的體性和體構。食者肌體學隸屬於食物利用學，下轄 2 門食學四級學科：食者體性學、食者體構學。

吃學是研究進食與人體健康的學科，涵蓋吃前、吃中和吃後三個階段。吃學隸屬於食物利用學，下轄 5 門食學四級學科：吃方法學、吃美學、吃病學、偏性物吃療學、合成物吃療學。

食事制約是指對人類食事的強制性制約。食事制約學隸屬於食事秩序學，下轄 4 門食學四級學科：食事經濟學、食事法律學、食事行政學、食事數控學。

食為教化是指對人類食為軟性的教育與感化。食為教化學隸屬於食事秩序學，下轄 2 門食學四級學科：食學教育學、食為習俗學。

食事歷史是指人類過去與食物生產、利用、秩序相關的行為及結果。食事歷史學隸屬於食事秩序學，下轄 2 門食學四級學科：野獲食史學、馴化食史學。

食學四級學科

　　食學的 13 門三級學科之下，有 36 門四級學科。這 36 門四級學科相對獨立，是構成食學科學體系的基礎層、基本層，它們從不同維度，囊括了人類食事認知的方方面面，無一缺漏。食學的四級學科，是食學教育劃分專業和課程設置的主要參考座標。

食學四級學科的劃分原則

　　食學四級學科的劃分原則，是在三級學科層級下面尋找最大的差異屬性，並把它們分別列出，保證它們相互之間第一關係是並列關係，不是屬種關係或交叉關係。例如，食物碎解、食物烹飪和食物發酵三門學科，雖然同屬於食物加工學，具有相同的屬概念，但一個是用物理方式加工，一個是用熱方式加工，一個是用微生物方式加工，在種概念上有明顯區別。又如，食物採摘、食物狩獵、食物捕撈、食物採集這 4 門學科，雖然同屬於食物野獲學，都是對天然食物的直接獲取，但是它們具體的獲取方式有著很大的差異。

　　食學四級學科的劃分原則有兩個：一是實踐原則。即用其在食業中所處位置確定學科位置，例如食物種植和食物養殖均屬食業中的食物生產領域，所以把食物種植學、食物養殖學置於食物生產學的食物馴化門下；偏性物吃療和合成物吃療屬於食業中的食物利用領域，所以將偏性物吃療學、合成物吃療學置於食物利用學吃學門下；二是前瞻原則，即分析一門學科所處位置，不僅要看它在當前食業中所處位置，還要根據它的發展前景確定學科位置。例如食事數控學，其表象是論述食為工具，為什麼要將其置於食事秩序領域呢？這是因為當今數位技術異軍突起，它們的功能在不斷拓展，例如數位平臺，不僅可以提高食事效率，還可以發揮控制約束的作用。與此同時，更多地展現出「智慧化」「自動化」的特性。從發展的眼光看，將其置於食事秩序的領域更為恰當合理。

食學四級學科體系

　　食學的三級學科門下，劃分有 36 門四級學科。它們是：食母保護學、食母修復學、食物採摘學、食物狩獵學、食物捕撈學、食物採集學、食物種植學、食物養殖學、食物菌殖學、調物合成食物學、調體合成食物學、食物碎解學、食物烹飪學、食物發酵

學、食物貯藏學、食物運輸學、食物包裝學、食為手工工具學、食為動力工具學、食物元性學、食物元素學、食者體性學、食者體構學、吃方法學、吃美學、吃病學、偏性物吃療學、合成物吃療學、食事經濟學、食事法律學、食事行政學、食事數控學、食學教育學、食為習俗學、野獲食史學和馴化食史學（如表 1-4 所示）。

表 1-4　食學四級學科體系表

三級學科	四級學科				
食物母體學 〔SS111000〕	食母保護學 〔SS111100〕	食母修復學 〔SS111200〕			
食物野獲學 〔SS112000〕	食物採摘學 〔SS112100〕	食物狩獵學 〔SS112200〕	食物捕撈學 〔SS112300〕	食物採集學 〔SS112400〕	
食物馴化學 〔SS113000〕	食物種植學 〔SS113100〕	食物養殖學 〔SS113200〕	食物菌殖學 〔SS113300〕		
人造食物學 〔SS114000〕	調物合成食物學 〔SS114100〕	調體合成食物學 〔SS114200〕			
食物加工學 〔SS115000〕	食物碎解學 〔SS115100〕	食物烹飪學 〔SS115200〕	食物發酵學 〔SS115300〕		
食物流轉學 〔SS116000〕	食物貯藏學 〔SS116100〕	食物運輸學 〔SS116200〕	食物包裝學 〔SS116300〕		
食為工具學 〔SS117000〕	食為手工工具學 〔SS117100〕	食為動力工具學 〔SS117200〕			
食物成分學 〔SS121000〕	食物元性學 〔SS121100〕	食物元素學 〔SS121200〕			
食者肌體學 〔SS122000〕	食者體性學 〔SS122100〕	食者體構學 〔SS122200〕			
吃學 〔SS123000〕	吃方法學 〔SS123100〕	吃美學 〔SS123200〕	吃病學 〔SS123300〕	偏性物吃療學 〔SS123400〕	合成物吃療學 〔SS123500〕
食事制約學 〔SS131000〕	食事經濟學 〔SS131100〕	食事法律學 〔SS131200〕	食事行政學 〔SS131300〕	食事數控學 〔SS131400〕	
食為教化學 〔SS132000〕	食學教育學 〔SS132100〕	食為習俗學 〔SS132200〕			
食事歷史學 〔SS133000〕	野獲食史學 〔SS133100〕	馴化食史學 〔SS133200〕			

食母保護學。食母保護學是從保護角度研究食物和食母關係的學科。它指導人類正確地認識自然，合理地利用自然，以維護食物生態的平衡，維護生態食物產能可持續供給的最大化，促進食物母體的可持續發展。

食母修復學。食母修復學是從修復角度研究食物和食母關係的學科。它指導人類正確地修復被不當食為破壞的大氣、土地、水體等資源，恢復生物多樣性，促進食物母體的可持續發展。

食物採摘學。食物採摘學是研究對天然食用植物進行採摘的學科。食物採摘曾經是人類不可或缺的生存手段之一。第一次農業革命後，由於種植業的興起，對天然食物採摘的規模逐漸縮小，如今僅作為人類獲取植物性食物的一種補充。

食物狩獵學。食物狩獵學是研究對天然陸地食用動物進行狩獵的學科。食物狩獵曾經是人類極為重要的生存手段，第一次農業革命後，由於養殖業的興起，食物狩獵的規模逐漸縮小，如今狩獵已經成為人類控制動物種群平衡的手段之一。

食物捕撈學。食物捕撈學是研究對水域食用動物進行捕撈的學科。食物捕撈曾經是人類重要的生存手段，在科技發展生產工具進步的今天，它已發展成為一個大的行業，捕撈領域由內陸河湖擴展為近海、遠海、遠洋。

食物採集學。食物採集學是研究對水、鹽等礦物食物資源進行收集與提取的學科。食物採集曾經是人類重要的生存手段，在當今社會，伴隨人們日益增長的物質需求，食物採集的規模也日益壯大，發展成為一個興盛的行業。

食物種植學。食物種植學是研究對食用植物進行人工馴化的學科。它以獲取食物為目的，通過人工對植物的栽培，取得糧食、蔬菜、水果、飼料等產品，從而保障人類植物性食物的數量與品質。

食物養殖學。食物養殖學是研究對食用動物進行人工馴化的學科。它以獲取食物為目的，通過對可食性陸地動物和海洋動物的繁殖和培育，將牧草和飼料等植物能轉變為動物能，為人類提供營養價值更高的動物性蛋白質。

食物菌殖學。食物菌殖學是研究對食用菌類食物進行人工馴化的學科。人類對菌類食物的人工培養已有數千年的歷史。近年來，食物培養業發展迅速，菌類食物已經成了繼糧、棉、油、果、菜之後第六大農產品。

調物合成食物學。調物合成食物學是研究調物類化學合成食物的學科。調物合成食物是一個龐大的家族，也是一把「雙刃劍」。在提升食物的感官度及適口性的同時，並沒有給食者帶來應有的營養，超量、不當使用，還會給人體健康帶來危害。

調體合成食物學。調體合成食物學是研究調體類化學合成食物的學科。調體合成食

物是指利用化學方式製成的口服藥片，它既有治療疾病的效能，也具有比較明顯的副作用。

食物碎解學。食物碎解學是研究用物理的方式提升食物適口性和養生性的學科。食物碎解是一個比較寬泛的概念，不僅指將食物分割切碎，凡是以物理方式對食物進行加工的，如食物分離、混合、濃縮等，都可以歸於食物碎解的範疇。

食物烹飪學。食物烹飪學是研究用熱方式提升食物適口性、養生性的學科。科學原理之外，食物烹飪學對烹飪的三級技術體系、7 級產品體系、餐飲產品的 28 位編碼體系等作了深入論述。

食物發酵學。食品發酵學是研究用微生物方式提升食物適口性、養生性的學科。食物發酵涉及眾多食物加工環節，產品豐富多樣，包括酒、茶、醋、醬油、腐乳、酸菜、酸乳、火腿、乾鮑及乳酪等多種行業和產品。

食物貯藏學。食物儲藏學是研究食物時間維度與品質維度變化及規律的學科。食物貯藏是維護食物品質、減少損失、實現均衡供應的重要手段，可以分為依靠自然條件完成貯藏和依靠機器設備完成貯藏等兩個階段。

食物運輸學。食物運輸學是研究食物品質與空間變化及規律的學科，其主要任務是指導人類在保證食物品質的同時，提高其空間移動的便捷性。伴隨科技的發展和人類活動區域的擴大，食物運輸方式也在不斷升級。

食物包裝學。食物包裝學是研究食物外部保護與裝飾及規律的學科。食物包裝起源於人類的食物儲運需要，如今已經發展成為集包裝原料、食品科學、生物化學、包裝技術、美裝設計於一體的大行業。

食為手工工具學。食為手工工具學是研究食用手工工具的研發和使用，以提高食物生產、食物利用效率的學科。食為手工工具的歷史和人類的發展史一樣久遠。迄今為止，食為手工工具在食生產、食利用領域，仍發揮著重要作用。

食為動力工具學。食為動力工具是指由動力驅動的各種食用機械和設備。利用風能、水能的食為動力工具古已有之，直到工業革命後，它們才異軍突起，取代了大部分的人力。聯網化和智慧化是食為動力工具今後的發展方向。

食物元性學。食物元性學是從食物性格角度研究食物差異性的學科。它將食物分為溫涼寒熱平等不同性格，指導人類探究、利用食物性格的功能與作用，科學進食，調理亞衡，治療疾病，吃出健康長壽。

食物元素學。食物元素學是研究食物元素與人體健康之間的關係的學科。人們認識食物元素是從營養素開始的，但是食物元素的概念要大於食物營養素。在食物中，除了

營養素外，還有無養素和未知元素需要深入研究。

　　食者體性學。食者體性學是從生態整體維度研究人的肌體變化和差異，研究人體與食物之間關係的學科。在現代生理學、解剖學沒有出現的數千年裡，食者體性的認知指導了人類的日常飲食和對疾病的調療。

　　食者體構學。食者體構學是從結構的角度認識人體變化與食物之間的關係及其規律的學科。人體有九大系統，其中的食化系統在人體系統的運轉中具有不可替代的位置。

　　吃方法學。吃方法學是研究進食方法的學科。吃是人類生存的第一要素，吃法正確與否事關重大。對於科學進食，人類積累了大量的經驗，科學的吃法是人類康而壽的重要基礎。

　　吃美學。吃美學是研究進食審美的學科。它打破了傳統美學的局限，將吃審美擴展為視覺、聽覺、嗅覺、味覺、觸覺五種感知器官共同參與的「五覺審美」，以及具有心理反應和生理反應的雙元審美。

　　吃病學。吃病學是研究食物與食源性疾病之間關係的學科。吃病是一個新概念，是指所有因飲食而來的疾病，既包括因食物問題帶來的疾病，又包括因吃方法不當帶來的疾病。吃病強調病因，強化了對人體健康的上游管理。

　　偏性物吃療學。偏性物吃療學是研究用偏性食物調理身體治療疾病的學科。偏性食物俗稱本草，是指天然的、非滋養功能的、具有療疾作用的吃入口中的物質。用偏性物吃療已有數千年的歷史，並取得了不凡的成果。

　　合成物吃療學。合成物吃療學是一門研究化學合成食物與疾病之間關係的學科。用於療疾的化學合成食物又稱口服西藥，合成食物吃療是指當代醫學的口服醫療部分。

　　食事經濟學。食事經濟學是研究在食物經濟領域的種種規律和關係的學科。它的出現，對指導人類實現食物資源的最優配置，提高食物的利用效率，都具有十分重要的意義。

　　食事法律學。食事法律學是研究在食事法律領域種種內容的學科。當今人類只有各自為政的法律條文，缺少整體性的食事法律，只有各國、各地區分散性的法律，缺少世界性的食為大法。食事法律學呼籲整體性、世界性食事法律的構建。

　　食事行政學。食事行政學是研究政府對食物、食為、人口的有效管理與控制的學科。該學科提出了許多創新觀點，例如設立統一管理的食政機構，農政向食政轉變，用行政手段控制人口的無序增長，用行政手段減少和杜絕浪費，等等。

　　食事數控學。食事數控學是研究食事數位控制的學科。數位食事控制平臺橫跨食物生產、食物利用、食事秩序三大領域。比較傳統的管控工具，數位食事控制平台具備資

訊獲取、傳遞、處理、再生、回饋、利用、管理等多種功能。

食學教育學。食學教育學是研究對人類進行食學教育的學科。食學教育包括兩個方面：一是食者教育，二是食業者教育。從當前情況看，食業者教育開展得較為普遍，而食者教育除了少數國家和地區外，並沒有被納入正規的教學課程。

食為習俗學。食為習俗學是研究食為領域習俗現象的學科。其任務是研究地理環境、歷史進程、人文傳承、宗教差異以及其他促使食俗形成的原因，瞭解不同地域、不同民族的飲食文化習俗，分辨其中的良俗、陋俗，推動人類的食俗進步。

野獲食史學。野獲食事歷史上至約 550 萬年前的人類萌芽時代，下至西元前 1 萬年農業革命開始前夕。這一歷史階段占據了人類歷史 99% 以上的時長，對這一食事歷史階段的研究和總結，對認知人類的發展史、矯正人類當今的不當食為具有重要的意義。

馴化食史學。人類的馴化食事歷史從西元前 1 萬年的農業革命開始，下至當今。馴化讓人類的食物來源趨於穩定，人口數量增加，也帶來了和食母系統衝突加劇、食物種類單一等弊端。

食學的四級體系之下，是食學的五級學科體系（見拉頁 1）。食學體系的六級、七級學科的設置，還需要進一步深入研究，釐清層級關係，確定學科數量，填補體系空白。

食學體系

　　食學科學體系的構建原則，就是針對食事客體，建立食事認知體系，既要把與食事相關的已有認知都納入進來，又要填補食事認知的空白，還要調整錯位的食事認知歸位，並形成一個有合理內在關係的整體，徹底改變當今食事認知割據化、碎片化的歷史局面。食學體系是 21 世紀形成的所有食事認知的整體，從學科角度看，食學的整體體系是全新的，分類方法也是全新的，部分學科的名稱也是新命名的。

　　食學科學體系的內容大部分是已有的，是已存在的食事認知，但在學科分類、學科內容、學術邊界、學術體系等方面存有模糊、不全面、不合理的狀況，食學體系分別對它們進行了釐清、扶正、回歸。食學科學體系的部分內容是新增的，例如吃學、吃病學、吃美學等，是針對已往食事認知模糊或空白的領域。

食學科學基本體系

　　食學的基本體系由一級至四級學科組成，又稱 3-13-36 體系，這是一個由食學、食學二級學科、食學三級學科和食學四級學科構建的具有四個層級的體系。其中的 3 是指三門二級學科，即支撐食學三角的食物生產學、食物利用學、食事秩序學；其中的 13 是指 13 門三級學科；其中的 36 是指 36 門四級學科（如圖 1-30 所示）。

　　食學的基本體系，是在學科屬種基礎上對食學科學的一種劃分，是一種建立在學科邏輯層次基礎上的劃分。這種劃分方法之外，出於研究需要，對食學體系還可以進行不同方式的劃分，以便從不同維度、不同視角全方位地認知食學。其中，包括按學科屬性、按學科進度、按學科結構、按與其他學科關係等多種劃分方式。

食學科學屬性體系

　　食學研究的主要內容是人、食物以及人與食物之間的關係，其中研究食母、食物和人體的學科屬於自然科學範疇，研究食事和人之間關係的學科屬於社會科學範疇。從這個角度劃分，可以讓我們認清食學中各個學科的不同學科屬性（如圖 1-31 所示）。

　　食學中具有自然科學屬性的學科有 27 門，即食母保護學、食母修復學、食物採摘學、食物狩獵學、食物捕撈學、食物採集學、食物種植學、食物養殖學、食物菌殖學、調物合成食物學、調體合成食物學、食物貯藏學、食物運輸學、食物包裝學、食為手工

圖 1-30　食學基本體系

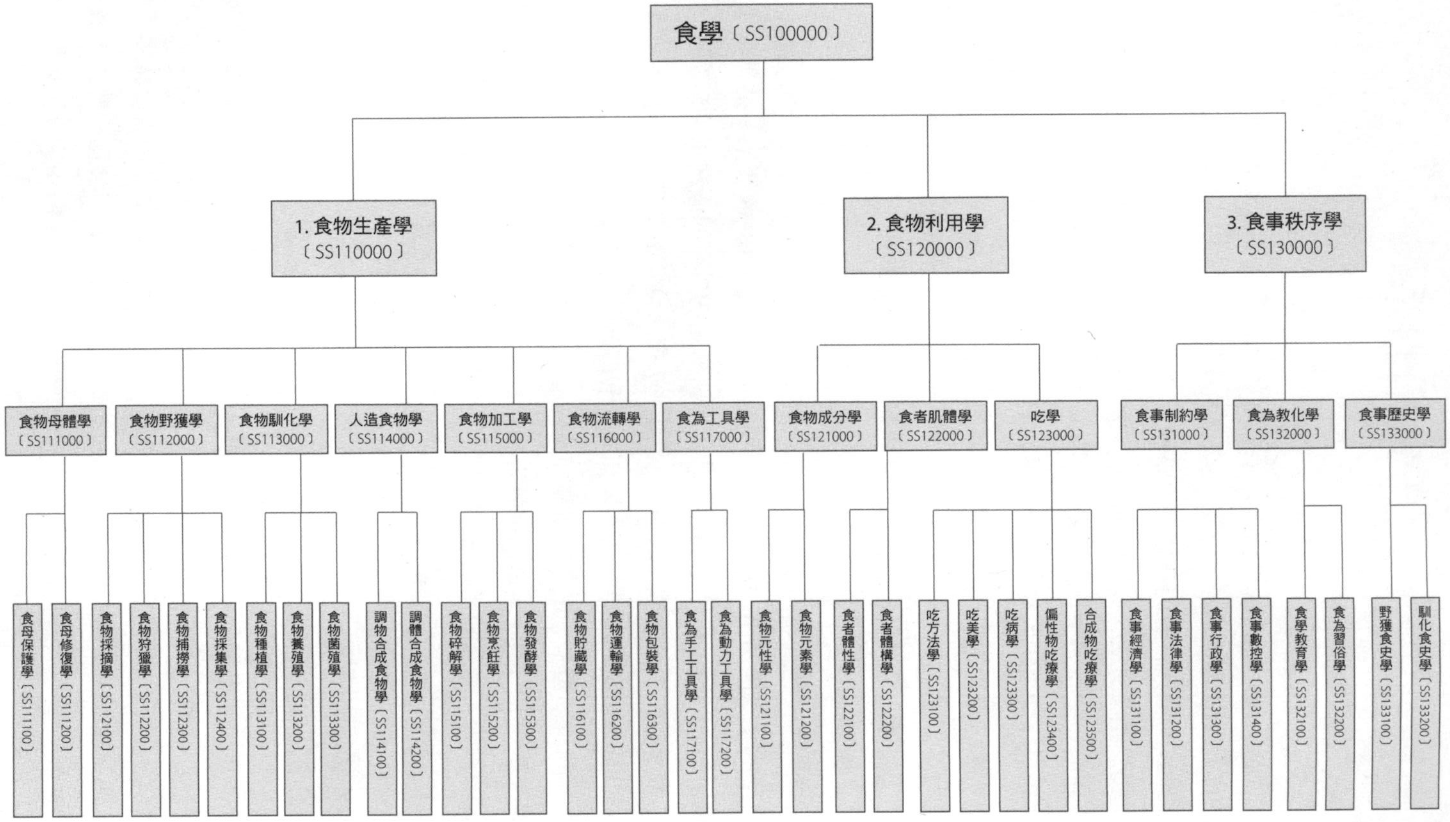

食學（SS100000）

1. 食物生產學（SS110000）
- 食物母體學（SS111000）
  - 食母保護學（SS111100）
  - 食母修復學（SS111200）
- 食物野獲學（SS112000）
  - 食物採摘學（SS112100）
  - 食物狩獵學（SS112200）
  - 食物捕撈學（SS112300）
  - 食物採集學（SS112400）
- 食物馴化學（SS113000）
  - 食物種植學（SS113100）
  - 食物養殖學（SS113200）
  - 食物圈養學（SS113300）
- 人造食物學（SS114000）
  - 調體合成食物學（SS114100）
  - 調體合成食學（SS114200）
- 食物加工學（SS115000）
  - 食物碎解學（SS115100）
  - 食物重茬學（SS115200）
  - 食物發酵學（SS115300）
- 食物流轉學（SS116000）
  - 食物貯藏學（SS116100）
  - 食物運輸學（SS116200）
  - 食物包裝學（SS116300）
- 食為工具學（SS117000）
  - 食為手工工具學（SS117100）
  - 食為動力工具學（SS117200）

2. 食物利用學（SS120000）
- 食物成分學（SS121000）
  - 食物元性學（SS121100）
  - 食物元素學（SS121200）
- 食者肌體學（SS122000）
  - 食者體性學（SS122100）
  - 食者體構學（SS122200）
- 吃學（SS123000）
  - 吃方法學（SS123100）
  - 吃美學（SS123200）
  - 吃病學（SS123300）
  - 偏性物吃療學（SS123400）
  - 合成物吃療學（SS123500）

3. 食事秩序學（SS130000）
- 食事制約學（SS131000）
  - 食事經濟學（SS131100）
  - 食事法律學（SS131200）
  - 食事行政學（SS131300）
  - 食事數控學（SS131400）
- 食為教化學（SS132000）
  - 食學教育學（SS132100）
  - 食為習俗學（SS132200）
- 食事歷史學（SS133000）
  - 野獲食史學（SS133100）
  - 馴化食史學（SS133200）

工具學、食為動力工具學、食物碎解學、食物烹飪學、食物發酵學、食物元性學、食物元素學、食者體性學、食者體構學、吃方法學、吃病學、偏性物吃療學和合成物吃療學。

具有社會科學屬性的學科有 9 門，分別是吃美學、食事經濟學、食事法律學、食事行政學、食事數控學、食學教育學、食為習俗學、野獲食史學和馴化食史學。

食學科學進度體系

食學的 36 門四級學科，依據其發展的進度可以分為原有學科和新學科兩類。原有學科是指已經被納入現行學科體系內的學科，它們有的只是從食學角度對學科範圍做了部分調整，或者對學科名稱做了改變。新學科是指還沒有被納入現行學科體系的學科，這裡面也有兩種情況，一種是全新的學科，例如吃學；另外一種是已有部分傳統認知，但未被納入現代學科體系的學科，例如食物元性學。

原有學科有 18 門，即食物採摘學、食物狩獵學、食物採集學、食物捕撈學、食物種植學、食物養殖學、食物菌殖學、調物合成食物學、調體合成食物學、食物碎解學、食物烹飪學、食物發酵學、食物貯藏學、食物運輸學、食物包裝學、食物元素學、食者體構學和合成物吃療學。

新學科有 18 門，即食母保護學、食母修復學、食為手工工具學、食為動力工具學、食物元性學、食者體性學、吃方法學、吃美學、吃病學、偏性物吃療學、食事經濟學、食事法律學、食事行政學、食事數控學、食學教育學、食為習俗學、野獲食史學和馴化食史學（如圖 1-32 所示）。

食學科學結構體系

從學科結構劃分的角度看，在食學系統中既有食學本體的學科，也有交叉學科。本體學科是指相對獨立發展、大多趨於成熟的學科，例如食物種植學。交叉學科是指和已有學科交叉而來的學科，例如食事經濟學，是從經濟學與食相關的一部分而來。

原有學科有 18 門，即食物採摘學、食物狩獵學、食物捕撈學、食物採集學、食物種植學、食物養殖學、食物菌殖學、食物碎解學、食物烹飪學、食物發酵學、食物元性學、食物元素學、食者體性學、食者體構學、吃方法學、偏性物吃療學、合成物吃療學和吃病學。

新學科有 18 門，分別是食母保護學、食母修復學、調物合成食物學、調體合成食物學、食物貯藏學、食物運輸學、食物包裝學、食為手工工具學、食為動力工具學、吃

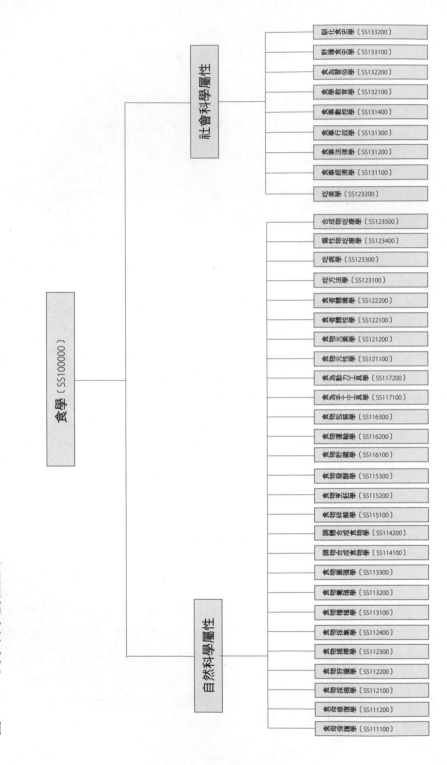

圖 1-31　食學科學屬性體系

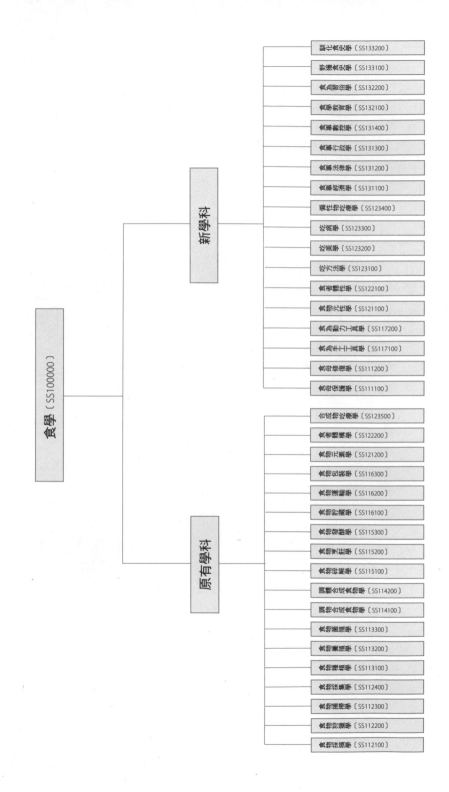

圖 1-32　食學科學進度體系

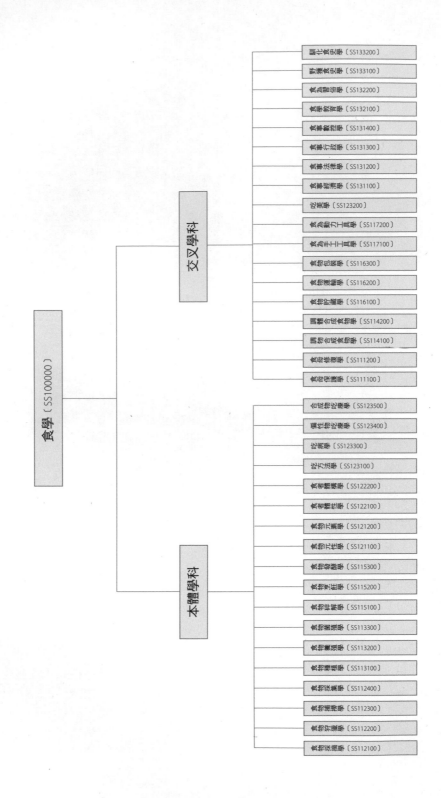

圖 1-33　食學科學結構體系

美學、食事經濟學、食事法律學、食事行政學、食事數控學、食學教育學、食為習俗學、野獲食史學和馴化食史學（如圖 1-33 所示）。

食學與其他學科的關係

　　食學科學體系是一個全新的知識體系，目前尚未全部納入現代科學體系。這就要分清其他學科與食學科學之間的關係和位置，以有利於我們更好地理解食學科學體系的整體價值。

　　食學科學體系中與其他學科體系重疊的有 10 門，它們是食母保護學、食母修復學、食物種植學、食物養殖學、食物菌殖學、食物碎解學、食物烹飪學、食物發酵學、食物元素學和食者體構學，其餘 26 門學科與現有學科設置沒有重疊關係（如圖 1-34 所示）。

食學的學科編碼

　　食學是一個龐大的體系，其中的五級學科達一百多個。為了便於檢索和查找，筆者擬定了一個食學學科編碼規則。食學學科編碼由 2 個英語字母和 6 位數字組成。2 個英文字母為 SS，是 Shiology subject 的縮寫，含義為「食學學科」。6 位數字代表學科和學科級別：其中第 1 位數字為食學一級學科，即食學；第 2 位數字是食學二級學科；第 3 位數字是食學三級學科；第 4 位數字是四級學科；第 5、第 6 位數字為五級學科編碼（如表 1-5 所示）。其中的字母 X 代表 1-9。

表 1-5　食學學科編碼位數表

等級 ＼ 數位	1	2	3	4	5	6
一級學科	x	0	0	0	0	0
二級學科	x	x	0	0	0	0
三級學科	x	x	x	0	0	0
四級學科	x	x	x	x	0	0
五級學科	x	x	x	x	x	x

　　食學學科體系中的各門學科編碼如下（如表 1-6、表 1-7、表 1-8 所示）。

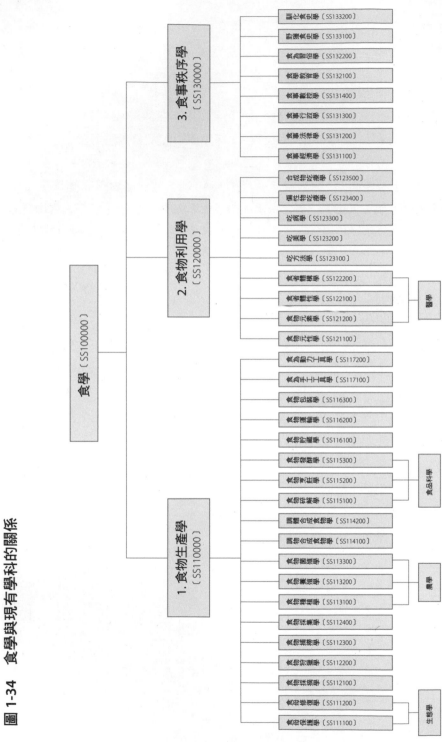

圖 1-34　食學與現有學科的關係

表 1-6　一、二、三級食學學科編碼表

一級食學學科	二級食學學科（3）	三級食學學科（13）
食學〔SS100000〕	食物生產學〔SS110000〕	食物母體學〔SS111000〕
	食物利用學〔SS120000〕	食物野獲學〔SS112000〕
	食事秩序學〔SS130000〕	食物馴化學〔SS113000〕
		人造食物學〔SS114000〕
		食物加工學〔SS115000〕
		食物流轉學〔SS116000〕
		食為工具學〔SS117000〕
		食物成分學〔SS121000〕
		食者肌體學〔SS122000〕
		吃學〔SS123000〕
		食事制約學〔SS131000〕
		食為教化學〔SS132000〕
		食事歷史學〔SS133000〕

表 1-7　四級食學學科編碼表

四級食學學科（36）		
食母保護學〔SS111100〕	食物烹飪學〔SS115200〕	吃美學〔SS123200〕
食母修復學〔SS111200〕	食物發酵學〔SS115300〕	吃病學〔SS123300〕
食物採摘學〔SS112100〕	食物貯藏學〔SS116100〕	偏性物吃療學〔SS123400〕
食物狩獵學〔SS112200〕	食物運輸學〔SS116200〕	合成物吃療學〔SS123500〕
食物捕撈學〔SS112300〕	食物包裝學〔SS116300〕	食事經濟學〔SS131100〕
食物採集學〔SS112400〕	食為手工工具學〔SS117100〕	食事法律學〔SS131200〕
食物種植學〔SS113100〕	食為動力工具學〔SS117200〕	食事行政學〔SS131300〕
食物養殖學〔SS113200〕	食物元性學〔SS121100〕	食事數控學〔SS131400〕
食物菌殖學〔SS113300〕	食物元素學〔SS121200〕	食學教育學〔SS132100〕
調物合成食物學〔SS114100〕	食者體性學〔SS122100〕	食為習俗學〔SS132200〕
調體合成食物學〔SS114200〕	食者體構學〔SS122200〕	野獲食史學〔SS133100〕
食物碎解學〔SS115100〕	吃方法學〔SS123100〕	馴化食史學〔SS133200〕

表 1-8　五級食學學科編碼表

五級食學學科（191）	
食母草地保護學〔SS111101〕	食用植物病蟲害學〔SS113105〕
食母濕地保護學〔SS111102〕	食用植物藥物學〔SS113106〕
食母林地保護學〔SS111103〕	食用水域種植學〔SS113107〕
食母湖泊保護學〔SS111104〕	營養液栽培學〔SS113108〕
食母河流保護學〔SS111105〕	食用動物育種學〔SS113201〕
食母海洋保護學〔SS111106〕	食用動物飼料學〔SS113202〕
食母草地修復學〔SS111201〕	食用動物飼養學〔SS113203〕
食母濕地修復學〔SS111202〕	食用動物醫藥學〔SS113204〕
食母林地修復學〔SS111203〕	食用水域養殖學〔SS113205〕
食母湖泊修復學〔SS111204〕	食用菌種學〔SS113301〕
食母河流修復學〔SS111205〕	食用菌培養學〔SS113302〕
食母海洋修復學〔SS111206〕	食用菌病蟲害學〔SS113303〕
食用植物資源保護學〔SS112101〕	調味合成食物學〔SS114101〕
食用植物採摘學〔SS112102〕	調色合成食物學〔SS114102〕
菌類食物採摘學〔SS112103〕	調香合成食物學〔SS114103〕
偏性食物採摘學〔SS112104〕	調觸合成食物學〔SS114104〕
狩獵資源保護學〔SS112201〕	增時合成食物學〔SS114105〕
狩獵資源利用學〔SS112202〕	助工合成食物學〔SS114106〕
狩獵法規學〔SS112203〕	止痛合成食物學〔SS114201〕
狩獵器具學〔SS112204〕	抗生素合成食物學〔SS114202〕
狩獵方法學〔SS112205〕	抗凝劑合成食物學〔SS114203〕
食用捕撈資源保護學〔SS112301〕	抗抑鬱合成食物學〔SS114204〕
淡水捕撈學〔SS112302〕	抗癌合成食物學〔SS114205〕
海水捕撈學〔SS112303〕	抗癲癇合成食物學〔SS114206〕
食物採集資源保護學〔SS112401〕	抗精神病合成食物學〔SS114207〕
食鹽採集學〔SS112402〕	抗病毒合成食物學〔SS114208〕
食用水採集學〔SS112403〕	鎮靜劑合成食物學〔SS114209〕
其他食用礦物採集學〔SS112404〕	抗糖尿病合成食物學〔SS114210〕
食用植物土壤學〔SS113101〕	抗心血管病合成食物學〔SS114211〕
食用植物育種學〔SS113102〕	食物粉碎學〔SS115101〕
食用植物栽培學〔SS113103〕	食物分離學〔SS115102〕
食用植物肥料學〔SS113104〕	食物混合學〔SS115103〕

表 1-8 五級食學學科編碼表（續表）

五級食學學科（191）	
食物冷凍學〔SS115104〕	溫性食物學〔SS121101〕
食物濃縮學〔SS115105〕	熱性食物學〔SS121102〕
食物乾燥學〔SS115106〕	寒性食物學〔SS121103〕
烤製工藝學〔SS115201〕	涼性食物學〔SS121104〕
煮製工藝學〔SS115202〕	平性食物學〔SS121105〕
蒸製工藝學〔SS115203〕	營養素學〔SS121201〕
炸製工藝學〔SS115204〕	無養素學〔SS121202〕
炒製工藝學〔SS115205〕	未知元素學〔SS121203〕
微波工藝學〔SS115206〕	食者平和體性學〔SS122101〕
生製工藝學〔SS115207〕	食者氣虛體性學〔SS122102〕
酵母菌食物發酵學〔ED115301〕	食者陽虛體性學〔SS122103〕
黴菌食物發酵學〔ED115302〕	食者陰虛體性學〔SS122104〕
細菌食物發酵學〔ED115303〕	食者痰濕體性學〔SS122105〕
混合菌食物發酵學〔ED115304〕	食者濕熱體性學〔SS122106〕
植物性食物貯藏學〔SS116101〕	食者氣鬱體性學〔SS122107〕
動物性食物貯藏學〔SS116102〕	食者血瘀體性學〔SS122108〕
菌類食物貯藏學〔SS116103〕	食者特稟體性學〔SS122109〕
礦物性食物貯藏學〔SS116104〕	食者消化系統學〔SS122201〕
食物常溫運輸學〔SS116201〕	食者運動系統學〔SS122202〕
食物低溫運輸學〔SS116202〕	食者呼吸系統學〔SS122203〕
食物包裝材料學〔SS116301〕	食者泌尿系統學〔SS122204〕
食物包裝設計學〔SS116302〕	食者生殖系統學〔SS122205〕
食物包裝製作學〔SS116303〕	食者內分泌系統學〔SS122206〕
食物包裝再利用學〔SS116304〕	食者免疫系統學〔SS122207〕
食產手工工具學〔SS117101〕	食者神經系統學〔SS122208〕
食用手工工具學〔SS117102〕	食者循環系統學〔SS122209〕
食母保護修復動力工具學〔SS117201〕	吃事心態學〔SS123101〕
食物野獲動力工具學〔SS117202〕	吃事時節學〔SS123102〕
食物馴化動力工具學〔SS117203〕	吃物數量學〔SS123103〕
人造食物動力工具學〔SS117204〕	吃物種類學〔SS123104〕
食物加工動力工具學〔SS117205〕	吃事速度學〔SS123105〕
食物流轉動力工具學〔SS117206〕	吃事頻率學〔SS123106〕

表 1-8　五級食學學科編碼表（續表）

五級食學學科（191）	
吃物溫度學〔SS123107〕	食序法律學〔SS131203〕
吃物生熟學〔SS123108〕	食物母體行政學〔SS131301〕
吃事順序學〔SS123109〕	食物野獲行政學〔SS131302〕
吃後察驗學〔SS123110〕	食物馴化行政學〔SS131303〕
吃事味覺美學〔SS123201〕	人造食物行政學〔SS131304〕
吃事嗅覺美學〔SS123202〕	食物加工行政學〔SS131305〕
吃事觸覺美學〔SS123203〕	食物流轉行政學〔SS131306〕
吃事視覺美學〔SS123204〕	食為工具行政學〔SS131307〕
吃事聽覺美學〔SS123205〕	吃事行政學〔SS131308〕
吃事雙元反應學〔SS123206〕	吃療行政學〔SS131309〕
缺食病學〔SS123301〕	食事監管行政學〔SS131310〕
汙食病學〔SS123302〕	食學教育行政學〔SS131311〕
偏食病學〔SS123303〕	食者控制行政學〔SS131312〕
過食病學〔SS123304〕	食物數控學〔SS131401〕
敏食病學〔SS123305〕	食者數控學〔SS131402〕
厭食病學〔SS123306〕	食業機構數控學〔SS131403〕
偏性植物吃療學〔SS123401〕	食規數控學〔SS131404〕
偏性動物吃療學〔SS123402〕	食具數控學〔SS131405〕
偏性礦物吃療學〔SS123403〕	食者教育學〔SS132101〕
偏性物吃療診斷學〔SS123404〕	食業者教育學〔SS132102〕
偏性物吃療辯證學〔SS123405〕	事件食俗學〔SS132201〕
合成物內科吃療學〔SS123501〕	年節食俗學〔SS132202〕
合成物外科吃療學〔SS123502〕	宗教食俗學〔SS132203〕
合成物婦科吃療學〔SS123503〕	地域食俗學〔SS132204〕
合成物兒科吃療學〔SS123504〕	食俗禮儀學〔SS132205〕
合成物老年吃療學〔SS123505〕	食物採摘歷史學〔SS133101〕
合成物綜合吃療學〔SS123506〕	食物狩獵歷史學〔SS133102〕
微觀食事經濟學〔SS131101〕	食物捕撈歷史學〔SS133103〕
宏觀食事經濟學〔SS131102〕	食物採集歷史學〔SS133104〕
世界食事經濟學〔SS131103〕	種植馴化歷史學〔SS133201〕
食產法律學〔SS131201〕	養殖馴化歷史學〔SS133202〕
食用法律學〔SS131202〕	菌殖馴化歷史學〔SS133203〕

食學科學位置

　　食學，作為食事的整體認知體系，作為人類生存與延續的必須之學，應該在現代科學體系中有自己的位置。但是這個整體的食事認知體系剛剛構建起來，在現代的科學體系中確實還沒有它的位置，本節將為食學找到它應有的位置。

食學與四個學科的關係

　　考察食學與現代科學體系中的諸多學科的關係，其中與生態學、農學、醫學、食品科學的關係最為密切，與前三者為交叉關係，與後者是包含關係。

▎食學與生態學的關係

　　食學與現代科學體系中的生態學是交叉關係，即部分重疊關係（如圖 1-35 所示）。

　　生態學定義：德國生物學家恩斯特·海克爾於 1866 年曾為生態學（Ecology）做出定義：生態學是研究有機體與其周圍環境（包括非生物環境和生物環境）相互關係的科學。目前，這一定義已經發展為生態學是「研究生物與其環境之間的相互關係的科學」。

　　食學定義：是研究人與食物之間相互關係的學科，是研究解決人類食事問題的學科，是研究人類食識認知及其規律的學科，是研究人類食為發生、發展及演變規律的學科。

圖 1-35　食學和生態學關係圖

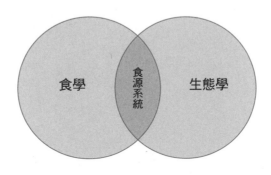

從上述定義中可以看出，食學和生態學的出發點不同：食學以人類的生存為出發點，是研究解決人類食事問題的學科；生物學是以生物為出發點，是研究生物與其環境之間相互關係的科學。但是二者之間又有交叉重疊的地方，食學與生態學的交叉點是人類的食源系統。因此，與人類食物直接相關的地球生態，如土地、水域、氣候等，屬於食物母體學的關注內容；與人類食物非直接相關的地球生態，如荒漠、苔原，不屬於食物母體學關注範疇之列。

▍食學與農學的關係

食學與現代科學體系中農學是交叉關係，即部分重疊關係（如圖 1-36 所示）。農學的大部分內容與食學重疊。

農學定義：是研究植物、動物和微生物馴化的學科。

食學定義：是研究人與食物之間相互關係的學科，是研究解決人類食事問題的學科，是研究人類食事認知及其規律的學科，是研究人類食為發生、發展及演變規律的學科。

由上述定義可以看到食學與農學的交叉點是食物的馴化。非交叉內容是非食物性的動植物馴化。

農業在實踐中包涵的內容正在擴大，它不僅包括對食物的馴化，還包括對食母系統的維護，對天然食物的野獲，對食物的加工、儲運、包裝等。

在食學的 36 門四級學科中，農學定義範圍所涉及的有 3 門，即食物種植學、食物養殖學和食物菌殖學，它們只占三十六分之三。農業的實踐範圍也僅涉及食物生產領域的部分內容，不能包括人類食事的所有內容。

食學與農學的非交叉內容，主要表現在非食物種植和非食物養殖方面。它們不僅占

圖 1-36　食學和農學關係圖

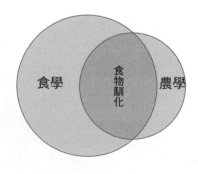

比相對較小，而且有一部分內容和食物仍然有著千絲萬縷的聯繫。例如種植棉花主要是為了衣用，但是從棉花作物中，仍然可以榨取食用的棉籽油；又如一些動物養殖的主要目的，是為了獲取它們的皮毛作為衣用，但是它們的皮肉經過處理仍然可以食用。

由上述分析可見，農業的實踐範圍已經超越了農學的定義範圍。這也說明實踐走在了理論的前面，人類需要一個更大的概念指導食事，即食學。

▌食學與食品科學的關係

食學與現代科學體系中的食品科學是屬種關係，即包含與被包含的關係（如圖1-37所示）。

食品科學定義：是研究食物加工規律的學科。

食學定義：是研究人與食物之間相互關係的學科，是研究解決人類食事問題的學科，是研究人類食識認知及其規律的學科，是研究人類食為發生、發展及演變規律的學科。

由上述定義可以看到，食品科學所轄內容，已經全部包含在食學的範疇之中。具體來說，食品科學門下的三個分支，其內容已經全部納入了食學的食物碎解學、食物烹飪學和食物發酵學。食學是一門涵蓋更廣、層級更高的學科。食學與食品科學是一種清晰的屬種關係。

圖1-37　食學和食品科學關係圖

▌食學與醫學的關係

食學與現代科學體系中的醫學是交叉關係，即部分重疊的關係（如圖1-38所示）。需要說明的是，食學與尚未被納入現代科學體系的傳統醫學也是交叉關係。

醫學定義：是研究如何預防和治療疾病的學科。

食學定義：是研究人與食物之間相互關係的學科，是研究解決人類食事問題的學科，是研究人類食識認知及其規律的學科，是研究人類食為發生、發展及演變規律的學科。

食中有醫，醫中有食。食學與醫學有五個交叉點：一是對食物的認知，二是對肌體的認知，三是吃方法學，四是吃療，五是行政管理。

食學裡有對食物元素的認知，現代醫學裡也有對食物元素的認知。食學有對食物元性的認知，傳統醫學裡也有對食物元性的認知。

食學裡有對人的肌體認知，醫學裡也有對人的肌體認知。

從攝入方式看，食學的進食是將食物通過口腔、食道送入胃中，通過消化系統進行消化，繼而作用於人體健康。醫學的口服藥治療同樣是這樣一個過程。食學把醫學的口服藥定義為食物，就是緣於它們的攝入方式和對人體的作用結果相同，它們都講究吃入的方法。

食學中的吃病學、偏性物吃療學、合成物吃療學著眼於防病治病，醫學同樣著眼於防病治病。食學和醫學的口服治療部分相一致。

在行政管理方面，當今許多國家，尤其是發達國家，都設立了名為食品藥品監督管理局的行政機構，對食品和藥品實行統一管理。這說明從管理理論到管理實踐，都認為

圖 1-38　食學和醫學關係圖

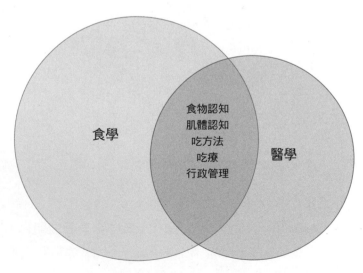

食學

食物認知
肌體認知
吃方法
吃療
行政管理

醫學

食物和藥物具有相同或相似的屬性，是部分重疊的，所以食物與藥物的行政管理同屬於一個機構。

由上述分析可以看出，食學與醫學是兩門具有交叉關係的科學，它們的部分領域是相互重疊的。

綜上所述，食學和現代科學體系中與食相關的學科有兩種關係：一種是屬種關係，後者的科學內容已全部包含在食學之中；另一種是交叉關係，後者的與食相關的內容也全部包含在食學之中。食學是一門涵蓋了人類全部食事認知的科學。

現代科學的不同體系

食學在現代科學體系中的位置應該在哪裡。由於對科學的認知程度不同，說來尷尬，至今人類還沒有一個統一的科學學科體系，這是確定食學科學位置遇到的首要問題。下面我們通過分析美國、德國、日本和中國等代表性國家以及聯合國的學科分類，來瞭解現代科學的不同體系。

美國的科學體系為農業科學、生物和健康科學、物理科學和數學科學、工程、社會和行為科學、人文科學六大門類。[9]

德國的科學體系為九大類：1. 農業和森林學；2. 藝術、音樂、設計；3. 經濟學、法律；4. 工程科學；5. 人文和社會科學；6. 語言和文化研究；7. 數學、自然科學；8. 醫學、健康科學；9. 教育。這些學科類別總共提供超過 2 萬種不同的學位課程。[10]

日本的科學體系為人文科學、社會科學、理學、工學、農學、保健、商船、家政、教育、藝術、其他等 11 個領域。[11]

中國的科學體系為自然科學、農業科學、醫藥科學、工程與技術科學、人文與社會科學五大門類，下設 62 個一級學科，676 個二級學科，2382 個三級學科。[12]

聯合國的科學體系，共有五大門類學科，分別是自然科學、工程和技術、醫學、農學、社會人文科學。

---

⑨　耶利米・保羅・歐斯垂克（Jeremiah P Ostriker）、夏洛特・V・庫赫（Charlotte V Kuh）、詹姆斯・沃圖克（James A Voytuk）：《美國研究博士學位課程資料評估》（*A Data-Based Assessment of Research-Doctorate Programs in the United States*），NationalAcademy Prees（國家科學院出版社）2011 年版，第 119 ～ 121 頁。

⑩　〔德〕學在德國（Study in Germany）：查找課程和大學（Find Programme & University），（https://www.study-in-germany.de/en/plan-your-studies/find-programme-and university/）。

⑪　〔日〕文部科學省（Ministry of Education,Culture,Sports,Science and Technology）：學科系統分類 表，（https://www.mext.go.jp/b_menu/toukei/001/08121201/003/004.pdf#search=%27 學科分類 %27。

⑫　〔中〕中華人民共和國國家品質監督檢驗檢疫總局、國家標準化管理委員會編：《中華人民共和國學科分類與代碼國家標準》（GBT13745-2009），2009 年 5 月 6 日發布，第 1 頁。

綜上，我們可以得出四個結論。一是食學作為一門食事整體認知的科學，在上述的科學體系中，均沒有得到體現；二是食學的許多內容被散置於一些傳統學科中，如生態學、農學、食品工程學、醫學，等等；三是食學所涉及的如吃學、吃美學、吃病學等，在現代科學體系中沒有蹤跡；四是在現代科學體系中，農學由於涉及食物生產，在多個科學體系中，都位於科學分級的頂端，居於一級科學位置。

食學的學科位置

食學應該位於當今人類科學體系中的哪個位置呢？從之前的論述中我們已經得知，食學的內涵範圍比農學擴展了若干倍。也可以這樣說，食學是從食事的角度對農學的擴充。顯而易見，在當今的科學體系劃分中，與食事相關的學科最高代表就是農學。因此，筆者的意見是用食學替換農學的位置，把農學放到食學下面。這樣既可以體現食事認知體系在人類生存與發展中的重要性，又可以在各種不同科學體系中找到位置。

換個角度說，農學暫時占用了它「父輩」食學的位置，這是一種歷史的錯位。今天將農學從這一位置請下來，替換為食學，把所有的食事認知都放到這裡，合情合理，眾望所歸。現以聯合國學科分類圖為例，說明食學科學的位置（如圖 1-39 所示）。

圖 1-39　食學的位置

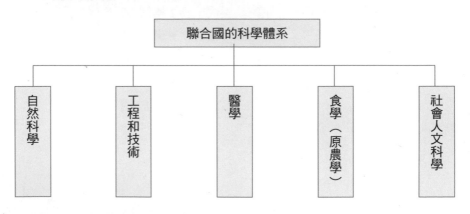

食學取代農學的位置後，會出現一個問題，這就是農學中非食物馴化的內容沒了位置，解決辦法是讓它們「寄生」在食學裡。這樣安排一是因為這部分內容占比不大；二是因為無論是食物的動植物馴化還是非食物的動植物馴化，它們的原理都是一樣的，只是用途有別。

食學原理

食學作為一門科學，作為對食事的認知體系，是研究食事及其運行規律與原理的。這裡所說的食學原理，就是食事運行的基本定律和法則。這些原理是食學科學體系的重要內容。掌握這些原理，既是我們研究食學理論的需要，又是我們解決食事問題的關鍵。

食學原理雖然不如物理學原理那樣宏觀，卻與人類的生存品質息息相關；食學原理雖然不如數學原理那樣精微，卻與每一個人的健康長壽息息相關。食學原理屬於人類中觀認知；它們規範著社會的秩序與和平；它們規範著個體的健康與長壽。

食學定律

食學定律，是對人類食事客觀規律的概括。食學定律是為食事實踐和事實所證明，反映食事事物在一定條件下發展變化的客觀規律的論斷。食學定律是不可違背的，是不可挑戰的。食學定律是可證的，而且已經被不斷證明。食學定律是一種理論模型，它用於描述特定情況、特定尺度下的食事客體，在其他尺度下可能會失效或者不準確。

▌食界三角定律

人類的食事運行範圍，是在食物母體系統、食事行為系統和食物轉化系統三者之間展開的，逃離不出這個界限。

食界即人類食事的範圍。從科學分類的角度來看，食界橫跨生態、社會、生理三界，是由這三界的部分內容構成的一個整體，即生態領域的食物供給系統，社會領域的食事行為系統，生理領域的食物轉化系統。所以說，食界的內在結構是三角形的，缺一不可。食界三角強調的是三合一，不是三個一，是由三者構成的一個整體。食物供給系統源源不斷地為人類提供食物，在食界三角形中扮演著食物母親的角色；食事行為系統在自然界隨性的獲取食物，在食界三角形中扮演著小頑童的角色；食物轉化系統是將食物轉化為肌體存在和能量釋放等，在食界三角形中扮演著受益者的角色。

食界三角規定的人類食事的範圍，人類的生存離不開食事，人類的食事離不開食界三角。食物的索取、食物的利用、食事的秩序等，人類所有食事都在食界三角範圍之內發生，既超越不了這個食界三角，也脫離不了這個食界三角。食界三角這個整體，是億

萬年的客觀存在，人類的食事是在這個範圍內的存在。

食界三角規定了人類食事問題的範圍，人類所有的食事問題都是在這個三角之內發生的，都需要在這個三角之內得到解決。這是認知食事問題，解決食事問題的大前提。任何欲超越食界三角解決食事問題的暢想，都必將是。

▌食事雙原生性定律

人是原生性的生物，只有依靠原生性食物才能維持生存與健康，不能依靠人造食物，要摒棄依靠人造食物生存的幻想。

人是原生性的，不是工業產品，億萬年來依靠原生性的食物生存演化，這就是兩個原生性，又稱雙原生性。要想讓生命更加健康，只能依靠原生性的食物，而既不是人造食物，也不是添加了過多人造食物的工業食品。

嚴格地說，人類文明以來的所有食事行為都是逆原生性的，特別是工業文明以來的食事行為，加快了逆原生性的速度，尤其是用化學技術合成出的人造食物，也稱合成食物。合成食物能夠滿足人們的各種感官需求，能夠提高食物加工環節的效率，但它卻成了食物利用效率的挑戰者。換句話說，它威脅人類肌體的健康。合成食物是人類食物鏈的外來者，它沒有原生的屬性。

食物的加工是為了食物的利用，不能脫離利用去追求食物加工的高效率和肌體感官的高享受。各種化學添加物與添加劑的過度使用，正在日益威脅著人類的健康。無論是今天還是未來，人類只能依靠原生性的食物維持生存與延續。

合成食物的出現，只是人類食物鏈中的一個彩色的氣泡，逃脫不了破裂的命運。一句話，人類已經按照雙原生性定律走過千百萬年，如果違反這個規律，人類將走向消亡。

▌食母產能有限定律

食源體能夠供給人類食物的總量是有限的，不是無限的，不能無視人口總量的暴增。

食物母體系統的總產量有限，是地球的體量和品質的規定性所決定的，是說它孕育可供人類食用的植物、動物、礦物、微生物的總量是有限的，它不會以人類的意志為轉移。換句話說，就是它能供養的人類人口數量是有限的，不是無限的。

回望人類的發展歷史，儘管人口不斷增長，但其人口總量一直在食物安全的範圍之內。進入 21 世紀，人類將迎來人口的「百億級時代」，從食物的供需平衡來看，這是

一個由量變到質變的過程。當人類以百億、數百億的量級存在這個星球上時，食物母體的產能臨限問題就出現了，在這個時代，人類的食物需求將逐漸接近食物母體產能的上限。

人類應該有勇氣正視這個事實，有智慧控制人類的繁殖，有方法控制人口的總量。要始終保持食物產能大於食物需求的態勢，人類的生存與延續才是安全的。無論人類的未來如何「文明」，一旦食物需求大於食物供給，必將成為人類的災難。

有人說，人類可以用智慧開發食物母體的潛能，增加食物的供給量，但這也是有限的。還有人說，我們可以依靠科技的進步，到地球以外的空間索取食物。其實，這是當今「文明」因資源不可持續而畫的一張大餅，是不能用來充饑的。

地球食物母體系統，是宇宙中唯一能夠給人類提供食物的系統。食物母體的產能是有限的，人類不能捅破這個天花板。

■ 食事優先定律

食事是人類生存的第一要素，理應優先。若他事優先將威脅人類的生存和可持續。

食事，是指與食物生產、利用和秩序相關的行為及結果，是與他事相對而言的。他事，諸如衣服之事、房屋之事、交通之事、醫藥之事、通信之事、金融之事、航天之事、軍火之事，等等。從人類發展的歷史長河來看，食事不僅在諸事之前，而且也在文明之前。始於西元前 1 萬年的農業文明，開始了食物馴化，使食物有了剩餘，這時不同的行業才逐漸產生，他事才逐漸多了起來。文明從食事中走來，他事從食事中走來，諸事從食事中走來。食事久遠，文明後來；食事優先，諸事隨後。這是一個亙久存在的客觀事實，無法改變；這是一個持續存在的客觀規律，不容改變。無論科學技術發展到什麼程度，都無法改變這個事實。人類無論發展到何時，都不能違背這個原則。

食事，是指所有與食物生產、食物利用和食事秩序相關的行為及結果。不能把食事優先狹義的理解為吃飽優先。其實，吃飽只是食物數量的保障，食事優先不僅僅是保障食物數量，還包括食物品質、食物利用、食事法律、食學教育、食事行政等諸多方面。

近 300 年的工業文明，科學技術飛速發展，滿足了人類的種種欲望，它事不斷增多。在商業競爭原則之下，似乎有許多當急之事，都比食事迫切。在這種社會的運營機制下，人們常常會不自覺地做出了「他事優先」的決策，將食事置於其後。其結果是當前的問題解決了，未來的問題被積累得更多。從長遠和整體來看，這種「他事優先」的行為，不僅會使社會整體運營效率降低，並且會威脅個體的健康和種群的持續。

今天的許多場景都存在他事優先。例如，速食的出現，就是為了他事而壓縮食事的

時間，忽視了食物轉化系統的需求，使肌體的健康受到威脅和傷害；又如，在犧牲食事前提下的「屋事優先」，結果是增加了鋼筋水泥的財產，損失了肌體健康，得不償失；再如，三次產業理論，有許多場景主張他事優先，因此帶來社會發展的不可持續；復如，我們現在面臨的諸如社會衝突、人口爆炸、環境破壞、壽期不充分等問題，其根源就是「他事優先」。

食事與文明、食事與國家、食事與社會、食事與家庭、食事與健康的關係均是因果關係。食事優先的規律不可違背，一個國家如此、一個組織如此、一個家庭如此、一個人也是如此。當今有許許多多的事情都排在了食事的前面，許許多多的理論都強調他事優先，這是非常危險的。

人類生存需要食事優先，個體健康長壽需要食事優先，社會可持續發展需要食事優先。2015 年聯合國提出的可持續發展（SDGs）17 個目標中，其中有 12 個和食事緊密相關。食事問題不能優先解決，人類可持續發展就不能實現。

圖 1-40　食事權重示意圖

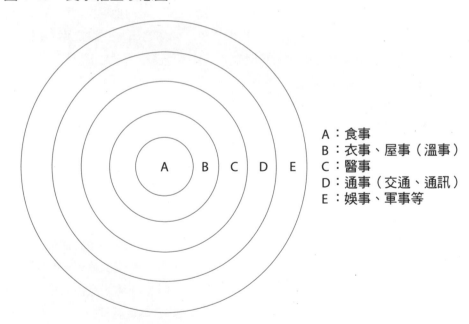

A：食事
B：衣事、屋事（溫事）
C：醫事
D：通事（交通、通訊）
E：娛事、軍事等

▌食為二循定律

食事行為要有規矩，必須適應食物母體系統和食物轉化系統的運行規則，要有所為

有所不為。

　　人類的食事行為，是人類發展與成長的核心要素，是智慧、審美、禮儀、權力、秩序等文明之源頭，其在人類文明發展歷史中的作用和地位，如何評價它都不會為過。但是人類的食事行為不能任性，不能妄為，必須接受來自兩個方面的約束。一是必須遵循食母系統客觀規律的約束，以維持、延長人類種群的延續；二是必須遵循食化系統客觀規律的約束，以維持、提高人類個體的健康壽期。

　　如果違背了食物母體的運行機制，人類將面臨滅頂之災。如果違背了食物轉化系統的運行機制，人的生命品質將會嚴重下降直至提前終結。這是因為，食母系統的形成已經有 6500 萬年，食化系統的形成也有 2500 萬年，而人類文明的歷史只有 7000 年。人類今天的食事行為是跳不出這兩個以千萬年為單位的運行機制的。人類的食事行為必須要遵循這兩個運行機制，且缺一不可。人類不能挑戰這兩個運行機制，只能適應它們的規律，遵循它們的機制。

　　近 300 年工業文明的某些行為，給食物母體系統帶來了巨大壓力，擾亂了食物母體的運行規律。同時，也給食物轉化系統帶來許多傷害，特別是化學合成食物的出現，這是一把關係到人類生存與健康的「雙刃劍」。

　　食為二循定律告誡我們，要時刻反思我們的食事行為，及時矯正我們的不當食行為。唯此，才能提高個體健康長壽，才能維護種群的延續。

▌ 食腦為君定律

　　食腦維持生存，頭腦指揮行為，頭腦服務於食腦，頭腦指揮不了食腦。

　　食腦，是轉化食物的智慧系統，是向內的；頭腦，是指揮行為的智慧系統，是向外的。食腦和頭腦是君臣關係，食腦為君，頭腦為臣。這是因為食腦誕生於動物演化的初期，而頭腦是在滿足食腦需求的過程中逐漸演化出來的，頭腦是為食腦服務的。食腦存則頭腦存，食腦亡則頭腦亡，頭腦亡食腦亦可存，例如植物人。

　　頭腦誕生於食腦，成長於食為。人類在獲取食物的過程中，發現巧取勝過豪奪，於是在巧取的方向越走越遠、越走越快，使頭腦的智慧系統遠遠超過了其他動物，腦容量達到 1300 毫升。所以說，頭腦的成長來自食事行為。

　　食腦決定你的肌體健康，頭腦只是輔助。頭腦指揮不了食腦，也就是說食腦我行我素，從不聽從頭腦的指令，這個定律在當今頭腦崇拜的時代裡被嚴重忽視了。人們誇大了頭腦的功能，以為頭腦可以指揮食腦，從而導致一些危害肌體健康的行為出現。

　　如果說頭腦通過指揮人的行為而去影響食腦，那也會有三個結果：有益於食腦系

統、無益於食腦系統、有害於食腦系統。現實中，頭腦也會幫倒忙，常常事與願違，傷害了食腦的運行機制，從而傷害了身體的健康。

人類要想吃出健康長壽，就要分清食腦與頭腦的關係，信奉食腦為君。否則，將事與願違，事倍功半。

▌對徵而食定律

只有根據自己的肌體特徵，選擇最適合自己的食物和吃方法，最大限度地滿足自己的肌體需求，才能吃出健康與長壽。

世界上的每一個人，都是一個獨特個體，且這個個體每天每時都是變化的。換句話說，77億個人，就有77億個食物轉化系統，沒有一個是相同的。每一個人的肌體特徵都是與眾不同的，要想吃出健康長壽，就必須按照自己的身體特徵選擇食物、選擇食法。而不是隨大溜，人云亦云，人吃亦吃。

「對徵」就是指認識自己的肌體整體特徵與需求，認識每天每餐前的肌體特徵與需求。「而食」是指選擇食物和食法，選擇食物要從食物性格和食物元素兩個維度，去尋找最適合自己的食物；選擇食法要從數量、種類、溫度、速度、頻率、順序、生熟七個方面，去尋找最適合自己的數值，而不是群體的平均數值。

世界上沒有長生不老藥，也沒有放之四海而皆準的長壽食譜。對徵而食定律說明的是，你的一日三餐要適應你的肌體特徵，要選擇適合自己肌體特徵的食物和食用方法，才能保障你的健康長壽。換句話說，在健康飲食這件事上，不要統一標準，不要統一定量，只要適己，只要適量。

對徵而食有3個關注要點：一是體徵是不斷變化的，要注意察覺和把控它的規律；二是食物是多樣的，要注意找到對徵的食物；三是進食的方法有多個維度，要注意找到最佳的組合。

市場的名貴食物，對於你來說，不一定有價值；民間的長壽食物，對於你來說，不一定應驗。都是因為你的肌體體徵與眾不同，因為你的食化系統獨一無二。

▌食在醫前定律

食事、食學、食業是醫事、醫學、醫業的上游，抓上游事半功倍。

食在醫前定律的根本含義是明確三個關係：食事與生命是充分條件關係；食事與許多疾病是因果關係；食事與人類可持續發展是必要條件關係。食在醫前定律，就是把食事、食學、食業置於醫事、醫學、醫業之前。以此認識生存要素的權重，矯正現行社會

運行機制，提高社會運行效率，減輕社會負擔；以此認識健康要素的權重，更新健康理念，普及食學教育，提高個體健康水準；以此認識可持續發展要素的權重，升級文明範式，保障人類可持續發展。

食在醫前定律在當代具有五個重要的現實意義，一是可以使人們的身體更健康、生活更快樂、生命更長壽；二是可以大幅節省家庭醫療費，減少「因病返貧」的現象出現；三是可以大幅減輕政府沉重的醫保負擔；四是可以優化社會運行機制；五是可以維護人類可持續發展。

健康＝食事＋N事＋醫事，其中食事包括食物和吃方法，權重排在首位；N事包括基因、環境、運動、心情等，權重排在第二；醫事包括藥物和醫術，權重排在最後。沒有食物，就沒有生命，也就沒有健康。

如果把健康管理看成一條河流，那麼，食事是上游、N事是中游、醫事是下游，分清上中下游的關係非常重要。這就如同，得了疾病就是這條江河下游的水被汙染了。醫事就是在下游打撈垃圾；食事就是在上游控制汙染源頭。醫事是「亡羊補牢」；食事是「未雨綢繆」。抓上游管理，事半功倍，有了好食物，再加上正確的食用方法，就會減少疾病，遠離醫院。如果會吃食物，就會少吃藥物。食物離著健康近，藥物離著疾病近。

有許多人沒有認識到食在醫前的重要性，反而以擴張醫業為榮，以壓縮食業為榮。社會運轉機制放大了醫業在健康中的作用，其結果是加大了社會的運營成本，占用了過多的社會資源，不能達到理想的效果。例如，美國的醫業水準世界第一，醫業支出占比世界第一，但人均壽命卻不是世界第一，而是排行在第34位。醫在食前，事倍功半。

食學是醫學的上游。從生存的角度來說，食學是醫學的上游，因為食事決定生命；從健康管理的角度說，食學是醫學的上游，用食學管理人體健康，屬於上游管理、主動管理。用醫學管理人體健康，屬於下游管理、被動管理；從社會運營成本來看，食學是醫學的上游，食學在前整體運行效率高，醫學在前整體運行效率低；從可持續發展的角度來看，食學在前可以持續，醫學在前不可持續。

▍藥食同理定律

食物和口服藥物都是吃入並通過胃腸等器官作用於肌體健康的，兩者的運行機制本質上是一樣的。

中國傳統文化中，有「藥食同源」的觀點，強調的是藥物與食物是同一個來源；30年前筆者提出「藥源於食」的觀點，強調人類早期藥物來源於獲取食物的過程之中。其

實，食物與藥物之間還有一個一直被忽略本質的關係，這就是「藥食同理」。這裡所說的「藥」，是指口服藥物，包括本草類口服藥物和合成類口服藥物，不包括非口服藥。所謂藥食同理，是說食物和口服藥物，都是通過口腔進入體內作用於人體的生存與健康。從原理上說，它們都是在利用食物轉化系統與生存、健康之間的關係而發揮作用。

藥食同理定律擴大了傳統「食物」的概念，把口服藥物納入了食物的範疇。傳統醫學的口服藥是偏性食物，現代醫學的口服藥是合成食物。它打破了現代學科分類體系，把醫學中的口服藥物放進了食學的食物範疇之內。其實，本來就是如此，一切維持人類健康與生存的入口之物，皆為食物，這只是一次概念校正，是人類食事認知的一次回歸。

以往把食物和口服藥物分開，是對一個客觀整體的割裂認知，割裂認知帶來了割裂治理。割裂治理帶來了三個問題：一是沒有整體認知就沒有整體治理，不能有效地應對整體問題；二是沒有整體認知，必然存在認知盲區，存在治理盲區；三是沒有整體認知，必然存在錯位認知，存在錯位治理。

藥食同理定律不僅可以讓我們整體認知食物，還可以讓我們整體認知食物攝入，分清平性食物、偏性食物、合成食物的不同功能，進而減少錯誤的實踐，提升個體的健康水準。從這個角度看，藥食同理定律，將為人類的健康長壽發揮巨大的作用。

▌食物偏性療疾定律

食物是有元性的，食物元性中的偏性能夠作用於肌體不正常狀態，利用食物偏性可以預防疾病和治療疾病。

人類對食物成分的認知，自顯微鏡發明以來，偏向於食物元素認知。其實，食物成分包含元素和元性兩個方面。如同人是有性格一樣，食物也是有性格的，且食物性格與肌體健康有著密切的關係。最早發現這個客觀現象的是中國的先人。利用食物偏性預防和治療疾病，是中華民族奉獻給世界的公共產品。

食物不僅可以充饑，維持生存，還可以治療疾病，保障健康。具體來說有三個方面的功能：一是可以調理肌體的亞衡，預防疾病發生；二是可以治療「吃病」，即因食物和吃法不當引起的疾病，恢復健康；三是可以治療其他原因而產生的疾病，恢復健康。對食物偏性的利用是人類獨有的智慧，更加充分、全面的利用食物偏性，將給全人類帶來巨大的福祉。

食物偏性的利用價值，至今沒有引起人類的高度重視。 第一，可以預防疾病發生。當你的身體感到略有不適時，食入不同偏性的食物，就可以及時得到調理，可以減

少疾病的發生；第二，可以使生命更健康。預防做得好，疾病得的少，少得疾病不僅少受痛苦，更重要的是身體少受傷害、少受損失，這是保障健康長壽的前提；第三，可以節省醫療費。不得病沒有醫療費，少得病少有醫療費。有了病，用食物治療的成本低於藥物治療，可以大幅減少家庭醫療費的支出；第四，對肌體的副作用少。使用天然食物防病、治病，比起化學合成物、放射性治療、手術式治療等方式，對肌體的副作用要少很多。天然食物與肌體構成更加契合；第五，社會運營效率高。由於疾病減少，可以大幅縮減醫療產業規模，使剩餘的社會資源轉向其他領域，還可以大幅減輕國家醫保負擔。天然食物產業沒有環境汙染，現代醫療產業汙染嚴重，加重社會運營成本。由於疾病減少，勞動力可以有更多釋放，人類的幸福指數將大幅提升。我們對食物偏性的早一天認知、早一天利用，就可以早一天受益。

■ 穀賤傷民定律

食物價格過低，表面傷害的是生產者，最終傷害的是消費者，因為食物生產者所掌控的食物的數量和品質是消費者生存與健康的前提。

穀賤傷民，這裡所說的「穀」，泛指所有的食物；這裡說的「賤」，是指食物的價格低於成本，或與成本持平、或微高於成本；這裡說的「民」，泛指所有的食物消費者。穀賤傷民，是說由於食物的價格過低，食物生產者的利益受到傷害，他們生產食物的積極性受到打擊，導致市場上食物數量和品質的供給沒有保障，最終受傷害的是食物的消費者。

工業文明大幅提高了所有產品的生產效率。因此，給人們帶來一個誤區，認為食物的生產效率是可以無限提高的。其實不然，化肥、農藥等合成物帶來的效率已經到了極限，超高效的生產已經威脅到食物的品質。在食物生產領域沒有真正的「價廉物美」，優質食物的成本一定高於劣質食物的成本，這是由於食物的原生性決定的，食物不是工業品，沒有價廉物美的本質屬性，人造的合成食物永遠也替代不了天然食物。

食物與其他產品不同，是人生存與健康的基礎。要鼓勵消費者為食物的成本埋單，不要以各種理由去傷害食物生產者的利益。只有讓食物生產者有利可圖，食物的數量才能保障，食物的品質才能提升，食物消費者的需求才能得到滿足。還要鼓勵消費者為優質食物的成本埋單，生產者才願意生產優質食物，人們才能吃到更多的優質食物，才會少為醫療埋單。

不僅要讓食物生產者有利可圖，還要讓他們有體面的社會地位。在現代社會中，食物生產者沒有得到應有的社會地位。食物是珍貴的，食物的生產者是尊貴的。讓食物生

產者過上體面的生活，給予食物生產者體面的社會地位，是保障食物消費者利益的基礎。從維持人類生存必須性與持續的角度看，食物生產者的社會地位應該高於其他業者。

工業文明高速發展帶來的資源匱乏，百億人口時代的即將來臨帶來的食物需求增長，都會導致食物資源短缺和食物成本提高。一旦食物短缺時代來臨，其他行業生產者的利潤，都會被迫給食物生產者讓路，因為食物是人類生存的必須品。食物的可持續供給關係到人類的可持續發展，從穀賤傷農，到穀賤傷民，這是一個負迴圈。如何讓消費者多為好食物的成本埋單，少為房屋生產者的巨額利潤埋單，構建資源配置的正迴圈，這不僅是經濟學的重要課題，更是人類可持續發展的必做題。

食學法則

食學法則，強調食事的規定性、規律性、不變性。這些法則主要體現在食物利用和食事秩序領域，是食學的重要內容之一。認識這些法則，利用這些法則，可以有效地應對食事問題。

▌食效不同步法則

食物生產的面積效率、成長效率、人工效率是不一致的，需要區別認知區別對待，切不能認為可以同步無限提高。

第一，食物母體的單位面積效率，簡稱「面積效率」，本質是空間效率，是指一定面積的土地、水域，所能生產食物數量的效率；第二，植物、動物性食物本身的成長效率，簡稱「成長效率」，本質是時間效率，是指植物、動物性食物生長時間的長短；第三，是人類在獲取食物時所付出的人工勞動效率，簡稱「人工效率」，本質是勞動效率，是指人們在獲取食物時所付出的勞動時間和勞動量。雖然這三種效率都屬於食物生產範疇，都可以提高食物生產的效率。但因為這三種效率的性質不同，所以它們的效率提高的程度也是不同的。其中的人工效率是伴隨科技發展的，從理論上講可以無限提高，而面積效率和成長效率都是有「天花板」的。一畝土地種植水稻可以從幾百斤提高到上千斤，卻不能提高到幾萬斤。一隻雞，可以從 180 天的成長期縮短到 45 天，卻不能縮短到幾天。

在食物生產的三個效率中，面積效率和成長效率是有「天花板」的，人工效率是可以不斷提高的，三者的效率提升是不同步的，不能混為一談。認清這三種食物生產效率的不同步，可以讓人敬畏和尊重自然規律，在提升食物生產效率方面，不會迷失方向，

不會盲目樂觀，在保障食物品質的前提下追求食物數量的生產效率。

█ 食物認知雙元法則

要想準確地把握食物成分，必須從食物元性和食物元素兩個方面來認知。任何單一方面的認知都是片面的。

人類對食物利用價值的認知，經歷了三個階段。第一個階段，是對食物外在特徵認知，主要依靠人類的感官，以食物外觀把握食物的利用價值，這個利用主要體現在充饑方面，這個歷史階段最長；第二個階段，是對食物內在的元性認知，主要依靠人類的智慧與經驗，以食物性格把握食物的利用價值，這個利用既體現在充饑方面，又體現在療疾方面，這個歷史階段有 4000 年；第三個階段，是對食物內在的元素認知，主要依靠顯微鏡，本質是一種視覺認知，以食物元素把握食物利用價值，這個利用主要體現在充饑與健康方面，這個歷史階段有 300 年。

顯微鏡誕生於 1590 年，隨著顯微鏡技術的不斷進步，人們開始認知食物元素，重點是對營養素的認知，並以此誕生出營養學體系。其實，食物成分裡面除了營養素，還有無養素、還有未知素。

近代的科學體系強化了以營養學為代表的食物元素認知，弱化了傳統的以偏性食物為代表的食物元性認知。其實，食物性格的認知，最大的價值在於預防疾病、治療疾病。

要想讓人類更健康，就要充分地利用食物的價值，就要有食物元性與食物元素的雙元認知，才能全面把握食物的功能與價值。任何一種單方面的認知都是片面的，都不能發揮出食物的最大價值。

█ 肌體認知雙元法則

要想全面瞭解人的肌體，就必須從肌體結構和肌體徵候兩個方面來認知，任何一方面的認知都是片面的。

人類對自己肌體的認知經歷了從無知到已知的漫長過程。一是對肌體特徵的驗證認知。特別是在「陰陽論」基礎上的辯證認知，把每一個肌體都視為一個整體，用二分法層層推理，且時時歸納，動態把握每一個肌體的特徵。二是對肌體結構的視覺認知。1543 年出版的《人體的構造》，描述了人體的骨骼、肌肉、血管和神經，意味著近代人體解剖學的誕生，人們對肌體的結構認識越來越清晰。人體解剖學又可以分為大體解剖學、顯微解剖學、特種解剖學。今天人們對肌體結構的認知已經非常成熟。

無論是肌體徵候認知，還是肌體結構認知，都是反映了肌體內涵的一個側面，肌體徵候認知，強調整體，強調個性；肌體結構認知，強調局部，強調共性。二者各有所長，不能互相替代。只有秉持肌體認知雙元法則，即從肌體徵候與肌體結構兩個方面的認知，才能全面、準確把握自己的肌體，才能更好地去適應它的需求，達到健康長壽。

▌食化核心法則

食物轉化系統是所有食事的核心，是個人健康管理的核心，是社會健康管理的核心。

食物轉化，是指食物進入人體後轉化為肌體構成、能量釋放、資訊傳遞、廢物排出的全過程。從食物生產、食物利用、食事秩序這三個領域來看，食物利用是核心，不能把食物生產作為核心，因為生產是為了利用。

在食物利用這個領域裡，食物轉化系統為核心，一切食物的美化，一切吃事的禮儀，一切筵宴的理由，都必須服從食物轉化系統的需求。只有這樣，才能吃出健康、吃出長壽。否則，山珍海味會威脅你的健康，親情宴請會威脅你的健康。

在食界三系統中，食物轉化系統是健康長壽的核心，食事行為系統與食物轉化系統相生相存，食物轉化系統與肌體存在系統相生相長。一切背離食物轉化系統為核心的食事行為，都會威脅你的健康長壽。

▌兩長一短長壽法則

健康階段長與亞衡階段長，疾病階段短，是長壽的模式，反之則是短壽模式。關於人體生存狀態，過去都是從健康和疾病兩個階段來認知，雖然有「未病」、「亞健康」的概念，但本質還是 2 段論，最多可以算 2.5 段論。

只有將人體生存狀態分為三個階段，才能更好地實現健康長壽。這就是 3 段論，即健康階段、亞衡階段、疾病階段。與 2 段論相比，就是把健康與疾病的中間狀態明確為一個獨立的階段，即亞衡階段。

針對這三個階段，人們會有不同的應對方式。現代醫學主要應對的疾病階段；傳統醫學可以應對亞衡和疾病兩個階段；食學的應對貫穿全部三個階段，也就是說無論是健康還是亞衡和疾病都離不開食事。

在人體的健康管理中，若要健康長壽，首先是維持肌體平衡，且時間越長越好。其次就是要及時調理亞衡，要不斷調理亞衡，遠離疾病。因此，就要設法延長第一個階段和第二個階段，縮短第三階段。這是使人健康長壽的最佳模式，即追求健康長壽的兩長

一短法則。誰把握了兩長一短，誰就把握了自己的健康長壽。

吃事三階段法則

把吃前、吃中、吃後視為一個整體，才能健康長壽。

一般人認為，吃是很簡單的事，把食物放進嘴裡即可。其實不然，你要想吃出健康長壽，就必須更好地適應你的食化系統，否則亂吃一通，則會傷害你的身體。

那麼，如何才能更好地適應自己的食化系統呢？這就要將你的吃，分為吃前、吃中、吃後三個階段。吃前，要瞭解自己肌體的需求，要辨別食物的特徵與成分，還要辨別季節的變化對肌體的影響；吃中，要從數量、種類、速度、溫度、頻率、順序、生熟7個方面去把握；吃後，非常重要，根據你肌體的釋出與體徵，判斷你的吃入是否得當。如此往復，通過每一餐的完整體驗，逐漸趨於準確地滿足自己食物轉化系統的需求。

不關注進食前對肌體、食物、時節的辨別，不關注食後對人體釋出物和吃後徵的察驗，就無法做到正確進食。只關注一個階段，只圖吃的一時痛快，不顧及吃前的辨識和吃後的察驗，是不能吃出健康長壽來的。

化添劑魔術法則

化學食品添加劑可以欺騙頭腦，卻欺騙不了食腦的本質屬性。

化學添加劑誕生於 19 世紀初。二百餘年的發展，它已經成長為一個超級大家族，僅食品化學添加劑就到達 25000 種。這些化學添加劑改變了食物的外觀和適口性，得到人們的青睞。其實，它只能滿足人的視覺、味覺、嗅覺、口腔觸覺等需求，並不能滿足人體健康需求。

化學食品添加劑，可以按照頭腦的需求，提高食品的感官屬性。色香味形，只有你想不到，沒有它做不到。其實，化學食品添加劑就是一個魔術師，它能欺騙你的五官、欺騙了你的頭腦，卻欺騙不了你的食腦。人類要想吃出健康長壽，就要認清化學食品添加劑魔術本質，不被它的魔術所欺騙。人類只有尊重食物轉化系統的需求，才能在健康長壽這件事上把握主動權。

吃事五覺審美法則

繪畫、雕塑是視覺審美，音樂、歌曲是聽覺審美。電影、戲劇是視覺和聽覺的二覺審美。品鑒食物的吃事，是味覺、嗅覺、觸覺（口腔）和視覺、聽覺（口腔內外）的五

覺對食物的鑒賞過程，核心是味覺、嗅覺、觸覺的審美，因為盲人和聾人依舊可以品鑒出食物的美。

傳統的美學理論只承認人的視覺和聽覺具有審美功能，能產生審美感受，而其他感官都與人的生理本能相聯繫，是低級感官，並不能產生精神性的審美感受，因此對食物的鑒賞一直未被納入美學體系。五覺審美理論的提出，打破了這一藩籬。

五覺審美理論認為，味覺、嗅覺、觸覺、視覺、聽覺均為人的感覺，都會感知外界的資訊，都會有愉悅和厭惡的體驗，沒有高低貴賤之分。食物的味道、氣味、觸感、形色和聲響，同時作用於人們的五官感受，這是其他形式的審美所不具備的，這是一種全感的藝術，不應被排除在人類審美的範疇之外。

▌美食家雙元法則

吃是心理和生理統一的審美機制。心理反應與生理反應不是對立的，而是統一的，這是因為吃事的獨特性所決定的。既可以吃出食物之美，又可以吃出健康之美的人，是長壽美食家，又稱雙元美食家。

舉個例子，有一位和你同齡的鼎鼎大名的美食家，吃過了比你多得多的美味，撰寫了無數篇感人的品鑒文章，但是，他卻因為身體健康的原因離你先去，你能說他是美食家嗎？應該說他是個「吃貨」。

在食物短缺的時代，人們仰慕這樣的人，他們吃遍天下，他們能說會寫，被眾人尊捧為「美食家」，他們是大眾的偶像，「拚死吃河豚」就是這個時代的產物。

在食物充足的時代，人們的吃事更追求健康，如果再力挺缺食時代的「吃貨美食家」，則與民眾的健康訴求相悖。民眾需要吃事的新偶像，需要美味與健康的雙元美食家，即以「長壽美食家」為偶像。

食事承載健康，健康是一種美，健康是每一個人都需要的美，健康是承載各種美的美。

▌人糧互增法則

糧食數量和人口數量之間呈現互相促進的狀態。

自人類誕生以來，糧食數量和人口數量之間的關係，從整體上看是相互促進的狀態。早期食物獲得容易，人口繁殖增加，糧食產量提高，人口數量隨之增加；人口數量不斷增多，又造成了更多的糧食需求，迫使人類去尋找新的生產方式和作物品種。數百萬年以來，人類和糧食的關係一直遵循這個互增規律。但是發展至今，這一規律已經面

臨極限，原因是人口數量即將達到百億，而食母系統的單位面積效率、食物的生長時間效率都已經接近天花板，食物將變得越來越稀缺，「人糧互增」很難再迴圈下去。

食為矯正雙元法則

矯正不當的食事行為，是解決食事問題的根本，需要從強制與教化兩個方面入手，這樣才能收到滿意的效果。

不當的食事行為，是食事問題的根源。解決人類的食事問題，需要從矯正食事行為開始。人類不當的食事行為，包括幾個方面，第一是不當的食物生產行為，例如過度開發、生態破壞、過量使用化學合成物、環境汙染、食物浪費、手藝失傳等；第二是不當的食物利用行為，例如吃方法不當、過食、缺食、偏食、厭食等；第三是不當的食事秩序行為，例如食事衝突、法規空缺、督察無力、價格失衡、資源壟斷等。

矯正不當食事行為是解決食事問題的根本方式。矯正不當食事行為，要從兩個方面著力，即強制與教化。強制屬於被動矯正，包括法律約束、行政管理、經濟調節和數位控制等方面；教化屬於主動矯正，包括光大良俗、食學教育、習慣養成等方面。只有主動與被動相結合，才能產生最佳效果，單獨任何一個方面都不能徹底見效。

當今，對於矯正不當食事行為的整體認知不夠，整體治理不夠，是食事問題長期不能徹底解決的根源。既有忽視強制的現象，如法律分散、行政割裂；又有忽視教化問題，特別是忽視了醜陋食為習俗的革除。矯正食事行為的難點是習慣，許多不當的食事行為成為群體習慣和個體習慣，已經存在了幾十年、幾百年。要改變這些不當的食事行為習慣，僅僅依靠強制的辦法是不行的，還需要和風細雨似的教化。矯正不當的食事行為，要從娃娃抓起。

食學教育雙元法則

食學教育不僅包括食業者教育，還包括食者教育，即食學的專業教育與食學的通識教育。通識教育長期被忽視了。

食事是人類生存必須之事，食學是對人類食事的整體認知。食學教育的對象包括食業者和食者，這是由食學的三大任務決定的，即延長個體壽期、促進社會秩序進化、維持種群延續。

食業者教育，以培養開展食物生產和維護食事秩序的專業人才為目的，已經形成了既定的教育體系，重點在食物生產領域。不足的是，現行的教育體系沒有涵蓋所有的食事行業。食物母體、食物馴化、食物加工、食物利用、食事秩序等領域分別隸屬於不同

的教育體系，被分割成為若干獨立的教育板塊，沒有形成一個整體的食業教育體系。

食者教育，是面向所有人的食學通識教育，通俗的說，就是學會「如何餵養好自己」。食學是每一個人終身的必修課程，要從娃娃抓起。食者教育的主要內容是學習如何高效利用食物，也就是如何吃出健康，從而減少疾病，獲得長壽。食者教育，還包括學習敬畏食物母體、遵守食事秩序、宣導優良食為習俗等方面的課程。針對食者的食學教育，非常必要，應該納入通識教育範疇，使其成為人生的必修課。食學的價值不應該被低估，應該如同語文、數學一樣成為通識教育的基本內容。

食學教育僅僅面向食業者是遠遠不夠的，缺少面向食者的教育，是我們長期不能徹底解決食事問題的一個主要原因。這是因為，食事是每一個人之事，社會的食事問題，是每一個人的食事之和而決定的。解決個體的食事問題，需要每一個人的參與；解決社會的食事問題，需要每一個人參與；解決人類的食事問題，需要每一個人的參與。

食學教育強調食業者教育與食者教育是一個不可分割的整體。

▌食俗認知雙元法則

食為習俗有優良和醜陋兩種類型，要區分認知、區分對待。要弘揚優良食為習俗，摒棄醜陋食為習俗。

食為習俗是千百年來形成的群體習慣，不自覺地約束著我們的食事行為。不同地域、不同民族有著不同的食為習俗。從全人類的角度來看，可以概括為十大食為習俗，分析這十大習俗在社會中發揮的作用，可以分為 5 個優良的好習俗，需要我們發揚光大，即禮讓、清潔、節儉、適量、健康；有 5 個醜陋習俗，需要我們摒棄革除，即浪費、獵奇、不潔、奢侈、迷信。

我們要用二分法認知習俗的作用，不能一味地強調繼承傳統，要分辨優劣，對那些醜陋的習俗，要人人喊打；對那些頑固的醜陋習俗，例如浪費食物，要利用法律來強制約束。

革除醜陋的食為習俗，是矯正人類不當食事行為的一個重要領域，事關每一個人的健康長壽、事關社會秩序和諧、事關種群持續發展。

▌過食病四因法則

過食病的主要誘因是人的嗜甜嗜香的偏好性、食物能量的儲存性、飽腹感反應的延遲性、缺食行為的慣性。

過食行為帶來的過食病，有四個危害：一是浪費食物；二是浪費醫療資源；三是增

加痛苦；四是縮短壽命。

關於嗜甜嗜香的偏好性。遠古時期，人類在獲取食物時發現甜的食物大多數是營養豐富的，而苦的東西一般都有毒。自從有了火，同時，人類發現醇香的熟食更耐饑，而惡臭的食物不耐饑。久而久之，形成嗜甜不嗜苦、嗜香不嗜臭的習性。經過幾百萬年的演化，這種習性已經變成了一種本能寫進了基因裡，這也是大腦獎賞效應的生理機制使然。今天，在食物充足的環境下，人的這種嗜甜嗜香的本性，是導致食入過多熱量的原因之一。

關於能量的儲存性。食物轉化系統是歷經億萬年演化而來，儲存食物能量，是食物獲得不穩定時期而形成的調節機制。是「吃了上頓沒有下頓」的惡劣環境下的結果。正常情況下，人的食物能量是以脂肪形式儲存在皮下，人類一般可以儲存 7 天所需要的能量。也就是說，一個人在有水喝的情況下，7 天不吃飯依舊可以生存。所以每當有食物的時候，可以一次吃上幾天的能量，而不至於嘔吐出來，這就是食物能量儲存機制。這種人的儲存食物能量的本性，是導致食入過多熱量的原因之一。

關於飽腹感的延遲性。從肚子吃飽了，到發出信號告訴大腦「我吃飽了」，是有一定時間差的。人的攝食量與生理信號的傳遞有關。人的大腦中樞裡面，有控制食量的飽食中樞和饑餓中樞，有了這些調控信號，我們的腦袋才能知道到底吃飽了沒有。這個傳遞機制，是一個「不怕吃多單怕吃少」的機制。在正常情況下，大腦接到「吃飽了」的信號總是慢半拍，明明所攝取的食物數量已經足夠了，可是大腦卻還沒接到飽食信號，所以在「不知飽」的情況下，會不知不覺地繼續吃喝，這是導致食入過多熱量的原因之一。

關於缺食行為的慣性。在食物缺少的時代，很難吃上一頓飽飯。人們饑不擇食、饑不得飽，對食物短缺的恐懼天天都在，遇到食物總是要想方設法吃個「肚兒圓」，天長日久形成了一種「搶食」的行為習慣，這就是缺食時代進食行為的一個普遍特徵。當人們已經步入了足食時代，食物不再短缺，每天都有充足食物保障，不必「搶食」了。但缺食時代的行為習慣卻不能馬上改掉，甚至很難改掉，這就是缺食行為慣性。缺食行為慣性的突出表現，就是控制不住自己的食欲，總是在不知不覺中吃多了。缺食行為慣性產生的原因，是由思維慣性帶來的行為慣性，而行為慣性要比思維慣性結束得更遲，或者說行為慣性比思維慣性消彌時間更長。人類經歷了漫長的缺食階段，深刻的缺食體驗、思維在影響人們的行為習慣。缺食行為慣性，是導致食入過多熱量的原因之一。

人類對食物熱量的儲存，一般在 7 天左右。今天，在食物充足的國家和地區，有大量過食群體存在，他們體內儲存的能量已經大大超過限度，許多人儲存了 30 天以上的

能量，不但不能及時釋放出來，且天天還在過食中。當這些釋放不出來的皮下熱量，轉移到其他器官，就會帶來諸多慢性疾病，這就是危害巨大的過食病。而過食的主要原因就是上述四個方面，瞭解過食四因法則，是矯正過食行為的前提。

■ 好食物是奢侈品法則

所謂好食物是奢侈品，是指優質食物所具有的稀缺性和珍貴性。

工業文明帶來的食物稀缺性、珍貴性逐漸顯現。好食物奢侈的是你的肌體，其他產品奢侈的是你的精神。肌體不在精神無存。

提到奢侈品，人們想到的一定是那些價格昂貴的稀有的商品，比如名牌背包、手錶、服裝、汽車，等等。其實好食物也是奢侈品，是更重要的奢侈品。

因為食物的稀缺性。據聯合國經濟和社會事務部發布的資料，至 2018 年，我們這個地球村的村民已經達到 76.3 億人，預計 2050 年將達到 100 億，百億人口所需要消費的食物，已經臨近「食物母體」能夠承受的極限。食物母體的產能是有限的，隨著百億人口時代的到來，食物會變得越來越稀缺，那種貌似取之不盡用之不竭的情景，將會一去不會復返。「百億人口時代」與「食物稀缺時代」攜手同行，撲面而至，人類的食物由豐富走向稀缺。

因為好食物的稀缺性。工業文明把合成物引入食物鏈，化肥、農藥、激素等大量使用提高了食物的生產效率，為人類帶來巨大的利益，但是食物的品質卻在不斷地下降。例如，化學食品添加劑，其存在價值是滿足人的感官享受，可以欺騙你的口舌，但欺騙不了你的腸胃，假的感官享受對身體的健康造成威脅。

好食物需要高成本支撐。與其他奢侈品一樣，好食物是需要更多的成本來支撐的，生產好食物要比生產一般食物增加許多成本。例如，180 天生產期的雞比 45 天生產期的雞成本會高出許多倍，不使用化肥農藥的穀物比使用化肥農藥的穀物的成本高很多。從這個角度看，好食物與其他奢侈品有相同的屬性。

好食物是滿足肌體需求的。奢侈品應該分成兩大類，一類是我們今天常識中的奢侈品，它們是滿足心理需求的；一類是好食物，它們是滿足身體需求的。由於身體健康存在是心理需求的基礎，所以說好食物是人生第一奢侈品。人生很貴，健康無價，享用好食物，求本捨末。

食學價值

　　食學是一個全新的科學體系，食事與每一個人的健康和壽命息息相關。食學的確立，既具有整體認知的學術價值，又具有解決問題的實用價值；既具有對每個人類個體健康的指導價值，又具有對整個人類前進方向的引領價值。2019 年 6 月，大阪 G20 峰會世界食學論壇發布的《淡路島宣言》，對食學科學體系給予了高度的評價，認為食學科學體系是解決人類食事問題的公共產品，是人類認識食事問題、解決食事問題的一把金鑰匙。

　　食學價值的邏輯鏈條是：食學是食事的整體認知體系，可以全面解決人類食事問題，包括以往未被認知而未解決的食事問題，包括以往錯位認知而未解決的食事問題，食事問題關係到個體生存健康和社會和諧，關係到人類的可持續發展，可以實現食事問題的全面解決，實現食事問題的百年千年的持續治理，實現人類食事文明時代，從而邁入人類理想社會的大門（如圖 1-41 所示）。

圖 1-41　食學價值鏈

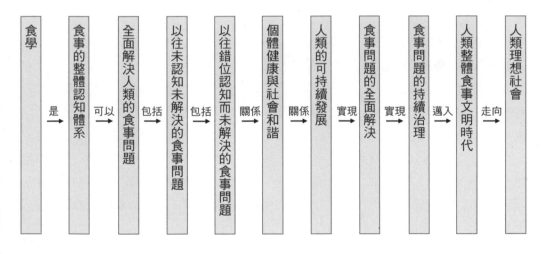

　　具體來說，食學的價值主要有八個方面：其一，構建了對人類食事的整體認知體系；其二，提出了人類食事問題的整體解決方案；其三，釐清了食事與諸事之間的關係；其四，支撐人類的可持續發展；其五，大幅提升人類的食事效率；其六，可以使每

個人的壽期得到延長；其七，提出了生存性產業劃分法；其八，提出了「食業文明時代」理論。

構建了人類食事的整體認知體系

在食學科學體系確立之前，人類對食事的認知呈三化二區狀態，即海量化、割裂化、碎片化帶來的誤區與盲區。這些海量化、割據化、碎片化的認知，就像寓言故事中的「盲人摸象」，讓人既迷茫又錯漏。食學 3-13-36 體系首次將食物生產、食物利用、食事秩序納為一個整體。它跳出了現代科學體系認知的局限，站在一個更高的視角來觀察食事，對人類的食事給予整體化的認知和梳理。

在食學 3-13-36 整體認知體系的引領下，食學為我們編織了一個能夠把所有食事全部網住的大網，一些理論和實踐的誤區被發現，一些過去看不到的盲區被填補。食學科學體系的確立讓人類告別了「盲人摸象」式的認知局限，讓「整體價值大於部分之和」，讓人類的食事認知登上了一座新的高峰。

提出了人類食事問題的整體解決方案

食學不是一門從理論到理論的學科，它是一個非常接地氣的理論體系。可以這樣說，它的誕生就是為了滿足實踐的需求，為了解決困擾人類千萬年一直無法徹底解決的食事問題。

人類的食事問題分為局部問題和整體問題。多年來，人們解決食事問題往往從局部著眼，鐵路員警各管一段，而對於食事的整體問題往往束手無策。究其根本原因，就在於頭疼醫頭、腳疼醫腳，缺少一個整體的認知體系。沒有整體認知就沒有整體眼界，沒有整體眼界就沒有整體思路，沒有整體思路就沒有整體應對辦法。而食學科學體系的創建，恰恰給食事問題的整體認知和整體解決，提供了一個堅實的理論基石。

為了解決人類食事的整體問題，同時也為了解決沒有解決和錯位認知的局部食事問題，食學提出了一個 3-9-36 食事問題整體解決方案，一個數位資訊化的食秩序 SEB 治理平臺。這一方案的實施之日、這一平臺的普及之日，就是人類的食事問題得到徹底解決之時。

釐清了食事與諸事之間的關係

食學的一個重要貢獻，就是釐清了食事與諸事之間的關係：諸事當前，要堅持食事優先。若他事優先將威脅人類的生存和可持續。

文明源於食事。食事久遠，文明後來；食事優先，諸事隨後。食事是人類文明六維的源頭，這是一個持續存在的客觀規律，不容改變。工業文明崛起後，科學技術飛速發展滿足了人類的種種欲望，致使它事不斷增多。在商業社會的運營機制下，人們常常會不自覺地做出了「他事優先」的決策，將食事置於其後。例如，速食的出現，就是為了他事而壓縮食事的時間，忽視了食物轉化系統的需求，使肌體的健康受到威脅和傷害。其他如「房事優先」「第三產業優先」莫不如是。人類當今面臨的社會衝突、人口爆炸、環境破壞、壽期不充分等問題，其根源就是「他事優先」。這種「他事優先」的行為，不僅會使社會整體運營效率降低，並且會威脅到個體的健康和種群的持續。

在食事與他事的關係上，食學給出了食事優先的明確答案，這是食學的一大貢獻。

為人類的可持續發展提供支撐

2015 年，聯合國通過了 2015 ～ 2030 的 17 個可持續目標（SDGs），在 17 個目標中，有 12 個與食事緊密相關。食學不僅在所涉領域與聯合國可持續發展目標一致，在治理方式上也與聯合國提出的「以綜合方式徹底治理社會、經濟和環境三個維度的可持續發展問題」不謀而合。

食學有一條基本理念，食事問題不能徹底解決，人類的可持續發展就不能實現。食學既關注人類種群的可持續，也關注食母系統這個人類家園的可持續。食學認為：科技再發展、再進步，人類也無法整體離開地球這個美好家園。不要輕信那些到其他星球尋求食物或移民的幻想。認真研究人類如何與食物系統更好地和諧相處，才是長治久安之道。食學這種維護兩個可持續的理念，將有助於人類對之前的發展思路進行調整，對自己的某些錯誤行為進行反思，有助於人類和生態環境的可持續發展。

大幅提升人類的食事效率

食事是人類生存的主要行為，7000 年的文明史也是食事效率的提高史。但是過去提及食事效率，往往只局限於食物生產領域。食學明確指出，食事效率反映在食物生產、食物利用、食事秩序和整體社會四個方面。食事效率具體可分為人工效率、面積效率、成長效率、利用效率。在這四大效率中，利用效率是核心，食產效率是為利用效率服務的，而食事效率的提高，可以帶動社會整體效率的提升。其中生產效率領域的面積效率和成長效率都是有「天花板」的，如今已經接近極限；人工效率可以在當今科技尤其是數位技術的引領下，得到大幅度的提升；利用效率還有很大的提升空間（如表 1-9所示）。食事效率的整體提升，是人類文明進程的重要標誌。

表 1-9　四大食事效率

領域	類型			
	面積效率	成長效率	人工效率	利用效率
食物生產	√	√	√	-
食物利用	-	-	-	√
食事秩序	√	√	√	√
提升手段	馴化、合成物	馴化、合成物	工具、數控技術	優質食物科學吃法

可以使每個人的壽期得到延長

　　食學的三大任務之首，是延長個體壽期，這也是人類社會文明的一個重要標誌。食學認為，而要實現這一目標，人類首先要學會餵養自己。

　　綜觀人類吃事歷史，吃法雖然一直處於十分重要的位置，但也一直缺乏科學全面的總結，沒有一個專門研究吃方法的學科；人類的科學著作汗牛充棟，但是迄今為止，也沒有出現一部全面論述、總結吃方法的學術著作。食學彌補了這方面的欠缺，在食學體系中，設置了一整套與吃相關的學科，包括對食物的認知、對人體的認知、對吃方法的認知、對吃審美的認知、對吃病的認知、對吃療的認知，等等，並提出了食腦為君、頭腦為臣、吃前吃入吃出吃事三階段，全維度進食等理論觀點，推出了《錶盤吃法指南》這樣的針對人類吃事的實踐性指導。這些學科、理論和吃法指導的傳播，可以讓人們掌握科學的吃法，為人類壽期的延長做出食學應有的貢獻。

提出了生存性產業劃分法

　　當今的社會有若干種產業劃分方法，其中「三次產業劃分法」被廣泛應用。但是，這一理論的最大問題是不能夠支撐人類的可持續發展。

　　食學從人類生存需求的角度，將社會行業分為生存必須產業、生存非必須產業和威脅生存產業三類。生存必須產業是指食物、服裝、住房、醫療等人類生存必的產業；生存非必須產業是指交通、資訊、服務、娛樂等生活必須但非生存必須的產業；威脅生存產業是指毒品業、軍火業以及因科技失控形成的一些產業，它們對人類生存造成了極大隱患。食學提出，要大力發展生存必須產業，有效控制生存非必須產業，逐步革除威脅生存產業。

　　生存性產業劃分法的核心價值，就是可以支撐人類的可持續發展，為實現人類理想

社會提供了一條有效路徑。

提出了「食業文明時代」理論

　　人類的發展歷史，歷經了原始文明、農業文明和工業文明三大階段。人類在發展，文明在持續，人類的下一個文明是什麼形式的文明？食學的回答是：人類的下一個文明階段是食業文明時代。食業文明就是食事文明，是食事文明在歷史時代表述時的代稱。人類文明有始以來，食事問題一直貫穿始終，但一直沒有得到徹底解決。食業文明時代，是全人類的食事問題得到了全面解決和徹底解決的社會階段。食業文明是人類的整體文明；是人類能夠可持續發展的文明；是人類壽期更加充分的長壽文明；是人類有大量閒暇時間的有閒文明；是人類有所為有所不為的限欲文明；是人類安居安心地球生活的地球文明。

　　人類有許多對未來理想社會的憧憬，從亞洲的「天下大同」的理想社會到歐洲的「烏托邦」，到近代的「空想社會主義」，古今中外的智者們做過多種設想，但都沒有提供有效的實現途徑。食學為理想社會的實現勾勒出一條既清晰又可實施的道路，這就是把全人類的食事問題優先徹底解決，整體邁入食事文明階段，這是實現任何一種理想社會的前題。

第二部

食物生產學

從食物源頭
到餐桌的認知體系

食物生產，簡稱「食產」，是指人類獲取食物與加工食物的方式。食物生產是人類食為的重要內容，是食學三角不可或缺的一個支撐點。

食物生產學，簡稱「食產學」，是食學的二級學科。食物生產作為一個社會概念存在已久，但作為一個學科概念尚屬首次提出。它包括食物母體、食物野獲、食物馴化、食物加工、人造食物、食物流轉、食為工具7門三級學科和19門四級學科。現代科學體系中的農學、食品科學均包含其中。

食物生產效率是指時間單位內食事勞動量與獲得優質食物數量的比值。食物生產的目的是滿足人們對食物的需求，食物生產學的本質是研究如何滿足人類所需食物的數量與品質。根據聯合國的資料，全球總人口百餘年來一直持續增長（如表2-1所示），至2050年人口將達97.35億，接近百億。這個需求量，為人類的食物生產提出了前所未有的課題。在過去的70年裡，全球食物總供給（即食物產量）需求持續增加，今後也必將繼續增加。食物品質問題一直存在，但自合成物進入食物鏈以來，食物品質問題越來越突出，食物鏈中的有害成分越來越多，將成為威脅人類健康的一個重要因素。

食物生產學的定義

食物生產學是研究人類獲取與加工食物及其規律的學科。食物生產是指人類獲取食物與加工食物的方式。食物生產學是研究食物生產並保障人類供應的學科。食物生產學是研究人與食物品質、數量之間供需關係，是解決人類食物供給問題的學科。

食物生產學的任務

食物生產學的任務是保障人類食物數量，保障人類食物品質，保障食物可持續供給。食物生產學的任務旨在研究、緩解人類食物與生態之間的矛盾，揭示食物生產規律。減少養殖業的碳排放，減少農藥、化肥、除草劑的使用，減少飼料中激素等的添加。食物生產學的基本任務，就是遵守「食母產能有限定律」，在遵守食母系統總產能有限、單位面積產能有限、動物成長期縮短有限的前提下，提高勞動效率，以此帶動食物生產效率，保障食物利用效率。

食物生產學的結構

食物生產學的結構為「三角」結構，由食源、輔助和獲取3個要素組成（如圖2-1所示）。

食源要素包括食物母體一個範式。食物母體是食物生產的源頭和基礎，它每天供給

表 2-1 1900～2050 年全球人口量推移 *①②③

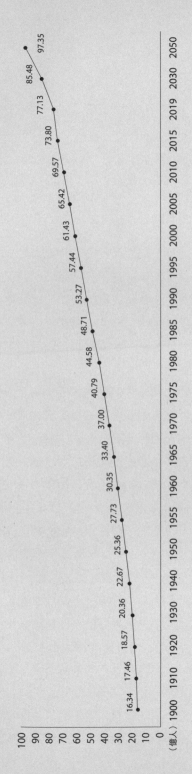

*① 1900～1940 年數據：〔美〕大衛・克里斯蒂安（David Christian）著：《時間地圖：大歷史：130 億年前至今》（Maps of Time: An Introduction to Big History），晏可佳等譯，中信出版集團 2017 年版，第 511 頁。（編按：繁體版書名為《Big History 大歷史：跨越 130 億年時空，打破知識藩籬的時間觀圖》，聯經出版／2018 年版）

*② 1950～2019 年數據：聯合國糧食及農業組織（FAO）:http://www.fao.org/faostat/en/#data/OA。

*③ 2030 年、2050 年數據：聯合國經濟和社會事務部人口司（UN DESA）：《世界人口展望 2019》（World Population Prospects 2019），2019 年版，第 6 頁。

圖 2-1 食物生產學的三角結構

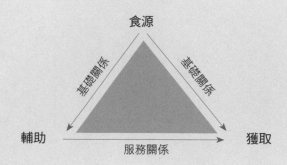

的食物已經能夠滿足全球 77.1 億人之需，食物母體向人類提供獲取食物的能力不是無限的，而是有限的。當人口突出百億時，食物的供需關係將臨近「天花板」，不顧及食物可持續供給的數量，是短視行為。食物利用是食物生產的目的，食物生產要緊緊圍繞著食物利用而展開。不顧及食物品質的數量，是不可取的，其潛在的危害日益顯現。另外，要鼓勵消費者為優質食物的成本埋單。不然，劣幣驅逐良幣，就沒有人願意生產優質食物了。

　　輔助要素包括食為工具、食物流轉、食物加工 3 個範式。其中，食為工具是首要的輔助要素。食物的產前、產中和產後階段，都要用到食為工具。食物流轉是重要的輔助要素。食物流轉包括食物貯藏、食物運輸和食物包裝三方面的內容，食物流轉通過對食物產後的空間、時間和外在形態管理，為食物生產提供服務。食物加工是重要的輔助要素。食物加工可以提升食物的感官指標，有利於食物的吞咽、消化、吸收，有利於食物的品質提升。沒有食物加工的參與，食物就無法變為食品，甚至無法食用。

　　獲取要素包括食物野獲、食物馴化、人造食物 3 個範式。它們都是食物的直接生產過程。人類獲取食物共有九種基本方式，即採摘食物、狩獵食物、捕撈食物、採集食物、種植食物、養殖食物、菌殖食物、合成食物和胞殖食物。其中前 7 種均為天然方式，最後 2 種為人造方式。也就是說，人類獲取食物的方式，是由 7 種自然方式和 2 種人造方式組成的（如圖 2-2 所示）。人造方式是工業革命以後出現的，具體就是用化學的方法去合成食物，這種方式獲取的食物是人類傳統食物鏈的外來者。人造食物的出現，是人類生存與健康的「雙刃劍」，雖然人類已經使用了這種方式，但還是應該有所控制。

　　食物生產學「三角」結構之間的關係是：輔助要素和獲取要素之間是服務關係，獲取要素和輔助要素之間是被服務關係，它們與食源要素之間的關係是基礎與外延的關

圖 2-2　食物獲取 7 ＋ 2 結構

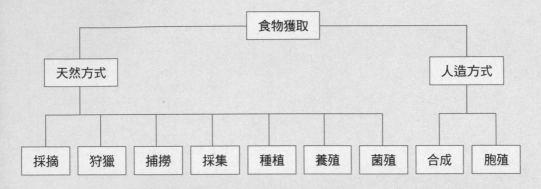

係，因為後兩者均源自前者。沒有食源要素，獲取要素和輔助要素就無法存在。

食物生產學的體系

　　食物生產學的體系涵蓋了與食物生產相關的所有領域，傳統的農學和食品科學的內容也包含其中。

　　食物生產學體系包括 7 門食學三級學科和 19 門食學四級學科。7 門食學三級學科是：食物母體學、食物野獲學、食物馴化學、人造食物學、食物加工學、食物流轉學、食為工具學。19 門食學四級學科是食母保護學、食母修復學、食物採摘學、食物狩獵學、食物捕撈學、食物採集學、食物種植學、食物養殖學、食物菌殖學、調物合成食物學、調體合成食物學、食物碎解學、食物烹飪學、食物發酵學、食物貯藏學、食物運輸學、食物包裝學、食為手工工具學、食為動力工具學（如圖 2-3 所示）。

　　食物生產學體系的構建，有五個創新點：一是確立了食物母體學，強調食物源頭的唯一性、強調食物產能的有限性、強調人類對生態的敬畏性、強調食物可持續的重要性；二是確立了調物合成食物學、調體合成食物學。從入口和功能的屬性來看，明確了它已經成為食物的現實。食品添加劑和口服西藥是合成食物的兩種主要表現形式；三是放棄了「農學」這一大而模糊的概念，選擇了更具體、更準確的食物種植學、食物養殖學、食物菌殖學；四是放棄了以工程角度、成品角度立學的「食品科學」「食品工程學」的概念，選擇了以加工原理角度立學的食物碎解學、食物烹飪學、食物發酵學等；五是確立了食物生產學的七大範式：食物母體、食物野獲、食物馴化、人造食物、食物加工、食物流轉、食為工具。

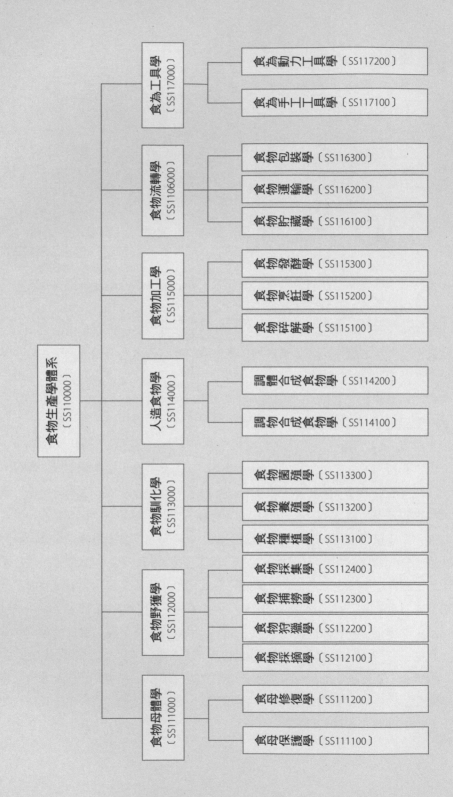

圖 2-3　食物生產學體系

食物原生性的六次遞減

食物的原生性是食物品質的一個重要指標，它與人類的健康息息相關。從原生性的角度，可以將當代的食物分成六類（如圖 2-4 所示），分別是野生的食物、馴化的食物、儲運後的食物、工業加工後的食物、再儲運的食物、再加工的食物和手工烹飪的食物。其中，手工烹飪的食物位置是不固定的，是在所加工原料的「級次」上加 1，例如野生的食物是一次食物，如若對其進行烹飪，那就變成了二次食物。這是原生性的遞減順序問題，加工工藝越多的食物，離原生性越遠。

人是原生性的生物，只有依靠原生性食物才能維持生存與健康。這就是兩個原生性，又稱雙原生性。

人是原生性的，不是工業產品，億萬年來都是依靠原生性的食物生存演化的，所以說，要想讓生命更加健康，只能依靠原生性的食物，而不是人造食物，也不是添加了過多人造食物的工業食品。

嚴格地說，人類文明以來的所有食事行為都是逆原生性的。特別是工業文明以來的食事行為，加速了逆原生性的速度，尤其是用化學技術合成出的人造食物的出現。合成食物是人類食物鏈的外來者，是沒有原生屬性的。各種化學添加物與添加劑的過度使用，正在日益威脅著人類的健康。

筆者主張食物生產短鏈化，即食產短鏈，含義是從食物生產到食物利用之間的距離要最小。食物生產具有逆原生性，食物生產的產業鏈越短，越有利於維護食物的原生性。

食物的生產是為了食物的利用，不能脫離利用去追求食物生產的超高效率。人類只能依靠原生性的食物維持生存與延續。合成食物的出現，打破了傳統的食物與食用的秩序，無論是初次生產環節的添加，還是再次生產環節的添加，都應該回歸到雙原生性這個法則中來。一句話，人類已經按照雙原生性的法則走過千百萬年，如果違反這個法則，人類還能走多遠，這是個問號。

食物生產的「三種效率」

人類社會運行的效率，是指社會民眾勞動時間與閒暇時間的比值。食事效率是社會整體運行效率的重要內容。食事效率是食事行為與生命長度的比值。人類的食事有四種效率，包括食產面積效率、食產成長效率、食事人工效率和食物利用效率。其中，前三個效率發生在食物生產領域，它們的提升潛力是不同步的。

圖 2-4　食物原生性遞減

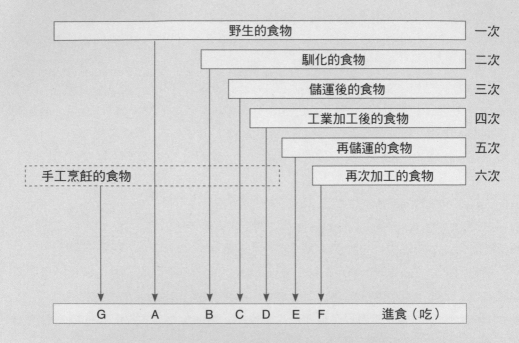

A 一次食物　B 二次食物　C 三次食物　D 四次食物　E 五次食物　F 六次食物　G 1+X 次食物

　　食物的生產效率，可以分為三個方面：第一，食物母體的單位面積效率，簡稱「食產面積效率」。其本質是空間效率，指土地、水域空間單位與出產食物量的比值；第二，植物、動物性食物和菌類食物本身的成長效率，簡稱「食產成長效率」。其本質是時間效率，指動植物、菌類食物時間單位與成熟度的比值；第三，是人類在獲取食物時所付出的人工效率，簡稱「食為人工效率」。其本質是勞動效率，指食事勞動量與單位時間的比值（如圖 2-5 所示）。雖然這三種效率都屬於食物生產範疇，但因為這三種效率的性質不同，所以它們提高的潛力是不同的。其中的人工效率伴隨科技發展，從理論上講可以無限提高，而面積效率和成長效率都是有「天花板」的。一畝土地種植水稻可以從幾百斤提高到上千斤，卻不能提高到幾萬斤。

　　在食物生產的三個效率中，面積效率和成長效率是有「天花板」的，人工效率是可以不斷提高的，三者的效率提升是不同步的（如表 2-2 所示）。認清這三種食物生產效率的不同步，可以讓人敬畏和尊重自然規律，在提升食物生產效率方面，不會迷失方向、不會盲目樂觀，在保障食物品質的前提下追求食物數量的生產效率。

圖 2-5　食物生產效率

對於食物生產效率的追求，天生就具有「原罪」性，即它的逆原生性。所以在食物的種植、養殖、培養、加工過程中，一個重要的任務，就是儘量控制原生性的遞減，這是食物生產的一個基本原則。在食物的「小生產」階段，食物的種養、儲存、加工可以由一家農戶同時擔當。進入規模化的「大生產」階段後，從生產到加工，產業鏈越拉越長。產業鏈越長，食物的原生性的遞減越大。所以，從健康的角度看，食物生產的長鏈不如短鏈。

表 2-2　食物生產效率結構

種類	效率級別		
	低	高	超高
面積效率	√	√	×
成長效率	√	√	×
人工效率	√	√	√

食物生產效率的「四次飛躍」

綜觀人類獲得食物的效率，先後經歷了四次大的提升（如圖 2-6 所示）。第一次飛躍緣自馴化技術。人類掌握了馴化技術之後，帶來食物的充足與穩定，大大提升了人類獲得食物的效率。相對千百萬年的直接從自然界採摘、狩獵、捕撈的方法獲得食物，是一次偉大的突破，充足穩定的食物給人類帶來了更多的安全感。

第二次飛躍緣自工具進步。鐵器等工具的出現和使用，讓食物生產效率得到大幅提升。特別是工業化以後，動力工具的使用和普及，更讓食物生產效率跨上一個高高的台階。第三次飛躍緣自化學合成物；化學合成物是工業革命的產物，它的誕生不過短短二

圖 2-6　食物生產效率的「四次飛躍」

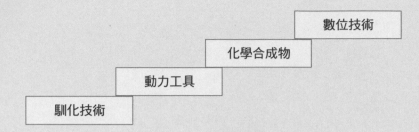

百年，但是化肥、農藥、激素等化學合成物的大規模應用，已讓人類的食物生產進入超高效時代，儘管存在許多負作用。第四次飛躍緣自數位技術。進入 21 世紀，數位技術遍地開花，食事領域也不例外。第四次與前三次飛躍不同，數位技術不僅可以提高食物生產的效率，還可以提高食物利用和食事秩序的效率、提高所有食事的人工效率。

在食物生產過程中馴化技術是對「面積效率」和「成長效率」的大提升；動力工具使用是對「人工效率」的大提升；化學合成物的施加是對「面積效率」和「成長效率」的大提升；數位技術是對食物生產、食物利用和食事秩序三個領域「人工效率」的全面大提升。

食物母體產能有限

食物母體能夠供給人類食物的總量是有限的，而不是無限的。這是由地球的特質和規模決定的，它不會以人類的意志為轉移。由於人口增長一直在食物母體產能的範圍之內，所以這個現象一直被人們所忽視。21 世紀人口將進入百億時代，這個時代人類的食物需求將接近食物母體產能的上限。

受地球的體量和品質的限制，食物母體孕育可供人類食用的植物、動物、礦物、微生物的總量是有限的。換句話說，就是它供養的人口數量是有限的，不是無限的。人類應該有勇氣正視這個事實，有勇氣矯正我們今天的不當行為。不要過高地估計人類自身的能力。要保持食物供給大於需求形勢，人類的持續才是安全的，無論人類如何「文明」也不能違背這個規律。或者說，凡是違背這個規律的「文明」，都不是真正的文明。當食物需求接近食物供給能力時，要控制食物需求增長，即要控制人口總量增長。

全球可耕地是有限的，隨著世界人口的不斷增長，人均可耕地也就越來越少。許多國家在工業化和城市化過程中侵占、損耗了大量耕地。近 50 年來，世界人均耕地面積的數量減少達一半以上。同時，糧食的產能也是有限的。美國研究人員公布報告指出，

在過去的近 30 年中，氣候變暖導致全球一些糧食產能出現了實質性下降。

有人說，人類可以用智慧和技術開發食物母體的潛能，增加食物的供給量，但這也是有限的。一旦食物需求大於食物供給，必將是人類的災難之日。更不要用地理大發現的思維，寄希望於到地球以外的空間索取食物。地球食物母體系統，是宇宙中唯一能夠給人類提供食物的系統。星際生物、太空生存，都是畫餅充饑，不能解決人類整個種群的食物供給問題。

「人糧互增」規律臨限

從食物數量和人口數量的角度看，人類的生存發展，經歷了從「糧助人增」到「人糧互增」的過程，在這個過程中，糧食數量和人口數量相互影響、相互制約、相互促進。歷史上經歷了四次糧助人增節點：食物馴化、高產單品普及、化學添加劑介入和集約化生產。

從距今約 25 萬年前智人出現，到距今約西元前 1 萬年農業革命興起，人類依賴獲取天然食物為生，不得不過著追尋食源不斷遷徙的生活。一些部落為了彌補食物缺口，甚至採取了殺嬰、殺老等極端措施，這大大限制了人口增長。據推測，在距今 3 萬年～距今 1 萬年這段時間中，世界人口年增長率低於 0.01%。

大約 1 萬～ 1 萬 2 千年前，世界進入了農業革命時代，食物的馴化、種植和養殖的興起，讓人類的食物來源趨於穩定，食物產量得到提高，其結果是大大促進了人口的增長。據測算，世界人口從西元前 1 萬年的大約 600 萬人上升到了 5000 年前的 5000 萬人，也就是說在 5000 年裡增長了 6 ～ 12 倍。

人口的高速增長，又帶來新一輪的糧食短缺。恰逢此時，一些高產穩產農作物品種的世界性傳播，化解了人口高速增長後的食物危機。有了充足的食物，人口又開始快速增長。以中國為例，番薯、玉米、馬鈴薯的引進，大大提高了糧食產量，人口就從西元 1700 年的約 1.5 億，猛增到 1834 年的 4.01 億。

在高速增長的人口面前，糧食再一次緊缺。這次促動糧食產量提升的，是從 19 世紀下半葉開始的工業文明。化肥、農藥等化學添加劑的誕生和使用，促進了糧食產量的突飛猛進。工業革命的另一個成果是集約化生產，這一新興生產方式不僅提高了生產效率，還大大節約了勞動成本。食物充足了，人口再次呈爆炸式增長。據統計，1750 ～ 2000 年間，世界人口從 7.7 億突飛猛進到近 60 億，至今更飆升到 77 億，增長率達到 8% 以上。

糧食短缺，導致人口增長緩慢或減少；新的生產方式和作物品種的出現，使得糧食

圖 2-7　人口數量和食物數量的三個關係

充足，人口增長加快；人口數量增多，又造成了新的糧食短缺，迫使人類去尋找新的增產方式和作物品種。數百萬年以來，人類和糧食的關係一直遵循這個互增規律。但是當人口達到百億時，這種「人糧互增」的規律將面臨挑戰，原因是人口的增長是無限的，食物母體的產能是有限的，不可能無限度地增長下去。當人口進入百億時代，人類將面臨一個「糧限人增」的新局面。由「糧助人增」，到「人糧互增」，再到「糧限人增」，這是人口數量與食物數量的三個關係（如圖 2-7 所示）。食物母體產能的有限性，從另一個角度證明了「馬爾薩斯理論」。[①]

食物生產階段的浪費

食物浪費是人類的一大陋習，遍布於食物生產和食物利用兩大領域。就食物生產領域來說，從食物野獲到食物馴化，從食物加工到食物流轉，食物浪費貫穿於整個食物生產階段，隨處可見。而在收穫後到流通這一階段，塊根、塊莖和油料作物的損失率高達 25% 以上，即使是浪費最少的穀物和豆類，其損失率也接近 10%；從區域說，世界平均糧食損失率則接近 15%，而中亞、南亞的糧食損失率高達 20%（如表 2-3、表 2-4 所示）。

食物生產學面對的問題

食物生產學面對的主要問題有七個：一是對食物母體系統開發過度，導致許多的青山綠水變成了荒山汙水，肥沃的耕地被沙漠化、鹽鹼化了。世界糧農組織和環境署《食物浪費足跡：對自然資源的影響》報告指出，全世界每年生產未被食用的糧食所耗用的水相當於伏爾加河年流量的三倍，而生產這些糧食所排放的溫室氣體高達 33 億噸。二是食物浪費現象嚴重，由於生產技術、生產工具、生產管理以及食物貯運等多方面的原因，導致多環節的食物浪費。從總的趨勢看，發生在食物生產過程中的食物損失更多的在發展中國家。

---

① 英國馬爾薩斯（Thomas Robert Malthus）認為，人口呈指數速率增長，而食物供應呈線性速率增長，兩者的發展不相匹配。

表 2-3　2016 年從收穫到流通階段的糧食損失種類百分比 *①

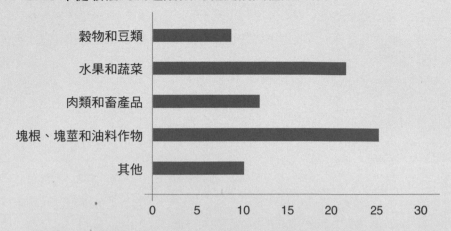

表 2-4　2016 年從收穫到流通階段的糧食損失區域百分比 *②

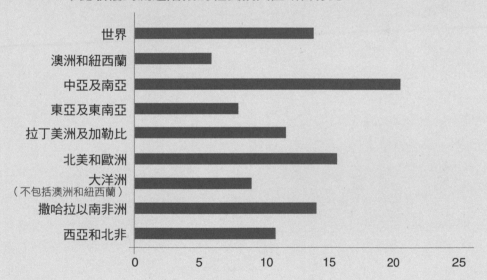

*①　聯合國糧食及農業組織（FAO）：《2019 年糧食及農業狀況：推進工作，減少糧食損失和浪 費》（*The State of Food and Agriculture 2019：Moving forward on food loss and waste reduction*），2019 年版，第 8 ～ 9 頁。
*②　同 *①

　　三是食物種養方面效率低，尤其是傳統種植業和養殖業，技術更新換代不夠，規模化程度不夠，專業人才不夠。四是化學合成物過度添加導致的食品安全問題，尤其是在食物加工行業普遍存在為了追求色香味等感官滿足的過量添加現象。五是化肥、農藥、除草劑等化學合成物的過度施用導致的食物生產偽高效問題，短期看是增產了，長期看

將導致土力的退化和食物品質的下降。六是傳統生產技藝失傳、人才斷檔，這其中有相關機構保護不力問題，亦有宣傳普及不夠問題。七是在數位技術利用方面，儘管已經出現了一些無人機播種、施肥、收割等智慧數位化器具，但數位化利用還遠遠不夠。

對食物源的認知與敬畏

食物母體是指為人類和一切生物提供食物的地球生態系統。食物母體系統的健康度決定天然食物和馴化食物的數量與品質。食物母體系統和地球生態系統的區別在於地球生態系統涵蓋地球的全部生態，而食母系統只涉及與人類食源直接相關的生態系統。那些與人類食源非直接相關的生態系統，例如荒漠生態、苔原生態，不在食母系統的研究範疇之內。

食母系統是食界三系統之一。地球誕生於 46 億年前，當今的食母系統，形成於 6500 萬年前。人類起源於 550 萬年前，迄今為止，地球上共養育過 1076 億人。人類食物的供給始終沒有離開地球的生態系統，從這個意義上講，地球的生態系統就是人類食物供給的母體系統。在長達數千萬年的時間裡，人類的生存、成長、壯大，一天都離不開食物。食物母體與人類是一種無可替代的母子關係，因為沒有地球的生態環境，就不會有食物。

人類在地球上生活了 500 多萬年，其活動範圍占據了地球陸地面積的 83.0％。人們在耕地面積占陸地面積 10.6% 的土地上生活、耕種、採礦或養魚，只有少量的原始土地為野生動物的棲息地。由於人類對生態的過度開採，在 20 世紀的 100 年中，全世界共滅絕哺乳動物 23 種，大約每 4 年滅絕一種，這個速度較正常化石紀錄高 13 ～ 135 倍。對食物母體的保護和修復已經刻不容緩（如表 2-5 所示）。

人類離不開食物母體系統的健康運轉，食物母體的整體或局部失調，將會威脅到人類的生存和種群的延續。食母系統可以分為兩個方面，無機系統和有機系統，無機系統包括水、鹽、空氣、溫度等；有機系統包括真菌（微生物）、植物、動物等構成的食物鏈。人類食物生產的四大模式：食物採捕、食物馴化、食物加工和人造食物，都與食物母體息息相關。天然食物採捕於食物母體；馴化食物種養於食物母體；加工食物的食源

表 2-5　五次物種大滅絕

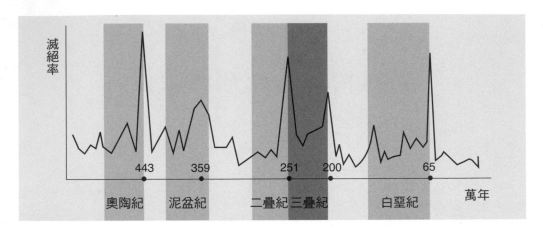

來自食物母體；人造食物看似來自人工，其原材料也是來自於食物母體。食母系統健康了，食物供給才有可持續性。

食物母體的可貴之處，還在於它的不可替代性。農業文明以來，人類所有的不當食行為都是對食物母體的干擾。而人類只有一個地球母親，她被毀壞了，人類將無處生存。人類脫離地球到別的星球生存，只是一種並不科學的幻想。與其寄託於無法實現的幻想，不如踏踏實實蹲下身子，善待我們的地球母親。

食物母體學的定義和任務

食物母體學的定義。食物母體學是研究人類與食源體之間關係及其規律的學科，是研究食物的可持續供給的學科，是研究解決食物可持續供給問題的學科。

食物母體學的任務。食物母體學的任務有兩個：一是對食物母體的保護；二是對食物母體的修復，其目標是改變人類的不當食為，保障人類食物的持續供給。

食物母體學的體系

食物母體學是食學的 13 門三級學科之一，隸屬於食物生產學，下轄 2 門食學四級學科：食母保護學、食母修復學（如圖 2-8 所示）。

食物母體學的學術價值，在於從食物來源角度強調了食物資源的唯一性和有限性，強調了人類食物對地球生態的依賴關係，更容易喚起人類對地球生態系統的敬畏與愛護。

圖 2-8 食物母體學體系

食物母體學面對的問題

　　食物母體學面對的問題主要有兩個：一是人類的不當食為加劇了對包括空氣、土地和水體在內的食物母體系統的干擾和汙染。如果說人口「爆炸」是人類面臨的第一個挑戰，環境汙染日益嚴重則是人類面臨的第二個挑戰。近一個世紀以來，化石燃料的使用量幾乎增加了 30 倍。全世界每年向大氣中排放的 CO_2 約 210 億噸。

　　這種汙染對生態的破壞大多是不可逆的，難以在短時期內恢復。二是人類的不當食為對生物物種多樣性造成了嚴重的干擾和破壞。據聯合國環境計畫署估計，在未來的 20 ～ 30 年之中，地球總生物多樣性的 25% 將處於滅絕的危險之中。近 20 年間，美國和歐洲的蜜蜂數量分別下降了 30% 和 10% ～ 30%，中東地區蜜蜂種群規模則縮減 85% 以上。諸多研究及大量實證均表明，以鳥類、蛇類、昆蟲、蚯蚓、線蟲和蟻類等為代表的有益生物或害蟲天敵種群數量正快速縮減，稻田生態系統中水生動物、昆蟲類、蛙類、蚯蚓、藻類、雜草及土壤生物等種類或數量明顯減少，多樣性逐漸喪失。

保護食物母體不受破壞

　　當今人類不當的食為活動對食母系統形成了很大的干擾，因此，對食物母體的保護已經刻不容緩。

　　人類生存的可持續性，依賴於食物母體供給的可持續性。而要保證食物母體供給的可持續性，必須減少人類對生態的干擾。對食物母體系統干擾的類型主要有下列幾種。從成因上看，分為自然干擾和人為干擾；從來源上看，分為內源干擾和外源干擾；從性質上看，分為破壞性干擾和增益性干擾；從形成機制上看，分為物理、化學和生物干擾；從傳播特徵上看，分為分局部干擾和跨界干擾。

　　古人在長期農牧漁獵生產中，已經積累了樸素的對食物母體的保護認知，西元前後出現了介紹農牧漁獵知識的專著，其中已經涉及食物母體保護的內容；19 世紀初，現代生態學輪廓開始出現。1851 年，達爾文在《物種起源》中提出自然選擇學說，強調生物進化是生物與環境交互作用的產物，更促進了生態學的發展。19 世紀中葉到 20 世紀初，人類所關心的農業、漁獵和直接與人類健康有關的環境衛生等問題，不僅推動了農業生態學的研究，也豐富了水生生物學和水域生態學的內容。進入 21 世紀，食母保護學依託現代科技，吸收其他科學成果，獲得了進一步發展。

　　食母保護學的編碼是〔SS111100〕，食母保護學是食學的四級學科，食物母體學的子學科。食母保護學從食物和地球生態保護關係的角度，指導人類正確地認識自然、尊重自然、善待自然，合理地利用自然，維護食物生態的平衡，維護生態食物產能可持續供給的最大化，促進食物生態的可持續發展。

食母保護學的定義

　　食母保護學是研究如何維護食源體原始性的學科，是研究人類食物供給的生態系統的保護及內在規律的學科，是研究人類食物與生態保護之間關係的學科，是研究解決人類食物源保護問題的學科。

食母保護學的任務

　　食母保護學的任務是維護大氣、土地、水體、生物等的生態平衡，保障人類食物的

插圖 2-1　健康的食物母體系統

持續供給，從而滿足一定數量的人類食物需求。在把握食物產能的同時，把握人類食物需求的總量，正確地認識自然，合理地利用自然，避免供不應求的尷尬局面出現。

　　實現食物的可持續供給，就要求人類慎重擇食，合理取食，尊重自然，善待自然，這不僅是為了當代人的利益，更是為了人類子孫後代的長遠發展。維護食物生態的平衡，促進食物生態的可持續發展，是食母保護學的核心任務。

食母保護學的體系

　　食母保護學體系以種類為劃分依據，包括食母草地保護學、食母濕地保護學、食母林地保護學、食母湖泊保護學、食母河流保護學、食母海洋保護學 6 門食學五級學科（如圖 2-9 所示）。

　　食母草地保護學。食母草地保護學是食學的五級學科，食母保護學的子學科。草地

圖 2-9 食母保護學體系

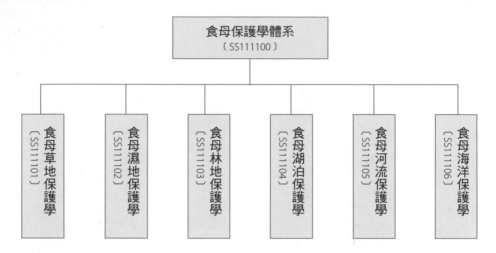

生態系統是中緯度地帶大陸性半濕潤和半乾旱氣候條件下，由多年生耐旱、耐低溫、以禾草占優勢的植物群落，是以多年生草本植物為主要生產者的陸地生態系統。草地分為草原和草甸兩大類，具有防風、固沙、保土、調節氣候、淨化空氣、涵養水源等生態功能。草地是食母系統的重要組成部分，草地的保護，對維繫生態平衡、地區經濟、人文歷史具有重要意義。

食母濕地保護學。食母濕地保護學是食學的五級學科，食母保護學的子學科。濕地是分布於陸地生態系統和水域生態系統之間具有獨特水文、土壤、植被與生物特徵的生態系統。濕地與森林、海洋並稱為地球上三大生態系統，在抵禦洪水、調節氣候、涵養水源、降解汙染物、應對氣候變化、維護全球碳迴圈和保護生物多樣性等方面，發揮著不可替代的重要作用。濕地是人類最重要的環境資本之一，應該按照「保護優先、科學恢復、合理利用、持續發展」的原則，全面加強濕地保護工作。

食母林地保護學。食母林地保護學是食學的五級學科，食母保護學的子學科。世界森林總面積為 40.6 億公頃，占世界陸地面積的 30.8% 左右。其中，超過 50% 的森林被俄羅斯、巴西、加拿大、美國和中國 5 國占據（如表 2-6 所示）。[1] 在眾多生態環境系統中，林地對維護陸地生態平衡的貢獻最大，在一定程度上，森林生態系統的存在及其多樣性，對生物多樣性保護起著決定性作用。林地生態保護包括森林資源保護、森林資

---

① 聯合國糧食及農業組織（FAO）、聯合國環境規劃署（UNEP）：《世界森林狀況 2020——森林、生物多樣性和人》（ *The State of the World's Forests 2020: Forests, biodiversity and people* ），2020 年版，第 10 頁。

表 2-6 2020 年全球森林面積最大的 10 個國家

單位：百萬公頃
%：占世界森林總面積百分比

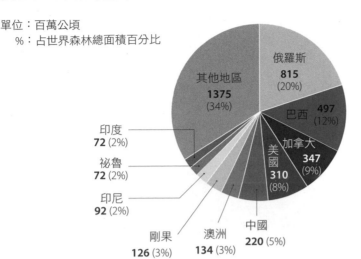

源調查與管理、森林資源消耗量控制、森林生物多樣性保護、森林景觀資源保護、林政管理與執法，及森林災害防治等多方面的內容。[②]

食母湖泊保護學。食母湖泊保護學是食學的五級學科，食母保護學的子學科。湖泊的淡水生態系統不僅是人類資源的寶庫，而且是重要的環境因素，具有調節氣候、淨化汙染及保護生物多樣性等功能。在 20 世紀以前，全球對淡水系統所能提供的物品和服務的需求並不多，淡水也並未被人們認為是短缺資源。但是隨著人口的增長、工業化和灌溉農業的擴張，對與水相關的產品和服務的需求急遽增長，淡水生態系統承受了巨大壓力。食母湖泊保護學學科的建立，對湖泊生態的保護至關重要。

食母河流保護學。食母河流保護學是食學的五級學科，食母保護學的子學科。河流生態系統指河流水體的生態系統，屬流水生態系統的一種，是陸地與海洋聯繫的紐帶，在生物圈的物質迴圈中起著主要作用。河流生態系統水的持續流動性，使其中溶解氧比較充足，層次分化不明顯。河流是一種重要的自然資源，承載著各自然要素間的能量流、物質流和資訊流，發揮著重要的生態功能。河流為各類水生、陸生和兩棲類動、植物以及微生物，提供棲息、繁衍和避難的場所。構建食母河流保護學，對科學保護河流生態系統具有重要的意義和作用。

食母海洋保護學。食母海洋保護學是食學的五級學科，食母保護學的子學科。地球

---

② 同①。

的表面約有 71% 的部分被海水所覆蓋，地球可以說是一個海洋的星球。浩瀚無邊的海洋，蘊藏著極其豐富的各類資源：海水中存在 80 多種元素，生存著 17 萬餘種動物和 2.5 萬餘種植物。在 21 世紀，海洋將成為人類獲取蛋白質的重要場所，關注海洋、善待海洋、保護海洋、可持續開發利用海洋，應成為全人類共有的責任。

食母保護學面對的問題

食母保護學面對的問題主要有 3 個：食母系統干擾加劇、食母系統保護法律不健全和食母系統保護力度不均衡。

▌ 人類對食母系統干擾加劇

在食物母體保護和社會發展建設之間，人類犯了許多錯誤。例如不當地開發沼澤地、毀林開荒、圍湖圍海造田；又如現代化、城市化的許多不當行為，等等。這些行為加劇了對食物母體系統的干擾，其結果是解決了一時的問題，卻帶來了長久的危害。食物母體的保護是一項長期、有序的系統性工程，必須遵循食物母體系統的自然規律，任何的短視和急功近利都是不可持續的。生態紅線是經濟社會長久發展的生命線，只有保護好人類的食物母體系統，才能實現可持續發展目標。

▌ 食母系統保護法律不健全

國際組織以及各個國家都相繼頒布了關於食物母體系統保護的若干法律和條約，內容涉及大氣汙染、水體汙染、空氣汙染、危險化學品安全管理、危險廢物經營許可、野生植物保護條例、野生動物保護等多個方面。但是總體看來仍存在不少問題，突出表現在整體數量仍嫌不足，具體規範有待統一，覆蓋空白有待填補，許多法律法規亟待深入和細化……等等。

▌ 食母系統保護力度不均衡

食物母體系統是個龐大、複雜的大系統，對它的保護要通盤考慮，協同應對。當今發達國家、發展中國家和最不發達國家之間經濟條件各異，對食母保護的認知不統一，法律法規不一致，往往影響了對食母系統的保護力度。例如，歐洲的多瑙河流經 8 個國家，亞洲的湄公河流經中國、寮國、緬甸、泰國、柬埔寨和越南，對這些水體的保護需要多個國家和地區的通力合作才能實現。最不發達國家的食物母體系統保護，更需要國際社會的共同參與。

食物母體破壞的應對

地球是一個絢麗燦爛的世界，它不僅賦予人類豐富的資源，也構成了人類賴以生存和發展的物質基礎——食物母體系統。但是，進入 20 世紀以來，人類的食母系統卻遭遇了生態危機：地球環境汙染，生態環境惡化，全世界 8.5 億人生活在缺水的乾旱地區，12 億人生活在微粒超標的城市中。1988 年 11 月 15 日，英國《每日電訊報》公布了蓋洛普民意測驗結果，多數人認為「環境汙染的威脅不亞於第三次世界大戰」。的確，環境問題已成為世界各國的主要政治問題和社會問題。據聯合國糧農組織的統計數字，從 1950 年～ 1985 年，全世界的森林面積減少了一半，森林生態危機正在世界各地蔓延。此外，大氣汙染、水體汙染、土壤汙染，一個個驚心動魄的數字敲響了警鐘，地球食母系統已經傷痕累累，對它的修復已經刻不容緩。

食物母體修復是指對已經被破壞的食物母體系統停止人為干擾，減輕其負荷壓力，依靠生態系統的自我調節能力，使其向有序的方向進行演化；或者利用生態系統的自我恢復能力，輔以人工措施，使遭到破壞的生態系統逐步恢復或使生態系統向良性迴圈方向發展，讓那些在自然突變和人類活動影響下受到破壞的自然生態系統，進行恢復與重建。

食母修復學的編碼是〔SS111200〕，食母修復學是食學的四級學科，食物母體學的子學科。食母修復學從食物和地球生態修復關係的角度，指導人類認識食物生態的失衡狀態和危害，應用科學手段修復食物母體的失衡狀態，從而促進食物母體的可持續發展。

食母修復學的定義

食母修復學是研究如何恢復被破壞的食源體的學科，是研究如何修復人類食物供給生態系統及內在規律的學科，是研究解決修復食物母體問題的學科。

食母修復學的任務

食母修復學的任務是修復被人類破壞的大氣、土地、水體等資源，使其恢復生態原貌。實現食物的可持續供給是人類社會的美好願望，更是一道必選題。隨著工業化現代

化社會的日益繁榮，人們對食物母體的無限制、無底線的索取，進而掠奪，必然導致食物母體系統的破壞。食物母體的修復是一個漫長的過程，需要科學技術的強有力參與以及各國各地區間的齊心合力。

食母修復學的體系

食母修復學體系以種類作為劃分依據，包括食母草地修復學、食母濕地修復學、食母林地修復學、食母湖泊修復學、食母河流修復學、食母海洋修復學 6 門食學五級學科（如圖 2-10 所示）。

圖 2-10 食母修復學體系

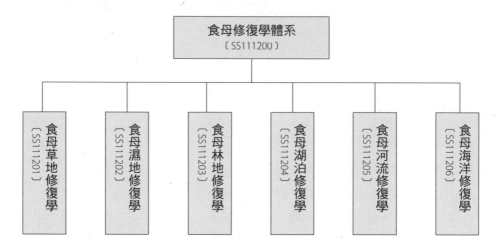

食母草地修復學。食母草地修復學是食學的五級學科，食母修復學的子學科。由於家畜超載過牧、開墾種地及工業建設徵占用等行為，世界上諸多草地生態系統受到嚴重影響，絕大部分草地存在不同程度的退化、沙化、石漠化、鹽漬化等現象。食母草地修復的主要內容是根據自然條件，進行生態修復與重建；根據不同地區草地退化程度、環境條件，對天然草原採取技術措施調節，改善草原生態環境中水、土、肥、植被等自然因素，促進植被生長，提高草地自癒能力。

食母濕地修復學。食母濕地修復學是食學的五級學科，食母修復學的子學科。濕地是一個巨大的蓄水庫，由於人口爆炸以及工業化、城市化、農業現代化的發展較快，濕地生態系統遭受了來自人類社會的巨大壓力。主要表現為城市汙染物的排放，農業生產汙染、濕地盲目開墾、濫捕濫撈、水資源不合理利用等。濕地已經成為食母系統中最受

威脅的生態系統之一，對濕地進行生態修復就顯得尤為重要。

　　食母林地修復學。食母林地修復學是食學的五級學科，食母修復學的子學科。森林是大自然的「調度師」，它調節著自然界中空氣和水的迴圈，影響著氣候的變化，保護著土壤不受風雨的侵犯，減輕環境汙染給人們帶來的危害。然而 1990 年～ 2020 年的30 年間，全球森林面積占土地總面積的比率從 32.5% 下降到 30.8%。這意味著淨損失1.78 億公頃森林，約為利比亞的國家面積。（如表 2-7 所示）[3] 大片森林地被剃光了頭後，土地裸露、肥土流失、氣候惡劣、乾旱頻發、沙漠擴大。建立一門食母林地修復學的意義十分重大。

表 2-7　1990 ～ 2020 年全球森林面積變化率 *

時期	淨變化（百萬公頃／年）	淨變化率（％／年）
1990-2000 年	-78.4	-0.19
2000-2010 年	-51.7	-0.13
2010-2020 年	-47.4	-0.06

* 聯合國糧食及農業組織（FAO）、聯合國環境規劃署（UNEP）：《世界森林狀況 2020 ——森林、生物多樣性和人》（ *The State of the World's Forests 2020: Forests, Biodiversity and People* ），2020 年版，第 10 ～ 11 頁。

　　食母湖泊修復學。食母湖泊修復學是食學的五級學科，食母修復學的子學科。湖泊水生態系統修復的重要前提是汙染已得到有效的控制或消除，最終目標是恢復水生態系統和生物多樣性。湖泊生態修復是一項長期工程，水生植物恢復至關重要，而水生植物恢復必須與生態系統結構改造及其他外部環境改善結合起來才能實現。湖泊生態系統修復技術主要有營養鹽控制技術、生物治理技術等。

　　食母河流修復學。食母河流修復學是食學的五級學科，食母修復學的子學科。河流生態修復是指利用生態系統原理，採取各種方法修復受損傷的水體生態系統的生物群體及結構，重建健康的水生生態系統，修復和強化水體生態系統的主要功能，並能使生態系統實現整體協調、自我維持、自我演替的良性迴圈。河流水系生態修復的任務有四項：一是水體改善；二是水文情勢改善；三是河流地貌景觀修復；四是生物群落多樣性的維持與恢復。目標是改善河流生態系統的結構、功能和運行過程，使之趨於自然化。

---

③ 聯合國糧食及農業組織（FAO）、聯合國環境規劃署（UNEP）：《世界森林狀況 2020——森林、生物多樣性和人》（ *The State of the World's Forests 2020: Forests, biodiversity and people* ），2020 年版，第 10 ～ 11 頁。

表 2-8　1990 ～ 2020 年全球森林擴張和砍伐面積對比 *

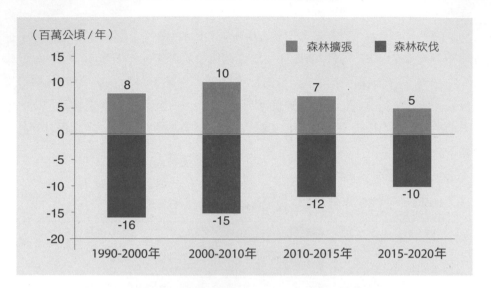

*　聯合國糧食及農業組織（FAO）、聯合國環境規劃署（UNEP）：《世界森林狀況 2020 ——森林、生物多樣性和人》（ *The State of the World's Forests 2020: Forests, biodiversity and people* ），2020 年版，第 14 頁。

　　食母海洋修復學。食母海洋修復學是食學的五級學科，食母修復學的子學科。海洋的汙染源有多種，包括石油及其產品，金屬和酸、鹼、農藥、放射性物質，有機廢液和生活汙水、熱汙染和固體廢物，例如工程殘土、垃圾及疏浚泥等。海洋生態系統修復是利用大自然的自我修復能力，在適當的人工措施的輔助作用下，對海洋生態系統的結構、功能、生物多樣性和持續性等進行全面有效恢復的過程，目的是使受損的海洋生態系統恢復到原有或與原來相近的結構和功能狀態。

食母修復學面對的問題

　　食母修復學面對的問題主要有 3 個：食母系統破壞大於修復速度、食母系統修復與經濟發展的衝突和食母系統修復缺乏全球治理。

▌食母系統破壞大於修復速度

　　人類活動對食物母體系統的破壞速度大於其自然修復速度（如表 2-8 所示），是當今人類在食母修復領域面臨的一大問題。例如，人類對森林的砍伐速度，要遠遠大於樹木自然生長的速度；對食用水的採集速度，也遠遠大於地下水生成的速度。當人類向食

物母體系統索取資源的速度超過了資源本身及其代替品的再生速度時，便會出現生態資源短缺、食物母體遭受破壞的狀況。

▌食母系統修復與經濟發展的衝突

食母系統修復是長遠目標，經濟發展是階段目標，階段目標必須服從於長遠目標，這是人盡皆知的大道理。但是，在現實社會中未必如此。從人類的食為實踐看，更多地是目光短淺，只顧眼前，為了實現經濟發展的階段目標，忽略了食母系統修復的大目標。毀林容易種樹難，食母系統的修復需要一個很長的時間段，也許是十年大計，也許是百年大計、千年大計。在這個長長的修復期間，也許修復的進程會影響到經濟發展，但是從人類的可持續看，這是必然，更是必須的。

▌食母系統修復缺乏全球治理

從食物母體修復的全域看，沒有一個國家在發展進程中不曾對食物母體系統產生破壞。同樣，食母生態環境的修復，也是一個需要世界各國攜手共進的問題。在食物母體的修復領域，相鄰或遠離的各國，會相互影響、相互制約。食物母體系統這種跨區域、超國界的特性，決定了全球合作是食物母體修復的基礎和前提。只有站在全球一體化的高度，才能實現全球食物母體系統修復的整體研究和成果共享。當前的食母系統修復，往往局限於地區和國度範圍，缺乏全球性整體協同治理。

野生食物的獲取

食物野獲是指人類用採摘、狩獵、捕撈、採集等方式直接獲取野生食物。採摘是從植物上獲取果實；狩獵是指捕捉動物類食物；捕撈是指從水域中撈取食物；採集是對水、鹽等礦物資源的收集與提取。從人們直接獲取天然食物的角度來說，這四種勞動方式具有相同的共性。

野獲是人類最久遠的獲食方式。與馴化食物的時間相比，人類野獲食物的時間占據了 99% 的歷史時段。今天人類的獲食手段依然離不開野獲方式。採摘、狩獵、採集和捕撈這四種方式可以分為 2 組，每組包括 2 個行業。第一組是食物的採摘和狩獵，第二組是食物的採集和捕撈。在人類漫長的發展過程中，採摘和狩獵曾是人類獲取食物的最重要的方式，但是隨著農業革命的興起，種植、養殖業的發展，如今採摘與狩獵已經降為人類獲取食物的次要方式；而採集和捕撈，卻由於食物資源豐富、人類需求的擴大、生產能力的提升，依舊是今天人類獲取食物的主要方式之一。

天然食物的生長環境是有限的，生長週期是相對固定的，不可能像種植、養殖的食物那樣，人為擴大種養地域，人工縮短種養週期。因此，天然食物的資源養護就顯得十分重要。正確的做法是，在採摘、狩獵、捕撈、採集天然食物時，嚴格遵循天然食物的生長規律，切實保護天然食物的生長環境，科學採捕，確保天然食物的可持續。

這裡要說明一點，食物野獲是指對天然食物的獲取，在食物馴化過程中，表現為收穫環節，例如食物種植、食物養殖和食物培養的收穫。

食物野獲學的定義和任務

食物野獲學的定義。食物野獲學是研究人類持續取得野生性食物的方法及其規律的學科。野生性食物包括植物、動物、微生物和礦物。野獲是指直接取得，沒有種養等過程。

食物野獲學的任務。食物野獲學的任務是在維護生物多樣性的基礎上，開發利用野生食物，讓人類的食物來源更豐富、更健康、更合理。

食物野獲學的體系

　　食物野獲學是食學的 13 門三級學科之一，隸屬於食物生產學，下轄 4 門食學四級學科：食物採摘學、食物狩獵學、食物捕撈學、食物採集學（如圖 2-11 所示）。

圖 2-11　食物野獲學體系

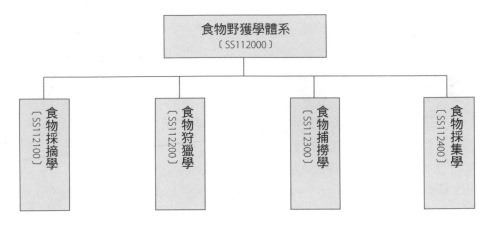

　　食物野獲學的學術價值，在於從天然食物來源角度，確立了獲取食物的四個學科，並根據學科發展和市場前景，對它們進行了 2 + 2 劃分。

食物野獲學面對的問題

　　食物野獲學面對的問題主要有兩個：一是如何處理天然食物利用和可持續性的矛盾；二是如何實現資源養護和資源利用的統一。當今社會，人們對天然植物性食物的採摘大多為無序地濫挖濫採，不少人在公園、草地等公共綠地上，拿著工具挖野菜。也有的人在草原上採挖野生植物，由於植被採挖過度，特別是沙蔥等野生植物不能及時繁殖，一些禁牧區的植被有可能面臨退化，極大地破壞了天然食物的可持續。

　　此外，人們對水資源的保護與利用也遠遠不夠。雖然地球 71% 的表面覆蓋的是水，但是淡水資源只占了地球總水量的 2% 左右，而可被人類利用的淡水總量只占地球上總水量的十萬分之三，占淡水總蓄量的 0.34%。由此可見，地球上可被利用的水並沒有人類想像的那麼多，如果不加以保護，早晚有一天，它會像血一樣珍貴直至消失。

陸生植物類食物的直接獲取

　　用採摘方式獲取天然植物性食物，是人類最久遠的獲食方法之一。與人類馴化食物的時間相比，依靠採摘獲得食物的時間占據了人類進化 99% 的時間段。採摘天然植物，已經不是今天人類獲取食物的主要方式，但這種獲取方式延續至今，其採摘的諸多品類，如野菜、野生食用菌等，仍然發揮著豐富餐桌、療疾的作用。

　　食物採摘，伴隨著人類的整個發展歷程。人類依靠採摘獲取食物，延續生命，支撐種群發展。食物採摘，可以分成兩個階段：原始採摘階段和農耕後採摘階段。

　　原始採摘階段。從人類早期獲取食物的方式來說，比如狩獵，以採摘獲取食物，方便、簡單、安全，是一種更為普遍的獲食方式。在人類早期，男性主營狩獵，女性從事採摘和其他勞動。獲取獵物的不確定性，造成了從事採摘的女性在家庭生活中的地位更加重要、更有發言權。以採摘獲取天然食物還催生了早期人類的遷徙，以色列人類學家尤瓦爾・赫拉利所著的《人類簡史》（編按：繁體版書名為《人類大歷史》）中這樣描述：更先進的工具和技術產生了，狩獵採集的能力也因之增強，因此周邊的可作為食物的動植物將逐漸被捕光、採光；於是，部落的確壯大了，可是人類不得不跨越更遠的距離去狩獵和採集，或者不得不進行更為頻繁的部落遷徙。

　　在長期的採摘勞動中，在獲取可供飽腹、延續生命的食物時，人們發現了食物性格的特徵，其中食物的「偏性」，可以用來治療疾病。《黃帝內經・太素》中的「空腹食之為食物，患者食之為藥物」，就是對「藥食同源」思想的闡述。其後，隨著經驗的積累，食物和藥物開始分化，人們也摸索出一套區別於食物採摘的偏性食物（本草藥物）的採摘、加工方法。同樣是在長期的採摘實踐中，人們認識到菌類不同於一般植物，是一個獨立的生物類群，進而總結出一套獨特的野生食用菌辨識、採摘、加工、食用的體系，在食物採摘學中獨樹一幟，延傳至今。

　　農耕後採摘階段。西元前 1 萬年，人類進入農業文明時代，種植業迅速擴大，採摘業逐漸萎縮。工業文明以來，種植馴化食物的用地面積大增，野生植物的土地大幅減少，讓古老的採摘方式失去了往日的輝煌。當今人類野生植物的採摘，僅僅是人類餐桌上的一個補充。

　　野生菌是一種生長在人跡罕至處，完全處於野生狀態的食用菌。其中一些珍貴品

種，如黑松露、白松露、羊肚菌、牛肝菌、松茸、雞油菌、雞菌、黑虎掌、松菇等，營養豐富，味道絕佳。例如松露，因含有大量的蛋白質、氨基酸、不飽和脂肪酸、多種維生素以及鋅、錳、鐵、鈣、磷、硒等必須微量元素，具有多種營養保健價值，被譽為「餐桌上的鑽石」。由於這些野生珍菌或無法人工培養，或人工培養後風味和營養成分遠低於天然環境中生長的，因此只能依靠採摘獲取。據統計，目前全球松露的年產量為 1000 ～ 2500 噸，上等的義大利白松露的售價可達每公斤 5000 多歐元，黑松露在日本、歐美的售價也達到每公斤 500 ～ 1000 美元，遠遠高出人工種植的食用菌。

同樣，因風味獨特，至今人們對野菜的採摘仍情有獨鍾。一些野菜具有種植蔬菜所沒有的山野味道，如藿香的濃香、薺菜的鮮香、槐花的甜香、馬蘭頭的清香……因此吸引了大批野菜採摘者。某些民間食俗也提升了野菜的地位，例如中國江南地區在清明節必吃一種名叫青團的食品，其主要原料就是糯米粉加上採摘來的艾草。從營養分析，許多野菜所含的營養並不比種植的蔬菜低，例如蕨菜所含的蛋白質比芹菜、青椒高三倍，比番茄高二倍，薺菜、紫萁、蒲公英的胡蘿蔔素含量都高於胡蘿蔔。至於採摘來的偏性食物（野生中草藥），更由於上佳的療效得到人們的青睞，例如野山參、野三七的藥用價值，就大大高於人工栽種的人參和三七。總之，在當今世界，採摘的整體規模雖大為縮減，但是在一些領域，以採摘獲取食物的方式仍無法替代。

食物採摘學的編碼是〔SS112100〕，是食學的四級學科，食物野獲學的子學科。食物採摘是人類獲取天然食物的四大方式之一，採摘是從植物上獲取果實、葉子、根莖等食物。

食物採摘學的定義

食物採摘學是研究人類持續取得植物和菌類食物的方法及其規律的學科，是研究人類的採摘行為與植物和菌類天然食物之間關係及規律的學科，是研究解決在利用植物和菌類天然食物過程中出現的種種問題的學科。食物採摘學是根據採摘對象的種類、數量及其分布環境特點，研究、指導和設計採摘環境、採摘工具和採摘技術，以達到採摘目的的學科。

食物採摘學的任務

食物採摘學的任務是在保護生態環境、保證人類可持續發展的前提下，強化對採摘環境、採摘品類、採摘方法、採摘設備的研究，以達到人類對天然食物資源的合理利用，人類與食母系統和諧發展的目標。食物採摘學的具體任務包括如何提高採摘效率；

如何合理加工以保證採摘食物的品質；如何避免誤採、誤食有毒、有害天然物；如何在採摘的同時保護野生食物資源的可持續；如何保護生態環境不受破壞等等。

食物採摘學的體系

食物採摘學的體系以採摘對象分學，包括食用植物資源保護學、食用植物採摘學、菌類食物採摘學和偏性食物採摘學4門食學五級學科（如圖 2-12 所示）。

圖 2-12　食物採摘學體系

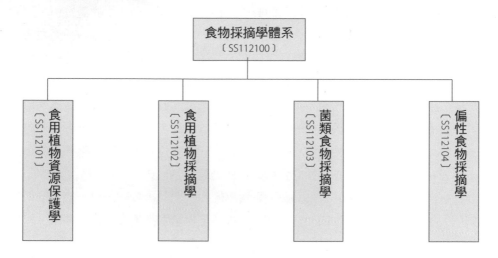

食用植物資源保護學。食用植物資源保護學是食學的五級學科，食物採摘學的子學科。食用植物資源是指一定地域上對人類具有食用價值的所有植物，是人類生存和發展必不可少的物質基礎。自從人類誕生以來，植物性食物提供了人類一半以上的食用需求。但是，隨著人口的快速增加和社會生產力的不斷提高，人類對植物資源的開發和破壞逐漸加劇。大量地砍伐森林，開荒種地，導致生態環境受到破壞，水土流失嚴重，地力下降。食母系統的日益惡化，給人類的生存帶來了嚴峻的挑戰。保護大自然，保護食用植物資源，就是保護人類自己。

食用植物採摘學。食用植物採摘學是食學的五級學科，食物採摘學的子學科。從食用分類看，食用植物可以分為種實類和果蔬類兩大類別。對種實類食物的獲取，一般稱為收割；對果蔬類食物的獲取，一般稱為採摘。從食用位置看，果蔬類食用植物可以分為全菜類、葉菜類、花果菜類、根莖菜類四種。食用植物採摘既包括野生蔬果的採摘，

也包括人工種植蔬果的採摘。其中，野生植物是一種寶貴的天然食物資源，具有品種多、分布廣的特點，可食部分主要有葉芽、果實、根莖等，在氣候溫暖的地域四季皆生，可隨時隨地採摘食用，是一種當今人類食物的良好補充來源。

菌類食物採摘學。菌類食物採摘學是食學的五級學科，食物採摘學的子學科。食用菌味道鮮美，具有豐富的營養價值。食用菌可分為野生和人工培養兩種類型。當今世界上發現的食用菌約有 2000 種，人工培養的不足百種，商業化栽培的僅有 30 多品種，所以直到今天，野生食用菌仍是一種難以替代的天然食物。食用菌屬於易腐食物，人工培養、規模化生產的食用菌採摘，要特別注意採摘時間和採摘後的初加工；野生食用菌往往生長在人跡罕至處，質地柔嫩，儲存難度大，有些品種有毒，採摘不當，會對人體健康甚至生命造成威脅。因此，菌類食物採摘學是一門實用性極強的學科。

偏性食物採摘學。偏性食物採摘學是食學的五級學科，食物採摘學的子學科。偏性食物又稱本草食物，是主要用作療疾的食物。與充饑食物採摘不同，偏性食物採摘關注從花、葉、果到枝、根、鬚等所有部位，以尋求不同偏性，並對加工、收藏很有講究。偏性食物採摘學研究偏性食物生長的地點、採摘的時間、加工的方式，讓成品具有截然不同的品質和療效，正如民謠所言，「春為茵陳夏為蒿，秋季拔了當草燒」。偏性食物的擇地、因時、合理採摘，以及正確的加工、貯藏，這對於保證偏性食物的品質特徵具有重大意義。

食物採摘學面對的問題

食物採摘學面對的問題主要有 3 個：食物採摘的過度、食物採摘的浪費和食物採摘傳統技藝失傳。

▌ 食物採摘的過度

對野生植物食物、野生食用菌和野生偏性食物的過度採摘，主要表現在四個方面：一是無視野生食物自身生長週期和自身恢復能力，進行掠奪性採摘；二是違反國家相關法律、法規以及國際公約，進行非法採摘；三是破壞生物的多樣性，對珍稀野生植物、野生食用菌進行採摘；四是採摘時嚴重破壞生態，如採摘髮菜對草場形成的破壞。採摘過度，給自然環境和天然食物資源帶來嚴重威脅，影響了人類的可持續。

▌ 食物採摘的浪費

採摘中的食物浪費可以分為數量和品質兩方面的浪費。數量方面的浪費，主要表現

為由於收穫不全造成的浪費，以及誤採後丟棄造成的浪費；品質方面的浪費，主要表現在採摘過程中，因機械使用不當或人工作業不當，對收穫物造成的損傷，以及採摘後貯運、加工不及時，導致收穫物變質造成的浪費。對收穫時機掌握不當，造成收穫物質量下降也屬於後一方面的浪費。

▌食物採摘傳統技藝失傳

食物採摘領域，機械化雖然可以滿足大眾化品質的需求，但對於某些高檔產品來說，仍需要具有高度採摘技術的專業人才進行手工操作，才能夠對產品的品質給予保證。然而，由於當代人謀生理念的轉變，願意從事採摘行業學習採摘手藝的人越來越少，採摘行業不得不面對後繼無人的窘境。在採茶、採摘偏性野生植物行業，高級專業人才日益稀缺。

陸生動物類食物的直接獲取

狩獵，在古代僅指冬季打獵，現在已成為捕獵、打獵的專有名詞。與人類馴化食物的時間相比，依靠狩獵獲得食物的時間占據了人類進化 99% 的時間段。

狩獵野生動物，已經不是當今人類獲取食物的主要方式，但在一些地區和族群中，仍然保留著以狩獵獲取食物的傳統。當今，在野生動物資源調查的基礎上，進行有計畫的、適度的狩獵，可以起到控制野生動物種群，維持自然生態平衡的作用。

用狩獵的方式獲取天然食物，與整個人類的成長歷史一樣長。從時間維度劃分，食物狩獵可以分為遠古狩獵、中近古狩獵和當代狩獵三個階段。

遠古狩獵階段。在遠古，絕大部分人類的都是狩獵採摘者。據人類學者理查・李基和歐文・德沃爾推測，在地球上生存過的所有人中，90% 是狩獵採集者，6% 是農業生產者，作為工業社會成員的只有 4%。中國學者王大有認為，中國大陸在 170 萬年間，曾經生存過近 200 億名獵人。考古學家更清晰地證明了遠古狩獵的興盛，出土於英格蘭西薩塞克斯的一塊馬骨上，留有早期人類使用石器的劃痕；在對距今 3 萬年的山頂洞人遺跡考古中，發現了大量的食器、火堆和獸骨，包括變種狼、中華縞鬣狗、中華劍齒虎、上丁氏鼢鼠、擬布氏田鼠、拉氏豪豬、三門馬、梅氏犀、葛氏斑鹿、扁角腫骨鹿、德氏水牛和碩獼猴，等等。

狩獵和狩獵對象也是早期人類藝術創作的重要內容。

在舊石器時代的法國拉斯科洞穴的壁畫上，繪有一隻栩栩如生的牡鹿。在法國瑪德萊娜洞穴裡，曾經發現了一個成型於 15000 年前的鹿角雕塑。創作於西元前 8000 年至西元前 6000 年的西班牙阿瓜阿馬加壁畫上，描繪了一名獵人正在追捕一頭野豬的場景。這說明，狩獵是人類歷史上一種不可或缺並不可替代的獲取食物手段。沒有狩獵，就沒有人類的生存和延續。

中近古狩獵階段。西元前 1 萬年農業革命興起，讓人類生活發生了巨變，定居取代了流浪，興盛了數百萬年的採摘和狩獵，被收穫更為穩定，及產量更高的種植、養殖業所超越。在這一階段，狩獵雖未消失，但其在人類的食物版圖上的地盤逐漸萎縮，重要性逐漸下降。美國人類學家斯塔夫里阿諾斯推算，在舊石器文化初期從事狩獵的人口數

大約為 125000 人，而到西元前 1 萬年時，遊牧人口約 532 萬，比前者增長約 42 倍。[①]

在這一階段，以獲取天然食物為主要目標的食物狩獵規模雖然逐漸縮小，但是並沒有消失。據記載，16 世紀之前，狩獵是北美洲早期移民謀取生計的手段。在非洲許多部落，常年依賴捕捉鼠類、蛇類、蜥蜴、蝙蝠、鱷魚、青蛙、昆蟲作為蛋白質來源。加拿大的愛斯基摩人、中國的鄂倫春人，更是將捕獵作為重要的生存手段。值得注意的是，在這一階段，保護野生動物、維護生態平衡的思想已初露頭角。《呂氏春秋‧士容論‧上農》中載有這樣的法律條文：在生物繁育時期，不准砍伐山中樹木，不准在澤中割草燒灰，不准用網具捕捉鳥獸，不准用網下水捕魚。在 13 世紀末的中國元代，朝廷曾下令保護鶴類；17 世紀的倭馬亞王朝，還曾下令保護鼴鼠和箭豬。原因是狩獵者發現它們有益於殺死害蟲。而不打三春鳥，不射殺帶著幼崽的母獸，更是一種民間的狩獵共識。

當代狩獵階段。進入工業化社會，野生動物的急速減少，食物生產效率的快速提升，讓狩獵在國計民生中的地位快速滑落，萎縮為旅遊業或體育業下屬的一個行業，其定位和內容也發生了很大變化，從獲取食物，變為運動和娛樂。一些專業狩獵組織的建立，一些與狩獵相關的法律的制定，讓人類的狩獵活動開始步入規範。1887 年，美國

表 2-9　部分歐洲國家獵人數量

國家	獵人數量（人）	占總人口百分比（%）
愛爾蘭	350000	8.9
賽普勒斯	45000	6.4
芬蘭	290000	5.8
挪威	190000	4.75
西班牙	980000	2.3
法國	1313000	2.1
英國	800000	1.3
義大利	750000	1.2
德國	340000	0.4
波蘭	100000	0.3
荷蘭	30000	0.2

[①] 〔美〕斯塔夫里阿諾斯（L. S. Stavrianos）著：《全球通史：從史前史到 21 世紀》（*A Global History: From Prehistory to the 21st Century*），吳象嬰等譯，北京大學出版社 2012 年版。

Boone and Crockett 俱樂部的建立，標誌著狩獵管理探索的開始。隨後國際狩獵俱樂部 SCI-Safari CluBIntemational 和美國原住民魚類和野生動物協會 NAFWS 相繼成立，讓狩獵真正進入了規範階段。2011 年，美國有 1370 萬 16 歲以上公民參加了狩獵活動，狩獵費用總計 337 億美元。狩獵在澳洲也是一項重要的娛樂方式，約 90 萬獵人參與其中，約占當地居民總數的 5%。1999 年，歐洲的註冊獵人有 650 萬之多。有 23 個非洲國家開展了狩獵運動，給經濟落後的非洲國家帶來不小的經濟收益。

食物狩獵學的編碼是〔SS112200〕，是食學的四級學科，食物野獲學的子學科。食物狩獵是人類獲取天然食物的四大方式之一，狩獵是指捕捉動物類食物。食物狩獵曾經是人類極為重要的生存手段，如今從獲取食物的角度看，狩獵所占的比例已經微乎其微。

食物狩獵學的定義

食物狩獵學是研究人類持續取得陸生動物性食物的方法及其規律的學科，是研究人類的狩獵行為與天然陸生動物性食物之間關係及規律的學科，是研究解決獲得天然陸生動物性食物過程中出現的種種問題的學科。食物狩獵學是維護生態環境和動物資源，研究可持續狩獵的學科。

凡是使用套、夾、籠、網、窖、夾剪、壓木、獵槍、獵犬等各種獵具，或以其他方法獵取野生動物，開發野生動物資源的，都屬於食物狩獵學的範疇。

食物狩獵學的任務

食物狩獵學的首要任務是保護生態環境、保證人類和自然的可持續發展，其次才是對野生動物性食物的合理獵取利用。食物狩獵學的具體任務包括對野生動物資源的研究，對獵場、獵期的研究，對獵具的研究，對獵法的研究，並通過這些研究，達到控制野生動物種群數量、保護生態環境、保證人類和自然的可持續發展的目標。

食物狩獵學的體系

食物狩獵學的體系以狩獵涉及的領域劃分，包括狩獵資源保護學、狩獵資源利用學、狩獵法規學、狩獵器具學、狩獵方法學 5 個五級子學科（如圖 2-13 所示）。

狩獵資源保護學。狩獵資源保護學是食學的五級學科，食物狩獵學的子學科。狩獵資源保護學的研究對象包括三個方面：一是野生食用動物的生長環境，包括草原環境、森林環境、水域環境和荒山荒地環境等，也包括野生食用動物的食物條件；二是對野生

圖 2-13　食物狩獵學體系

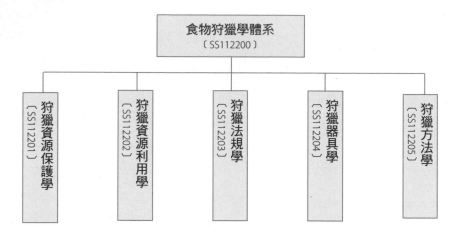

食用動物種類的調查，包括獸類、禽類、水生動物類、昆蟲類等；三是對野生食用動物價值的調查，包括經濟價值、科學價值、文化價值等。其中經濟價值又分為食用價值、藥用價值、毛皮價值、毛羽價值等。

狩獵資源利用學。狩獵資源利用學是食學的五級學科，食物狩獵學的子學科。使用動物資源的保護和利用，看似矛盾，實際上是一個統一體。對非瀕危食用動物適當的獵取，可以讓剩下的動物得到更豐富的食物和更寬廣的生活環境，減少種群過於密集造成的疾病傳染機會。從種群和諧發展的角度說，這種利用也是對野生食用動物是一種保護，人類也可藉此獲得食物等多種生產生活資料，一舉多得。

狩獵法規學。狩獵法規學是食學的五級學科，食物狩獵學的子學科。狩獵法規分為法律和法規兩個類型，國家、地方制定的法律、法規多為強制性，世界範圍的法律、法規則多為約定性，以公約、名錄、標準、宣言等形式出現。其中，比較著名的有世界自然保護聯盟紅皮書、世界自然保護聯盟紅色名錄、生物多樣性相關公約、保護野生動物遷徙物種公約、關於特別是水禽棲息地的國際重要濕地公約、瀕危野生動植物種國際貿易公約等。如何嚴格遵守這些公約，當今仍面臨著很大挑戰。

狩獵器具學。狩獵器具學是食學的五級學科，食物狩獵學的子學科。狩獵器具包括獵網、獵套、獵夾、陷阱、獵窖、獵圈、獵箱、獵籠、獵洞、獵撐、獵犬、獵禽和獵槍。其中，槍支為當今狩獵主要器具，獵犬、獵禽為動物類狩獵器具。此外，還有輔助性的狩獵器具，如狩獵車輛、狩獵偵查通信器材、獵物加工器具、狩獵服裝等，也屬於狩獵器具學研究的內容。

狩獵方法學。狩獵方法學是食學的五級學科，食物狩獵學的子學科。根據地區、地貌和習慣的不同，食用動物的狩獵方法有多種，其中比較常見的有槍獵法、犬獵法、獵禽獵法、網獵法、套獵法、夾獵法、壓獵法、陷阱獵法、圈獵法、箱籠獵法、洞獵法和撐子獵法等。以狩獵對象分，食用動物的狩獵方法又可分成野豬獵法、狍子獵法、黃羊獵法、野兔獵法、野雞獵法和游禽獵法等多種。

食物狩獵學面對的問題

食物狩獵學面對的問題主要有 2 個：食物狩獵的過度和食物狩獵傳統技藝失傳。

▌食物狩獵的過度

針對野生動物保護，雖然國際社會和許多國家都制定及頒布了法律、法規，但由於難以監控等問題，狩獵過度現象仍然十分猖獗，偷獵、盜獵等非法狩獵屢禁不絕，肆意捕獵珍惜、瀕危野生動物，狩獵缺乏整體規劃指導等現象十分普遍。這些過度狩獵現象破壞生態系統自身穩定性，破壞了生物的多樣性，成為生態災難的隱患，最終會威脅人類的可持續發展。

▌食物狩獵傳統技藝失傳

狩獵技藝失傳有主觀、客觀兩方面的原因。客觀原因是，隨著養殖業的出現和發展，狩獵已經不是當今人類獲取動物性食物的主要手段，加上城市的發展讓狩獵區域日益縮小，對獵捕動物品種和數量的法律法規限制讓可狩獵的物種日益縮減等等，這些都在客觀上造成了狩獵技藝失傳。從主觀原因說，隨著狩獵行業的萎縮，曾經的獵民紛紛轉行，更少有年輕人願意加入這一隊伍，獵人們在長期狩獵實踐中總結出的使用獵犬、獸夾、陷阱、槍支等傳統狩獵技藝也逐漸消失，走向失傳。

水生類食物的直接獲取

　　用捕撈方式獲取天然食物，是人類最久遠的獲食方法之一。同食物採集一樣，隨著科技水準的進步和捕撈器具的發展，它非但沒有走向弱化，反倒成為當今人類社會中日漸壯大的行業，尤其是遠洋捕撈。

　　從時間維度劃分，食物捕撈可以分為原始捕撈、工業化捕撈和當代捕撈三個階段。

　　原始捕撈階段。捕撈天然魚類和其他水生經濟動物，是人類最早獲取食物的手段之一。西元前 3200 年流行於兩河流域的楔形文字中，已經有了象形的「魚」字。著名的希臘阿克羅蒂里「西屋」壁畫中，有一幅名為年輕漁夫的壁畫，表現的就是西元 1600 年前一位漁夫雙手各持一串捕獲的魚的場景。在距今 1 ～ 2 萬年的北京周口店山頂洞文化遺跡中，有很多當時人類食用後的魚骨。在中國陝西半坡遺址中，發現過骨制的魚叉和魚鉤。

　　種植業和養殖業誕生之後，捕撈仍是一項重要的食物獲取方式。中國春秋戰國時代（西元前 770 ～前 220 年）撰寫的《易經》中，有漁具和漁法的記載。漢代（西元前

插圖 2-2　中國東漢畫像磚上描繪的食物捕撈場景

206 ～西元 220 年）成書的《爾雅》中，記載了「九罭」「眾」等多種複雜的漁具和漁法。

工業化捕撈階段。從 18 世紀後期起，人類進入工業化社會。隨著生產技術的不斷發展，捕撈作業逐步由沿岸向外海或深水發展，規模也逐步擴大。19 世紀末漁船使用蒸汽機為動力，20 世紀初漁船的蒸汽機為柴油機所代替，引起捕撈業的巨大變化。第二次世界大戰後，海洋捕撈業進入大發展時期。1960 年世界漁獲量達 3394 萬噸。其後發展更為迅速，不但漁船大型化，在助漁導航儀錶、漁具、漁法、漁獲物保鮮和加工等方面，都日益完善，捕撈活動迅速向深海、遠洋發展。在這一階段，捕撈業為人類提供了大量動物性蛋白質。但是有些海域因捕撈過度，損害了漁業資源的再生能力，導致資源衰退。

當代捕撈階段。進入 21 世紀，人類的捕撈業也翻開了新的一頁。2016 年，全球捕撈漁業總產量為 9090 萬噸，其中 7926 萬噸來自海洋水域，1164 萬噸來自內陸水域；2014 年世界漁船總數估計約為 460 萬艘；2014 年共有 5660 萬人在捕撈漁業和水產養殖業初級部門就業，包括全職就業和兼職就業。據統計，半個世紀以來，食用水產品的全

表 2-10　1974 ～ 2017 年世界海洋魚類種群狀況全球趨勢 *

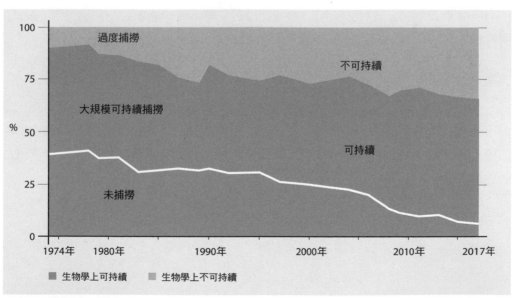

* 聯合國糧食及農業組織（FAO）：《2020 年世界漁業和水產養殖狀況——可持續發展在行動》（*The State of World Fisheries and Aquaculture 2020. Sustainability in action.*）2020 年版，羅馬（Rome），第 48 頁。

球供應量增速已超過人口增速，1961 ～ 2016 年間年均增幅為 3.2%，比人口增速高一倍。世界人均水產品消費量已從 1961 的 9.0 公斤提高到 2015 年的 20.2 公斤。[②] 水產品成了世界食品貿易中最大宗商品之一。

　　為了保護和合理利用漁業資源，許多國家已經根據漁業資源調查，利用數學模型、電子電腦技術評估資源量，確定許可漁獲量，並採取規定禁漁區、禁漁期，限制捕撈力量、品種和規格等措施，對漁業資源給予保護。2015 年 9 月，聯合國各成員國通過了《2030 年可持續發展議程》，對全球經濟、社會和環境各方面的可持續發展做出了史無前例的承諾。該議程為水產捕撈業對糧食安全和營養所做的貢獻，及其在自然資源利用方面的行為規範設定了目標。

　　食物捕撈學的編碼是〔SS112300〕，是食學的四級學科，食物野獲學的子學科。食物捕撈是人類獲取天然食物的四大方式之一，捕撈是指從水域中撈取食物。食物捕撈曾經是人類重要的生存手段。由於科技的發展和生產工具的進步，這一傳統的天然食物獲取方式非但沒有凋零，反而發展成為一個逐漸壯大的行業。

食物捕撈學的定義

　　食物捕撈學是研究人類持續獲得天然水生食物的方法及其規律的學科，是研究人類的捕撈行為與天然水生食物之間關係及規律的學科，是研究解決捕撈天然水生食物過程中的種種問題的學科。食物捕撈學是根據捕撈對象的種類、數量及其分布習性和漁場環境特點，研究和設計捕撈工具和捕撈技術，以達到捕撈食物目的的學科。

食物捕撈學的任務

　　食物捕撈學的任務是在保護水域生態環境、保證人類可持續發展的前提下，研究天然水生食物的利用。食物捕撈學的具體任務是通過對漁業資源、漁場、漁期和環境條件的研究，對漁法的研究，對漁船和捕撈設備、儀器的研究，實現人類對水生食物資源的合理開發和利用。

食物捕撈學的體系

　　食物捕撈學的體系按照捕撈作業的資源和水域劃分，分為食用捕撈資源保護學、淡

---

② 聯合國糧食及農業組織（FAO）：《2018 年世界漁業和水產養殖狀況》（*The State of World Fisheries and Aquaculture 2018*），2018 年版，第 4 頁。

水捕撈學和海水捕撈學等 3 門食學五級學科（如圖 2-14 所示）。

圖 2-14　食物捕撈學體系

　　食用捕撈資源保護學。食用捕撈資源保護學是食學的五級學科，食物捕撈學的子學科。食用捕撈資源的保護分為兩個方面：一是對水體環境的保護，二是對捕撈資源的保護。對水體環境的保護包括禁止向漁業水域排棄有害水產資源的汙水、油類、油性混合物等汙染物質和廢棄物，修建水利工程要注意保護漁業水域環境，圍墾海塗、湖灘要在不損害水產資源的條件下統籌安排等。對捕撈資源的保護包括要制定水生動物的可捕標準和法規，設立禁漁區和禁漁期，設置產卵洄游通道，使用符合標準的漁具和捕撈方法，嚴禁炸魚、毒魚、電力捕魚這些嚴重損害水產資源的行為等。

　　淡水捕撈學。淡水捕撈學是食學的五級學科，食物捕撈學的子學科。淡水捕撈又叫內陸水域大水面捕撈，是指對江、湖、水庫等大型淡水水域的捕撈作業。由於水面寬廣、水深較深、體量較大，這些水域有較多自然生長的魚類和其他經濟水產動物可供捕撈利用。這些水面環境條件多樣，漁業資源多樣，捕撈漁具和漁法也多種多樣，常用的有刺網、拖網和地拉網等，在水深百公尺的水庫，還可以用環圍網、浮拖網、變水層拖網等。漁法可採用攔、趕、刺、張等聯合漁法，在寒冷地區冬季水面，還可採用冰下大拉網作業。

　　海水捕撈學。海水捕撈學是食學的五級學科，食物捕撈學的子學科。根據離岸的遠

近，海水捕撈可分為沿岸捕撈、近海捕撈、外海捕撈和遠洋捕撈等不同的類型。不同類型的海水捕撈需要使用不同的捕撈工具，主要有漁船、漁具兩大部分。其中海洋漁船是進行海洋魚類捕撈、加工、運輸、輔助作業的船舶統稱，又分為沿岸、近海、遠洋漁船；按船體材料可分為為木質、鋼質、玻璃鋼質、鋁合金質、鋼絲網水泥漁船以及混合結構漁船；按推進方式可分為機動、風帆、手動漁船；按漁船所擔負的任務可分為捕撈漁船和漁業輔助船。漁具一般分為刺網、圍網、拖網、地拉網、張網、敷網、抄網、掩罩、陷阱、釣具、耙刺和籠壺共 12 個類型。

食物捕撈學面對的問題

食物捕撈學面對的問題主要有 4 個：食物捕撈的過度、食物捕撈的汙染、食物捕撈的浪費和食物捕撈傳統技藝失傳。

▌食物捕撈的過度

2012 年聯合國的一份報告中指出，多年來的過度捕撈，已導致全球 32% 的漁業資源枯竭，大約 90% 的野生魚類正面對過度捕撈的窘況。如今全世界 17 個重點海洋漁業海區中，已有 13 個處於資源枯竭或產量急遽下降狀態。由於缺乏整體規劃指導，一些嚴重破壞漁業資源的漁具和捕撈方法依然存在。部分從業者為了追求捕獲效益，拖網作業船的功率越來越大，網目越做越小，使用禁用網具進行掠奪性捕撈，嚴重破壞了漁業資源。

▌食物捕撈的汙染

由捕撈引發的環境汙染現象日益嚴峻。一些從業者直接將大馬力柴油船開到湖裡，柴油洩漏以及柴油機排放的廢氣都會嚴重汙染水體；一些非法捕撈者採用「電、毒、炸」等各類違法器具捕魚，破壞海洋生態平衡的同時，還造成環境汙染。有眾多捕撈者長年在水面上吃住，各種工作、生活垃圾不加處理直接丟棄、排放到水裡，也對水體環境造成了汙染。

▌食物捕撈的浪費

出於容載量和經濟效益考慮將捕獲物丟棄，是捕撈業一個長期存在的問題。聯合國糧農組織曾經就漁業丟棄物開展過兩次全球性評估。其中，1994 年全球每年平均丟棄量為 2700 萬噸，2014 年全球每年平均丟棄量估計為 730 萬噸。丟棄量雖在減少，但仍

表 2-11　水產養殖必須繼續增長以滿足世界魚產品需求 *

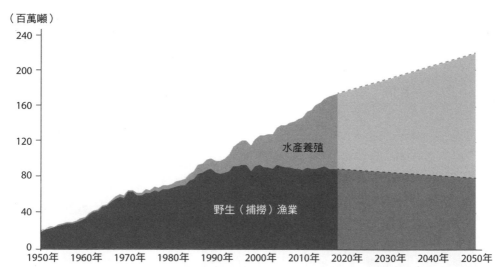

（百萬噸）

*　世界資源研究所（WRI）：《創造可持續發展的食物未來 —— 在 2050 年養活近百億人口的解決方案》（*Creating a Sustainable Food Future: A menu of solutions to feed nearly 10 billion people by 2050*），2019 年版，第 295頁。

是一個巨大的數字。丟棄的捕獲物雖然可以作為一些水生動物的食物，但是水生動物的成長畢竟是需要一個週期的，更不用說在捕獲的過程中投入了大量的人力物力成本。另外，由於加工不到位，一些捕獲物身上有經濟價值的部位被作為下腳料廢棄，這也是一種食物浪費。

▌食物捕撈傳統技藝失傳

　　食物捕撈是一門古老的食物野獲的技能，為人類的生存和種族延續提供了有力地食物保障，至今仍然具備強大的生命力。在長期的捕撈實踐中，人們摸索總結出了許多獨特的捕撈技藝，比如帶魚、鰳魚、梭子蟹延繩釣技藝，和鮡魚網捕技藝等古老的延繩釣作業等。這些寶貴的捕撈技藝正在走向衰退，面臨消亡。從延繩釣產業發展歷史中，我們看到了傳統捕撈技藝衰退與海洋資源衰竭的趨同性。出於食物母體系統保護與海洋漁業資源保護需要，凝聚著世代漁民智慧的傳統捕撈技藝，亟須扶持、保護和傳承。

礦物類食物的直接獲取

　　與採摘、狩獵等獲取天然食物的方式相比，當代的食物採集非但沒有趨於弱化，反而因人類生活品質提升和資源緊缺而崛起，成為當今人類社會不可或缺的行業，如飲水業和食鹽業的興旺發達。

　　人類採集食物的歷史可以分為三個階段：原始採集階段、古代採集階段和當代採集階段。

　　原始採集階段。在人類進化的數百萬年間，對水這種特殊食物的需求，要比對植物、動物類食物的需求還迫切。因為沒有食物，人還可以生存 7 ～ 10 天，沒有水，生命只能維持 3 ～ 4 天。所以，人類的生存足跡總是逐水而居，靠近江河湖泊。遠古時代生產力低下，盛水、飲水的器具多為木、竹、獸角、海螺、葫蘆等天然材料稍作加工而成。距今約 9000 至 1 萬年左右，人工燒製的陶器開始進入人類生活，考古證明，有相當多的出土陶器是汲器和飲器，與水的利用相關。

　　對鹽的採集要比對水的採集晚得多。這是因為在人類以狩獵為生的年代，動物血肉裡面含有足夠人體所需的鹽分，不需要額外的鹽分補充。只有當農業文明取代了原始文明後，因為種植出的穀物本身不含鹽分，吃鹽的需求才得以發生。據考證，西元前 6050 年，新石器時代的人們就開始用一種叫 briquetage 的陶器煮鹽泉水製鹽了。在羅馬尼亞一個鹽泉水旁邊的考古遺跡中，曾發現一個非常古老的製鹽廠。西元前 8 世紀，由凱爾特人組成的哈爾施塔特文化在中歐留下開採鹽礦的痕跡。在中國福建出土的文物中發現有煎鹽器具，證明了在西元前 5000 年～前 3000 年的仰韶時期，古代中國人已學會煎煮海鹽。在這一時期，古人們不僅發現和利用自然鹽，還把它作為引誘、馴養動物的手段。

　　古代採集階段。伴隨著生產工具的進步和生產力的提高，人類對鹽的獲取也從對海鹽的煮曬擴大為對湖鹽、井鹽、岩鹽的採集。鹽不僅是人類生產和生活的必須品，還成就了帝國的統治。羅馬人曾統治了西方世界幾個世紀，鹽成了他們強盛的助推劑。羅馬人的城市都建在鹽廠附近，其中最寬闊的大道就叫鹽路。至今很多英文單詞都來自羅馬語中的 sal（鹽），例如 salt（鹽）、salary（工資）、soldier（士兵）。

　　在一些地區一些時段，鹽還成了薪資報酬乃至商業交易中的通用媒介。社會需求量

大，獲取成本小，讓鹽成了統治者攫取暴利的工具。在中國古代社會，鹽是實行專賣時間最長、範圍最廣、造成經濟影響最大的品種。在鹽專賣制度下，鹽的生產、銷售和定價都由官府組織執行，在中國唐朝，朝廷的一半收入來自鹽的銷售。

世界上最早的飲水工程分別由羅馬人和中國人建造。2300 年前，羅馬人開始修建城市供水工程，他們用一個世紀的時間修建起第一條管道，之後又用 500 年的時間修了 11 條管道，每條水渠的長度在 16 ～ 80 公里，斷面積為 0.7 ～ 5 平方公尺不等。水渠送來的水，一部分用鉛管直接送入貴族家裡，市民則用牛車拉著盛水器到配水站買水。同樣是 2300 年前，地處東方的中國人也開始建造自己的飲用水供水工程。為了解決城市供水問題，中國古代的陽城人從山的北面把河水引入輸水管道。輸水管道是陶製的，埋在地下，其中還設有調壓進氣裝置，止水、放水的閥門，儲水池，存水的陶缸。以當時的生產能力，能設計、製作出這樣的自來水系統設備，確實令人驚歎。

當代採集階段。在很長的一段時間內，水和空氣、陽光一樣，是大自然賜予的生存必須品，並不具有商品性質。但進入工業化社會後，水的性質發生了變化，在飲用水領域，它演變成一種名副其實的商品。1852 年，世界上第一座自來水廠在美國建成，1897 年，世界上第一座汙水處理廠在英國建成，至此，人類進入了飲用水的當代採集階段，而瓶裝水的出現，更讓飲用水的採集和銷售登上了一個新的臺階。瓶裝水是指密封於塑膠、玻璃等容器中可直接飲用的水，包括天然礦泉水、天然泉水、純淨水、礦物質水以及其他飲用水等。

早在 1767 年，就有瓶裝水在美國銷售的紀錄，但落後的包裝給運輸和銷售帶來困難，瓶裝水並沒有形成氣候。直到 19 世紀初，更便宜、更容易批量生產的浸漬玻璃瓶子問世，才讓這一行業重現生機。20 世紀 70 年代和 80 年代是瓶裝水行業的真正轉捩點，這一階段，可以承受碳酸飲料的壓力，又比玻璃輕的 PET 瓶問世，加上人們對管道飲用水衛生安全的疑慮，推動了瓶裝水行業的大規模發展。至 2017 年，瓶裝水在美國的銷量為 518.6 億升，比上一年銷量增長了 7%，產值達到 185 億美元。即使在中國這樣的發展中國家，瓶裝水也從高高在上的天使演化為大眾飲料。據中商產業研究院提供的資料，2018 年 1 ～ 2 月，中國包裝飲用水產量為 1197 萬噸，同比增加 3.02%（如表 2-12 所示）。

進入當代社會以來，鹽的產量一直穩步增長，但是用途卻發生了很大變化，原因是工業革命推動了化學工業的崛起。2015 年，全球化學工業的用鹽量達到當年鹽產總量的 57%，在西歐和中國，這一比例更高達 66% 和 73%，而同年的食用鹽消費，只分別占到 23%、7% 和 16%（如表 2-13 所示）。

表 2-12 2013 ～ 2017 年中國瓶裝水產量增長

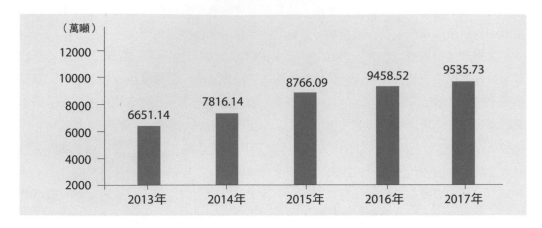

表 2-13 2015 年全球鹽消費結構百分比

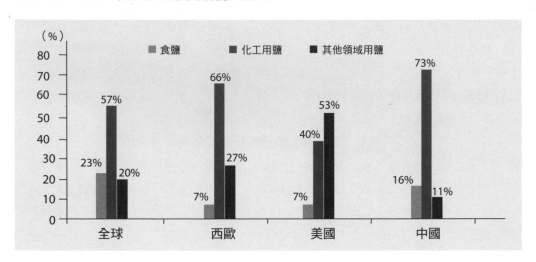

　　據統計，2016 年鹽生產量排在前五位的國家是中國、美國、印度、德國和加拿大。這五個國家的生產量占世界生產總量的 60% 以上，其中排名第一的中國占 27%。緊隨其後的五個國家是澳洲、墨西哥、智利、荷蘭和巴西。前十位國家鹽生產總量約占世界生產總量的 75%。

　　食物採集學的編碼是〔SS112400〕，是食學的四級學科，食物野獲學的子學科。食物採集是人類獲取天然食物的四大方式之一，是指對水、鹽等礦物資源的收集與提取。食物採集曾經是人類重要的生存手段，在當今社會，伴隨人們日益增長的物質需求，食

物採集的規模也日益壯大，發展成為一個興盛的行業。

食物採集學的定義

　　食物採集學是研究人類持續取得礦物性食物的方法及其規律的學科，是研究人類的採集行為與食用水、食用鹽等天然礦物性食物之間關係及規律的學科，是研究解決採集天然礦物性食物過程中出現的種種問題的學科。食物採集學是根據採集對象的種類、數量及其分布的環境特點，研究、指導和設計採集規劃、採集工具和採集技術，以達到採集目的學科。

食物採集學的任務

　　食物採集學的任務是在保護採集區域生態環境、保證人類可持續發展的前提下，完成對天然食物的採集。食物採集學具體任務是通過對採集資源、採集環境、採集方法、採集技術、採集設備的研究，達到人類對礦物質資源和水資源的合理利用、人類和食母系統和諧發展的採集目標。

食物採集學的體系

　　食物採集學的體系按照被採集對象分類，分為食物採集資源保護學、食鹽採集學、飲用水採集學和其他食用礦物採集學 4 個五級學科（如圖 2-15 所示）。

圖 2-15　食物採集學體系

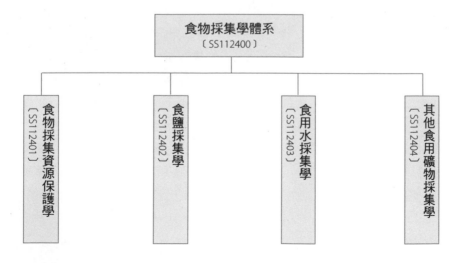

食物採集資源保護學。食物採集資源保護學是食學的五級學科，食物採集學的子學科。由於人類對森林資源破壞性的砍伐，工業廢水的大量排放，人口數量的不斷增多，水汙染問題日益嚴重，可供人類飲用的水源大量減少。據統計，如今全世界每年大約有 400 億立方公尺的汙水排入江河，僅此一項就占世界總淡水量的 14%；工業廢水的排放，已使全世界河流穩定量的 40% 受到嚴重汙染，讓世界上 10 億人口得不到符合標準的飲用水。據國際自來水協會公布的資料，當今每年有 2500 萬 5 歲以下的兒童因飲用汙染的水生病致死。在發展中國家，每年因缺乏清潔衛生的飲用水造成的死亡人數，高達 1240 萬人以上。對飲用水資源的保護，已經成為人類可持續的一個重要的研究課題。而在鹽類資源的保護方面，同樣存在保護資源環境不被汙染的現實問題。

食鹽採集學。食鹽採集學是食學的五級學科，食物採集學的子學科。食用鹽包括海鹽、井鹽、湖鹽、岩鹽、礦鹽等多種品類，既是當今人類廚房中一種極為普通的調料，又是一種人類維持生命必不可少的礦物質元素。每個健康的成年人體內，都含有大約 250 克鹽。人類的呼吸、消化都需要鹽，如果沒有鹽，人體就既不能運送營養和氧氣，也不能傳遞神經脈衝。鹽的生產方式大致有兩種，一是日曬，主要生產對象是海鹽、湖鹽、井鹽。日曬法是通過太陽或機器蒸發水分濃縮含鹽液體，結晶成鹽；二是採集，主要生產對象是岩鹽、礦鹽。這種鹽多在造地運動時形成，呈固態，經過開採就可以得到原鹽，再經過精煉後就可以用於廚房，擺上餐桌。

食用水採集學。食用水採集學是食學的五級學科，食物採集學的子學科。水既是人體的重要組成部分，也是新陳代謝的必要媒介，成人每天大約需要補充 1200 毫升左右的水分。人類的食用水包括乾淨的天然泉水、井水、河水和湖水，也包括經過加工處理過的自來水、礦泉水、純淨水等。從容器區分，加工過的食用水有瓶裝水、桶裝水、管道直飲水等。食用水的生產一般要經過勘探、採集、加工、運輸等流程，自來水的生產還要加上選址、建廠、鋪設管道、後期維護等生產內容。

其他食用礦物採集學。其他食用礦物採集學是食學的五級學科，食物採集學的子學科。其他食用礦物多數屬於偏性食物。據調查，在傳統醫學中應用的礦物性食物約 80 種，常用的有 30 餘種，例如朱砂、紅粉、輕粉、自然銅、磁石、赭石、雄黃、信石、石膏、寒水石、龍骨、芒硝、滑石、爐甘石、青礞石、膽礬、白礬、硫黃，等等。這些食用礦物可以分為三類，一類是可供人體調療的原礦類食物；一類是食用礦物的加工品；還有一類原來屬於動物或動物骨骼，因長久埋藏已經成為化石，具有了礦物性質，如石燕、龍骨等。此外，一些呈晶體狀的化學元素，如碘等，也屬於其他食用礦物採集學的學術範疇。

食物採集學面對的問題

食物採集學面對的問題有 3 個：食物採集的過度、食物採集的浪費和食物採集傳統技藝失傳。

■ 食物採集的過度

在全球 13.6 億立方公里的總儲水量中，可供人類利用和飲用的淡水只占 3% 左右。而這 3% 的淡水中，有 2.66% 是難以開發利用的兩極冰川和永凍帶的冰雪，可供人類利用的淡水資源只占地球淡水資源總量的 0.34%。而與此同時，人口的數量卻以爆炸式增長著，人類對淡水的需求量以每年 6% 的速度增加。對水資源的過度開採，造成地下水位急速下降，當今全世界 200 多個國家和地區中，有 70 個國家和地區嚴重缺水（如表 2-14 所示）。

表 2-14　淡水使用量在可再生的水資源總量中的占比 *

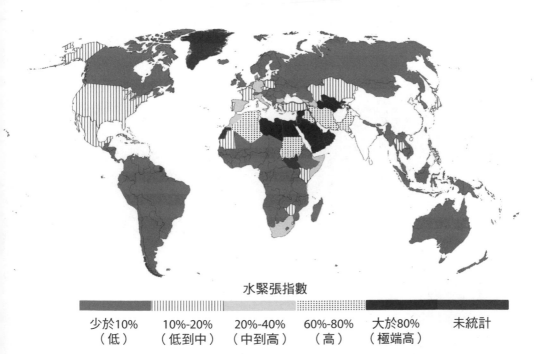

* 聯合國糧食及農業組織（FAO）：《糧食和農業的未來：實現 2050 目標的各種途徑》（*The future of food and Agriculture: Alternative pathways to 2050*），2018 年版，第 27 頁，部分修改後引用。

█ 食物採集的浪費

對於人類生活來說，飲用水是不可再生的寶貴資源。但是在飲用水的生產過程中，卻存在大量的浪費現象。例如，遍布社區的純淨水製作機，四升的用水量才能製作出 1 升的純淨水，水的浪費十分驚人。又如，在自來水的生產過程中，由於管道的跑冒滴漏造成飲用水浪費更是一個驚人的數字。據測算，僅僅終端水龍頭滴漏浪費，每個水龍頭每小時浪費的自來水就高達 4 公斤。顯性的浪費之外，對再生水的生產、利用率過低，也是一種對水資源的浪費。

█ 食物採集傳統技藝失傳

在製鹽、製水以及礦物類食物的採集勞動中，人類積累了豐富的經驗和技藝。比如在中國北宋慶曆年間，川人在繼承漢唐以來的大口徑淺井的某些成功經驗的基礎上，發明了衝擊式鑿井法，鑿出了一種新型鹽井——卓筒井，取得了具有劃時代意義的突破。卓筒井技術的出現，堪稱中國古代繼「四大發明」之後的第五大發明，為中國鑽井技術的發展樹起了一道豐碑，使鑽井技術跨入一個嶄新的階段。這些傳統採集技藝至今仍然具有很大的借鑒價值，需要我們總結提煉其精華，以服務於今天人們的食物採集活動。

第 3 章

食物馴化學

野生食物繁殖的人工控制

食物馴化是指人工控制野生性食物的繁殖，是農業文明的標誌，是將天然可食動植物的自然繁殖過程變為人工控制下的過程。馴化食物始於西元前 1 萬年，時至今日已成為人類獲取食物的主要方式。從採擷野生植物到種植食用植物，從捕獲野生動物到養殖食用動物，從採摘天然菌類食物到培養菌類食物，都是一種人類對自然物種馴化的行為。食物的馴化使人類的食物來源趨於穩定和充實。

人類馴化食物有種植、養殖、菌殖三種方式（如圖 2-16 所示）。

人類對食物的馴化，主要可以分為三類。第一是植物類，地球上的植物有 50 萬種，人類馴化並經常食用的有 200 種左右。對植物性食物的馴化叫種植；第二是動物類，地球上的動物有 250 萬種，人類馴化並經常食用的有 40 種左右。對動物性食物的馴化叫養殖；第三是菌類，目前已知的真菌有 1.5 萬種，其中可食用的約 2700 種。對可食用的菌類馴化叫培養。

圖 2-16　馴化食物的三種模式

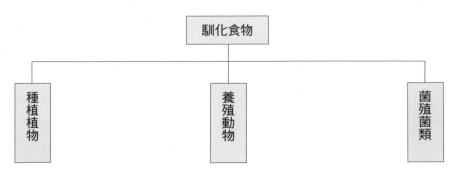

植物馴化領域規模巨大，在全球 1.3 億平方公里的陸地面積中，耕地面積接近 14 億公頃，約占全球陸地面積的 11%。2012 年，在世界 71.3 億人口中，有 26.2 億是農業人口，占 36.7%；年生產糧食 25 億噸，油料種子 4.5 億噸，糖料 1.6 億噸，蔬菜 9.5 億噸，貢獻了人類食物生產總量的近 80%。如今人類已經大規模馴養了四五十種陸地動物和許多水生動物，以及幾十種菌類食物，為種群延續提供了豐富的食物。2010 年，世界肉類產量為 28155 萬噸，2014 年世界水產魚類養殖量為 7380 萬噸。2010 年，全球菌類食物年產量超過 10 萬噸以上的國家已有 9 個，其中中國更是高達 2261 萬噸。

人類馴化食物經歷了 4 個階段：低效馴化階段、高效馴化階段、超高效馴化階段、適度效率階段。這是在不同的社會條件、科技基礎上形成的。如今，在不同的地域空間，所處的發展階段也有所不同：經濟最不發達的國家，正在從第一階段向第二階段努力；發展中國家正在從第二階段向第三階段進軍；發達國家正在從第三階段向第四階段回歸。

食物馴化學的定義和任務

食物馴化學的定義。食物馴化學是研究人工控制野生性食物繁殖方法及其規律的學科，是研究提升食物生產中的面積效率、生長效率及人工效率的學科。

食物馴化學的任務。食物馴化學的任務是研究食物馴化規律，提高食物馴化效率，保障馴化食物品質。

食物馴化學的體系

食物馴化學是食學的 13 門三級學科之一，隸屬於食物生產學，下轄 3 門食學四級學科：食物種植學、食物養殖學、食物菌殖學（如圖 2-17 所示）。

食物馴化學的學術價值，在於提出了食物生產中的「超高效」其實是「偽高效」的概念。從而揭示了超高效的本質，指出超高效生產的食物品質和安全得不到保證，威脅到食物利用的效率，所以是一種偽高效。

食物馴化學面對的問題

食物馴化學面對的問題主要有四個：一是過度追求食物生產效率，在產量上升的同時，食物品質卻呈下滑趨勢。為了追求食物生產效率，對化肥、農藥、除草劑和地膜等化學合成物的超量、不當施用，給人類的健康造成了危害。必須摒棄「超高效」帶來的「偽高效」，讓馴化食物進入適度效率階段。

圖 2-17　食物馴化學體系

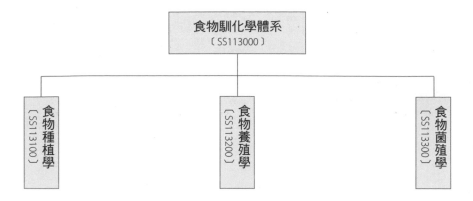

二是食物物種的多樣性加速喪失。據 FAO 估計，20 世紀以來，全球食物多樣性不斷喪失，四分之三的農作物遺傳性已經喪失；美國 97% 曾經栽培的蔬菜品種已經消失；近 15 年間，印尼有 1500 個地方水稻品種已經消亡，四分之三的水稻品種來自單一的母體後代。據預測，到 2050 年，全球四分之一的物種將陷入絕境。而一種植物的消失必將導致某一食物鏈斷裂，或進一步誘致或加劇其他 10 ～ 30 種生物的生存危機。

三是食物馴化的汙染。一方面為了使土壤肥沃，大量使用化肥，而施用的化肥中，只有三分之一被農作物吸收，三分之一進入大氣，剩餘的三分之一則留在土壤中。大量盲目施用化肥已成為一種掠奪性開發，不僅難以推動農作物增產，反而造成了對食物和大氣、土地、水體的汙染。另一方面，牲畜糞便造成的農業汙染也呈現出加重的趨勢。許多大中型畜禽養殖場缺乏處理能力，將糞便倒入河流或隨意堆放。這些糞便進入水體或滲入淺層地下水後，大量消耗氧氣，使水中的其他微生物無法存活，從而產生嚴重的「有機汙染」。

四是在食物生馴化過程出現了多環節的浪費問題，例如食物收穫過程中丟失、遺棄浪費等。在一些發達國家，有些農場主因為食物價格偏低，甚至抵不上勞動力和運輸成本，寧肯讓農作物爛在地裡。許多蔬果僅僅是外觀上的瑕疵或者不符合市場要求而丟棄。

植物類食物的馴化

食物種植是當代人類社會的重要食物之源,是一個國家政體的經濟基礎。「手中有糧,心中不慌」,食物種植業的穩定發展對人類具有重要意義。食物種植業的發展歷史,也是人類利用自然、改造自然的歷史。儘管現代科學的發展十分迅速,人類還必將長期依賴食物種植來維持自身的生存和發展。

插圖 2-3 西元前 1200 年古埃及食物種植

食物種植是人類一個古老的行業。誕生於西元前 1 萬年,發展至今,人類食物生產總量的近 80% 都是食物種植業所貢獻的。進入 21 世紀後,許多國家、地區的種植業已經實現了從生態種植向化學種植的轉化,種植業在經濟全球化和現代科技進步等大背景

下發生了深刻的變化與發展。傳統的生態種植,效率低、汙染少、質量優且可持續性強。當代的化學種植效率高、汙染多、品質差且可持續性差。但無論如何發展,種植業都始終是最基礎的物質生產部門。

食物種植有三個階段:生態種植、工業種植、數控種植(如圖 2-18 所示)。生態種植的特點一是對植物的馴化,二是對手工工具的使用;工業種植的特點一是對動力機械的使用,二是化學合成物的使用;數控種植的特點是用數控技術控制動力設備,使其更精準、更高效。

圖 2-18　食物種植的三個階段

生態種植階段。關於食物種植的起源,美國人文與科學院院士康拉德‧菲力浦‧科塔克在所著的《人類學》中指出:「中東地處四種食物環境的交界處,就在這個特殊的地方,人類首先開始了食物生產……食物生產幫助遊牧民族結束了四處流浪、為了尋找食物到處奔波的處境,開始穩定下來,在種植糧食的土地和水源附近建造村莊,過上了定居的生活。」

早期的食物種植誕生於距今 1 萬年至 4000 年的新石器時代,人類用石頭、木材、骨頭等製成工具進入「刀耕火種」時期,種植技術原始粗放。爾後,隨著生產力的發展,隨著生產工具和技術的改善,食物種植業不斷進步,出現了金屬工具,以及育種、栽培、耕作、養殖等觀念,進入一個新的發展時期。農耕種植的最早證據來自美索不達米亞和尼羅河谷之間的走廊地帶,這是連接非洲和亞歐大陸的重要通道。[1]

---

① 〔美〕大衛‧克利斯蒂安(David Christion)著:《極簡人類史:從宇宙大爆炸到 21 世紀》(*This Fleeting World: A Short History of Humanity*),王睿譯,中信出版集團 2016 年版,第 81 頁。(編按:繁體版書名同上,遠足文化／ 2017 年版)

表 2-15　世界早期主要作物類型舉例

地區	世界早期主要作物類型				
	穀物 其他禾本科 植物	豆類	纖維	根、 塊莖	瓜類
新月沃土	二粒小麥、單粒小麥、大麥	豌豆、兵豆、鷹嘴豆	亞麻	—	甜瓜
中國	粟、蜀黍、稻米	大豆、紅豆、綠豆	大麻	—	甜瓜
中美洲	玉米	菜豆、寬葉菜豆、紅花菜豆	棉花 (G.hirsutum)、 絲蘭、龍舌蘭	豆薯	南瓜屬植物 （C. pepo,etc.）
安地斯山脈、亞馬遜河流域	藜麥、玉米	利馬豆、菜豆、花生	棉花 (G.barbadense)	木薯、甘薯、馬鈴薯、園齒酢漿草的塊莖	南瓜屬植物 （C. maxima,etc.）
西非和薩赫勒地帶	高粱、珍珠稗、非洲稻米	豇豆、野豆	棉花 (G.herbaceum)	非洲薯蕷	西瓜、葫蘆
印度	小麥、大麥、稻米、高粱、小米	風信子豆、黑綠豆、綠豆	棉花 (G.arboreum)、亞麻	—	黃瓜
衣索比亞	畫眉草、小米、小麥、大麥	豌豆、小扁豆	亞麻	—	—
美國東部	五月草、小大麥、蕎蓄、藜科植物	—	—	菊芋	南瓜屬植物 (C.pepo)
新幾內亞	甘蔗	—	—	薯蕷、芋芋	—

在全世界許多地方，人類都獨立發現了如何種植可食用的植物，其中最顯著的三處為近東、中美洲和中國。約西元前 1 萬年，近東的人類首先開始種植小麥和大麥等穀物。距今八、九千年前，中美洲人率先開始種植玉米和豆子等重要主食，而中國人則是培育稻米的先驅。隨後又出現其他作物種植中心，如種植馬鈴薯的安地斯地區和種植高粱的撒哈拉沙漠以南的非洲等。種植的理念和所需原材料從上述中心發散開去（如表

2-15 所示）。[2] 種植不僅提高了食源的穩定性，還推動了人類定居和部落化的進程，並提供了間接的動物性食物——飼料。

對種植學的研究很早之前就已經存在。世界最早的種植學專著是成書於中國西漢時期的《氾勝之書》，總結了黃河流域人們的勞動經驗，記載了耕作原則和作物栽培技術；《齊民要術》則有「順天時，量地力，則用力少而成功多」「任情返道，勞而無獲」的著名論述。此後《農書》《農政全書》等一系列影響深遠的種植學著作相繼問世。

工業種植階段。1815 年英國的泰爾（A.B.Thear）出版了《合理農業原理》一書，宣導創立以種植業為對象的農學。也有人認為，1840 年李比希《有機化學在農業和生理學上的應用》的出版，標誌著工業種植階段的開始。李比希最大的貢獻之一，在於發現了氮對於植物營養的重要性。幾十年之後的 1909 年，在德國的一家實驗室裡，氨被成功合成出來，人造化肥開始應用於農作物種植。此後，美國農藝學家諾曼·布勞格培養出對化學肥料反應良好的新高產矮性小麥與水稻，20 世紀 60 年代起，發展中國家大量引進化學肥料和這些高產量的種子品種，提升了土地原有餵養人口的極限，實現了自給自足，這個過程在今天被稱為「綠色革命」，諾曼·布勞格也因此獲得了 1970 年諾貝爾和平獎。今天的種植實踐證明，化肥是一把「雙刃劍」，這一獎項的頒發並非不可置疑。[3][4]

這一階段的特色是隨著大機械的進入，種植業開始進入集約化時代。同時人工合成的添加物也開始進入種植業，並呈愈演愈烈的趨勢，極大地提升了生產效率，同時也對農作物的品質和生態環境帶來危機。2018 年，全球化肥使用量超過 2 億噸，比 2008 年增加 25％。[5] 1980 年前後～ 2008 年，世界農業灌溉面積由 2.1 億公頃增至 2.9 億公頃，增長 38.7％。從 1965 年～ 2015 年，全球可耕地和永久耕種面積從 13.8 億公頃增加到約 16 億公頃，增幅為 15％。其原因之一是有灌溉設備的耕地面積大幅增加，從 1961

---

② 〔英〕艾倫·K·歐南（Alan K. Outram）著：《狩獵採集者和最初的種植者：史前味道的演變》（*Hunter-gatherers and the first farmers: the evolution of taste in prehistory*）；保羅·弗里德曼（Paul Freedman）編：《食物：味道的歷史》（*The History of Taste*），董舒琪譯，浙江大學出版社 2015 年版，第 17 頁。

③ 〔美〕湯姆·斯丹迪奇（Tom Standage）著：《舌尖上的歷史》（*An Edible History of Humanity*），中信出版社 2014 年版，第 171 ～ 187 頁。

④ 〔美〕拉傑·帕特爾（Raj Patel）、詹森·W·摩爾（Jason W. Moore）著：《廉價的代價——資本主義、自然與星球的未來》（*A Guide to Capitalism, Nature and the Future of the Planet*），中信出版集團股份有限公司 2018 年版，第 140 ～ 150 頁。

⑤ 聯合國糧食及農業組織（FAO）：2018 年化肥使用量或超兩億噸（Fertilizer Use to Surpass 200 Million Tonnes in 2018）（http://www.fao.org/news/story/zh/item/277740/icode/）。

年的 1.7 億公頃增加到 2015 年的 3.33 億公頃（如表 2-16 所示）。

　　2005 年，全球勞動力總數高達 32 億人，其中從事農業的勞動力有 13 億人，占比高達 40%。總體來看，隨著勞動生產率的提升，從事種植業的人數呈逐漸下降的趨勢。200 年前，世界農業人口占總人口 80% 以上，2000 年占 51%，現在已經低於40%。發達國家的農業人口比例已經降到 10% 以下，其中美國只占 1% ～ 2%。每個農業勞動力實現的農業增加值，世界平均為 695 美元，發達國家為 5680 美元，發展中國家為 558 美元，中國為 349 美元。凝聚在勞動者身上的知識、技能和綜合能力，對生產率的提高起到了顯著的促進作用。

表 2-16　1961 ～ 2015 年全球灌溉總面積 *

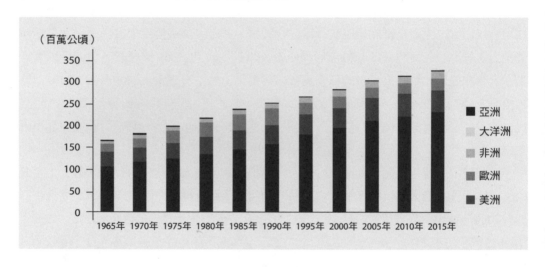

* 聯合國糧食及農業組織（FAO）：《更多的人，更多的食物，更糟的水──農業水汙染全球評論》（*More People, More Food, Worse Water? A Global Review of Water Pollution from Agriculture*），2018 年版，第 21 頁。

　　另外，為了發展種植業，不同國家根據國情紛紛採取不同的政策。法國的「理性農業」發展模式實現了由傳統農業向現代化農業的轉變，一舉成為能夠和美國比肩的世界農產品和食品出口量第二的農業大國。在 2012 年加入世貿組織後，農業被俄羅斯視為受到衝擊較強的重點保護領域，政府及金融機構在世貿規則允許的範圍內，不斷完善對農業的扶持補貼政策，希望儘快提高俄羅斯農業競爭力。

　　數控種植階段。農業資訊化代表著資訊經濟與知識經濟時代農業生產力發展的最新要求。美國農業資訊化起步早，資訊化設施完善、職能化和個性化服務品質高、組織化

程度高。正是農業資訊化，推動了美國精準農業的發展。

數控種植將遙感、地理資訊系統、全球定位系統、電腦技術、通信和網路技術、自動化技術等高新技術與食物母體學、植物生理學、土壤學等基礎學科有機地結合起來，形成了產前、產中、產後緊密銜接的整體農業生產體系，以及集種植教育、科研和推廣三位一體的數位平臺。在這種分工明確、高效協作的科學方式的支撐下，種植業實現了高度的專業化、規模化、企業化、現代化。

食物種植學的編碼是〔SS113100〕，是食學的四級學科，食物馴化學的子學科。食物種植是人類一個古老的行業，也是迄今為止貢獻食物數量最多的行業。

食物種植學的定義

食物種植學是研究馴化可食性植物的方法及其規律的學科。食物種植學是研究人類種植行為與食物之間關係的學科。食物種植學是解決人類食物種植過程中的種種問題的學科。

食物種植學是研究以獲取食物為目的，通過人工對植物的栽培，取得糧食、蔬菜、水果、飼料等產品的學科。食物種植學是研究把光能轉化為化學能，貯存到植物體中以食物的形式提供給人體的學科。

食物種植學的任務

食物種植學的任務是指導人類可持續地馴化可食性植物，從而保障人類植物性食物的數量與品質。種植業是現代社會最重要的生產方式，具有不可替代的作用。食物種植學的任務是：盡可能減少對環境的負面影響，使種植業的開發程度限定在生態可接受的範圍之內，這是現代種植業的發展方向，同時也是食物種植學的主要任務。

食物種植學的具體任務是探索作物生長發育、產量和品質形成規律及其與環境條件的關係，探索通過栽培管理、生長調控和優化決策等途徑，實現作物高產、優質及可持續發展的理論、方法與技術，為解決全球糧食安全問題做出貢獻。

食物種植學的體系

食物種植學的體系以食物種植的要素為分類依據，共分為食用植物土壤學、食用植物育種學、食用植物栽培學、食用植物肥料學、食用植物病蟲害學、食用植物藥物學、食用水域種植學和營養液栽培學 8 門食學五級學科（如圖 2-19 所示）。

圖 2-19　食物種植學體系

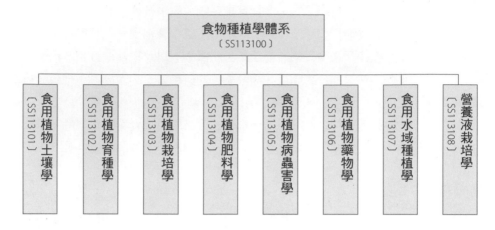

食用植物土壤學。食用植物土壤學是食學的五級學科，食物種植學的子學科。土壤是指覆蓋在地球陸地表面，能夠生長植物的疏鬆層。它是食物的生長基地，是基本的生產資料。從整個地球的厚度來說，土壤恰如人體的表皮，但正是這一極薄的表層承載著人類文明的產生、保護和發展。在食物種植學領域，土壤主要是用於植物的種植、培育，為植物提供養分和水分，同時提供根系伸展、固持的介質。土壤不是一成不變的，隨著自然的演化和人類的干擾，它也在發生著一系列生物的、化學的和物理的轉化。

食用植物育種學。食用植物育種學是食學的五級學科，食物種植學的子學科。食物植物育種是指運用遺傳變異規律，通過改良作物的遺傳素質和群體的遺傳結構，選育出符合人類需要的優良品種的技術措施。食用植物育種學研究選育和繁衍植物優良品種的理論和方法的學科。食用植物育種學的主要任務是通過篩選和技術處理，將種子不斷優化，以產出質優量足且成本低的種子，從而提高農作物產量和品質。主要目的是提高農作物的營養價值、安全性和口感。

食用植物栽培學。食用植物栽培學是食學的五級學科，食物種植學的子學科。食用植物栽培學是一門綜合性的技術學科，其主要任務是研究食用植物的生長發育規律與生長環境，以及有關的調節控制技術及其原理。它的研究和應用，對於提高食用植物的數量和品質、降低生產成本、提高勞動效率和經濟效益，具有重要意義。

食用植物肥料學。食用植物肥料學是食學的五級學科，食物種植學的子學科。食用植物肥料是指提供一種或一種以上植物必須的營養元素。它是能夠改善土壤性質、提高土壤肥力水準的一類物質，是農業生產的物質基礎之一。食用植物肥料主要包括磷酸銨類肥料、大量元素水溶性肥料、中量元素肥料、生物肥料、有機肥料、多維場能濃縮有

機肥等。進入工業化社會以後，化學肥料取得了高速發展，在提高生產效率的同時，也對土壤和環境產生了破壞。食用植物肥料學在研究肥料與植物的關係、提高植物產量的同時，也將避免土壤性質惡化和環境汙染、保持農業生態平衡作為主要研究目標。

食用植物病蟲害學。食用植物病蟲害學是食學的五級學科，食物種植學的子學科。食用植物病蟲害主要是指食用植物受到病原物或昆蟲的侵襲，造成形態、生理和組織上的病變，影響正常生長發育，甚至發生局部壞死或全部死亡的病害。寄主和病原體是形成病害的兩個因素。由於種類不同，形成的病害的形式也就多種多樣，諸如水稻萎縮病、玉米黑粉病等；蟲害主要是指昆蟲對食用植物形成的危害，例如蝗災，其餘如蟎類、蝸牛、鼠類等形成的危害，也被歸於蟲害。食用植物病蟲害學的主要任務是預防、避免、控制、解決病蟲害，最終達到為人類提供優質、充足食物的目的。

食用植物藥物學。食用植物藥物學是食學的五級學科，食物種植學的子學科。食用植物藥物是指在食用種植領域使用的藥物，食用植物藥物學是一門研究農藥化學、農藥毒理學、農藥與環境相互作用以及農藥加工與應用技術的學科。

食用植物藥物學是一門以農藥開發與應用為目標的應用基礎理論學科，是在農藥化學、農藥毒理學、植物化學保護學、農藥加工學、農藥環境毒理學的基礎上形成的新興學科。食用植物藥物學原稱農藥學，因為農藥（pesticide）的含義和範圍，在不同的時代、不同國家和地區有所差異，本書將其命名為更為準確全面的食用植物藥物學。

食用水域種植學。食用水域種植學是食學的五級學科，食物種植學的子學科。水域種植是指在水中培育食用植物。水域種植的食用植物種類繁多，按種植水域的含鹽量分為可食淡水植物和可食鹹水植物。其中，可食淡水植物有菱角、茭白、芡實、蒲菜等；可食鹹水植物有海帶、裙帶菜、海白菜、紫菜等。2014 年，世界水產養殖總產量（活體重量）為 1.011 億噸，其中水生植物約為 2730 萬噸，占總量的四分之一。在土地資源緊張的情況下，食用水域種植的意義顯得尤為突出。

營養液栽培學。營養液栽培學是食學的五級學科，食物種植學的子學科。營養液栽培是指用無機鹽溶液為食用植物（主要是蔬菜）提供營養的一種無土栽培法，具有可以根據食用植物生長量的變化及時調整營養液的配方和濃度，蔬菜營養供應充足，節約土地，有利於穩產高產等優點。但是，該栽培法的不足也很明顯，主要是技術要求高，推廣難度大，需要專門的栽培、灌溉設施，成本高投資大，產品中的硝酸鹽含量較高不符合綠色食品要求，排出的廢棄液中硝酸鹽濃度偏高對環境汙染嚴重等。因此在食物安全和食母健康日益受到重視的今天，營養液栽培在紅火了一陣之後，在食物種植中所占的比例已大為縮小。

食物種植學面對的問題

食物種植學面對的問題主要有 7 個：食物種植開發過度、食物種植的汙染、食物種植的浪費、食物種植的低效、食物種植中合成物施用過度、種子的優選與安全和食物種植傳統技藝失傳。

▌食物種植開發過度

生態環境是制約種植業發展的重要原因，反過來，不當的食母系統的過度開發也會對食物母體帶來破壞。首先，種植生產中的毀林墾荒、圍海造田等，使水土流失日趨嚴重，荒漠化呈加速擴展趨勢，土壤品質退化，草原退化、沙化和鹽鹼化；其次，種植生產中化肥、農藥和農膜等農用化學品的過量和不合理使用，對土壤造成了嚴重破壞；最後，長期以來食物種植業一直以單品種、大面積的集約化種植為主導，其帶來的負面影響就是破壞了生物物種多樣性，打亂生態體系的平衡。

▌食物種植的汙染

食物種植的汙染是指，在食物種植生產和居民生活過程中產生的、未經合理處置的汙染物對水體、土壤和空氣及農產品造成的汙染，具有位置、途徑、數量不確定，隨機性大，發布範圍廣，防治難度大等特點。主要來源有兩個方面：一是農村居民生活廢物；二是農村農作物生產廢物，包括農業生產過程中不合理使用而流失的農藥、化肥、殘留在農田中的農用薄膜和處置不當的農業畜禽糞便、惡臭氣體，以及不科學的水產養殖等產生的水體汙染物。食物種植的汙染對人們生活和食物種植業本身的可持續都會帶來重大的影響。

▌食物種植的浪費

據統計，世界 54% 的食物浪費發生在「上游」，即食物生產環節，其餘 46% 發生在食物利用的「下游」環節。可見，在食物種植收穫環節方面的浪費不容小覷。食物種植中的浪費問題主要存在於收穫環節，表現在數量和品質兩個方面。數量方面的浪費包括收穫不全和收穫後丟失兩種現象；品質方面的浪費也主要表現為兩種現象：收穫造成的食物損傷，收穫不當造成的食物變質。

■ 食物種植的低效

　　食物種植效率低表現為兩個方面：一是由於耕作粗放、技術落後造成的低效；二是由於過分追求生產的「超高效」，過度使用農藥、化肥等化學添加劑，人為加速食物生長週期而造成的「偽高效」。在當今的食物種植領域，更為突出的問題是「偽高效」，連年持續高頻率使用化肥造成了土地板結、土壤酸化、食物品質下降。很多有益元素已嚴重低於歷史的最好水準。比如鈣質，用化肥生產出來的小麥麵粉，比用有機農業模式生產的麵粉缺鈣 76%，其餘蔬菜、水果缺鈣現象也是非常普遍的。食物品質下降、食物安全事件頻發等一系列的問題，其根源是工業化社會以提高生產效率為唯一目標。這種「偽高效」，其實質也是一種食物種植的低效。

■ 食物種植中合成物施用過度

　　為了增加食物數量，縮短食用植物的生長期，在食物種植中超量濫用農藥、化肥、除草劑等化學添加劑，在食物種植業屢見不鮮。這些用化學添加劑催產、催效而成的食物，雖然在數量上有所提升，在成長時間上有所縮短，但是在品質上卻有所降低，有的還帶有農藥殘留，對食者健康造成危害。例如，除草劑在殺死雜草的同時也消滅了土壤中的有益微生物，一些原本具有固氮能力的固氮菌，乃至將多餘氮素還原為大氣中的氮氣的反硝化細菌也遭到了傷害。沒有雜草呵護，農田變成光板地，雨季非常容易造成水土流失。在種植過程中，直接噴灑農藥或者殘留的化肥農藥，還會造成土壤、大氣和水體汙染。

■ 種子的優選與安全

　　「吃種子，留種子」，農民天生就是育種專家，有了種子就有了農業的自主權，農民對種子是高度重視的。以資本為主導的種子公司，利用「專利」規則控制種子，迫使農民每年耕地都要買種子，在事關人類生存色食物種子領域，應該讓專利成為普利。人類馴化並保留了上萬年的多種多樣的種子，不應被專利化。種子是食物種植的前題。種子的優選與安全問題是食物種植中的命脈。如今許多種植者已經失去了種子的控制權，種植者只能向專業的、跨國的種子公司購買，這無疑給食物安全留下了一個大大的隱患。轉基因技術存在的理由是解決了全球性糧食短缺問題，然而也給食物種子帶來了巨大的風險。因為轉基因食物的安全性和可靠性尚未得到實踐檢驗，在這種情況下，轉基因種子威脅著食物的未來安全。

▌食物種植傳統技藝失傳

　　人類在西元前 1 萬年就學會了食物種植。幾千年來中國選育和積累了大量適於不同農田條件和經濟要求的品種；強調施肥的重要和保持地力，主要措施是充分利用人畜糞溺、種植豆料綠肥、藁稈還田、人工漚製堆肥、燒製薰土、撚取河泥、施用餅肥，以及把一切生活消費後的「廢物」歸還土壤；古人在傳統種植業的土地利用率和產量居高而地力歷久不衰，主要是由於採取了上述綜合技術措施；而不違農時，尤其是掌握適宜的播種期，是自古以來的基本原則之一。這些遵循自然規律，是食母系統可持續的重要因素。可惜的是，今天的人們對於傳統食物種植技藝傳承得不夠，部分技藝面臨著失傳。

動物類食物的馴化

　　原始養殖是舊石器時代從狩獵中發展起來的。原始畜牧業的出現和發展，使人類的食物來源趨於穩定，肉食、乳類、油脂等食物的供給有了相對可靠的保障，還有皮、毛、骨等副產品可以利用，大大地提高了生存能力，有些動物還可以當作役畜來驅使。所以恩格斯把畜牧業看作人類解放的新手段。但養殖業的迅速發展也帶來了弊病：養殖動物數量的劇增，占用了許多農業用地；4:1 以上的料肉比，對種植業的發展產生沉重影響；此外，養殖動物排放了大量的二氧化碳、甲烷、氧化亞氮，也給自然環境帶來了巨大的傷害。

　　食物養殖有三種模式：大空間養殖、小空間養殖和中空間養殖（如圖 2-20 所示）。大空間養殖又稱「散養」，其特點是養殖密度低，食肉轉化率低、生產尊重自然規律；小空間養殖又稱「集約化養殖」，其特點是養殖密度高，食肉轉化率高、食肉品質平衡性差；中空間養殖又稱「質優化養殖」，其特點是養殖密度適當，食肉轉化率適中，食肉品質優，環境汙染少。

圖 2-20　食物養殖的三種模式

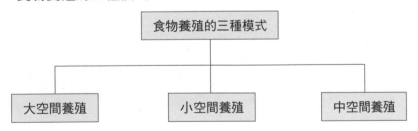

　　養殖業誕生於約西元前 1 萬年的第一次農業革命時期。從原始養殖業出現至今，人類已經大規模馴養了四五十種陸地動物和許多水生動物，為人類提供了豐富的食物。養殖業的歷史可以分為散養和集約化養殖兩個階段，它們各有所長，散養的特點是低效、質優、汙染少、可持續性強；集約化養殖的特點是高效、質差、汙染多、可持續性差。

　　大空間的散養階段。早期養殖產生於距今約西元前 1 萬年，由於氣候劇烈變動，打

破了人類採捕時期與自然的平衡，饑餓迫使人類尋求新的取食方式。歐洲和中亞的大草原、阿拉伯地區北部的天然草場就成為早期牲畜養殖的大本營。[6]人類最早馴化的動物是易於馴化、以草為食的動物，歐洲盤羊被馴化成了綿羊。爾後，人類陸續馴化了山羊、豬、牛、雞、馬等動物。養殖的動物不僅為人類提供了更多的食物，更是穩定的肉、奶、蛋等食物的來源。牛、馬等馴養動物，還成為人類勞動力的一部分，將人類從部分重體力勞動領域解放出來。

早期人類對動物的養殖方式是散養，最初只有在亞非大陸的幾個特定地點有人工養殖的綿羊、牛、山羊、野豬和雞，總數大約幾百萬隻。散養階段的動物多數以天然的草、蟲、穀物為食。隨著食物種植業的發展，餵養牲畜的飼料大幅度增加，促進了牲畜的養殖生產。此後，除了陸地牲畜養殖，水產養殖也開始出現。

小空間的集約化養殖階段。工業革命後，養殖行業逐漸使用先進機械和設施，向集約化養殖發展，養殖場規模擴大。與此同時，養殖場數量減少，整個養殖生產效益提高。現在全球的人工養殖動物有大約 10 億隻綿羊、10 億頭豬、超過 10 億頭牛，更有

表 2-17　大型哺乳動物馴化得到證明的大致年代 *

動物	年代（西元前）	地點
狗	10000	西南亞、中國、北美
綿羊	8000	西南亞
山羊	8000	西南亞
豬	8000	中國、西南亞
牛	6000	西南亞、印度、北非
馬	4000	烏克蘭
驢	4000	埃及
水牛	4000	中國
美洲駝 / 羊駝	3500	安地斯山脈
中亞雙峰駝	2500	中亞
阿拉伯單峰駝	2500	阿拉伯半島

* 〔美〕賈德・戴蒙（Jared Diamond）著：《槍炮、病菌與鋼鐵：人類社會的命運》（*Guns, Germs, and Steel: The Fates of Human Societies*），上海譯文出版社 2014 年版，第 161 頁。（編按：繁體版書名同上，時報出版／ 1998 年版）

---

[6] 〔美〕威廉・麥克尼爾（William McNeill）著：《西方的興起：人類共同體史》（*The Rise of the West: A History of the Human Community*），中信出版社 2015 年版，第 18 頁。

超過 250 億隻雞遍布全球各地。2010 年，世界肉類產量為 28155 萬噸，比 1980 年增長一倍多。2017 年世界豬肉產量達到 11103 萬噸，世界豬肉貿易量為 787.9 萬噸。畜牧業對全球農業總產值的貢獻達到 40%，[⑦] 為數十億人提供生計和食物安全。

20 世紀 70 年代以來，世界水產養殖產量也迅速增長，在水產業中的比重日益提高，近年來，水產養殖提供給人類的水產品數量逐漸追趕，並超過了捕撈提供的野生水產食物。目前世界各地養殖的水生種類大約有 580 種，顯示出豐富的種類和種間遺傳多樣性。隨著捕撈漁業產量在 20 世紀 80 年代末出現相對停滯，水產養殖成了促進食用水產供應量大幅增長的主要動力（如表 2-18 所示）。2016 年，世界魚類產量達到約 1.71 億噸峰值，扣除非食用（包括用於生產魚粉和魚油）產量，水產養殖占總產量的 53%。2016 年，漁業和水產養殖產量初次銷售總額約為 3620 億美元，其中水產養殖產量占 2320 億美元，約占比 64%。據估計，2016 年共有 1927.1 萬人在水產養殖業初級部門就業。[⑧]

表 2-18　1956 ～ 2016 年水產養殖與捕撈漁業對人類消費魚產品的貢獻變化

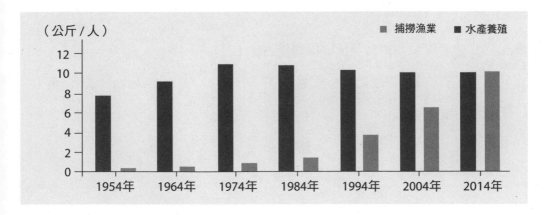

世界上許多發達國家，無論國土面積大小和人口密度如何，養殖業都很發達。除日本外，養殖業產值均占農業總產值的 50% 以上，如美國為 60%、英國為 70%，北歐一些國家甚至高達 80% ～ 90%。

---

⑦　聯合國糧食及農業組織（FAO）：糧農組織在水產養殖領域的作用（FAO's role in aquaculture），（http://www.fao.org/aquaculture/zh/）。
⑧　聯合國糧食及農業組織（FAO）：《2018 年世界漁業和水產養殖狀況》（The State of World Fisheries and Aquaculture 2018），2018 年版，第 2 頁、第 33 頁、第 73 頁。

在集約化養殖階段，隨著養殖規模的擴大，人類對畜產品的需求量增加，養殖行業對飼料的要求也逐漸提高。大量的糧食被用作飼料，且開始大規模使用添加劑，使用能夠縮短動物生長期、提高生產效益的激素、抗生素等。2006 年，聯合國糧食及農業組織公布報告《牲畜的巨大陰影：環境問題與選擇》，表明畜牧業是造成全球變暖的頭號因素，「無論是從地方還是全球的角度而言，畜牧業都是造成嚴重環境危機前三名最主要的元凶之一」。

全球牲畜每年的二氧化碳排放量約為 75 億噸（各地區排放量分布如表 2-20 所示），占所有人為溫室氣體排放量的 14.5%。其中，牛（既包括為獲得牛肉和牛奶等可食用產品，也包括為獲得肥料和牽引力等不可食用產品）是排放量最大的動物物種，約占畜牧業全部排放量的 60% 以上（如表 2-19 所示）。畜牧業的二氧化碳排放量約占全球總排放量的 9%，排放的甲烷占全球的 37%，排放氧化亞氮占全球的 65%。

畜牧業是世界上最大的陸地資源用戶，牧場和用於飼料生產的耕地占所有農業用地的近 80%，飼料作物生產占全部耕地的三分之一，而放牧占用的土地相當於無冰陸地面積的 26%。在人類活動引起的溫室氣體排放量中，畜牧業占 14.5%，是自然資源的一大用戶。

表 2-19　主要畜牧物種二氧化碳排放量占比 *

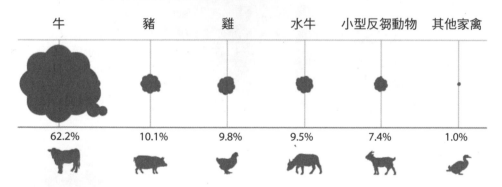

牛	豬	雞	水牛	小型反芻動物	其他家禽
62.2%	10.1%	9.8%	9.5%	7.4%	1.0%

* 聯合國糧食及農業組織（FAO）：畜牧業溫室氣體排放（GHG Emissions by Livestock），（http:// www.fao.org/news/story/en/item/197623/icode/）。

據 2015 年世界抗生素現狀調查顯示，動物蛋白的需求和農業集約化發展，導致美國畜牧業上的抗生素用量占美國抗生素年使用量的近 80%。2010 年全球抗生素在畜牧業上的保守估計是 6.32 萬噸，占全球年產抗生素 10 萬噸的近 2/3。據美國聯盟市場研

究公司（AMR）公布的資料顯示，2017 年全球動物飼料添加劑市場價值為 196.42 億美元，預計到 2025 年將達到 313.87 億美元，2018 年～ 2025 年的複合年增長率將達到 6.0%。[9] 全球飼料添加劑種類無人統計過，但僅中國列出名目的飼料添加劑就有 22 類，1960 多種。

食物養殖學的編碼是〔SS113200〕，是食學的四級學科，食物馴化學的子學科。原始養殖是舊石器時代從狩獵中發展起來的，原始畜牧業的出現和發展，使人類的食物來源趨於穩定，肉食、乳類、油脂等食物的供給有了相對可靠的保障。進入工業化社會後的集約化飼養，大大提升了動物性食物的生產效率，也帶來了諸多弊病，給人類食用安全帶來隱患，給自然環境帶來了巨大的傷害。

表 2-20　全球各地區主要畜牧物種二氧化碳排放量 *

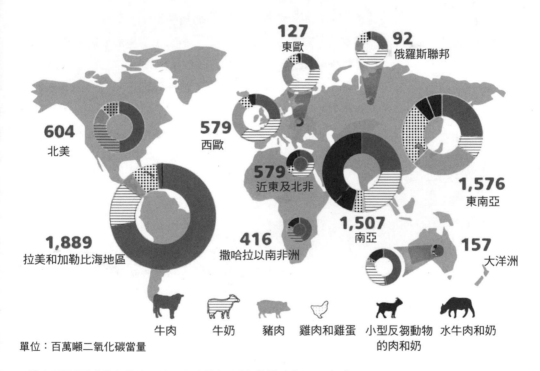

單位：百萬噸二氧化碳當量

---

* 聯合國糧食及農業組織（FAO）：全球牲畜環境評估模型（GLEAM）（Global Livestock Environmental Assessment Model（GLEAM），（http://www.fao.org/gleam/results/en/）。

---

⑨　〔美〕聯盟市場研究公司（Allied Market Research）：動物飼料添加劑市場（Animal Feed Additives Market），（https://www.alliedmarketresearch.com/animal-feed-additivesmarket）。

食物養殖學的定義

食物養殖學是研究馴化可食性動物的方法及其規律的學科。食物養殖學是研究人類養殖行為與食物之間關係的學科。食物養殖學是解決人類食物養殖過程中的各種問題的學科。

食物養殖學研究人類對可食性陸地動物和水生動物的繁殖與培育。即通過人工飼養、繁殖動物，將牧草和飼料等植物能轉變為動物能，以取得肉、蛋、奶等畜產品和水產品，為人類提供營養價值更高的動物性蛋白質等。

食物養殖學的任務

食物養殖學的任務是指導人類可持續地馴養可食性動物，從而保障人類動物性食物的供給。

人類對可食性動物的繁殖和培育首先應保證食物的品質與安全，其次必須遵循維護生態可持續的原則，控制養殖動物的數量，減少對土地、水體和空氣造成的破壞。

食物養殖學的具體任務包含指導人類在繁殖和培育可食性動物的過程中，減少激素、抗生素等各種添加劑的種類和使用數量；減少對環境造成破壞和汙染，例如動物糞便對土地和水體的汙染、家畜碳排放致使溫室效應加劇；研究最符合動物生長規律的繁殖、培育方式，控制養殖數量和規模，保證動物的健康；減少飼料、水的浪費。

食物養殖學的體系

食物養殖學體系以動物的生長要素為依據，將食物養殖劃分為食用動物育種學、食用動物飼料學、食用動物飼養學、食用動物醫藥學、食用水域養殖學 5 門五級學科（如圖 2-21 所示）。

食用動物育種學。食用動物育種學是食學的五級學科，食物養殖學的子學科。食用動物育種學是研究用有關遺傳理論和選育技術來控制與改造馴養動物的遺傳種性，提高這些家養動物生長性能的學科。育種是動物養殖過程中極為重要的一個環節，品種的好壞直接決定了養殖的經濟效益和食物的食用價值。因此，對食用動物的品種進行研究和開發，指導養殖從業者選擇最優品種，都是這一學科面對的重要課題。

食用動物飼料學。食用動物飼料學是食學的五級學科，食物養殖學的子學科。食用動物飼料學是研究動物營養、飼料生產、飼料配合、人畜衛生、畜產品品質以及環境保護等的一門學科。其目的在於揭示飼料的化學組成及其規律、飼料的化學組成與動物營

圖 2-21　食物養殖學體系

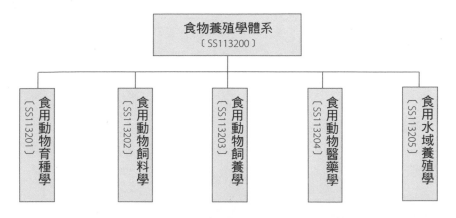

養需要之間的關係。其任務是指導人類根據養殖動物的特點，選擇和搭配飼料，滿足動物的生長需求。飼料是動物的食物，只有飼料優質，動物才能為人類提供優質的肉、奶、蛋等食物。為了縮短動物的生長週期，提高動物產品食用時的口感，當下的動物飼料中過量添加了各類化學合成物。這種做法破壞了動物食物的原生性，對人類健康產生了副作用，這是食用動物飼料學必須面對的問題。

食用動物飼養學。食用動物飼養學是食學的五級學科，食物養殖學的子學科。食用動物飼養學研究人類如何根據動物的特點，合理、高效地進行食用動物養殖。當前食用動物的飼養主要分為放牧、舍飼、半舍飼三種方式。畜牧業中最早的飼養方式是完全利用天然飼料的放牧。放牧適合牲畜在自然環境中生活的習性，天然飼料又是地球上分布最廣的植被，且能自然更新，因此在牲畜稀少的古代，放牧曾是最重要的飼養方式；舍飼一開始是作為放牧的補充，由於放牧受到天然飼料的限制，舍飼逐漸變為主要的飼養方式。工廠化飼養則是舍飼的現代化；半舍飼有的是由於放牧不能滿足飼料需求，有的是為了利用可供放牧的飼料資源而產生的。這三種飼養方式都是食用動物飼養學重點研究的課題。

食用動物醫藥學。食用動物醫藥學是食學的五級學科，食物養殖學的子學科。食用動物醫藥學以生物學為基礎，含有動物解剖學、動物生理學、動物遺傳學、動物病理學、動物藥理學、動物內科學和動物外科學等多門相關學科。食用動物醫藥學研究動物疾病的發生發展規律，並在此基礎上對疾病進行診斷、預防和治療，研究獸藥的發明與應用，保障動物健康。食用動物醫藥學的基本任務是有效地防治食用動物疾病的發生。

水域食用養殖學。水域食用養殖學是食學的五級學科，食物養殖學的子學科。水域

食用養殖學的研究範圍為人為控制下繁殖、培育和收穫水生動物的生產活動，一般包括在人工飼養管理下從苗種養成水產品的全過程。食用水域養殖是緩解糧食供求緊張的重要手段。根據養殖水域、養殖方式和養殖目的不同，食用水域養殖可以分為 4 類：內陸水產養殖、海岸水產養殖、集約化水產養殖和增養殖保護型水產養殖。其養殖方式有粗養、精養和高密度精養等多種。

食物養殖學面對的問題

食物養殖學面對的問題主要有 4 個：食物養殖中合成物施用過度、食物養殖育種的優化與安全、食物養殖有害氣體排放和食物養殖傳統技藝失傳。

食物養殖中合成物施用過度

現代養殖業中到處充斥著化學合成物的身影，在使用數量和種類上，存在過度和濫用問題。一方面，為了防治高密度飼養條件下的疾病傳播，使用了許多飼料添加劑和大劑量的抗生素；另一方面，為了加快畜禽生長速度，縮短其生長週期，提高飼料轉化率和經濟效益，在飼料中非法使用含銅、砷和催眠物質的藥物，添加各種激素、瘦肉精、抗生素產品，這不但不利於動物健康，也使產出的食物品質下降，對人體健康產生不利的影響。

食物養殖育種的優化與安全

通過對後備種畜的種用價值進行準確地遺傳評估，尋找具有最佳種用性能的種畜，再結合適當地選配措施，最終提高種畜品質，生產出高品質的食物養殖品種。然而，對食用動物生長效率的無限度追求，催生了許多速生的養殖品種，比如 30 天育成的鴨子，40 天上市的肉雞，半年出欄的育肥豬。儘管它們滿足了市場對數量和價格的需求，這種超高效的背後是一種以降低食物品質為代價的「偽高效」。家禽和牛羊豬的自然生長有其自身的週期，人為地依靠化學合成物的添加促使生長，不僅會帶來食物品質問題，同時還會帶來食品安全隱患。養殖牲畜這種對食用動物生長效率的無限度追求，還致使一些相對低產的地方品種逐步被淘汰，影響了養殖品種的多樣性。

食物養殖有害氣體排放

食物養殖在為人類提供更多的動物食品的同時，也對食母系統形成了破壞。這主要體現在兩個方面：一是生態汙染。最突出的就是有害氣體排放，據 FAO 統計，動物

呼吸年溫室氣體排放 86.69 億噸二氧化碳當量，占世界總排放量的 13.7%；二是生態破壞。養殖場中的有害氣體來源於有機物的分解，像墊草、糞尿等排泄物。

研究表明，墊草及排泄物中的碳水化合物和粗蛋白在放置過程中要發生降解，碳水化合物會轉化成揮發性脂肪酸、醇類及二氧化碳等，這些物質略帶臭味和酸味。含氮化合物會轉化生成氨、硫酸、乙烯醇、二甲基硫醚、硫化氫、三甲胺等，這些氣體有的具有腐敗洋蔥味，有的有腐敗的蛋臭味、魚臭味等。畜禽養殖場散發的惡臭及有害氣體成分很多，主要有氨、硫化氫、硫醇類、糞臭素等。

█ 食物養殖傳統技藝失傳

食物養殖業作為重要的食物來源行業，在悠久的人類飼養食用動物的歷史中，人們積累了豐富的養殖技藝。中國的《齊民要術》中描述過「春夏草生，隨時放牧，糟糠之屬，當日則與……八九十月放而不飼」的牧養理論。在深挖和借鑒傳統養殖技藝的基礎上，結合現代牲畜品種特點、養殖方式、飼餵方式等諸多因素，利用現代生物技術，挖掘歷史文化，傳承古代養殖技藝，助力消費者健康生活，是現代養殖業不可或缺的基礎性工作。否則，就會面臨傳統食物養殖技藝的失傳。

菌類食物的馴化

　　人類對生物界的劃分，經歷了從二界（動物、植物）到六界的變化，如今世界學術界一般以美國生物學家魏特克於 1969 年提出的五界劃分作為標準。這五界是原核生物界、原生生物界、植物界、真菌界和動物界。菌類食物屬於真菌界。在五界說提出之前，人們多把真菌劃入植物界。其實，真菌與植物有很大區別。植物的特徵是自養，即通過自身的光合作用獲取營養；動物的特徵是異養，即通過進食其他生物獲取營養；真菌類的特徵是腐生異養，也就是說，真菌的生長方式類似植物，營養攝取方式類似動物，是有別於植物、動物的另一界別。這就是食物菌殖學確立的學理基礎。

　　生物界別不同，決定了菌類食物的種養方式也有所不同。為了區別於植物性食物的種植和動物性食物的養殖，筆者給菌類食物的馴化規定了一個專業術語：培養。

　　菌類食物味道鮮美，質地柔軟，含有豐富的營養物質，是人類理想的健康食品。迄今為止，全世界紀錄在案的大型真菌多達 1.5 萬種，其中可食用的約 2700 種。人類對菌類食物的採集已有數百萬年的歷史，但菌類食物的人工栽培史則短得多，進入工業化大規模生產，更是近幾十年的事。菌類食物栽培歷史可以分為兩個階段：人工菌殖階段、現代化菌殖階段。

　　人工菌殖階段。中國是認識和利用菌類食物最早的國家，其歷史可以追溯到西元前 4000 年～ 西元前 3000 年的仰韶文化時期。成書於西元前 239 年前後的《呂氏春秋》，其《本味篇》中，就有「味之美者，越駱之菌」的記載。在古希臘的傳說中，也有英雄 Perseus 偶遇蘑菇，取其汁液解渴的故事。

　　最早記載菌殖食物的著作是西元 1 世紀中國王充的《論衡》，中國唐代韓鄂所著的《四時纂要》中，更提及了基質、菌種、溫濕度控制等食物菌殖的基本要素；西元 7 世紀，中國人已懂得了木耳的人工接種和菌殖方法；香菇菌殖起源於宋代；清同治四年（1865 年）已經大規模人工菌殖銀耳。在世界範圍，1600 年法國首次實現了雙孢蘑菇的人工菌殖。在這一時期，菌類食物儘管進入了人工菌殖階段，但總體規模不大，品種有限，技術也不穩定。供人類食用的菌類來源，絕大部分還是靠野生採集。

　　現代化菌殖階段。進入 20 世紀，伴隨當代科技發展，食物菌殖跨入了一個新時代。1905 年，雙孢蘑菇的菌種純培養方法問世；1932 年，發明了雙孢蘑菇穀粒種的菌

表 2-21　菌類食物主要種類的首次栽培 *

拉丁名	中文名	首次栽培記載時間	栽培發源地
Ganoderma spp.	靈芝屬 4 種	27-97 年	中國 China
Auricularia heimuer	黑木耳	581-600 年	中國 China
Flammulina velutipes	金針菇	800 年	中國 China
Wolfiporia cocos	茯苓	1232 年	中國 China
Lentinula edodes	香菇	1000 年	中國 China
Agaricus bisporus	雙孢蘑菇	1600 年	法國 France
Volvariella volvacea	草菇	1700 年	中國 China
Tremella fuciformis	銀耳	1800 年	中國 China
Pleurotus ostreatus	糙皮側耳	1900 年	美國 USA
Pleurotus eryngii var.ferulae	阿魏側耳（阿魏菇）	1958 年	法國 France
Pleurotus eryngii	刺芹側耳（杏鮑菇）	1958 年	法國 France
Pholiota microspora	小孢鱗傘（滑子蘑）	1958 年	日本 Japan
Hericium erinaceus	猴頭	1960 年	中國 China
Agaricus bitorquis	大肥蘑菇（大肥菇）	1968 年	荷蘭 Netherlands
Pleurotus cystidiosus	泡囊側耳（鮑魚菇）	1969 年	中國 China
Agaricus blazei	巴氏蘑菇	1970 年	日本 Japan
Hypsizygus marmoreus	斑玉蕈	1973 年	日本 Japan
Pleurotus pulmonarius	肺形側耳	1974 年	印度 India
Auricularia cornea	毛木耳	1975 年	中國 China
Coprinus comatus	毛頭鬼傘（雞腿菇）	1978 年	歐洲 Europe
Macrolepiota procera	高大環柄菇	1979 年	印度 India
Clitocybe maxima	大杯傘	1980 年	中國 China
Pleurotus citrinopileatus	金頂側耳（榆黃蘑）	1981 年	中國 China
Dictyophora spp.	竹蓀 3 種	1982 年	中國 China
Hohenbuehelia serotina	晚季亞側耳（元蘑）	1982 年	中國 China
Oudemansiella radicata	長根小奧德蘑（長根菇）	1982 年	中國 China
Grifola frondosa	灰樹花	1983 年	中國 China
Armillaria mellea	蜜環菌	1983 年	中國 China
SparaESis crispa	繡球菌	1985 年	中國 China
Morchella spp.	羊肚菌	1986 年	美國 USA
Pleurotus eryngii var.tuoliensis	白靈側耳（白靈菇）	1987 年	中國 China
Cordyceps militaris	蛹蟲草	1987 年	中國 China
Gloeostereum incarnatum	榆耳	1988 年	中國 China

表 2-21　菌類食物主要種類的首次栽培（續表）

拉丁名	中文名	首次栽培記載時間	栽培發源地
Polyporus umbellatus	豬苓多孔菌（豬苓）	1989 年	中國 China
Leucocalocybe mongolicum	蒙古白麗蘑	1990 年	中國 China
Tricholoma giganteum	巨大口蘑（洛巴伊口蘑）	1999 年	中國 China
Schizophyllum commune	裂褶菌	2000 年	中國 China
Phlebopus portentosus	暗褐網柄牛肝菌	2011 年	中國 China
Morchella conica	尖頂羊肚菌	2014 年	中國 China

* 〔中〕張金霞（ZHANG Jin-Xia）等著：《食用菌產業發展歷史、現狀與趨勢》（History, current situation and trend of edible mushroom industry development），《菌物學報》（Mycosystema）2015 年第 4 期，第 526 ～ 527 頁。

種製作技術；在此基礎上，20 世紀 30 年代末，標準化菇房在美國誕生，極大地促進了雙孢蘑菇產量的提高；20 世紀 60 年代中後期，歐美雙孢蘑菇生產形成了專業分工，實現了工業化菌殖。與此同時，亞洲的食物菌殖業也在突飛猛進。日本以香菇段木培養技術為先導，打開了人工純菌種技術、人工接種技術和科學培養管理的大門；20 世紀 70 年代初，日本完成瓶栽模式的木腐菌工廠化菌殖技術的研發並投入生產，工廠化菌類食物生產規模穩步擴大，種類從只有金針菇一種，逐漸發展到滑菇、灰樹花、杏鮑菇、白靈菇、斑玉蕈、離褶傘和香菇等數種。中國的菌殖食物生產雖然開展較早，但多年一直沿用砍樹砍花的自然接種法，對生態影響較大，也無法規模化量產。從 20 世紀六、七十年代起，開始採用現代生產技術，促進了菌類食物菌殖種類的擴大和產量的增加。尤其是九〇年代改革開放後，更是發生了翻天覆地的變化，菌類食物產量從 1978 年的 5.8 萬噸增長到 2013 年的 3169.7 萬噸，占到世界產量的 70%。

　　發展至今，人類對於菌類食物的研究不斷深化，菌類食物帶來的經濟效益和社會效益也在不斷提升。在近年出現的大農業理論中，菌殖業被稱為「白色農業」，與被稱為「綠色農業」的種植業，被稱為「藍色農業」的海水養殖業並駕齊驅。

　　食物菌殖學的編碼是〔SS113300〕，是食學的四級學科，食物馴化學的子學科。人類菌殖食物已有數千年的歷史，近年來，食物菌殖業發展迅速，食物菌殖學也發展壯大為指導人類可持續地培養可食性真菌，保障人類菌類食物供給的一門學科。

食物菌殖學的定義

食物菌殖學是研究可食性真菌繁殖方法及其規律的學科，研究菌類與食物之間關係的學科，是解決人類馴化可食菌過程中種種問題的學科。

菌類食物又稱食用真菌，有廣義、狹義兩種含義。廣義的是指一切可以食用的真菌；狹義的僅指可供人類食用的大型真菌，即被人們稱為菇、菌、蕈、蘑、耳的大型可食用真菌。本書對菌類食物的界定是狹義的。

菌類食物具有與植物、動物不同的特徵。植物的特徵是自養，即通過自身的光合作用獲取營養；動物的特徵是異養，即通過食用其他生命體獲取營養；真菌類的特徵是腐生（少數種類寄生、共生）異養，有別於植物和動物。因此，過去一些學者把食用菌劃入種植業是錯誤的。在食學體系中，食物菌殖業是和食物種植業、食物養殖業平行並列的一個行業。儘管從行業規模說，這一行業比種植、養殖兩個行業小得多。

食物菌殖學的任務

食物菌殖學的任務是指導人類可持續地菌殖可食性真菌，從而保障人類菌類食物的供給。近年來，食物菌殖業發展迅速，菌類食物已經成了繼糧、棉、油、果、菜之後第六大農產品。人類對菌類食物不斷增加的需求，對食物菌殖學提出了更高的要求。食物菌殖學的任務可以分為理論和實踐兩部分：在理論上研究菌類食物生長發展的規律、量質形成規律以及與環境條件的關係；在實踐上探討、解決菌類食物高產、穩產、優質、高效的技術措施。

食物菌殖學的具體任務，可以用六個「指導發展」來概括：一是指導行業由較少品種向較多品種發展；二是指導行業由單一生產模式向立體培養、菌糧兼作、菌菜兼作的多種菌殖方式發展；三是指導行業由傳統的以木材、秸稈糞草為主的菌殖原料向替代性、多樣化原料發展；四是指導行業由零散化菌殖向集約化、工廠化、規模化生產發展；五是指導行業由手工操作向機械化、自動化的操作發展；六是指導行業由初級加工向深加工發展。

食物菌殖學的體系

食物菌殖學體系以食物培養的生產工序分類，包括食用菌種學、食用菌培養學、食用菌病蟲害學 3 門五級子學科（如圖 2-22 所示）。

食用菌種學。食用菌種學是食學的五級學科，食物菌殖學的子學科。菌類食物種學

圖 2-22　食物菌殖學體系

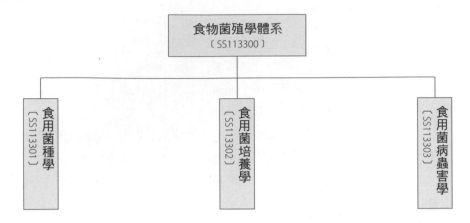

是以菌類食物菌種為研究對象的學科。食用菌種是指人工培養的、保存在一定基質內、供繁殖用的菌類食物純菌絲體。它就像植物的種子，在菌類食物生產中起著決定性的作用。菌類食物種分為母種、原種、培養種三級，優質的菌種應該具備高產、優質、純度高、抗逆性強等特性。

食用菌培養學。食用菌培養學是食學的五級學科，食物菌殖學的子學科。食用菌培養學是一門技術性和實踐性都很強的學科。食用菌類別豐富，培養技術也多種多樣，以培養類型分，主要有木腐型食用菌的培養、草腐型食用菌的培養、珍稀型食用菌的培養、藥用型食用菌的培養、其他型食用菌的培養等幾類；以生產場景分，有家庭作坊式培養和工業化培養之別。不同的食用菌，其培養程序、品質標準、環境要求、技術要求都有差異。

食用菌病蟲害學。食用菌病蟲害學是食學的五級學科，食物菌殖學的子學科。在食用菌菌殖過程中，會遭遇到許多病蟲危害，輕者影響食用菌的品質和產量，重者造成絕產絕收。食用菌病蟲害學是研究食用菌病害的形態特徵、發生規律、危害症狀、應對措施的學科。按照發病原因，食用菌的病蟲害分為侵染病害、生理病害和昆蟲侵害三種。針對不同病因，可以採取物理、化學、生物等不同方式予以防治。

食物菌殖學面對的問題

食物菌殖業面對的問題主要有兩個：食物菌殖的效率低和食物菌殖缺乏統一標準。

▌食物菌殖的效率低

　　儘管機械化、自動化的生產手段已經在種植業和養殖業中得以普及和推廣，但是在許多地區，尤其是發展中國家，食物菌殖業仍舊處於手工作坊、個體生產的低效生產狀態，大規模的工廠化生產還有待普及。個體作坊的生產模式無法使用機械生產線，不少菌類食物個體農戶在進行產品的初加工時，仍然停留在烘乾、醃漬等初級階段，造成品質不穩定，產品增值小，無法適應民眾對菌類食物越來越高的消費要求。

▌食物菌殖缺乏統一標準

　　食物菌殖業不僅生產模式分散，也缺少統一有效的生產管理體系。缺少有效管控，主要表現在菌類食物的管控機構不健全和標準建設滯後兩個方面。以中國為例，對食物菌殖業的管控職權，分別掛在農業、工商、衛生等部門名下，至今沒有一個對菌類食物進行統一管理的部門。標準建設是有效管理的前提，而在食用菌的標準建設上，標準空白、標準缺失、標準不全、標準不配套的現象並不罕見。

化學方式生產非天然食物

　　人造食物是指用化學合成等方式製成的可食物質。既包括化學人工合成物，也包括用其他非天然方式例如胞殖方式生產的食物。由於後者問世時間還不長，其前景還有待於實踐檢驗，所以，本單元主要論述化學人工合成食物。

　　人造食物是人類食物鏈的後來者和外來者。首先，相比有數百萬年歷史的食物採捕，以及上萬年歷史的食物種植、養殖和兩千年歷史的食物培養，人造食物只有一百多年的歷史，它與其他食物獲取方式在時間維度上相距甚遠。其次，人造食物並非食物鏈原有之物，它是建立在化學和生物學基礎上的，是大自然的食物鏈中原來沒有的一個環節。人造食物雖然屬於人類食物鏈的後來者和外來者，但是，即使是作用於人類肌體的合成食物即西藥藥片，其屬性也與食學對食物的定義相符：都是通過人體消化器官進入，都是作用於人體健康，因此在食學中將其確定為食物範疇。

　　人造食物屬下的化學合成食物主要分為三類。第一類是調物合成食物，即各種化學食用添加劑。這類合成食物的主要功能是改善天然食物的適口性；第二類是調體合成食物，即各種入口的化學藥品。這類合成食物的主要功能是改善人體狀況的不適性，調理人的肌體健康；此外還有第三類化學合成物，它們並不直接針對人體，而是面向人類食物的種植和養殖，例如農藥、獸藥和各種激素。它們雖然不直接為人類食用，但其殘留物仍可經人類食用穀物、肉類、蔬菜後進入人體，我們將其稱為被動食入類合成食物。本書論述的是前兩類合成食物。

人造食物學的定義和任務

　　人造食物學的定義。人造食物學是研究利用化學合成等方法製造可食物質的學科。是研究非天然食物的生產和利用的學科。是研究用合成食物解決提高天然食物感官享受

圖 2-23　人造食物學體系

和治療肌體疾病問題的學科。

　　人造食物學的任務。人造食物學的任務主要有三個：一是提高普通食物的感官效果，賦予普通食物某些特殊功能；二是針對肌體的疾病提供口服的靶向性治療；三是為人類食物開發增加新的品類。

人造食物學的體系

　　人造食物學是食學的 13 門三級學科之一，隸屬於食物生產學，下轄 2 門食學四級學科：調物合成食物學、調體合成食物學（如圖 2-23 所示）。

　　人造食物學的學術價值，在於揭示了調物、調體兩類貌似差異很大的合成食物的共性；把調理肌體學合成食物（口服西藥片）歸於食物範疇。

人造食物學面對的問題

　　人造食物學面對的問題主要有兩個。一是合成食物具有欺騙性和誘騙性。筆者曾經在一篇文章裡寫道：「化添劑雖然魔法高超，但是，魔術畢竟是魔術，不是食物的本來……加入了化添劑的食品，雖然在視覺、味覺、觸覺、嗅覺、聽覺上滿足了食者的種種欲望，但是並不能真正提升食物在人體健康中的價值。它改變的是食物的表象，改變不了食物的本質；它能夠欺騙你的五官，卻無法欺騙你的腸胃。」

　　合成食物具有誘騙性，它在滿足人的形色之欲、口腹之欲的同時，也會給食物安全和人體健康帶來威脅。當今人類對化學合成食物的弊端認知還遠遠不夠。二是合成食物（口服西藥片）在療疾治病的同時，也會帶來一定的副作用。大多數藥物都要在肝內經過代謝進行轉化作用而被清除，通過腎臟再排泄出去。有些藥物本身或其代謝產物，可對肝臟造成損害，導致「藥源性肝病」。肝的解毒功能一旦降低，腎就會受到嚴重傷害。據統計，約有 500 多種藥物可引起肝臟損傷，用藥後出現肝炎樣的症狀或伴有肝功能異常。

調理食物用的人造食物

近一二百年來，隨著現代化的發展，出現了化學食品添加劑，進入人體內的化學物質也越來越多。這種為改善食物色、香、味等品質，以及為防腐和加工工藝的需要而加入食品中的人工合成物，我們稱之為「調物合成食物」。

調物合成食物的誕生。調物合成食物起源於當代化學。1856 年，英國化學家帕金偶然合成出人類第一個有機色素——苯胺紫，其後在很短時間內又有很多有機色素被合成出來，並用於食品著色。這些合成色素由於色彩鮮豔、性質穩定、著色力強、使用方便、成本低廉等一系列優點，很快便取代了天然色素在食物中的地位。1868 年德國科學家合成了香豆素，1869 年合成了茜素，1879 年美國科學家製取了糖精⋯⋯調物學合成食物的種類逐漸增多，應用範圍逐漸廣泛。

調物合成食物的興盛。進入 20 世紀，合成食物的品類越來越多，需求量越來越大，工業化程度越高，步入了一個前所未有的興盛階段。到目前為止，全世界食品添加劑品種達到 25000 種，其中 80% 為香料。直接食用的有 3000 ～ 4000 種，常見的有 600 ～ 1000 種。從數量上看，食品添加劑的品種呈越來越多的趨勢。美國食品用化學品法典中列有 1967 種，日本使用的食品添加劑約有 1100 種，歐盟允許使用的有 1000 ～ 1500 種，中國現有添加劑種類已達 2300 多種。2007 年，中國的添加劑總產量高達 524 萬噸，銷售收入 529 億元人民幣。

調物合成食物的出現和發展，使人類食物的色、香、味、形有了明顯改觀，質感提升，保質期大為延長，並在某種程度上改善了營養、消化、吸收狀況，讓人類喜於食用，易於食用。但是不得不指出的是，化添劑只能滿足人的視覺、味覺、嗅覺、口腔觸覺等需求，並不能滿足人體健康需求。它可以按照頭腦的需求，提高食品的感官屬性，卻對食腦需求毫無補益。換句話說，它可以欺騙頭腦，卻欺騙不了食腦。

從這方面看，化學食品添加劑就是一個魔術師。人類要想吃出健康長壽，就要認清化學食品添加劑魔術本質，不被它的魔術所欺騙。要尊重食物轉化系統的需求，不濫用化學食品添加劑，才能在健康長壽這件事上把握主動權。

調物合成食物學的編碼是〔SS114100〕，調物合成食物學是食學的四級學科，人造食物學的子學科。合成食物是人類食物鏈的外來者和後來者。對於人類來說，合成食物

既是一位魔術師也是一把「雙刃劍」。一方面，它提升了食物的感官度及適口性；另一方面，它並沒有給食者帶來應有的營養，超量、不當使用，還會給人體健康帶來危害。

插圖 2-4　糖精分子式

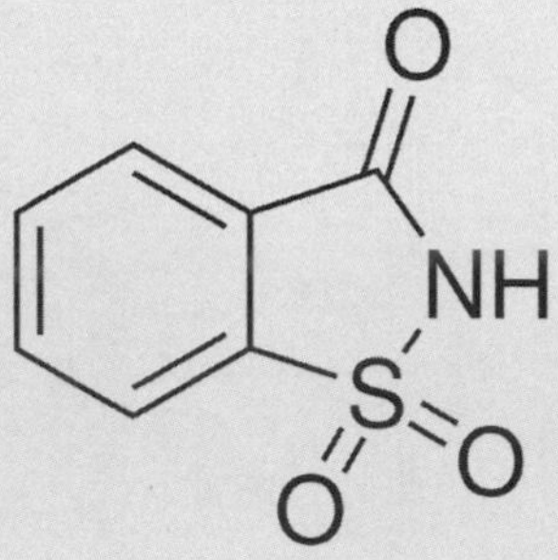

調物合成食物學的定義

　　調物合成食物學是研究食物感官指標與合成物之間關係及其規律的學科。調物合成食物學是研究利用合成物，提高天然食物感官指標的學科。調物合成食物學是解決提高天然食物感官指標問題的學科。

　　調物合成食物的主要功能是改變天然食物的色、香、味、質等感觀，提升天然食物的適口性，延長食物的保質期限等。

調物合成食物學的任務

　　調物合成食物學的任務是指導人類合理生產、安全利用合成食物，讓合成物為人類生存與持續提供正能量。

　　合成食物的具體任務包括在不影響肌體健康的基礎上，利用合成物提升食物的感官效果，提高其對人體的有益性，減少有害性。在保障食物品質的前提下，利用合成物提升食物儲存、食物運輸的效率。

調物合成食物學的體系

　　調物合成食物學的體系是從產品功能的角度構建的，分為調味合成食物學、調色合

成食物學、調香合成食物學、調觸合成食物學、增時合成食物學和助工合成食物學 6 門食學五級學科（如圖 2-24 所示）。

圖 2-24　調物合成食物學體系

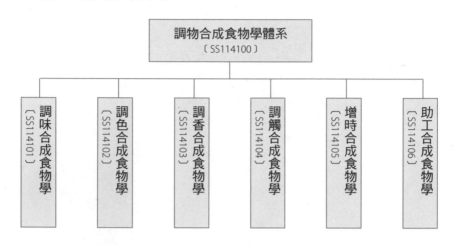

調味合成食物學。調味合成食物學是食學的五級學科，調物合成食物學的子學科。食用調味劑是指改善食品的感官性質，使食品更加美味可口，並能促進消化液的分泌和增進食欲的食品添加劑。調味化學合成物主要包括鹹味劑、甜味劑、鮮味劑和酸味劑等。食品中加入一定的調味劑，目的在於改善食品的口感，使食品更加可口。但是如果一味濫用，例如將豬肉調成牛肉味道，對人體健康並無益處。

調色合成食物學。調色合成食物學是食學的五級學科，調物合成食物學的子學科。食用調色劑的主要目的是給食物著色，使食物具有悅目的色澤，或者對食物的原有色澤進行保存或削減。食用調色劑對改變食物外觀、刺激食欲有重要意義。調色化學合成物主要包括著色劑、護色劑、漂白劑等。和調物合成食物學一樣，調色合成食物的濫用，也會對人體健康帶來危害。

調香合成食物學。調香合成食物學是食學的五級學科，調物合成食物學的子學科。調香合成食物是指能夠用於調配食物的化學合成香料，能使食物增香的物質。它不但能夠增進對人的感官刺激，而且對增加食物的花色品種具有很重要的作用。調香化學合成食物是調物合成食物中的一個大家族，目前世界上所使用的食物香料品種有近 2000種，在許多工業生產食品中都能找到它的身影。

調觸合成食物學。調觸合成食物學是食學的五級學科，調物合成食物學的子學科。

調觸合成食物學中的「觸」主要是指口腔內的觸覺器官對食物的脆、嫩、舒、爽、韌、滑、軟、硬等特性的感知，也包括取食時的手部感覺。調觸化學合成物主要有增稠劑、乳化劑等。食物增稠劑是指能溶解於水中，並在一定條件下充分水化形成黏稠、滑膩溶液的大分子物質，又稱食品膠。食物乳化劑是指能使互不相溶的液質產生乳化效果的食品添加劑。

增時合成食物學。增時合成食物學是食學的五級學科，調物合成食物學的子學科。增時合成食物是指能防止由微生物引起的腐敗變質、提高食物的穩定性，從而延長食物保存時間的食物化學合成添加劑。增時化學合成物主要包括食物防腐劑和食物抗氧化劑。食物防腐劑對以代謝底物為腐敗物的微生物的生長具有持續的抑制作用。合成食物抗氧化劑是能阻止或延緩食品氧化變質、提高食品穩定性和延長貯存期的食品添加劑。

助工合成食物學。助工合成食物學是食學的五級學科，調物合成食物學的子學科。助工合成食物是指有助於食物加工順利進行的化學合成物，如助濾、澄清、吸附、潤滑、脫模、脫色、脫皮和提取溶劑等。助工合成物在食物加工中使用，有利於食品加工操作，適應生產機械化和自動化。合成食物加工助劑主要包括消泡劑、助濾劑、穩定和凝固劑等。在食物加工完成後，助工合成物一般不應成為最終食物的成分，或僅有殘留。

調物合成食物學面對的問題

調物合成食物學面對的問題主要有 3 個：合成食物的汙染、合成食物的有害成分和合成食物的非法濫用。

▌ 合成食物的汙染

調物合成食物是一種化學產品，其生產製作過程都是化學反應，大規模的化學生產製作工程必然會產生對環境的大規模汙染。合成食物的生產模式和行業規模，決定了其汙染的模式和規模。在合成食物生產過程中，汙水、廢氣、廢渣的排放，會對水源、大氣、土壤造成汙染，對人類生存的環境產生眾多負面影響；合成食物行業的超快發展，讓上述汙染呈幾何式增長。

▌ 合成食物的有害成分

合理使用調物合成食物，對於豐富食物生產和促進人體健康都有好處。但也必須看到，合成物畢竟不是食物的天然成分，如出現過量添加等使用不當情況，或合成物本身

混入一些有害成分，可能會對人體健康帶來一定危害。例如，防腐劑過量添加會在一定程度上抑制人體骨骼生長，危害腎臟、肝臟的健康；糖精過量添加會引起肥胖，尤其是青少年及兒童吃糖過多不僅容易生齲齒，患多動症和憂鬱症的比例也比較高；色素過量添加會有一定的毒性，例如，為人造奶油著色的奶油黃，已被證實可以導致人和動物患上肝癌；香精過量添加容易導致膳食結構不合理；攝入過多的膨化食品會導致肥胖。

▌合成食物的非法濫用

在食物生產加工過程中非法濫用添加物，已經成了食品生產加工行業中的一種現象級表現，如使用已禁止使用的食品添加劑、使用工業添加劑代替食品添加劑，添加劑使用超出限定範圍，等等。這樣做會引發嚴重的食品安全問題：如在饅頭製作過程中濫用硫黃薰蒸饅頭，對人體的肝腎功能產生危害；在尖椒加工中使用過量漂白劑，引起二氧化硫嚴重殘留；擅自在豆製品、香腸、冰棒中加入檸檬黃、胭脂紅等合成色素，會誘發癌症，等等。

調理身體用的人造食物

調體合成食物是指改善肌體不正常狀態的可食合成物。

當代製藥工業始於 19 世紀中葉，從 1870 年起，開始成批生產常用的藥品，如嗎啡、奎寧等；1880 年，染料企業和化工廠開始建立實驗室研究和開發新的藥物。1906年，保羅・埃爾利希發現有的合成化合物可以有選擇性地殺死寄生蟲、病菌和其他致病菌，從而導致之後大規模地工業化生產，為調理肌體類合成食物的興盛開闢了道路。

與此同時，調理人體類合成食物，也迎來了自己的迅猛發展階段。20 世紀 30 年代～ 60 年代，是製藥行業的黃金時代，這段時間發明了大量的藥物，包括合成維生素、磺胺類藥物、抗生素、激素、抗精神病藥物等。在這期間，由於調體合成食物的加入，嬰兒的死亡率下降了 50% 以上，很多從前無法治療的疾病，如肺結核、白喉、肺炎，都可以得到治癒。由於在藥品研發、市場開拓方面投資增加，美國、歐洲、日本的製藥企業得到了迅速壯大。如今的世界醫藥市場銷售額已達 3000 億美元，化學藥品總數有 2000 多種，每年用於新藥的研發費用約為 500 億美元。近幾年，每年都有 40 多種新型的化學合成藥投入市場，在全球排名前 50 名的熱銷藥物中，80% 是化學合成藥。

在為人類健康做出貢獻的同時，調體合成食物也暴露出自己的缺陷：一些品類有明顯的毒副作用，在治病的同時會對其他器官造成損害；一些抗生素會讓病菌很快產生抗藥性，造成療疾有效期越來越短。

調體合成食物學的編碼是〔SS114200〕，調體合成食物學是食學的四級學科，人造食物學的子學科。口服西藥在傳統觀念上被歸於藥物類，而在食學分類上，因為它符合「入口」和「作用於肌體健康」這兩個條件，被界定為食物，這就更壯大了合成食物的陣容。

調體合成食物學的定義

調體合成食物學是研究疾病與合成物之間關係及其規律的學科，是研究利用合成物治療人體疾病的學科，是研究與人體疾病有密切關係的合成物的研發、生產、利用的學科，是研究解決利用合成食物治療人類疾病過程中各種問題的學科。

調理肌體類合成食物，在一定的劑量範圍內能夠對肌體（包括病原體）產生某種作

用，使肌體的生理功能或病理過程發生改變，從而達到防治疾病的目的。

調體合成食物學的任務

調體合成食物學的任務是在最小副作用的前提下，口服合成物治療人類的疾病。指導人類合理生產、安全利用西藥等合成食物。從而正確認識合成食物的價值，科學合理地使用合成食物。如何讓調體合成食物減少副作用，成為人類戰勝疾病，恢複健康的正能量是調體合成食物學的重要任務。

調體合成食物學的體系

調體合成食物學的體系，依據合成口服藥片的功能劃分，分為止痛合成食物學、抗生素合成食物學、抗凝劑合成食物學、抗抑鬱合成食物學、抗癌合成食物學、抗癲癇合成食物學、抗精神病合成食物學、抗病毒合成食物學、鎮靜劑合成食物學、抗糖尿病合成食物學和抗心血管病合成食物學 11 門食學五級學科（如圖 2-25 所示）。

圖 2-25　調體合成食物學體系

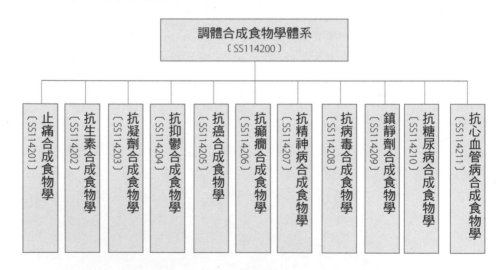

止痛合成食物學。止痛合成食物學是食學的五級學科，調體合成食物學的子學科。止痛合成食物是一個大的分類，其產品包括非甾體抗炎藥：例如阿司匹林、布洛芬、消炎痛、撲熱息痛、保泰松、羅非昔布、塞來昔布等；中樞性止痛藥：例如曲馬多等；麻醉性止痛藥：例如嗎啡、杜冷丁等；解痙止痛藥：例如阿托品、普魯本辛、顛茄片、山

莨菪鹼等。

抗生素合成食物學。抗生素合成食物學是食學的五級學科，調體合成食物學的子學科。抗生素合成食物包括青黴素學，例如青黴素、氨苄西林、阿莫西林等；頭孢菌素學，例如頭孢噻吩鈉、頭孢氨苄、頭孢拉定等；β-內醯胺酶抑制劑，例如舒巴坦等；氨基糖苷類，例如慶大黴素、阿米卡星等；四環素類，四環素、金黴素、半諾環素等；醯胺醇類，例如氯黴素等；大環內酯類，例如紅黴素、麥迪黴素、羅紅黴素、克拉黴素、阿奇黴素等；其他抗菌抗生素，例如多粘菌素 E 等。

抗凝劑合成食物學。抗凝劑合成食物學是食學的五級學科，調體合成食物學的子學科。抗凝劑合成食物包括非腸道用藥的抗凝劑類如肝素等；香豆素抗凝劑類如華法林、雙香豆素和新抗凝劑等；抗血小板類如阿司匹林和潘生丁等；新型抗凝藥類如阿加曲班、利伐沙班、衣度沙班、達比加群等。

抗抑鬱合成食物學。抗抑鬱合成食物學是食學的五級學科，調體合成食物學的子學科。抗抑鬱類合成食物的家族成員不多，其產品包括抗焦慮類如硝西泮、艾司唑侖等、抗情感障礙類如丙咪嗪等。

抗癌合成食物學。抗癌合成食物學是食學的五級學科，調體合成食物學的子學科。抗癌合成食物包括烷化劑如環磷醯胺，抗代謝類如甲氨喋呤，抗腫瘤抗生素類如絲裂黴素，抗腫瘤植物成分類如紫杉醇，抗腫瘤激素類如亮丙瑞林以及其他抗腫瘤藥及輔助治療藥類如順鉑等。

抗癲癇合成食物學。抗癲癇合成食物類是食學的五級學科，調體合成食物學的子學科。抗癲癇合成食物包括卡馬西平、妥泰、左乙拉西坦、苯巴比妥等。

抗精神病合成食物學。抗精神病合成食物學是食學的五級學科，調體合成食物學的子學科。抗精神病合成食物包括吩噻嗪類的氯丙嗪、氟哌啶醇等，硫雜蒽類的氯呱噻噸等，其他抗精神病類的氯氮平等，長效抗精神病類的哌泊噻嗪棕櫚酸酯等。

抗病毒合成食物學。抗病毒合成食物學是食學的五級學科，調體合成食物學的子學科。抗病毒合成食物包括針對甲型、乙型流感、禽流感病毒的奧司他韋等；針對水痘帶狀皰疹病毒的阿昔洛韋等；針對巨細胞病毒的更昔洛韋、金剛烷胺、金剛乙胺、阿糖胞苷等。

鎮靜劑合成食物學。鎮靜劑合成食物學是食學的五級學科，調體合成食物學的子學科。鎮靜劑合成食物包括巴比妥類的戊巴比妥等，苯二氮卓類的氯西泮等，其他類的加蘭他敏等。

抗糖尿病合成食物學。抗糖尿病合成食物學是食學的五級學科，調體合成食物學的

子學科。抗糖尿病合成食物包括磺醯脲類的甲苯磺丁脲、格列吡嗪等，雙胍類的二甲雙胍等，葡萄糖苷酶抑制劑類的阿卡波糖等，胰島素抑制劑類的高血糖素等，胰島素分泌劑類的基因重組胰島素生長因數 -1 等。

抗心血管病合成食物學。抗心血管病合成食物學是食學的五級學科，調體合成食物學的子學科。抗心血管病合成食物種類多多，包括（1）抗心絞痛種類：如硝酸脂類的硝酸甘油，鈣拮抗藥類的維拉帕米、硝苯地平，其他抗心絞痛類的普尼拉明；（2）抗心律失常種類：如膜反應抑制劑類的奎尼丁，β- 受體阻滯劑類的鹽酸艾司洛爾，動作電位時間延長劑類的胺碘酮，其他抗心律失常類的苄普地爾；（3）抗高血壓種類：如交感神經抑制劑類的可樂定、烏拉地爾，血管擴張劑類的硝普鈉，鈣離子拮抗劑類的尼莫地平，血管緊張素轉換酶抑制劑類的馬來酸依那普利；（4）抗心力衰竭種類：如洋地黃類的洋地黃毒苷，正性肌力類的氨力農，抗休克類的腎上腺素；（5）調血脂種類的煙酸；（6）抗血小板種類：如川芎嗪、肝素鈉、尿激酶等。

調體合成食物學面對的問題

調體合成食物學面對的問題主要有兩個：合成食物的環境破壞和合成食物的副作用。

▌合成食物的環境破壞

合成食物的發展依賴的是近代自然科學中的化學、物理學和生物學技術的進步。製造合成食物的原料，其來源途徑主要有兩種，一種是利用已有的化學原料和生物製品進行化學合成；一種則是直接從被破壞掉的自然物中進行提取。由於化工生產一般是規模化生產，往往需要成千上萬噸的原料，因此，這種提取原料的獲取對自然環境的破壞也是大規模的。

此外，調體合成食物在製造過程中和被消費掉而產生的廢棄物則對自然環境的破壞也是巨大的。首先，在生產過程中，會有大量的化工物質作為廢棄物直接被排放到周圍的環境中；其次，已生產出來的化學藥品和生物製品在經過人類的肌體作用後，一部分被分解成新的物質單元排放出來，一部分則直接從人體中以原有的形態排放出來，然後進入周圍的自然界中。這些重新進入自然界中的化學物質被水所攜帶，有的進入了正常的人體，導致那些正常的肌體內部環境遭到破壞，繼而產生新的病變，損害人類的健康；有的則作用於其他的生物體，導致相關的生物種類的數量和形態發生變化，進而造成生態環境的汙染。

▌合成食物的副作用

調體合成食物是用來療疾的，但在使用過程中也會使人致病。這主要是由於調體合成食物是用化學合成方式生產的，主要原材料是化工產品，對肝臟腎臟有毒副作用。更為可怕的是，這種損害通常不是馬上顯現，而是有一個潛伏期。代謝慢的藥物，比如治療心血管的藥物胺碘酮，它導致肝損傷的潛伏期可以達到三個月以上；又如激素類藥物，如雄激素、雌激素、糖皮質激素、孕激素等，長期使用會帶來一定的副作用：如引起內分泌功能紊亂，導致肥胖、月經異常、下肢水腫、痤瘡等情況發生。

歐美國家出現大量失明的白內障病人，尤其以肥胖婦女居多。經查實，係服用減肥藥二硝基酚所致。西歐一些國家發現，用新藥「反應停」治療孕婦的嘔吐反應，竟然出現 1200 多個類似海豹一樣的胎兒，他們缺臂少腿。在日本則因長期使用抗症藥氮碘喹，釀成了萬餘人致盲及下肢癱瘓。由此可見，一些調體合成食物不僅會導致各種藥源性疾病，而且可誘發或加重與老化有關的各種疾病，促進人體老化。調體合成食物對人體疾病治療不但有其局限性，而且給人體帶來了不可低估的毒副作用。

增強食物的適用性

食物的加工是對食物進行提高利用價值的處理，屬於食物的再次生產。其主要目的有四個：一是有利於食物的吞咽、消化、吸收；二是提升食物的感官指標，吸引人們食用；三是有利於食物的運輸、貯藏；四是增強食物品質的穩定性（如圖 2-26 所示）。

圖 2-26　加工食物四大目的

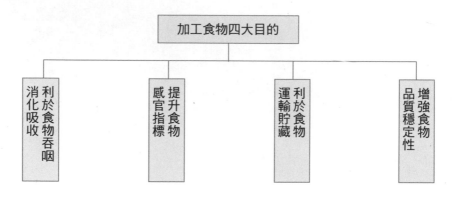

食物加工有三大模式。一是碎解模式，這是用物理（非熱）的方法加工食物；二是烹飪模式，這是用加熱的方法來加工食物；三是發酵模式，這是用菌繁殖的方法加工食物。人類幾萬年來的加工食物歷史，都沒有離開這三個維度，只是有手工和機械之分，低效和高效之別（如圖 2-27 所示）。從人類掌握這三大加工模式的時間來看，碎解最早，之後是用火烹飪，繼而是利用發酵技術。

食物加工有三個場景，家庭場景、商業場景和工業場景。在不同的場景中，碎解、烹飪、發酵這三種加工模式具有不同的權重。在碎解模式中，工業場景占比最大，商業

圖 2-27　食物加工三大模式

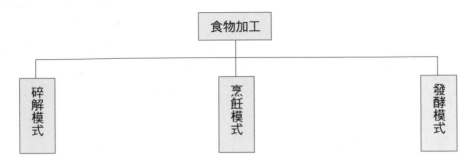

場景占比第二，家庭場景占比最小；在烹飪模式中，家庭場景數量占比最大，商業場景以手法豐富多樣居中，工業占比最小；在發酵模式中，工業場景占比最大，商業場景占比居中，家庭場景占比最小（如表 2-22 所示）。

表 2-22　食物加工三大場景

	家庭加工	商業加工	工廠加工
食物碎解	*	**	***
食物烹飪	***	**	*
食物發酵	*	**	***

食物加工學的定義和任務

食物加工學的定義。食物加工學是研究用不同方法處理食物，以提高其利用效率的學科，是研究加工方法與食物利用效率之間關係的學科，是解決食物加工過程中各種問題的學科。

食物加工學的任務。食物加工學的任務是提高食物利用效率，使食物便於咀嚼、消化、吸收，便於貯存、運輸、銷售。

食物加工學的體系

食物加工學是食學的 13 個三級學科之一，隸屬於食物生產學，下轄 3 門食學四級學科：食物碎解學、食物烹飪學、食物發酵學（如圖 2-28 所示）。

食物加工學的學術價值，首先在於從科學原理上對傳統的食品加工學進行了整合，將其從結果分類變成了從原理分類，因而更科學、更合理，也與物理、熱學、數學等基礎學科的分類方法保持一致。其次是增加了「兩個體系、三個場景」的論述。兩個體系是烹飪工藝 5-3 體系、烹飪產品 7 級體系；三個場景是將單一的商業場景擴展為商業、工業和家庭三個場景。

圖 2-28　食物加工學體系

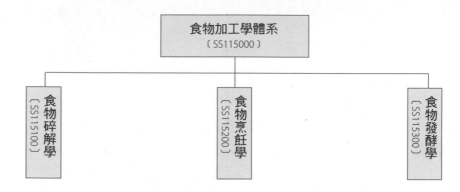

加工食品的 ID 編碼

食物加工產品是一個數量龐大的家族，其中相當一部分為手工製品，缺乏統一的標準。這種特性讓加工產品在辨識、統計上都產生了很大困難。例如，世界上究竟有多少種烹飪產品，產品 A 和產品 B 的細微差別之處又在哪裡等等，都是難以解決的難題。為了讓它們能夠有唯一的身分辨識，為數位智慧管理打下基礎，筆者研發制定了世界上首個食品編碼體系──劉氏食品 ID 編碼體系（如表 2-23 所示）。筆者希望，通過這個編碼體系，對食品的唯一性進行界定，讓全世界每一款食品都具有自己的身分證號碼。

加工食品編碼體系由 28 位數字組成。從空間（洲系、國系、菜系、流派）、主料、技法、五覺呈現、時間、食者、民族、季節八個維度對產品的唯一性進行界定，讓每一款烹飪、發酵、碎解等產品都具有自己的身分證。

第 1 ～ 7 位為產品空間維度編碼。其中第 1 位為產品的洲系，如 1. 亞洲系，2. 歐洲系，3. 非洲系等；第 2 ～ 4 位為產品原創、流行國家，按國際通用的英文簡寫編碼；第 5、第 6 位數字為品系編碼，這是烹飪產品特設的一組編碼；第 7 位數字為流派排序編碼。如該國沒有品系，或為發酵產品，可以填寫 0。

第 8 ～ 13 位為產品主料維度編碼。其中第 8 位數字為主料門類，如 1. 動物，2. 植物，3. 微生物，4. 礦物，5. 其他；第 9 位數字為主料綱目類，如動物性原料又分：1. 畜（含奶），2. 禽（含蛋），3. 淡水產，4. 海水產；植物性原料又分：1. 菜，2. 糧食（含糧食製品），3. 果品，4. 菌藻，5. 其他；第 10 ～ 13 位為主料種類及其部位，雙主料和多主料的產品選其一。

第 14 ～ 15 位為技法維度編碼。其中第 14 位數包括一級烹調技法和發酵工藝，如 1. 無熱工藝，2. 烤製工藝，3. 煮製工藝，4. 蒸製工藝，5. 炸製工藝，6. 炒製工藝 ,7. 發酵工藝；第 15 位數包括二級烹調技法和發酵工藝，與第 14 位組合表達，如無熱工藝中的：11. 拌，12. 凍，13. 醉，14. 醃，15. 燴等。

第 16 ～ 23 位為五覺呈現維度編碼。第 16 ～ 17 位為味覺，如：1. 鹹鮮，2. 酸辣，3. 香辣，4. 麻辣，5. 醬香等，第 18 位為嗅覺，如：1. 香，2. 臭，3. 腥等；第 19 ～ 20 位為觸覺，如：1. 酥脆，2. 酥香，3. 爽脆，4. 爽滑，5. 冰爽等；第 21 ～ 22 位為視覺，分別表達成品或主料的色、形，如第 21 位：1. 白色，2. 紅色等；第 22 位：0. 整形，1. 丁，2. 片等；第 23 位為聽覺，如 1. 口腔外聲音，2. 口腔內聲音，3. 無聲音。

第 24 位為時間維度編碼。以產品傳承時間長短排列，以西元 2000 年為原點計算。如：1. 千歲菜（距今 1000 年以上的菜）；2. 百歲菜（距今 1000 年以下，100 年以上的菜）；3. 數十歲菜（距今 100 年以下，10 年以上的菜）；4. 幾歲菜（距今 1 ～ 9 年的菜）；5. 月菜（1 年以內的菜）。

第 25 位為食者維度編碼。分為：1. 宮廷，2. 官府，3. 市肆，4. 寺廟，5. 鄉宴，6. 家庭等。

第 26 ～ 27 位為民族維度編碼。分為：1. 漢族，2. 滿族，3. 回族，4. 苗族等。

第 28 位為季節維度編碼。分為：0. 全年，1. 春，2. 夏，3. 秋，4. 冬等。

表 2-23　劉氏食品 ID 編碼體系

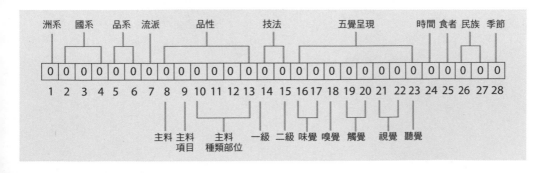

劉氏食品 ID 編碼體系的產生，對於食品加工業來說具有以下四方面的價值：一是有利於統計出食物加工產品的總量；二是有利於食物加工產品種類的標準化；三是有利於食物加工產品儲存和檢索的數位化；四是有利於食物加工產品的傳授與繼承。

劉氏食品 ID 編碼體系是一款維度全面的食品編碼體系，由於烹飪、發酵、碎解三種食品加工方式的差異，具體到某一類食品，不一定具有該編碼體系中的所有維度。其中烹飪產品維度最全，發酵產品次之，碎解方式涉及的維度最少（如表 2-24 所示）。

表 2-24　食品 ID 編碼維度對比

	洲系	國系	品系	流派	品性	技法	五覺呈現	時間	食者	民族	季節
烹飪產品	√	√	√	√	√	√	√	√	√	√	√
發酵產品	√	√	0	√	√	√	√	√	√	√	√
碎解產品	√	√	0	0	√	√	√	0	√	√	0

食物加工學面對的問題

食物加工學面對的問題主要有五個：一是不當使用化學添加劑，對人體健康產生直接、間接或潛在的危害。主要表現在兩個方面，一種是為了單純地追求食物的色香味，或是為了掩蓋不甚新鮮的食物氣味和顏色的各種違規、超量、不達標添加；另一種是非法使用非食用的化學添加劑。合成食物的濫用嚴重危害了人們的肌體健康，例如護色劑過量食入可麻痺血管運動中樞、呼吸中樞及周圍血管，更可疑的是有一定致癌性；甜味劑對肝臟及神經系統有影響，對代謝排毒能力較弱的老人、孕婦、小孩的危害則更為明顯。二是加工過於精細，在改變了食物口感的同時破壞了食物的原生性，破壞了食物的營養平衡。三是在加工的過程中存在不同程度的浪費，尤其是在烹飪的三個場景：家庭、工業和商業烹飪中的食物浪費數目驚人。四是在加工食物的過程中，對環境造成了較大汙染，例如對大氣、水體和土壤的汙染等。五是傳統技藝失傳、後繼乏人。

用物理（非熱）方法加工食物

　　食物碎解是一個比較寬泛的概念，不僅僅是指將食物分割切碎。凡是以非熱的物理方式對食物進行初加工的，如食物碎解、分離、乾燥、濃縮、冷凍等，都可以歸於食物碎解學的範疇。食物碎解的目的有兩個：一是增加食物適口性；二是延長食物的貯存期。食物碎解是食物加工的三大方法之一，食物一般只是發生量或形的物理變化。

　　食物碎解從原始社會就開始存在。當時的人類將食物碎解，是為了讓食物更便於食用、更便於保存，以及讓食物獲得與之前不同的味道。從古人類將原生態的食物風乾、砸碎、研磨成粒開始，食物碎解就開始了漫長的歷程。依據其發展歷程，食物碎解可以分為啟蒙、發展和現代化三個階段。

　　食物碎解的啟蒙階段。對食物碎解的紀錄古已有之。風乾和曬乾應該是人類最早的食材處理方式。在《詩經》《楚辭》《周禮》等中國先秦著作中，都有食物碎解的相關記載；漢代《僮約》中有對茶加工的研究紀錄，其後《天工開物》《齊民要術》等書中，亦有對茶加工的記載。

　　舊石器時代的歐洲，人們就已經開始加工野生穀物、製作麵粉了。這比馴化動物、開始農耕的時間早了許多。《美國國家科學院院刊》（PNAS）上，研究者們對義大利南部 Grotta Paglicci 洞穴發現的舊石器時代研磨工具進行了分析。年代測定顯示，這塊研磨石距今約有 3.2 萬年。研究報告顯示，這塊研磨石上殘留著不少植物澱粉顆粒，通過形態分析，研究者認為這些澱粉粒來自禾本科植物，它們很可能屬於燕麥。同時，研究者們還在顯微鏡下發現了膨脹、糊化的澱粉顆粒。這說明古人類在研磨這些穀物之前，曾對它們進行過加熱處理，以便讓穀物更快乾燥，方便研磨加工。

　　在新石器時代，人類為了收割駐地附近的野生穀物，已經懂得把石頭磨成鐮刀；為了把穀物磨成粉，他們又把石頭磨成杵臼。據《人類簡史》記載，西元前 12500 年～前 9500 年生活在黎凡特地區的納圖芬人，大部分時間都在辛勤採集、研磨各種穀物。他們會蓋起石造的房舍和穀倉，還會發明新的工具，像發明石鐮刀收割野生小麥，再發明石杵和石臼來加以研磨（如插圖 2-5 所示）。這說明，碎解是人類早期的一項重要的食物加工勞動。

　　食物碎解的發展階段。人類進入農耕社會和鐵器時代後，食物碎解的對象越來越

插圖 2-5　西元前 12500～前 9500 年黎凡特納土夫文化製造的石杵和石臼

多，用於食物碎解的工具也越來越多，部分畜力、水力代替了人力，解放了勞動力，提高了食物碎解的效率。

隨著社會的進化，食品碎解領域開始出現專業化分工，如磨麵作坊、乾酪製造作坊等。原料和加工方法小有改變，就形成了多個乾酪、麵包的地域性品種。許多初加工業成為今日食品工業的前驅，有些食品迄今已經生產了 800 年之久。在這個階段，水力和畜力驅動的機械設備縮短了生產時間，減少了人力需求。

食物碎解的現代化階段。18 世紀的工業革命，促進了食物加工規模的迅速擴大。電力的出現，使碎解機械和碎解效率發生了天翻地覆的變化。為了達到改善食物外形、顏色和口感及延長保質期的目的，越來越多的添加劑進入食物碎解過程中。20 世紀末 21 世紀初計算機智能技術的加入，更促進了食物碎解這一傳統領域向高科技轉型。迄今為止，食品碎解加工的高新技術層出不窮，例如食品超微粉碎技術、食品微膠囊技術、視頻膜分離技術、食品分子蒸餾技術、食品超臨界萃取技術、食品冷凍加工技術、食品擠壓與膨化技術等。

食物碎解工具的發展，食物碎解技術的進步，高科技新技術的加入，大大促進了食物碎解、食物加工和食品工業的發展。如今，食品工業在世界經濟中已經占據了舉足輕

重的地位，工業化國家的食品工業是發展最快的產業之一，加工增值比例一般在 2.0 ～ 3.7：1.0，發達國家的農產品加工程度在 90% 以上，在國民經濟中占有重要的地位。食品工業的現代化水準，已成為反映人民生活品質及國家發展程度的重要標誌之一。

　　伴隨食品加工業的工業化發展，在食物碎解加工領域也出現了各種問題，例如環境汙染、原料浪費、添加劑的濫用等。

圖 2-29　食物碎解的三個生產場景

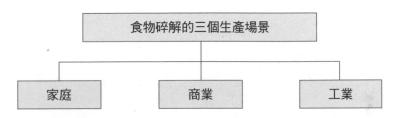

　　食物碎解學的編碼是〔SS115100〕，是食學的四級學科，食物加工學的子學科。食物碎解是人類食物三大加工模式之一。食物碎解的特點是以物理方式為主對食物進行加工。

食物碎解學的定義

　　食物碎解學是研究用非熱的物理方法提高食物利用效率的學科。食物碎解學是研究無熱的物理加工與食物適口性和存儲性之間關係及其規律的學科。食物碎解學是解決人類食物碎解過程中各種問題的學科。隨著社會的發展和科學技術的進步，人們的生活品質不斷提高，對食物碎解學也提出了更高的要求。

食物碎解學的任務

　　食物碎解學的任務是指導人類用無熱的物理的方法獲得更加適口、方便貯運的食物。

　　食物碎解是食物加工的重要組成部分，在保障食物原生性的基礎上延長食物的儲藏期，保證食物的數量、品質安全。提高食物的利用率，降低加工環節的損失。減少浪費、減少環境汙染是食物碎解學的一項重要任務。

食物碎解學的體系

　　食物碎解學的體系是以加工工藝進行劃分的，分為食物粉碎學、食物分離學、食物混合學、食物冷凍學、食物濃縮學、食物乾燥學 6 門食學五級學科（如圖 2-30 所示）。

圖 2-30　食物碎解學體系

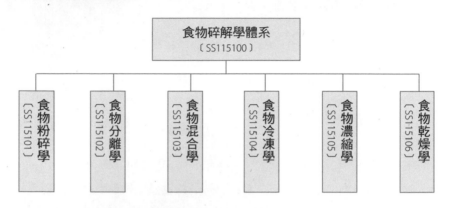

　　食物碎解是用物理方法對食物進行加工，涉及的範圍廣泛，包括種植類食物、畜牧類食物和捕撈類食物。碎解的方法和流程複雜，需要專業的從業者和食物碎解機械設備。同一類產品的碎解過程，可能需要多個碎解工藝的參與。這些特點，決定了食品碎解學具有廣泛、多樣、工藝性強的特點。

　　食物粉碎學。食物粉碎學是食學的五級學科，食物碎解學的子學科。食物粉碎學是研究將食物顆粒尺寸變小的加工技術的學科。食物粉碎是食物破碎與研磨加工的總稱。用機械方法使大塊食物料變為小塊，這種方法稱作「破碎」；再將小塊食生產 加工 食物碎解學物料變成粉末的加工方法，就稱作「研磨」。食品粉碎的目的包括：使食物體積變小，加快溶解速度或提高混合均勻度，從而改變食品的口感；控制多種物料相近的細微性，防止各種粉料混合後再產生自動分級的離析現象；進行選擇粉碎使原料顆粒內的成分進行分離；減小體型，加快乾燥脫水速度。

　　食物分離學。食物分離學是食學的五級學科，食物碎解學的子學科。食物分離學是研究食品科學與工程中各種分離技術的應用的學科。它依據某些理化原理將食物中的不同組分進行分離，是食品加工中的一個主要操作過程。食品分離技術按照分離方法，可以分為物理法、化學法、物理化學法，具體有過濾、壓榨、離心、蒸餾、提取、吸收、

吸附等方法。食物分離技術是食品工業的基礎，能提高食物原料的綜合利用程度；能保持和改進食物的營養和風味；能使產品符合食品衛生要求。食物分離學的任務是研究在獲得所需食物的前提下，適應食品加工的特殊要求，提高食物利用率。

食物混合學。食物混合學是食學的五級學科，食物碎解學的子學科。食物混合學是研究將兩種或兩種以上不同物料互相混雜，使成分濃度達到一定程度的均勻性操作的學科。食物混合包括攪拌和混合兩方面的內容。其中，攪拌是借助流動中的兩種或兩種以上物料在彼此之間相互散布的一種操作；混合是指固體與固體、固體與液體、液體與液體之間多成分或多相的混合。混合後的物料可以是均相的，也可以是非均相的。非均相混合物的製取必須採用攪拌的方法。混合在食品工業中的應用，首先是作為最終目的的加工，其次是常做吸附、浸出、結晶、離子交換等操作的輔助操作。

食物冷凍學。食物冷凍學是食學的五級學科，食物碎解學的子學科。食物冷凍是指利用製冷技術產生的低溫源，使產品從常溫冷卻降溫，以利於碎解操作。原始的食物冷凍依賴天然冷源，現代食物工業中所應用的冷源都是人工製冷得到的。根據製冷劑狀態的變化，可以分為液化製冷、昇華製冷和蒸發製冷三類。食物冷凍的作用除了便於碎解操作外，還可以保證食物的原生性和適口性，延長食物的保質期。

食物濃縮學。食物濃縮學是食學的五級學科，食物碎解學的子學科。食物濃縮是指從食物所含溶液中去除部分溶劑，使溶質和溶劑部分分離，從而達到提高溶液濃度的目的。食物的濃縮可以分為平衡濃縮和非平衡濃縮兩種。其主要作用是作為食品乾燥的前期處理，降低食物碎解時的加工熱耗，同時也可縮小食物的體積和重量，便於運輸；提高食物的品質，延長食物保質期。

食物乾燥學。食物乾燥學是食學的五級學科，食物碎解學的子學科。食物乾燥是指通過乾燥技術，將食物中的大部分水分除去，達到降低水分活度、抑制微生物生長和繁殖、延長儲藏期的目的。食物乾燥有多種分類方式，按照乾燥方法不同，可分為間歇式和連續式；按操作壓力不同，可分為常壓乾燥和真空乾燥；按工作原理不同，可分為對流乾燥、接觸乾燥、冷凍乾燥和輻射乾燥。食物乾燥學的任務是通過研究乾燥技術，在食物的能量利用率、產品品質、安全性和生產能力等方面不斷取得提升。

食物碎解學面對的問題

食物碎解學面對的問題主要有 4 個：食物碎解的汙染、食物碎解的浪費、食物碎解合成物添加過度和食物碎解傳統技藝失傳。

■ 食物碎解的汙染

食物碎解環節的汙染，分為對食物自身的汙染和對外界環境的汙染兩個方面。對食物自身的汙染是指在食物碎解環節對食品本身形成汙染，主要是化學物質、金屬顆粒的汙染，例如產生熱解產物、氨基酸變性、油脂高度氧化、產生雜環胺類化合物、苯丙芘、亞硝胺、鉛、砷等有害物質，以及微生物汙染。對外界環境的汙染主要表現為加工過程中排放的汙染物對水、土地和空氣的汙染。以油脂加工為例，在油脂加工浸出工段，每處理 1 噸油料，就會產生 60 升的廢水；生產供汽過程中還會產生的大量煙塵和二氧化硫。

■ 食物碎解的浪費

食物碎解包括多個環節，在食物乾燥、濃縮、分離、混合等相關環節中，都存在不同形式的浪費。食物碎解有家庭、餐廳和工廠三個場景，在這三個場景中，由於認識不到位和管理不善等原因，都存在丟失、廢棄、遺漏、損壞等諸多形態的浪費問題。

■ 食物碎解合成物添加過度

為滿足美化食物顏色、改變食物味道、滿足食用口感等方面的要求，人們在食物碎解過程中使用了多種化學添加劑，例如使用化學添加劑為麵粉增白、改變質感、延長保質期。這種為提升碎解食物感官和品質而添加的化學合成物，可以帶來更多的商業利益。但過多、過量的添加，尤其是對防腐劑以及防菌、防蟲害化學合成物的過度使用，無疑會給消費者的健康帶來損害。

■ 食物碎解傳統技藝失傳

食物碎解技術古已有之，比如中國先秦道家學派代表人物莊子描述的「庖丁解牛」，就是碎解技術的巧妙體現。始於中國唐朝的由碾盤（碾台）、碾砣（碾滾子、碾磙磗）、碾框、碾管芯、碾棍孔、碾棍等組成的石碾，說明了傳統的碎解工具和碎解技藝已趨於成熟。這些傳統的食物碎解技藝滿足了歷代人們對食物的不同需求。不可否認的是，隨著科技水準的提高，出現了更高效的食物碎解技術和工具，但傳統的食物碎解技藝依然值得我們珍視和傳承，以免失傳。

用熱方法加工食物

　　人類最早的烹飪起源於火的發現，經過幾百萬年的發展，食用烹飪過的食物已經是人類生存的常態。食物的烹飪是人類生活的一項重要內容，烹飪方法已滲透到每一個家庭的廚房。烹飪的本質是加熱，是熱學的利用。人類今天控制使用溫度的能力是非常強的，例如煉鋼的溫度常在 1100℃ 至 1800℃，與此同時人類還能控制和利用 -80℃ 至 -240℃ 的超低溫。烹飪食物利用的溫度在 -18℃ 至 350℃，對菜肴溫度的控制可以分出鍋菜溫、上桌菜溫和到口菜溫三個階段（如表 2-25 所示）。

表 2-25　人類對不同溫度的利用

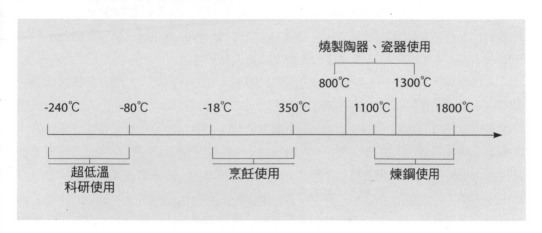

　　由於食物中的主要營養素物質的穩定性比較高，烹飪過程中主要以物理變化為主。遇熱後脂肪和礦物質相對穩定，蛋白質、澱粉的變性沒有改變其化學組成，只有在少數情況和極端的情況下，才會出現化學變化並產生新的化學物質。

　　烹飪所用的溫區只是人類駕馭溫度區間中的很小一段。但無論怎樣，烹飪術是人類生存與進化的重要手段。烹飪起源於人類對火的利用，用火製作熟食的技術，是人類文明史上的重要里程碑。人類的飲食文明由此分為生食、熟食兩大階段。

　　生食階段。人類經歷了漫長的生食階段，從近 550 萬年前南方古猿，到 100 萬年

前部分人種偶爾用火，期間長達 450 萬年。假如把時間下推到人類普及用火的 30 萬年前，那麼人類的生食階段起碼有 500 萬年。

人類祖先誕生之初，靠採捕食物為生。數十人群聚於洞穴或樹幹上，利用簡陋石器或木棍集體捕獵野獸，共同採摘野果、採集植物塊根或籽實。飲食方式是「生吞活剝」「茹毛飲血」。在生食階段，人類飲食範圍有限，例如水果，只能食用內果皮或中果皮（即俗稱的果肉），難以食用、消化其中堅硬的種實。面對一些營養豐富但難以食用、消化的野生穀物，更是無能為力。

在沒有掌握用火之前，人類只能選擇生食。這一方面維持了種群的延續；另一方面卻對健康帶來了負面影響：首先是生肉和生的果蔬上會帶有大量的細菌，加大了食用後患病的概率；其次是生食比熟食要多耗時幾倍，減少了原始人類勞動、交流和休息的時間；最後是生的食品也不易於保存，有些不易食淨，有些過於堅硬的種實無法食用，造成食物選擇面變窄和食物浪費。

熟食、生食共存階段。早在大約 100 萬年前，已有部分人種偶爾用火，到了大約 30 萬年前，對直立人、尼安德特人以及智人的祖先來說，用火已是家常便飯。火帶來的最大好處在於能夠開始烹飪。有些食物，處於自然形態時無法被人類消化吸收，例如小麥、水稻。有了烹飪技術後，這些食物才成為人類的主食。

人類能夠人工取火後，對食物的處理方法增多，有的直接烤，有的在熱火灰中焐，有的包了草葉和稀泥再烤，有的烤燙石板後燔，有的將食物和水置於小洞穴中，不斷投入滾燙的石子提高水溫，促使食物成熟；還有的利用發燙的砂石「烘」食物，這些方法統稱為「火炙石燔」。舊石器晚期，人類學會燒製陶器，使人們有條件將泥盆、泥罐盛食物與水直接在火上燒煮成粥，這就有了「煮」法的產生。爾後又在煮的基礎上進一步產生了「蒸」穀為飯的方法。在西元前四千多年，冶銅術被發明出來，為新式烹飪工具的革新創造了條件。之後青銅器的冶煉使青銅炊具應運而生，由此產生了以油脂為傳熱介質的烹飪工藝的革新：煎法、炸法、炒法，從而引發了第四次烹飪產品創新運動，即「旺火速成」的食品加工革命。

火不僅能夠將食物做熟，還能引起生物上的變化。經過烹飪，食物中的病菌和寄生蟲就會被殺死。此外，烹飪食物縮短了人類咀嚼和消化食物的時間，讓人類能吃的食物種類更多，使人類牙齒縮小、腸的長度減少。有學者認為，烹飪技術的發明，與人體腸道縮短、大腦開始發育有直接關係。不論是較長的腸道還是較大的大腦，都必須消耗大量的能量，因此很難兼而有之。但有了烹飪，人就能縮短腸道，從而降低了能量的消耗。

人類學會用火、掌握了熟食技術後，生食並沒有消失。如今人類對於幾乎全部的水果和部分蔬菜，仍然採取生食的方式。一方面是為了保留食物的味道和口感；另一方面是為了保存營養。

　　幾十萬年以來，人類的熱能源一直是柴火，伴隨工業革命的興起，人類的烹飪從炊具的發展進步，上升為能源變革階段。煤炭、天然氣、電力等取代了柴火，因為這些新能源的誕生，人類可以精確控制溫度，「焐」這種技法應時而生。

插圖 2-6　中國漢代畫像磚上描繪的烹飪場景

　　在當今社會裡，食物烹飪有三個場景：家庭烹飪、商業烹飪和工業烹飪（如圖 2-31 所示）。在家庭場景，烹飪偏向技術；在工業場景，烹飪偏向科學；在商業場景，烹飪偏向藝術。

　　食物烹飪學的編碼是〔SS115200〕，是食學的四級學科，食物加工學的子學科。食物烹飪是人類食物三大加工模式之一。食物烹飪的本質是熱變化，食物烹飪學是基於這一原理設立的學科。

食物烹飪學的定義

　　食物烹飪學是研究利用加熱的方法提高食物利用效率的學科。食物烹飪學是研究食物受熱度與適口性和養生性之間關係及其規律的學科。食物烹飪學是解決食物加熱過程

圖 2-31　烹飪的三場景

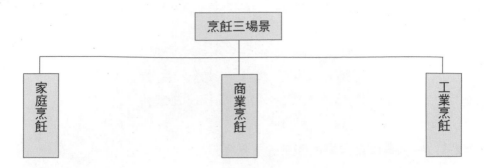

中的各種問題的學科。如何在加熱過程中減少營養素的損失並獲得衛生安全的食物，如何維護食物原生性，如何合理使用化學添加劑等都是食物烹飪學的研究範圍。

　　烹飪可分為機械烹飪和手工烹飪兩大類，機械烹飪現在被劃在食品工業裡。手工烹飪主要在餐廳和家庭。機械烹飪產品的最大特點是標準化，機械烹飪體系已較為成熟，產品主要用烤蒸等適合大批量生產的方法加工；手工烹飪的特點是多樣化，每個人烹飪出的產品都不同，屬於藝術的範疇。人類對食物的加工起源於手工烹飪，動力設備等技術成熟之後，機械烹飪逐漸發展起來。

　　烹飪是指通過加熱方式提高食物利用效率。由於烹飪離不開調味，也稱烹調。調味可發生於原材料加熱之前、加熱之中和加熱之後三個階段。

食物烹飪學的任務

　　食物烹飪學的任務是指導人類用更加合理的加熱方法獲得適口、健康的食物。

　　烹飪能夠提高食物的適口性，更加有利於食物的消化吸收，從而提高人的健康水準。

　　食物烹飪學的具體任務包含精進烹飪方法，研發新產品，減少烹飪過程中的食物汙染和食物浪費等。現代機械的大量使用和對商業效率的過高追求，造成了一批傳統烹飪技藝的失傳。因此，對傳統烹飪技藝的搶救也應成為食物烹飪學的具體任務。

食物烹飪學的體系

　　食物烹飪學體系是以傳熱介質為分類依據，共分為烤製工藝學、煮製工藝學、蒸製工藝學、炸製工藝學、炒製工藝學、微波工藝學、生製工藝學 7 門食學五級學科（如圖 2-32 所示）。

圖 2-32　食物烹飪學體系

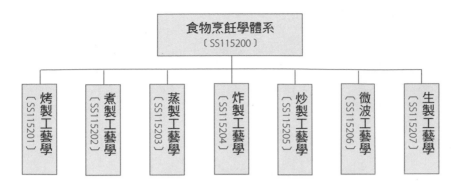

　　烤製工藝學。烤製工藝學是食學的五級學科，食物烹飪學的子學科。烤製工藝學是研究人類使用輻射傳熱的方式加工食物的學科，其特點是焦香味濃，外酥裡嫩。「烤」是將原料置於烤具內，用明火、暗火等產生的熱輻射進行加熱的技法，其溫度在 150℃至 340℃之間。原料經高溫輻射後，表層水分迅速散發，會形成外焦裡嫩的口感。烤是最古老的烹飪方法，從人類能夠使用火開始，最先使用的烹飪方法就是烤製食物。

　　煮製工藝學。煮製工藝學是食學的五級學科，食物烹飪學的子學科。煮製工藝學是研究以水為介質來傳導熱量加工食物的學科，其特點是食物水分損失少。「煮」就是將食物放在多量的熱水中使其成熟的過程。水的最高溫度為 100℃。在高原地區，水的沸點只有 84℃至 87℃。而在高壓鍋中，水的沸點可以達到 103℃至 104℃（如表 2-26 所示）。

　　蒸製工藝學。蒸製工藝學是食學的五級學科，食物烹飪學的子學科。蒸製工藝學是研究以蒸汽為介質來傳導熱量加工食物的學科，其特點是可以更好地保留食物原本的味道。「蒸」是指把食物原料放在器皿中，置入蒸籠利用蒸汽使其變熟的過程，其溫度在 100℃至 102℃。根據食物原料的不同，可分為猛火蒸、中火蒸和慢火蒸三種。資料顯示，中國是世界上最早懂得利用蒸汽、採用蒸的方法烹飪食物的國家，新石器時代出土的陶器「甗」就是證明。最早的陶甗可以追溯到新石器時代的龍山文化後期，距今約 4000 年左右。甗通常由上下兩部分組成，上部為甑，用以盛放食物；甑底部有帶穿孔的箅，以利於蒸汽通過；下部為鬲，用以燒火煮水。[1]

---

① 北京中醫藥大學（Beijing University of Chinese Medicine）：古代器物——「甗」的鑒賞（http://bowuguan.bucm.edu.cn/kpzl/ysmt/37188.htm）。

表 2-26 不同壓力下水的沸點

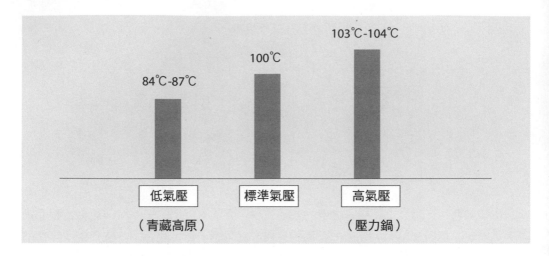

炸製工藝學。炸製工藝學是食學的五級學科，食物烹飪學的子學科。炸製工藝學是研究以油為介質來傳導熱量加工食物的學科，其特點是可以使食物變得香酥脆嫩，且色澤美觀。「炸」是將食物放在大量的油中加熱的一種方法，即將食物放於較高溫度的油脂中，使其快速熟化的過程。其溫度在 100℃ 至 250℃。油炸可以改善食物風味，提高食物脂肪含量，增加香味，賦予食物金黃色澤，延長食物保存期。油炸的特點是使食物變得香脆。

炒製工藝學。炸製工藝學是食學的五級學科，食物烹飪學的子學科。炒製工藝學是研究以鐵鍋為介質來傳導熱量加工食物的學科，其特點是將食物在鐵鍋中用旺火短時間加熱成熟。「炒」是使用鐵鍋和少量的油加工食物，炒菜主要靠鍋傳導熱量，而鍋大多為鐵鍋，因此叫作鐵傳熱。炒是中國烹飪特有的烹飪方法，一般是旺火速成，在很大程度上保持了食材的營養成分。

微波工藝學。微波工藝學是食學的五級學科，食物烹飪學的子學科。微波加熱是以食材吸收微波能使食材中的極性分子與微波電磁場相互作用的結果，是使電磁場能量轉化成熱能的過程。微波加熱是一種「冷熱源」，它在最初接觸食材時沒有熱能傳遞，而是電磁能。它具有上述諸傳熱烹飪工藝所不具備的特點，它的熱源來自被微波的食材內部，從而食材內外受熱均勻。微波能穿透食材內部，升溫迅速，溫度梯度小，是一種「內生熱源」，大大縮短了外熱傳導的時間。微波工藝的局限是不能在加熱中調味。

生製工藝學。生製工藝學是食學的五級學科，食物烹飪學的子學科。這裡要說明的

插圖 2-7　出土於中國山東龍山文化晚期的陶鬹

是，烹飪指的是加熱。生製工藝學不屬於加熱，但是從實踐來看，生製工藝又的確屬於製作菜肴的一個類型，所以本書把生製工藝學歸類於食物烹飪學屬下的一門子學科。從技術特點說，生製工藝雖然不用火，但其技術內涵也很多樣化，拌熗醃醬等技巧使產品的味道和口感豐富多彩。

烹飪工藝 5-3 體系

　　烹飪工藝 5-3 體系是以傳熱介質、溫度與時間、五覺感受 3 個維度劃分形成的方法系統。其中的 5 是指烤、煮、蒸、炸、炒 5 個一級烹飪方法；3 是指傳熱介質、加熱的溫度與時間、品鑒的五覺感受 3 組劃分層級的要素（如圖 2-33 所示）。

　　第一個層級是熱介級，亦稱一級烹飪工藝。熱介即傳熱介質，共有五個：水傳熱介質的烤，輻射傳熱介質的煮，汽傳熱介質的蒸，油傳熱介質的炸，鍋傳熱介質的炒。

第二個層級是時溫級，亦稱二級烹飪工藝。時溫即烹飪的時間和溫度。如燜、燉、涮、汆等屬於二級工藝。二級工藝的不同主要是時間、溫度有別，如同為煮，涮的時間要遠短於燉；同為炸，酥炸的油溫要高於軟炸。

　　第三個層級是五覺級，亦稱三級烹飪工藝。五覺是指烹飪產品在味覺、嗅覺、觸覺、視覺和聽覺方面給人的不同感受。同為燜，紅燜、黃燜的顏色不同；油燜產品呈現的味道和口腔觸感，又與醬燜產品有所區別。

　　人類的烹飪技術發展不均衡，其表現就是不同民族掌握烹飪技術體系的層級不同，有些國家的烹飪工藝只有第一層級中的烤、煮、蒸、炸，沒有炒製工藝；有些國家有第二層級。中餐烹飪工藝體系比較健全，有詳細的烹飪術的三級分類體系。各國烹飪技術體系發達程度不同，其二級烹飪技術也分為無、少、多三種狀態。三級技術分類許多民族沒有。烹飪技術體系分類越細，說明該菜系越發達。以炸製工藝為例，法餐炸法之下無分類，日餐的油炸工藝分為淺層油炸和深層油炸兩種，中餐有清炸、乾炸、軟炸、酥炸、脆炸等。

　　烹飪工藝 5-3 體系是一個世界通用的體系，它的價值在於將烹飪技術按工藝和級別分類，層級越多的菜系，烹飪技術越先進、發達。

圖 2-33　烹飪工藝 5-3 體系

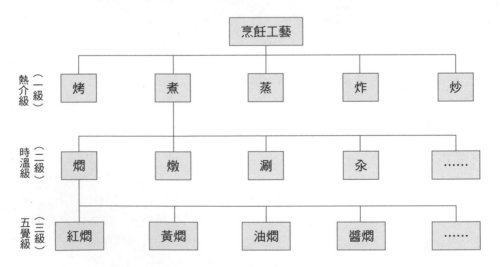

烹飪產品 7 級體系

　　按照傳統的劃分方法，世界烹飪體系分為東方菜系、西方菜系和伊斯蘭菜系三大體系。這種劃分方法有兩個缺陷：一是未能全面覆蓋，例如對食者眾多的非洲菜就沒有涉及；二是劃分維度不統一，東方菜系和西方菜系屬於空間維度，伊斯蘭菜系則是民族維度。世界烹飪產品整體體系為 7 級結構（如圖 2-34 所示）。

　　世界的烹飪產品體系可以分為七個層級。第一層級是世界烹飪產品。第二層級是亞洲菜系、歐洲菜系、非洲菜系、澳洲菜系、美洲菜系五大體系。亞洲菜系以中餐、日餐、印度餐、東南亞餐、中東餐、土耳其餐為代表，食材種類豐富，烹飪技法多樣，膳食結構以植物性食物為主，多用筷箸取食，部分地區以手取食。歐洲菜系以法餐、意餐、俄餐、西班牙餐為代表，膳食結構以動物性原料為主，烹飪技法較多，使用刀叉進食。非洲菜系以南非餐、埃及餐為代表，傳統餐飲食材種類較少，膳食結構以植物性食物為主，烹飪手法簡單，多為手食，當代餐飲受到歐洲菜系影響。澳洲菜系以澳洲餐、

圖 2-34　烹飪產品 7 級體系

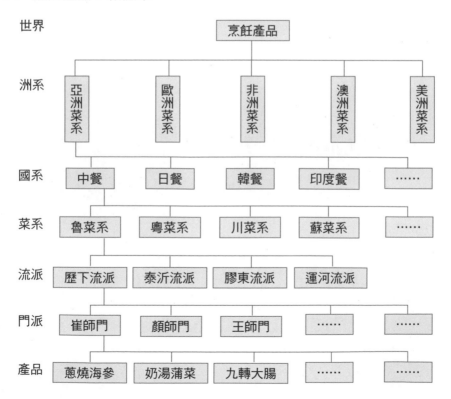

紐西蘭餐為代表，由於移民的關係，可以說是歐洲菜系尤其是英餐的一個變種，風格粗獷。美洲菜系以美國速食、加拿大餐、墨西哥餐為代表，其中墨西哥餐則以辣椒和玉米獨領風騷。亞馬遜雨林極其豐富多樣的物產支撐了巴西餐、阿根廷餐。

世界、洲系、國系、菜系、流派、門派（師門）、產品，是烹飪產品的七級體系。各國、各地的烹飪產品發展程度不同，有的七個層級完整，有的沒有其中的菜系、流派等層級。前者以亞洲菜系的中國為例，據最新研究成果表明，中餐共分為 34 個菜系，92 個流派，500 個以上的門派，約 3 萬款產品。

認知烹飪產品的十大維度

美食是全人類的共同愛好，琳琅滿目的烹飪產品集中體現了人類對於美的創造性追求。全世界的烹飪產品洋洋灑灑，不下幾萬種之多。數千年來，它們以自生散居的狀態存在，具有多樣性、複雜性、交叉性、歷史性、模糊性五大特點。面對這個有著幾千年歷史、數以幾萬計的產品集群，我們應該如何認知，怎樣對其進行科學合理的分類？是一個亟須解決的難點問題。

一個魔方有六個面，不同視角，看到的顏色不同，六面之和才是魔方的全貌，對於烹飪產品的認知亦是如此。為此，筆者提出認知烹飪產品的十大維度，即從十個不同的視角觀察這個集群，以期能夠更全面、更透澈地對烹飪產品進行認知。

認知烹飪產品集群的十大維度為：空間維度，時間維度，食者維度，原料維度，技法維度，口味維度，結構維度，功能維度，時俗維度，民族維度（如圖 2-35 所示）。

圖 2-35　烹飪產品十大認知維度

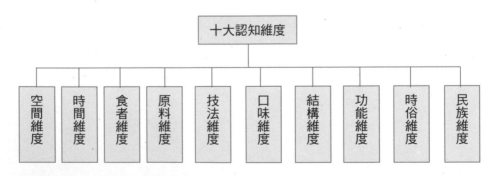

空間維度是以所在地域對烹飪產品進行劃分。從這個維度看，可以對全世界的烹飪產品劃分為洲系、國系、菜系、流派、門派等層級。一些國土面積狹小烹飪技術簡單的

國家和地區，可能沒有菜系或流派這兩個層級，但是不會脫離這個基本劃分體系。

時間維度是以誕生和流傳時間對烹飪產品進行劃分。從這個維度看，烹飪產品的生命週期差別很大，例如古埃及的麵包和啤酒，迄今已有五六千年的歷史。而美國的熱狗誕生於 1906 年，距今僅有百年歷程。根據積澱時間的長短，可以將烹飪產品劃分為千年菜、百年菜、幾十年菜、幾年菜和月菜五個體系。

食者維度是以社會階層對烹飪產品進行劃分。按照這個維度，可將烹飪產品劃分為宮廷菜、官府菜、寺廟菜、市肆菜、鄉宴菜和家庭菜六個體系。六個體系之間的烹飪產品相互影響，但是在原料選擇和烹飪技法上又涇渭分明。例如同一款菜，寺廟菜只能以素代葷，宮廷宴會菜和鄉宴菜的製作精細程度則涇渭分明。

原料維度是從烹飪產品的主料來對烹飪產品進行劃分。從產品主料角度看，可以劃分為海鮮菜、河鮮菜、豆腐菜、菌菇菜、禽類菜和畜類菜等多個產品體系。

技法維度是用成菜的技法對烹飪產品進行劃分。從烹調技法角度看，可以劃分為煮菜、蒸菜、炸菜、烤菜、炒菜和複合技法菜六個體系。其中，煮菜、炸菜、烤菜在歐美國家盛行，炒菜則是東方國家特有的技法。

口味維度是從產品口味角度對烹飪產品給予劃分。按照人體對味道的感知，可以劃分為甜味菜、鹹味菜、酸味菜、苦味菜、辣味菜（非味覺）和複合味菜六個體系。

結構維度是從烹飪產品的結構變化對其進行體系劃分。從產品結構變化的角度看，可以劃分為定式菜、變式菜兩個體系。定式菜是指基本構件相對穩定的烹飪產品；變式菜則是在菜品空間傳播過程中，產品結構發生了演變。

功能維度是從菜品在餐桌上的功能對烹飪產品進行劃分。從這個維度看，烹飪產品可以劃分為前食、涼菜、行菜、大菜、湯菜、點心等幾個體系。食俗不同，這幾個體系在進食順序上有別，例如一些國家和地區將湯菜作為頭菜，有些國家和地區則以湯菜為一餐結尾，但是基本分類都大同小異。

時俗維度是從年節時令的角度對烹飪產品進行劃分。從時俗的維度看，烹飪產品可以劃分為春季菜、夏季菜、秋季菜、冬季菜和年節菜等多個體系。

民族維度是從民族角度對烹飪產品進行劃分。當今全世界有 2000 多個民族，每一個民族都有自己的生活習慣、喜好禁忌、飲食習俗。從這個角度劃分，全世界的烹飪產品有 2000 多個體系。

十大維度之外，還有一些其他的小的維度，但這十大維度是基本維度。綜觀世界上所有的烹飪產品，都可以從上述十個維度去認知，概莫能外。其中空間維度、食者維度公眾認知度高；技法維度、原料維度餐飲從業者常用；時間維度、結構維度是我新近提

出的。上述十大維度形成十個體系，每個體系又有若干層級，它們所有的認知之和就是世界烹飪產品的全貌。

從十大維度去認知烹飪產品，不僅可以讓我們避免維度混淆，釐清菜系糾纏，還可以推動對產品集群的深入研究。

食物烹飪學面對的問題

食物烹飪學面對的問題主要有 4 個：食物烹飪的汙染、食物烹飪的浪費、食物烹飪合成物添加過度和食物烹飪傳統技藝失傳。

▍食物烹飪的汙染

烹飪是由溫度變化形成的化學變化，烹飪造成的汙染首先是烹飪排放的油煙造成的大氣汙染。烹飪產生的油煙成分非常複雜，其中有大量致癌物質，長期吸入可誘發肺組織癌變，油煙還會傷害人的感覺器官，可引起鼻炎、視力下降、咽炎等疾病。根據世衛組織發布的《世界衛生統計 2016：針對可持續發展目標檢測健康狀況》[2] 報告中的資料顯示，2012 年，在全球範圍內，有 430 萬人死於因不清潔的燃料或低效技術烹飪造成的家庭空氣汙染。

▍食物烹飪的浪費

烹飪中的浪費主要是食物數量上的浪費，一是加工不當導致的浪費，例如為了口味和口感，在原料的使用中只用菜心不用菜葉和外皮；二是下腳料上的浪費，例如切洗過程不精細，致使可被利用的部分未被利用，等等。此外，食物品質上的浪費也是烹飪浪費的一個方面。例如，在切洗過程中，對新鮮綠葉蔬菜採用先切後洗等不當操作，會造成維生素 C 的損失；淘米次數過多致使米中的無機鹽、蛋白質、脂肪等營養素流失等等。

▍食物烹飪合成物添加過度

如今烹飪幾乎已經離不開化學合成食物添加劑了，這些合成食物的超量使用或超範圍使用會給人們的健康帶來威脅。比如，為了讓肉的顏色更好看，市場上銷售的嫩肉粉

---

② 世界衛生組織（WHO）：《世界衛生統計 2016：針對可持續發展目標檢測健康狀況》（*World Health Statistics 2016: Monitoring Health for the SDGs, Sustainable Development Goals*），2016 年版，第 70 頁。

中都加了亞硝酸鹽，如果長期過量攝入，會引起中毒，甚至癌變。色素是餐館裡使用頻率最高的添加劑，無論是葷素、湯品還是果汁、主食都可以放，其中魚香肉絲、宮保雞丁等小炒中用得最多。它不僅沒有營養價值，對健康也有害，尤其對孩子的發育危害更大。其實，要想讓牛肉細嫩，傳統做法是先用小蘇打水泡一泡，或者把肉放在雞蛋清裡攪拌一下。可見，在拒絕合成食物過度添加方面，大力宣傳科學的烹飪知識尤為重要。

▌食物烹飪傳統技藝失傳

　　烹飪技藝失傳的原因，主要來自三個方面。一是烹飪機械化的衝擊。人們一味追求效率，許多機械設備替代了手工製作，使烹飪愈加工廠化、速食化，導致許多傳統手工烹飪方法失傳；二是商業環境的衝擊。商業化的經營環境要求縮短烹飪時間，簡化烹飪流程，這使得許多精雕細琢的烹飪技藝失去了傳承的環境；三是人為原因，當今許多年輕人崇尚快捷方便，不喜歡繁複勞累的烹飪勞動，導致投身烹飪專業的人和以烹飪為興趣愛好的人都大幅減少，致使某些堪稱人類智慧結晶的烹飪手藝得不到有效傳承。

用菌方法加工食物

　　發酵是指食材被微生物分解、改變、轉化的過程。發酵是一項既古老又充滿活力的技術。目前，人們把利用微生物在有氧或無氧條件下的生命活動來改善和製備動植物食物，或利用微生物直接代謝產物或次級代謝產物的過程統稱為食物發酵。食物發酵學側重研究食物領域裡的發酵原理。通俗地講，食物發酵是在微生物的活動下發生的化學反應，就是食材原本成分被微生物分解、改變、轉化的過程。發酵是人類利用微生物保存動植物原料、防止食物腐敗的一種有效轉換形式。

　　食物發酵是一項既古老又嶄新的人類食行為，它經歷了漫長的歲月，隨著人類文明和科學技術的進步，得到了不斷地發展和充實。幾乎在地球上誕生生命的同時，發酵現象就已經存在了。發酵不是古今人類智慧的體現，而是地球歷史上 20 億年前就已存在的自然現象，是微生物送給人類的禮物。但是對於發酵本質的認識，併發展形成發酵工業，卻只有近幾百年的歷史。有需求就有進步，發酵工業的進步與人類需求息息相關，社會需求的增加推動著發酵技術的迅速發展。回顧人類食物發酵學的發展歷史，可以分為以下兩個階段。

　　食物發酵的產生階段。人類進行發酵生產的歷史悠久，從史前到 19 世紀，人類在知其然而不知其所以然的情況下，即不瞭解發酵本質之前，就利用自然發酵現象製成各種飲料酒和其他食品。早在 6000 年前，古埃及人和古巴比倫人已經開始釀造葡萄酒，2000 年前中國的人類祖先就知道如何利用黃豆發酵製造醬油，從出土的不同歷史時期文物和文獻記載中都能見證有關發酵的現象。在 19 世紀末以前，人們不斷地積極努力改進酒類、麵包、乾酪等的風味及品質，「發酵」的本質及微生物的性質尚未被人們所認識，是天然發酵時期。之後，經過長期的技術摸索和實踐，人們對發酵的認識日漸深入。

　　19 世紀末，法國的巴斯德通過實驗明確了不同類型的發酵是由不同形態類群的微生物引起的，因此被譽為「發酵之父」。1881 年，德國的羅伯特・科赫建立了一套微生物純培養的技術方法。此外，丹麥的漢遜在研究啤酒酵母時，建立了啤酒酵母的純培養方法。

　　食物發酵的興盛階段。1929 年，英國弗萊明發現青黴素，從此開啟了以青黴素為

插圖 2-8　古埃及國王谷拉美西斯三世陵墓中的麵包製作圖

先鋒的龐大的抗生素發酵生產工業。20 世紀 60 年代初期，為了解決微生物與人類爭奪糧食的問題，生物學家對發酵原料的多樣化開發進行了研究。隨著現代生物技術，特別是基因工程的發展，發酵工程技術又有了迅猛的發展。20 世紀 80 年代以來，一些發達國家的研究人員紛紛試驗將大豆蛋白基因轉導到大腸桿菌中，然後通過發酵工程培養，可生產出大豆球蛋白，使大豆球蛋白產量倍增。其中，發酵飲料種類繁多，最常見也最有名的就是啤酒和葡萄酒。

　　在當代科技的推動下，發酵工程技術已經取得了長足發展，現代西方的傳統發酵食品都已經實現工業化生產，如乾酪、優酪乳、葡萄酒等。一些發展中國家傳統發酵食品的工業化程度普遍不高，有些國家，只有白酒等產品實現了工業化生產，其他產品大多是作坊生產或低工業化生產。因此，食物發酵產業有很大的開拓空間。

　　近年來，隨著生物化學和分子生物學技術的不斷發展，可用於微生物多樣性的研究方法層出不窮，而不再局限於傳統的分離培養技術。運用非培養的生理生化方法和分子生物學技術對微生物進行更全面及深入的瞭解，使人們對自然界中 99% 以上不可培養微生物的研究成為可能。

發酵所用的原料通常是以澱粉、糖蜜或其他農副產品為主，只要加入少量的有機和無機氮源就可進行反應。微生物因不同的類別可以有選擇性地去利用它所需要的營養。一般情況下，發酵過程中需要特別控制雜菌的產生。目前，發酵產品已不下百種。發酵食物不僅能夠防止食物腐敗，為人類提供不同風味的食物，還能產生人體所需的但是無法自身合成的物質，如維生素 B 族等；可以平衡腸道中益生菌群，從而調理腸胃。這是物理和化學加工方法所無法做到的；通過發酵作用，可將天然蔬果植物中的營養素分解為小分子狀態，易於人體吸收利用養分，從而減少相關消化器官的負擔。

從學科發展來說，食物發酵學是一門相對成熟的學科，但是仍然存在學術空白，例如對家庭、商業和工業三個發酵場景（如圖 2-36 所示）的研究尚處於不平衡的狀態。

圖 2-36 食物發酵的三個生產場景

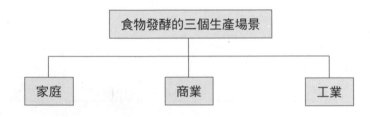

食物發酵學是的編碼是〔SS115300〕，是食學的四級學科，食物加工學的子學科。食物發酵是人類食物三大加工模式之一。

食物發酵學的定義

食物發酵學是研究利用微生物提高食物利用效率的學科。食物發酵學是研究發酵與食物適口性和養生性之間的關係的學科。食物發酵學是解決人類食物發酵過程中種種問題的學科。食物發酵學是研究有效利用微生物的食用價值的學科。

食物發酵是指食品原料在微生物的作用下，經過一系列生物、化學反應後，轉化為新的風味食品的過程。

食物發酵學的任務

食物發酵學的任務是指導用微生物干預的方法獲得適口、健康的食物。現在，發酵食品的一大研究重點是在研究發酵生物多樣性上。發酵主要靠微生物發酵，微生物種類繁多，每一類微生物的發酵條件也不盡相同。通過變異和菌種篩選，可以獲得高產的優

良菌株並使生產設備得到充分利用，甚至可以獲得按常規方法難以生產的產品。

　　傳統發酵食品的自然發酵微生物區系複雜，由於對微生物的結構和組成缺乏全面而深入的瞭解，發酵食品存在諸如產品安全性差、品質不穩定、生產週期長、難以實現工業化生產等問題。食品發酵類型眾多，若不加以控制，就會導致食品腐敗變質。另外，發酵工業的不合理排汙還會造成生態的汙染與破壞。因此食物發酵的任務是在保護生態的前提下，研究發酵食品、發酵微生物多樣性，分析其品質和形成機制，提高食物發酵的利用率，從而使其更好地為人類服務。

食物發酵學的體系

　　發酵是以微生物的生命活動為基礎的，食物發酵學的體系以微生物種為分類依據，共分為酵母菌食物發酵學、黴菌食物發酵學、細菌食物發酵學和混合菌食物發酵學 4 門食學五級學科（如圖 2-37 所示）。

圖 2-37　食物發酵學體系

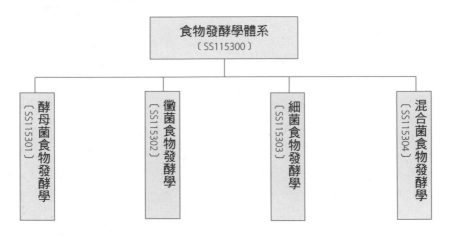

　　酵母菌食物發酵學。酵母菌食物發酵學是食學的五級學科，食物發酵學的子學科。酵母是一種單細胞真菌，一種天然發酵劑。早在西元前 3000 年，人類就開始利用酵母來製作發酵產品。大約 200 年前，酵母進入工業生產領域，2012 年，全球酵母生產能力總計超過 100 萬噸，年銷售收入超過 25 億美元。食用酵母具有令食品疏鬆、改善風味等多種功能。按照應用分類，食用酵母可分為茶酵母、啤酒酵母、麵包酵母等，還可以用於偏性食物和合成食物的生產加工，以及食用動物飼料的生產加工。用酵母菌進行

發酵的製品主要有麵包、各種發酵茶、啤酒、葡萄酒、其他果酒以及威士卡、白蘭地、朗姆酒等蒸餾酒類。

黴菌食物發酵學。黴菌食物發酵學是食學的五級學科，食物發酵學的子學科。黴菌是絲狀真菌的統稱，食品製作中常用的黴菌有毛黴屬、根黴屬、麴黴屬和地黴屬 4 個屬。其中毛黴能產生蛋白酶，因而有分解大豆的能力，在製作豆腐乳、豆豉時產生鮮味。某些毛黴還具有較強的糖化力，能糖化澱粉。根黴具有很強的糖化酶活力，能使澱粉分解為糖，是釀酒工業常用的糖化菌。麴黴具有分解有機物質的能力，在豆醬、醬油、白酒、黃酒等傳統釀造工藝中起著重要的作用。地黴中的白地黴的菌體蛋白質營養豐富，可供食用或製作飼料用。用黴菌進行發酵的製品有米酒、飴糖、豆腐乳等。

細菌食物發酵學。細菌食物發酵學是食學的五級學科，食物發酵學的子學科。用於發酵食品中的細菌，主要有醋酸桿菌、非致病棒桿菌和乳酸菌 3 種。其中醋酸桿菌能氧化乙醇使之成為乙酸，是製造食醋的主要菌種。非致病棒桿菌中的谷氨酸棒桿菌、力士棒桿菌、解烴棒桿菌經常用於味精的生產。乳酸菌能產生乳酸，是發酵乳製品製造過程中起主要作用的菌種。按其對糖發酵特性可分為同型發酵菌和異型發酵菌。單用細菌進行發酵的製品主要有食醋、奶油、酸乳、乳酪以及葡萄糖酸、蛋白酶、澱粉酶等酶製劑品種。

混合菌食物發酵學。混合菌食物發酵學是食學的五級學科，食物發酵學的子學科。在食品發酵中，由於生產工藝的需要，既可單選用一種微生物進行發酵，也可選用多種不同類型的微生物進行發酵，混合菌食物發酵是指用兩種或兩種以上的微生菌對食物進行發酵。混合菌食物發酵主要有以下三種組合模式：一是酵母與黴菌混合使用，其主要發酵製品有黃酒、液態白酒、日本清酒等；二是酵母與細菌混合使用，其主要發酵製品有醃菜、奶酒等；三是酵母、黴菌、細菌混合使用，其主要發酵製品有食醋、大麴酒、小曲酒、醬油及醬類發酵製品等。

食物發酵學面對的問題

食物發酵學面對的問題主要有 3 個：食物發酵的汙染、食物發酵的浪費和食物發酵傳統技藝失傳。

▋食物發酵的汙染

食物發酵生產中產生的廢氣、廢液、廢渣直接排放會造成生態環境的汙染。發酵工業採用玉米、薯乾、大米等作為主要原料，並不是利用這些原料的全部，而只是利用其

中的澱粉，其餘部分限於投資和技術、設備、管理等原因，若未加以很好地利用隨意處理或丟棄，有相當部分隨沖洗滌水排入生產廠周圍水系，不但嚴重汙染環境，而且大量地浪費了糧食資源，比如味精工業廢水造成的環境汙染問題日趨突出。食物發酵工業的行業繁多、原料廣泛、產品種類也多。因此，排出的廢水水體差異大，其主要特點是有機物質和懸浮物含量較高、易腐蝕，一般無毒性，但會導致受納水體富營養化，造成水體缺氧惡化水體，汙染環境。

▎食物發酵的浪費

中國人歷來視「柴、米、油、鹽、醬、醋、茶」為生活的基本保障，其中醬、醋、茶都和發酵有關。通常，如果發酵過程中汙染了雜菌或者噬菌體，會影響發酵過程的進行，導致發酵產品的產量減少，嚴重的甚至會導致整個發酵過程失敗，發酵產品被要求全部倒掉，造成食物浪費。此外，食物發酵是一個耗費糧食的大行業。以中國為例，2013 年中國糧食國內總消費量為 60133 萬噸，而發酵工業的耗糧量約為 16970 萬噸，占了總消費量的 1/4 強。另外，食品發酵業對水資源占用問題同樣嚴重。以中國為例，2012 年中國味精行業年耗水量 1.25 億噸，檸檬酸行業年耗水量 4000 萬噸，對於中國這樣一個人均水資源貧乏的國家來說，這樣大的耗水量的確是觸目驚心。如何降低糧食、水等原料和資源的需求，提高發酵的成品率，減少浪費，是當今發酵業需要解決的一個重要問題。

▎食物發酵傳統技藝失傳

食品發酵技藝是一門古老的傳統技藝，從古代的製茶、製醋、釀酒、酸菜等到現代的麵包、啤酒等發酵工藝，無不凝結了人類的智慧。繼承傳統發酵工藝與應用現代技術推動傳統手藝的合理化、數位化和工業化不是非此即彼的關係，而是相輔相成的融合。在現代發酵工業自動化、機械化生產的衝擊下，傳統發酵工藝日漸式微，解決好傳統發酵食品的安全性、商品性、方便化和嗜好性，使得傳統發酵工藝歷久彌新並後繼有人，是食品發酵行業的迫切任務。

第 6 章

食物流轉學

食物的時空管理

　　食物流轉包括食物貯藏、食物運輸和食物包裝三部分內容。食物的貯藏是滿足人類時間維度的需求；食物的運輸是滿足人類空間維度的需求；食物的包裝是食物的外部裝飾。將這三方面的內容集納於一個三級學科，是因為它們具有一個共性：為食物生產服務。它們均不直接參與食物生產，而是為採捕、種植、養殖、培養、合成的一次生產領域和碎解、發酵、烹飪的二次生產領域提供服務。

　　食物的貯藏、運輸、包裝，都是食物流通轉運的重要組成部分。它們通過儲存時間的延伸、空間位置的移動以及形狀性質的變動，可以創造三大效用，即通過對食物貯藏的時間控制，提高食物的時間效用；通過食物移動的空間控制，提高食物的空間效用；通過對食物進行包裝，改變食物的外在形態，提高食物的商品價值。

　　食物貯藏、食物運輸和食物包裝，都是出現很早的人類食為活動，並伴隨著科技進步走過了各自不同的發展階段。食物貯藏經歷了從天然貯藏到人工設備設施貯藏；食物運輸經歷了人工運輸、畜力運輸到現代化工具運輸；食物包裝經歷了從天然物品包裝到工業化包裝等發展。從他們發展成行業的出現時間看，食物貯藏業和食物運輸業出現較早，食物包裝業則出現較晚。

食物流轉學的定義和任務

　　食物流轉學的定義。食物流轉學是研究食物貯藏、運輸、包裝等食事及其規律的學科。食物流轉學是研究食物的時空管理與控制的學科，是研究解決食物貯藏、運輸、包裝過程中的各種問題的學科。

　　食物流轉學的任務。食物流轉學的任務是提高食物貯藏時間，提高食物運輸效率，提高食物包裝價值。

食物流轉學的體系

　　食物流轉學是食學的 13 門三級學科之一，隸屬於食物生產學，下轄 3 門食學四級學科：食物貯藏學、食物運輸學、食物包裝學（如圖 2-38 所示）。

圖 2-38　食物流轉學體系

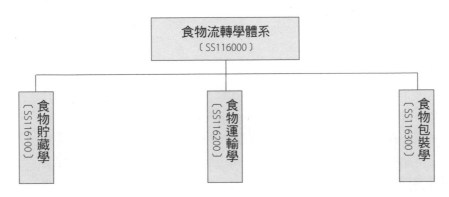

　　食物流轉學的學術價值，在於把食物貯藏、食物運輸、食物包裝三方面的內容從貯藏學、運輸學、包裝學的原有框架中提出，並有機地整合在一起，使它們成為食物生產流程中一個不可或缺的組成部分。

食物流轉學面對的問題

　　食物流轉學面對的問題主要有三個：一是行業發展與消費者不斷提高的生活要求不相適應，在冷鏈配送方面差距較大。由於各國各地區經濟發展的不平衡，冷鏈運輸問題並未得到全面普及和優化配置，這是造成推高食物價格和食物浪費等根源性問題的癥結所在。二是在食物流轉過程中對食品安全的監管力度不夠，各類添加劑使用過多。眾所周知，食物流轉過程是一個多部門多機構協同合作的過程，難以做到「一竿子插到底」管家式的全程封閉管理。在食物被多次儲運、裝車卸車期間，食物品質的管控就顯得尤為重要。三是儲運過程中的食物浪費嚴重。食物在運輸過程中的跑冒滴漏、野蠻裝卸等現象屢見不鮮，加之食物包裝不合格問題，極易造成食物品質的降低和數量的浪費。食物流轉環節出現的問題是「為山九仞，功虧一簣」的關鍵性問題，不可小覷。

食物的時間管理與控制

任何食物都離不開貯藏，沒有食物貯藏就沒有食物的流通、就沒有市場。食物貯藏是維護食物品質，減少損失，實現四季均衡供應的重要措施，具有重要的社會效益和經濟效益。

人類的食物貯藏可以劃分為兩個階段：第一個階段是自然貯藏階段，即依靠自然條件完成貯藏；第二個階段是機械貯藏階段，即依靠機器完成貯藏。

自然貯藏階段。食物的貯藏起源於原始社會時期，原始人類有了剩餘的食物之後，會將食物放在石頭壘砌的空間內保存，這是最早的貯藏方法。此後經過發展，逐漸形成了窖藏、冷藏等多種辦法。最早的窖藏是利用土壤的保溫作用來儲存糧食、蔬菜和水果，這種方法在 7000 年前的中國新石器時代就已經使用。地窖可以遮風避雨，防止鳥類獸類侵襲，減少損耗，所以一直是高緯度地區貯藏食物的重要方法。冷藏主要用於熟食、酒類、水產和水果，是利用天然冰貯藏食物的方法。3000 年前中國《詩經》中有「二之日鑿冰沖沖，三之日納于凌陰」的關於採集和貯藏天然冰的記載。此後還陸續有沙藏、塗蠟、密封等儲存方法得到應用。自然貯藏階段的食物儲藏，大多依賴天然條件，如土壤、冰塊、沙石等等。

在這個階段，人們也常常利用由磚頭、黏土、竹子等製成的蒸發冷卻設備貯藏食物（如插圖 2-16 所示）。這種設備利用「蒸發冷卻」的物理原理工作，能有效延長食物保質期，成本低廉，而且不需機械動力或電力，因此也被稱為「零能量貯藏室」，至今仍然被許多國家和地區的農村社區廣泛使用[①]。

機械貯藏階段。第一次貯藏保鮮技術革命之前，人類對食物的貯藏完全依賴自然。進入 19 世紀後葉，人們擺脫了自然的束縛，先後出現了兩次食物貯藏保鮮技術的重大技術革新。即 19 世紀後半期罐藏、人工乾燥、冷凍三大主要儲存技術的發明與普及；20 世紀以來快速冷凍及解凍、冷藏氣調、輻射保藏和化學保鮮等技術的出現與應用。

全球冷鏈聯盟（GCCA）的核心合作夥伴國際冷藏倉庫協會（IARW）2016 年在華

---

① 世界資源研究所（WRI）：《創造可持續發展的食物未來——在 2050 年養活近百億人口的解決方案》（*Creating A Sustainable Food Future: A Menu of Solutions to Feed Nearly 10 Billion People by 2050*），2019 年版，第 59 頁。

盛頓發布了全球冷庫容量的報告。該報告顯示，全球的公共冷庫（PRW）的存儲容量穩步增加。隨著世界各地更多地依靠冷鏈來滿足不斷增長的易腐產品的貿易和消費，增加冷藏容量成為一個全球的趨勢。2018 年全球冷庫容量達到 6.16 億立方公尺，比 2016 年增長 2.7%。印度、美國和中國這三個最大的國家市場占全球冷藏空間總量的 60%（如表 2-27 所示）。平均而言，目前全球城市居民每人擁有約 0.2 立方公尺的冷藏倉儲空間（如表 2-28 所示）。

　　食物貯藏學的編碼是〔SS116100〕，是食學的四級學科，食物流轉學的子學科。食物貯藏是維護食物品質、減少損失、實現均衡供應的重要手段。

表 2-27　2016 ～ 2018 年全球 20 個冷庫容量最大國及其冷庫容量 *

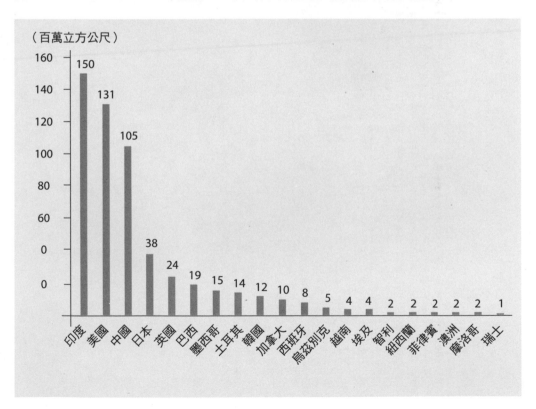

* 國際冷藏倉庫協會（International Association of Refrigerated Warehouses）：2018 年 GCCA 全球冷庫容量報告（2018 GCCA Global Cold Storage Capacity Report）2018 年版，第 5 頁。

表 2-28　2014 ～ 2018 年全球城市居民人均冷庫容量 *

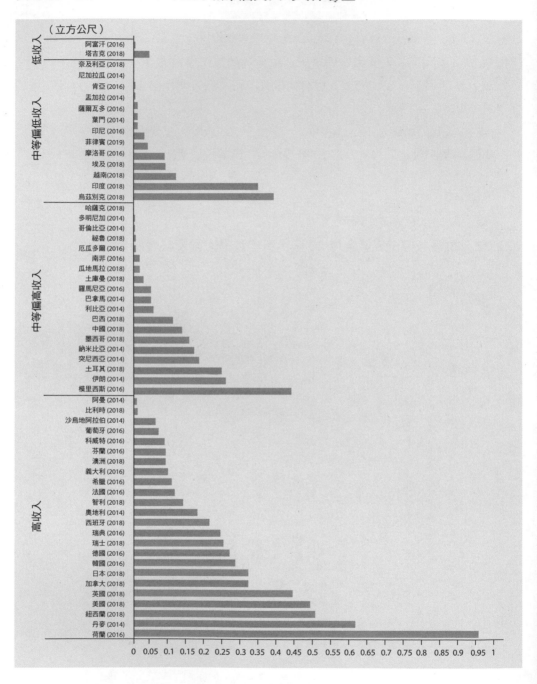

*　聯合國糧食及農業組織（FAO）：《2019 年糧食及農業狀況：推進工作，減少糧食損失和浪費》（ *The State of Food and Agriculture 2019：Moving forward on food loss and waste reduction* ），2019 年版，第 33 頁。

食物貯藏學的定義

　　食物貯藏學是研究食物存放時間及其規律的學科，食物貯藏學是研究食物質量與存放時間之間關係的學科，食物貯藏學是研究解決食物存放過程中各種問題的學科。

　　食物貯藏按時間長短，可劃分為短期存放和長期儲備。有關食物貯藏的提法很多，諸如食品保鮮、食品儲藏、食品貯存、食品保存等，均屬於食物貯藏的範疇。

食物貯藏學的任務

　　食物貯藏學的任務是在保證食物品質的同時，提高其存放時間的穩定性、安全性。食物貯藏學的任務是指導人類選擇適當的技術來存放和儲備食物，使食物在預定的時間內維持品質的穩定性。食物貯藏學的具體任務包括以下幾方面：在食物存放過程中，如何針對不同食物的特性，調節溫度和濕度，並預防食物被蟲鼠所害；如何保證食物在貯藏過程中不被汙染。

食物貯藏學的體系

　　食物貯藏學體系是以貯藏的種類劃分的，共分為植物性食物貯藏學、動物性食物貯藏學、菌類食物貯藏學和礦物性食物貯藏學4門食學五級學科（如圖2-39所示）。

圖 2-39　食物貯藏學體系

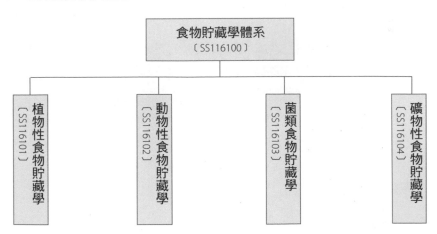

　　植物性食物貯藏學。植物性食物貯藏學是食學的五級學科，食物貯藏學的子學科。植物食物分為兩類，一類是糧食即植物的種子及其加工品，例如米麵；一類是水果蔬

菜。糧食貯藏和果蔬貯藏有共同點，它們都需要低溫低氧的貯藏環境，以有效降低其呼吸作用，減慢新陳代謝。但糧食貯藏和果蔬貯藏也有不同要求：糧食（非加工品）的儲存環境要求乾燥，避免種子萌發；果蔬的貯藏環境要求低濕，避免自身死亡。從貯藏溫度說，糧食貯藏的溫度要求是盡量低，果蔬貯藏應的溫度要求是適當低。糧食貯藏要求通風，果蔬貯藏更需要低氧。

動物性食物貯藏學。動物性食物貯藏學是食學的五級學科，食物貯藏學的子學科。動物食品貯藏主要分為冷卻肉貯藏和冷凍肉貯藏兩個類型。其中，溫度穩定是維持冷卻肉新鮮度的關鍵。冷卻肉在倉儲時，需保持 0 至 5℃的庫溫，80% 至 90% 的相對濕度，並使用貨架，避免堆垛產生的肉品熱影響產品品質。冷凍肉同樣要注意溫度穩定。一般情況下，低於 -23℃以下就能讓冷藏期成倍延長。在肉類倉儲期間，如發現有發軟、色暗褐或有黴斑、氣味雜腥等現象，一定要及時清理，否則會汙染健康的凍肉。蛋類、奶類食品也屬於動物食品貯藏的範疇，它們有著不同於肉類的儲藏方法。

菌類食物貯藏學。菌類食物貯藏學是食學的五級學科，食物貯藏學的子學科。食用菌是一種比較難貯存的品類。食用菌菌體柔軟、易碎，採收後仍存在較快的呼吸和蒸騰，加上斷絕了來自培養料的養分與水分供應，所以很容易出現表面褐變、菇柄伸長、菌蓋開傘、軟化、腐敗等現象，使食用菌的鮮度急遽下降，最終失去食用價值和商品價值。常溫下菌類食物一般只存 1 ～ 2 天的貯藏時間，要改變這種狀況，在井底低溫貯藏、石蠟封口貯藏、玻璃紙封口貯藏、廄肥貯藏等傳統方法之外，還應引進現代食用菌氣調庫貯藏技術，用自然氣調冷藏和機械氣調貯藏方式，改善食用菌儲存條件，延長菌類食品貯藏時間。

礦物性食物貯藏學。礦物性食物貯藏學是食學的五級學科，食物貯藏學的子學科。礦物食物主要有食鹽、飲用水和礦物類偏性食物三種。其中，鹽容易吸潮，貯藏環境要注意避潮，碘鹽應存放在加蓋的有色密封容器內，以防氧化分解而使碘失效；飲用水的貯藏要嚴格遵守衛生要求，按品種、批次分類存放，防止相互混雜，不得與有毒、有害物品或其他有礙食品衛生的物品混放，並注意通風、防塵、防鼠、防蟲等；硼砂、膽礬等礦物食物容易潮解、風化，磁石、代赭石、朱砂等礦物食物容易氧化，所以要放在防潮、避光的容器中保存。

食物貯藏學面對的問題

食物貯藏學面對的主要問題有 3 個：食物貯藏合成物使用過度、食物貯藏的浪費和食物貯藏傳統技藝失傳。

▎食物貯藏合成物使用過度

　　為了抑制微生物的生長和繁殖，延長食物的貯藏時間，人們會在食物貯藏時使用保鮮劑、乾燥劑、防腐劑以及防病、防蟲害的化學合成物。適量的防腐劑有利於食物保鮮，但過量添加會破壞食物的原生性，降低食物品質。更有一些不法分子為了節約成本，延長保質期牟取暴利，非法使用了不可食用的添加劑，或者過量使用可食用添加劑，嚴重損害了食物品質，對人體造成傷害。

▎食物貯藏的浪費

　　食物貯藏期間的浪費主要表現在兩個方面，第一是數量上的浪費，比如丟失、損壞等；第二是品質上的浪費，比如汙染、變質後的丟棄等。這些浪費的現象多種多樣，有的是沒有將食物放入符合規定的存儲場所和貨架；有的是儲存溫度和相對濕度不符合要求；有的是動植物、生熟等不同的食物混藏；有的是沒有遵守先進先出等食物貯藏規範；有的是缺少冰櫃、冰箱等食品專用貯藏工具；有的是不當使用防腐劑和殺蟲劑。關鍵是缺乏科學有效的管理。

▎食物貯藏傳統技藝失傳

　　古代的食物貯藏與加工歷史悠久，技術發達，加工成品也豐富多彩。原始社會中主要使用地窖貯糧。後累經發展，逐漸形成了倉貯、冷藏、沙藏、塗蠟、密封、混果等貯藏技術。比如晾曬風乾法，這種方法一般用來儲存各種肉類，也有製作蜜餞蔬菜，等等，已有幾千年的歷史；醃製法，如甜醬、醬油等加工的醬菜、酒糟做的糟菜、糖蜜做的甜醬菜等。這些寶貴的食物貯藏技藝有的已經瀕臨失傳，有些依然沿用至今，大放異彩。

食物的空間管理與控制

　　食物運輸歷史悠久，是各地互通有無的一項重要內容。當代交通的便捷，可以讓生活在世界各地的人們品嘗到產自遙遠之地的食物，滿足人類的口腹之欲，提高肌體健康水準。伴隨交通工具和技術的發展進步，食物運輸業也在不斷發展進步，食物流量顯著增加，運輸速度日益提高。

　　食物運輸從人類的原始時期就已經存在。迄今為止，人類發明了許許多多的運輸方式，以滿足不同食物的運輸需求。

　　水上、陸上運輸階段。在人類進入文明社會之前，是以肩扛、背馱或頭頂的方式進行食物運輸的。其後，隨著時間的推移，人們知道了利用動物來馱運食物以減輕人類的負擔。隨著人類活動範圍的擴大，為了求得生存和發展，出現了最早的交通工具——筏和獨木舟，以後逐漸出現了車，進而出現了最原始的航線和道路。食物等貨物的運輸系統包括舟和車。3000 年前的甲骨文中已經出現舟字，《詩經》中也記載了 2800 年前就已經出現了水上運輸。

　　就目前而言，世界上最早的車出現在中東地區與歐洲。在中東的兩河流域，在烏魯克文化時期的泥版上，出現了表示車的象形文字。在敘利亞的耶班爾·阿魯達發現了一只用白堊土做的輪子模型，這也是中東地區最早的車輪模型。在德國的弗林特貝克的一座墓塚中，發現了三道車輪的印轍。這些車輪印痕的校正年代為西元前 3650 至前 3400 年，屬於歐洲新石器時期的漏斗頸陶文化時期。在德國洛納的一塊史前墓石上，有兩頭牛正在拉車的場面。

　　2004 年，中國社會科學院考古研究所的研究人員在對二裡頭遺址的發掘中，在宮殿區南側大路的早期路土之間，發現了兩道大體平行的車轍痕。河南偃師二裡頭遺址發現的夏代車轍，將中國用車的歷史上推至距今 3700 年左右。

　　早期拉車的主要是牛，隨著輻式車輪的出現，進入西元前 2000 年，在歐洲與西亞的許多地方，幾乎同時都出現了雙輪馬車。中國春秋時期，食物的運輸主要依靠馬匹。1700 年前，中國就設置了驛站，這是古代食物運輸的中轉站和休息站。雲南驛是中國古代西南絲綢之路的重要驛站，不但是雲南省省名的起源，而且名字保留至今有 2000 年的歷史。雖然這一階段的食物運輸速度慢，但卻創造了多條世界著名的食物運輸通

插圖 2-9　為古埃及第 18 王朝女王遠征裝載食物

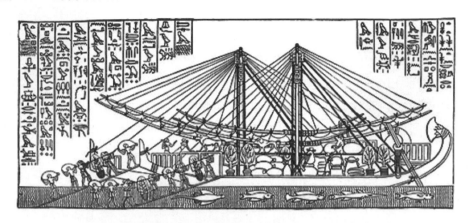

道，如 2000 年前漢朝的絲綢之路、1400 年前貫通的京杭大運河等。

　　此階段，水上運輸同以畜力、人力為動力的陸上運輸工具相比，無論是從運輸成本、運輸能力，還是從方便程度上，都處於優勢地位。歷史上水運的發展對工業布局有較大的影響，資本主義國家早期的工業大多是沿通航水道設廠。在水上運輸中，由於地理因素的關係（遠隔重洋），海上運輸具有獨特的地位，幾乎是其他運輸方式不能被替代的。

　　鐵路運輸階段。18 世紀 80 年代～ 19 世紀初，蒸汽機相繼用於船舶和火車上。1825 年，英國在斯托克頓至達靈頓修建世界第一條鐵路並投入公共客貨運輸，標誌著鐵路時代的開始。這一階段，由於鐵路能大量、高速地進行運輸，幾乎可以壟斷當時的陸上運輸。從此，工業布局擺脫了對水上運輸的依賴，能夠深入內陸腹地，加速工農業的發展。因此，19 世紀工業發達的歐美各國都相繼進入了鐵路建設的高潮。隨後又擴展到亞洲、非洲及南美洲，使鐵路運輸在此階段幾乎處於壟斷地位。

　　食物運輸的重大變革要得益於蒸汽機的發明，製造了大機器、汽車、火車，人類逐漸用汽車、火車代替牛車、馬車運送食物，不但提高了運輸效率和運輸數量，而且縮短了運輸時間，減少了在運輸過程中腐敗變質的食物數量。

　　公路、航空運輸階段。20 世紀 30 年代～ 50 年代，公路、航空運輸相繼發展，與鐵路運輸競爭激烈。1886 年德國人本茨發明了真正的汽車。19 世紀末，在鐵路運輸發展的同時，隨著汽車工業的發展，公路運輸悄然興起。由於公路運輸機動靈活、迅速方便，不僅在短途運輸方面顯示出優越性，而且隨著各種完善的長途客車、大載重專用貨車和高速公路的出現，在長途運輸方面的優勢更加凸顯。

世界航空產生於 19 世紀末 20 世紀初。1905 年，美國人萊特兄弟製造了真正的飛機。飛機使得食物運輸的效率進一步提升，運輸範圍也隨之擴大。近幾十年，冷鏈運輸在食物運輸領域應用廣泛。冷鏈運輸多用於運輸生鮮水果類食物，具有運輸速度快、保鮮程度高、運輸過程汙染少、運輸範圍廣、便捷高效等優點。

綜合運輸階段。20 世紀 50 年代以來，人們認識到水運、鐵路、公路、航空這幾種運輸方式是相互制約又相互影響的，因此許多國家開始進行綜合運輸，即協調各種運輸方式之間的關係，進行水路、鐵路、公路、航空運輸之間的分工，發揮各種運輸方式的優勢，各顯其能，開展聯運，構建海陸空立體的綜合食物運輸體系。

2010 年世界糧食出口總量 27554.5 萬噸，進口總量 26738.1 萬噸，進出口都是通過國際運輸來完成的。也就是說 2010 年，國際間進出口糧食運輸達到 54292.6 萬噸。

表 2-29　2012 ～ 2013 年全球幾個典型國家食物運輸市場規模

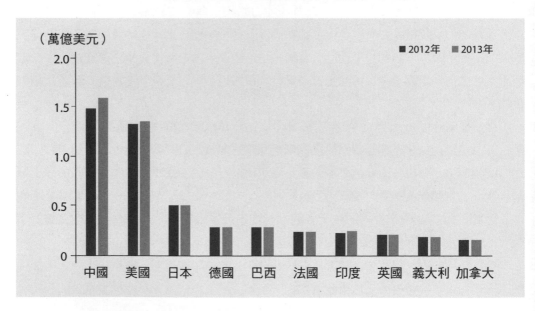

以亞太、南美、歐洲、北美為區塊劃分，四個地區的運輸業占 GDP 總量情況如表 2-29 所示：

食品運輸業受經濟發展水準、各國區域產業結構差異影響，全球物流市場的區域發展差異較為明顯，快速發展中的亞太地區的市場份額最高，其次是北美、歐洲。南美的物流業市場規模只占到世界的 7%。

表 2-30　亞太、南美、歐洲、北美地區運輸業占 GDP 比例

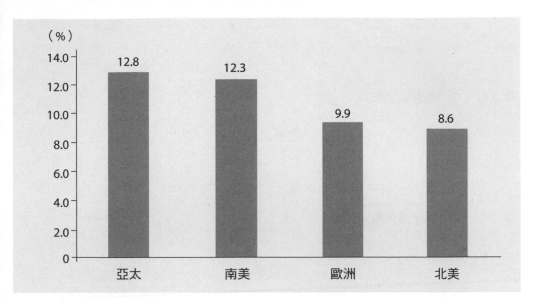

食物運輸學的編碼是〔SS116200〕，是食學的四級學科，食物流轉學的子學科。食物運輸歷史悠久，食物運輸學是研究食物品質與空間變化及規律的學科。

食物運輸學的定義

食物運輸學是研究食物空間移動及其規律的學科。食物運輸學是研究食物質量與空間移動之間關係的學科。食物運輸學是研究解決食物移動過程中各種問題的學科。

食物運輸按距離可劃分為長途運輸與短途運輸；按交通工具可劃分為陸路運輸、海陸運輸、航空運輸；按運輸溫度可分為常溫運輸與冷鏈運輸。冷鏈運輸是新興發展起來的運輸方式，其特點是可以更好地保持食物新鮮度。

食物運輸學的任務

食物運輸學的任務是指導人類在保證食物品質的同時，提高其空間移動的快捷性、便捷性。

食物運輸學的具體任務包括以下幾個方面：如何提高食物的運輸速度；如何控制食物在運輸過程中的溫度，尤其是冷鏈運輸的溫度控制；如何提高冷鏈運輸的覆蓋密度，在耗費最小成本的前提下，可以使用冷鏈將食物運送到更多地點。

食物運輸學的體系

　　食物運輸學體系依據食物運輸的溫度條件分類，分為食物常溫運輸學、食物低溫運輸學 2 門食學五級學科（如圖 2-40 所示）。

圖 2-40　食物運輸學體系

　　食物常溫運輸學。食物常溫運輸學是食學的五級學科，食物運輸學的子學科。在冷鏈運輸出現之前，食物基本上多是在常溫條件下運輸的。在今天眾多發展中國家，食物的常溫運輸仍然占有很大比例。食物具有易腐性，它的常溫運輸要注意以下幾點：一是運輸工具必須清潔、乾燥、無異味；二是嚴禁與有毒、有害、有異味、易汙染的物品混裝、混運；三是運輸前必須進行食品的品質檢查，在標籤、批號和貨物三者符合的情況下才能付運；四是運輸包裝必須牢固、整潔、防潮，標有明顯的食物標誌；五是在運輸過程中要注意防雨、防潮、防暴曬。

　　食物低溫運輸學。食物低溫運輸學是食學的五級學科，食物運輸學的子學科。食物低溫運輸又稱食物冷鏈運輸。根據運輸對象和要求不同，食物低溫運輸分為冷凍運輸和冷藏運輸兩類。冷凍運輸是指在 -18℃～ 2℃ 條件下由冷凍運輸車輛提供的食物運送，運送對象包括速凍食品、肉類、冰淇淋等。冷藏運輸是指在 0℃～ 7℃的條件下由冷藏運輸車輛提供的食物運送，運送對象包括水果、蔬菜、飲料、鮮乳製品、熟食製品、各類糕點、各種食品原料等。食物的低溫運輸提升了食物的保存時間和保鮮品質，大大減少了食物在運送過程中的浪費。

食物運輸學面對的問題

　　食物運輸學面對的問題主要有兩個：食物運輸的浪費和食物運輸冷鏈普及不夠。

▌食物運輸的浪費

　　許多國家的食物運輸方式落後，專業化運輸工具短缺。大多數食物運輸採用傳統的包糧運輸方式，即基本採用麻袋、塑膠編織袋，在儲存環節拆包散儲，到中轉和運輸環節又轉為包裝形態，這樣多次搬倒轉運的包糧在裝卸、運輸當中的拋灑以及包裝物的遺留造成的損失率高達 5% 以上。據估計，中國每年有總值 750 億元人民幣的食品在運送過程腐壞。一些容易腐壞食品的售價其中七成便是用來補貼在物流過程中弄壞貨物的支出。這是一個觸目驚心的數字，理應引起人們的高度重視。

▌食物運輸冷鏈普及不夠

　　食物運輸冷鏈普及不足問題，主要存在於發展中國家。在這些國家，由於冷鏈運輸市場化程度低，布局和基礎設施建設不合理，缺乏上下游的整體規劃整合，在運輸過程中大多使用傳統的常溫車廂，以及車、庫、貨三者資訊不對稱等多方面原因，造成運輸環節食物變質。即使在經濟快速發展的中國，易腐保鮮食品的公路冷藏運輸只占到運輸總量的 20%，其餘 80% 的水果、蔬菜、禽肉、水產品，大多是用普通卡車運輸，達不到安全運輸的要求。根據測算，以上原因造成食物在儲運過程中的損失浪費比例為 5%。中國果蔬儲藏保鮮量占總產量的比例僅有 25%，但保鮮技術也欠發達，致使水果在儲運過程中的損失比例達 7.8%。

食物的外衣製作與應用

　　食物包裝起源於人類持續生存的食物儲存需要，當人類社會發展到有商品交換和貿易活動時，食物包裝逐漸成為食物要素的組成部分。食物包裝在現代包裝領域占有非常重要的地位。近年來，行業的發展和市場的需求，對食物包裝的發展提出了新的要求。

　　食物包裝是一個古老而現代的話題，也是人們一直都在研究和探索的問題。無論是在原始時期，還是在技術發達的今天，人類都在不斷尋找更方便、更安全的食物包裝材料和食物包裝方式方法。

　　古代的食物包裝。原始包裝萌芽於舊石器時代。比如，用植物葉、果殼、獸皮、動物膀胱、貝殼、龜殼等物品來盛裝轉移食物和飲水，這雖然還稱不上是真正的包裝，但從包裝的含義來看，已處於萌芽狀態了。

　　古代包裝歷經了人類原始社會後期、奴隸社會、封建社會的漫長過程。人類開始以多種材料製作作為商品的生產工具和生活用具，其中也包括包裝器物。在古代包裝材料方面，人類從截竹鑿木，用植物莖條編成籃、筐、簍、席，用麻、畜毛等天然纖維粘結成繩或織成袋、兜等用於包裝，陶器、青銅器的相繼出現，以及造紙術的發明，使包裝的水準得到了明顯的提高。

　　近現代食物包裝。近代包裝設計始於 16 世紀末。到 19 世紀，工業化的出現，大量的商品包裝使一些發展較快的國家開始形成機器生產包裝產品的行業。在包裝材料及容器方面，18 世紀發明了馬糞紙及紙板製作工藝，出現紙製容器；19 世紀初發明了用玻璃瓶、金屬罐保存食品的方法，產生了食品罐頭工業等。在包裝技術方面，16 世紀中葉，歐洲已普遍使用錐形軟木塞密封包裝瓶口。如 17 世紀 60 年代，香檳酒問世時就是用繩系瓶頸和軟木塞封口，到 1856 年發明了加軟木墊的螺紋蓋，1892 年又發明了衝壓密封的王冠蓋，使密封技術更簡捷可靠。在近代包裝標誌的應用方面：1793 年西歐國家開始在酒瓶上貼掛標籤；1817 年英國藥商行業規定對有毒物品的包裝要有便於識別的印刷標籤等。

　　現代包裝設計，是進入 20 世紀以後開始的，主要表現在以下 5 個方面：一是新的包裝材料、容器和包裝技術不斷湧現；二是包裝機械的多樣化和自動化；三是包裝印刷技術的進一步發展；四是包裝測試水準的進一步發展；五是包裝設計進一步科學化、現

代化。

在 Markets and Markets 發布的一份有關食品包裝市場的報告中顯示，[②] 全球食品包裝市場將在 2019 年達到 3059 億美元。史密琴斯‧皮爾研究所曾發布報告稱，2016 年全球金屬包裝市場規模達到 1.06 億美元，2021 年將達到 1.28 億美元。2015 年，全球玻璃包裝市場份額超越 360 億美元。

食物包裝歷史悠久，發展至今，已經形成了一個頗具規模的行業。深入研究食物包裝特性，探討食物包裝規律，才能讓這一行業歷久彌新，在包裝材料、包裝方式、包裝技術上與時代共進。

食物包裝學的編碼是〔SS116300〕，是食學的四級學科，食物流轉學的子學科。食物包裝起源於人類持續生存的食物儲存需要，如今的食物包裝，已經成了集包裝原料、食品科學、生物化學、包裝技術、美裝設計於一體的一個大型行業，食物包裝學應時而生。

食物包裝學的定義

食物包裝學是研究食物外在保護物的製作與應用的學科，是研究食物外部保護物與食物品質及儲運、售賣之間關係的學科。食物包裝學是研究利用外在保護物維持食物數量與品質穩定性的學科，是解決食物外在保護物的研發、生產、使用等問題的學科。

食物包裝學的任務

食物包裝學的任務是指導研發出更安全環保的材料和更便捷美觀的形式。食物包裝學的首要任務是保持食物的安全性和穩定性，防止其變質；其次是便於運輸和攜帶；第三是美觀，彰顯品位，從而促進銷售；第四便於回收再利用。

食物包裝學的任務具體包含研發更安全環保的包裝材料，設計更便捷的包裝方法和更美觀的包裝形式，追求更美好的包裝效果。

食物包裝學的體系

食物包裝學的體系由食物包裝的諸要素組成，包括食物包裝材料學、食物包裝設計學、食物包裝製作學和食物包裝再利用學 4 門食學五級子學科（如圖 2-41 所示）。

---

⑬　MARKETS AND MARKETS：食品包裝市場（Food Packaging Market）（https://www.marketsandmarkets.com/Market-Reports/food-packagingmarket-70874880.html）。

食物包裝材料學。食物包裝材料學是食學的五級學科，食物包裝學的子學科。食物包裝是為了防曬、防潮、防蟲害、避免汙染、承載壓力、便於運輸等目的而生。人類最早的包裝材料是葉子、獸皮、貝殼等天然材料，之後有了棉麻、金屬、塑料等人工製品的加入。發展至今，食物包裝已經成了一個行業，包裝材質也有了極大的擴展和改變。當今的食物包裝材料，主要有棉麻類材質包裝、木材類材質包裝、紙質類材質包裝、金屬類材質包裝、塑膠類材質包裝、玻璃陶瓷學材質包裝、複合材料類材質包裝，等等。食物包裝材料學是研究這些包裝材料選擇和應用的學科。

食物包裝設計學。食物包裝設計學食學的五級學科，食物包裝學的子學科。食物的性狀和包裝要求多種多樣，針對食物的包裝設計也千差萬別，例如固體食物和液體食物的包裝有別。同為固體食物，麵粉和糕點的包裝有別；同為液體食物，水、茶、果汁、酒類的包裝也各不相同，這就要求食物包裝要根據食物的不同特性，進行不同的包裝設計。除了一般性的設計之外，食品包裝設計還要考慮以下要求：一是包裝衛生無菌；二是包裝的綠色環保；三是包裝的實用功能；四是包裝的智慧化；五是包裝的方便化；六是包裝的個性化；七是包裝物的回收再利用問題。

食物包裝製作學。食物包裝製作學是食學的五級學科，食物包裝學的子學科。食物包裝製作與食物安全緊密相連，其材料選用、工藝製作要高於一般包裝要求。在進行食物包裝製作時，不僅要考慮包裝的耐用、美觀，更要考慮無菌、無毒、無汙染等因素。因此，在生產前要充分瞭解食品的主要成分、特性以及儲運中可能發生的各種反應，包括非生物的內在化學反應和生物性的腐敗變質反應；還要研究被包裝食物中的主要成分

圖 2-41　食物包裝學體系

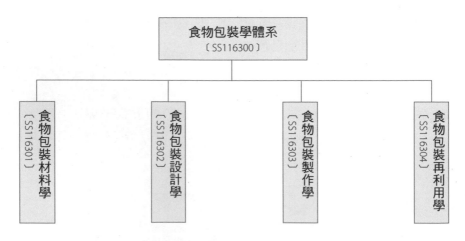

和敏感因素，包括可能影響食物品質的光線、氧氣、壓力等物理、化學因素；在生產過程中，尤其是生產製作熟食、飲用水等直接食用品的包裝時，更要做到全程無菌化操作。

食物包裝再利用學。食物包裝再利用學是食學的五級學科，食物包裝學的子學科。隨著人們生活水準的提高和食物包裝的大範圍應用，食物包裝領域的浪費問題也日益突出，食物包裝再利用學就是為了解決這一問題設立的學科。食物包裝物再利用率低，不但浪費了大量資源，也給生態環境帶來了沉重的負擔。要提高食物包裝物的再利用率，要從源頭和回收兩方面做起。在源頭方面，從生產設計時就要選用那些可以回收或降解的原材料，減少選用玻璃、塑膠等回收率低的包裝材料，減少不必要的產品包裝，實現源頭減量；在回收方面，要大力推廣垃圾分類，提高食物包裝物的可再生率。

食物包裝學面臨的問題

食物包裝學面臨的主要問題有 4 個：食物的過度包裝、食物包裝物汙染食物、食物包裝物汙染環境和食物包裝的再利用。

▌食物的過度包裝

隨著生活水準的提高，在解決了基本生活問題之後，人們越來越追求社會地位、追求面子。於是在贈送禮品時越來越傾向選擇包裝精美、包裝盒大、看起來上檔次的物品。食品包裝行業為滿足顧客這種需求，越發在食品包裝上下功夫，常常出現包裝過度、包裝價值超過食物本身價值的現象。為了滿足日益擴大的包裝需求，供應商必然擴大對樹木的砍伐，以獲取原材料，這又導致森林數量的減少，土地荒漠化加劇，進而影響生物多樣性，破壞生態環境。另外，現在市面食品包裝大多是一次性包裝，無法進行多次迴圈利用，導致造成了大量資源的浪費。過度包裝是一種非食物浪費。

▌食物包裝物汙染食物

從生產加工角度來講，食物包裝造成的食物汙染危害可以分為兩個方面。第一是材料本身造成的危害。現代包裝中使用了塑膠、橡膠、紙、玻璃等多種包裝材料，與食物直接接觸，很多材料成分可遷移到食物中，造成食物汙染。第二是生產過程中的違規添加物造成的危害。例如，為了使兒童餐具色彩鮮亮同時降低成本，有些不法商販就會利用工業級的色母對產品進行著色，致使芳香胺、重金屬等有害物質進入人體。又如，某些廠家使用回收紙張生產食物包裝用紙，為了提高紙張的白度使用螢光增白劑，大大增

加人體患癌症的概率。鄰苯二甲酸酯也是一種廣泛用於食品包裝材料的增塑劑，一旦溶出並進入人體就會對人體產生類似雌性激素的作用，干擾人體內分泌，危害男性生殖系統，增加女性患乳腺癌概率，同時會危及兒童肝臟腎臟。

▋ 食物包裝物汙染環境

使用廢棄的包裝垃圾，即由產品包裝物形成的固體廢棄物，處理不當會對環境造成很大危害。包裝垃圾形式多樣，產量大，過度包裝已成為公害性垃圾行為。儘管針對包裝垃圾有了相應的解決方法，但是由於包裝品的材質種類不一，現有的措施並不能最大限度地解決包裝垃圾汙染問題。並不是所有的包裝垃圾都能被降解，比如塑膠這種不能被自然降解的人工高分子化合物，如果不被回收利用就只能填埋處理，但是因為塑膠不降解或降解極慢，只會越填越多，給生態造成極大的威脅。全球的食品工業已進入一個產業升級、調整提高的關鍵時期。食物包裝學應該順應時代發展，與時俱進，及時反映本學科科學技術發展的最新內容以及產業和社會經濟發展的最新需求，用過硬的學科理論知識來指導食物包裝的具體實踐，開拓食品包裝行業新局面。如食物包裝更加注意保鮮功能；開啟食用更為方便；包裝材料趨向易於降解；積極發展包裝新材料；適應環保的需要，走向綠色包裝道路等。

▋ 食物包裝的再利用

很多食物包裝企業為了追求利潤最大化，不斷增加食物包裝的層數或濫用一些品質不合格的材料作為食品包裝材料；同時社會上沒有形成良好的環保習慣和完善的法律規則等，致使食品包裝廢棄物對資源的浪費和環境的影響越來越明顯。有關資料顯示，中國每年產生的 2 億噸生活垃圾中，有 4000 萬噸包裝物，其中有很多是過度包裝，每年僅包裝廢棄物就白白扔掉了 2800 億元人民幣。如果對包裝廢棄物中的紙類包裝物進行回收全國一年回收紙箱 14 萬噸，可節約生產同量紙的煤 8 萬噸、電 4900 萬度、木漿和稻草 23.8 噸、燒鹼 1.1 萬噸。由此看見，如何減少食物包裝廢棄物的負外部性影響和增加回收利用是非常有必要的。

提升食事的人工效率

食為工具是指提高食事人工效率的器物，既包括無動力的手工工具，也包括有動力的機械器具。

食為工具的歷史源遠流長，從古人類使用的石斧、石鐮，到最新的農用無人機，都屬於食為工具。

按照物質性質分類，食為工具又可以分為食物生產工具和食物利用工具兩部分。食物生產工具既包括冷庫、拖拉機、聯合收割機、冷鏈運輸車輛等設備，也包括鋤頭、鐮刀等小型工具；食物利用工具包括炒勺、飯碗等器具。

食產器具促進了生產力的進步，食用器具見證了人類文明的發展。食為動力工具的作用，是為了讓人類能夠更好地進行食行為，幫助人類有效地生產、加工、獲取食物，從而改善生存條件，同時也促進了人類自身的進化，比如使頭腦更聰明、手指更靈活；反過來，人類擁有了聰明的頭腦和靈巧的雙手，也就能不斷製造出更多、更先進的食為動力工具。

食為工具的應用場景有三個：一是食物生產領域，二是食物利用領域，三是食事秩序領域（如圖 2-42 所示）。

食為工具中，食物生產工具家族龐大，種類繁多，是食為工具的主要組成部分。而食物利用工具和食事秩序工具，無論是從行業規模、種類多寡還是從體量大小來看，與前者都不可同日而語。

食為工具學的定義和任務

食為工具學是研究使用器物提高食事人工效率的學科，是研究器物研發、生產與食事效率之間關係的學科，是解決提高食事效率的器物研發、生產、使用等問題的學科。

圖 2-42　食為工具的應用場景

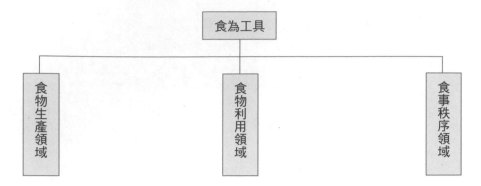

食為工具學的任務。食為工具學的任務是開發包括數位平臺在內的食用新設備新工具，提高食物生產的人工效率，提升食物利用的便捷度，提升食事秩序的現代化管理。

食為工具學的體系

食為工具學是食學的 13 門三級學科之一，隸屬於食物生產學，下轄兩門食學四級學科：食為手工工具學、食為動力工具學（如圖 2-43 所示）。

食為工具學的學術價值，在於首次把食物生產工具、食物利用工具和食事秩序工具集於一門學科，體現了食為工具的整體價值。

圖 2-43　食為工具學體系

食為工具學面對的問題

食為工具學面對的問題主要有兩個：一是各國各地區在食為工具技術研發方面的

投入不足或不均衡。歐美發達國家的農機工業將年銷售額的 5% 左右作為科研經費，甚至一些公司將利潤的 50% 用於產品研製，足夠的資金投入為研製的繼續進行提供了保障。而發展中國家研製經費支出占銷售收入的比例為 0.8% 左右，大中型企業的研製投入占 2%。低投入難以保證新技術、新產業、新模式、新業態下的技術創新性發展。二是對食為數位化的研發、設計和應用不夠。數位化設計是實現食為工具息化發展的重要手段，能優化產品結構，縮短設計週期，降低設計成本，提高生產效率，滿足食物生產需求，推動傳統食物種養向數位化發展。數位化設計具有產品模型標準化、設計高效化、模具數位化等優點。食為動力工具的大型化、智慧化、數位化、多功能、多用途、高效、節能、環保是破局食為工具學面對的諸多問題的根本出路。

提高食事人工效率的手工工具

　　食為手工工具源遠流長。人類早期的食為工具，絕大多數都是手工工具。從這個意義上說，人類早期的食為工具史，就是一部製造和使用食為手工工具的歷史。

　　人類的食為手工工具是指提高食事人工效率的無動力器物，包括食物生產工具和食物利用工具兩個類型。食物生產手工工具又包括食物生產手工工具和食物加工手工工具兩部分，前者如在食物採摘、狩獵、捕撈、採集、種植、養殖、培養過程中所使用的各種手工工具；後者如在烹飪、發酵、碎解過程中所使用的各種手工工具。食物利用工具多數為提高進食效率的工具，包括盛食工具、取食工具等，前者如飯碗、盤碟、酒杯、水杯；後者如刀、叉、飯勺、筷子等。由於人類早期生產力的低下，許多食物生產手工工具和食物利用手工工具，其分工並不明顯，例如刀子，既可以作為宰割加工的工具，又可以作為取食食物的工具。又如一些陶罐，既可作為取水的工具，又可作為盛水的用具。

　　食為手工工具的出現和發展伴隨著整個人類的成長史。考古顯示，原始人已經懂得製作一些簡陋的食產、食用器具，如將石片打磨鋒利以切割食物；用竹竿做箭，在木棒上綁上石頭作為狩獵的武器等。科學家在對 200 萬年前的古人類進行科考時，發現了帶有人工打擊痕跡的石器；1887 年考古學家在阿根廷的海濱發現了 350 萬年前古人類使用過的燧石、雕刻的骨頭化石及古代壁爐。

　　早期人類的盛取、碎解食物的器具，主要是自己的手、足、牙，偶爾借助石頭或樹枝。這些經過打造修整的石子或樹枝，便成了早期食用器具的雛形。東方使用的筷子至少出現於 3000 年前，勺子約有 7000 年的使用歷史。早期的西方飲食器具只有刀，是用獸骨或石頭打磨而成的，後來出現了銅刀和鐵刀。當時的刀大多是用來宰殺牲畜的，把肉食烤熟後，兼作餐具使用。直到法國的黎塞留太公命令下人把餐刀的刀尖磨成圓形，專用的餐刀才得以出現。西方進食用的叉子最早出現在 11 世紀的義大利塔斯卡地區，最初的叉子只有兩個叉齒。到了 17 世紀，法國出現了體積更大而且帶有 4 個叉齒的叉子。由於叉子只能起到把食物送到口中的作用，所以必須與刀搭配起來使用，刀割在前，叉在後，加上勺，形成了西方的餐桌上延續至今的食用器具。

　　食為手工工具用材的演變，大致經歷了石器、陶器、銅器和鐵器四個時代。由於火

的廣泛應用，人們發展起了製陶技術，從而衍生出對容器和食器的要求，從早期造型簡單的陶器，發展到後來對陶罐、陶釜等炊具的使用，這個過程促進了陶器製作業的發展。冶煉金屬技術的發明和金屬器具的製造，則帶動了多種食為手工工具的發展。鐵製的鐮刀、鋤頭、釘耙、鍬、鎬等農具的出現，使食物種植的人工效率大為提高。

　　人類區別於動物的一大標誌就是能夠製造工具、使用工具。對於人類的發展來說，食為手工工具功不可沒。

插圖 2-10　西元前 13500～前 12000 年用馴鹿角雕刻的勺子

　　食為手工工具學的編碼是〔SS117100〕，是食學的四級學科，食為工具學的子學科。在傳統的學科設置上，食為手工工具被分置於農業、漁業、工業等學科門下，設置分散，分類的維度不統一，不利於整體研究。食學從它們的共性出發，將所有食為手工工具集為一體，將其歸納為食學的 36 門四級學科之一。

食為手工工具學的定義

食為手工工具學是研究無動力器物與食事效率之間關係的學科。食為手工工具學是研究食事無動力器物研發、生產、使用及其規律的學科，是研究解決在食物生產和食物利用過程中無動力器物研發、生產、使用等問題的學科。

食為手工工具是指提高人類食事效率的手持器物。包括食物生產過程中所需要的手工工具和食物利用過程中所使用的手工工具。

食為手工工具學的任務

食為手工工具學的任務是指導人類如何利用手工工具節省勞動時間，減少人力強度，提高勞動效率，提高食物利用的便捷度。

食為手工工具學的具體任務有兩個：一是圍繞食物生產、食物利用領域，研究、製造出更高效、更方便、更實用的工具，提升食為手工工具的品質；二是研究食為手工工具的分類、使用對象、使用功能、社會功能、造型藝術等，提升食為手工工具的社會功能和文化內涵。

食為手工工具學的體系

食為手工工具學的體系以食為手工工具的應用領域分類，分為食產手工工具學、食用手工工具學等兩門食學五級學科（如圖 2-44 所示）。

圖 2-44 食為手工工具學體系

食產手工工具學。食產手工工具學是食學的五級學科，食為手工工具學的子學科。在漫長的原始社會直至農業社會晚期，由於科學技術落後，除了以畜力為動力的少數工具外，人類在食物生產領域的食為工具，例如狩獵、捕撈等野獲器具，鋤頭、釘耙等種

植器具，石臼、磨盤等碎解器具，鐵鍋、炒勺等烹飪器具，絕大多數是非動力的手工器具。進入工業社會，動力食物生產機械開始出現，並迅速成為食物生產工具領域的主力軍，但是食產手工工具以其輕巧、靈便、在使用過程中不產生汙染、不消耗油電等能源的特色，依然在食物生產領域占有一席之地。

食用手工工具學。食用手工工具學是食學的五級學科，食為手工工具學的子學科。食用工具在食物生產領域日益萎縮，但是在食物利用領域，仍然占據主流地位。飯碗、盤子這樣的盛食器具，湯勺、筷子這些取食工具，牙籤、牙線、餐巾紙這樣的進食輔助工具，以其小型、便捷、形制變化小、使用效率高的特色，傳承久遠。精美的造型和設計，讓食用工具在實用價值之外，具有了藝術價值。新型用材的加入，更讓食物利用手工工具在外形和品質方面錦上添花。

食為手工工具學面對的問題

食為手工工具學面對的主要問題有兩個：食為傳統手工工具消失和食為傳統手工工具製作技藝失傳。

▌食為傳統手工工具消失

古代的農具有：耒耜、犁、鋤、石斧和耬車、風車、龍骨水車、石磨、打穀板等。古中國人類會了水車灌溉技術，用於提高大米的產量；古希臘人建造了各種機械，用於汲水、磨穀子以及壓碎葡萄和橄欖。這些無不凝結了勞動人民的智慧。這些傳統農具一方面對於今天的農具製作具有可資借鑒的地方；另一方面也是彌足珍貴的歷史文物，值得珍藏而不至於消失。

▌食為傳統手工工具製作技藝失傳

在漫長的人類食為歷史中，勞動者發明了許多實用的工具。例如，利用刮板連續提水的龍骨水車。又如，在食物生產領域以水流作動力取水灌田的筒車；利用槓桿原理「木牛」和「代耕架」；在食物利用領域製作麵食的花模，烤肉的炭爐……隨著生產方式的變遷，以及需求的改變，這些傳統的食為工具的製作技藝已經瀕臨失傳，不僅讓人遠離了一段食為歷史，也遠離了老祖先的食為智慧。

提高食事人工效率的動力工具

　　食為動力工具是指提高食事人工效率的動力器物。人類利用動力驅動食用機械設備的歷史久遠。第一幅描繪帆船的畫作誕生於 5000 年前，它描述了帆船航行於尼羅河流域的場景。考古發現，在西元前 3000 年前的埃及法老時代，船帆已是一種普遍使用的船用設備，有許多從事運輸和捕魚的帆船定期行駛在尼羅河上。正因為有了帆，聰明的古埃及人利用風力，不用劃槳也能讓船快速前進。

　　荷蘭風車是人類利用風能提高食為效率的另一創舉。荷蘭地勢低窪平坦，風力資源豐富，1229 年，荷蘭人發明了世界上第一座為人類提供動力的風車。在其後很長的一個時期內，風力代替了人力，幫助人們輾磨加工穀物，榨取食用油，研磨香料，甚至參與了抽水造田這樣艱巨而偉大的工程。荷蘭風車貢獻巨大，並留下一句名言：「上帝創造了人，荷蘭風車創造了陸地。」

　　在中國，利用水作為動力的水車，也是人類在食為動力工具領域的一大創新。據史料記載，水車又稱孔明車，相傳為漢靈帝時畢嵐造出雛形，經三國時孔明改造完善後在蜀國推廣使用，隋唐時廣泛用於農業灌溉，至今已有 1700 餘年歷史。

　　18 世紀中葉，英國的儀器修理工詹姆斯‧瓦特改進了蒸汽機，使其步入實用階段。此後，以蒸汽為動力的機械大量出現在人類的食為動力工具中。有人這樣評價蒸汽機的貢獻：是蒸汽機的出現引起了工業革命。直到 20 世紀初，蒸汽機仍然是世界上最重要的原動機，後來才逐漸為內燃機和汽輪機所替代。蒸汽機之後，人類的食為動力工具走上了一條以電力、熱力為主，多種動力並行發展的道路。

　　人類的食為動力工具，可以分為風力食為工具、水力食為工具和熱力食為工具三大類。其中，風力食為工具有風帆、風車、風磨等；水力食為工具有水車、水磨、水輪機等；熱力食為工具主要是各種食用機械發動機，包括蒸汽機、汽輪機、內燃機、熱氣機、燃氣輪機、噴氣式發動機等。其中，內燃機又分為汽油機、柴油機、煤氣機等不同類型。迄今為止，以各種動力源為核心的多種食為工具，在食物採摘、狩獵、捕撈、採集、種植、養殖、培養、合成、烹飪、發酵、碎解、貯存、運輸、包裝等領域發揮著重要作用。

　　食為動力工具學的編碼是〔SS117200〕，是食學的四級學科，食為工具學的子學

科。食為動力器具是人類提升食為人工效率的有力助手，食為動力工具學是伴隨人類科技進步發展壯大的一門學科。

食為動力工具學的定義

食為動力工具學是研究利用動力器物以提高食事效率的學科，是研究動力器物與食事效率之間關係及其規律的學科，是研究解決食事動力器物研發、生產、使用等問題的學科。

食為動力工具學的任務

食為動力工具學的任務是指導人類利用動力工具提高食事效率，節省勞動時間，減少人力強度。

食為動力工具學的具體任務為：圍繞食物的生產和利用，研究、製造出更高效、更方便、更智慧的動力設備和器具，提升食為動力工具的品質，降低能耗，減少使用過程中對環境的汙染，提升食為動力工具的數位化和智慧化程度。

食為動力工具學的體系

食為動力工具學的體系以食為動力工具所在的領域分類，分為食母保護修復動力工具學、食物野獲動力工具學、食物馴化動力工具學、人造食物動力工具學、食物加工動力工具學和食物流轉動力工具學 6 門食學五級學科（如圖 2-45 所示）。

食母保護修復動力工具學。食母保護修復動力工具學是食學的五級學科，食為動力工具學的子學科。食母保護修復動力工具是指用於食物母體保護及修復用的動力設備和工具。食物母體業使用的器具以大型機械工具為主，包括挖掘機、推土機、植樹機、重型卡車、農用飛機、灌排水設備等，是人類保護、修復食母系統的有力助手。

食物野獲動力工具學。食物野獲動力工具學是食學的五級學科，食為動力工具學的子學科。食物野獲動力工具是指採摘、狩獵、捕撈和採集用的動力設備和工具。原始的食物野獲工具以木製、石製、繩製的手工工具為主，進入工業社會後，電能、熱能等動力的加入，動力機械的使用，讓這些古老的行業舊貌換新顏。

食物馴化動力工具學。食物馴化動力工具學是食學的五級學科，食為動力工具學的子學科。食物馴化動力工具是指在食物種植、養殖和培養等生產領域使用的動力設備。動力工具的加入是食物生產史上的一個轉捩點，它能迅速開墾出大片農田，使大面積的田野耕作成為可能；它將動物性食物的飼養由散養變成集約化飼養，大大提升了飼養效

圖 2-45　食為動力工具學體系

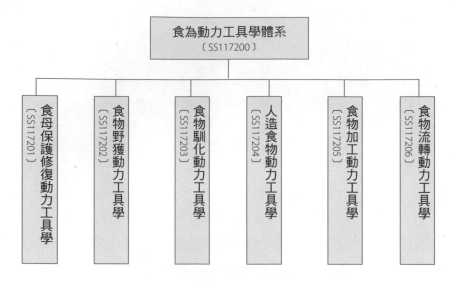

率。食物馴化動力工具的大量使用，甚至使食物生產關係、土地耕作制度和作物栽培技術等也發生了一系列的變化。

　　人造食物動力工具學。人造食物動力工具學是食學的五級學科，食為動力工具學的子學科。人造食物是指用化學合成、細胞培養等人工方式生產的食物，人造食物動力工具是指生產這種食物用的動力工具。人造食物的生產與傳統食物生產大不相同，所用的動力工具也與傳統的食物生產工具有較大差別，它們更接近實驗室裡的儀器。

　　食物加工動力工具學。食物加工動力工具學是食學的五級學科，食為動力工具學的子學科。食物加工工具是指為食物的烹飪、發酵和碎解而製作使用的動力機械與設備。長期以來，食物加工以手工工具為主，具有勞動強度大，工作效率低，難以滿足批量生產的弊病。動力工具的加入，極大地減輕了食物加工的勞動強度，改善了食物加工的工作環境。

　　食物流轉動力工具學。食物流轉業設備學是食學的五級學科，食為動力工具學的子學科。食物流轉動力工具是指在貯藏、運輸和包裝食物時所使用的動力機械與設備。在食為手工工具階段，食物貯存主要依賴天然貯存，食物運輸主要使用杠棒、繩索、人力車以及畜力車等工具；食物包裝同樣依賴天然材料手工操作。動力工具進入食物流轉領域，讓食物貯藏實現了冷藏化、冷鏈化、精確化、自動化；讓汽車、火車、飛機等動力設備代替人力物力，成為食物運輸的主力軍；讓食物包裝也走上了機械化、智能化的康

莊大道。

食為動力工具學面對的問題

食為動力工具學面對的主要問題有三個：食為動力工具的汙染、食為動力工具的能耗高和食為動力工具數位化程度不夠。

▍食為動力工具的汙染

食為動力工具的「大戶」包括農業機械，儘管農業機械化的快速發展在一定程度上提高了農業生產的效率，但是由於目前被廣泛使用的農業機械技術水準參差不齊，部分農業機械設備老舊，農業植保過度使用農藥化肥等問題，形成了農業機械對環境造成汙染嚴重，形成了土壤、環境和空氣品質的惡化，並且這種汙染程度還在不斷加劇。農業機械對環境的汙染主要有以下幾個方面：農業機械對土壤的汙染、農業機械對水源的汙染、農業機械對大氣的汙染和農業機械作業對農作物的汙染。

▍食為動力工具的能耗高

工業社會生產製作的食為動力工具，普遍以提高生產效率為研製目標，在提高生產效率的同時，也帶來了高能耗、高汙染和高浪費。一些大型的食用機械，如拖拉機、聯合收割機、運送食物的車輛等，大多是能源消耗大戶。這些動力工具不僅自身能耗高，在使用時還會帶來比較嚴重的汙染，對生態環境產生了破壞。此外，由於傳統的食為動力工具精細化、智慧化不足，在收割、加工等環節，浪費現象也比人工作業嚴重。

▍食為動力工具的數位化程度不夠

食為動力工具數量巨大種類繁多，可惜的是，它們之中很大一部分，都是工業文明的產物，和手工工具比較起來，只是功效的擴大，速度的提升，並不具備人類那樣聰明的「大腦」，以及自我控制、自我學習、遠端操作、聯網操作的能力。數位化、智慧化是食為動力工具的未來。食為動力工具要想進一步發展，必須跟上時代潮流，與數位化、智能化接軌。

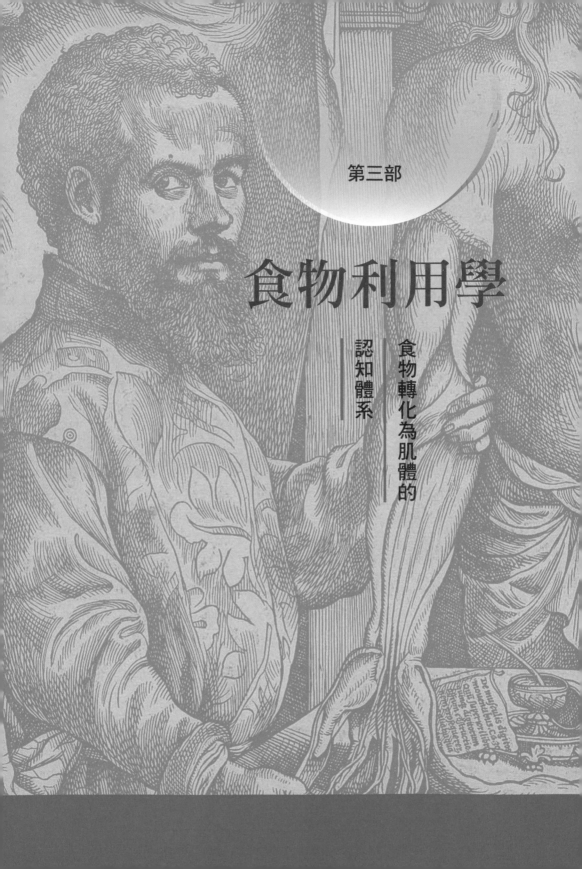

第三部

食物利用學

食物轉化為肌體的

認知體系

食物利用，是指食物進入人體的過程及其結果，是人類食為的重要內容，是食學三角不可或缺的一個支撐點。食物利用的核心，是強調每一個食者的個體差異性，強調進食要適應每一個人的食化系統。食物利用效率是指食物與生命長度的比值。

　　食物利用學，簡稱「食用學」，是食學的二級學科。食物利用學的本質是，研究如何實現食物利用的最高效率。食物利用效率即食物轉化的效率，食物利用效率的終極體現是人體的健康與壽期。從這個角度看，食物利用率最高的國家和地區，也就是人均壽命最高的國家和地區。表 3-1、表 3-2、表 3-3 和表 3-4 是世界衛生組織 2020 年發布的《按國家、世衛組織區域和全球進行的衛生統計表》，[1]不 考慮其他因素，此表展示了當今人類食物利用率的現狀，走在前列的是日本、瑞士、西班牙等國。

　　平均壽命超過 80 歲的國家有 28 個，排在前三位的分別是日本、瑞士和西班牙，平均壽命分別為 84.2 歲、83.3 歲和 83.0 歲。日本是世界上首屈一指的長壽國家，在進食中兼顧東方的食物偏性利用和西方的食物元素利用是其長壽的重要原因之一。還有一點值得注意，根據聯合國在《2019 年世界經濟形勢與前景》[2] 中，對高收入國家、中等偏高收入國家、中等偏低收入國家和低收入國家的劃分名單，我們可以發現，28 個平均壽命超過 80 歲的國家均屬於高收入國家。較高的經濟收入為人們獲取新鮮、營養豐富的膳食提供了經濟保障，也可能對提高食物利用率，延長個人壽期起到了積極作用。

　　平均壽命在 70 ～ 80 歲是國家數量最多的一個年齡段，在 180 個被調查國家中，有 88 個國家處在這一階段。全球人口平均預期壽命為 72 歲，[3] 也在這個年齡段裡。88 個國家遍布世界五大洲，其中既有美國、卡達等《2019 年世界經濟形勢與前景》中的高收入國家，也有朝鮮等低收入國家，這足以說明經濟收入對人口壽命的影響並非單純的正比關係。

　　可以說，人口壽命的長短是多種食事問題綜合作用的結果，對這個問題，要將其置於食學整體體系內，進行全面地分析。

　　平均壽命在 60 ～ 70 歲的國家共有 51 個，其中大洋洲國家 4 個，美洲國家 2 個，亞洲國家 14 個，非洲國家 31 個。同時，51 個國家中的 43 個都屬於《2019 年世界經濟

---

① 世界衛生組織（WHO）：《世界衛生統計 2020：針對可持續發展目標檢測健康狀況》（*World Health Statistics 2020 : Monitoring Health for the SDGs Sustainable Development Goals*），2020 年版，第 41 ～ 48 頁。
② 聯合國（UN）：《2019 年世界經濟形勢與前景》（*World Economic Situation Prospects 2019*），2019 年版，第 172 頁。
③ 世界衛生組織（WHO）：《世界衛生統計 2020：針對可持續發展目標檢測健康狀況》（*World Health Statistics 2020 : Monitoring Health for the SDGs, Sustainable Development Goals*），2020 年版，第 48 頁。

表 3-1　平均壽命超過 80 歲的國家排名

國家	排名	出生時的預期壽命		
		男性	女性	平均
日本	1	81.1	87.1	84.2
瑞士	2	81.2	85.2	83.3
西班牙	3	80.3	85.7	83.0
澳洲	4	81.0	84.8	82.9
法國	5	80.1	85.7	82.9
新加坡	6	80.8	85.0	82.9
加拿大	7	80.9	84.7	82.8
義大利	8	80.5	84.9	82.7
韓國	9	79.5	85.6	82.7
盧森堡	10	80.1	84.6	82.5
挪威	11	80.6	84.3	82.5
冰島	12	80.9	83.9	82.4
以色列	13	80.3	84.2	82.3
瑞典	14	80.6	84.1	82.3
紐西蘭	15	80.5	84.0	82.2
奧地利	16	79.4	84.2	81.8
荷蘭	17	80.0	83.2	81.6
愛爾蘭	18	79.7	83.4	81.5
芬蘭	19	78.7	84.2	81.4
馬爾他	20	79.6	83.3	81.4
葡萄牙	21	78.3	84.5	81.4
英國	22	79.7	83.2	81.4
丹麥	23	79.3	83.2	81.2
比利時	24	78.8	83.5	81.1
希臘	25	78.7	83.7	81.1
德國	26	78.7	83.3	80.9
斯洛維尼亞	27	78.0	83.7	80.9
賽普勒斯	28	78.4	83.1	80.7

形勢與前景》中的中等偏低收入和低收入國家。貧窮與吃病常常相伴而行，這兩個因素相乘或疊加，便很容易給人的健康和壽期帶來不良影響。

平均壽命不足 60 歲的國家共有 13 個，皆為非洲國家。而且，除去排在第 171 位的

表 3-2　平均壽命 70～80 歲的國家排名

國家	排名	出生時的預期壽命		
		男性	女性	平均
哥斯大黎加	29	77.0	82.2	79.6
智利	30	76.5	82.4	79.5
巴林	31	78.6	79.6	79.1
捷克	32	76.2	82.1	79.1
古巴	33	76.8	81.3	79.0
美國	34	76.1	81.1	78.6
馬爾地夫	35	77.2	79.9	78.4
克羅埃西亞	36	75.0	81.5	78.2
卡達	37	77.3	79.9	78.1
巴拿馬	38	75.0	81.2	78.0
愛沙尼亞	39	73.0	82.1	77.8
波蘭	40	73.8	81.6	77.7
斯洛伐克	41	73.8	80.9	77.4
烏拉圭	42	73.2	80.8	77.4
波士尼亞	43	74.8	79.8	77.3
阿拉伯聯合大公國	44	76.5	78.7	77.2
阿曼	45	75.3	79.5	77.0
阿根廷	46	73.5	80.3	76.9
蒙特內哥羅	47	74.4	79.2	76.8
墨西哥	48	74.0	79.2	76.6
厄瓜多爾	49	74.1	78.9	76.5
阿爾巴尼亞	50	74.3	78.6	76.4
阿爾及利亞	51	75.4	77.4	76.4
汶萊	52	75.3	77.6	76.4
中國	53	75.0	77.9	76.4
土耳其	54	73.3	79.4	76.4
黎巴嫩	55	75.1	77.7	76.3
塞爾維亞	56	73.8	78.9	76.3
越南	57	71.7	80.9	76.3
匈牙利	58	72.3	79.4	76.0
牙買加	59	73.6	78.5	76.0
摩洛哥	60	74.8	77.0	76.0

表 3-2 平均壽命 70 ～ 80 歲的國家排名（續表）

國家	排名	出生時的預期壽命		
		男性	女性	平均
突尼西亞	61	74.1	78.1	76.0
祕魯	62	73.4	78.3	75.9
巴哈馬	63	72.6	78.6	75.7
伊朗	64	74.6	76.9	75.7
巴貝多	65	73.1	78.0	75.6
聖露西亞	66	73.0	78.3	75.6
尼加拉瓜	67	72.5	78.4	75.5
泰國	68	71.8	79.3	75.5
馬來西亞	69	73.2	77.6	75.3
斯里蘭卡	70	72.1	78.5	75.3
洪都拉斯	71	72.9	77.5	75.2
羅馬尼亞	72	71.6	79.0	75.2
巴西	73	71.4	78.9	75.1
哥倫比亞	74	71.5	78.8	75.1
拉脫維亞	75	70.0	79.6	75.1
薩摩亞	76	72.0	78.4	75.1
安地卡及巴布達	77	72.5	77.5	75.0
立陶宛	78	69.7	80.2	75.0
保加利亞	79	71.4	78.4	74.9
亞美尼亞	80	71.2	78.1	74.8
科威特	81	73.9	76.0	74.8
模里西斯	82	71.6	78.1	74.8
沙烏地阿拉伯	83	73.5	76.5	74.8
約旦	84	72.7	76.0	74.3
白俄羅斯	85	68.8	79.2	74.2
巴拉圭	86	72.4	76.1	74.2
委內瑞拉	87	69.5	79.0	74.1
薩爾瓦多	88	69.0	78.1	73.7
多明尼加	89	70.6	76.7	73.5
格瑞那達	90	71.0	75.9	73.4
東加	91	70.5	76.4	73.4
塞席爾	92	69.0	78.0	73.3

表 3-2 平均壽命 70 ～ 80 歲的國家排名（續表）

國家	排名	出生時的預期壽命		
		男性	女性	平均
維德角	93	71.1	75.0	73.2
瓜地馬拉	94	70.4	76.0	73.2
亞塞拜然	95	70.3	75.7	73.1
孟加拉	96	71.1	74.4	72.7
格魯吉亞	97	68.3	76.8	72.6
烏克蘭	98	67.6	77.1	72.5
烏茲別克	99	69.7	75.0	72.3
俄羅斯	100	66.4	77.2	72.0
聖文森特和格林納丁斯群島	101	69.4	74.9	72.0
瓦努阿圖	102	70.1	74.1	72.0
北韓	103	68.2	75.5	71.9
利比亞	104	69.0	75.0	71.9
蘇利南	105	68.7	75.1	71.8
千里達和多巴哥	106	68.2	75.6	71.8
玻利維亞	107	69.1	74.0	71.5
莫爾達瓦共和國	108	67.6	75.3	71.5
吉爾吉斯	109	67.7	75.2	71.4
哈薩克	110	66.8	75.3	71.1
所羅門群島	111	69.7	72.7	71.1
塔吉克	112	68.7	73.0	70.8
不丹	113	70.4	70.8	70.6
貝里斯	114	67.9	73.4	70.5
埃及	115	68.2	73.0	70.5
尼泊爾	116	68.8	71.6	70.2

赤道幾內亞以外，其他 12 個國家都位居《2019 年世界經濟形勢與前景》中的中等偏低收入和低收入國家之列。即便僅憑非洲是世界饑餓人口比例最高的大洲這一點，我們也不難推斷出，以上非洲國家的食物利用率普遍不高，這也可以說是造成這些國家平均壽命偏低的主要因素之一。

當代科學家計算出人類的極限壽命，有三個公式，分別為細胞分裂公式、岡鉑茨模型和生物規律公式，得出的結論均為人類的壽期應該在 120 歲左右。可見人類的壽命還

表 3-3　平均壽命 60 ～ 70 歲的國家排名

國家	排名	出生時的預期壽命		
		男性	女性	平均
斐濟	117	67.1	73.1	69.9
伊拉克	118	67.5	72.2	69.9
蒙古	119	65.7	74.2	69.8
密克羅尼西亞	120	68.4	70.8	69.6
柬埔寨	121	67.3	71.2	69.4
印尼	122	67.3	71.4	69.3
菲律賓	123	66.2	72.6	69.3
印度	124	67.4	70.3	68.8
聖多美及普林西比島	125	66.7	70.7	68.7
東帝汶	126	66.8	70.4	68.6
土庫曼	127	64.7	71.7	68.2
盧安達	128	66.1	69.9	68.0
緬甸	129	64.6	68.9	66.8
塞內加爾	130	64.7	68.7	66.8
肯亞	131	64.4	68.9	66.7
巴基斯坦	132	65.7	67.4	66.5
加彭	133	64.8	68.2	66.4
圭亞那	134	63.6	69.0	66.2
波札那	135	63.6	68.4	66.1
吉里巴斯	136	63.6	68.6	66.1
馬達加斯加	137	64.6	67.6	66.1
巴布亞紐幾內亞	138	63.6	68.3	65.9
寮國	139	64.2	67.4	65.8
衣索比亞	140	63.7	67.3	65.5
葉門	141	63.9	66.8	65.3
蘇丹	142	63.4	66.9	65.1
厄立垂亞	143	62.9	67.1	65.0
剛果	144	63.0	65.6	64.3
馬拉威	145	61.4	66.8	64.2
科摩羅	146	62.3	65.5	63.9
茅利塔尼亞	147	62.6	65.2	63.9
坦尚尼亞	148	62.0	65.8	63.9

表 3-3 平均壽命 60 ～ 70 歲的國家排名（續表）

國家	排名	出生時的預期壽命		
		男性	女性	平均
吉布地	149	62.2	65.5	63.8
敘利亞	150	59.4	68.9	63.8
納米比亞	151	61.1	66.1	63.7
南非	152	60.2	67.0	63.6
海地	153	61.3	65.7	63.5
迦納	154	62.5	64.4	63.4
賴比瑞亞	155	62.0	63.9	62.9
阿富汗	156	61.0	64.5	62.6
安哥拉	157	60.3	64.9	62.6
烏干達	158	60.2	64.8	62.5
尚比亞	159	60.2	64.4	62.3
甘比亞	160	60.6	63.3	61.9
辛巴威	161	59.6	63.1	61.4
貝南	162	59.7	62.4	61.1
多哥	163	59.7	61.5	60.6
剛果	164	58.9	62.0	60.5
布吉納法索	165	59.6	60.9	60.3
蒲隆地	166	58.5	61.8	60.1
莫三比克	167	57.7	62.3	60.1

有很大的增長空間，其中食物的利用率是增加壽期的一個重要因素。食物利用學也是長壽之學。從表 3-4 中我們可以清晰地得出兩個結論，一是女性的食物利用效率普遍高於男性，上述各個國家無一例外。排除其他因素，女性食物利用效率之所以高於男性，不是因為食物，而是食法；二是經濟發達國家食物利用率高於發展中國家，發展中國家的食物利用率高於經濟最不發達國家，這主要是因為食物供給的數量和品質方面的差異而致。

食物利用學的目標是吃出健康與長壽，而吃出健康與長壽的關鍵是食物利用要適應每一個食者個體的食化系統。也就是說，食物轉化效率高低的第一責任人和唯一受益人是食者自己。食物利用學的價值在於強調「食在醫前」，挑戰「大醫療」；強調人的健康管理要從上游抓起，從而減少醫療成本。

表 3-4　平均壽命不足 60 歲的國家排名

國家	排名	出生時的預期壽命		
		男性	女性	平均
幾內亞	168	59.4	60.2	59.8
幾內亞比索	169	58.4	61.2	59.8
尼日	170	59.0	60.8	59.8
赤道幾內亞	171	57.9	61.7	59.5
南蘇丹	172	57.7	59.6	58.6
喀麥隆	173	56.7	59.4	58.1
馬利	174	57.5	58.4	58.0
索馬利亞	175	53.7	57.3	55.4
奈及利亞	176	54.7	55.7	55.2
查德	177	53.1	55.4	54.3
獅子山	178	52.5	53.8	53.1
中非	179	51.7	54.4	53.0
賴索托	180	51.0	54.6	52.9

食物利用學的定義

食物利用學是研究食物進入人體的轉化效率及其規律的學科。食物利用學是研究食物被人體充分利用的過程及其結果的學科。食物利用學是研究食物被人吃入、消化、吸收、釋放和排泄等食物轉化的全過程及其規律的學科。食物利用學是研究食物轉化為肌體及能量等過程及規律學科。食物利用學是研究解決人類各種吃事問題的學科。

食物利用學的任務

食物利用學的任務是指導人類高效地利用食物，讓每個人吃出健康與長壽。食物利用學指導人類從多維度認知食物與肌體，從多維度選擇吃方法，從多維度觀察食物釋出，從而吃出健康與長壽。食物利用學的任務是指導人類改變不合理的食物生產行為和進食行為，讓全人類吃出健康與長壽。

食物利用學的結構

食物利用學的結構為「六星」結構，由食者、食物、吃法、吃病、吃療、吃審美 6

個要素組成。它們之間有三種關係，即依賴關係、因果關係、感知與被感知的關係。食者與食物、吃法是依賴關係，食者依賴食物、吃法而健康生存；吃病與食物、吃法是因果關係，吃病是果，食物、吃法是因；吃審美與食物是感知與被感知的關係，食物是被感知的主體，吃審美是感知的過程（如圖 3-1 所示）。

圖 3-1　食物利用學的六星結構

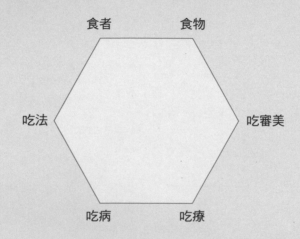

食物利用學的核心是食物轉化的高效率，如何實現這個高效率，首先要瞭解自己的肌體結構，辨識自己的肌體特徵；其次要辨識食物的種類和特徵；最後是如何吃，即選用什麼樣的食用方法。

食物利用學體系

食物利用學體系涵蓋了與食物利用相關的所有領域，既包括現代科學體系中相關食物元素、肌體構成等內容，也包括傳統醫學對食物、肌體的認知。

食物利用學體系，包括 3 門食學三級學科和 9 門食學四級學科。3 門食學三級學科是：食物成分學、食者肌體學和吃學。9 門食學四級學科是：食物元性學、食物元素學、食者體性學、食者體構學、吃方法學、吃美學、吃病學、偏性物吃療學、合成物吃療學（如圖 3-2 所示）。

圖 3-2　食物利用學體系

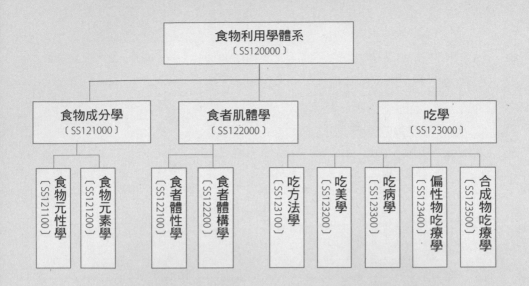

食物利用學體系的構建有 4 點創新：一是確立了對食物成分的雙元認知，從食物性格和食物元素兩個維度認知食物，比單一維度認知食物更加接近客觀本質。與此同時，食物元性學的確立，為人類數千年積累的食物認知理論，找到了科學的定位；二是確立了對食者肌體的雙元認知，從食者體性和食者體構兩個維度認知食者肌體比單一維度認知食者肌體，更加接近客觀本質。與此同時，食者體性學的確立，為人類數千年積累的人體認知理論找到了科學定位；三是納入了醫學中的口服治療部分，即偏性物吃療、合成物吃療兩個學科，讓人們能夠更全面地認識「吃的本質」，更高效地利用「吃的價值」；四是新設立了三門學科，即吃方法學、吃美學、吃病學，填補了人類食事認知領域的空白，為如何吃出健康與長壽提供了理論支撐，將會產生巨大的社會效益與價值。

食物利用與「藥食同理」

關於食與藥的關係，有句俗話叫「藥食同源」，即食物和藥物有一個共同的源頭。

其實食物與藥物之間還有一個一直被忽略的更為本質的關係，那就是「藥食同理」。這裡所說的藥，特指口服藥，不包括外用藥。所謂藥食同理，是指無論是入口的食物還是入口的藥物（包括偏性食物和合成的西藥片），都是通過口腔進入體內，依靠胃腸等器官作用於人體健康，因而原理上都是一樣的。所以食學體系中「食物」的概念既包括偏性食物，也包括口服合成物類藥物。

如何吃出健康與長壽，首先要認清食物的功能與選擇的順序（如表 3-5 所示）。平

性食物的功能是維護生存與健康；偏性食物（本草）的功能是調理身體失衡與治療疾病；合成食物的功能是治療疾病。提高食物利用的效率，就是根據食者個體的肌體需求，提高食物的轉化率、利用率。

表 3-5　肌體狀態與吃事應對

體性	應對	食物		
		平性	偏性	合成
健康	吃養	√	—	—
亞衡	吃調	√	√	—
疾病	吃療 A	—	√	—
疾病	吃療 B	—	—	√

藥食同理是食學中的一個法則，把食物和口服藥物放進一個範疇認知，更有利於我們認知食物與健康的本質關係，進而正確地實踐和把握進食規律，吃出健康。藥食同理打破了傳統的食物與藥物原有的認知界限，是食學認知的重要成果，是 21 世紀食事認知的新進展。

人體生存狀態的 3 個階段

人體生存狀態的 3 段論，是對人體健康、亞衡和疾病這三個階段的論述，它是食學中的一個重要理論觀點。

三個階段認知。對人體生存狀態的認知，無論是傳統醫學還是現代醫學，基本上都是疾病、健康的兩段論。在長期的醫療實踐中，它們雖然也意識到在這兩者之間應該有一個中間狀態，例如傳統醫學提出「治未病」，現代醫學提出「亞健康」，但「未病」是疾病階段的延長，「亞健康」是健康階段的延長，都沒有明確地提出這個中間狀態，更沒有為這個中間狀態予以科學的命名。在食學體系中，把人的生存狀態明確分為 A、B、C 三個階段，即：A 健康，B 亞衡，C 疾病，明確提出人體有一個中間狀態，並把這一狀態命名為亞衡。這一命名的含義是：人體健康就是肌體的平衡，疾病是肌體的失衡，而中間狀態表明肌體的平衡出現了問題，但還沒有達到疾病的地步。

三種目標應對。人體生存狀態 3 段論的提出，對於人類健康管理提出了一種新的目標。傳統醫學以 A 階段為靶向，目標是健康；現代醫學以 C 階段為靶向，目標是祛病；而食學以人體亞衡為靶向，目標是讓肌體重歸平衡。三個不同的目標產生了三種不

同的應對方向和應對方法，三個不同的著力點。人體生存狀態 3 段論的提出，會增強人類對 B 段的重視和研究。而 B 段得到重視，就可以大大壓縮 C 段。人體生存狀態 3 段論為預防疾病提供了重要抓手，從某種意義上講，抓住了 B 段，就抓住了健康長壽的主動權（如圖 3-3 所示）。人體生存狀態 3 段論的提出，為人體健康管理打造了一道防火牆，為食在醫前、人體健康管理要從上游抓起提供了理論支撐，也為食物調療找到了理論支撐點。

圖 3-3　人體生存狀態 3 階段

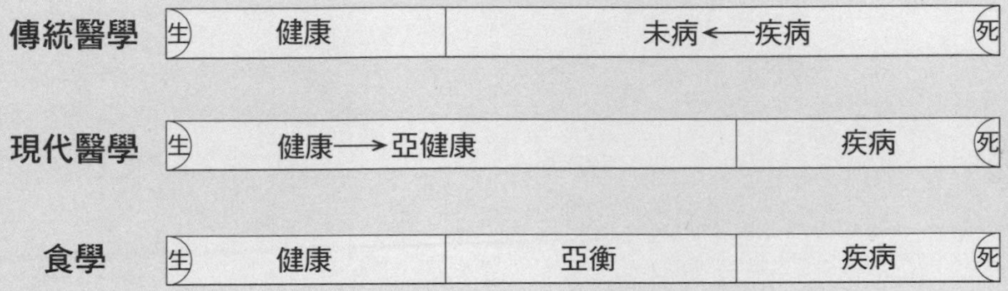

傳統醫學	生	健康		未病←——疾病	死

現代醫學	生	健康——→亞健康		疾病	死

食學	生	健康	亞衡	疾病	死

　　三大應用價值。人體健康 3 段論不僅具有重要的理論價值，還具有非常現實的實踐價值。它可以有效地提高人類個體生存的幸福度，有效減少社會醫療支出，有效減輕家庭醫療負擔。從人體生存狀態三個階段的關係，還可以衍生出「兩長一短」的長壽結構模型（如圖 3-4 所示）。這個結構模型顯示，在排除其他因素的情況下，疾病階段越短，壽期越長；或者說健康和亞衡階段越長，壽期越長。而縮短疾病階段要從健康和亞衡階段著力，效果會事半功倍。

圖 3-4　人體「三壽」結構模型

短壽　　中壽　　長壽

□ 健康階段　　■ 亞衡階段　　■ 疾病階段

好食物是奢侈品

提到奢侈品，人們想到的一定是那些價格昂貴的稀有商品，比如名牌背包、手錶、服裝、汽車，等等。今天我要說——好食物是奢侈品。

第一，因為食物的稀缺性。據聯合國經濟和社會事務部發布的資料，至 2019 年，我們這個地球村的村民已經達到 77.1 億人，預計 2050 年將達到近 100 億人，百億人口所需要消費的食物，已經臨近「食物母體」能夠承受的極限。食物母體的產能是有限的，隨著百億人口時代的到來，食物會變得越來越稀缺，那種貌似取之不盡用之不竭的情景，將會一去不復返。「百億人口時代」與「食物稀缺時代」攜手同行，撲面而至，人類的食物將會由豐富走向稀缺。

第二，因為好食物的稀缺性。工業文明把合成物引入食物鏈，化肥、農藥、激素等大量使用提高了食物的生產效率，為人類帶來巨大的利益，但是食物的品質卻在不斷地下降。例如，化學食品添加劑，其存在價值是滿足人的感官享受，可以欺騙你的頭腦，但欺騙不了你的食腦，表面的感官享受必然會對身體的健康造成威脅。

第三，因為好食物需要高成本。與其他奢侈品一樣，好食物是需要更多的成本來支撐的，生產好食物要比生產一般食物增加許多成本。例如 180 天生產期的雞比 45 天生產期的雞成本會高出許多倍，不使用化肥農藥的穀物比使用化肥農藥的穀物成本高很多。從這個角度看，好食物與其他奢侈品有相同的屬性。

第四，因為好食物是滿足身體需求的。筆者認為奢侈品應該分成兩大類，一類是我們今天常識中的奢侈品，它們是滿足心理需求的；一類是好食物，它是滿足生理需求的。由於身體健康是心理需求存在的基礎，所以說好食物是人生第一奢侈品。人生很貴，健康無價，值得投資，值得享用好食物。

第五，什麼是好食物？這裡說的好食物不是指山珍海味，而是指沒有被汙染的天然食物。「食物原生性遞減」理論把食物品質分成了七個遞減層級，層級越多，品質越差。

第六，認識「好食物是奢侈品」的意義在哪裡？一是為自己、為家庭成員的健康要選擇好食物；二是為企業員工的健康要選擇好食物；三是為客戶的健康要選擇好食物；四是為企業的可持續發展要選擇好食物。

許多人為了追求一件非食物的奢侈品，往往會壓縮「吃」的開支，選擇便宜而不夠健康的食物，這實在是本末倒置。在這裡，筆者呼籲消費者要為好食物的成本埋單，古語說「穀賤傷農」，筆者說「穀賤傷農亦傷民」。因為如果大家都不肯為好食物的成本

買單，只是一味地追求價廉物「美」，就沒有人願意生產好食物，劣質食物就會流行氾濫，最終受傷的不僅是食物生產者，更包括食物消費者。

我們要樹立好食物是第一奢侈品的理念，樂於為好食物的成本埋單，給好食物的生產者、加工者應有的收益和尊重，以此推動食物生產的正迴圈，讓 77.1 億人的食用健康得到保障。

食物利用學面對的問題

食物利用學面臨的問題是食物利用效率低，人類的壽期不充分。提高食物利用效率的路徑就是多維辨體、多維辨物、多維進食。這裡強調三個「多維」，是因為人類以往在這三個領域的認知不夠全面，常常以偏概全。多維認知可以讓我們更接近客觀，從而更好地順應食物轉化系統，而不去干擾它、強迫它。

食物利用學面對的主要問題有三個：一是對食物利用學缺乏整體的認知。這些整體認知包括對食物性格的認知；對吃前、吃入和吃出「吃事三階段」的認知；對食物品質、食物種類、食物溫度、食物生熟、進食數量、進食速度、吃事頻率、進食時節、進食順序、察驗食出等全維度吃法的認知；對食者體性和食者體構的二元認知、對缺食病、汙食病、偏食病、過食病、敏食病、厭食病的認知，以及對吃審美的認知等。上述關於食物利用的概念大多是新確立的學科，包括認知空白、認知錯位以及已有認知但未立學等，因此，對這些新老問題普遍缺乏整體的認知。例如，迄今為止，世界上仍然有近十分之一的人口患有汙食病、有十分之一的人口患有缺食病，還有五分之一的人口患有過食病。科學界對這種食源性疾病的認知仍嫌不足。二是在食物利用階段的食物浪費現象嚴重，尤其是在中等收入和高收入國家，零售和消費環節，即食物利用環節的食物浪費量通常較高，占浪費總量的 31% 至 39%，而低收入地區為 4% 至 16%。三是在食物利用諸方面數位技術利用不夠，大資料、雲計算、5G 等數位手段在食者體性、食物性格，以及吃審美等方面的應用還遠遠不夠。

第 8 章

食物成分學

雙元認知食物的利用價值

　　食物成分是指食物的內涵，包括食物元性與食物元素兩部分。

　　食物元性是一種傳統認知，是指食物所蘊含的溫熱寒涼等不同屬性，對人體產生不同的滋養、調療作用，具有平性、弱偏、強偏等特徵。食物元性是人們在顯微鏡下觀察不到的，所以未被現代科學體系接納，但它是客觀存在的。食物元性可以隨食物的獲取和加工方法的的不同而變化。不同食物元性在一起可以形成「組效應」。在顯微鏡沒有發明以前，人類主要是依靠天然食物的元性來滋養身體、調理亞衡、治療疾病的。

　　食物元素是一種現代認知。食物元素的概念要大於食物營養素的概念。在食物中，除了營養素外，還有無養素和未知素。人類在認知食物元素之初，是從尋找營養素開始的，所以形成了營養素與營養學的概念。食物元素的概念包括食物營養素。食物元素學的概念包括食物營養學。如此，可以更全面地認知與利用食物。

　　要想全面把握食物成分，必須確立食物元性和食物元素的二元認知觀。人類對食物利用價值的認知，經歷了三個階段。第一個階段，是對食物外在特徵認知，主要依靠人類的感官，以食物外觀來把握食物的利用價值，這個利用主要體現在充饑方面，這個歷史階段最長。第二個階段，是對食物內在的元性認知，主要依靠人類的智慧與經驗，以食物性格來把握食物的利用價值，這個利用既體現在充饑方面，又體現在療疾方面，這個歷史階段有 4000 年。第三個階段，是對食物內在的元素認知，主要依靠顯微鏡，本質是一種視覺認知，以食物元素來把握食物利用價值，這個利用主要體現在充饑與健康方面，這個歷史階段有 300 年。

　　顯微鏡誕生於 1590 年，隨著顯微鏡的不斷進步，人們開始用其認知食物成分，重點在於營養成分的分析，即營養素，並以此誕生出營養學。其實，食物成分裡面除了營養素外，還有無養素，還有未知素。

近代的科學體系強化了以營養學為代表的食物元素認知，弱化了傳統的以偏性食物為代表的食物性格認知。其實，食物性格的認知，最大的價值是預防疾病、治療疾病，這是食物元素認知所不具備的。

讓人類更健康，就要充分的利用食物的價值，就要有食物元性與食物元素的雙元認知，才能全面把握食物的功能與價值。任何一種單方面的認知都是片面的，都不能發揮出食物的最大價值。

食物成分學的定義和任務

食物成分學的定義。食物成分學是研究食物內在全部特徵的學科，是研究食物成分與人的肌體之間關係的學科。食物成分學是由食物元性與食物元素構成的雙元認知體系。

食物成分學的任務。食物成分學的任務是開展對食物元素、食物性格的深入研究，指導人類科學膳食，從而滿足人類生存、健康、長壽的需求。

食物成分學的體系

食物成分學是食學的 13 門三級學科之一，隸屬於食物利用學，下轄兩個食學四級學科：食物元性學、食物元素學（如圖 3-5 所示）。

圖 3-5　食物成分學體系

食物成分學的學術價值有兩個：其一是提出了二維認知食物的觀點；其二是將數千年來有說無學的食物性格認知進行了學科確立，為人類的一個千年認知體系找到了學術位置。

食物成分學面對的問題

　　食物成分學面對的問題主要有兩個：一是對食物成分的二元認知不夠。自從 20 世紀中葉，六大營養素被相繼發現，40 多種營養素被識別及定性，以至於多年來，強化了對食物營養素的認知，而忽視了對具有弱偏性、偏性和強偏性食物元性的認知。營養素是一種在顯微鏡下可見的視覺認知，食物元性則是幾千年的體驗式的驗證認知。儘管在世界各地，尤其是在東方，人們對食物元性的認知和利用由來已久，但是，並未上升到學科的高度加以深度研究和認知。加之營養素的片面導向，人們普遍缺乏對食物元性的廣泛認知。人們在日常生活中，通過口傳心授的方式，自覺或不自覺地都在利用食物元性。但無須諱言的是，這種民間的認知，與進入科學體系的全面認知，進而有序地指導人們更好地利用食物性格，是有天壤之別的。二是缺乏對食物元素的全面認知：即便是在顯微鏡下，現代醫學對食物中的無養素、未知素依然缺少的全面認知和深度研究。這些元素都是構成食者肌體的有益、或有害、或無益亦無害的成分。

食物性格的認知與利用

　　食物元性是指食物所蘊含的溫熱寒涼等不同屬性。長期以來，人類對食物元性的認知，沒有被納入現代科學體系。食物元性也可稱食物性格。食物元性學的確立，既明確了它與食物元素學的互補關係，又借助於食學科學體系而納入了現代科學體系之中。食物元性的充分認知與利用，將為人類的健康帶來巨大價值。

　　生命是性格的載體，性格是多種多樣的。例如，兩個人的性別、年齡、身高、體重、學歷相同，但他們的性格會有很大差異。植物、動物、礦物也具有這樣的特徵，食物當然如此。從陰陽論的角度看食物的元性，可以分為溫、熱、寒、涼等，會直接作用於人體健康。食物元性如同人的性格，用顯微鏡看不到，放下顯微鏡反而能看到，這是一種中觀驗證認知，它是客觀存在的。人類對食物元性的認知與利用已有三千年以上的歷史，而對食物元素的認知不足三百年的歷史。西元 1590 年是一個有趣的節點，這一年，由中國偉大的醫藥學家李時珍（西元 1518 年～ 1593 年）撰寫的、集食物元性之大成的《本草綱目》付印，全書 52 卷，收載 1892 種歷代對偏性食物認知與利用的案例，堪稱古代東方對食物元性認知和利用的宏篇巨製。同年，荷蘭和義大利的眼鏡商，製造出顯微鏡的雛形，為食物元素的發現奠定了物質基礎，可稱為食物元素認知的起點。食物元性和食物元素都是人類對於食物的認知，雖然視角不同，但是殊途同歸。不同性格的食物在一起是互相影響的，或相容、相助，或相斥、相克。人類對食物元性組的認知與利用積累了豐富的經驗，用食物偏性來制衡人體偏性，以維持健康。

　　食物元性可以分為平性和偏性，而偏性又可分為弱偏性、偏性、強偏性。人體總有各種各樣的不平衡，利用食物元性應對人體亞衡是一種很好的方式（如表 3-6 所示）。人類對食物的攝入常常是「組合式」，由於每一種食物的元性不同，各種食物組合在一起，其對人體的影響也是不同的，且是多樣性的。

　　對於食物元性還有一種劃分方法，即依據不同性格，將食物分成陽、平、陰三個屬性組。溫、熱屬於陽性組，寒、涼屬於陰性組。溫、涼屬於微偏，對應吃調；熱、寒屬於強偏，對應吃療（如圖 3-6 所示）。

　　食物元性作用於人體健康，世界各民族對此都有認知，都有利用食物元性來調肌體健康的經驗。人類對食物元性的研究和應用有相當長的歷史，可以追溯到西元前 3000

表 3-6　食物元性利用表

元性	程度			
	平性	弱偏性	偏性	強偏性
溫	—	吃養	吃調	吃療
熱	—	吃養	吃調	吃療
寒	—	吃養	吃調	吃療
涼	—	吃養	吃調	吃療
平	吃養	—	—	——

多年中國的神農嘗百草。人類對食物元性的認知和應用可以分為兩個階段：認知起源階段，體系形成階段。

認知起源階段。人類對食物元性的認知、利用遠遠早於對食物元素的認知和利用。在史前時期，先民在從自然界獲取食物的過程中，無意識地發現了食物的某些特性，會影響到人體健康。上文提到的神農嘗百草，就是人類對食物元性認知的早期記載，也是一次有規模地辨識食物元性的行動。當人們反覆辨識掌握了部分食物的「性格」特徵後，對食物元性的主動利用時代就到來了。

部分食物本身具有一定的偏性，這種偏性利用得當，可以促進人體的健康平衡，此

圖 3-6　食物元性分類

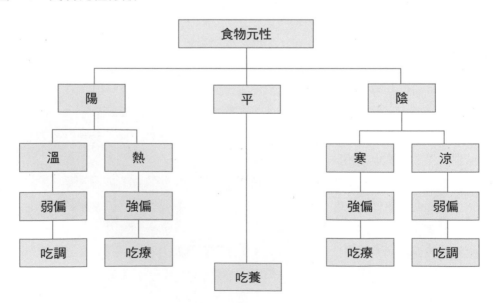

類觀念在世界許多地區的飲食理論中都有體現。英國學者阿梅斯托在《吃：食物如何改變我們人類和全球歷史》[①] 一書中說，在伊朗，除了鹽、水、茶和一些真菌之外，所有事物都被劃分為「寒」或「熱」兩類。牛肉性寒，就像黃瓜、澱粉質蔬菜和穀物，包括大米。羊肉和糖性熱，正如乾菜、栗子、鷹嘴豆、瓜類和小米。

體系形成階段。完整的食物元性理論最早載於中國東漢（西元 25 年～ 220 年）時期的《神農本草經》。該書的《序》中有這樣一段文字：「藥有酸鹹甘苦辛五味，又有寒熱溫涼四氣。」書中記錄了 252 種植物性食物和 67 種動物性食物的名稱、性味、有毒、無毒、功效等食物性格特徵，並根據養命、養性、治病的不同目標分為上品、中品、下品。在論及以偏性物吃療時，該書還明確指出要以四氣配合五味，從而奠定了食物性格應用的理論基礎。

食物元性理論在東方民族中認知最深入，應用最廣泛，最有民間基礎。東漢末年著名醫學家，被後人尊稱為醫聖張仲景（約西元 150 ～ 154 年至約西元 215 ～ 219 年）的傳世巨著《傷寒雜病論》，就是在收集民間療疾經驗的基礎上寫成的。其中，有許多利用食物性格療疾的驗方，例如感冒了喝薑湯，氣虛吃糯米、山藥、黨參、牛肉，血虛吃龍眼肉、當歸以補血，冬天吃羊肉補氣，夏天喝綠豆湯解暑，等等。中國傳統醫學認為蘋果也是一味中藥。《隨息居飲食譜》對蘋果性味的總結是：甘，涼。該書對性涼的蘋果的功能論述是：「潤肺悅心，生津開胃，醒酒。」我們也可以在西方的醫學專著中看到對食物性格的記載。在成書於西元 11 世紀初，長期被歐洲、阿拉伯國家和地區及北非諸國奉為醫學指南的《醫典》中，作者阿維森納就明確劃分出了食物與藥物的寒熱屬性，如文中所述，相對於人體而言，大蒜屬熱，而萵苣則性涼。這本書還記載了許多藥性食物，如肉汁、驢奶、葫蘆、蛋黃、葡萄酒、芍藥、大蒜、萵苣、水蛭、牛黃、蠍毒、莨菪、附子、蛇毒、硫磺等。阿維森納認為，藥用食物偏於營養，而食用藥物偏重藥用，他還把藥物從性質平和，到效用明顯，直至性偏有毒劃分為 4 個等級。[②]

食物元性理論體系形成以食物調衡、療疾的運用為標誌。在此階段，人們運用食物性格來調理健康、治療疾病，達到了功力純熟的境界。

食物元性雖是客觀存在，並在維護人們健康、維持種群延續方面功勳卓著，但是並沒有占據應有的科學位置，更沒有在世界範圍與食物元素學並駕齊驅。食物元性學的命

---

① 〔英〕菲力浦・費爾南多 - 阿梅斯托（Felipe Fernández-Armesto）著：《吃：食物如何改變我們人類和全球歷史》（*Near A Thousand Tables: A History of Food*），中信出版集團 2020 年版，第 52 頁。

② 〔中〕朱明、王偉東著：《中醫西傳的歷史脈絡 - 阿維森納〈醫典〉之研究》，《北京中醫院大學學報》（*Journal of Beijing University TCM*），2004 年 1 月第 27 卷第 1 期，第 18 ～ 20 頁。

名與扶正，給這個人類的千年認知帶來了全新的發展時機。

不同的食物有不同的元性，不同的加工方法也會改變其元性，有的食物性涼、性寒，可以清熱解毒；有的食物性溫、性熱，可以補虛祛寒。人類只有清楚食物性格，才能更好地利用食物的差異性，從而調節身體機能，增進健康，延長壽期。

食物元性學的編碼是〔SS121100〕，是食學的四級學科，食物成分學的子學科。食物元性學從食物性格角度研究食物差異性，研究食物性格與人體健康之間的關係，對人類科學進食做出指導。

食物元性學包括傳統醫學中的本草性味學說。食物元性的研究與人體體性的研究相互呼應，相互作用。

食物元性學的定義

食物元性學是從非微觀視覺角度研究食物成分差異性的學科。食物元性學是用驗證方法研究食物內在元性與肌體健康之間關係及其規律的學科。食物元性學是研究利用食物特性應對肌體亞衡與疾病問題的學科。

食物元性學的任務

食物元性學的主要任務是指導人類探究、利用食物性格的功能與作用，科學進食，調理亞衡，治療疾病，吃出健康長壽。

食物元性學的任務還包括確立學科自身地位，運用人類 3000 多年的經驗驗證和學術理論認知，建立一門和食物元素學比肩並立的學科體系。

食物元性學的體系

食物元性學的體系按食物中具有的寒、熱、溫、涼四種性質，外加食物的平性分類，下分溫性食物學、熱性食物學、寒性食物學、涼性食物學、平性食物學等 5 門食學五級學科（如圖 3-7 所示）。

溫性食物學。溫性食物學是食學的五級學科，食物元性學的子學科。溫性食物具有溫裡散寒、溫經通絡等作用。東方人講究食補，而在食補中又講究溫補，溫性食物就是溫補的絕佳食材。常見的溫性食品有：南瓜、高粱、糯米、栗子、核桃仁、海參、雞肉等。從功能看，溫性食物既可充饑，又可療疾。

熱性食物學。熱性食物學是食學的五級學科，食物元性學的子學科。熱性食物具有補火助陽、散寒通絡、鎮痛、止嘔、止呃、促進免疫、改善心血管機能、提高肌體工作

圖 3-7　食物元性學體系

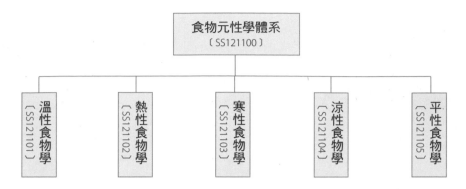

能力等功能。常見的熱性食物有花椒、辣椒、胡椒、鹿肉等。從大的分類說，熱性食物和溫性食物具有相似的性格，只不過偏性程度有異。從功能看，熱性食物既可充饑，又可療疾。

　　寒性食物學。寒性食物學是食學的五級學科，食物元性學的子學科。寒性食物具有清熱、解毒、瀉火、抗菌、消炎、提高肌體免疫力、鎮靜、降壓、鎮咳、利尿等功能。常見的寒性食物有苦瓜、蓮藕、蟹、海帶、西瓜、黃瓜、田螺等。從功能看，寒性食物既可充饑，又可療疾。

　　涼性食物學。涼性食物學是食學的五級學科，食物元性學的子學科。涼性食物具有清熱、瀉火、解毒等功能。常見的涼性食物有小米、白蘿蔔、絲瓜、芹菜、綠豆、梨、蘑菇、鴨蛋等。從大的分類說，寒性食物和涼性食物具有相似的性格，只不過偏性程度有異。從功能看，涼性食物既可充饑，又可療疾。

　　平性食物學。平性食物學是食學的五級學科，食物元性學的子學科。食物中除了具有寒、熱、溫、涼四種偏性之外，還有一部分性質平和，被稱為平性食物。平性食物的性質介於寒涼和溫熱性質食物之間，適合於健康體性，寒涼、熱性病症的人也可選用。在日常生活中，平性食物數量最多，其次是溫、熱性食物，寒、涼性食物數量最少。平性食物多為常見食品，例如馬鈴薯、胡蘿蔔、白菜、豇豆、大米、玉米、花生等。從功能看，平性食物只用於充饑，不用於療疾。

食物元性學面對的問題

　　食物元性學面對的問題主要有 3 個：食物性格的認知不夠、食物性格的利用不夠和食物性格認知未納入現代科學體系。

表 3-7　常用食物元性

元性	食物舉例
寒性	苦瓜、蓮藕、蟹、海帶、西瓜、黃瓜、田螺等
熱性	花椒、辣椒、胡椒、肉桂、鹿肉、狗肉等
溫性	南瓜、高粱、糯米、栗子、核桃仁、海參、雞肉等
涼性	小米、白蘿蔔、絲瓜、芹菜、綠豆、梨、蘑菇、鴨蛋等
平性	馬鈴薯、胡蘿蔔、白菜、豇豆、大米、玉米、小麥、花生等

食物性格的認知不夠

在東方，對食物性格的研究和應用由來已久，但由於和當代科技手段不接軌等原因，它至今沒有進入現代科學體系。相對於可以在顯微鏡下觀測到具體形態的食物元素，食物性格看不見、摸不著，這也成為現代科學體系將其拒之門外的一個理由。然而，如果我們拓展視野，回望古今中外人類科學發展的歷史，就不難發現，食物性格認知無法進入現代科學體系，恰恰是由於後者局限所致。

食物性格的利用不夠

對食物性格的利用不夠主要體現在兩個方面：一是用來調理人體的亞衡，二是用來調療人體的病態。利用食物性格調療人體，一是費用低廉，能夠大大減少患者的醫療費，大大減少國家、社會的醫療負擔；二是副作用少，能夠減少化學合成食物給人體帶來的負面作用；三是使用簡便超前，在日常用餐中便可達到強體祛病的目的。但是在當今的疾病治療上，主流做法仍依賴於化學合成食物（口服藥），在利用食物性格對人體進行調療方面，做得還很不夠。

食物元性認知未納入現代科學體系

目前世界範圍內對食物元性的認知和應用，多局限於東亞和東南亞地區，應用範圍較窄，需要在充分實踐的基礎上，進行全球化的推廣普及。要做到這一點，首先應提升食物元性學的學術地位，使之納入現代科學體系範疇，與食物元素學比肩並立；同時應該總結、整理其應用範例，向全世界做具象化、範例性的傳播，讓整個地球村村民由感性體驗到理性認知，人人獲益。

食物元素的認知與利用

　　食物元素是指食物中所有看得見的物質。食物元素認知，本質是一種視覺認知。食物元素概念不同於營養素概念，因為在食物中除了營養素外，還有無養素和未知元素。這些無養素和未知元素的作用不可忽視，它們有的會促進人體健康，有的會造成人體紊亂，有的也可能無益無害。食物元素的概念，大於營養素的概念，能夠更準確地概括食物中的元素整體。食物元素學是研究食物中所有元素的學科。食物元素概念的提出打破了人們對於食物成分的傳統認知局限，可以從整體的角度更全面的認知食物構成，讓其更加充分地為人所用。《救命飲食：中國健康調查報告》的作者柯林‧坎貝爾[③]在書中說：「食物中所有成分合力製造著健康或疾病。我們越認為一種單一的化學物質主宰著一種食物的性質，我們越誤入歧途。」

　　人們認識食物元素是從營養素開始的，起初人們急於瞭解食物能給我們帶來的營養，將研究重點著眼於營養素，忽視了食物中的其他成分。即使最新的「營養組學」概念，也不能全面概括食物中的所有元素。食物元素是指食物中含有的所有元素，今天人們已經習慣用營養素來表達，這帶來概念的混亂，因為食物中還有無營素和未知素。認知食物元素的歷史可以分為營養素的發現、營養素體系形成、食物元素概念的提出等三個階段。

　　營養素的發現。17世紀70年代顯微鏡的誕生，拓展了人類的微觀視野（如插圖3-1所示）早在1838年，荷蘭科學家格里特就發現了蛋白質是構成人體細胞的重要成分。1842年，德國化學家李比希提出，肌體營養過程是對蛋白質、脂肪、碳水化合物的氧化，確立了食物組成與物質代謝的概念。1900年，西方人按照笛卡爾的思想，進行了食物分解研究，並提取了碳水化合物和其他營養成分，從此開始了營養素的研究。1909年～1914年期間，人們認識到色氨酸是維持動物生命的基本營養素；1910年，德國科學家費希爾（Fischer）完成了簡單碳水化合物結構的測定；1912年，波蘭科學家芬

---

③〔美〕柯林‧坎貝爾（T. Colin Campbell）、湯瑪斯‧坎貝爾（Thomas M. Campbell〔II.〕）：《救命飲食：中國健康調查報告》（*The China Study: The Most Comprehensive Study of Nutrition Ever Conducted and the Startling Implications for Diet, Weight Loss and Long-term Health*），本貝拉圖書出版社（BenBella Books）2004年版，第106頁。

克發現第一種維生素硫胺素，並提出維生素的概念；1913 年～ 1932 年，維生素 A、維生素 C 被相繼發現；1935 年，美國科學家羅斯開始研究人體需要的氨基酸，確定 8 種必須氨基酸及所需用量。這一階段是許多營養素成分被發現的階段，對於營養學的模式具有極大的影響力。但是，該階段具有極大的局限性和不可預測性，那就是當時對這些成分的需求量和飲食的提供問題、各種人群的缺乏、臨床的反應等方面都沒有解決，也不明確。所以，屬於粗糙的發展階段。

插圖 3-1　荷蘭人安東尼・范・雷文霍克改良顯微鏡，並首次將其用於觀察微生物

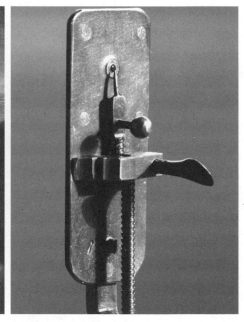

　　營養素體系的形成。1934 年，美國營養學會成立，營養學被正式承認是一種科學。至 20 世紀中葉，六大營養素被相繼發現，40 多種營養素被識別及定性，營養素至此形成了體系。

　　由於各種生態環境被人為破壞，人類的健康素質逐年下降，各種食物汙染嚴重，土壤和空氣品質難以達標，於是催生了營養增補劑類企業的發展，其標誌性事件就是維生素 C 增補運動的出現。最初維生素 C 是促進人體免疫能力的增補劑，如 1948 年美國南卡羅來納州的佛瑞德・R・克倫納醫師用靜脈注射維生素 C 治癒了部分病人。20

世紀 60 年代，「膳食纖維」作為一門全新的營養科學進入世界科學界的視野，並引起美國、日本以及歐洲一些發達國家的高度重視；1961 年瑞典科學家懷特林德採用大豆油、卵磷脂、甘油等研製成功脂肪乳劑。1970 年之後，由於生態環境和社會經濟取得重要成果，營養學研究逐漸走向自然研究方向。1977 年美國發布第一版「美國膳食目標」就是以營養素為單元設計的；1992 年美國發布了第三版「膳食指南」與膳食指導「金字塔」；1997 年美國提出「膳食參考攝入量」的概念；2005 年美國農業部發布了新的膳食金字塔模型，成為當代營養學發展史上的重要事件。

食物元素概念的提出。傳統營養學認為，食物是各種營養素的載體，是含有多種營養素的混合物；營養素是食物中的有效成分。這個觀點沒有錯，但是在現實生活中，食物的作用似乎並不局限於已知的六大營養素，還有更多的元素及其作用還沒有被我們認識。食物元素概念的第一次出現是在 2013 年出版的《食學概論》中，書中提到食物元素的概念是「食物中所含所有成分的總稱，包括營養素、非營養素、負營養素、未知物質」。這個版本中食物元素的提出對於食物成分的研究已經有了很大的進步，但依然不完善。為此，本書中筆者在原來的基礎上重新定義食物元素這個概念，重新分類，對其進行新的認知。2011 年出版的《牛津營養和營養學手冊》（第 2 版）[④] 的第 9 章「食物的非營養成分」中，所有非營養成分都被列舉了出來，比如酒精、食物纖維、番茄紅素、類黃酮、類葉紅素等。對非營養素的歸類至今沒有完全統一的標準，比如和很多醫學和營養學的著作和文章不同，這本手冊甚至將食物添加劑包含到「非營養成分」這個門類中。

食物元素和食物性格是人類對於食物的兩大認知，它們相互補充、相互完善。食物元素概念的提出為食物元素學的釐清和拓展奠定了理論基礎。

食物元素學的編碼是〔SS121200〕，是食學的四級學科，食物成分學的子學科。食物元素學是從微觀視覺角度研究食物差異性的學科，是研究食物元素與人體健康之間的關係的學科，是研究解決人與食物元素之間、食物元素及食物元素相關事物之間諸問題的學科。

食物元素學是一門根據學科所涵蓋的範圍新命名的學科。所以將這一學科命名為食物元素學而不是食物營養學，是因為食物元素概念不同於營養素概念。在食物中，除了

---

④ 〔英〕瓊·韋伯斯特 - 甘迪（Joan Webster-Gandy）、安吉拉·馬登（Angela Madden），米歇爾·霍爾茲沃思（Michelle Holdsworth）編：《牛津營養和營養學手冊》（*Oxford Handbook of Nutrition and Dietetics*），牛津大學出版社（Oxford University Press）2011 年版，第 185 ～ 198 頁。

營養素外，還有無養素和未知元素。

食物元素學的定義

食物元素學是從微觀視覺角度研究食物成分差異性的學科。食物元素學是研究食物元素與人體健康之間關係及其規律的學科。食物元素學是研究解決肌體與食物元素之間相關問題的學科。

人們認識食物元素是從營養素開始的。然而食物中不僅有營養素，還有其他元素，例如無養素和未知的元素。

食物元素學的任務

食物元素學的主要任務是指導人類利用食物元素的功能與作用，吃出健康與長壽。充分挖掘食物元素的不同功能，促進食物元素學科的建設，從而指導人類更科學、合理地進食，促進人類的壽而康。

食物元素學的具體任務還包括研究食物營養素、無養素和未知元素相互關係，它們對人體的作用，它們對人體健康和疾病的影響等方面的研究，以及對食物元素的合理運用。

食物元素學的體系

食物元素學的體系以食物元素的功能為依據進行劃分，分為營養素學、無養素學和未知元素學 3 門食學五級學科（如圖 3-8 所示）。

圖 3-8　食物元素學體系

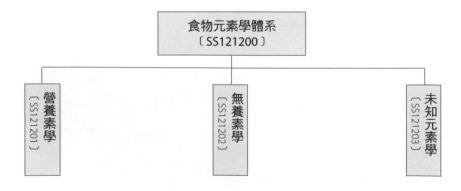

營養素學。營養素學是食學的五級學科，食物元素學的子學科。營養素是指食物中可給人體提供能量、構成肌體和組織修復以及具有生理調節功能的物質。食物中能維持人體健康以及提供生長、發育和勞動所需要的物質就是營養素。已知營養素有蛋白質、脂類、糖類、維生素、無機鹽（礦物質）、水 6 大類，可分為人體需求量較大的宏量營養素和需求量較小的微量營養素。其中，宏量營養素包括碳水化合物、脂肪、蛋白質以及水；微量營養素包括礦物質和維生素，維生素又可細分為脂溶性維生素與水溶性維生素兩大類。

無養素學。無養素學是食學的五級學科，食物元素學的子學科。無養素是指食物中不能給人體提供營養的物質。無養素包括有害素、無害素、有功能素和無功能素。有害素是指食物中所含的有害人體健康的物質，包括食物自身的和後期添加的兩類。無害素是指食物中所含對人體無害也沒有營養作用的元素。有功能素是指存在於食物中，具有與營養素不一致的化學結構，可溶於水或酒精等媒介中，對人體產生綜合性、系統性、整體性、協調性等調節作用的活性成分元素。無功能素是指食物中所含的對人體既無害也無益的物質。

未知元素學。未知元素學是食學的五級學科，食物元素學的子學科。未知元素是指食物中尚未發現的物質。可食性動植物種類的多樣性決定了人類食物來源的多樣性，也就決定了食物的構成元素和物質是多種多樣的。由於認知局限和技術局限，任何一個領域都存在相對程度的未知，對於食物元素來說未知的物質就是未知元素。對於未知元素的探索，更有利於打開人類對食物、食物元素探知的大門。

圖 3-9　食物元素的構成

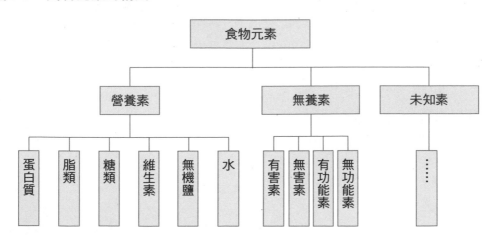

食物元素學面對的問題

從元素的角度認知食物成分已經比較成熟，但也存在一些問題。食物元素學面對的問題主要有 3 個：一是食物元素的概念未及時確立；二是無養素的認知不夠；三是未知素有待探求。

■ 食物元素的概念未及時確立

食物元素的認知起源於顯微鏡的利用，認知的主要成果是食物中所含有的營養素，以滿足當時人們的飲食健康需求，並由此形成了以營養命名的學科體系「營養學」。隨著人類的進步，食物供給的保障，向食物尋求營養不再是唯一訴求，跳出營養素的概念的局限來認知食物成分，確立食物元素的概念尤為重要，用此概念指導人們對食物的認知與利用，是一次歷史性的進步。

■ 無養素的認知不夠

食物對人體的影響，是每日攝入的多種食物相互混合、共同作用的結果。這其中除了人們耳熟能詳的營養素外，還存在大量的無養素。在這個領域，人們對於營養素的認知已很深入，但是對於無養素的認知還是個別科學家的個人行為，沒有形成體系化的學術認知。應該承認，營養素學誕生於人類的缺食時代，滿足人們的生存需求是彼時的當務之急，因此不能不說，僅用營養素理論來指導人體健康，在導向上存在片面性。

■ 未知素有待探求

食物中還含有一些未知元素，對未知元素的研究如今處於缺失狀態。構成食物的物質多種多樣，人類不能僅僅止步於對已知領域的縱向研究，更要致力於對整個食物元素體系的橫向研究。只有對每種食物中可能含有營養素、無養素、有害素、無害素、有功能素、無功能素通通認知清晰，人類才能宣稱掌握了食物元素的奧祕。要正確認知食物元素，必須建立食物元素的整體觀，借鑒食物性格認知，這樣才能幫助人類更好、更全面地認識食物和利用食物。

雙元認知肌體的需求特徵

　　食者肌體是從食物的角度認識的人體。每一個肌體誕生之後的存在都是由食物轉化而來，不同的食物和吃法養育出不同的肌體。每一個肌體都是一個不斷變化的生命體，從小到大、從弱到強無不依靠食物的轉化。每一個肌體都是一個神祕的小宇宙，是一個非常嚴密的系統，既有高度統一的群體共性，又有獨具一格的個體差異性。

　　現代醫學中的解剖學是對人體群體共性的認知，傳統醫學中的體性學說是應對人體個體差異性的法寶。這是正確認知人的肌體的兩個重要角度，缺一不可。食者體性和食者體構是在不同時代、不同環境下產生的兩種認知，它們的區別在於：前者歷史悠久，後者出現時間較短；前者是對肌體的定性認知，後者是對肌體的定量認知；前者是一種驗證認知、辯證認知、整體認知，這裡所說的整體有兩層意思，一是指人體處於大自然中，天人合一，人和自然是一個整體；二是指人體的各個組織、器官、系統都不是孤立的，牽一髮而動全身，是一個統一的整體；後者是一種視覺認知、結構認知、深度認知（如表 3-8 所示）。要想全面瞭解人的肌體，就必須確立肌體結構和肌體元性的雙元認知。

　　人類對自己肌體的認知經歷了從無知到已知的漫長過程，一是對肌體體性的驗證認知。特別是在「陰陽論」基礎上的辯證認知，把每一個肌體都視為一個整體，用二分法

表 3-8　食者肌體雙元認知

	形成時間	目標	角度	方法	結果
體性認知	西元前475年－前 221 年	定性	整體	模糊	個性
體構認知	1543 年	定量	局部	具體	共性

層層推理，且時時歸納，動態把握每一個肌體的特徵。二是對肌體體構的視覺認知。1543 年出版的《人體的構造》，描述了人體的骨骼、肌肉、血管和神經，意味著近代人體解剖學的誕生，人們對肌體結構的認識越來越清晰。人體解剖學又可以分為大體解剖學、顯微解剖學、特種解剖學。今天人們對肌體結構的認知已經非常成熟。

　　無論是肌體體性認知，還是肌體體構認知，都是反映了肌體內涵的一個側面，肌體體性認知，強調整體，強調個性。肌體體構認知，強調局部，強調共性。二者各有所長，不能互相替代。只有秉持肌體認知雙元法則，即肌體體性與肌體體構兩個方面的認知，才能全面、準確把握你自己的肌體，才能更好地去適應它的需求，達到健康長壽。

食者肌體學的定義和任務

　　食者肌體學的定義。食者肌體學是研究人的身體結構、屬性及與食物之間關係及其規律的學科。食者肌體學是由肌體體性和肌體體構組成的雙元認知體系。

　　食者肌體學的任務。食者肌體學的任務是從食者的角度開展肌體結構、肌體特徵的深入研究，開展食者肌體與食物之間關係的全面研究，適應肌體的需求，從而使每一個肌體更健康、更長壽。

食者肌體學的體系

　　食者肌體學是食學的 13 門三級學科之一，隸屬於食物利用學，下轄兩門食學四級學科：食者體性學、食者體構學（如圖 3-10 所示）。

圖 3-10　食者肌體學體系

　　食者肌體學的學術價值有兩個：一是提出了對人體的「雙元認知」，既強調了人體的群體性，又強調了個體的差異性；二是將數千年來有說無學的人體體性認知進行了學科確立，讓食者體性學與食者體構學互相支持、互為補充，為人類的一個千年認知體系

找到了學術位置。

　　從學科對應的角度看，食者體性學與食物元性學對應，食者體構學與食物元素學對應。

食者肌體學面對的問題

　　食者肌體學面對的問題主要是缺乏對食者肌體的二元認知。這其中，存在兩個極端，一方面是在解剖學的基礎上對食者體構九大系統的深度研究；另一方面是極度缺乏對食者體性科學地、全面系統地探求，更沒有將其納入現代科學體系。眾所周知，在沒有現代科學體系支撐的數千年漫長的歷史時期裡，人類的生老病死都是依仗著人們對人體體性的認知和對偏性食物的利用來解決的。期間孕育了不可計數的寶貴經驗，這些經驗至今依然大放異彩。在對 2020 年突如其來的新冠肺炎病毒（COVID-19）患者的治療中發揮重要作用的傳統醫學，正是基於對人體體性的全面瞭解後的對症施治才挽救了成千上萬的患者的生命。不可否認，現代醫學在人體結構上的認知和研究堪稱細緻入微，也正是因為這種過於依靠顯微鏡的認知體系，在一定程度上導致了診療過程中的唯視覺化和割裂化的不當認知。

食者體性的認知與適應

　　食者體性是每一個人所特有的身體屬性。它強調人是自然中的一分子，四季晝夜的變化，都與人體息息相關。食者體性認知既強調吃前的體性辨識，又強調吃後的體性變化。

　　在現代生理學沒有出現的數千年中，人們對肌體的認知積累了豐富的經驗，這種認知不是以微觀視覺為主的，而是以整體體驗為主的。現代生理學不能包括它，它與現代生理學是不同的維度認知；現代生理學也不能否定它，它強調從自然界的角度對人體的整體把握。這是現代生理學和醫學的認知維度所不能替代的。

　　人類對體性的認知歷經了兩個發展階段。第一個階段從西元紀年開始，至 20 世紀初葉；第二個階段從 20 世紀中葉至今。

　　食者體性認知的形成。以中醫為代表的東方醫學體系，產生於原始社會。春秋戰國中醫理論已經基本形成，出現了解剖和醫學分科，已經採用「望、聞、問、切」四診法瞭解患者體性情況。西漢時期，開始用陰陽五行解釋人體生理。東漢的著名醫學家張仲景，已經對「八綱」（陰陽、表裡、虛實、寒熱）有所認識，總結了「八法」。華佗則以精通外科手術和麻醉名聞天下，還創立了健身體操「五禽戲」。唐代孫思邈總結前人對肌體和食物認知的理論及經驗，收集了 5000 多個藥方，用於治療肌體的各種不適。

　　唐朝以後，中國醫學理論和論述食者體性的著作大量外傳到高麗、日本、中亞、西亞等地。兩宋時期，朝廷設立翰林醫學院，醫學分科接近完備。明朝後期，蒙醫、藏醫受到中醫的影響，朝鮮的東醫學也得到了很大的發展，例如許浚撰寫了《東醫寶鑒》。

　　自清朝末年，中國受西方列強侵略，國運衰弱。同時現代醫學（西醫）大量湧入，嚴重衝擊了中醫的發展，食者體性學受到巨大的挑戰。人們開始使用西方醫學體系的思維模式加以檢視，中醫學陷入存與廢的爭論之中。同屬東方醫學體系的日本漢方醫學、韓國的韓醫學也遭遇了這種境遇。

　　食者體性認知體系的進化。20 世紀末～ 21 世紀初，古典中醫基礎理論有了創造性的發展，食者體性學有了科學化、現代化的革命與突破。如氣集合、分形經絡、數理陰陽、藏象分形五系統、中醫哲學觀等。這些學說不僅推動了食者體性學向前發展，還在指導提高人體健康長壽水準的實踐層面，做出了很大貢獻。

進入 21 世紀，傳統醫學在海外的傳播，離不開體性理論的支撐。據統計，亞洲的新加坡現有中醫醫療機構 30 餘家，中藥店開設的中醫診室有 1000 餘家。馬來西亞的中藥店鋪 3000 餘家，中醫師工會會員 800 餘人。泰國有中藥店 800 餘家。越南規模較大的中藥店有近 200 家，從中國出口到越南的中成藥有 180 種。日本從事漢方醫學為主的人員有 1.5 萬人左右，從事針灸推拿的醫務人員約 10 萬人，從事漢方醫藥研究人員近 3 萬人，有漢方醫學專業研究機構 10 多個，有 44 所公立或私立的藥科大學或醫科大學的藥學部也都建立了專門的生藥研究部門，還有 20 餘所綜合性大學設有漢方醫學研究組織。此外，歐洲的英國、德國，美洲的美國、加拿大等國，中醫的地位也在提高，食者體性的理論得到了越來越多海外人士的理解與推崇。

食者體性理論雖有數千年的傳承，但是在現代醫學崛起後，由於它不是顯微鏡下的視覺化認知，曾被冠以非科學的汙名，和它支撐的傳統醫學一起飽受打壓。對它的扶正與命名，具有十分重要的意義。

食者體性學的編碼是〔SS122100〕，食者體性學是食學的四級學科，食者肌體學的子學科。食者體性學與食者元性學的研究相互呼應，相互作用。

食者體性學的定義

食者體性學是從食物角度研究人體性候與食物之間關係及其規律的學科。食者體性學是從非結構認知維度去研究人體差異和變化及與食物之間關係的學科。

食者體性是每一個人所特有的身體屬性，是指食用食物前的身體狀態和食用食物後的一系列體性變化。食者體性學有兩個基本點：一是整體觀；二是辯證觀。

食者體性學的任務

食者體性學的任務是指導人類認識體性與食物、食法之間的變化規律，從而吃出健康與壽期。

人類對體性的認知與利用已有幾千年的歷史了，幾千年的臨床實踐，需要更加系統的歸納與創新，這也是食者體性學的一項重要任務。

食者體性學的體系

食者體性學的體系，以 9 類人體體性說為依據，分為食者平和體性學、食者氣虛體性學、食者陽虛體性學、食者陰虛體性學、食者痰濕體性學、食者濕熱體性學、食者氣鬱體性學、食者血瘀體性學和食者特稟體性學 9 門食學五級學科（如圖 3-11 所示）。

圖 3-11　食者體性學體系

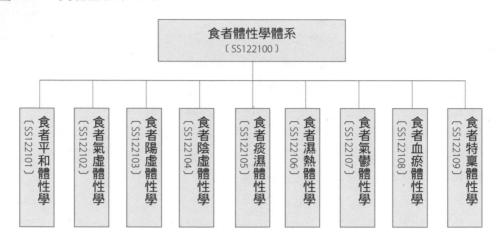

關於食者體性體系，不同的學術流派有不同的認知，且大多散見於一些醫學著作和其他文獻，形成完整體系的並不多見。當代流行的 9 種體性分類，是中國的王琦先生所創。他總結了前人認知的經驗，將人體體性分為 9 大類別，並以此認知和調療身體。

食者平和體性學。食者平和體性學是食學的五級學科，食者體性學的子學科。平和體性的特徵為：性格隨和開朗，對外界環境適應能力強，平素患病較少。體形勻稱健壯，面色、膚色潤澤，頭髮稠密有光澤，目光有神，鼻色明潤，嗅覺通利，味覺正常，唇色紅潤，精力充沛，不易疲勞，睡眠安和，胃納良好，二便正常，舌色淡紅，苔薄白。脈和有神。

食者氣虛體性學。食者氣虛體性學是食學的五級學科，食者體性學的子學科。氣虛體性的特徵為：性格內向、膽小不喜歡冒險。不耐受寒邪、風邪、暑邪。體性弱，易患感冒，病後抗病能力弱，易遷延不癒。肌肉鬆軟，氣短懶言，語音低怯，精神不振，容易疲勞，愛出汗，面色萎黃或淡白，目光少神，口淡，舌淡紅、胖嫩、邊有齒痕，唇色少華，毛髮不華，頭暈健忘，大便正常。脈象虛緩。

食者陽虛體性學。食者陽虛體性學是食學的五級學科，食者體性學的子學科。陽虛體性的特徵為：性格多內向。發病多為寒證。不耐受寒邪、耐夏不耐冬；易感濕邪。多形體白胖，肌肉鬆軟不實。平素畏冷，手足不溫，喜熱飲食，精神不振，睡眠偏多，面色蒼白，口唇色淡，舌淡胖嫩，邊有齒痕、苔潤，毛髮易落，易出汗，大便溏薄，小便清長。脈象沉遲而弱。

食者陰虛體性學。食者陰虛體性學是食學的五級學科，食者體性學的子學科。陰虛

體性的特徵為：性情急躁、外向，好動。平素易患有的病變，或病後易表現為陰虛症狀。平素不耐熱邪，耐冬不耐夏；不耐受燥邪。體形瘦長，手足心熱，面色潮紅，有烘熱感，皮膚偏乾，兩目乾澀，易口燥咽乾，口渴喜冷飲，唇紅微乾，舌紅少津少苔，睡眠差，小便短澀，大便乾燥。脈象細弦。

食者痰濕體性學。食者痰濕體性學是食學的五級學科，食者體性學的子學科。痰濕體性的特徵為：性格溫和，穩重恭謙。易患中風、消渴、胸痺等病症。對潮濕環境適應能力差，易患濕證。體形肥胖，腹部肥胖、鬆軟。容易困倦，多汗且黏，胸悶，痰多。面部皮膚油脂較多，面色黃胖而黯，眼胞微浮，舌體胖大，舌苔白膩，口黏膩或甜，身重不爽，喜食肥甘厚味，大便正常或不實，小便不多或微混。脈滑。

食者濕熱體性學。食者濕熱體性學是食學的五級學科，食者體性學的子學科。濕熱體性的特徵為：性格多急躁易怒。男易陰囊潮濕，女易帶下量多。對濕環境或氣溫偏高，尤其是對夏末秋初濕熱交蒸的氣候較難適應。面垢油光，易生粉刺、痤瘡，容易口苦口乾，舌質偏紅苔黃膩，身重困倦，大便燥結或黏滯，小便短赤。脈象多見滑數。

食者氣鬱體性學。食者氣鬱體性學是食學的五級學科，食者體性學的子學科。氣鬱體性的特徵為：性格內向，憂鬱脆弱，敏感多疑。對精神刺激適應能力較差，不喜歡陰雨天氣。形體偏瘦，神情多煩悶不樂，胸脅脹滿，愛歎氣，睡眠較差，健忘，舌淡紅，苔薄白，痰多，大便偏乾，小便正常。脈象弦細。

食者血瘀體性學。食者血瘀體性學是食學的五級學科，食者體性學的子學科。血瘀體性的特徵為：性格內郁，心情不快易煩，急躁健忘。易患出血、胸痺、中風等病。不耐受風邪、寒邪。瘦人居多，面色晦暗，皮膚色素沉著，容易出現瘀斑，口唇黯淡或紫，舌質黯有瘀點，舌下靜脈曲張，眼眶黯黑，髮易脫落。女性多見痛經、閉經或經色紫黑有塊、崩漏。脈象細澀或漏。

食者特稟體性學。食者特稟體性學是食學的五級學科，食者體性學的子學科。特稟體性的特徵為：適應能力差，如對過敏季節適應能力差，易引發宿疾。易藥物過敏，易患花粉症。

食者體性學面對的問題

食者體性學面對的問題主要有 3 個：食者體性的認知不夠、食者體性的利用不夠和食者體性認知未納入現代科學體系。

食者體性的認知不夠

　　食者體性學是在三千餘年的實踐中一步步積累而來的，它以「天人合一」的哲學思想為基礎，以陰陽論為根基，強調整體觀和辯證論治，認為人的身體是一個有機整體，不論哪一部分出現異常，都應考慮到身體的其他部分，從整體上進行調養治療。對於這樣的理論，目前在世界範圍內，還有相當多的人不能完全理解和承認，包括許多在現代醫學環境的薰陶中長大的東方人。食者體性學和食者體構學原是一對互補、互動的孿生兄弟，但是從認知程度看，卻有天壤之別。科學不應有核心與邊緣之分，食者體性學應該得到更大範圍、更多人的認知和承認。

食者體性的利用不夠

　　食者體性知識在世界各地，尤其是東方已有數千年的應用和傳播歷史，為人類健康做出了巨大的貢獻。食者體性學和食者體構學原是一對互補、互動的孿生兄弟，但是從重視程度和傳播力度看，卻有天壤之別。當今，基於食者體構學的人體結構理論，已進入正規教育課堂，成為中小學生必須學習的內容，占據了主流地位；而食者體性學則龜縮於中醫等專業領域，偶爾在螢幕和報刊上一露崢嶸。這種教育設置上的不對等，極大地限制了食者體性學的利用。

食者體性認知未納入現代科學體系

　　當今醫學的主流是食者體構學。長久以來，食者體性學一直缺少應有的學科定位，至今仍有許多人認為它縹緲玄幻，不現代、不科學，「只可意會，不可言傳」「心中了了，指下難明」。因此沒有進入現代學科體系，在世界許多國家，對傳統醫學的學科位置一律不予承認。食者體性學要想進一步發展，就必須登堂入室，取得與食者體構學比肩而立的學術位置。這樣才能為人類健康做出更大的貢獻。

食者結構的認知與適應

食者體構是指人的身體結構。肌體由細胞、組織、器官、系統、生物體五個層級構成。例如組織有上皮組織、結締組織、肌肉組織、神經組織；又如器官有骨、腦、心、肺、腎、胃、腸等；再如系統有運動系統、消化系統、呼吸系統、泌尿系統、生殖系統、內分泌系統、免疫系統、神經系統和循環系統。其中，消化系統包括消化道和消化腺兩大部分。人類的消化道從口腔至肛門近十公尺長，包括口腔、咽、食管、胃、小腸（十二指腸、空腸、迴腸）和大腸（盲腸、結腸、直腸）等部分，它們共同發揮如儲存食物、消化食物、排出廢物及利用營養物等一系列複雜功能，食物進入消化道，會用 24 ～ 72 小時走完整個過程。消化腺包括唾液腺、肝、胰腺以及消化道壁上的許多小腺體，其主要功能是分泌消化液。與消化相關的器官還包括神經系統、血液和其他體液循環系統等。

食者體構學是一種建立在視覺認知基礎上的學科，也就是說，它所涉及的所有的器官、組織和細胞等，都是視覺可見或通過科學儀器可見的。食者體性學中的氣、性、經絡等看不見的物體，不在其研究的範圍中。需要說明的是，食者體構學說雖然是近代的學術成果，但是在古代也有人體器官的概念，只是沒有近代研究得深入、透澈。

食者體構學說的起源。食者體構學起源於解剖學和生理學。解剖學是一門歷史悠久的科學，在中國戰國時代（西元前 500 年）的第一部醫學著作《黃帝內經》中，就已明確提出了「解剖」的認識方法，以及一直沿用至今的臟器的名稱。在西歐古希臘時代（西元前 500 ～前 300 年），著名的哲學家希波克拉底和亞里斯多德都進行過動物實地解剖，並有論著。第一部比較完整的解剖學著作當推蓋倫（西元 130 ～ 201 年）的《醫經》，對血液運行、神經分布及諸多臟器包括消化臟器已有詳細具體的記敘。文藝復興時代，除繪製解剖學圖譜達文西之外，解剖學也湧現出一位巨匠──安德雷亞斯·維薩里（1514 ～ 1564 年）。他從學生時代就執著地從事人體解剖實驗，1543 年終於完成了《人體構造》的巨著（如插圖 3-2 所示），全書共七冊，較系統完善地記載了人體各器官系統的形態和構造。與維薩里同時，一批解剖學者和醫生，也分別對包括食化器官在內的人體結構進行了深入研究。

插圖 3-2　解剖學巨匠安德雷亞斯・維薩里與《人體構造》。

　　生理學真正成為一門實驗性科學是從 17 世紀開始的。1628 年英國醫生哈維證明了血液迴圈的途徑，並指出心臟是循環系統的中心。在 17 ～ 18 世紀，顯微鏡的發明和物理學、化學的迅速進步，都給生理學的發展準備了良好的條件。到了 19 世紀，隨著其他自然科學的迅速發展，生理學實驗研究也大量開展，累積了大量各器官生理功能的知識。例如，關於感覺器官、神經系統、血液迴圈、腎的排泄功能、內環境穩定等的研究，均為生理功能提供了不少寶貴資料。

　　食者體構學的發展。近幾十年，由於基礎科學和新技術的迅速發展，以及相關學科間的交叉滲透，使食者體構學說的研究有了很大的進展。隨著技術革命浪潮的湧動，近 20 年來，生物力學、免疫學、組織化學、分子生物學等向解剖學滲透，一些新興技術如示蹤技術、免疫組織化學技術、細胞培養技術和原位分子雜交技術等在形態學研究中被廣泛採用，使這個古老的學說煥發出青春的異彩。當今細胞、分子水準的研究，已深入細胞內部環境的穩態及其調節機制、細胞跨膜資訊的傳遞機制、基因水準的功能調控機制等方面，使生命活動基本規律的研究取得了不少寶貴資料。當代中國關於胃液分

泌、物質代謝的研究，也為食者體構學說的發展做出了貢獻。當代生理學家還利用先進設備來研究肌體消化液分泌的調節機制以及大腦活動的變化等，為疾病的防治提供了理論依據。

　　食者體構學以微觀的觀察方式，與建立在整體認知上的食者體性學互補，給予了食學體系中的人的肌體認知有力的支撐。

　　食者體構學的編碼是〔SS122200〕，是食學的四級學科，食者肌體學的子學科。食者體構學來源於生理學和解剖學，是一種建立在視覺認知基礎上的學科，它所涉及的所有的人體結構，從系統、器官到組織、細胞，都是視覺可見或通過科學儀器可見的。

食者體構學的定義

　　食者體構學是從食物的角度研究人體結構及其變化規律的學科。食者體構學是研究人體結構與食物、吃方法之間關係的學科。食者體構學是研究解決人體構成與食物之間能量轉換問題的學科。

食者體構學的任務

　　食者體構學的任務，是指導人們更好地認知自己肌體需求，從而吃出健康長壽。通過對人體結構全方位的解讀，深入解析人體運行與食物、吃方法之間的關係，促進人類的健康膳食水準提高。

食者體構學的體系

　　食者體構學以人體結構分類，共分為食者消化系統學、食者運動系統學、食者呼吸系統學、食者泌尿系統學、食者生殖系統學、食者內分泌系統學、食者免疫系統學、食者神經系統學和食者循環系統學9門食學五級學科（如圖3-12所示）。

　　食者消化系統學。食者消化系統學是食學的五級學科，食者體構學的子學科。消化系統包括消化道和消化腺兩大部分。消化道是指從口腔到肛門的管道，可分為口、咽、食道、胃、小腸（十二指腸、空腸、迴腸）、大腸（盲腸、闌尾、結腸、直腸）和肛門。十二指腸懸韌帶以上的管道稱為上消化道。消化腺按體積大小和位置不同可分為大消化腺和小消化腺。大消化腺位於消化管外，如唾液腺、肝臟和胰腺。小消化腺位於消化管內黏膜層和黏膜下層，如胃腺和腸腺。消化系統的常見疾病有肝膽疾病、胃酸過多、消化道潰瘍、慢性腸胃炎、腹瀉、痔瘡等。

　　食者運動系統學。食者運動系統學是食學的五級學科，食者體構學的子學科。人體

圖 3-12　食者體構學體系

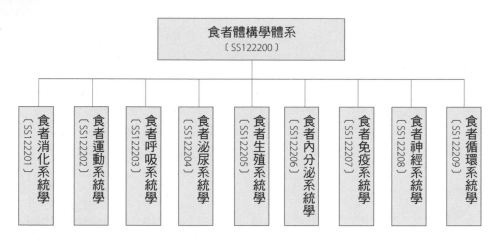

食者體構學體系
〔SS122200〕

- 食者消化系統學〔SS122201〕
- 食者運動系統學〔SS122202〕
- 食者呼吸系統學〔SS122203〕
- 食者泌尿系統學〔SS122204〕
- 食者生殖系統學〔SS122205〕
- 食者內分泌系統學〔SS122206〕
- 食者免疫系統學〔SS122207〕
- 食者神經系統學〔SS122208〕
- 食者循環系統學〔SS122209〕

的運動系統由骨、關節和骨骼肌組成，約占成人體重的 60%。全身各骨借關節相連形成骨骼，起支撐體重、保護內臟和維持人體基本形態的作用。骨骼肌附著於骨，在神經系統支配下收縮和舒張，收縮時，以關節為支點牽引骨改變位置，產生運動。骨和關節是運動系統的被動部分，骨骼肌是運動系統的的主動部分。運動系統常見的疾病有肩周炎、生長痛、骨質增生、氟骨病、佝僂病、軟骨病、骨質疏鬆、骨折、骨壞死等。

食者呼吸系統學。食者呼吸系統學是食學的五級學科，食者體構學的子學科。人體的呼吸系統由呼吸道、肺血管、肺和呼吸肌組成。通常稱鼻、咽、喉為上呼吸道，氣管和各級支氣管為下呼吸道。肺由實質組織和間質組成。前者包括支氣管樹和肺泡，後者包括結締組織、血管、淋巴管和神經等。呼吸系統的主要功能是進行氣體交換，吸入氧氣，呼出二氧化碳和水蒸氣。呼吸系統常見的疾病有肺部疾病、支氣管痙攣、呼吸衰竭等。

食者泌尿系統學。食者泌尿系統學是食學的五級學科，食者體構學的子學科。人體泌尿系統由腎臟、輸尿管、膀胱和尿道組成。其主要功能是排出肌體新陳代謝中產生的廢物和多餘的液體，保持肌體內環境的平衡和穩定。腎產生尿液，輸尿管將尿液輸送至膀胱，膀胱為儲存尿液的器官，尿液經尿道排出體外。泌尿系統常見的疾病有腎病、泌尿系統結石等。

食者生殖系統學。食者生殖系統學是食學的五級學科，食者體構學的子學科。人體生殖系統的功能是繁殖後代和形成並保持第二性特徵。男性生殖系統和女性生殖系統包括內生殖器與外生殖器兩部分。內生殖器有生殖腺、生殖管道和附屬腺組成，外生殖器

以兩性交配的器官為主。生殖系統常見的疾病有前列腺腫大、絕經期綜合症、不孕症、痛經等。

食者內分泌系統學。食者內分泌系統學是食學的五級學科，食者體構學的子學科。人體內分泌系統是神經系統以外的一個重要的調節系統，包括彌散內分泌系統和固有內分泌系統。其功能是傳遞資訊，參與調節肌體新陳代謝、生長發育和生殖活動，維持肌體內環境的穩定。內分泌系統常見的疾病有：肥胖症、糖尿病、甲狀旁腺疾病、甲狀腺疾病和庫欣綜合徵等。

食者免疫系統學。食者免疫系統學是食學的五級學科，食者體構學的子學科。免疫系統是人體抵禦病原菌侵犯最重要的保衛系統。這個系統由免疫器官、免疫細胞以及免疫分子等組成。免疫系統分為固有免疫和適應免疫，其中適應免疫又分為體液免疫和細胞免疫。免疫系統常見的疾病有過敏性疾病、風濕性關節炎、愛滋病和系統性紅斑狼瘡等。

食者神經系統學。食者神經系統學是食學的五級學科，食者體構學的子學科。人體神經系統由腦、脊髓以及附於腦脊髓的周圍神經組織組成。神經系統是人體結構和功能最複雜的系統，由神經細胞組成，在體內起主導作用。神經系統分為中樞神經系統和周圍神經系統。中樞神經系統包括腦和脊髓，周圍神經系統包括腦神經、脊神經和內臟神經。神經系統控制和調節其他系統的活動，維持肌體以外環境的統一。神經系統常見的疾病有智商低下、神經衰弱、癲癇病、多動症、阿茲海默症等。

食者循環系統學。食者循環系統學是食學的五級學科，食者體構學的子學科。人體循環系統是有人體的細胞外液及其藉以迴圈流動的管道組成的系統。人體循環系統分心臟和血管兩大部分，是生物體內的運輸系統。它將消化道吸收的營養物質和肺吸進的氧輸送到各組織器官，並將各組織器官的代謝產物通過同樣的途徑輸入血液，經肺、腎排出。它還輸送熱量到身體各部以保持體溫，輸送激素到靶器官以調節其功能。循環系統常見的疾病有高血壓病、高脂血症、冠心病、腦中風等。

食腦決定生存與健康

1907 年美國解剖學家拜倫·羅賓遜[①] 提出了「腹腦」的概念，之後也有人將其稱為「腸腦」。中國腦外科醫生王錫寧提出的醫學解剖新觀點認為，人體是由兩個對稱的身

---

① 〔美〕拜倫·羅賓遜（Byron Robinson）著：《腹部和骨盆區域的大腦》（*The Abdominal and Pelvic Brain*），貝茨出版社（Betz）1907 年版。

體構成的。頸上人的身體構造為男、女雙性體，頸下人的身體構造為男、女單性體。1998 年，美國解剖學和細胞生物學教授邁克爾‧葛森在他的《第二大腦》[2] 一書中說，每個人都有第二個大腦，它位於人的肚子裡，負責「消化」食物、資訊、外界刺激、聲音和顏色。2019 年，筆者提出了「食腦」的概念。在這個領域，對人體食物轉化系統的認知，不應歸於醫學，而應歸於食學，因為食不僅是提供能量，還會轉化為肌體本身。因此，食腦與腹腦（腸腦）的區別，也不止是名稱有異。在性質上，腹腦強調的是位置，食腦強調的是功能；在範圍上，腹腦強調的是局部，食腦強調的是整體；在學科歸屬上，腹腦隸屬於醫學，食腦隸屬於食學；在提出時間上，腹腦的提出時間為 1907年，食腦的提出時間為 2019 年；在命名人上，腹腦的命名人為美國解剖學家拜倫‧羅賓遜，食腦的命名人為中國學者、食學科學體系的奠基人劉廣偉（如表 3-9 所示）。

表 3-9　食腦與腹腦的區別

項目	分類	
	腹腦	食腦
性質	位置	功能
範圍	局部	整體
學科	醫學	食學
命名時間	1907 年	2019 年
命名人	拜倫‧羅賓遜	劉廣偉

　　食腦和頭腦的關係是，食腦為君，頭腦為臣。這是因為食腦誕生於動物演化的初期，而頭腦是在滿足食腦需求的過程中逐漸演化出來的，頭腦是為食腦服務的。食腦存則頭腦存，食腦亡則頭腦亡，頭腦亡食腦亦可存，例如植物人。

　　頭腦誕生於食腦，成長於食為。人類在獲取食物的過程中，發現巧取勝過豪奪，於是在巧取的方向越走越遠、越走越快，使頭腦的智慧系統遠遠超過了其他動物，腦容量達到 1300 毫升。所以說，頭腦的成長來自食事行為。

　　食腦決定人的肌體健康，頭腦只是輔助。頭腦指揮不了食腦，也就是說食腦我行我素，從不聽從頭腦的指令。不幸的是，在當今頭腦崇拜的時代，頭腦的功能被誇大了，

---

② 〔美〕邁克爾‧葛森（Michael D. Gershon）著：《第二大腦》（*The Second Brain*），哈潑常青出版社（Harper Perennial）1999 年版。

以為頭腦可以指揮食腦，從而導致一些危害肌體健康的情況出現，例如各種色彩鮮豔的小食品。

如果說頭腦通過指揮人的行為而去影響食腦，那也會有三個結果，有益於食腦系統，無益於食腦系統，有害於食腦系統。現實中，頭腦也會幫倒忙，常常事與願違，傷害了食腦的運行機制，從而傷害了身體的健康。

人類要想吃出健康長壽，就要分清食腦與頭腦的君臣關係。否則，將事與願違，事倍功半。

食腦與頭腦的區別是：食腦已經存在了數千萬年之久，而頭腦發展成熟的歷史則短得多；食腦與健康是直接關係，頭腦與健康是間接關係；頭腦是辨別，食腦是踐行；頭腦不能直達健康，必須經過食腦方可實現健康長壽的目標（如圖 3-13 所示）。

圖 3-13　食物利用順序

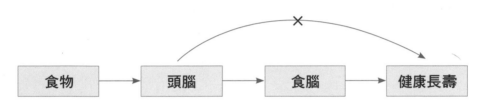

食者體構學面對的問題

食者體構學面對的問題主要有兩個：食者肌體整體認知薄弱和食腦研究不夠。

▌食者肌體整體認知薄弱

以現代人體解剖學為核心的食者體構學，是當今世界上應用最廣泛的療疾體系。它可以完整呈現出人體內部的細胞、組織、器官、系統的運轉情況，精確測量出新陳代謝數據。這種認知體系使得一切診斷都建立在資料指標和眼見為實的基礎上，顯得真實可信。然而，食者體構學更多地側重將人體各部分的結構和功能抽象而出，對人體整體認知相對薄弱。人體是一個複雜而開放的過程，僅僅將其各部分進行割裂、獨立式的觀察，顯然是不夠的。這種割裂、獨立式的觀察，也是現代醫學「頭痛醫頭腳痛醫腳」，缺乏對患者進行整體性治療的原因。

▋ 食腦機理研究不夠

食腦，是一個新的概念，其研究範圍不能僅局限於腹腔內的智慧系統，實際上既是食物轉化的結果，又是食物轉化過程的整體。科學家發現，人類的腸胃系統之所以能獨立地工作，就在於它有自己的智慧系統，人們把這個智慧系統稱為腹腦，或第二大腦。食腦的概念大於「腹腦」和「第二大腦」的概念，研究食物轉化的全過程、全結果。當今對食腦的研究剛剛起步，還有許多不明確、不完善之處，例如食腦與頭腦的關係等，需要更深入的研究。

[第 10 章]

吃學

餵養自己的知識體系

　　吃，即食物攝入，也稱攝食、進食，是食物被人體攝入並轉化的過程。吃物是指攝入口中的物質，即攝食場景中的食物。吃事是指攝入食物的過程及結果。現實生活中，吃的功能可以分為吃養、吃調、吃療三大類。吃養是指吃尋常食物，以維持生存與健康為目的；吃調是指攝入偏性食物（也稱本草食物），以調理肌體亞衡為目的；吃療是指攝入合成食物（也稱口服藥）和偏性食物，是以治療疾病為目的。它們雖然目的不同，但是原理相同，都是從口腔攝入，都是依靠胃腸等轉化來維持健康生存。認清吃的內涵，把握三者的內在規律，是人類吃出健康的首要問題。

　　吃學又稱食物轉化學，包含五個方面的內容。其中，「吃方法學」是研究攝入食物要最大化滿足肌體食物轉化系統的要求；「吃美學」是研究進食中心理和生理的美好反應；「吃病學」是研究對食源性疾病的認知；「合成物吃療學」是研究用合成食物對人體疾患給予治療；「偏性物吃療學」是研究利用食物性格對人體疾患給予治療。

　　傳統觀念中的吃，只局限於「吃中」一個階段，吃學將其擴展為「吃前」「吃中」「吃後」三個階段；傳統的膳食指南只關注吃物種類、吃物數量兩個進食維度，吃學把關注的維度擴展成 15 個，更完整也更全面；傳統的疾病命名方法是以病症命名，吃學以病因命名，可直指病源，有利於搞好人類健康的上游管理，預防疾病的發生。傳統美學只停留在視覺和聽覺上，吃學把個領域審美擴展為味覺、嗅覺、觸覺、視覺、聽覺的五覺審美，強調了吃審美過程中生理和心理的雙元反應。這不僅是對傳統美學的挑戰性延展，也是對人類健康理論的重大突破。

　　吃學中的一個重要觀點，就是對徵而食，即根據自己肌體的特殊性，選擇最適合自己的食物和吃方法。「對徵」就是指認識自己的肌體整體特徵與需求，認識每天每餐前的肌體特徵與需求。「而食」是指選擇食物和吃法，選擇食物要從食物性格和食物元素

兩個維度，去尋找最適合自己的食物；選擇吃法要從數量、種類、溫度、速度、頻率、順序、生熟七個方面，去尋找最適合自己的數值。

世界上的每一個人，都是一個獨特個體，且這個個體每天每時都是變化的。換句話說，77 億個人，就有 77 億個食物轉化系統，沒有一個是相同的。每一個人的肌體特徵都是與眾不同的，要想吃出健康長壽，就必須按照自己的身體特徵選擇食物、選擇食法。而不是隨大溜，人云亦云，人吃亦吃。

世界上沒有長生不老藥，也沒有放之四海而皆準的長壽食譜。對徵而食要說明的是，你的一日三餐要適應你的肌體特徵，要選擇適合自己肌體特徵的食物和食用方法，才能保障你的健康長壽。換句話說，市場的名貴食物，對於你來說，不一定有價值；民間的長壽食物，對於你來說，不一定應驗，因為你是獨一無二的個體。所以在健康飲食這件事上，不能依靠統一的標準，不能依靠「群體平均值」，要找到「個體趨準值」。

對徵而食有 3 個關注要點：一是體性是不斷變化的，要注意察覺和把控它的規律；二是食物是多樣的，要注意找到對徵的食物；三是進食的方法有多個維度，要注意找到最佳的組合。

吃學的定義和任務

吃學的定義。吃學是研究食物轉化為肌體的學科。吃學是研究提高食物利用效率的學科。吃學是研究如何滿足、適應個體食物轉化系統需求的學科。吃學是解決所有吃事問題的學科。吃事是食事的內容之一，特指攝入食物的過程及結果，包括吃前、吃中、吃後三個階段。

吃學的任務。吃學的任務是指導人類正確的攝入食物，吃出健康、吃出長壽。指導人類預防吃病、減少吃病，指導人類提高食物利用效率。

吃學結構

吃學學科體系的結構，是一個以吃為中心的四角結構，四個角內容分別為吃方法學、吃美學、吃病學和吃療學。吃療學包括偏性食物吃療和合成食物吃療兩部分，把它們放在同一個支點的原因，是它們所用的療疾食物雖不相同，但是其方法、手段和目的都是一樣的（如圖 3-14 所示）。

吃學的體系

吃學是食學的 13 門三級學科之一，隸屬於食物利用學，下轄 5 門食學四級學科：

圖 3-14　吃學的結構

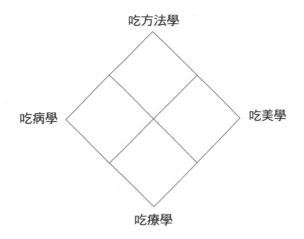

圖 3-15　吃學體系

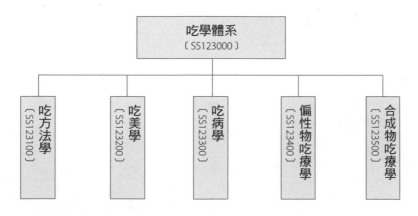

吃方法學、吃美學、吃病學、偏性物吃療學、合成物吃療學（如圖 3-15 所示）。

　　吃學的學術創新點頗多，例如五覺吃審美理論的提出，吃病概念的提出，進食座標圖、食學健康羅盤、錶盤吃法指南的提出，等等。其中，引人矚目的是提出了人體生存狀態三段論，即人的生存狀態存在著健康、亞衡、疾病三個階段，這為人體健康的上游管理提供了憑藉和理論支撐。其中，吃事的雙元審美理論是支撐吃學體系的核心理論，是「美味與健康統一」理論的基石。

吃學面對的問題

　　吃學面對的問題主要有六個。一是對進食維度的認知不全面，現行的國民膳食指南，大多只有關注食入一個階段，以及兩個吃方法維度，無法對人類吃事進行科學全面的指導；二是過分強調吃事的群體平均值的指導價值，不能充分適應每個個體的食化系統；三是受到調物合成食物的干擾，在滿足人的感官享受同時，威脅到了肌體的健康；四是認知片面，除了對吃法的認知片面之外，對食物和肌體的認知上也存在一元認知的弊病；五是吃病氾濫，今天全球有十分之二的人口患有過食病，十分之一的人口患有缺食病；六是對偏性食物的療疾功能與效果認知不夠、利用不夠。

滿足你的食化系統需求

　　吃方法是人類特有的文化現象，不是自然現象。吃方法是指滿足食物轉化系統需求的攝入方式。有了充足、優質的食物，並不能確保健康和長壽，還要有正確的吃方法。人類進食有三大目的：滋養生命、調理亞衡、治療疾病（如圖 3-16 所示）。以上任何目標的實現，都離不開正確的吃方法。從生存的角度看，正確的吃方法可以使人更加健康長壽，不正確的吃方法則會帶來肌體的失衡乃至疾病。吃方法是指滿足食物轉化系統需求的攝入方式。吃方法學，就是對攝入食物展開多維度的研究，使其更好地適應個體的食物轉化系統的需求。

圖 3-16　人類進食目的

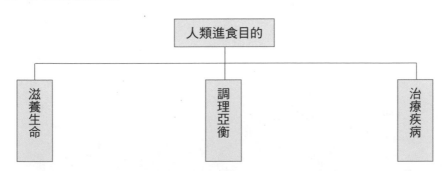

　　關於如何吃出健康，人類積累了大量的經驗，不同民族有不同的文化總結，不同地域有不同的集體認知。例如，素食是對食物品類維度的認知和利用；辟穀和齋月是對吃事頻率維度的認知和利用；吃療是對食物性格維度的認知和利用；營養學是對食物元素維度的認知和利用；饑食病和過食病則是吃物數量維度的認知。科學的吃法是人類康而壽的重要基礎，我們要想健康長壽，就必須重視前人積累的種種進食理論與經驗，對它們進行總結、認識、研究、把握、實踐。

　　我們可將人類的吃方法分為三種狀態，即 A. 得當、B. 失當、C. 嚴重失當（如表 3-10 所示）。吃法得當會帶來健康，吃法失當會帶來亞衡，吃法嚴重失當會帶來疾病。俗話說，病從口入，許多疾病是吃出來的。實際上，健康也可從口入，選擇和堅持

正確的吃法，可以讓人體實現從 C 到 B 到 A 的進階。吃方法是人體健康的重要前提，沒有正確的吃方法，就沒有健康的身體。

表 3-10　吃法與健康關係

內容	分類		
	A	B	C
吃法	得當	失當	嚴重失當
體性	健康	亞衡	疾病

　　膳食指南的本質是吃法指南。由於每個個體的差異性，科學的吃法指南應該是從 7 個維度為食者提供群體平均值＋個體趨準值的參考。群體平均值的使用價值低於個體趨準值。所以，如果教條地使用群體平均值還會傷害到食者。例如，「每天喝 8 杯水」就是一個群體平均值，如果體重 45 公斤和體重 90 公斤的兩個人每天都喝 8 杯水，前者會因喝水過多而傷害身體，後者會因缺水而傷害身體。

　　人類的吃事方法有 5 個階段，即原始方法、經驗方法、理性方法、科學方法和數控方法，自 1992 年美國農業部發布金字塔膳食指南，標誌步入了第四個階段（如圖 3-17 所示）。

圖 3-17　人類吃方法的五個進階

　　原始吃法階段是原始人類最初的吃方法意識的形成，準確的說還談不上方法。是一種原始性的感知，還不能離開具體食物去構思吃法。

　　經驗吃法階段是原始人發展為智人過程中形成的一些吃事經驗，特點是憑藉自己的吃事經驗，可以指導和支配自己的進食活動。

　　理性吃法階段是指人們對吃事有了突出經驗的理性認知，特點是可以用語言傳遞這些認知，可以指導他人的吃事，例如，父母叮囑孩子如何吃，醫生要求患者如何吃。

　　科學吃法階段是理性吃法的進階，它以當代科學為理論依據，用對食物、對人體

認知的基礎上提出吃法指導。例如，「金字塔吃法指南」「錶盤吃法指南」「吃方法學」。

數控吃法階段是用數位技術踐行「吃方法學」，力求準確適應每一個個體，全維度數位化吃事平臺的出現，必然會引起吃方法的革命性變化及壽期的延長。

對吃法維度的相關認知，是一個由淺入深、從少到多的過程。早期人類茹毛飲血，缺乏對吃事的自覺認知。隨著生存環境的變化，人類學會生火和製造工具；隨著農耕和機器時代的到來，食物數量和種類日益增多，人類有了更多的食物和吃方法的選擇。從歷史的角度看，人類的吃事可以分為五個階段，即茹毛飲血階段、認知生熟階段、認知食物性格階段、認知食物元素階段、全維認知階段。從時間看，人類吃事的茹毛飲血階段以幾百萬年計，認知生熟階段以幾十萬年計，認知食物性格階段以千年計，認知食物元素階段只有短短不到三百年的歷史，全面認知階段則始於 21 世紀初葉（如圖 3-18 所示）。

圖 3-18　吃事方法認知過程

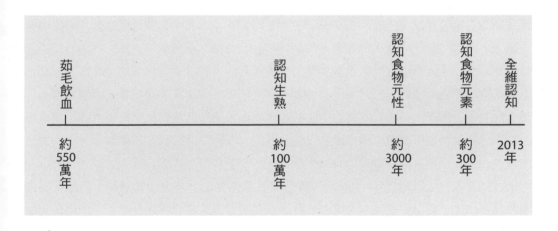

從 500 多萬年前古猿開始向人類進化，到西元前 1 萬年進入農耕社會，在幾百萬年的時間裡，人類一直過著食源不穩、有什麼吃什麼的日子。漫長的舊石器時代，原始人靠採摘、狩獵、捕撈、採集來獲取食物，維持生命。人們為獲取食物四處遊蕩，從野生植物的果、根、莖、葉到鳥、獸、蟲、魚，只要能吃的都被吃掉。在這個階段，受食源限制，人類只求食物數量可以飽腹，且基本上是生食，對吃方法的認知處於不自覺的狀態。上述階段屬於茹毛飲血階段。

已知最早的人類篝火灰燼出現在南非的奇跡洞（Wonderwerk Cave），距今已有約 100 萬年的歷史。至 30 萬年前，用火已成為多數人類的生活常態。火對人類的最大影響，就是將生食變成熟食，促進了人類大腦的發育，使人類進化為現代人。從吃事看，熟食改變了食物的口感和味道，讓之前由於過於堅硬、過於腥羶難以下咽的食物變得可口，讓人類面對食物可以做出一定的選擇，熟食還是生食？人類對吃法的認知，開始進入了認知生熟階段。

　　大約西元前 1 萬年，人類進入農耕社會，食物來源趨於穩定，食物種類相對固定。這個階段，人類開始主動選擇吃法，開始從吃事頻率、吃物種類、吃物數量、吃物品質等維度對吃事給予認知與實踐。齋月和辟穀是頻率維度的體現；和尚、尼姑吃素不吃葷是品種維度的體現；利用偏性食物治療疾病是食物性格維度的體現。在這一階段，人類特別是東方人，逐漸形成了對食物元性的認識。從神農嘗百草尋找食物，到發現食物性格利用食物性格，這一階段是人類認知食物元性階段。其中最突出的特徵，就是利用食物元性養生、防病、治病。

　　食物元性之外，在這一階段，人們也開始關注其他吃事維度，如中國的教育家孔子（西元前 551 年～前 479 年）從吃事時節維度提出了「不時不食」的進食主張。中國東漢時期的名醫張仲景（約西元 150～154 年至約 215～219 年）在《傷寒論》中指出：「穢飯、餒肉、臭魚，食之皆傷人。六畜自死，則有毒，不可食」，從吃物品質維度論及飲食。古代士人還從吃物數量維度提出應該節制飲食，反對大量食用美味佳餚，認為這樣做會增加胃的負擔，影響消化。中國明末清初著名劇作家李漁在其《閒情偶寄》一書「頤養部・調飲啜」中對飲食之道作了專門評述，認為飲食要根據每個人的「本性」來安排，這就涉及了食者狀態維度。在這一階段，在食物性格認知的帶領下，人們對吃事維度的認知已經豐富多彩。

　　認知食物元素階段從 19 世紀上半葉發現營養素開始，之後在此基礎上創建了營養學，繼而出現了國民膳食指南。這一階段建立在顯微鏡技術發展的基礎上，以微觀認知食物成分，食物元素成為吃的主要參照指標。19 世紀 30 年代，荷蘭科學家格利特發現蛋白質是構成人體細胞的重要成分，拉開了營養素研究的序幕。至 20 世紀中葉，碳水化合物、蛋白質、脂類等六大營養素，以及維生素 A、維生素 C 等 40 多種營養素被相繼發現，20 世紀 60 年代，膳食纖維作為第七大營養素進入人們視野。在這個階段，營養素成為人們認識食物的工具，成為人們吃的依據。與元素認知相對應，以食物營養、吃物種類、吃物數量為基石的國民膳食指南，在此階段開始出現。

　　乘著科技的翅膀，工業文明對破解食物數量不足這一難題做出了貢獻，但是從吃事

維度看，它又帶有明顯的不足。這是一個「唯營養素年代」，在吃事的諸多維度中，只突出食物元素（營養素）以及吃物數量、吃物品種等少數幾個維度，缺乏對人類吃事維度的整體認知。

2013 年 12 月出版的《食學概論》，首次跳出了唯營養素的框框，提出了「六態九宜」吃事的觀點，吃事觀進入了全面認知階段。「六態九宜」中的「九宜」，就是吃的 9 個維度，即數量適宜、種類適宜、頻率適宜、溫度適宜、速度適宜、順序適宜、時節適宜、品質適宜和心情適宜。2018 年 11 月出版的《食學》（編按：簡體版第一版）中，首次提出了吃方法學，使其成為一門獨立學科。《食學》提出了吃方法座標、吃方法羅盤、《錶盤吃法指南》，將指導進食的維度完善為吃前 3 辨、吃中 7 宜、吃後 2 驗。在 2019 年召開的大阪 G20 世界食學論壇上，《錶盤吃法指南》得到與會代表的重視和好評，被納入大會宣言中，並以《世界健康膳食指南》的名稱向 77 億地球村民推介（見第 20 頁《淡路島宣言》）。

吃是人類生存的第一要素，關係到人的健康與壽期。人類進入文明社會以來，吃的認知林林總總、不計其數。可惜的是，這些寶貴的認知散落在各處，並沒有一個學科將其納為一體，進行科學完整的解讀。吃方法學的創立，為人類食事領域填補了一大空白。

吃方法學的編碼是〔SS123100〕，是食學的四級學科，吃學的子學科。在吃方法學創立之前，人類沒有把吃方法納入科學的範疇來認知。吃方法學的創建意義重大。從全人類的角度看，食物短缺是欠發達國家的問題，食物品質是發展中國家的問題，而吃方法則是全世界的問題。吃方法學就是解決這些問題的一把金鑰匙。

吃方法學的核心要義就是順應自己的食化系統，以求得人類生存的健康和長壽。

吃方法學的定義

吃方法學是研究從多維度最大限度地滿足個體食物轉化系統需求的學科。吃方法學是研究進食方式與結果的學科，是研究進食方式與肌體狀態之間關係及其規律的學科，是研究吃出健康長壽的學科，是研究如何尊重每一個人的個體差異、提高食物利用效率的學科。

吃方法學的任務

吃方法學是探討吃事的本質特徵，提高食物的利用價值；吃方法學的任務有三個方面，即滋養生命、調理亞衡、預防疾病。吃方法學的具體任務是指導人類改變不合理的

吃行為，讓人們懂吃、會吃，吃出健康、吃出長壽。

吃方法學的體系

吃方法學的體系按照吃事的相關維度劃分，其中對於食者肌體和食物成分的認知維度已在其他章節論述，所以本節只論述吃事心態學、吃事時節學、吃物數量學、吃物種類學、吃事頻率學、吃物溫度學、吃事速度學、吃事順序學、吃物生熟學和吃後察驗學10個食學五級學科（如圖 3-19 所示）。

圖 3-19　吃方法學體系

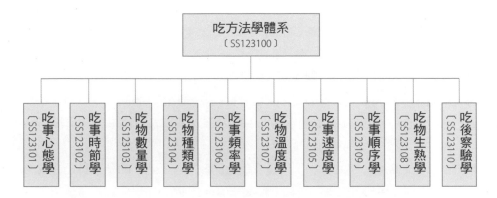

吃事心態學。吃事心態學是食學的五級學科，吃方法學的子學科。進食時人的心態既是一個容易被人們忽視的問題，又是一個與健康緊密相關的問題。進食時有一個專注的好心態，對增進食欲、增加進食的愉悅感，以及對人的健康，都至關重要。進食時的心態不宜大喜大悲，過分興奮、激動、狂躁、憂鬱、憤怒都會給食物的消化吸收帶來副作用。人們在進食時不專注，坐立不安、手舞足蹈、不停說話，不僅會影響進食效果，有時還會將食物吞入氣管，造成呼吸障礙，危及生命。

吃事時節學。吃事時節學是食學的五級學科，吃方法學的子學科。吃事時節有兩層意思：一是指進食的季節性特點，二是指進食的時間。大自然是有季節的，不同季節有不同的物產品種。順應季節，就是順應這些與季節相關的品種所提供給人體相應的營養和物質。因為不同季節的食物，正好是人體在不同季節中所需要的，這是在長期的環境適應中形成的人與自然和諧相處的結果。只有與季節相符的食物，才能最大限度地為人體提供有益的補給和營養。

吃物數量學。吃物數量學是食學的五級學科，吃方法學的子學科。吃物數量，即食

量，指一個人每天進食的總量。吃物數量包括主副食的總量，其核心是食物所含的能量。能量是決定食物攝入量的首要因素，攝入量與消耗量之間保持均衡，才是人體最佳健康狀態。人類肌體的食系統，是歷經億萬年進化而來的，是為惡劣自然環境下的長期饑餓狀態而準備的，具有強大的儲備能力。而在食物豐足的時期，這種儲備機制成為人們因進食過多而獲病的機制。進食過多會導致患過食病，如高血壓、高血脂；進食過少則會患饑食病，導致營養不良、身體虛弱等。作為科學進食中不可缺少的重要環節，食量是進食中首先要注意和考慮的，最好是「八分飽」。

吃物種類學。吃物種類學是食學的五級學科，吃方法學的子學科。吃物種類是指提供給人們進食的食物品種、類別。人類是以植物性食物為主、動物性食物為輔的雜食動物，吃物種類比較複雜，吃物種類因民族而異、因地區而異、因人而異。吃物種類之所以重要，是因為食物種類的選擇影響人體的健康水準，也影響人與自然界的能量交換，影響人類的可持續發展。多樣的食物種類可以給人體提供全面的營養，維持身體健康。人類在進食的品種上，應以多樣化品種為進食基本原則，同時改變偏食、挑食習慣等，注意根據人體體性和食物性格選擇食物，使其符合維護自身健康的需求，符合科學進食的行為。

吃事頻率學。吃事頻率學是食學的五級學科，吃方法學的子學科。吃事頻率是指一個相對固定的時期內進食的次數。吃事頻率是與進食品質、數量緊密相關的。人們進食的頻率，是依靠食欲和飽腹感這兩種主觀感覺來進行調節的。人類是靈長目的哺乳動物，各種動物的吃事頻率是不一樣的（如表 3-11 所示）。人類由於獲取食物能力日漸增強，食物來源日趨穩定，吃事頻率是不斷縮小的。現代文明社會一般是一日三餐，早餐和午餐和晚餐間隔 6 小時左右，晚餐和早餐間隔 12 小時左右。在漫長的進食歷史中，人類形成了一天三餐的吃事頻率。這樣的頻率較為符合人體對食物的生理需求，但是否對每一個具體而特定的個體合適，還需要具體對待。專家認為，人體的消化機能、生理功能和各種酶的活動，都具有時間節律性，只有建立穩定的規律，才能夠使代謝正常，達到健康長壽的目標。東方所說的辟穀、過午不食，漢族的寒食節、日本流行的一日一食、伊斯蘭的齋月和齋日，以及西方的輕斷食，都是對吃事頻率實行控制和調節的代表。

吃物溫度學。吃物溫度學是食學的五級學科，吃方法學的子學科。溫度與食物的營養、品質等有密切關係。適宜的溫度可以提高口感，減少刺激，增進食欲，有利健康。食物溫度的過高和過低，都會對人體造成傷害。人的體溫為 37℃左右。食物的溫度，一般不宜與體溫相差過大，比口腔溫度高 5℃～ 10℃比較好。從全球來看，東方人偏好

表 3-11　動物吃事頻率最長間隔表

動物名稱	進食最長間隔時間（天）												
	7	12	14	15	20	30	40	60	70	100	120	150	300
大象	√	–	–	–	–	–	–	–	–	–	–	–	–
長頸鹿	√	–	–	–	–	–	–	–	–	–	–	–	–
狼	√	–	–	–	–	–	–	–	–	–	–	–	–
獅子	–	√	–	–	–	–	–	–	–	–	–	–	–
老虎	–	–	√	–	–	–	–	–	–	–	–	–	–
兔子	–	–	–	√	–	–	–	–	–	–	–	–	–
禿鷹	–	–	–	√	–	–	–	–	–	–	–	–	–
家貓（有水）	–	–	–	–	√	–	–	–	–	–	–	–	–
馬	–	–	–	–	√	–	–	–	–	–	–	–	–
家犬（有水）	–	–	–	–	–	√	–	–	–	–	–	–	–
駱駝	–	–	–	–	–	–	√	–	–	–	–	–	–
刺蝟	–	–	–	–	–	–	–	√	–	–	–	–	–
鯊魚	–	–	–	–	–	–	–	–	√	–	–	–	–
熊（冬眠）	–	–	–	–	–	–	–	–	–	√	–	–	–
皇帝企鵝	–	–	–	–	–	–	–	–	–	–	√	–	–
藍鯨	–	–	–	–	–	–	–	–	–	–	–	√	–
獾	–	–	–	–	–	–	–	–	–	–	–	√	–
蠍子	–	–	–	–	–	–	–	–	–	–	–	–	√

熱食，食物溫度一般較高，歐美國家偏好涼食，食物溫度偏低；從人群來看，青年人偏好低溫食物，中老年人偏好溫度較高的食物。食品寒溫適中，則陰陽協調，有益於身體健康。反之，則會對身體造成損傷。人體的陰陽是相對平衡的，如果吃得過涼或過熱，就會打亂陰陽平衡。

　　吃事速度學。吃事速度學是食學的五級學科，吃方法學的子學科。吃事速度是指具體一餐中進食所花的時間，主要取決於咀嚼和吞咽的速度，它影響食物被咀嚼的程度和進入消化道獲得消化吸收的程度，因此它最終與人體的營養吸收和人體健康相關。人類的進食，有吞食和嚼食兩種，從而出現吞速和嚼速兩種不同的進食速度。進食速度原則上以細嚼慢嚥為好。當前隨著人們生活節奏的加快，進食速度也隨之提高，速食文化大行其道，但這種進食速度不利於人體健康，針對這種情況，已經有人開始宣導「慢食文化」，以求細嚼慢嚥，幫助消化。

吃事順序學。吃事順序學是食學的五級學科，吃方法學的子學科。吃事順序是指在進食過程中進食品種的順序。隨著醫學界對疾病研究的不斷深入，人們發現進餐順序很有講究，順序不對不利於營養吸收，還可能損害腸胃和健康。營養學家發現，人體消化食物的順序是嚴格按照進食的次序進行的。如果人們一開始吃的是一些成分過於複雜且需要長時間消化的食物，接著再吃可以較短時間消化的食物，就會妨礙後者的吸收和營養價值的實現。理想的吃事順序應為：先吃熱量密度低的食物，密度越高越要後面吃。

吃物生熟學。吃物生熟學是食學的五級學科，吃方法學的子學科。人類在掌握用火之前，基本上都是生食食物。掌握了用火之後，熟食出現了。火讓人類發現了「被動熟食」，火的利用標誌著「主動熟食」出現。熟食改變了食物的口感和味道，讓難以下嚥的食物變得可口；熟食促進了人類大腦的發展，讓人類邁入了食文明的門檻。截至今天，熟食雖然占據了人類食物的大半個天下，生食依舊以更綠色、更天然、更少添加物的特色，沒有離開人類的餐桌。考慮到口感、味道和營養素的保留，一些果蔬類食物，更是只宜生食不宜熟食。一般來說，植物類食物（穀類除外）宜於生食，動物類食物以熟食為佳。即使是動物類食物，如牛排，到了烹飪藝術家手裡，也會分為三分熟、五分熟、七分熟和十分熟，讓熟食生食共同美化人們的生活。

吃後察驗學。吃後察驗學是食學的五級學科，吃方法學的子學科。吃後有兩個查驗標準：一是釋出物，二是釋後體性。釋出物簡稱「釋出」，是食物與人體進行能量轉換後排出體外的物質，包括液體、氣體、固體物質和散熱（如圖 3-20 所示）。察驗吃出具有監測、評價進食品質的作用。吃後體性簡稱「吃後徵」，是指進食後的人體反應狀

圖 3-20　釋出物種類

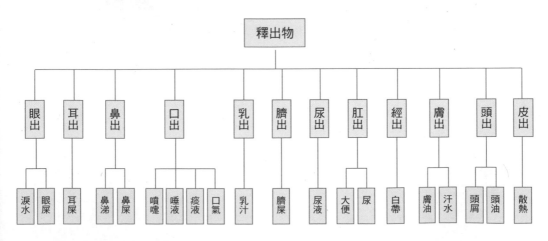

況。除了高矮胖瘦健康疾病等體性上的反應之外，吃後徵還包括人的精氣神。對吃後徵的察驗，同樣可以檢驗吃得是否科學合理。

插圖 3-3　吃中七維度

吃物數量

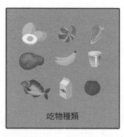

吃物種類

吃事頻率

吃物溫度

吃事速度

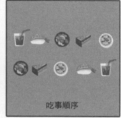

吃事順序

吃物生熟

吃方法學的核心

吃方法學有一個核心兩個重點。一個核心是以食者為核心。兩個重點，一是注重鑒別、察驗，包括對肌體、食物、時節、吃出和吃後徵的察驗；二是注意吃法，要做到數量、品質、頻率、溫度、速度、生熟和順序 7 個方面的適宜。

吃事要以食者健康為核心，所有的吃方法都應圍繞這個核心。離開這個核心去談吃方法學，去談科學進食，都是徒勞的。尊重個體的差異性是以食者健康為核心的基本原則。

既然以食者健康為核心，那麼應該如何認知食者呢？首先就是要承認食者的差異性。這種差異性可以分為 8 個大的類別，簡稱「食者八維」，即遺傳、性別、年齡、體性、體構、動量、心態和疾態（如圖 3-21 所示）。

遺傳維度。遺傳維度又稱基因維度，即食者的種群、民族、家族、血緣等基因傳承

圖 3-21　食者八維

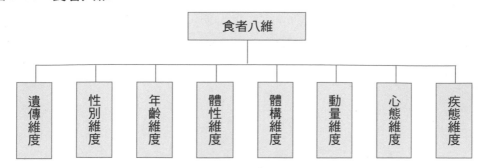

特徵。當今世界上的 77.1 億人，每個人的遺傳維度都是不同的。遺傳維度可以決定一個人對食物的喜好取捨，例如一個世代生活在草原的牧民和一個常年生活在水稻產區的食者，對食物的需求和消化吸收程度是不同的。

　　性別維度。性別維度即人的性別。人的性別不同，對食物的要求也不相同，例如成年女性一般要比成年男性食量小，但孕期的女性，要食用量大且營養全面的食物。

　　年齡維度。年齡維度又稱時間維度，這裡的時間是指食者個體生命的時間。可以分為嬰兒前期（0～1個月）、嬰兒後期（2～12個月）、幼兒（1～3歲）、兒童（4～6歲）、少年（7～17歲）、青年（18～35歲）、中年（36～65歲）、老年（66～85歲）和壽者（86歲以上）九個階段；也可以更細化為年、月、日分類。不同的生命階段對食物的需求都有差異。

　　體性維度。體性是指食者的身體性狀。體性可以左右對食物的選擇。例如，一個陰虛體性的人宜食甘涼滋潤的食物，忌食辛辣刺激、溫熱香燥、煎炸炒爆的食物。

　　體構維度。體構是指食者的身體結構，體構可以左右對食物的選擇。例如一個敏食病患者要忌食令其過敏的食物。

　　動量維度。人的運動量不同，攝食需求也不同，重體力勞動者所需的熱量遠大於輕體力勞動者，腦力勞動者對食物數量和種類的需求，也不同於一個體力勞動者。

　　心態維度。進食時有一個專注的好心態，對增進食欲，增加進食的愉悅感，以及對人的健康，都至關重要。進食時的心態不宜大喜大悲，過分興奮、激動、狂躁、憂鬱、憤怒，都會給食物的消化吸收帶來副作用。

　　疾態維度。疾態維度是指人體疾病狀態。不同的疾病對食物的需求不同，吃方法也不同。例如，牙疼會影響吃物種類和速度；過食病患者不宜食用高脂肪高熱量的食物。

　　這裡所說的食者八維，是從大的方面表述人體的差異性，其實每一個人的每一天、

每一時，都會有不同的狀態，從細微的角度看，可以理解為一人萬態。提出食者狀態維度的意義在於，人們應該根據自己當下的身體狀況選擇適合自己的食物，選擇適合自己的食法。

吃事三階段

　　吃方法學將人類的吃事分成了三個階段：A. 吃前階段，B. 吃中階段，C. 吃後階段。在這三個階段中，A（吃前）是 B（吃中）的前提，C（吃後）是 B（吃中）的驗證，B 是中心，A 和 C 都要服從和服務於 B。在之前的一些膳食指南中，只論及 B 一個階段，忽視了 A、C 這兩個階段，都是不科學不全面的。

　　如果用圖形表示，吃方法學的吃前階段、吃中階段、吃後階段是一個指向型結構，指向的中心是吃中、吃前和吃後分別列於左右兩邊。它們和吃中的關係都是服務關係（如圖 3-22 所示）。

圖 3-22　吃的三個階段

　　要吃出肌體健康長壽，在吃前、吃中、吃後三個階段，都有哪些關注點呢？吃前，要瞭解自己肌體的需求，要辨別食物的特徵與成分，還要辨別季節的變化對肌體的影響；吃中，要從數量、速度、溫度、頻率、順序、生熟等方面去把握；吃後，要根據你肌體的排出與釋放，判斷你的吃入是否得當。如此往復，通過每一餐的完整體驗，逐漸趨於準確地滿足自己食物轉化系統的需求。

吃方法學的價值

　　方法是人類特有的現象。吃方法學是人類吃實踐的總結，吃智慧的結晶，吃經驗的傳播。

　　吃方法學是一門新學科，它的存在意義和學術價值在於以下四個方面：一是科學的吃法可以提升人體健康水準，提升人類壽期；二是吃方法學從健康的上游管理入手，可以大大減少因食患病的機率；三是吃方法學普及後，人類健康水準大大提升，可以大量

減少家庭醫療費用，減輕國家醫療負擔；四是正確的吃法可以減少糧食浪費。簡言之，吃方法學的最大價值是在滿足每個人類個體差異的前提下，學會餵養自己，讓食物利用效率最大化，達到健康、長壽的目標。

吃方法的座標

吃法座標由食者、食物、吃交點、吃出、吃後徵等要件組成的橫豎軸形。為了準確表達它們之間的關係和結構，筆者設計了一個吃法座標圖。這個座標圖由 2 條座標線、4 組關係、1 個順序、2 個象限、1 個吃交點和 1 個吃目標群組成（如圖 3-23 所示）。

圖 3-23　吃法座標

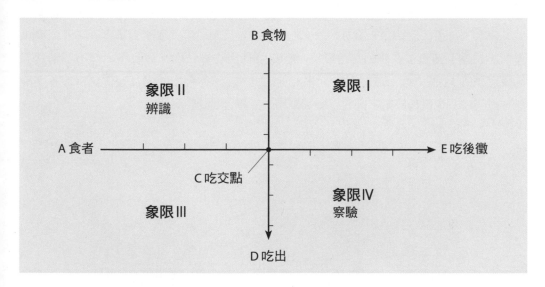

2 條座標線是指這個座標由縱橫兩條軸線組成，橫軸代表食者，發展方向是從生到死；縱軸代表食物，發展方向是從能量的提供到排出。軸上的刻度代表食者的不同狀態和食物的不同能量。這兩條座標線是相互交叉和游動的。

4 組關係是 2 條座標線相交後形成 4 組關係：食者食物關係，供能耗能關係，吃前吃後關係，原因結果關係。

1 個順序是指由 A、B、C、D、E 五個字母代表的進食順序。即 A 為辨識食者體性 → B 為辨識食物 → C 為選擇吃法 → D 為察驗吃出 → E 為察驗吃後徵。這個順序的各個環節既不可倒置，也不可減少。

2 個象限是指座標中左上、右下兩個象限。左上的象限 II 為辨識，即辨識體性、辨識食物；右下的象限 IV 為察驗，即通過察驗吃出和吃後徵，驗證進食是否適宜。

1 個吃交點指 2 條座標線中間的交匯點。這是整個座標中最重要的一個點。辨體和辨物的成果，要通過進食才能實現；食用成效如何，也要在對吃出和吃後徵的檢驗後，回饋給吃交點，根據結果進行再調整。

1 個吃目標是指通過對吃法座標的使用，學習科學的吃法，達到人體健康長壽的目標。

吃方法的羅盤

吃法羅盤是由食者、食物、食法和吃出、吃後徵組成的圓形。「吃法羅盤」有四個可以轉動的圓環，從裡到外分別為食者環、食物環、吃法環、釋出和吃後徵環，每個環上又有若干維度，形成了一個 4 ～ 36 維度體系。其中，食者環標明了食者的 8 種變化因素，食物環涵蓋了食物的 7 種類型，吃法環列出吃方法的 9 個要素，釋出環羅列了吃後反應的 12 個方面。這個羅盤，讓人與食物、吃法、釋出的相互關係更直觀、更清晰、更明瞭，也更利於對它們的理解和應用（如圖 3-24 所示）。

圖 3-24　吃法羅盤

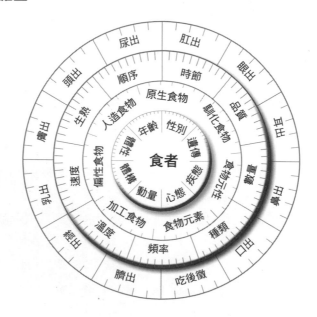

吃法羅盤的四個環，其權重是不一樣的，食物環、吃法環、吃釋出和吃後徵環統統圍繞著食者環，以食者環為中心。

吃方法的指導

吃方法是人類對進食經驗的總結與傳授，人類的吃法指導從無到有，從不全面到全面，對人類的健康長壽做出了極大的貢獻。

人類的吃法指導從無到有，歷經口傳吃法指導、多維吃法指導和全維吃法指導三個階段。有著近萬年歷史傳承的家庭吃法指導最為龐雜，表現出家庭的差異性；肇始於1916年的美國國民膳食指南開啟了對本國國民的吃法指導；誕生於2018年中國的《錶盤吃法指南》（又稱《世界健康膳食指南》），把關注階段從吃中擴展到吃前、吃中、吃後，把關注維度從2個擴展到12個，其指導對象從國民擴展到全人類（如圖3-25所示）。

圖 3-25　吃法指導

口傳吃法指導階段。吃是人類生存的第一要務。長期以來，關於吃事的方法與經驗一直以口傳心授的形式存在，例如部落成員之間的傳授，家庭成員間長輩向晚輩的傳授，醫生向患者的傳授，等等。從農業文明時代開始，口傳吃法指導延續了上萬年。這種指導方式傳授了人類進食知識，但也呈現出自身的不足，例如指導內容零散、指導地點分散、以口頭傳授為主，等等，這既源於人類社會組織形態的局限，也源於傳播工具和傳播手段的局限。

多維吃法指導階段。多維吃法指導階段的到來，以國民膳食指南的發布為標誌，而這類指南的歷史，可以追溯到一個多世紀前。從1916年開始至20世紀30年代，美國農業部多次發布了針對幼兒食品和如何選擇食物的專題膳食指導：20世紀40年代，發布了針對7類基礎食物的《良好飲食指南》；1956年～1970年，發布了針對4類基礎食物《每日食品指南》；1979年發布了《無障礙每日食物指南》；1984年發布了《日

常食物選擇的模式》；時至 1992 年，厚積薄發，美國農業部頒布了以整個國民為指導對象的「USDA 金字塔」膳食指南。此後，先後有多國仿照金字塔膳食指南，制定了適用於本國國民的膳食指南。

全維吃法指導階段。國民膳食指南在指導國民健康飲食方面功不可沒，但是它們也有一個共同的不足：大多只有食物種類和食物數量的兩個維度，有些加上人體運動，也只有三個維度，且著眼點只聚焦在吃中階段。無論是從吃事維度還是從吃事階段看，這些國民膳食指南都存在不完整、不全面的弊端。為了彌補上述不足，為了更好地指導 77 億人的科學進食，經過多年研究，2019 年，一個由中國學者劉廣偉研製的全維度的吃法指導誕生。這個吃法指導以吃方法學為中心，集納了食物元性學、食物元素學、食者體性學、食者體構學，和吃病學、吃療學、吃美學等多個食學學科內容，具有吃前、吃中、吃後三個階段，以及 12 個完整吃事維度。由於它借助了人們喜聞樂見的錶盤形式，所以又被稱為《錶盤吃法指南》。

比較有著百年歷史的國民膳食指南，《錶盤吃法指南》這個後來者以其三階段、全維度的亮點引發了眾多人士的關注。2019 年 6 月，在日本大阪召開的 G20 世界食學論壇上，它以《世界健康膳食指南》的名稱載入《淡路島宣言》，向國際社會推介。

金字塔吃法指導

對於多維吃法指導來說，1992 年是一個值得記住的年分。這一年，美國農業部發布了「USDA 金字塔」膳食指南，將吃法指導提升到一個新的高度。該膳食指南根據食物營養與健康的關係，把日常食物分成「應該多吃」（包括大米、麵包、穀物和麵條）「適量多吃」（包括蔬菜和水果）「適量少吃」（包括魚、家禽、蛋、乾果、牛奶、乳酪和肉類）和「少吃或不吃」（包括脂肪和糖類）四大類型。其後，根據意見回饋，美國農業部又對這個金字塔進行了多次修訂，最終形成不僅對本國國民膳食有指導意義，而且對世界各國都有借鑒作用的標竿性的吃法指導（如插圖 3-4 所示）。這個指南的核心，是從食物種類、食物數量兩個維度，為食者提供種群平均值和群體平均值的參考。

在「USDA 金字塔」膳食指南的示範下，各國的膳食指南紛紛公布。1997 年，為了指導廣大居民更好地平衡膳食獲得合理營養，提高國民健康水準，中國營養學會發布了《中國居民膳食指南》。這一指南呈寶塔結構，很有中國特點。2007 年，中國營養學會又對這一指南進行了調整改版。與膳食寶塔（1997）相比，膳食寶塔（2007）的塔基在原來穀類的基礎上增加了薯類和雜豆類，寶塔的第四層則將豆類及豆製品改為了大豆類及堅果，塔尖增加了每日吃鹽量 < 6g 的內容，並上調了蔬菜、水果、魚蝦、奶類

插圖 3-4　美國膳食金字塔指南（1992）

及乳製品、油的建議攝入量，下調了穀類、畜禽肉類的建議攝入量。

　　此外，膳食寶塔（2007）還增加了飲水圖案、身體活動圖案和「每天活動 6000 步」的建議，把進食維度由 2 個增加至 3 個（如插圖 3-5 所示）。

　　不同於美國的膳食金字塔和中國的膳食寶塔，日本的吃法指導是一個倒三角形狀，因此又稱陀螺膳食指南。倒過來的目的在於強調膳食需要「平衡」。和金字塔膳食指南一樣，該指南同樣按照食物種類和攝取量分層，最上面的一層是主食，包括米飯、穀類、麵食；次層是副菜，包括蔬菜類、菌類、芋類、海藻等；再次層是主菜，包括肉、魚、蛋、大豆食品；最下一層是牛奶、牛乳製品以及水果（如插圖 3-6 所示）。

　　美、中、日等國之外，世界上還有不少國家根據本國居民膳食實際情況，頒布了自己的吃法指導。如歐美一些發達國家頒布了以動物性食物為主的膳食指南，印度、巴基

插圖 3-5　中國膳食寶塔指南（2007）

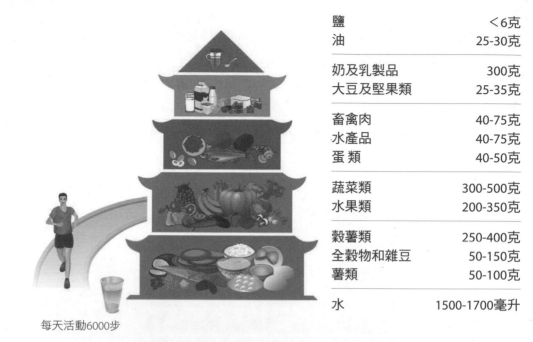

鹽	＜6克
油	25-30克
奶及乳製品	300克
大豆及堅果類	25-35克
畜禽肉	40-75克
水產品	40-75克
蛋 類	40-50克
蔬菜類	300-500克
水果類	200-350克
穀薯類	250-400克
全穀物和雜豆	50-150克
薯類	50-100克
水	1500-1700毫升

每天活動6000步

插圖 3-6　日本膳食平衡指南（2005）

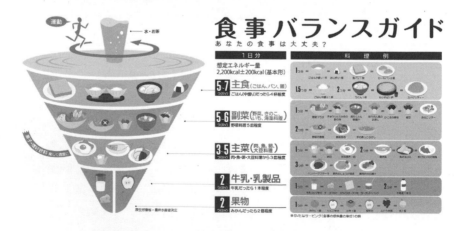

斯坦等發展中國家頒布了以植物性食物為主的膳食指南，西班牙、義大利、希臘等國頒布了地中海式膳食指南（如插圖 3-7 所示）。

插圖 3-7　地中海地區國家──西班牙膳食指南 *

*　聯合國糧食及農業組織（FAO）：基於食物的膳食指南（Food-based dietary guidelines）http://www.fao.org/
nutrition/education/food-dietary-guidelines/regions/countries/spain/en/。

　　上述膳食指南，在指導國民健康飲食方面功不可沒，但是它們也有一個共同的不
足：大多只有吃物種類和吃物數量的兩個維度，有些加上人體運動，也只有三個維度，
且著眼點只聚焦在吃中階段。無論是從吃事維度還是從吃事階段看，這些國民膳食指南
都存在不完整、不全面的不足。

**插圖 3-8　台灣 2022 年衛福部官網公告的「每日飲食指南」涵蓋六大類食物；
並針對 7 種熱量需求量分別提出建議分量。**

引用／台灣衛生福利部國民健康署《每日飲食指南手冊》

▌錶盤吃法指導

全維度的吃法指導──《錶盤吃法指南》，是由 1 個中心、3 個階段、12 個關注點組成的攝食方法的圓形圖。該圖借用人們生活中常見的鐘錶圖形，將食者肌體的「八態」作為內環錶盤，用指標將大錶盤間隔成吃前、吃中、吃後三個區域，以及進食時需關注的 12 個維度（如圖 3-26 所示）。內環錶盤和吃前、吃中、吃後三組資訊，是幫助食者獲取「個體趨準值」的方法。錶盤中的 3 個小錶盤，分別對吃病、吃療、吃審美做出解析。

圖 3-26　錶盤吃法指南

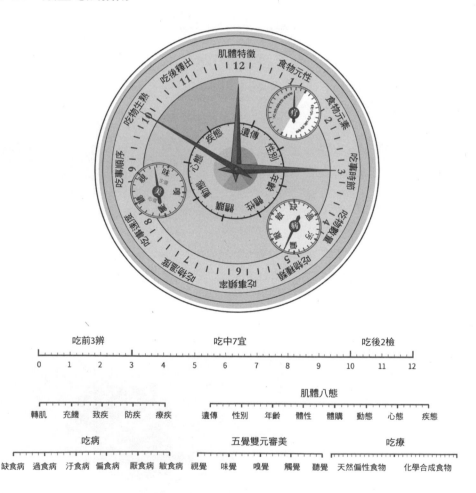

之所以選用錶盤形狀，一是由於它是人們的日常生活用品，辨識度高，易於理解和普及；二是鬧鐘具有提示警醒的作用，藉此讓人認識到，吃不是一件小事，吃與人類的健康和壽期息息相關。

把肌體 8 個維度放在錶盤中心位置，是因為人類所有的食事行為，包括食物和吃法，都是以人為中心，為人的健康長壽服務的。圍繞人的肌體，有遺傳、性別、年齡、體性、體構、動量、心態、疾態這 8 個維度，它們都是辨別人體狀態的要素，可稱為「肌體 8 辨」。

錶盤上 12 個點位上的文字標注，是進食時需要關注的 12 個維度。它們分別是肌體特徵、食物元性、食物元素、吃事時節、吃物數量、吃物種類、吃事頻率、吃物溫度、吃事速度、吃事順序、吃物生熟和吃後釋出。

錶盤指針固定在 12 點 15 分 50 秒的位置，將錶盤間隔成吃前、吃中和吃後三個區域。肌體特徵、食物元性、食物元素、吃事時節 4 個關注點屬於吃前區，它們是進吃前需要關注的維度。由於對食物元性、元素的辨識都屬於對食物的辨別，所以它們和對肌體、對時節的辨識一起，被稱為「吃前 3 辨」。吃物數量、吃物種類、吃事頻率、吃物溫度、吃事速度、吃物生熟、吃事順序 7 個關注點屬於吃中區，它們是進食中需要關注的維度，主要是把握適宜自己肌體的進食方法，也被稱為「吃中 7 宜」。吃後區是對釋出物進行察驗，對吃後徵進行察驗，以檢驗之前的進食是否合理。在吃方法學中，衡量進食是否科學合理有兩把尺子，一把是察驗釋出物，另一把是察驗食後徵，合稱「吃後 2 驗」。

《錶盤吃法指南》關注點有 12 個。錶盤中心的 8 個維度是對肌體特徵的細化，從它們所處的位置很容易看出，它們在錶盤中的核心地位。為什麼讓人的肌體位居中心？是因為它的權重和其餘關注點是不一樣。吃方法學的中心是維護肌體的生存與健康，無論是對食物、時節的辨識，還是對吃法的選擇，以及對釋出的察驗，終極目標都是為了進食者的健康與長壽。也就是說，圍繞在大錶盤刻位上的 12 個關注點，都是為了人的肌體生存與健康服務的，它們之間的關係，是一種 1 + 12 的環繞關係。如果加上吃前、吃中、吃後三個區域，《錶盤吃法指南》結構就是「一個中心、三個階段、12 個關注點」，也可以用數字表示為「1-3-12」結構。

比較以金字塔膳食指南為代表的國民吃法指導，《錶盤吃法指南》更加全面（如表3-12 所示）。概括來說，它們之間有 4 個顯著不同。

一是關注階段不同。國民膳食指南一般只關注吃中階段，《錶盤吃法指南》首次提出了人類進食要關注吃前、吃中、吃後三個階段，並具象為吃前 3 辨，吃中 7 宜，吃後

2 驗，構成了一個完整的進食體系。

　　二是進食維度不同。國民膳食指南只關注 2 個進食維度，《錶盤吃法指南》 是對吃中 7 個維度的整體關注，比前者增加了 5 個維度，從而更完整更全面。

　　三是指導數值不同。國民膳食指南著眼於「群體平均值」，《錶盤吃法指南》既關注「群體平均值」，更關注「個體趨準值」，及獲取「個體趨準值」的方法。人類吃事雖然具有群體化特徵，但歸根結底要通過個體吃事才能實現。而每個個體都是不同的，有男女老幼、高矮胖瘦、民族種族、健康疾病之異，著眼於個體需求，科學更合理進食。

　　四是適用對象不同。國民膳食指南的適用對象是本國國民，《錶盤吃法指南》的適用對象是每一個地球村民。從人類社會日益走向整體化的趨勢看，《錶盤吃法指南》無疑更符合這種發展趨勢。

表 3-12 吃事指南維度對比

	食者體徵	吃物元性	吃物元素	吃事時節	吃物數量	吃物種類	吃事頻率	吃物溫度	吃事速度	吃物生熟	吃事順序	吃後察驗
美國膳食金字塔	—	—	—	—	√	√	—	—	—	—	—	—
中國膳食寶塔	—	—	—	—	√	√	—	—	—	—	—	—
日本膳食陀螺	—	—	—	—	√	√	—	—	—	—	—	—
錶盤吃法指南	√	√	√	√	√	√	√	√	√	√	√	√

　　作為《錶盤吃法指南》的作者，筆者希望它能夠適用於不同國家、不同性別、不同民族、不同文化、不同年齡、不同階層、不同身體狀況的每一個人，能夠為地球村的每一個人服務。筆者期待它能夠為人類實現 120 歲的應有壽期做出貢獻。

吃方法學面對的問題

　　吃方法學面對的問題主要有 6 個：未把「吃事三階段」視為一個整體、缺乏全維度吃事認知、對吃法個體差異研究不夠、「錶盤吃法指南」利用不夠、不當吃法影響健康和吃事認知未納入現代科學體系。

■ 未把「吃事三階段」視為一個整體

對於吃飯的事，人們更多關注的是吃中這一個階段，而忽視了吃前和吃後這兩個維度。其結果就是沒有做到因人而異、因時而異，也就是未能在吃前辨識自己的體性狀態，結合食物和時節等維度進行合理的選擇；吃後也未能做到對吃後人體狀態及身體排出物進行察驗，以檢驗先前的進食是否合理。這種「三缺二」的進食狀態，長此以往勢必會引發吃病，影響肌體健康。食學宣導把吃前、吃中和吃後三個階段視為一個整體，一改其他膳食指南僅僅注重「吃中」一個維度的認知，顯得更加客觀、全面、科學和準確。

■ 缺乏全維度吃事認知

對吃事的認知不全面，是指在攝食時只考慮一兩個維度，沒有從吃方法學的 7 個維度對吃進行整體考量。例如前一段時間流行的「熗鍋大蒜會致癌」的說法，說因為大蒜在高溫熱油中會產生致癌物丙烯醯胺，所以用大蒜熗鍋會致癌。大蒜在熱油中會產生丙烯醯胺不假，但這種說法只考慮到食物元素維度，沒有考慮到吃物數量維度。實際上，大蒜熗鍋產生的那點兒丙烯醯胺並不會導致使用者患癌。假如沒有數量攝入的範圍，那麼任何物質都有可能產生毒副作用，就連水攝入過多也有可能危害人體健康。這種以偏概全現象的存在，說明了公眾在科學攝食知識方面還有不少誤區和空白。

■ 對吃法個體差異研究不夠

食化系統因人而異，自己是進食的第一責任人，也是自身健康的第一責任人。所謂的健康飲食，就是要讓吃進去的食物，適應每個人自己的食化系統，這是一條顛撲不破的真理。但是如今在對食化系統的認知方面，仍是群體的平均值認知占據主流地位。這種群體的平均值認知，貌似科學其實並不科學，它只是進食時的一種參考，不能作為進食指導。每個人的身體狀況和對食物的需求都是不一樣的，每個人的食化系統也有差別，個體性的吃事觀才能指導人類走向健康長壽。

■ 「錶盤吃法指南」利用不夠

綜觀當今各國頒布的膳食指南，在指導國民健康飲食方面功不可沒，但是它們在指導進食方面也有一個共同的不足：大多屬於吃物種類＋吃物數量＋食者的 3 維認知。食學科學體系構建的《錶盤吃法指南》從「吃事三階段」的 12 個維度，對人們如何選擇食物和如何科學吃法給予了全方位地指導。這種科學有效的吃方法尚未得到廣泛地普及

和傳播，影響了人們對其的合理利用。

■ 不當吃法影響健康

　　人類的不當進食行為主要表現在如下幾個方面：一是美味第一，只顧及食物味道，不考量食物的營養和性格，甚至不考慮食用安全，例如「拚死吃河豚」；二是過量飲食，人類生存的大部分時間屬於缺食階段。把缺食階段形成的進食習慣帶入足食階段，很容易形成過食，引發過食病；三是憑藉感覺進食，沒有把吃當成一門學問、一種科學方法來看待；四是過分追求食用目的以外的東西，例如食材是否珍貴，盛器是否高檔等，忽視了食物對健康、對延續生命的根本意義。

■ 吃事認知未納入現代科學體系

　　吃事無疑是貫穿人的一生的大事。數千年來，世界各地儘管有諸多的關於吃事的記載和論述，可是迄今為止，並沒有把吃事定義為一種科學，更沒有建立起關於吃事的學科體系。由此導致了人們只是把吃方法作為人的一種與生俱來的不自覺的本能對待，遠遠沒有上升到科學的高度，並對此加以整體性地研究和探索。與其說這是一種科學的悲哀，不如說這是一種對生命的漠視，應該引起科學界的高度重視。

進食過程中的雙元審美

　　審美體驗離不開人的感官。人的眼、耳、鼻、舌、身，對應於人的視、聽、嗅、味、觸五種感知能力。傳統審美體驗基本上是以視和聽為主的，比如視覺對應造型藝術，聽覺對應音樂藝術。吃審美與傳統審美最大的區別，就是五官同時參與，筆者稱之為「五覺審美」，與傳統美學的不同。傳統美學一是只論述心理反應，沒有論述生理反應；二是只承認視聽審美，未提五覺審美。在民間一直有美食、美食家的說法，這說明在人的意識中，吃審美確實存在，只不過沒有上升到理論層面。因此，探索吃審美的規律和特點，是一個全新的課題，是對傳統美學的發展與完善。其對生理反應的確認，最大的價值在於有利於人的健康，有利於世界上每一個人的健康。

　　吃審美的對象既包括人類加工的食物，也包括天然食物；既包括烹飪食物，也包括發酵食物；既包括固態食物，也包括茶、酒、咖啡等液態食物。

　　美是普遍存在的，無論是在自然界還是社會生活中，只要有人類的生活，就有美的蹤跡。「勞動創造了美」。從歷史的角度看，人類最初的各種勞動都是為了生存下去，最早的生存勞動就是獲得食物。從這個角度說，吃審美可以分為三個階段，第一個是美源於食階段；第二個是美學無食階段；第三個是五覺吃審美階段。

　　美源於食。當人獲取食物時甜甜的滋味是美感的源頭。審美起源於食物的甘甜與香醇。先民在長期的飲食生活的積累中，也逐漸產生了如「甜」「淡」「香」「鮮」等審美意識。中國漢代許慎在《說文解字》中說：「美，甘也。從羊從大。」意思是，美在本質上是味美（甘），美在起源上與羊和大相關。宋代文人將飲食烹調視為審美物件，飲食有了獨立的審美價值。到 16、17 世紀的明清時期，文人關注物欲人生、講究飲食藝術的風氣高漲，一些士大夫將飲食生活引向藝術化，形成獨特的士大夫飲食文化。士大夫們講究「味外之味」，並將「味道」「品味」延伸到文學作品和人們生活之中，同時也延伸到書畫作品、音樂作品的鑒賞評價的境界。中國古人就將味覺與嗅覺放在同視覺和聽覺同等的地位加以討論。《左傳》中提出「聲亦如味」，是味覺與審美的初次碰撞，是中國味美學理論的萌芽。

　　美學無食。西方美學思想的歷史從柏拉圖開始，他率先從哲學思辨的高度討論美學問題。「美學」的概念是 1735 年德國哲學家鮑姆加登首次提出的。1750 年，鮑姆加登

以這個詞為書名，發表了巨著《美學》（如插圖 3-9 所示）。「美學」創立的一個重要標誌，是「美的藝術」概念的出現和現代藝術體系的誕生。1746 年，夏爾‧巴圖神父出版了一部名為《歸結為單一原理的美的藝術》一書，書中將音樂、詩、繪畫、雕塑和舞蹈這五種藝術說成是「美的藝術」，以此與工藝區分開，這是此後一切藝術體系的雛形。近 400 年，西方文化的美學以自身的邏輯不斷地演化，非西方文化在西方這一世界主流文化的影響下，學習西方，按照西方的學科方式建立起了自己的美學，構成了西方美學與非西方美學之間的互動。

插圖 3-9　1750 年出版的《美學》

　　現代美學研究始終存在一個致命的缺陷，它把人類對美的感受和對美的追求，局限於人的視覺和聽覺的範圍之內。傳統的美學理論只認為人的視覺和聽覺是高級感官，具有審美功能，能產生審美感受，而其他感官都與人的生理本能相聯繫，是低級感官，並

不能產生精神性的審美感受，因此食物的鑒賞未被納入美學體系。

　　五覺審美的提出。面對味覺沒有納入審美理論體系的情況，中國的孫中山先生曾提出質疑：「夫悅目之畫，悅耳之音，皆為美術；然悅口之味，何獨不然……」把味覺列入審美範疇，是孫中山先生的一大貢獻，但他的理論也存在明顯的不足，把食物之美局限於味覺，忽視了其他感官的作用，按照這個思路去研究吃審美是走不通的，筆者稱其為「孫中山胡同」。按感官角度來看，審美可以分為單覺審美和多覺審美兩種類型。單覺審美是用一種感官來感受外界的美，也稱之為一覺審美，例如視覺（繪畫、雕塑）和聽覺（音樂、歌曲），傳統的美學理論只認可這兩種感官的審美過程。多覺審美是通過兩種以上感官共同完成的審美，例如電影與戲劇是「視覺＋聽覺」的審美藝術。那麼，食物品鑒就是味覺、嗅覺、觸覺（口腔）及視覺、聽覺的審美藝術，這就是五覺審美。吃審美過程中的反應是雙元性的，即心理反應和生理反應，通俗的講就是美味＋健康（美體）。其他藝術也會有生理反應，但極為少見（如表 3-13 所示）。

表 3-13　吃事的五覺審美

藝術種類	感覺					反應	
	視覺	聽覺	嗅覺	味覺	觸覺	心理	生理
繪畫藝術	√	—	—	—	—	√	—
雕塑藝術	√	—	—	—	√	√	—
音樂藝術	—	√	—	—	—	√	—
唱歌藝術	—	√	—	—	—	√	—
舞蹈藝術	√	√	—	—	—	√	—
戲劇藝術	√	√	—	—	—	√	—
烹飪藝術	√	√	√	√	√	√	√

　　五覺雙元審美理論認為，吃事的過程是味覺、嗅覺、觸覺、視覺、聽覺共同參與的，食物的味道、氣味、觸感、形色和聲響，同時作用於人們的五官感受。吃事審美過程的反應是雙元的，既有心理反應，也有生理反應，二者不是對立的，而是統一的。因為健康的身體是一種大美，對生理反應的確認，最大的價值在於有利於每一個人的健康長壽。

　　五覺在吃審美中的權重是不同的，筆者把它們分為兩個組，一組為吃審美的核心要素——嗅覺、味覺、觸覺，一組為吃審美輔助要素——視覺、聽覺。通俗地講，五覺審

美是 3 ＋ 2，不能是 2 ＋ 3，權重順序不可顛倒。舉個極端的例子，盲人沒有視覺，面對美食，只有四覺，但他們同樣可以體驗到食物之美。聾人沒有聽覺，也能夠完成食物的審美過程。也就是說，視覺和聽覺在吃審美的過程中起到的是輔助性的作用。但是，如果沒有嗅覺，則人們吃飯不香；如果沒有味覺，則食物入口無味；如果沒有觸覺，則不辨酥脆軟嫩。所以說，味覺、嗅覺和口腔觸覺是吃審美的核心，是吃審美的基礎（如圖 3-27 所示）。

圖 3-27　五覺吃審美權重

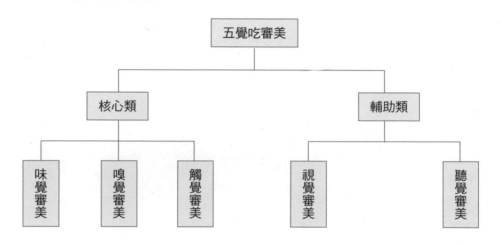

　　吃事的審美反應具有心理和生理兩個方面，這就是雙元反應。心理反應與生理反應不是對立的，而是統一的，這是由吃事的獨特性所決定的。既可以吃出食物之美，又可以吃出健康之美的人，是雙元美食家。只精於美食品鑒而缺乏身體健康的，充其量只是個「吃貨」。

　　食事承載健康，健康是一種美，健康是每一個人都需要的美，健康是承載各種美的美。從這個意義上說，雙元審美的權重要大於五覺審美。

　　吃美學的編碼是〔SS123200〕，是食學的四級學科，食物攝入學的子學科。吃美學認為，吃審美是視覺、聽覺、嗅覺、味覺和觸覺五種感知能力共同參與的一種「五覺審美」；吃審美是一種雙元性的審美，既有審美時的心理反應，也有審美時的生理反應，這兩個反應都會影響並作用於人的身體健康。

吃美學的定義

　　吃美學是研究進食行為與心理和生理之間和諧關係及其規律的學科。吃美學研究吃事過程中美的雙元享受，既研究食物品鑒之美，又研究食物轉化為肌體的健康之美。吃美學是研究人與食物之間心理、生理審美關係的一門學科，是研究解決吃事審美過程中各種問題的學科。吃事審美是指進食過程中心理、生理預約的體驗與感受。

吃美學的任務

　　吃美學的任務是指導人類提高吃事審美鑒賞能力，從而帶來心理愉悅和生理健康。吃美學的任務是指導人們從單純追求食物的心理反應，轉為追求心理和生理的雙重反應，指導人們認清五種美食家，吃出健康來。

　　吃美學的具體任務還包括歸納、總結吃事審美規律，弘揚健康吃事行為，批評醜陋吃事行為，提高吃事審美的修養。

吃美學的體系

　　吃美學體系包括吃事味覺美學、吃事嗅覺美學、吃事觸覺美學、吃事視覺美學、吃事聽覺美學和吃事雙元反應學 6 門五級子學科（如圖 3-28 所示）。

圖 3-28　吃美學體系

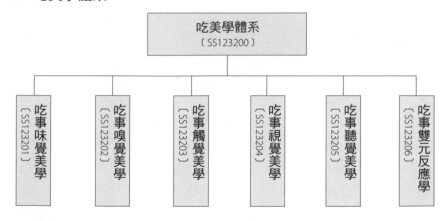

　　吃事味覺美學。吃事味覺美學是食學的五級學科，吃美學的子學科。它是研究人類在吃事過程中通過味覺器官來鑒賞食物的學科，其任務是指導人類全方位利用味覺器官鑒別食物。味覺審美在吃審美中具有舉足輕重的地位，人類對食物的評價擺在首位的就

是味道。在五覺吃審美中，味覺的感知是一個十分複雜的過程，不僅甜、鹹、酸、鮮、苦等味道會互為對比、相互轉化、相互轉換，呈味濃度、食物溫度以及觸覺、嗅覺等器官的感知能力，也會影響味覺審美（如圖 3-29 所示）。

圖 3-29　吃事味覺感知

吃事嗅覺美學。吃事嗅覺美學是食學的五級學科，吃美學的子學科。吃事嗅覺美學是研究人類在吃事過程中通過嗅覺器官來鑒賞食物的學科，其任務是指導人類全方位利用嗅覺器官鑒別食物。食物的腥、膻、香、臭等味道，是需要嗅覺辨別審美的。在五覺吃審美中，嗅覺美學的地位十分重要。據研究，人們對食物滋味的感知，有 80% 來自嗅覺（如圖 3-30 所示）。

圖 3-30　吃事嗅覺感知

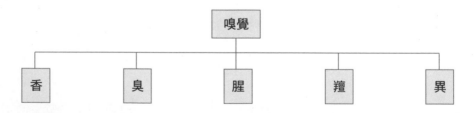

吃事觸覺美學。吃事觸覺美學是食學的五級學科，吃美學的子學科。吃事觸覺美學是研究人類在吃事過程中通過口腔內的觸覺器官來鑒賞食物的學科，其任務是指導人類全方位利用口腔內的觸覺器官鑒別食物。觸覺器官可以感受到食物的溫度、濕度、壓力等信息，食物的脆、嫩、酥、爽、凍、熱、軟、硬，都是要靠觸覺來感知的。這裡的觸覺，主要是口腔觸覺，也包括取食時的手部觸覺（如圖 3-31 所示）。

圖 3-31　吃事觸覺感知

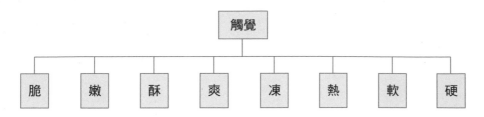

　　吃事視覺美學。吃事視覺美學是食學的五級學科，吃美學的子學科。吃事視覺審美學是研究人類在吃事過程中通過視覺器官來鑒賞食物的學科，其任務是指導人類全方位利用視覺器官鑒別食物。美食之美，首先表現在視覺上，食品的造型、顏色以及相應的食雕、盤飾、盛器等，無不美形美色。「色香味形」的東方食物評價標準中，眼睛看到的色和形均位列其中，色還被排在第一位。重視外在美的日餐被人們譽為目食（如圖3-32 所示）。

圖 3-32　吃事視覺感知

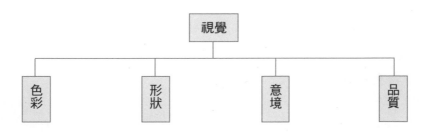

　　吃事聽覺美學。吃事聽覺美學是食學的五級學科，是吃美學的子學科。吃事聽覺美學是研究人類在吃事過程中通過聽覺器官來鑒賞食物的學科，其任務是指導人類全方位利用聽覺器官鑒別食物。鐵板燒、鍋巴蝦仁等菜品在鐵板上發出「滋滋」的響聲，能帶給食客獨特的聽覺感受；食物的「脆」也是進到嘴裡後，通過口腔觸覺和聽覺使人感受到的（如圖 3-33 所示）。

　　吃事雙元反應學。吃事雙元反應學是食學的五級學科，吃美學的子學科。在吃美學創立之前，傳統美學只承認審美的心理反應，不承認審美的生理反應。其實，任何審美都有兩個反應，一是心理反應，如喜悅與悲傷；二是生理反應，如正常與反常等。吃審美過程同樣存在兩個反應，其中的生理反應要強於聽音樂、看電影等其他審美形式。吃

圖 3-33　吃事聽覺威知

事的生理反應與肌體的健康息息相關，這是吃事雙元反應學要重點關注的內容。

五種美食家

　　「美食家」是近代的一個概念，多指那些會吃且會說的人。隨著時代的發展，我們有必要進一步釐清、規範它的內涵，讓它為人類的健康美好生活提供支援。

　　從理論上講，美食家是指精通美食創作和鑒賞的人。美食家主要有五種類型，美食創作方面，有「烹飪藝術家」和「發酵藝術家」；美食鑒賞方面，有「品鑒美食家」和「長壽美食家」；既精通創作又精通鑒賞的人，叫「美食通家」或美食大家（如表3-14所示）。

表 3-14 美食家分類

類別	屬性		
	美食創造	美食鑒賞	
		心理	生理
烹飪藝術家	√	√	—
發酵藝術家	√	√	—
品鑒美食家	—	√	—
長壽美食家	—	√	√
美食大家	√	√	√

　　烹飪藝術家，是指精通美食烹飪工藝且形成獨特風格的人，是美食創造領域的專家。

　　發酵藝術家，是指精通食物發酵工藝且形成獨特風格的人。他們是美食創造領域的

專家。

品鑒美食家，是指精通食物品鑒且善於表達的人。今天看來這種「美食家」是過去式了，是人類社會「缺食」時代的產物，他們以「有吃會吃」為特徵，人們仰視他們的口福，他們不注重或很少涉及吃審美的健康性，總是把「美味」品鑒放在首位，甚至主張「拚死吃河豚」。感官享受是他們鑒賞美食的唯一目的，他們也叫「傳統美食家」。

長壽美食家，是指精通食物品鑒且健康長壽的人。長壽反應是指心理和生理的反應。通俗地講，他們是既懂品鑒食物之美，又能吃出身體健康之美。現代美食家的第一個標準就是要比常人更健康更長壽，這是與傳統美食家最本質的區別。否則，只能稱為「吃貨」或「吃家」。長壽美食家主張美味與健康的統一，是引導當代人吃出健康長壽的楷模。他們也叫雙元美食家、現代美食家。

美食大家，是指既精通美食創造和美食品鑒，且健康長壽的人。也叫全能美食家、美食通家。

吃美學面對的問題

吃美學面對的問題主要有 3 個：吃事五覺審美認知不夠、吃事審美雙元反應的認知不夠，和吃審美認知未納入現代科學體系。

▋ 吃事五覺審美的認知不夠

對吃事五覺審美認知不夠主要表現在兩個方面：一是在學術認定方面，傳統美學只承認視覺、聽覺審美，集味覺、嗅覺、觸覺、視覺及聽覺於一體的食物五覺審美，還沒有進入美學的範疇，得到承認。二是在「五覺審美」體系自身，人們對於嗅覺、味覺和口腔觸覺的研究比較全面，對聽覺和視覺的研究還有待深入。

▋ 吃事審美雙元反應的認知不夠

吃事審美具備「雙元性」特徵，既能帶來心理反應，也能帶來生理反應。它對心理產生的愉悅感立竿見影，在生理上的反應則往往延遲顯現。當今不少人在進食時，只注重心理的滿足，忽視了的生理結果，所以導致了侃侃而談又大腹便便的「美食家」的盛行。那些進食時只注重單元心理反應、只注重五覺滿足和心理愉悅，卻不注重身體健康的人，容易導致各種疾病。注重吃事審美的「雙元」反應，注重身心健康，才是一名合格的吃審美者。

▌吃美學認知未納入現代科學體系

　　吃審美儘管一直都客觀存在，但是對其認知並未納入現代科學體系。傳統的美學理論只認可聽覺和視覺這兩種感官的審美過程。應該承認，食學是對食事問題進行全方位、整體性認知的科學，其所首創的吃事五覺審美更是一個全新的審美理論。將吃審美納入現代科學體系，對於傳統審美學理論的豐富和擴展，無疑具有里程碑式的意義和價值。

吃出來的疾病

　　病，是一個既有概念，是指生理上或心理上失衡的狀態。吃病，是一個新生概念，是指因不當食物和不當吃法引發的肌體不正常狀態，其中既包括因食物問題帶來的疾病，又包括因吃法問題帶來的疾病。吃病，以病因為疾病命名，與以往用病症命名相比，是一大創新。它可以直指病源，讓患者面對疾病不再茫然，知其病因不僅有利於治療，更有利於預防。

　　吃病學的創立，是人類健康領域的一個里程碑。吃病學的價值和意義在於，強調病因，強調對疾病的上游管理，強調用天然食物預防和治療，強調用吃方法預防和治療。它可以有效提高人的健康水準，延長人的健康壽期，減少家庭醫療費支出，減輕國家醫保負擔。

　　吃病自古有之。由於食物供給的不充足、不均衡以及吃方法的不得當，吃病一直伴隨著人類，至今不肯離去。從吃病的發展歷程來看，可以分為缺食病氾濫、過食病氾濫以及吃病理論誕生三個階段。

　　缺食病氾濫階段。在長達 550 萬年的人類發展史中，從空間和時間的整體來看，缺食病（營養不良）一直與我們相伴。在原始社會，人類逐食而徙，靠天吃飯，食物來源缺乏穩定性，加上存儲條件有限，無法保證食物供應的充足與及時，人們飽受因缺食帶來的營養不良的困擾。進入農業社會後，生產能力提升，食物來源的穩定性增加，但隨之而來的是步入了人口數量與食物產量相互博弈的怪圈。迴圈式饑荒不期而至，尤其是遭遇自然災害，缺食帶來的疾病更是頻頻威脅人的生命。1845 年～ 1850 年間，愛爾蘭發生大饑荒。這次災害致使大面積的農作物失收。在短短 5 年的時間內，一百多萬愛爾蘭人死於饑荒，整體人口銳減了將近四分之一。1932 年～ 1933 年間發生的烏克蘭大饑荒中，大約有 315 萬～ 718 萬烏克蘭人死於這一事件。 1942 年至 1943 年中國河南發生的「中原大饑荒」，最終造成 500 萬人死亡，患身體浮腫等缺食病的人隨處可見。食物不能充足、穩定地供給，是人類社會歷史長河中的常態。

　　過食病氾濫階段。工業文明的到來，讓人類的生產效率有了大幅的飛躍，食物的生產加工更是如此。技術、機械、化肥、農藥的普及，大大提高了種植業的產量，集約化的飼養方式，大大提高了養殖業的產量，人類的食物呈現前所未有的豐盛。同時，經化

學添加劑這位「魔術師」點化過的食物，以極佳的色、香、味、形，挑逗著人們的味蕾和食欲。在這種情況下，糖尿病、心臟病等與過食關係密切的慢性病開始大範圍出現。世界衛生組織（WHO）的研究資料顯示，從 1980 年到 2014 年，全球主要地區 18 歲以上的 II 型糖尿病患者數從 1.06 億增至 4.22 億，占總人口比率從 4.7% 上升到 8.5%，漲幅接近一倍，過食病的危害讓人觸目驚心（如表 3-15 所示）。

表 3-15　全球主要地區 18 歲以上糖尿病患者人數 *

地區	百分比（%）		人數（百萬）	
	1980 年	2014 年	1980 年	2014 年
非洲地區	3.1	7.1	4	25
美洲地區	5.0	8.3	18	62
東地中海地區	5.9	13.7	6	43
歐洲地區	5.3	7.3	33	64
東南亞地區	4.1	8.6	17	96
西太平洋地區	4.4	8.4	29	131
合計	4.7	8.5	108	422

* 世界衛生組織（WHO）：《2016 年全球糖尿病報告》（*Global Report on Diabetes 2016*），2016 年版，第 25 頁。

表 3-16　1975 ～ 2015 年全球成年人超重百分比推移 *

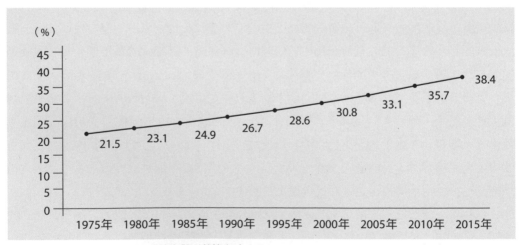

* 世界衛生組織（WHO）：全球健康觀測數據庫（Global Health Observatory date repository）（https://apps.who.int/gho/data/view.main.GLOBAL2461A?lang=en）。

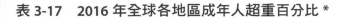

表 3-17　2016 年全球各地區成年人超重百分比 *

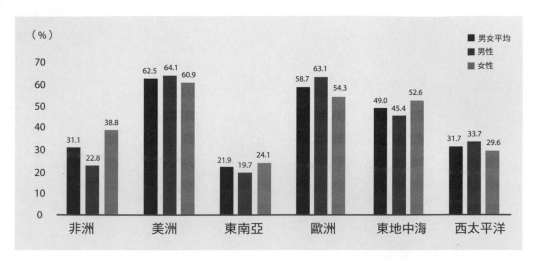

* 世界衛生組（WHO）：全球健康觀測數據庫（Global Health Observatory date repository）（https://apps.who.int/gho/data/view.main.GLOBAL2461A?lang=en）。

　　研究資料顯示，由於過食，2015 年全球有 22 億人肥胖或超重，其中，超過 7.1 億人屬於肥胖，占全球兒童人口的 5% 及成年人口的 12%。其中美國兒童與青年肥胖率達 13%，居世界首位，而埃及則在成年人肥胖率中以 35% 居首。從人口數字看，中國與印度的總人口數最高，所以肥胖兒童絕對數量也最高，分別為 1530 萬人和 1440 萬人。2016 年，中國肥胖人口增至 9000 萬，超過美國成為世界上肥胖人口最多的國家。世界衛生組織（WHO）提供的資料顯示，目前全球約三分之一的成年人患有高血壓，約 10% 的成年人患有糖尿病，約 12% 的人患肥胖症。進入 21 世紀，因過食造成的疾病已成為人類生命的第一大殺手。

　　過食病之所以氾濫，從缺食階段步入足食階段，吃事習慣不能及時適應，是其中一個重要原因。這種吃事習慣的不能及時適應，我們稱其為缺食行為慣性。

　　人類經歷了太漫長的缺食階段，深刻的缺食體驗、思維在影響著人們的行為習慣。個體的缺食行為慣性，帶來因過食而產生的系列疾病；群體的缺食行為慣性，帶來社會層面的缺食恐慌，食物生產過度，大量積存和浪費食物。對於人類個體來說，缺食行為慣性的突出表現就是控制不住自己的食欲，在不知不覺中過食、暴食，從而帶來一系列疾病。

　　需要指出的是，在過食病大肆氾濫的今天，由於世界食物資源的分配不均，缺食病

也沒有徹底消失。聯合國糧農組織統計，全世界食物不足的人口數量自 2015 年以來不斷增加，並倒退至 2010 ～ 2011 年的水準，目前仍有超過 8.2 億的人口缺食（如表 3-18 所示）。

表 3-18　2005 ～ 2018 年全球饑餓人口推移

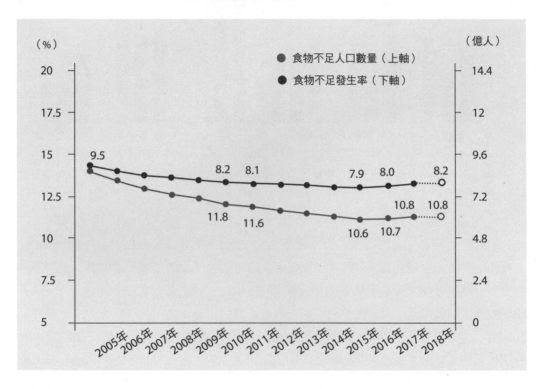

　　吃病理論誕生階段。回首人類發展史，吃病雖然自始至終伴隨著人類，威脅著人類的健康和生存，但是在一個很長的歷史時期，並沒有得到應有的認知和重視，吃病被拆解到營養不良、高血壓、高血脂等多種疾病種類中。

　　吃病理論有三個創新點：一是將所有因食而起的疾病放在一起整體認知；二是將傳統的以病果或為病症命名，改為以病因命名，讓人從病名即可知道病源，從而對吃病的認知更科學、更準確。同時，對疾病聚焦點從結果前移到原因，強調食在醫前，強調預防，強調對人體健康的管理要從上游抓起；三是提倡對疾病的吃療吃治、早防早治吃病概念的提出是「預防為主」的重要抓手。

　　從學術角度看，當前一項重要任務是：依據吃病理論，對傳統醫學中與其相關的內

容進行梳理，以吃病學為其命名，吃病學的編碼是〔SS123300〕，是食學的四級學科，吃學的子學科。吃病學是一個新創建的學科。

吃病學的定義

吃病學是研究食物、吃法與疾病之間關係及其規律的學科，是研究用食物和吃法調理、治療人的生理、心理失衡狀態的學科，是研究解決人類因不當吃行為產生種種疾患問題的學科。

吃病是指因不當選擇食物和不當吃法帶來的疾病，它以病因命名，例如缺食病、汙食病、過食病、偏食病、敏食病、厭食病等。這種命名方法可以直觀明瞭地指出病因所在，幫助人們有針對性地控制和預防吃病。

吃病學的任務

吃病學的任務是研究因食物和吃法帶來的疾病的特徵，提出預防的方法，指導人們吃出健康長壽。實踐證明，食物和吃法不但可以帶來疾病，也可以預防和治療疾病。

吃病學的具體任務有三個：一是通過調整食物結構，改變膳食方式，克服不良膳食習慣，跳出先吃出病再治療病的惡性循環，防止病被「吃出來」；二是針對六大種類的吃病，積極研究、探討治療的途徑和策略，總結用食物和吃方法的最優方式，為人類抵抗疾病增加一個新的途徑；三是強調健康的上游管理，減少醫療費用的支出，面對疾病，無論是家庭還是國家，醫療費都是一筆巨大的開支，吃病學的研究與實踐，強調抓住健康管理的上游，使人少得病、早療病，從而大幅減少醫療費。

吃病學的價值

吃病學是一門新的學科，為什麼要構建這樣一個學科？它的存在意義和學術價值在於以下四個方面：一是預防吃病發生。吃病學以病因為疾病命名，可以讓人們對患病原因一目了然，有利於從健康管理的上游著手，把吃病化解在患病前；二是治療吃病。既然是因食而致病，也可以用食而療疾，通過合理的進食，把吃出來的病吃走；三是提高人類健康水準，提升壽期。當今吃病已經侵蝕了 40% 的人類，成了人類健康的一大殺手，瞭解吃病、減少吃病、消滅吃病，人類的健康和壽期都會提升到一個新的水準；四是減少醫療費用，減輕社會醫療負擔。吃病占了人類疾病的一個很大的比例，減少或根除吃病，可以大大降低家庭的醫療費用支出，大大降低社會的醫療負擔。

吃病學的體系

吃病學的體系依據病因分類,分為缺食病學、汙食病學、偏食病學、過食病學、敏食病學和厭食病學6門食學五級學科(如圖3-34所示)。

圖3-34 吃病學體系

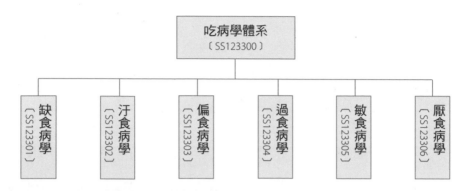

吃病是威脅當今人類健康的重大疾患。其中,缺食病、汙食病、偏食病、過食病涉及多數食者;敏食病、厭食病只涉及一部分食者。缺食病、汙食病常見於缺食社會;在足食社會,因為飲食控制不當,過食病氾濫成災。

缺食病學。缺食病學是食學的五級學科,吃病學的子學科。缺食病是由攝入食物不足引發的肌體不正常狀態。缺食病發生的原因主要包括社會原因和個人原因。社會原因主要表現為因自然災害、糧食分配不公等造成的供給不足;個人原因主要表現為由於某些錯誤觀念所造成不當進食,例如不當減肥等。缺食病可對人體造成了極大的危害:在饑餓初期,身體失水嚴重,體重明顯下降。饑餓繼續,會出現頭暈、乏力、噁心、四肢酸軟無力、肌肉顫抖等低血糖症狀。進一步饑餓,會出現貧血、嚴重消瘦、抵抗力下降等症狀,接下來會出現浮腫、精神激動、恐懼、幻覺、狂躁、驚厥、抽搐和嗜睡等症狀乃至昏迷、死亡。缺食病的防治,首先要保證該類病人的食物來源量,在此基礎上做到合理飲食,均衡膳食,吃得營養、吃得健康。

汙食病學。汙食病學是食學的五級學科,吃病學的子學科。汙食病是攝入變質、汙染的食物引發的肌體不正常狀態。汙食病的成因主要有三個方面:一是食物自身被汙染;二是攝食過程中的食具汙染;三是誤食有毒食物(如圖3-35所示)。在現階段,因生產環境和加工過程產生的「汙食」所占比例越來越大,新的汙食病層出不窮,「汙食」環節遍及從農田到餐桌的全過程(如圖3-36所示)。汙食病的預防,首先要學會

圖 3-35　汙食病成因

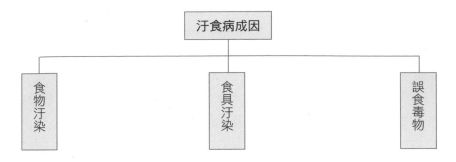

鑒別食物是否汙染，要從源頭杜絕汙染食物。另外，食具要保持衛生潔淨，飯前認真洗手也是預防汙食病的有效措施。汙食病的治療，首先要給患者補充水分，有條件的可輸入生理鹽水，進行咽部催吐。如果病情嚴重，應及時到醫院進行專業救治。

圖 3-36　食物汙染來源

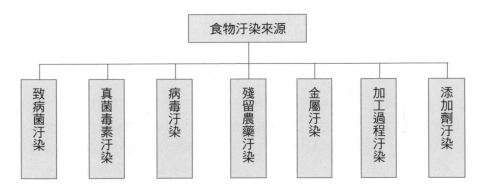

　　偏食病學。偏食病學是食學的五級學科，吃病學的子學科。偏食病是由於某種食物攝入過多或過少引發的肌體不正常狀態。世界衛生組織將偏食病造成的營養失衡稱為「隱性饑餓」，包括缺鐵、碘、鋅等礦物質和維生素。偏食病多出現在兒童和婦女兩大群體中，往往是個人行為，也經常會在某一理念指導下，致使某一類人群不約而同地減少某一類食物的攝入量，其結果往往會導致對人體的傷害。偏食病的症狀主要為：碳水化合物缺乏、蛋白質缺乏、脂肪缺乏、維生素和礦物質缺乏。在上述攝入、吸收不足的同時，又存在某些營養成分過度攝入，人體表現為飽腹情況下的營養不良。偏食病的防治，首先要正確認識人體所需的營養成分，用科學的理論指導進食；其次是瞭解營養

成分的不同作用，從而均衡飲食。

過食病學。過食病學是食學的五級學科，吃病學的子學科。過食病是因攝入食物過多而引發的肌體不正常狀態，是現代社會的常見病，占整個吃病人群的 60% 以上。過食病形成的原因有四個：一是有些人從長期缺食時代一步跨進今天的足食時代，卻改變不了以往形成的飲食習慣，依舊過飲過食；二是現代商業社會人際間應酬增多，增加了過食的環境和機會；三是待客時求多求豐的陋習未改，造成過食；四是吃喝中有多餘的食物，怕浪費，勉強多吃，形成過食。過食病是當今對人類危害最大的吃病，許多疾病如高血脂、高血糖、高血壓，都是在過食的基礎上形成的。過食病可謂「一病四害」：一是浪費食物；二是浪費醫療資源；三是增加痛苦；四是縮短壽命。過食病的防治，首先要正確認識過食病，形成正確的飲食習慣，科學進食。對於一些過食病患者，除了化學合成食物治療外，運用偏性食物進行吃療，會產生更好的療效。

敏食病學。敏食病學是食學的五級學科，吃病學的子學科。敏食病不是普遍現象，是部分食者攝入某種類食物致使肌體過度反應而引發的肌體不正常狀態。由於肌體對食物的適應性的差異，致敏的食物也不同。容易引起過敏的食物有牛奶、雞蛋、巧克力、小麥、玉米、花生、橘子、檸檬、洋蔥和豬肉、某些堅果類以及魚類海產等。敏食病的症狀取決於人體對致敏食物的過敏反應強弱，最嚴重的過敏反應，也可能危及患者生命。敏食病的防治，首先應明確過敏源；其次在飲食過程中注意避開這些易導致過敏的食物。

厭食病學。厭食病學是食學的五級學科，吃病學的子學科。厭食病是指食欲減退引發的肌體不正常狀態。厭食病的患者群體不大，它是食者對食物攝入的一種變態反應，其症狀為食欲減退或消失。厭食病多見於 1 ～ 6 歲小兒及部分青年女性。病因有身體、精神、食物、氣候等多個維度，例如，一些年輕女性對身材和體重過分苛求而引發厭食。由於引導不當，因減肥引發厭食的情況也在逐年增加。厭食病症狀表現為對食物產生厭煩情緒，病情輕者會消瘦、營養不良、閉經、抵抗力下降；重者可以出現中樞神經系統功能失調，見了食物就嘔吐等症狀，導致體重急劇下降，甚至不治身亡。厭食病的防治：一是樹立健康的飲食觀念，輔以心理治療；二是排除因其他疾病如胃潰瘍患者害怕食後疼痛而產生的厭食因素；三是輔以偏性食物、化學合成物的治療。

病因應對範式

疾病如同人類的影子，一直伴隨著我們，疾病應對每年消耗了巨大的社會資源和財富，同時還帶來人生的痛苦和生命時間的縮短。面對疾病，用「病因應對範式」屬於釜

底抽薪，較之「病症應對範式」更加積極主動，社會成本和個人成本會大幅下降，是「預防為主」的根本範式。其中，吃事的病因管理占據著重要地位，在六大病因中，因缺食病的危害度和吃事的高頻性而排在首位（如圖 3-37 所示）。病因應對範式屬於上游管理，事半功倍。加強病因應對範式的研究與確立，是 21 世紀人類必須高度重視的課題。

圖 3-37　病因體系

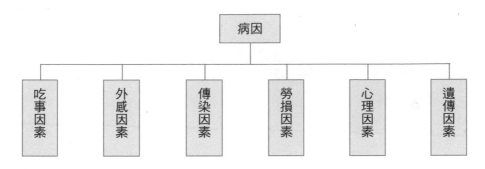

吃病病因

　　六大吃病都是以病因命名的，比較高血壓病、高血脂病這些以病症為疾病命名，是一大進步。如果進一步分析，我們對吃病的病因還可以給予更細緻的分類，例如可以分為內因、外因、內因＋外因。其中，外因是指食物的負面影響超過了人體食化系統調節適應的能力，造成了生理和心理的失衡。外因主要是食物原因。內因是指吃法不當，缺少對於食物品質、數量、溫度、生熟和吃事速度、順序、時節等的正確把握，或因體性上的某些缺陷，從而導致疾病的發生。內因主要是食為原因。內因＋外因是指既有主觀方面致病的原因，也有客觀方面致病的原因，即食物＋食為的原因。具體地說，缺食病、缺食病屬於客觀致病，是食物致病；過食病、偏食病、厭食病屬於主觀致病，是食為致病；汙食病既有客觀致病原因，例如在不知曉的情況下誤食了被汙染的食物，也有主觀致病原因，例如吃飯前不洗手，造成了細菌汙染，汙食病屬於食物致病＋食為致病（如表 3-19 所示）。

　　內因是發病的根據，外因是發病的條件，外因通過內因起作用。深入分析吃病病因，有利於我們理清思路，對症施食。

　　六種類型的吃病，每一種都有不同的病因。以當今肆虐的過食病為例，過食病的成

表 3-19　吃病病因

病名 \ 病因	主觀	客觀	食物	食為
缺食病	—	√	√	—
汙食病	√	√	√	√
偏食病	√	—	—	√
過食病	√	—	—	√
敏食病	—	√	√	—
厭食病	√	—	—	√

因複雜，主要有以下四個方面：嗜甜嗜香的偏好性、能量的儲存性、飽腹感的延遲性、缺食行為的慣性，亦稱「過食四因法則」。

關於嗜甜嗜香的偏好性。遠古時期，人類在獲取食物時發現甜的食物大多數是營養豐富的，而苦的東西一般都有毒。人類發現和掌握了用火之後，發現醇香的熟食更耐饑，而惡臭的食物不耐饑。久而久之，形成嗜甜不嗜苦、嗜香不嗜臭的習性。經過幾百萬年的演化，這種習性已經變成了一種本能寫進了人類基因裡，加上大腦生理機制的獎賞效應，今天，在食物充足的環境下，人的這種嗜甜嗜香的本性，是導致食入過多熱量的原因之一。

關於能量的儲存性。食物轉化系統是歷經億萬年演化而來，儲存食物能量，是食物獲得不穩定時期而形成的調節機制，是「吃了上頓沒有下頓」的惡劣環境下的結果。正常情況下，人的食物能量是以脂肪形式儲存在皮下，人類一般可以儲存 7 天所需要的能量。也就是說，一個人在有水喝的情況下，7 天不吃飯依舊可以生存。所以每當有食物的時候，可以一次吃上幾天的能量，而不至於嘔吐出來，這就是食物能量儲存機制。這種人的儲存食物能量的本性，是導致食入過多熱量的原因之二。

關於飽腹感的延遲性。從肚子吃飽了，到發出信號告訴大腦「我吃飽了」，是有一定時間差的。人的攝食量與生理信號的傳遞有關。人的大腦中樞裡面，有控制食量的飽食中樞和饑餓中樞，有了這些調控信號，我們的腦袋才能知道到底吃飽了沒有。這個傳遞機制，是一個「不怕吃多只怕吃少」的機制。在正常情況下，大腦接到「吃飽了」的信號總是慢半拍，明明所攝取的食物數量已經足夠了，可是大腦卻還沒接到飽食信號，所以在「不知飽」的情況下，會不知不覺地繼續吃喝，這是導致食入過多熱量的原因之三。

關於缺食行為的慣性。在食物缺少的時代，很難吃上一頓飽飯。人們饑不擇食、饑

不得飽，對食物短缺的恐懼天天都在，遇到食物總是要想方設法吃個肚兒圓，天長日久形成了一種「搶食」的行為習慣，這就是缺食時代進食行為的一個普遍特徵。當今人們已經步入了足食時代，食物不再短缺，每天都有充足的食物保障，不必「搶食」了，但缺食時代的行為習慣卻不能馬上改掉，甚至很難改掉，這就是缺食行為慣性。缺食行為慣性的突出表現，就是控制不住自己的食欲，總是在不知不覺中吃多了。缺食行為慣性產生的原因，是由思維慣性帶來的行為慣性，而行為慣性要比思維慣性結束得更遲，或者說行為慣性比思維慣性消彌時間更長。人類經歷了太漫長的缺食階段，深刻的缺食體驗、思維影響著人們的行為習慣。缺食行為慣性，是導致食入過多熱量的原因之四。

人類對食物熱量的儲存，一般在 7 天左右。今天，在食物充足的國家和地區，有大量過食群體存在，他們體內儲存的能量已經大大超過限度，許多人儲存了 30 天以上的能量，不但不能及時釋放出來，且天天還在過食中。當這些釋放不出來的皮下熱量，轉移到其他器官，就會帶來諸多慢性疾病，這就是危害巨大的過食病。而過食的主要原因就是上述四個方面，瞭解過食四因法則，是矯正過食行為的前提。

過食病之外，汙食病、缺食病、偏食病、敏食病和厭食病，都有各自的形成原因，都需要我們追根尋源，以便因疾施治，維護身體健康。

吃病學面對的問題

從全球的角度來看吃病，是威脅人類健康的一個重要方面。吃病學面對的問題主要有 5 個：對吃病的認知不夠、世界近十分之一的人口有汙食病、世界十分之一的人口有缺食病、世界十分之二的人口有過食病、吃病認知未納入現代科學體系。

▌對吃病的認知不夠

對於吃病的認知不夠表現在兩個方面：一是迄今仍存在著很大的片面性和觀念的割裂。在理論上，沒有把這些「吃出來的病」歸於一類，而是散置於以患病器官、患病結果命名的疾病名下，例如心臟病、肥胖病、高血脂病、高血壓病，等等，甚至出現了「富貴病」這種不科學不規範的叫法。這種認識，違背了對吃病應統一、辯證的認知觀，違背了從食物和食法上查找病因、從病因上尋找病源的診療規律，違背了食在醫前、從預防入手、從上游管理吃病等食學理念，致使吃病治療陷入誤區。二是忽視了在食物馴化中合成食物的不當施用對人體健康帶來的新的疾病。例如，出現了以前不曾出現的怪病，突出表現在兒童性早熟、抑鬱病、多動症、男女不孕不育症、肥胖症、白血病、各種癌症等集中爆發。當一種食物馴化模式發展到可導致人類生殖都出現困難時，

人類不得不反思第一次綠色革命是否真的綠色。

世界近十分之二的人口有汙食病

獲取足量的安全且有營養的食物是維持生命和促進健康的關鍵，但含有有害細菌、病毒、寄生蟲或化學物質的食品卻可以通過受汙染的食物進入人體內，導致從腹瀉到癌症等 200 多種疾病，相關食源性疾病每年影響著數百萬人口，特別是嬰幼兒、老人和病人。同時，食源性疾病給衛生保健系統造成壓力，並有損國家經濟、旅遊和貿易，由此阻礙社會經濟發展。聯合國專門機構世界衛生組織 2015 年 12 月 3 日在日內瓦總部發布了全球首份針對食源性疾病負擔的全面估算報告，稱每年 10 個人當中幾乎就有 1 人因吃被汙染的食物而生病，並導致 42 萬人死亡；其中五歲以下兒童處於特高風險，每年有超過 12 萬名兒童死於食源性疾病。全球每年有多達 6 億人，相當於世界總人口的近十分之一，因食用汙染的食物而生病。[①]

世界十分之一的人口有缺食病

全世界營養不良的人口有史以來第一次超過了 10 億人。每天每 7 個人中就有 1 人忍饑挨餓。據估算，2018 年全球超過 8.2 億人沒有充足的食物，高於前一年的 8.11 億人。[②] 超過 20 億人無法正常獲取安全、營養和充足的食物，他們大多數生活在低收入和中等收入國家。但高收入國家也存在這一問題，如北美和歐洲 8% 的人口。世界饑餓人口連續第三年出現增長，這表明到 2030 年實現零饑餓可持續發展目標存在巨大挑戰。在許多經濟發展滯後的國家，饑餓現象正在加劇，特別是在中等收入國家和那些嚴重依賴國際初級商品貿易的國家。

世界十分之二的人口有過食病

據統計，全球 77.1 億人中，有 10 億多人因吃不飽飯患有「缺食病」，同時還有 20 億左右的人因吃得多患有「過食病」。[③] 在人類發展史上，吃病中的過食病一直是少數

---

① 聯合國及農業組織（FAO）、世界衛生組織（WHO）：《食品安全人人有責──2020 年世界食品安全日指南》（*Food Safety, Everyone's Business-A Guide to World Food Safety Day 2020*），2020 年，第 8 頁。
② 聯合國糧食及農業組織（FAO）、國際農業發展基金會（IFAD）、聯合國兒童基金會（UNICEF）、世界糧食計畫署（WFP）、世界衛生組織（WHO）：《2018 年世界糧食安全和營養狀況：增強氣候抵禦能力，促進糧食安全和營養》（*The State of Food Security and Nutrition in the World 2018. Building climate resilience for food security and nutrition*），羅馬（Rome），糧農組織（FAO），2018 年版。
③ 同②。

人的疾病，發展至今，卻成了影響 77 億地球村民健康的主要殺手。過食導致的疾病包括高血脂、高血糖（糖尿病）、高尿酸衄症（痛風）、高鈉血症（高血壓）、癌症、肝硬化、闌尾炎、膽結石、慢性腎炎、腦出血、心臟病、代謝綜合徵，等等。吃得過多，白血球殺滅病原菌、癌細胞和病毒的能力就會下降。過食病的危害甚多，如怠惰乏力、胃腸疾病、代謝障礙綜合徵以及提前衰老等。

吃病認知未納入現代科學體系

自 2013 年提出吃病學的學科框架和基本理論後，迄今已有數年時間。雖然這一理論填補了吃病有病無學的空白，提出了從健康管理的上游入手、從病因尋找病源、利用食物性格治療吃病等諸多理論觀點，但是迄今為止，對它的普及還很不夠，其傳播力度更顯不足。普通民眾對吃病的概念還較陌生，吃病學更沒有作為一個專業學科，進入大學課堂，進入現有的醫學科學體系。

利用偏性食物治療疾病

食物是有性格的，從整體上看，有平性食物和偏性食物之分。偏性食物是指它在某一方面的物性比較突出，可以調解肌體的失衡，從而達到預防和治療疾病的作用。偏性食物的來源主要有三類：植物、動物、礦物，其中植物所占比最大，應用也最普遍。從食物的性格角度看，偏性食物可分為弱偏、偏和強偏三類。

人類利用偏性食物調體、療疾，從記載的史料看，已經有幾千年的歷史。沒有史料紀錄的實踐，更要久遠得多。在漫長的發展進程中，人類對偏性食物的利用，積累了豐富的經驗，為人類的健康和繁衍起到了重要作用。

利用偏性食物的不同性格維護人類肌體健康，具有三大貢獻和五大價值：三大貢獻一是可以調理肌體的亞衡狀態，把疾病消滅在萌芽階段；二是可以治療「吃病」，即因食物和吃法不當引起的疾病；三是可以治療其他原因而產生的疾病，讓肌體恢複健康。五大價值一是可以預防疾病發生。當你的身體略有不適時（不含外感、外傷），食入不同性格的偏性食物，就可以及時得到調理；二是可以使身體少受疾病傷害、少受損失。這是保障健康長壽的前提；三是可以節省醫療費。不得病沒有醫療費，有了病，用偏性食物治療的成本遠低於用合成食物治療，可以大幅減少家庭醫療費的支出；四是對肌體的副作用少。使用偏性食物防病、治病，比起口服化學合成物、放射性治療、手術式治療等方式，對肌體的副作用少很多；五是社會運營效率高。由於疾病減少，可以大幅縮減醫療產業規模，使剩餘的社會資源轉向其他領域，大幅減輕國家醫保負擔。

偏性物吃療學的發展演變可以分為三個階段：起源階段、發展階段和當代階段。

起源階段。利用偏性食物吃療，是一種人類的普遍行為。在化學合成食物（口服藥）出現之前，世界各地的人群在與疾病鬥爭的過程中，逐漸熟悉、掌握了不同食物的特性和偏性，並以此療疾治病。希臘神話就有這樣的記載：醫神阿斯克雷庇亞斯正在潛心研究一個病案之際，一條毒蛇爬來，盤繞在他的手杖上，阿斯克雷庇亞斯大吃一驚，當即把這條毒蛇殺死了。誰知這時又出現了一條毒蛇，口銜神草，伏在死蛇身邊，將草敷在死蛇身上，結果死蛇復活了，由此人們發現了偏性食物吃療的功能。迄今，蛇杖仍然是醫學的符號。英語中藥物單詞為「drug」，意即乾燥的草木，這也說明歐洲對偏性食物認識與利用有著悠久的歷史。

在人類漫長的歷史進程中，偏性食物的利用，一直是世界性的療疾方式之一。對偏性食物的認識也從實踐走向理論。西元 78 年，希臘醫生佩達努思・迪奧斯克里德斯的《藥物論》一書中，詳細地記錄了 600 多種植物以及一些動物產品的療疾價值。《植物學》曾是古代歐洲醫生的必修課。由此可見，用偏性食物吃療，並不是東方民族的專利，只不過東方民族對它的認知更透澈、應用更純熟、受眾更廣泛。

著述於中國西漢時期（西元前 202 年～西元 8 年）的《淮南子・修務訓》記載：「神農嘗百草之滋味，水泉之甘苦，令民知所避就。當此之時，一日遇七十毒。」話雖這樣說，對偏性食物的認識和利用，並不是一人一日所為，而是眾多人類祖先在防治疾病過程中的經驗積累。由於食物知識欠缺和饑餓，原始社會的人群在尋覓食物時，不可避免地會誤食一些具有偏性的動植物，引發身體反應。這種反應，有時會導致食物中毒，也有時會使原有疾病減輕或消失。這樣反覆嘗試，反覆積累經驗，口傳心授，便初步形成了偏性物吃療學的雛形。至於文字紀錄，成書於中國西周時期（西元前 1046 ～前 771 年）的《周禮・天官冢宰》中，已有「以五味、五穀、五藥養其病」的記載。相傳成書於中國先秦時代（西元前 21 世紀～前 221 年）、被稱為傳統醫學四大經典著作之一的《黃帝內經》，更是建立了「陰陽五行學說」「脈象學說」「臟象學說」「經絡學說」「病因學說」「病機學說」「病症」「診法」以及「養生學」「運氣學」等一系列學說理論，成為古代偏性物吃療學說的集大成者。

發展階段。從西元前 202 年的中國的西漢時期，到西元 20 世紀初的晚清時代，偏性食物吃療到達一個新的水準。這一時期對偏性食物吃療的文字記載和理論著述燦若繁星。成書於中國漢代（西元前 202 年～西元 220 年）的《山海經》中，記載的偏性類食物已達上百種。同樣成書於漢代的《神農本草經》，全書載有本草類食物更多達 365種，堪稱中國漢代以前偏性食物吃療知識的集大成者。其後的中國三國、兩晉、南北朝時期（西元 220 年～ 589 年），《名醫別錄》《抱樸子》《炮製論》等論述偏性食物吃療的著述先後湧現。其中影響最大的，首推醫聖張仲景（約西元 150 ～ 154 年至約215 ～ 219 年）的《傷寒雜病論》。在書中，張仲景確立了中醫辨證論治的基本法則，把疾病發生、發展過程中所出現的各種症狀，根據病邪入侵經絡、臟腑的深淺程度，患者體性的強弱，正氣的盛衰，以及病勢的進退緩急和有無宿疾（舊病）等情況，加以綜合分析，尋找發病的規律，確定了不同情況下的治療原則。他創造性地把外感熱性病的所有症狀，歸納為六個證候群和八個辨證綱領，確立了分析病情、認識證候及臨床治療的基本法度，成為指導後世醫家臨床實踐的療疾準則。

西元 581 年～ 907 年的中國隋唐時期，利用偏性食物吃療進入了一個大交流階段。

一方面，西域、印度等地醫藥文化的傳入中國腹地；另一方面，中國的偏性食物吃療體系向日本等國的輸出，對當地的偏性食物吃療產生積極影響。偏性物吃療學開始了國際性的大交流。

插圖 3-10　中國醫藥學家李時珍（西元 1518～1593）

　　西元 960 年～1279 年的中國宋朝，隨著生產力的提高和經濟的繁榮，出現了《開寶本草》《嘉佑本草》《本草圖經》等一批論述偏性食物的著作，其中《嘉佑本草》收載偏性食物 1082 種。此後經過金元時期的發展，到了明代，偏性物吃療學達到了一個高峰。偉大的醫藥學家李時珍（如插圖 3-10 所示）耗時三十年，編成了集偏性食物之大成的《本草綱目》，全書 52 卷，收載藥物 1892 種，附方 11000 餘則。這些偏性物吃療學的經典著作，詳實地記錄了辨證施治的療疾思想，記錄了偏性食物的種類與使用方法，記錄了東方民族與疾病抗爭的認知和經驗，極大地豐富了人類醫學寶庫。

　　當代階段。20 世紀中葉，東方傳統的偏性食物吃療理論與實踐，受到西方醫學研究方法和研究成果的影響，使其進入了一個新的歷史階段。

　　偏性食物吃療的一個突出特點是利用食物組，這種經典的偏性食物組，在日本稱為「漢方」。20 世紀六七○年代，隨著日本經濟高速增長，患慢性病、過敏性疾病的國民人數迅速增長，人口的老齡化也帶來了大量的老年病，當代醫學對此常常束手無策，

漢方開始受到重視。1967 年，日本政府將漢方列入健康保險允許使用的名單，先後共有 148 種漢方獲得承認。發展至今，日本漢方廠有 200 家左右，漢方製劑多達 2000 多種，89% 的日本醫生會使用漢方療疾。目前日本 6 萬家藥店中，經營漢方製劑的高達 80% 以上。在世界範圍，日本漢方的銷售已占到世界偏性食物銷售總額的 90%。2010 年，日本提出了一個新的課程教學要求，要求各醫科大學必須要有漢方教育，一共 8 個學時，720 分鐘。

從全球範圍看，以偏性食物吃療的理論和經驗，已日益得到更廣泛的接受與重視。利用偏性食物吃療，先後在澳洲、加拿大、奧地利、新加坡、越南、泰國、阿聯酋和南非等國家和地區，以國家和地方政府立法形式得到認可。目前，全世界偏性食物吃療市場估值約為每年 500 億美元。

在中國大陸，偏性食物吃療在 20 世紀上半葉曾一度受到質疑，其後便進入了再度發展階段。各地紛紛建立了偏性食物的研究和應用機構，廣泛開展了相關研究。在中國政府部門的組織下，多次開展了對偏性食物全國性的資源普查，整理出版了《中藥大辭典》《新華本草綱要》《中華本草》等一批專著；在偏性食物的炮製、製劑技術方面也取得較大的突破，使其生產加工朝著規範化、標準化、科學化方向發展。據統計，中國大陸目前擁有偏性食物資源共 12807 種，種植總面積約 5000 萬畝。截至 2017 年 9 月，在中國大陸有中醫類醫院 3966 所，中醫類診所 4.58 萬個，各類中醫執業醫師 45.2 萬人，中醫類醫院診療量為 4.38 億人次，占全國醫院總診療量的 17.5%。這其中二分之一屬於偏性物吃療學的範疇（如表 3-20 所示）。

用偏性物吃療已有數千年的歷史，偏性物對人類健康的貢獻功不可沒。但在療疾學合成食物出現後，用偏性物吃療受到排擠和打壓也有目共睹。當今這種認知的偏頗正在得到糾正，設立一門和合成物吃療學比肩並立的偏性物吃療學，正當其時。

偏性物吃療學的編碼是〔SS123400〕，是食學的四級學科，吃學的子學科。偏性食物俗稱本草，是指天然的、非滋養功能的、具有療疾作用的吃入口中的物質。偏性物吃療學是研究利用食物性格調理亞衡與治療疾病的學科。

用偏性物吃療雖有數千年的歷史，並取得了不凡的業績，但是它並沒有進入現代醫療科學體系。食學對偏性物吃療學的扶正，讓它成為與合成物吃療學並列的一個學科體系。

偏性物吃療學的定義

偏性物吃療學是研究食物性格與肌體不正常狀態之間關係及其規律的學科，是研究

表 3-20　2011 ～ 2020 年中國偏性物吃療市場規模

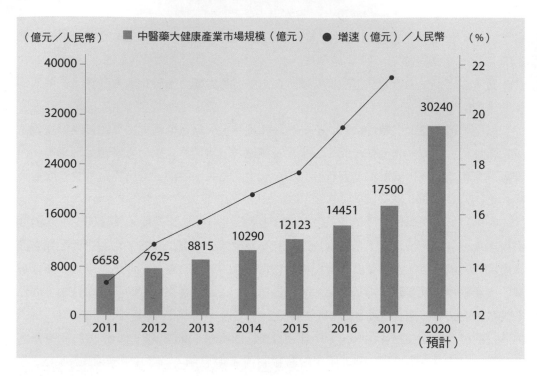

（億元／人民幣）　■ 中醫藥大健康產業市場規模（億元）　● 增速（億元）／人民幣　（%）

食物偏性與肌體健康之間關係的學科，是研究用偏性食物解決人體亞衡與疾病問題的學科，是研究利用天然食物和吃法預防疾病及治療疾病的學科，既研究吃病的預防和治療，又研究非吃病的治療。

偏性物是天然的、有偏性的、可以調理亞衡、治療疾病的植物、動物和礦物質的總稱。偏性物吃療即東方的吃療養生和傳統醫學中的口服療疾部分。

偏性物吃療學的任務

偏性物吃療學的任務是預防、治療身體疾患，提升個體健康水準。利用食物性格治病、防病，降低家庭醫療支出，減輕國家醫保支出。偏性物吃療學的具體任務包括研究偏性食物的偏性特徵與人體偏性之間的關係，探求其中的制約原理與規律，總結、梳理其基本功效體系，光大其防病、治病的價值內涵；完善偏性物吃療學的學科體系建設；使偏性食物吃療實現當代價值最大化，推動偏性食物吃療的全球化普及，造福人類。

偏性物吃療學的體系

偏性物吃療學涵蓋傳統醫學的口服療疾部分，其體系依據食學對偏性食物的分類以及對偏性食物的應用劃分，包括偏性植物吃療學、偏性動物吃療學、偏性礦物吃療學、偏性物吃療診斷學，和偏性物吃療辯證學 5 門食學五級子學科（如圖 3-38 所示）。

圖 3-38　偏性物吃療學體系

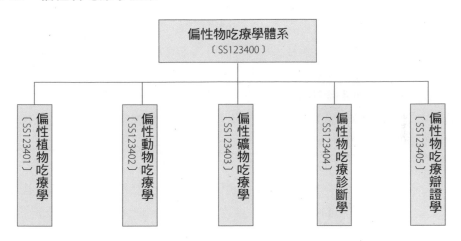

偏性植物吃療學。偏性植物吃療學是食學的五級學科，偏性物吃療學的子學科。偏性植物是指具有偏性性格、用於療疾治病的植物類食物。偏性食物分為植物、動物和礦物三大類，偏性植物在其中占有絕大多數，所以記載傳統藥物的書籍被稱為「本草」，例如《本草綱目》《神農本草經》《開寶本草》《新修本草》，等等。在療疾的化學合成食物出現之前，偏性植物為保護人類尤其是東方民族的健康立下了汗馬功勞。用於療疾的植物類偏性食物，有解表、清熱、化痰止咳平喘、平肝熄風、祛風濕、活血化瘀、行氣、止血、芳香化濕、消食、利水滲濕、安神、補虛、瀉下等多種類型。

偏性動物吃療學。偏性動物吃療學是食學的五級學科，偏性物吃療學的子學科。偏性動物是指具有偏性性格、用於療疾的動物類食物。在長期的生存實踐中，人類認識到某些偏性動物食物，可以為人療疾祛病，例如蜂膠、熊膽可以清熱解毒，田螺、泥鰍能夠利水消腫。在療疾功效方面，偏性動物類食物可以分為 15 個類型：辛涼解表、清熱解毒、祛風除濕、行氣止痛、利水消腫、健脾消積、止咳平喘、活血化瘀、止血生肌、平肝熄風、殺蟲消疳、芳香開竅、補益強壯、收斂固澀、抗癌治瘤。

偏性礦物吃療學。偏性礦物吃療學是食學的五級學科，偏性物吃療學的子學科。偏

性礦物是指具有偏性性格、用於療疾的礦物類食物。礦物偏性食物是以無機化合物為主要成分的偏性食物，共有三種類型。一是可供療疾的天然礦物，例如朱砂、雄黃、滑石、爐甘石、白礬等；二是礦物加工品，例如如芒硝、輕粉等；三是古生物化石，例如龍骨、琥珀等。生活中常見的金、銀、鐵、黃鐵礦、丹砂、石膏、雲母、石灰、水銀以及陰陽水、臘雪水、百沸湯、井泉水、急流水，等等，也屬於偏性礦物食物。

偏性物吃療診斷學。偏性物吃療診斷學是食學的五級學科，偏性物吃療學的子學科。偏性物吃療的診斷，主要是應用望、聞、問、切等手段對疾病給予辨識。望、聞、問、切又被稱為四診，其中望是觀察病人的發育情況、面色、舌苔、表情等；聞是聽病人的說話聲音、咳嗽、喘息，並且嗅出病人的口臭、體臭等氣味；問是詢問病人自己所感到的症狀、以前所患過的病等；切是用手診脈或按腹部有沒有痞塊。只有建立了對人體和疾病的正確辨識，才能對偏性食物進行正確的吃療應用。

偏性物吃療辯證學。偏性物吃療辯證學是食學的五級學科，偏性物吃療學的子學科。吃療中對偏性食物的應用，並不是一個千篇一律的過程。在應用偏性食物進行吃療時，要根據治療的需要，把握配伍、劑量、禁忌三大原則。配伍是指按病情需要和偏性食物特點，有選擇性地將兩種以上的偏性食物配合同用；計量即根據疾病、患者、季節、地區、食物品質等因素，來考慮偏性食物用量；禁忌包括配伍禁忌、妊娠禁忌、服用時的飲食禁忌等。

偏性物吃療學面對的問題

偏性物吃療學面對的主要問題有 5 個：偏性食物吃療的認知不夠、偏性食物吃療的利用不夠、偏性食物吃療部分驗方失傳、偏性食物吃療後繼乏人，和偏性食物吃療認知未納入現代科學體系。

▌偏性食物吃療認知不夠

偏性食物吃療歷史悠久，是東方文明對人類健康的巨大貢獻。但是進入現代社會後，人們對偏性物吃療學的研究陷入了誤區，試圖把其納入現代醫學的框架內，試圖用現代醫學的原理和邏輯來認識與研究偏性物吃療學，這種做法影響了其在世界範圍的認知度。偏性食物吃療的基礎是食物性格。如同人一樣，兩個人在顯微鏡下的人體結構基本一樣，但是他們的性格可能截然不同，食物也是如此。所以不要力求用顯微鏡去發現食物性格的奧祕，只有放下顯微鏡，才能發現食物性格的豐富多彩。對偏性物吃療學的研究，必須建立在符合傳統醫學原理和邏輯的基礎上。

表 3-21 偏性物的吃療功效

名稱	功效	類別	名稱	功效	類別
麻黃	發汗解表,宣肺平喘,利水消腫	解表	升麻	發表透疹,清熱解毒,升舉陽氣	解表
香薷	發汗解表,和中化濕,利水消腫	"	蔓荊子	疏散風熱,清利頭目,祛風止痛	"
桂枝	發汗解肌,溫通經脈,助陽化氣	"	淡豆豉	解表,除煩	"
紫蘇	發表散寒,行氣寬中,安胎,解魚蟹毒	"	浮萍	發汗解表,透疹止癢,利水消腫	"
生薑	發汗解表,溫中止嘔,溫肺止咳	"	木賊	疏散風熱,明目退翳,止血	"
荊芥	散風解表,透疹止癢,止血(炭)	"	石膏	生用清熱瀉火,除煩止渴;煅用收濕斂瘡,生肌止血	清熱
防風	祛風解表,勝濕,止痛,解痙	"	知母	清熱瀉火,滋陰潤燥	"
羌活	解表散寒,祛風勝濕,止痛	"	蘆根	清熱生津,除煩止嘔,利尿	"
藁本	發表散寒,祛風勝濕,止痛	"	梔子	瀉火除煩,清熱利尿,涼血解毒,消腫止痛	"
細辛	祛風散寒,通竅止痛,溫肺化飲	"	淡竹葉	清熱除煩,利尿	"
白芷	發散風寒,通竅止痛,燥濕止帶,消腫排膿	"	竹葉	清熱除煩,生津,利尿	"
蒼耳子	散風寒,通鼻竅,除濕止痛,止癢	"	夏枯草	清肝明目,散結消腫	"
辛夷	散風寒,通鼻竅	"	決明子	清肝明目,潤腸通便	"
西河柳	發表透疹,祛風除濕	"	密蒙花	清熱養肝,明目退翳	"
薄荷	宣散風熱,清利頭目,利咽,透疹,疏肝	"	青葙子	清肝瀉火,明目退翳	"
牛蒡子	疏散風熱,宣肺利咽,解毒透疹,消腫療瘡	"	穀精草	疏散風熱,明目退翳	"
蟬蛻	疏散風熱,透疹止癢,明目退翳,熄風止痙	"	黃芩	清熱燥濕,瀉火解毒,止血,安胎	"
桑葉	疏散風熱,清肺潤燥,平肝明目,涼血止血	"	黃連	清熱燥濕,瀉火解毒	"
菊花	疏散風熱,平肝明目,清熱解毒	"	黃柏	清熱燥濕,瀉火解毒,退虛熱	"
葛根	解肌退熱,透疹,生津,升陽止瀉	"	龍膽	清熱燥濕,瀉肝膽火	"
柴胡	解表退熱,疏肝解鬱,升舉陽氣	"	苦參	清熱燥濕,殺蟲止癢,利尿	"
			水牛角	清熱涼血,瀉火解毒,定驚	"
			生地黃	清熱涼血,養陰生津,潤腸	"
			玄參	清熱涼血,滋陰降火,解毒散結,潤腸	"
			牡丹皮	清熱涼血,活血散瘀,退虛熱	"
			赤芍	清熱涼血,散瘀止痛,清肝火	"
			紫草	涼血活血,解毒透疹	"

表 3-21　偏性物的吃療功效（續表）

名稱	功效	類別
金銀花	清熱解毒,疏散風熱	清熱
連翹	清熱解毒,疏散風熱,消腫散結,利尿	"
射干	清熱解毒,祛痰利咽,消結散腫	"
山豆根	清熱解毒,消腫利咽	"
馬勃	清肺,解毒,利咽,止血	"
牛黃	清熱解毒,熄風止痙,化痰開竅	"
熊膽	清熱解毒,明目,止痙	"
重樓	清熱解毒,消腫止痛,息風定驚	"
大青葉	清熱解毒,涼血消斑,利咽消腫	"
板藍根	清熱解毒,涼血,利咽	"
青黛	清熱解毒,涼血消斑,定驚	"
白頭翁	清熱解毒,涼血止痢	"
馬齒莧	清熱解毒,涼血止血,通淋	"
秦皮	清熱解毒,清肝明目,燥濕止帶	"
鴉膽子	清熱解毒,燥濕殺蟲,止痢截瘧,腐蝕贅疣	"
紫花地丁	清熱解毒,涼血消腫	"
半邊蓮	清熱解毒,利水消腫	"
半枝蓮	清熱解毒,散瘀止血,利水消腫	"
金蕎麥	清熱解毒,祛痰排膿,散瘀止痛	"
魚腥草	清熱解毒,排膿消癰,利尿通淋	"
蒲公英	清熱解毒,消癰散結,利濕通淋	"
土茯苓	解毒,利濕,通利關節	"
垂盆草	清熱解毒,利濕退黃	"
白鮮皮	清熱解毒,祛風燥濕,止癢	"
穿心蓮	清熱解毒,燥濕	"

名稱	功效	類別
野菊花	清熱解毒,疏風平肝	清熱
木蝴蝶	清熱利咽,疏肝和胃	"
青蒿	退虛熱,涼血,解暑,截瘧	"
白薇	退虛熱,涼血清熱,利尿通淋,解毒療瘡	"
地骨皮	退虛熱,涼血,清肺降火,生津	"
胡黃連	退虛熱,除疳熱,清濕熱,解熱毒	"
銀柴胡	退虛熱,清疳熱	"
大黃	瀉下攻擊,清熱瀉火,解毒止血,活血祛瘀	瀉下
芒硝	瀉下,軟堅,清熱,回乳(外用)	"
蘆薈	瀉下,清肝,殺蟲	"
番瀉葉	泄熱通便,消積健胃	"
火麻仁	潤腸通便	"
郁李仁	潤腸通便,利水消腫	"
甘遂	泄水逐飲,消腫散結	"
京大戟	泄水逐飲,消腫散結	"
紅大戟	泄水逐飲,消腫散結	"
牽牛子	瀉下,逐水,去積,殺蟲	"
巴豆	瀉下冷積,逐水退腫,祛痰利咽,蝕瘡去腐	"
千金子	泄水逐飲,破血消癥	"
芫花	泄水逐飲,祛痰止咳,外用殺蟲療瘡	"
蒼朮	燥濕健脾,祛風濕,發汗,明目	芳香化濕
厚樸	燥濕,行氣,消積,平喘	"
廣藿香	化濕,止嘔,發表解暑	"
佩蘭	化濕,解暑	"
砂仁	化濕行氣,溫中止瀉,安胎	"
白豆蔻	化濕行氣,溫中止嘔	"
草豆蔻	燥濕行氣,溫中止嘔	"
草果	燥濕溫中,除痰截瘧	"

表 3-21 偏性物的吃療功效（續表）

名稱	功效	類別	名稱	功效	類別
薏苡仁	利水滲濕,健脾止瀉,除痹,清熱排膿	利水滲濕	小茴香	散寒止痛,理氣和胃	溫裡
茯苓	利水滲濕,健脾,安神	"	蓽茇	溫中散寒,行氣止痛	"
豬苓	利水滲濕	"	陳皮	理氣調中,燥濕化痰	理氣
澤瀉	利水滲濕,泄熱	"	青皮	疏肝破氣,消積化滯	"
車前子	利水通淋,滲濕止瀉,明目,清肺化痰	"	枳實	破氣消積,化痰除痞	"
滑石	利尿通淋,清解暑熱	"	枳殼	理氣寬中,行滯消脹	"
木通	利水通淋,泄熱,通經下乳	"	木香	行氣止痛,健脾消食	"
通草	利水清熱,通氣下乳	"	青木香	行氣止痛,解毒消腫	"
冬葵子	利尿通淋,下乳潤腸通便	"	香附	疏肝理氣,調經止痛	"
燈心草	利尿通淋,清心除煩	"	烏藥	行氣止痛,溫腎散寒	"
瞿麥	利尿通淋,破血通經	"	沉香	行氣止痛,溫中止嘔,溫腎納氣	"
萹蓄	利尿通淋,殺蟲止癢	"	荔枝核	行氣散結,祛寒止痛	"
地膚子	利尿通淋,祛風止癢	"	川楝子	行氣止痛,殺蟲,療癬	"
連錢草	利濕通淋,清熱解毒,散瘀消腫	"	薤白	通陽散結,行氣導滯	"
茵陳	清熱利濕,退黃	"	化橘紅	理氣寬中,燥濕化痰,消食	"
廣金錢草	清熱除濕,利尿通淋,退黃	"	橘紅	行氣寬中,燥濕化痰,發表散寒	"
金錢草	利水通淋,除濕退黃,解毒消腫	"	佛手	疏肝理氣,和中,化痰	"
萆薢	利濕濁,祛風濕	"	香櫞	疏肝理氣,和中,化痰	"
石韋	利尿通淋,涼血止血,清肺止咳	"	梅花	疏肝解鬱,和中,化痰	"
海金沙	利尿通淋,止痛	"	玫瑰花	行氣解鬱,活血止痛	"
附子	回陽救逆,補火助陽,散寒止痛	溫裡	甘松	行氣止痛,開鬱醒脾	"
肉桂	補火助陽,引火歸元,散寒止痛,溫通筋脈	"	柿蒂	降逆止呃	"
乾薑	溫中,回陽,溫肺化飲	"	山楂	消食化積,活血散瘀	消食
高良薑	散寒止痛,溫中止嘔	"	神曲	消食和胃	"
吳茱萸	散寒止痛,疏肝下氣,燥濕止瀉	"	稻芽	消食和中,健脾開胃	"
花椒	溫中止痛,殺蟲,止癢	"	麥芽	炒焦消食和中,生用疏肝,大量用回乳	"
丁香	溫中降逆,溫腎助陽	"	萊菔子	消食除脹,降氣化痰	"
			雞內金	運脾消食,固精止遺,化堅消石	"
			朱砂	鎮心安神,清熱解毒	安神
			磁石	鎮驚安神,平肝潛陽,聰耳明目,納氣平喘	"

表 3-21　偏性物的吃療功效（續表）

名稱	功效	類別	名稱	功效	類別
龍骨	生用鎮驚安神，平肝潛陽；煅用收斂固澀，收濕斂瘡	安神	鹿茸	壯腎陽，益精血，強筋骨，調沖任，托瘡毒	補益
琥珀	安神定驚，活血散瘀，利尿通淋	"	肉蓯蓉	補肝腎，益精血，潤腸通便	"
珍珠	安神定驚，明目除翳，解毒斂瘡，潤膚祛斑	"	鎖陽	補腎陽，益精血，潤腸通便	"
酸棗仁	養心安神，斂汗	"	海馬	補腎助陽，活血散結，消腫止痛	"
柏子仁	養心安神，潤腸通便，止汗	"	仙茅	補腎壯陽，強筋壯骨，祛寒除濕	"
遠志	安神益智，祛痰開竅，消散癰腫	"	淫羊藿	補肝腎，強筋骨，祛風濕	"
夜交藤	養心安神，祛風通絡	"	巴戟天	補肝腎，強筋骨，祛風濕	"
合歡皮	解鬱安神，活血消腫	"	狗脊	補肝腎，強腰膝，祛風濕	"
黨參	補中益氣，生津養血	補益	杜仲	補肝腎，強筋骨，安胎	"
人參	大補元氣，補脾益肺，生津止渴，安神益智	"	核桃仁	補腎，溫肺，潤腸	"
刺五加	補氣健脾，益腎強腰，養心安神，活血通絡	"	白芍	養血調經，斂陰止汗，柔肝止痛，平抑肝陽	"
西洋參	補氣養陰，清火生津	"	當歸	補血活血，調經止痛，潤腸通便	"
太子參	補氣生津	"	熟地黃	補血滋陰，補精益髓	"
黃芪	補氣升陽，益衛固表，托毒生肌，利水消腫	"	龍眼肉	補心脾，益氣血，安心神	"
白術	補氣健脾，燥濕利水，止汗，安胎	"	何首烏	製用補益精血；生用解毒，截瘧，潤腸通便	"
白扁豆	健脾化濕，消暑解毒	"	阿膠	補血止血，滋陰潤燥	"
山藥	益氣養陰，補脾肺腎，固精止帶	"	南沙參	清肺養陰，祛痰，益氣	"
大棗	補中益氣，養血安神，緩和藥性	"	北沙參	養陰清肺，益胃生津	"
絞股藍	健脾益氣，祛痰止咳，清熱解毒	"	玉竹	滋陰潤肺，生津養胃	"
甘草	補中益氣，祛痰止咳，解毒緩急止痛，緩和藥性	"	黃精	滋陰潤肺，補脾益氣	"
蜂蜜	補中緩急，潤肺止咳，滑腸通便，解毒	"	石斛	養胃生津，滋陰除熱，明目，強腰	"
飴糖	補脾益氣，緩急止痛，潤肺止咳	"	百合	養陰潤肺，清心安神	"
紅景天	益氣，平喘，活血通脈	"	麥冬	潤肺養陰，益胃生津，清心除煩，潤腸通便	"
			天冬	滋陰降火，清肺潤燥，潤腸通便	"
			枸杞子	滋補肝腎，明目，潤肺	"
			楮實子	滋陰益腎，清肝明目，利尿	"

表 3-21 偏性物的吃療功效（續表）

名稱	功效	類別	名稱	功效	類別
女貞子	滋腎補肝,清虛熱,明目烏髮	補益	蓮子肉	補脾止瀉,益腎固精,止帶,養血安神	收澀
墨旱蓮	滋陰益腎,涼血止血	〃	芡實	補脾祛濕,益腎固精	〃
桑葚	滋陰補血,生津,潤腸	〃	海螵蛸	收斂止血,固精止帶,制酸止痛,收濕斂瘡	〃
蛤蟆油	補腎益精,養陰潤肺	〃	桑螵蛸	固精縮尿,補腎助陽	〃
五味子	收斂固澀,益氣生津,滋腎寧心	收澀	金櫻子	固精縮尿,澀腸止瀉,固崩止帶	〃
五倍子	斂肺降火,澀腸固精,斂汗止血,收濕斂瘡	〃	覆盆子	益腎,固精,縮尿,明目	〃
烏梅	斂肺;炒炭:澀腸,止血;生用生津,安蛔	〃	山茱萸	補益肝腎,收斂固脫	〃
椿皮	清熱燥濕,澀腸,止血,止帶,殺蟲	〃	浮小麥	益氣,除熱止汗	〃
			麻黃根	收斂止汗	〃
赤石脂	澀腸止瀉,止血止帶	〃	糯稻根	止汗退熱,益胃生津	〃
石榴皮	澀腸止瀉,止血,殺蟲	〃	常山	湧吐,痰飲,截瘧	湧吐
肉豆蔻	澀腸止瀉,溫中行氣	〃	瓜蒂	湧吐熱痰,宿食	〃
			藜蘆	湧吐風痰,殺蟲療癬	〃

▌偏性食物吃療利用不夠

　　數千年來豐富的生活觀察與實踐經驗,讓偏性物吃療學形成了特色鮮明的理論體系和診治手段,為呵護人類的健康做出了卓越的貢獻。但是,隨著現代醫學的興起,偏性物吃療學日漸式微,這是一個不爭的事實。這其中既有人們的認知片面問題,也有科學發展的局限問題;既有偏性食物品質和療效問題,更有相關機構正向引導不夠問題。如此,影響了人們上千年的偏性物吃療學無形中就成了現代醫學的附庸,其有效利用被大打折扣。有理由相信,偏性物吃療學的廣泛利用為時不遠。

▌偏性食物吃療部分驗方失傳

　　傳統醫學以陰陽五行作為理論基礎,將人體看成是氣、形、神的統一體,是在古代樸素的唯物論和自發的辨證法思想指導下,通過長期醫療實踐逐步形成並發展成的醫學理論體系。在數千年的偏性食物吃療實踐中,歷代大醫積累了眾多的療疾驗方,對疑難雜症有著神奇的療效。這些驗方涉及內科、外科、骨科、婦科、兒科、五官科,等等,由配伍、用法、功效、來源等組成,可謂彌足珍貴。偏性食物吃療驗方的失傳有因為保

守意識濃厚，在沒有合適繼承人的情況下，寧可把祕方帶進棺材的情況；也有驗方持有人偶然去世，來不及傳給下一代，不少神奇的驗方因此失傳，成為傳統醫學領域的巨大損失。據記載，西漢前後問世的中國第一部外科學專著《金創瘲瘲方》和《漢書·藝文志》中提及的方劑學專著《湯液經法》均已失傳。

▌偏性食物吃療後繼乏人

使用偏性食物吃療的傳統診斷方法是望、聞、問、切，理論依據是辨證施治，傳承方式是師傅帶徒弟。而傳統醫學教育進入現代教育體系後，引入、照搬了當代醫學的教學培養方式，培養出的醫師在質和量兩方面都達不到學科要求，跟不上社會的需求。當今許多傳統醫學院校的畢業生在進行診斷時，主要依靠現代醫學儀器，實踐能力差，對傳統的診治手段掌握不精。人才的匱乏導致偏性物吃療學後繼乏人，大師難現，出現了人才斷檔的危機。

▌偏性食物吃療認知未納入現代科學體系

一直以來，偏性食物吃療在國際上都處於爭議範圍當中，因為傳統醫學當中主張的「氣」「陰陽」和「經絡」等內容沒有具體的、顯微鏡下可見的生理證據來證明，因此受到了諸多懷疑和指責，一直未納入現代科學體系。由於缺少對偏性物吃療學的全球分類和術語工具，這在很大程度上限制了傳統醫學的發展。因此傳統醫學的現代化、科學化將會是未來的發展方向，從偏性食物中分離有效物質是目前最受關注的內容之一。2015 年的諾貝爾生理學或醫學獎獲得者屠呦呦，就是因為從傳統中藥當中分離出來了「青蒿素」，從而拯救了上百萬人的生命，最終受到全球範圍內的認可。在獲獎後她稱這是「中國傳統醫藥獻給人類的禮物」。偏性物吃療學納入現代科學體系指日可待。

利用合成食物治療疾病

　　合成食物按用途劃分，有兩大類：一是用於調理食物的化學食品添加劑；二是調理肌體的化學口服物（藥）。本章只討論後者。

　　為什麼把化學口服藥納入吃學的範疇？是因為它與普通食物一樣都具有「入口」並依靠胃腸系統「干預健康」的共性。從這個角度說可謂「藥食同理」，現代醫學中至少有二分之一是用合成物吃療的。

　　合成食物的出現，迄今只有二百多年的時間。合成物吃療學借助於靶向性強、簡單方便等優勢後來居上，迅速占據了人類療疾的主流位置，成為當代應對疾病的一支主力軍。

　　用合成物吃療，是人類進入工業化社會後才出現的「新生事物」，可以分為發現、發展和設計三個階段。用合成物吃療的歷史是一個由粗到精、由盲目到自覺、由經驗性試驗到科學合理設計的過程。

　　發現階段。自 19 世紀至 20 世紀 30 年代，是合成物吃療學的發現階段。化學合成源於化學提取，在這一階段，人們從動植物體中分離、純化和鑒定了許多天然物，像有機酸（例如水楊酸）、生物鹼（例如嗎啡、阿托品、奎寧、咖啡因）等。這些天然提取物不僅為臨床應用提供了適用的療疾品，而且也為化學進入療疾領域創立了良好的開端。

　　自 19 世紀中期開始，化學工業特別是染料化工、煤化工的發展，為人們提供了更多的化學物質和原料，促動了眾多有機合成化學物質的誕生，氯仿、乙醚、水合氯醛等用於療疾的化學合成物質開始出現。19 世紀末～ 20 世紀初，一些化學合成食物，如水楊酸和阿司匹林、苯佐卡因、安替比林、非那西汀等，開始步入規模化生產。在化學合成食物研創大潮的促動下，專業的生產公司大量出現。這其中有從實驗室和小藥房成長起來的德國的默克公司、先令公司，瑞士的羅氏公司，英國的威康公司（Burroughs Wellcome），法國的 Etienne Poulene 公司，美國的亞培公司、史克公司、禮來公司、普強公司和派德藥廠（Parke-Davis）；由化工廠和染料廠變身而來的德國的阿克發公司、拜爾公司、赫斯特公司，瑞士的汽巴公司、嘉基公司、山道士公司，英國的葡內門公司，美國的輝瑞公司，等等。1909 年，美國化學學會製藥化學分會成立，這標誌著用

化學合成方法製造療疾食物，已經得到主流社會的認可。1912 年，德國科學家保羅·
埃爾利希（如插圖 3-11 所示）發現治療梅毒的試劑阿斯凡納明，開創化學合成食物先
河。

插圖 3-11 德國科學家保羅·埃爾利希

　　發展階段。合成物吃療學的發展階段，是從 20 世紀 30 年代開始，截止到 20 世紀
60 年代。這一階段的特點是用於療疾的合成食物的大量湧現。在臨床應用上，多馬克
首次將百浪多息用於臨床治療細菌感染，開創了現代化學治療的新紀元，並由此開拓出
數十種臨床應用的磺胺類化合成食物。20 世紀 40 年代，青黴素首次應用於臨床，在
吃療學上帶來了一次革命。在其臨床應用的基礎上，人們開展了半合成抗生素的研究，
成功開發了耐酸、耐酶、廣譜的幾大類半合成青黴素，之後又利用有機合成技術及其他
技術，研製出甾體激素類、半合成抗生素類、神經系統類、心腦血管治療類、惡性腫瘤
治療類的化學合成食物，進入了用合成食物祛病療疾的黃金時代。

在此階段，由於合成食物的介入，發達國家的嬰兒死亡率下降了 50% 以上，兒童因為感染而死亡的病例下降了 90%。很多過去無法治療的疾病，如肺結核、白喉、肺炎等，都可以得到治癒，調體合成食物成了和病魔鬥爭的英雄。調體合成食物的蓬勃發展還促進了這一產業的大國崛起，至 20 世紀 1940 年代末，美國生產了世界上幾乎一半的調體合成食物（口服藥），在國際貿易中占三分之一強。

設計階段。合成食物的設計階段始於 20 世紀 60 年代。在此期間，物理化學和物理有機化學、生物化學和分子生物學取得發展，精密的分析測試技術，如色譜法、放射免疫測定、質譜、核磁共振和 X 射線結晶學日益精進，電子電腦的廣泛應用，更為有針對性地設計合成食物奠定了基礎。截至目前，設計出的調體類合成食物已達數千種，其作用範圍遍及中樞神經系統、外周神經系統、循環系統、消化系統等。

從 20 世紀末開始，調體類合成食物業進入了兼併時代，大魚吃小魚的事件頻繁上演。發展至今，世界前 10 位調體合成食物生產企業的市場占有率已經達到 47%，而其中輝瑞製藥一家公司的占有率就接近 10%。根據 IMS 的《2018 全球醫藥市場展望》提供的數字，至 2018 年，受到人口增長、人口老齡化等因素的影響，全球醫藥總支出預計為 1.28 萬 ～ 1.31 萬億美元，相比 5 年前增加 2900 ～ 3200 億美元（如表 3-22 所示）。發達國家醫藥市場中，美國市場仍然居於首位，占全球藥物支出總量的三分之一；發展中國家中，中國已成為全球第二大醫藥市場，2018 年中國醫療支出預計達到 1,550 ～ 1,850 億美元。這其中至少有二分之一是調體合成食物。

表 3-22　2008 ～ 2018 年全球醫藥支出及增長

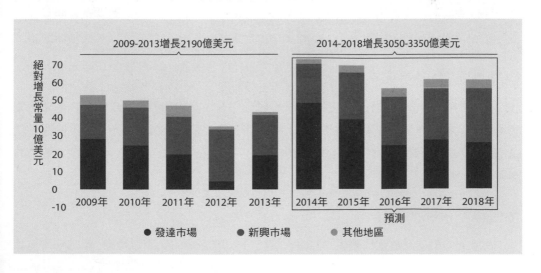

合成物吃療學的編碼是〔SS123500〕，是食學的四級學科，吃學的子學科。

在當代學科中，調體合成食物被歸類於藥物，相關學科被歸類於醫學。食學依據其「入口」「作用於人體健康」的特性，恢復其本來面目，將其歸位於合成物吃療學。

表 3-23　2009 ～ 2018 年全球醫藥增長

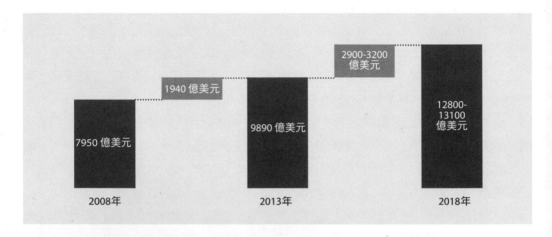

合成物吃療學的定義

合成物吃療學是研究合成食物與肌體不正常狀態之間關係及其規律的學科，是研究合成食物進入肌體內應對肌體疾病的學科，是研究利用合成食物解決人體疾病問題的學科，是研究合成食物研發、生產、利用及其規律的學科。

用以療疾的合成食物，是指用化學方式合成的，非天然的，可以改變或查明肌體的生理功能及病理狀態，用於預防、診斷和治療疾病的口服化學合成物質，又稱口服藥。

合成物吃療學的任務

合成物吃療學的主要任務有三個：一是研究用合成食物治療人體疾病；二是闡明療疾類合成食物的作用及作用機理，為其合理服用、發揮最大療效、防治不良反應提供理論依據；三是研究開發調體類合成食物新品種，為人類疾病的治療提供更好的解決方案。

合成物吃療學的體系

合成物吃療學涵蓋當代醫學的口服療疾部分，其體系依據當代療疾分類劃分，包括

合成物內科吃療學、合成物外科吃療學、合成物婦科吃療學、合成物兒科吃療學、合成物老年吃療學，和合成物綜合吃療學 6 門食學五級學科（如圖 3-39 所示）。

圖 3-39　合成物吃療學體系

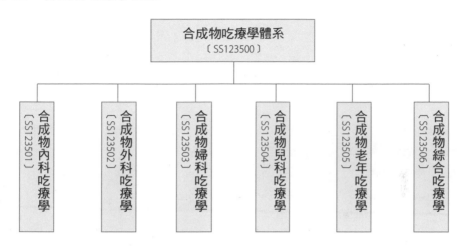

合成物內科吃療學。合成物內科吃療學是食學的五級學科，合成物吃療學的子學科。內科療疾是一個龐大的體系，可以細分為呼吸內科、消化內科、心血管內科、神經內科、腫瘤科、內分泌科、血液內科、傳染病科，等等，每一科又要面對多種疾病。以呼吸內科為例，通常面對的疾病就有感冒、肺炎、肺氣腫、肺結核、支氣管擴張、哮喘、肺癌、肺心病、呼吸衰竭、慢性支氣管炎、氣胸、肺膿腫、胸腔積液、間質性肺疾病等多種。合成物內科吃療學的任務是在對患者症狀做出診斷後，有針對性地利用合成食物給予恰當的治療，幫助患者祛除疾病，恢復健康。

合成物外科吃療學。合成物外科吃療學是食學的五級學科，合成物吃療學的子學科。外科雖然是以手術切除、修補為主要治病手段，但是在療疾尤其是術後康復的過程中，口服合成食物參與治療必不可少。外科疾病分為五大類：創傷、感染、腫瘤、畸形和功能障礙，合成物外科吃療學是研究利用口服合成食物，對上述疾病進行預防、治療的學科。

合成物婦科吃療學。合成物婦科吃療學是食學的五級學科，合成物吃療學的子學科。婦科療疾又稱婦產科療疾，是現代吃療學四大主要學科之一，其主要內容是研究女性生殖器官疾病的病因、病理、診斷及防治，妊娠、分娩的生理和病理變化，高危妊娠及難產的預防和診治，女性生殖內分泌，計劃生育及婦女保健等。在這個領域，口服療

疾合成食物為保障婦女身體和生殖健康,防治各種婦科疾病,發揮著重要的作用。

合成物兒科吃療學。合成物兒科吃療學是食學的五級學科,合成物吃療學的子學科。兒科是全面研究小兒時期身心發育、保健以及疾病防治的綜合醫學科學。比較成人,兒童的生理和心理都具有特殊性,特別是嬰幼兒,語言和溝通能力不足,往往無法正確地向他人表達病情,對調體類合成食物的承受量要大大低於成人。從類別說,有些成人服用的合成食物也不適合於兒童。針對這些特點,合成物兒科吃療學在病情診斷、合成食物使用品類以及服用量方面,都要十分精確。

合成物老年吃療學。合成物老年吃療學是食學的五級學科,合成物吃療學的子學科。人到老年,各種肌體功能退化,抵抗力降低,容易罹患心腦血管、呼吸系統、消化系統、泌尿系統等多種方面的疾病。以消化系統為例,兒童每個舌乳頭上的味蕾數為248個,75歲以上減少到30～40個;60歲以上的老人有50%呈胃黏膜萎縮性變化。這不僅影響到消化功能,還造成一系列老年性腸胃疾病。長壽是當今人類發展的一個趨勢,伴隨老齡化社會的到來,合成物老年吃療學的研究和應用,具有迫切的需求和廣闊的前景。

合成物綜合吃療學。合成物綜合吃療學是食學的五級學科,合成物吃療學的子學科。在療疾分類中,除了內科、外科、婦科、兒科等四大學科以及老年吃療學科之外,還有眼科、口腔科、耳鼻喉科、傳染病科、疾病預防等諸多「小」學科,在合成物吃療學中,把它們歸類於綜合吃療學。這些學科都有口服療疾部分,都要根據不同的病情病況,用調體合成食物給予科學合理的治療。

合成物吃療的診斷和應用

對疾病進行診斷,是合成物吃療的第一步。只有對疾病進行正確診斷,才能科學、正確、合理地應用化學合成食物進行治療。疾病診斷包括下述五個步驟:一是病人自述症狀;二是醫者檢體診斷,包括用看、觸、叩、聽、嗅等感官手段或用工具進行體檢;三是實驗診斷,即用物理、化學、生物等方法,對血液、體液、排泄物、分泌物、組織細胞、病原體等進行檢驗;四是器械檢查,包括心電圖、肺功能、內鏡、X線、超聲以及CT、eCT、Pet-CT、MRI、放射性核素、DSA等;五是利用病歷等臨床資料綜合分析,對患者和疾病做出診斷。

合成食物的療疾過程,就是根據疾病的診斷結果,對合成食物的合理使用過程。其應用方針為安全、有效、經濟、方便、及時。具體的應用要求是:一是選用的合成食物能對疾病的病因和病理造成生理改變;二是對產生的特異反應有應對措施;三是在病變

部位達到有效治療濃度並維持一定時間。四是治療副作用小，即使有不良反應也容易控制或糾正。

合成物吃療學面對的問題

合成物吃療學面對的主要問題有兩個：合成食物的副作用和合成食物的抗藥性。

▌給人體帶來毒副作用

調體類合成食物最讓人詬病之處就是它的毒副作用了。由於調體類合成食物是用化學方法提取或合成的，違背人體天然特性，在治療疾病的同時，也難免對人體造成一定程度損害，比如長期使用治療糖尿病的合成物會損害肝腎，等等。調體類合成食物的毒副作用造成了它的高淘汰率，據世界衛生組織統計，迄今為止人類總共生產了 1 萬多種調體類合成食物，而當今用於臨床的僅有 1000 種左右，有 9000 多種已經被淘汰出歷史舞臺。

▌合成食物的抗藥性

對比草本偏性食物，調體類合成食物的長期使用，會使細菌產生抗藥性，迫使人類不得不增大用量或另尋新品，因此增大了對人體的損害，增加了開發研製成本。此外，調體類合成食物的治療方式多數局限在對細菌和病毒的殺滅，在殺滅過程中，人體的免疫力沒有得到增強，反而被削弱降低，所謂殺敵三千自損八百，這也是用合成物吃療見效快但疾病會反覆發作的原因之一。

第四部

食事秩序學

食物生產與利用的

衝突管理體系

食事秩序學，是食學的二級學科。食事秩序（Shiance Order）簡稱「食序」，既是人類秩序的最初形態，也是一切秩序的基礎，更是人類可持續發展的前提。食事秩序是一個新概念，也是一門新學科，指的是食事行為的條理性和連續性。食事秩序是社會秩序的核心內容，是食事系統的條理性、連續性、效率性的動態平衡狀態。食事秩序主要是指食物生產、食物利用領域中的行為規範的和諧，也包括食物的分配。食事秩序包含三項內容：一是食為與群體之間的社會秩序；二是食為與個體之間的肌體秩序；三是食為與他學之間的生態秩序。食事秩序的建設要緊緊圍繞著食學任務的實現，即社會（群體）的和諧、個體的健康壽期充分實現、種群的可持續。食事失衡的表現是社會糾紛、對抗、衝突、戰亂，個體的焦慮、疾病、短壽，種群對生態的干擾以及科技失控帶來的不可持續。

在人類歷史上，饑餓是掠奪和戰爭的原動力，每一場戰役中幾乎都有著一個共同的戰役目標，即奪取對方的糧食和物資。這樣的事例不勝枚舉，例如「二戰」前的德國，穀類、食糖、馬鈴薯和肉類等關鍵食品的生產無法完全滿足全國人口每天的卡路里需求，又不能將命運寄託在英國主導的貿易體系上，因此走上了擴張領土侵略他國的歧途；同樣在「二戰」中，日軍「以戰養戰」的後勤補給策略，也是食品匱乏和物流水平低下的無奈之舉。直到今天，因爭奪食物導致的國家或地區間的衝突依然不斷，這也從另一個層面說明了構建世界食事秩序的必要性和緊迫性。可以說，沒有世界性的食事秩序，就沒有真正意義上的世界和平。

當今人類食事秩序的最大痛點是不能有效地應對食事問題，主要體現在兩個層面和四個方面。兩個層面是指在時間層面上呈「段段」狀態，食產、食用諸環節缺乏統一管理，相互貫穿不暢；在空間層面上呈「片片」狀態，各國、各地區各自為政，缺少全球統一有效的控制體系。四個方面：一是食物供給失衡，缺食群體大量存在；二是食物需求失衡，人口數量增長過快；三是食物資源配置失衡，衝突、爭搶不斷；四是食物浪費嚴重，三分之一的食物未被利用。因此，研究食事制約理論，強化食事制約管理刻不容緩。

構建人類食事秩序體系，是食學的根本任務。當今的食事秩序是以區域經濟體和國家利益為主的秩序體系，缺少一個關懷世界每一個人的食事秩序體系。以國家和企業利益為核心的食事秩序，不是以人類整體利益為核心的秩序，不是關懷世界上每一個人的秩序。如何構建人類整體食事秩序？需要從六個方面去思考。第一，建立健全食事秩序學的理論體系和實踐體系；第二，控制人口，保障人類食物可持續供給；第三，樹立吃權思想，消除缺食群體；第四，放棄食物生產的偽高效，追求食物利用的高效率；第

五，端正食業與醫業的關係，加大食業投入；第六，杜絕食物浪費。

關於近代經濟體制下的食事秩序，加拿大學者羅伯特・阿爾布里坦[①]的觀點比較客觀，「資本主義社會有史以來從未形成過一個有效的食品供應管理體系，其根本原因在於企業家一心追求利益，而忽視了對食品供應及其重要的社會生活品質的關注」。

食事秩序學的定義

食事秩序學是研究人類食事條理性、連續性及其規律的學科，包括種群與生態衝突、族群與族群的食事衝突、個體行為與食化系統需求的衝突。食事秩序學是研究人類所有食事行為衝突及解決的學科。食事秩序學是研究人類食事行為與食事問題之間關係的學科。食事秩序學是研究解決人類食為問題的學科，是食學的二級學科。

食事秩序學的任務

食事秩序學的任務是，指導人類食物生產與食物利用行為的公平與和諧，建設人類食事的整體秩序；調整食物生產模式，挖掘食物利用潛力，構建世界食事新秩序。食事秩序學要規範人與人之間的食為關係，維護人類文明的可持續，構建一個新的文明和諧的世界食事秩序體系。食事秩序學的具體任務包括尊重每個人的吃權，實現零饑餓；完善食政部門職能，合理分配食物資源；建立健全食事法律體系；普及和推廣食學教育；糾正醜陋食為習俗；加大對食事歷史和當代食事文獻的研究，指導當下食事秩序的變革，促進世界秩序 4.0 進化。

食事秩序學的結構

食事秩序學的結構為「三角」結構，包括食事制約、食為教化、食事歷史 3 個方面，是食事秩序構成的必備要素（如圖 4-1 所示）。它們之間有兩種關係，即互助關係和輔助關係。其中食事制約與食為教化是互助關係，二者是食事秩序的兩個方面，缺一不可。食事歷史與食事制約、食為教化之間是輔助關係，歷史食事秩序的得失是今天食事秩序建設的借鑒。食事制約包括經濟、法律、行政、數控等方面。食為教化包括教育、習俗等方面。食事歷史包括野獲食史、馴化食史等方面。

---

① 〔加拿大〕羅伯特・阿爾布里坦（Robert Albritton）著：《大對比：人類是飽的還是餓的？》（*Let Them Eat Junk: How Capitalism Creates Hunger and Obesity*），陳倩等譯，南開大學出版社 2013 年版，第 7 頁。

圖 4-1　食事秩序學的三角結構

食事秩序學的體系

　　食事秩序學的體系以構建食事秩序的要素為依據，涵蓋了與食事秩序相關的所有領域。

　　食事秩序學的體系包括 3 門食學三級學科和 8 門食學四級學科。3 門食學三級學科是食事制約學、食為教化學、食事歷史學。8 門食學的四級學科是食事經濟學、食事法律學、食事行政學、食事數控學、食學教育學、食為習俗學、野獲食史學和馴化食史學（如圖 4-2 所示）。

　　食事秩序學體系中，食事經濟學、食事法律學、食事行政學和食事數控學屬於控制約束範疇；食學教育學、食為習俗學屬於教化指導範疇；野獲食史學、馴化食史學屬於食鑒研究範疇。食事經濟學研究的是食物資源的配置；食事法律學研究的是人類食行為的規範；食事行政學研究的是政府對食為和食物，以及人口的控制與管理；食事數控學是利用數位技術實現對食事的管控；食學教育學是研究食學的傳播與教育；食為習俗學研究的是民間長期沿襲，並自覺遵守的群體食俗禮儀的傳承與改良；野獲食史學研究的是人類過去取得、利用野生食物的行為及結果；馴化食史學研究的是人類過去馴化、利用種養食物的行為及結果。

　　從食事秩序的體系構成看，食事秩序由 4 個約束要件和 2 個教化要件構成。構建世界和諧食事秩序的六個基本要件是食事經濟、食事法律、食事行政、食事數控和食學教育、食為習俗。這六個要件之間是 4 ＋ 2 的關係。前 4 者是對食事行為約束，有強制的因素在裡面；後 2 者是對食事行為的教化，主要依靠感化每一個人。

圖 4-2　食事秩序學體系

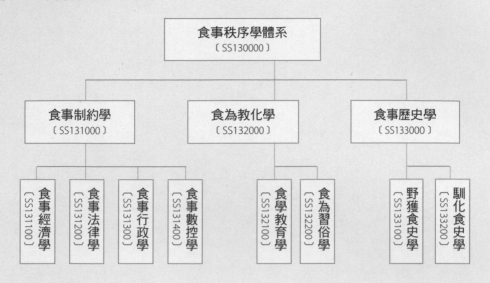

```
                    食事秩序學體系
                    〔SS130000〕
    ┌──────────────────┼──────────────────┐
  食事制約學          食為教化學          食事歷史學
 〔SS131000〕        〔SS132000〕        〔SS133000〕
┌──┬──┬──┬──┐      ┌──┬──┐          ┌──┬──┐
食  食  食  食      食  食          野  馴
事  事  事  事      學  為          獲  化
經  法  行  數      教  習          食  食
濟  律  政  控      育  俗          史  史
學  學  學  學      學  學          學  學
〔  〔  〔  〔      〔  〔          〔  〔
SS  SS  SS  SS      SS  SS          SS  SS
131 131 131 131     132 132         133 133
100 200 300 400     100 200         100 200
〕  〕  〕  〕      〕  〕          〕  〕
```

吃權是食事秩序的核心

　　食事秩序的建設，說到底是由每一個人的行為組成，或者說是由每個人獲得食物的權利與分享食物的義務組成。吃權是人權的基礎。人權由兩大部分組成，一是自然人權，二是社會人權，自然人權是基礎人權，先於社會人權而存在。「吃權」概念的提出，強調吃權是自然人權的基礎，吃權不是食物權利，是人獲得食物的權利。吃權，是人的權利不是物的權利。沒有吃權，人將不存，何談人權？有了吃權支撐的人權理論才會更加光彩，有了吃權內核的人權運動才會更加堅實。人選擇、利用食物的權利是與生俱來的，吃權理論的價值無論如何評價都不會被高估。吃權的基本底線就是維持生命的存在，不能讓一個人因食物短缺而喪失生命。因此，吃權不僅強調獲得食物的權利，也強調分享食物的義務，二者是相互依存、互為制約的關係，這種密不可分的關係是構建食事秩序的基石。按照權利主體可以劃分為：人類、群體、個體三個類別。每個主體都擁有食物獲得的權利和食物分享的義務（如圖 4-3 所示）。人類種群有從大自然獲得食物的權利，同時也有和其他物種分享食物的義務。不然，人類若持有獨享地球資源的態度，吃盡所有食物資源，讓其他物種沒有食物可吃，人類也將走向滅絕；人類內部的某一群體既有獲得食物的權利，也有分享食物的義務，不然，食物災害和食物衝突都會成為威脅這個群體的存在；作為個體，每一個人都有獲得食物的權利和分享食物的義務，這是現代文明社會的一個重要標誌，是每一個現代人的基本素質。

圖 4-3　吃權體系

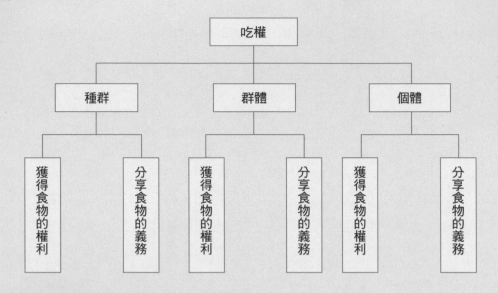

今天的文明還沒有全面解決「吃權」問題，77 億人中還有近 10 億人吃不飽。世界秩序是以吃權為核心的，吃權問題得不到徹底解決，人類的整體文明就不能實現。

食事秩序與文明

關於人類的文明，歷史學家將其分為：原始文明、農業文明、工業文明三個階段。從食事的角度看這三個階段，原始文明是獲取野生食物階段，農業文明是食物馴化階段，工業文明是合成物進入食物鏈階段。工業文明在提高食物生產效率的同時，帶來了兩個食事問題：一是干擾生態加劇，威脅到優質食物的可持續供給；二是人口暴增，食物需求持續增加，臨近食物母體系統產能上限。進入人類文明以來，人類思想的先行者，對現實社會有過諸多批評與反思，對未來社會做過各種各樣的構想，例如天下大同、烏托邦、理想國等等。

天下大同是中國孔子的理想，主張「四海之內皆兄弟」「人人為公」，也是歷代政治家推崇的理想社會。其基本特徵為人人友愛互助，家家安居樂業，沒有差異，沒有戰爭。理想國是古希臘哲學家柏拉圖的理想，在其著作《理想國》中，借蘇格拉底之口，討論個人正義與城邦正義之間的互通，以對話的方式設計了一個真、善、美相統一的政體。

烏托邦（Utopia）是英國空想社會主義者湯瑪斯‧摩爾的理想，在他的名著《烏托

邦》裡描繪了一個財產是公有的，人民是平等的，實行著按需分配原則的社會，並提出一個「最完美的國家秩序」。

上述理想都是美好的，但都沒有找到一條可以實現的路徑，常常被人們歸為空想。食事是文明起源的動能，是文明的核心內容，是文明持續的基石。食事問題是通向理想社會道路上的絆腳石。只有食事問題的有效、徹底解決，才能叩開人類社會整體文明的大門。樹立「人類食事共同體」意識，發展以食業為首的生存必須產業、控制生存非必須產業、革除威脅生存產業，是通向理想社會的唯一路徑。

圖 4-4　人類文明五大階段

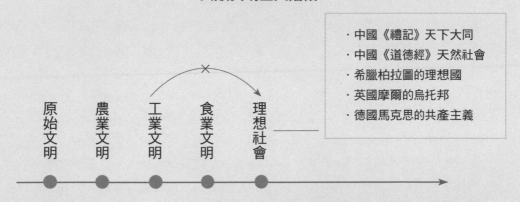

食在醫前的健康管理

食事、食學、食業是醫事、醫學、醫業的上游，抓上游事半功倍。

食在醫前，就是把食事、食學、食業置於醫事、醫學、醫業之前。以此認識生存要素的權重，以此認識健康要素的權重，以此認識可持續發展要素的權重。矯正現行社會運行機制，提高社會運行效率，減輕社會負擔。更新健康理念，普及食學教育，提高個體健康水準，升級文明範式，保障人類可持續發展。

食在醫前的根本含義是明確三個關係：食事與生命是充分條件關係；食事與許多疾病是因果關係；食事與人類可持續發展是必要條件關係。

食在醫前定律在當代具有五個重要的現實意義：一是可以使人們的身體更健康、生活更快樂、生命更長壽；二是可以大幅節省家庭醫療費，減少「因病返貧」的現象出

現；三是可以大幅減輕政府沉重的醫保負擔；四是可以優化社會運行機制；五是可以維護人類可持續發展。

健康 ＝ 食事 ＋ N 事＋醫事，其中食事包括食物和吃方法，權重排在首位；N 事包括基因、環境、運動、心情等，權重排在第二；醫事包括藥物和醫術，權重排在最後。沒有食物，就沒有生命，也就沒有健康。

如果把健康管理看成一條河流，那麼，食事是上游、N 事是中游、醫事是下游，分清上中下游的關係非常重要。這就如同，得了疾病就是這條江河下游的水被汙染了。醫事就是在下游打撈垃圾；食事就是在上游控制汙染源頭。醫事是「亡羊補牢」；食事是「未雨綢繆」。抓上游管理，事半功倍，有了好食物，再加上正確的食用方法，就會減少疾病，遠離醫院。如果會吃食物，就會少吃藥物。食物離著健康近，藥物離著疾病近。

今天，在許多地區沒有認識到食在醫前定律的重要性，還在以擴張醫業為榮，壓縮食業為榮。社會運轉機制放大了醫業在健康中的作用，其結果是加大了社會的運營成本，占用了過多的社會資源，不能達到理想的效果。例如，美國的醫業水準世界第一，醫業支出占比世界第一，但人均壽命卻不是世界第一，而是排行在第 34 位。醫在食前，事倍功半。

食學是醫學的上游。從生存的角度來說，食學是醫學的上游，因為食事決定生命；從健康管理的角度說，食學是醫學的上游，用食學管理人體健康，屬於上游管理、主動管理。用醫學管理人體健康，屬於下游管理、被動管理；從社會運營成本來看，食學是醫學的上游，食學在前整體運行效率高，醫學在前整體運行效率低；從可持續發展的角度來看，食學在前可以持續，醫學在前不可持續。

食事行為的矯正

不當的食事行為，是食事問題的根源。解決人類的食事問題，需要從矯正不當食事行為開始。人類不當的食事行為，包括幾個方面，一是不當的食物生產行為，例如過度開發、生態破壞、過量使用化學合成物、環境汙染、食物浪費、手藝失傳等；二是不當的食物利用行為，例如吃方法不當、過食、缺食、偏食、厭食等；三是不當的食事秩序行為，例如食事衝突、法規空缺、督察乏力、價格失衡、資源壟斷等。

矯正不當食事行為是解決食事問題的根本方式。矯正不當食事行為，要從兩個方面著力，即強制與教化。強制屬於被動矯正，包括法律約束、行政管理、經濟調節和數位控制等方面；教化屬於主動矯正，包括正確榜樣引導、食學教育、習慣養成等方面。只

有主動與被動相結合，才能產生最佳效果，單獨任何一個方面的矯正都不能徹底見效。

　　當今，矯正不當食事行為，整體認知不夠、整體治理不夠，是食事問題長期不能徹底解決的根源。其中既有忽視強制的現象，如法律分散、行政割裂；又有忽視教化問題，特別是忽視了對醜陋食事習俗的革除。矯正不當食事行為的難點是習慣，許多不當的食事行為已經成為群體習慣和個體習慣，已經存在了幾十年、幾百年，要改變這些不當的食事行為習慣，僅僅依靠強制的辦法是不行的，還需要和風細雨似的教化。矯正不當的食事行為，要從娃娃抓起。

食事秩序學面對的問題

　　食事秩序學面對的主要問題有三個：一是對食事秩序學衝突所涉及的相關問題缺乏整體治理。包括世界食事經濟秩序衝突的整體治理問題，世界食事公約體系的整體構建問題，食事行政的整體治理問題。儘管各國、各地區的經濟發展、法律制度、行政手段、文化體系、宗教信仰、生活習俗等各不相同，但是，食事秩序的全球化性質決定了各國各地區只有攜手合作，才能構建全面解決食事問題的整體機制。唯如此，食事問題才可能得到整體治理。二是缺乏對吃權的認知和踐行。「人人需食，天天需食」，這是在大阪 G20 世界食學論壇上達成的人類食事問題共識。消除饑餓，保障吃權，是人生存的基本權利。在聯合國發布的 2030 年 17 項可持續發展目標中，「消除貧窮」「消除饑餓」擺在了首位。如何控制世界人口爆炸式增長？如何保障吃權？這些都是亟待解決的問題。三是數位技術應用不夠，包括在食物生產、食物利用和食事秩序三個領域諸多方面的雲資料、雲平臺的建設與利用還遠遠不夠等。

矯正不當食事行為

當今人類的食事問題，主要是因為不當的食事行為所造成的，所以矯正不當的食事行為，是解決人類食事問題的根本方法。對人類食事行為的制約就是要解決可為與不可為的問題。個體食事行為失當會影響健康，群體食事行為失當會引發社會動亂，整體食事行為失當會危及種群延續。

食事制約是指矯正人類不當食事行為的強制手段，強調的是強制性，主要體現在食事經濟、食事法律、食事行政、食事數控四個方面。其中，食事經濟學研究人類食物資源配置；食事法律學研究人類食事行為的規範；食事行政學研究高效的政府管理；食事數控學研究利用數位技術制約食事行為，提高食事效率。它們四位一體，力求通過這四個方面的協同作用，從強制性的角度規範人類食行為，推動人類食事秩序體系的構建和發展。

從當今人類的食事行為的實踐看：一是政體責任，設立統管食事的大部門，整體解決本國的食事問題；二是世界責任，依靠數位技術建立世界性的食事經濟、食事法律體系，建立整體性的食事制約數位平臺，構建關照每一個人的世界食事秩序體系，是全面、徹底解決食事問題的有效入徑。

食事制約學的定義和任務

食事制約學的定義。食事制約學是研究利用強制手段矯正人類不當食事行為的學科。

食事制約學的任務。食事制約學的任務是矯正不當的食物生產行為，保障食物數量、食物品質及食物可持續供給；矯正不當的食物利用行為，提高人的肌體健康長壽水準；矯正不當的食事秩序行為，以和諧的食事秩序支撐社會整體秩序更加和諧。

食事制約學的體系

　　食事制約學是食學的 13 門三級學科之一，隸屬於食事秩序學，下轄 4 個食學四級學科：食事經濟學、食事法律學、食事行政學、食事數控學（如圖 4-5 所示）。

圖 4-5　食事制約學體系

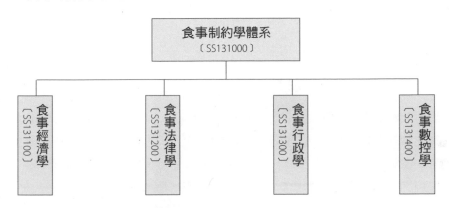

　　食事制約學的學術價值主要有三個：一是將食事經濟學、食事法律學和食事行政學從經濟學、法律學、行政學的框架中提出，獨立成學；二是對食事經濟、食事法律和食事行政給予了世界視角認知；三是將數位控制納入食事秩序的範疇，昭示了人類食事管控的未來。

食事制約學面對的問題

　　食事制約學面對的問題既有國家政體內的整體治理不足的問題，又有在全球框架下的整體治理的空檔問題。當今的世界依然存在貧富不均、紛爭不止、饑餓不斷、吃病不已等複雜多變的食事問題，需要制定全球性的食事制約經濟和法律體系；世界食事經濟主要表現為食物資源的寡頭壟斷，食物獲得的嚴重不均，有 11% 以上的人口仍處於缺食狀態的同時，世界上還有四分之一的食物被浪費掉。食物的極度匱乏與食物的肆意浪費看似不可能同時出現，但是在現實社會中的確發生了；在食事行政方面，大部分國家的食事行政機構的設置是分散的，不能整體的應對食事問題，致使許多食事問題得不到有效解決；在食事數控領域，人類雖然有了很好的開端，但距離構建世界性的食事數位平臺還有很長的路要走。

食物資源的高效利用

　　食事經濟是指食物資源的合理配置。人類的食事經濟活動經歷了漫長的發展過程，食事經濟理論在經濟學的孕育中，也經歷了一個從啟蒙到發展的過程，具體可分為啟蒙、確立、全球角度三個階段。

　　啟蒙階段。關於食事經濟理論的啟蒙，可以追溯到中國的經濟思想和希臘色諾芬以及西歐中世紀的經濟思想。西元前 645 年，中國的管子就提出一個職業劃分理論；司馬遷的《史記》除了繼承和發展先秦思想家的分工理論，還主張經濟自由化政策，反對政府對經濟生活的過多干預。范蠡提出了「穀賤傷農」的概念，表明他已認識到價格機制對生產者的激勵作用。他還創立了一個經濟迴圈學說，將「天道迴圈」引起的年歲豐歉現象與整個社會經濟情況聯繫起來。雅典歷史學家色諾芬（西元前 440 ～前 355 年）在《經濟論》中論述了農工的重要性，從使用價值角度考察了社會分工問題，闡述了物品有使用和交換兩種功用，說明了貨幣有著不同的作用。在第一部分中，色諾芬借蘇格拉底之口闡述了農業對國家經濟的重要性，認為農業是國民賴以生存的基礎，是希臘自由民眾最重要的職業。17 世紀中葉以後，英國開始盛行古典經濟學，認為流通過程不創造財富，只有農業和畜牧業才是財富的源泉。這些理論都為食事經濟學的啟蒙奠定了基礎。

　　確立階段。1770 年，英國經濟學家亞瑟·楊格通過對歐洲大陸和英國各地的考察，出版了《農業經濟學》，這是與食物相關的第一本經濟學著作。1776 年 3 月，由英國經濟學家亞當·史密斯著述的《國富論》正式面世，首次提出了全面系統的經濟學說。之後，馬克思和恩格斯的經濟學說問世。馬克思從分析商品開始，分析了資本主義生產方式，批判地繼承並發展了資產階級古典經濟學派奠立的勞動價值理論，指出商品的使用價值和價值的二重性是由生產商品的勞動具有勞動的二重性決定的。剩餘價值學說是馬克思主義政治經濟學的基石。學說中涉及土地價格（土地出售時的價格，實質是資本化地租）、租金（農業資本家在一定時期內，向土地的所有者繳納的全部貨幣額）等相關理論，都與農業息息相關。

　　全球角度階段。從全球角度看食物經濟，食物交流和貿易不僅出現得早，而且是人類經濟貿易的主要內容。西元前 140 ～前 126 年張騫通西域，帶動了包括糧食、蔬菜、

調料在內的多種食物的交流。16 ～ 17 世紀，世界貿易網開始形成，其主要內容就是進行食物貿易。進入 21 世紀，世界性的食物貿易網逐漸步入成熟階段，但是這一階段仍然問題頻發。一是四大糧商壟斷國際糧食交易。四大糧商是指美國 ADM、美國邦吉、美國嘉吉、法國路易達孚，這四大國際糧商操縱著全世界糧食的進出口買賣、食品的製造與包裝，以及價格的制定，控制著當今 80% 的國際穀物市場份額；二是各國糧食自給率差異巨大（如表 4-1 所示），許多國家依賴食物的大量進口，國與國之間的食物貿易摩擦不斷；三是聯合國糧農組織雖然組織了多次糧食調配，但多數是救濟性、慈善性活動，無法對全球食物經濟發揮決定性作用。

表 4-1　2007 ～ 2011 年穀類和澱粉根類食物的各國糧食自給率地圖 *

* 〔加〕珍妮佛・克拉普（Jennifer Clapp）著：《食物自給自足：有意義嗎，何時才能有意》（*Food self-sufficiency: Making sense of it, and when it makes sense*）（https:// www.sciencedirect.com/science/article/pii/ S0306919216305851），《食物政策》（*Food Policy*）No.66（2017），第 91 頁，轉引。

要有效解決上述問題，就必須打破現有分割、分散的既有管理體制，形成全球治理視角，形成全球範圍的對食事經濟的共識、共知、共商、共管。

食事經濟學的編碼是〔SS131100〕，是食學的四級學科，食事制約學的子學科。食事經濟學的研究對象，是食物生產、流通、分配、消費等領域的種種規律和關係。食事經濟學在食學體系裡主要有兩個作用，一個是研究食物資源的合理配置和高效利用，特別是在世界範圍內的配置；另一個是研究如何建立一個平等、和諧的世界食事經濟體系。

食事經濟學的定義

食事經濟學是研究人類對食物資源合理配置及其規律的學科。食事經濟學是研究食物資源與配置行為之間關係的學科。食事經濟學是研究解決食物資源配置問題的學科。

食事經濟學是運用經濟學的基本原理，使食物體系與經濟系統結合起來，在食物產能有限，勞動力、技術、資訊等資源稀缺的約束條件下，研究食物體系與經濟系統各因素相互聯繫、制約、轉化規律的學科。

食事經濟學的兩個核心是效率和公平。處理二者的關係，市場起著重要的作用。但是在某些情況下，會出現市場失靈的現象，此時就需要政府介入，通過宏觀調控以保證市場運行的效率和公平。在保證公平與效率的問題上，市場機制自身的調節與政府適時的宏觀調控均不可或缺。

食事經濟學的任務

食事經濟學的任務是指導人類實現食物資源的最優配置，提高食物的利用效率。食物資源的配置與一般資源不同，食物不僅關係到全人類的生存，也關係到每個人的生命與健康。因此食物資源既要通過市場來完成配置，實現食物資源供求均衡、市場出清；又要通過國家的宏觀調控來實現利用效率最大化，彌補市場調節的滯後性，及時解決市場無法解決的問題。

食事經濟學的具體任務，包含為政府和企業等各層級組織提供組織管理、規劃計畫、調節控制、監督約束食物市場經濟運行的經濟理論、思想理念、工具手段和方式方法等。食事經濟學的任務指明了食事經濟學的研究方向，為科學指導人類優化食物資源的配置，提高食物利用效率奠定了理論基礎。

食事經濟學的體系

食事經濟學的體系以不同的觀察視角劃分，分為微觀食事經濟學、宏觀食事經濟學和世界食事經濟學 3 門食學五級學科（如圖 4-6 所示）。

圖 4-6　食事經濟學體系

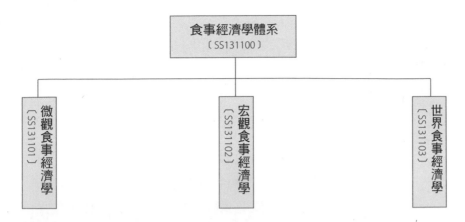

　　微觀食事經濟學。微觀食事經濟學是食學的五級學科，食事經濟學的子學科。微觀食事經濟學從個體、企業和機構的角度研究食物經濟，研究食物生產者和消費者之間的關係，研究具象的食物經濟特徵、食物需求、食物供給、食物價格、食物生產行為、食物消費行為和食物市場。因此，微觀食事經濟學還可細分為食物經濟特徵學、食物需求學、食物供給學、食物價格學、食物生產行為學、食物消費行為學、食物市場學等多門食學六級學科。

　　宏觀食事經濟學。宏觀食事經濟學是食學的五級學科，食事經濟學的子學科。宏觀食事經濟學中的「宏觀」二字，是相對微觀而言，是在一個國家政體內的宏觀，而不是全世界的宏觀。宏觀食事經濟學是從國家的角度研究食物經濟，研究政府對食市場的宏觀調控的學科，研究對象為國家角度的食物總需求、食物總供給、食物經濟政策和食物總供求的協調均衡。因此，宏觀食事經濟學還可以細分為食物總需求學、食物總供給學、食事經濟政策學、食物總供求均衡學等多門食學六級學科。

　　世界食事經濟學。世界食事經濟學是食學的五級學科，食事經濟學的子學科。世界食事經濟學是研究世界食物經濟總量、世界食物總需求與總供給、世界食物經濟預期與世界食物經濟政策和食物貿易等現象的學科，是從人類整體的角度研究食物的生產、分配、交換、消費等經濟活動的學科。在當今世界，食物的供需呈 4 ＋ 3 結構，即四大糧商加上三個聯合國相關組織，還沒有一個真正從全球角度規劃、策動食事經濟的機構，更亟須建立一門從全球角度研究食物生產、分配、交換、消費的學科。食學整體計畫中的世界食事經濟學包括世界食物總需求學、世界食物總供給學、世界食物經濟政策學、世界食物供求均衡學、世界食物貿易學、世界食物金融學等多門食學六級學科。

食事行業

　　食事行業是指從事食物生產、利用相關事務的自然人與法人形成的社會體系。食事行業是人類生存的基業，橫跨食物生產、食物利用、食事秩序三大領域，從業者占到全球勞動者總數的 50% 以上。食學以整體的高度和全球的視野，把與食相關的所有行業都作為一個整體來研究，以理論的整體對應實踐的整體。

▌食業概念

　　食學體系是對人類食事系統的認知。食事系統是客觀存在的，在現實社會中，它是一個龐大的產業，筆者給這個產業起了一個名字叫「食事行業」，簡稱「食業」。

　　在當今，食事產業是被割裂的。首先是食物生產領域與食物利用領域的割裂；其次是食物生產領域內的割裂，例如被劃分為農業、漁業、牧業、水業、鹽業、茶業、酒業、食品業、餐飲業，等等，從而導致目標分散、利益分散、整體效率降低。這種分散的行業現狀，帶來的直接危害就是頭疼醫頭腳疼醫腳。上述行業由於缺少相互間的協調，只謀求各自的利益，忽視整體的利益，因而造成整體效率的降低。例如，超高效的食物生產系統，以經濟利益為驅動，以產量效率為核心，結果威脅到食物的品質，從而影響到食物的整體利用效率。

　　由於缺少食業的概念，導致食物生產領域和食物利用領域分離，使食物生產走上了追求超高效的歧途。筆者把這一現狀稱為「食業負迴圈」。食業的負迴圈是互害的，是不可持續的。與食業負迴圈對應的是食業正迴圈，它是指生產、消費食物的系統，以食物利用為核心，以可持續的食物利用為核心。

　　食業包括食物生產領域、食物利用領域、食事秩序領域的 19 個行業（如圖 4-7 所

圖 4-7　食業

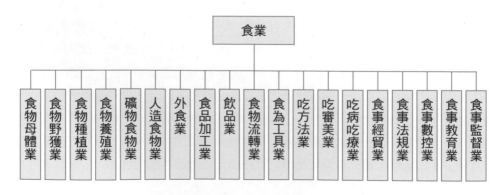

示）。食業，涵蓋現代產業劃分中的農業、食品工業、餐飲業、養生業等行業，也包括傳統醫學和現代醫學的口服治療部分，還包括經濟、法律、行政、教育等機構中與食相關的部門。

食業是人類與食事相關的所有行業，是人類有史以來規模最大、從業者最多的行業，是為了解決食事問題而形成的行業，是人類生存的必須性行業，是相關人類社會和食母系統兩個可持續發展的朝陽行業，是人類邁向下一階段文明的奠基性行業。

食業概念的提出，具有劃時代的重要意義。它不僅能夠進一步推動與食相關產業的良性發展，對提高人類健康與壽期做出貢獻，還能促進整個社會產業結構的調整與優化，讓人類的行業分工更加科學、更趨合理。2017 年施瓦布基金會社會企業家獎金獲得者金巴爾·馬斯克[1] 提出過一個觀點：食物行業是新的互聯網行業，這無疑是食業的一種未來性定位。

圖 4-8　食業特點

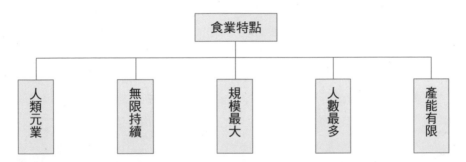

▌食業特點

食業，是一個龐大的以食為核心的產業鏈；食業，是所有具有食屬性的經濟活動的集合體。這個整體的內在性質決定了它有著許多與眾不同的屬性，從而形成了食業的獨特之處。

食業的特點很多，主要包括人類元業、無限持續性、規模最大、從業人數最多、產

① 〔美〕金巴爾·馬斯克（Kimbal Musk）：《2016 年 EAT 斯德哥爾摩食物論壇：為什麼食物是新的互聯網》（*EAT Stockholm Food Forum 2016: Why Food Is the New Internet*），（https://eatforum.org/learn-and-discover/why-food-is-the-new-internet-kimbal-musk/）。

能有限等（如圖 4-8 所示）。

食業是人類元業。食物是人生存的基礎，沒有食物，就沒有生命。謀取食物是人類頭等重要的大事，也是人類的第一個行業、是歷史最悠久的行業、是當之無愧的「元業」。

食業一直伴隨著人類的成長而發展，每時每刻都未曾離開過我們。從人類誕生之日起，直至西元前 1 萬年食物馴化開始之前，食業都是人類社會的唯一行業，是人類數百萬年的基本狀態。即使在當代，人類的文明與文化百花盛開、爭相鬥豔，新興的行業層出不窮，從許多角度改變著我們的生活，但食業在人類社會中依舊占據著重中之重的地位。正如著名的食物人類學家沃倫・貝拉史科[2] 所說：「食物是重要的。食物位於生命基本要素之首，是我們最大的產業……」

食業有無限持續性。相對人類的存在而言，食業這個產業是無限持續的。它不會像某些產業有起有伏、有始有終。在人類的發展歷程中，有的行業出現又消失了，有的行業儘管引領風騷數十年、數百年，甚至數千年，但也難以達到永恆。食業則不然，人永遠需要食物來延續生命，食業也是一個永遠的朝陽產業。

食業的無限持續性的特色，決定了它是一個值得長期投入和深入研究的領域。當今，食業的重要性常常被低估、被忽視，食業工作者的價值，甚至還比不上一個娛樂業的明星。這是一個極其錯誤的社會觀念，必須給予矯正和改變。否則，當 2020 年新冠病毒（COVID-19）這樣的「黑天鵝」飛來之際，人類將難以應對，從而陷入災難。

食業未來的發展還有很大的空間，如何既保障食物數量又保障食物品質，如何在維護人類可持續的同時又維護食母系統的可持續，食業肩負著重要使命。

食業的規模最大。據不完全統計，全世界的產業在 50 種以上，規模產業有 10 餘種。這其中，食業的貢獻占世界 GDP 的 35% 以上。進入工業文明社會以來，食業的比例受到擠壓，儘管如此，在今天的社會產業結構中，食業的規模依舊是最大的。例如，進入 21 世紀以來，食業中的餐飲業為世界經濟做出了很大貢獻，據 Datamonitor 公司統計，2005 年全球 GDP 為 449833.38 億美元，餐飲業市場總價值達到 16273 億美元，占全球 GDP 的 3.6%。

從社會結構的角度看，進入工業化社會以來，食業的規模呈縮小的趨勢。特別是近百年來，食業一直在被其他快速增長的新興行業所擠壓，這種行業規模的變化有些是負

---

② 〔美〕沃倫・貝拉史科（Warren Belasco）著：《未來三餐：關於未來食物的暢想史》（ *Meals to come: A History of the Future of Food* ），加州大學出版社（University of California Press）2006 年版，第 7 頁。

向的。以醫業為例，當今醫療行業規模在不斷擴大，但是從生存和健康的角度看，食業是醫業的上游，是解決問題的主要方面，且事半功倍，可這點被長期忽視。食業規模的縮小和醫業規模的擴大，其結果是消耗、浪費了大量的社會資源，造成了社會整體運營效率降低。食業與醫業，孰長孰消，這是一個社會產業結構問題，從人類的肌體健康和社會健康來看，「大醫業小食業」不如「大食業小醫業」。早在 2003 年世界衛生組織就發布了一個報告《飲食、營養和慢性病的預防》，[③] 強調食物對於治療慢性病的作用，其中最典型的慢性病包括：糖尿病、心血管病、癌症、牙病、骨質疏鬆。2019年美國《時代》（TIME）[④] 週刊 2 月 18 日出版的文章《為什麼食物可以成為最好的藥物？》展示了食物在慢性病（比如糖尿病和心臟病）的治療中，有比藥物更有效且對人體更友好的作用。

食業從業人數最多。從全球的角度看，儘管人類文明發展到了今天，但為了食物而勞動的人，依舊占據各個行業之首。也就是說，食業是吸納就業人數最多的行業。這一狀況，各國之間有所不同。發達國家從事食業的人數相對少一些，發展中國家從事食業的人數相對為多，最不發達國家從事食業的人數更多。從整體上看，從事食業的人數最多，這是不爭的事實。從食業涵蓋的領域看，從事食物生產領域的人數最多，從事食物利用和食事秩序領域的人數相對較少。

食業的從業人數在中國大約有 8 億人（包括農民、食業工人、餐飲業者），占中國 13 億人口的 61.5%。以此類推，全球 77.1 億人口，至少有 50% ～ 60% 的人口在從事食業，即 36 億～ 43 億人在從事食業。換句話說，兩個人中，有一個人在為吃工作。1：2，這就是當代人類的食業者與食者的比例。

生存性社會產業劃分

在工業化社會條件下形成的社會產業劃分模式，不能實現人類整體食事效率的最大化，更不能有效地應對今天的食事問題。要想有效解決當今的食事問題，就要對人類社會產業結構體系理論有所創新。

▋ 現有的 11 種產業劃分法

③　世界衛生組織（WHO）：《飲食、營養和慢性病的預防》（ *Diet, nutrition and the prevention of chronic diseases* ），（https://www.who.int/dietphysicalactivity/publications/trs916/en/），2003 年。
④　〔美〕愛麗絲．派克（Alice Park）著：《為什麼食物可以成為最好的藥物？》（ *Why Food Could Be the Best Medicine of All* ），（https://time.com/longform/food-bestmedicine/），2019 年 2 月 18 日。

對社會產業體系的劃分起源於 20 世紀初葉，是人們認識社會經濟結構的一種方式。著眼點不同，目的不同，劃分的方法不同，結果也就不一樣。目前比較有影響力的劃分方法有 11 種。

1. 二部類劃分法，馬克思在研究社會再生產過程中，提出生產生產資料的部門和生產消費資料的部門的二部分類法。
2. 農輕重產業劃分法，這種分類方法源於前蘇聯，將社會生產劃分為農業、輕工業、重工業，這種分類法是馬克思「兩大部類」劃分法在實際工作中的應用。
3. 三次產業劃分法，由紐西蘭經濟學家費希爾首先創立，按人類經濟活動的發展階段劃分為一次產業、二次產業、三次產業，得到各國廣泛認同。
4. 戰略關聯方式劃分法，按照一國產業的戰略地位劃分的一種方法，如主導產業、先導產業、支柱產業、重點產業、先行產業。
5. 國家標準劃分法，按照一國的產業統計口徑劃分，例如中國把經濟劃分為 20 個門類、95 個大類、396 個中類和 913 個小類。
6. 國際標準劃分法（ISIC），是聯合國經濟和社會理事會隸屬的統計委員會制定的，2008 年推出了 ISIC4.0 版。
7. 資源密集度劃分法，把社會產業劃分為勞動密集型產業、資本密集型產業、技術密集型產業。
8. 增長率產業劃分法，按照產業在一定時間內的增長速度劃分，分成成長產業、成熟產業、發展產業、衰退產業。
9. 生產流程分類法，根據工藝技術生產流程的先後順序分為上游產業、中游產業、下游產業。
10. 霍夫曼分類法，由德國經濟學家霍夫曼提出，按產品用途分為消費資料產業、資本資料產業、其他產業。
11. 「錢納里－泰勒」劃分法，是由美國經濟學家錢納里和泰勒提出的，將不同經濟發展時期對經濟發展起主要作用的製造業部門，分為初期產業、中期產業和後期產業。

在以上 11 種產業劃分中，都沒有看到「食業」的表述，但從中可以看到食業的蹤影。在前蘇聯的「農輕重產業劃分」體系裡面，農業是食物生產，輕工業裡面的食品工業是食物加工。

現在廣為應用的「三次產業劃分」中，一次產業、二次產業和三次產業的劃分，把食業割裂為三段。針對這種劃分，20 世紀 90 年代，日本東京大學名譽教授、農業專家今村奈良臣提出了「第六產業」的概念。他鼓勵農戶不僅種植農作物（第一產業），而且從事農產品加工（第二產業），還要銷售農產品、農產加工品（第三產業），以獲得更多的增值價值。「第六產業」概念的由來，是三次產業相加或相乘的結果（1＋2＋3=6，1×2×3=6），非常牽強。其實，今村奈良臣先生想表達的意思就是食業，只不過理論闡述和表達方式都欠清晰。

由以上 11 種產業劃分的結果看，20 世紀以來，食產業被割裂化的問題一直存在。解決這個問題最根本的方法，首先要承認食業鏈的客觀存在，其次要確認「食業」這個概念。由於上述 11 種社會產業劃分方法之中，都沒有食業的位置，這促使筆者不得不深入思考社會產業重新劃分的課題。

▌生存性產業分類法

傳統的 11 種社會產業劃分方法，不能有效解決人類的食事問題；20 世紀末提出的「三次產業劃分方法」，也不能解決工業文明帶來的問題，不能支撐人類社會可持續發展。當今人類社會問題與產業結構理論之間的焦點在哪裡？這促使筆者思考並提出一種新的社會產業劃分方式：生存性產業分類法。

「生存性產業分類法」是按人類生存的需求來劃分社會產業。它的核心價值是支援人類社會的可持續發展。它是一個 3-11 體系，第一層級把產業分為 3 類：一是生存必須類；二是生存非必須類；三是威脅生存類。第二層級可細分為 11 項。

生存必須產業。人類生存必須的要素有四個：陽光、空氣、食物、溫度。陽光與空氣沒有產業，生產、利用食物的食業是人類生存必須產業的 A 類。服裝業、住房業關聯人類生存的另一關鍵因素——溫度，它們屬於生存的必須產業的 B 類。此外，醫療業對人類生存也發揮著至關重要的作用，屬於生存必須產業的 C 類。

生存非必須產業。生存需求與生活需求是兩個不同的概念。按生活需求程度，生存非必須產業可以分為 3 個方面：A 類是交通業和資訊業，滿足人與人之間的交往訴求；B 類是服務業，滿足提升生活品質的訴求；C 類是娛樂業，滿足閒暇時間的消遣訴求。

威脅生存產業。威脅生存產業是指那些危及人類生存的產業。從緣由看可分為：A 類是毒品業。這是一種地下行業，也有較為成熟的產業鏈。B 類是軍火業。軍火只是以往群體與國家利益的必須，而非人類的必須。相反，軍火業威脅整個人類的生存。軍火業還占用了巨大資源，讓人類無法集中力量去發展生存必須產業。C 類是科技失控，

圖 4-9　生存性產業分類體系

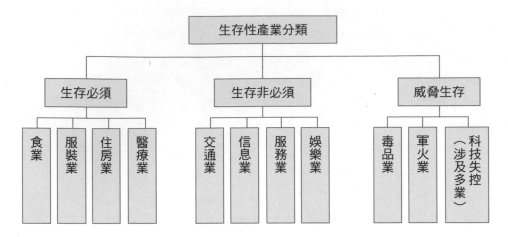

涉及多個產業。例如，化學技術的合成物利用失控，生物技術的基因利用失控，物理技術的核能利用失控，人工智慧技術的機器人利用失控。今天看來，這些科學技術的「失控」是威脅人類生存的極大隱患（如圖 4-9 所示）。

「生存性產業分類法」的價值何在？一是為人類可持續發展提供了一個理論基礎，找到了一個解決方案；二是按此分類，可以節省大量的自然資源和社會資源，使人類的可持續有了可靠的保障；三是不僅為食業找到了位置，更確立了食業在人類社會諸業中的核心地位。

20 世紀有太多的科技發明和創新行業，給人類帶來了很多利益和誘惑，但缺少「生存必須」「生存非必須」和「威脅生存」的認知，致使投入的財力、智力偏離人類生存需求的本質，並正在威脅地球資源的可持續供給。著名的印度環境哲學家范達娜·席娃[5] 對此有很深刻的見解：「當資本生長，大自然就萎縮。市場的發展並不能解決它本身製造的危機。」如果說，建設世界食事秩序，實現人類「理想社會」是一個美好的目標，「生存性產業分類法」的提出，就是給實現這個目標提供了一個有效路徑。要實現上述目標，就必須大力發展「生存必須產業」，有效控制「生存非必須產業」，逐步革除「威脅生存產業」。

「生存性產業分類法」從可持續角度著眼，闡述了當代人類社會產業結構的本質屬

---

⑤ 〔印〕范達娜·席娃（Vandana Shiva）著：《地球民主：正義、可持續與和平》（*Earth Democracy: Justice, Sustainability and Peace*），澤德圖書出版社（ZES Books）2006 年版，第 32 ～ 33 頁。

性。它提示人類不忘初心，不要在追求生存非必須要素的道路上走得太遠，甚至走向自我毀滅。當今人類無限膨脹的需求與生態有限性供給的矛盾日益突出，從種群延續的角度來看，我們應該緊緊抓住「生存必須」這個核心，控制欲望，有所為，有所不為。它將推動人類社會結構和產業結構的反思與變革，讓人們生活得更美好。「生存性產業分類法」的核心價值，就是可以推動世界秩序進化，支撐可持續發展。

穀賤傷農亦傷民

在古典經濟學中有句名言，價格是對商品的內在價值的外在體現。那麼，作為一種特殊商品的食物，其價格如何確定？筆者認為，食物是人類生存的必須品，其價格的確定不應影響食物的品質，不能低於生產優質食物的成本，否則將帶來食物經濟的「負迴圈」。

食物價格過低，表面上看是傷害了生產者，本質傷害的是消費者，因為食物生產的數量和品質是消費者的生存與健康的前提。

穀賤傷農，是說如果糧食價格過低，生產糧食的微利或賠本，會給農民帶來傷害。其實受傷的不僅是農民，其他食物的生產者也是如此。穀賤傷農，這裡所說的「農」，泛指所有食物的生產者。食物的價格過低，食物生產者的利益受到傷害，他們就不願意再去生產食物。如此，食物供給的數量和品質都會遇到巨大的威脅，最終真正受害的是食物的消費者，所以說穀賤傷農亦傷民。

工業文明大大提高了食物生產效率。因此，給人們帶來一個誤區，認為食物的生產效率是可以無限提高的。其實不然，化肥、農藥等合成物帶來的效率已經到了極限，超高效的生產已經威脅到食物的品質。在食物生產領域沒有真正的「價廉物美」，優質食物的成本一定高於劣質食物的成本，這是由於食物的原生性決定的。食物不是工業品，沒有價廉物美的屬性，人造的合成食物永遠也替代不了天然食物。

優質食物有利於人體健康，要鼓勵消費者為優質食物的成本埋單，生產者才願意生產優質食物，消費者才能吃到更多的好食物。好食物是人健康長壽的保障，我們應該鼓勵消費者為食物的成本埋單，讓食物的生產者有利可圖，食物的數量才能保障，食物的品質才能提升，食物消費者的需求才能得到滿足。否則，受傷害的最終還是食物的消費者。讓食物的生產者有利可圖，讓食物的生產者過上體面的生活，是保障食物消費者利益的基礎。食物生產者的社會地位應該高於其他業者。

工業文明高速發展帶來的資源匱乏，百億人口時代將至帶來的食物需求增長，都會導致食物資源短缺和食物成本提高。一旦食物短缺時代來臨，其他行業生產的利潤，都

會被迫給食物生產讓路，因為食物是人類生存的必須品。食物的可持續供給關係到人類的可持續發展，從穀賤傷農到穀賤傷民，這是一個「食事的負迴圈。」如何讓消費者多為好食物的成本埋單，少為房屋生產者的巨額利潤埋單，構建資源配置更加合理的「正迴圈」，這不僅是經濟學的重要課題，更是人類可持續發展的必答題。

「兩塊田」的負迴圈

化學合成物進入食物生產鏈之後，給人們帶來了一個認識誤區，即食物可以像其他工業產品一樣具有「價廉物美」的特徵。由於所謂「價廉物美」的食物層出不窮，消費者盲目追求食物的「價廉物美」，不再願意為傳統的優質食物的成本埋單。另外，食政者擔心食物價格高會影響社會穩定，不時頒布抑制食物價格的政策。這兩個方面均導致生產者如果生產優質食物則會虧本。但是，生產者最瞭解優質食物的價值和劣質食物的危害，他們為了保障自己的身體健康被迫耕種 AB 兩塊田，A 田不用或少用化學合成物生產食物，但成本高於市場價，留給自己吃，這是 A 田 A 貨；B 田使用各種化學合成物來提高生產效率，成本低於市場價而有利可圖，賣給消費者，這是 B 田 B 貨。這種「兩塊田」現象在發展中國家很普遍，表面上看是保障了生產者的利益，其實不然，因為每一個生產者都不可能生產所有食物，他一定也是其他食物的消費者，是 B 田、B 圈（豬）、B 缸（醋）、B 窖（酒）、B 池（魚）等 B 貨的消費者。所以「兩塊田」模式是互害的，是不可持續的。另外，「兩塊田」的問題直接危害肌體健康，會占用大量的醫療資源，抑制了社會運行的整體效率。所以說「兩塊田」既是食事的負迴圈，也是經濟的負迴圈。如何解決「兩塊田」的問題，是食事經濟學的一個重要課題。

食事經濟學面對的問題

食事經濟學面對的主要問題有 3 個：缺少食事經濟整體認知、缺少食事經濟整體機制和世界食事經濟秩序有待升級。

▌缺少食事經濟整體認知

過去對食事經濟學的研究，多局限在國度範圍內，雖有對國際貿易學、國際金融學的研究和學科設置，但都是站在一國視角研究他國的貿易和金融。從全球視角研究世界食物貿易、食物金融的著作幾近空白，如此難免出現觀念和資料的偏狹或誤判。同時，在進行食事經濟研究時，多數集中在占據主流地位的某個或某幾個領域，而缺少全面統合食學 13 個範式的研究，這是食事經濟研究在整體上的另外一個不足。

▌缺少食事經濟整體機制

當前，世界食事經濟秩序呈現「4 + 3」格局，即美國 ADM、美國邦吉、美國嘉吉、法國路易達孚四大糧商壟斷世界食物交易，聯合國糧食及農業組織（FAO）、世界糧食計畫署（WFP）、國際農業發展基金（IFAD）三個聯合國常設機構協調解決全球食物問題。目前，四大糧商掌控全球 85% 以上的農產品貿易，控制了糧食從生產、加工、運輸到銷售等領域的主導權與定價權。聯合國機構雖然擔負調控、制衡使命，卻無法從根本上改變這種不均衡的食事經濟秩序。要想建立合理的世界食事經濟秩序，必須重新構建世界食事經濟整體機制。

▌世界食事經濟秩序有待升級

世界經濟是世界各國的經濟相互聯繫和相互依存而構成的世界範圍的經濟整體。工業革命發展至今，人類社會還沒有形成世界範圍內的經濟學體系，更沒有形成世界範圍內的食事經濟學體系。今天，世界格局正從單極走向多極，全球化和地區經濟一體化的經濟格局正在形成。在這種格局面前，構建世界食事經濟學體系，建立公正合理的世界食事經濟新秩序，已經成為世界各國和諧發展共生共榮之必須。

食事行為的規定與約束

　　法律最突出的特徵是它的強制性。自人類進入文明社會以來，其食行為的規範離不開法律手段。從人類整體角度來看，世界有五大法系，現存的是大陸法系、英美法系、伊斯蘭法系。在食為法系的體系裡，目前最缺的是國際食法裡的公法。這類法律將為構建人類食秩序起到重要作用。在食事系統中，食物生產、分配、利用是人類第一件大事，不可避免會出現各種矛盾，人們如何讓自己的行為得到普遍認可？如何對他人的侵害進行抵禦？這就要求制定約束規則，以規範各種行為，達到「定紛止爭」的目的。於是，食法律便應運而生了。食事法律是指強制規範食事行為的約定。食為立法的基本原則有兩條，一是要貫通生產、利用、秩序三大領域，實現全覆蓋；二是儘快從國家法和國際法兩方面填補空白領域。

　　法學是一門古老的學科，食事法律學是法律體系中重要的組成部分。按歷史階段，人類食事法律學可以分為 3 個階段，第一個是食法啟蒙階段；第二個是食法建設階段；第三個是當代食法階段。

　　食法啟蒙階段。西元前 18 世紀，中東地區的《漢摩拉比法典》（如插圖 4-1 所示）是迄今世界上最早的一部較為完整地保存下來的成文法典，法典中就有對當時人們食為進行規範的法律條文，如「如果任何人開挖溝渠以澆灌田地，但是不小心淹沒了鄰居的田，則他將賠償鄰居小麥作為補償」。此外，亞述語碑文曾記載正確計量糧穀的方法，埃及卷軸古書中也記載了某些食品要求使用標籤的情況。古雅典檢查啤酒和葡萄酒是否純淨和衛生，羅馬帝國則有較好的食品控制系統以保護消費者免受欺騙和不良影響。中世紀歐洲的部分國家已制定了雞蛋、香腸、乳酪、啤酒、葡萄酒和麵包的品質與安全法規。中國自從漢代開始，有了食品安全監管的法規。

　　食法建設階段。19 世紀下半葉，世界上第一部食品法規生效啟用，基本的食品控制系統也初步形成。1897 年～ 1911 年間的奧匈帝國時期，通過對不同食品的描述和標準的收集發展形成了奧地利食品法典，儘管其不具備法律的強制力，但法院已將其作為判定特殊食品是否符合標準的參考，現今的食品法典就是沿用奧地利食品法典的名稱。

插圖 4-1　西元前 18 世紀頒布的《漢摩拉比法典》

　　1960 年和 1961 年是食品法典創立過程中的里程碑。1960 年 10 月，世界糧農組織歐洲區域會議明確達成共識：「有關食品限量標準及相關問題（包括標籤要求、分析方法等）是保護消費者健康的一種重要手段。確保品質和減少貿易壁壘，尤其是要迅速形成歐洲一體化市場的發展趨勢，都希望早日達成國際一致的意見。」1962 年，聯合國和世界衛生組織召開全球性會議，討論建立一套國際食品標準，指導日趨發展的世界食品工業，從而保護公眾健康，促進公平的國際食品貿易發展，並成立了食品法典委員會。此後，食品法典委員會頒布了《食品添加劑通用法典》。1972 年聯合國召開「第一屆聯合國人類環境會議」，提出了著名的《人類環境宣言》，這是環境保護事業引起世界各國政府重視的開端。此後各國加強環境立法。1974 年，聯合國糧農組織提出「食品安全」的概念，通過《世界糧食安全國際約定》，提出食品應當「無毒、無害」，符合應當有的營養要求，對人體健康不造成任何危害。在此之後，世界組織及各

國分別頒布了一系列規範食品安全的法律條文及相關要求。

當代食法階段。發展至今，從國家層面看，食法律已形成了涉及面廣、縝密全面的法律系統。目前，美國食品安全和衛生的標準大約有 660 項，形成了一個互為補充、相互獨立、複雜而有效的食品安全標準體系。其中，包括 100 多部重要、完善的農業法律和許多調整農業經濟關係的法律。食品加工方面，美國標準眾多，700 多家標準制定機構已制定了 9 萬多個標準，用於檢驗檢測方法和食品品質標準。食品安全方面，有相關標準 660 餘項。日本「二戰」後制定了 200 多部配套的農業法律，其中食物生產法律 114 部，農業經營類法律 50 部，農村發展類法律 45 部，其他類食法律 38 部。農產品已有了 2000 多個品質標準，營養方面，日本已頒布 10 多部法規，以《營養改善法》和《健康增進法》為基本法，其他營養法律配套，形成完整體系覆蓋全社會。中國改革開放後發布了 20 多部農業法律，涉及食品的法律、法規、規章、司法解釋以及各類規範性檔等 840 篇左右，已發布食品標準近 3000 項。中國的食品安全標準已經與國際社會接軌，有 30 多部有關環境保護的法律，1300 餘項國家環保標準。歐洲到目前為止已發布 300 多個歐洲食品標準，德國大約有 8000 部聯邦和各州的環境法律、法規。在野生動物保護方面，有 100 多個國家制定了動物福利法律。

從各國、各地區食事法律的現狀看，食事法律處於一種由少到多、由粗到細、由不完備到相對完備的發展局面。但是從國際層面看，食事法律又處於不統一、分散、各自為政的狀態。食法律大多是以國度為單位分別制定的，法律條文並不一致，給國際間的詮釋和執行帶來困難。真正從全球、全人類視角制定的食法，迄今只有公約沒有法律（如表 4-2 所示）。

食事法律學的編碼是〔SS131200〕，是食學的四級學科，食事制約學的子學科。法律最突出的特徵是它的強制性，食事法律學的設立，旨在從食行為的角度研究人與人之間法律關係，通過整體性、世界性食事法律的構建，建立一種全球的食事秩序，實現人類對食物的公正地獲取與利用，提升個體的壽期，維護種群的持續。

食事法律學的定義

食事法律學是研究強制規範人類不當食行為的學科。食事法律學是從食行為的角度研究人與人之間法律關係及其規律的學科。食事法律學是研究解決強制規範食行為問題的學科。食事法律賦予每一個人的吃權利，同時規定了相應的義務，摒棄不良食事行為，弘揚優良食事行為。

表 4-2　涉及食物的全球協議 *

事件	時間（年）	品質	安全	可持續食品供應
世界人權宣言	1948	+	+	
聯合國經濟、社會和文化權利公約	1966	+		
斯德哥爾摩環境和發展會議	1972			+
世界食品大會（消滅饑餓和營養不良宣言）	1974	+	+	
兒童權利公約	1989	+	+	
伊諾森蒂母乳餵養宣言	1991	+	+	
聯合國環境與發展會議和里約熱內盧宣言，聯合國氣候變化框架公約和生物多樣性框架公約	1992			+
國際營養會議	1992	+	+	+
世界人權會議，維也納，維也納宣言和行動計畫	1993	+		+
聯合國第四屆世界婦女大會及北京宣言和行動綱要	1995	+		+
世界食品峰會	1996	+	+	+
聯合國人居 2 和伊斯坦布爾宣言	1996			+
聯合國充足食物權總評	1999	+	+	+
世界衛生大會（第 53.15、第 51.17、第 53.18 項決議）	2000	+	+	+
世界食品峰會（羅馬）	2002	+	+	+
世界可持續發展峰會（約翰尼斯堡）	2002	+	+	+

* 〔英〕提姆·朗（Tim Lang）、麥克·希斯曼（Michael Heasman）著：《食品戰爭——飲食、觀念與市場的全球之爭》（ *Food Wars: The Global Battle for Mouths, Minds and Markets* ），劉亞平譯，中央編譯出版社 2011 年 10 月版，第 223 ～ 224 頁。

食事法律學的任務

　　食事法律學的任務是指導人類建立並執行食行為的法律體系。目前，食事法律體系內容有很多，但並不完善，需要進行補充和完善。食事法律學的具體任務包括建立完整的立法體系、執法體系和監督體系，制定相關法律，維護食物生產、食物利用、食事秩序的良好運轉，尊重和保障人的吃權。制定《人類食為法典》，設立全球世界食為法院，也是食事法律學宣導、推進的任務目標。

食事法律學的體系

　　食事法律學的體系以法律涵蓋的領域分類，分為食產法律學、食用法律學和食序法律學 3 門食學五級學科（如圖 4-10 所示）。

　　需要注意的是，由於沒有一個世界角度的食為執法機構，所以只有國家層面的食事法律。在世界層面，沒有食事法律，只有食為公約。

圖 4-10　食事法律學體系

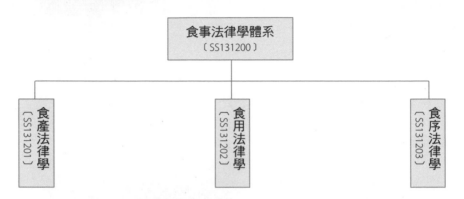

　　食產法律學。食產法律學是食學的五級學科，食事法律學的子學科。食物生產是人類最為古老的行業之一，食物生產法律也是人類最早出現的成文法律。食物生產法律的特點是多而全，幾乎涵蓋了人類食物生產的方方面面。例如，在食母保護、食母修復、食物採摘、食物狩獵、食物捕撈、食物種植、食物養殖、食物菌殖、合成食物、食物烹飪、食物發酵、食物碎解、食物貯藏、食物運輸、食物包裝、食為工具等領域和行業，都有自己的相關法律。食物生產法律的突出問題是法出多門，尤其是在各地方、各部門制定的法規方面，缺少互動與統一。

　　食用法律學。食用法律學是食學的五級學科，食事法律學的子學科。食物利用是食物生產的目的，是食學三角的頂角。但是從總體看，和食物生產領域的法律比較，食物利用領域的法律不僅數量少，而且覆蓋不全，有很多空白。例如，食物利用領域的浪費讓人觸目驚心，但是迄今為止，還沒有一部全球性關於反對浪費的法律。因此，加大食物利用法律的研究力度，呼籲更多更全的食物利用法律發布，是食用法律學面對的兩項現實又緊迫的任務。

　　食序法律學。食序法律學是食學的五級學科，食事法律學的子學科。食事秩序的建

立和鞏固，需要硬性制約和軟性教化兩方面的內容，因此食事秩序法律的制定必不可少。食事秩序法律涉及食事秩序的方方面面，例如食事行政法、食事經濟法、食事數控法、食學教育法，等等。這些食事秩序法律，有的已經設立，有的還是空白，有的已經成為共識，在多國多地通行，有的只是個別國家的法律行為，例如《食育法》，只是在日本一國制定實施，在更多的國家還屬於空白。

食事法律學面對的問題

食事法律學面對的主要問題有 3 個：缺少食事法律整體認知、缺少食事法律整體體系和缺少世界食為公約體系。

▋ 缺少食事法律整體認知

食事法律無疑會是一套卷帙浩繁、包羅萬象的大部頭，畢竟人類的食事本身就是紛繁複雜的。因此對食事法律的認知不能僅僅停留在食物和吃法兩個維度上，還必須包括食物生產、食物利用和食事秩序的方方面面。也就是說，要用全球的視野和整體的觀點認知食事法律。任何局部的、單一的、割裂的、片面的認知都是有悖於食學學科體系的，也是有所欠缺的。

▋ 缺少食事法律整體體系

即使沒有確切的調查統計數字，我們也不難推測，食事法律體系必定條文複雜如繁，內容數不勝數。然而在制定法律時，存在的一大問題，就是缺乏整體體系。比如，食物生產領域的法律，通常只立足本領域的立場，不會考慮到食物利用領域和食事秩序領域的需求。之所以困擾著我們的食問題長期無法解決，很大程度上是因為法律條文在內容上缺乏整體觀，同時，處理問題的專業人士，也沒有對各個食領域進行整體研究的意識。《食學》將食事領域劃分為 13 個範式，強調這 13 個範式的整體性和彼此間的關聯性。這種視角理應對食事法律的制定和執行有所裨益。食物鏈條所涉及的利益主體非常多，只有注重整體研究，才能從根本上解決問題。

▋ 缺少世界食為公約體系

目前的食事法律大多是以國家或地區為單位制定的，無法應對人類所面對的重大食事問題。國際組織頒布的食事法律，一是數量不多，未形成體系；二是由於缺少世界層面的政府和軍隊，缺少強制性的管理和執行機構，所以世界性的食事法律建設多停留在

制定層面，缺乏應有的執行強制性，難以發揮其應有的作用。由於缺少強制性的執行機構，這些世界性的法律甚至不能稱為法律法規，只能以公約的名義存在。隨著國家、地區間的合作與交流日益興旺活躍，國際網路日漸緊密，許多以前沒有出現過的問題和沒有遇到過的紛爭，都極有可能在千變萬化的國際風雲中突然發生。制定世界性的食物公約體系，是應對這些挑戰的必由之路。

食事效率的政體管理

　　從人類學的角度來看，食物生產導致了城鎮、大都市和國家的出現。食物的控制是權力的來源，食物的控制與管理依舊是行政的重要內容。食事行政即國家對食物生產、食物利用和食事秩序的統籌管理，簡稱「食政」。食事行政是以國度為單位的。奴隸社會和封建社會國政與食事行政重疊很多，食事行政占的比例很大。在中國有「國以民為本、民以食為天」的說法；歐洲有「控制了食物就可以讓任何一個組織或國家屈服」的觀點；當代的食事行政則更多的是考慮國民的食物安全和肌體健康。美國國土安全部更是聲明[6]食物和農業安全為其優先順序別事項，因為其涉及一個對貿易和安全同樣重視的全球一體化的社會。

　　歷史的一個基本規律是，國家有足夠的糧食，人民不挨饑受餓，國家便是穩定的、安全的，國力便強盛。反之，國家就面臨動盪不安。由此可見，食為政首。

　　綜觀當今世界，許多國家實際上都蘊含著食物風險。食事行政管理體系是食事秩序的重要內容，食政優民、食業優先是 21 世紀人類面臨的新課題。設立一個統管食為和食物的食事行政學，建立一個全球化的食事經濟秩序，是食政 2.0 時代的新目標。

　　西元前 3000 多年前，世界上第一個國度——古埃及誕生。有了國度的誕生，食事行政就隨之出現。到目前為止，食事行政大致經歷了吃權、食政、農政三個階段。

　　吃權階段。在以國家為政治權利中心的古代社會，人們的飲食活動、飲食行為對政治形態有很大的影響，往往會脫離飲食本身的物質享受意義而向其他非飲食的社會功能轉化。統治者往往會把飲食行為與國家統治相互聯繫。以中國為例，一個顯著的特徵是：具有政治意味的物化符號多與飲食器物、炊具有關係。比如，皇家慶典和禮儀中的祭祀禮物主要是飲食器具和炊具，最為典型的當屬「鼎」，它是權力的象徵，帝王的尊嚴。成語「問鼎中原」所說的「問鼎」，實際上指的是圖謀政權。另外，「宰相」是對中國古代君主之下的最高行政長官的通稱或俗稱，其來源是封建時代貴族家庭最重要的

---

⑥ 〔美〕賈斯汀・卡斯特納（Justin Kastner）：《食物和農業安全：一種歷史的、多學科的方法》（Food and Agriculture Security: A Historical, Multidisciplinary Approach），ABC- 克里奧（ABC-CLIO）出版社 2011 年版，第 1 頁。

事是祭祀，而祭祀時最重要的事是宰殺耕牛，所以一應近似管家的人都稱為宰。從這種帶有華夏政治文明的歷史結構中，人們清晰可見「食」之政治意涵。與克勞德・李維史陀的三角構造相似，中國飲食政治傳統也構成了一個「飲食－民生－政治」三角結構。即飲食決定民生和政治，國以民為本，民以食為天，糧食是一個國家的基礎，否則國無以安。

插圖 4-2　中國河南省出土的後母戊鼎

食政階段。食政，就是食事的行政，即食物生產、食物利用和食事秩序三個領域的管理。以中國為例，中國是個人口眾多的大國，解決好吃飯問題始終是治國理政的頭等大事。先秦（西元前 21 世紀～前 221 年）時以後稷為農官，名為治粟內史。漢景帝（西元前 188 ～前 141 年）時更名大農令，漢武帝（西元前 156 ～前 87 年）時為大司農，東漢復稱大司農。大司農在中央的屬官有太倉令，主收貯米粟，負責供應官吏口糧

並掌管量制，還有籍田令，負責安排皇帝親耕，並掌管籍田的收穫以供祭祀。在行政制度方面，農業在夏代（西元前 2146 年～前 1675 年）已占有重要地位；到了商代（西元前 1675 年～前 1029 年），農業已經是重要的生產部門；周人在消滅商朝成為全國共主之後，把代表土地的社神和穀神並稱為社稷；春秋時期管仲推行變法，建立糧食儲備立法；秦朝制定了《倉律》，對穀物入倉加以管理；西漢時，政治家晁錯向漢文帝上《論貴粟疏》，建議以立法的形式明確國家糧食戰略；隋朝（西元 581～618 年）建立了中國古代最完善的糧食倉儲制度；唐中期陸贄提議建立民間糧食儲備。中國自秦朝一統之後延續了 2000 多年，其中一個非常重要的因素就是歷代政府都強調重農抑商。

農政階段。19 世紀中期～ 20 世紀初全球進入工業文明時代。伴隨著工業化、城市化、機械化大生產的到來，非農業人口的比例大幅度增長，勞動分工精細化、組織集中化、經濟集權化是全世界的生產趨勢。傳統農耕文明向工業文明轉軌，食物的產量不再是唯一被關注的焦點，原本在一個生產單位內進行的生產環節被分離為在多個獨立的生產單位進行。科技不斷發展，展現工業文明的農業成為食體系的引領和代表，農業部成為食政的核心管理部門，農政時代開啟。在這一階段食政從國政變成了國政的一部分，且行政權力開始分散，除了農業部主管食物的種植、養殖外，輕工業部下面的食品工業部門，還有衛生部、環保部、交通運輸部、民政部、林業部、海洋局也都涉及食政的管理職能，食體系最終形成分而治之的局面。這種權力分散的現狀並不利於食物安全管理，解決的辦法是重回食政，整合組織統一的大食政國家機構。

食政與人口控制。因為食物的稀缺性，有限的食物資源，無法支撐無限的人口增長。據聯合國經濟和社會事務部發布的資料，至 2018 年，我們這個地球村的村民已經達到 77.1 億人，預計 2050 年將達到 100 億，百億人口所需要消費的食物，已經臨近「食物母體」能夠承受的極限。據調查，2010 年全球作物生產能力為 13100 萬億卡路里／年。以此為基準進行測算，要達到 2050 預計需要的作物生產能力，即 20500 萬億卡路里／年，存在 56% 的食物缺口（如表 4-3 所示）。「百億人口時代」與「食物稀缺時代」攜手同行，撲面而至，人類的食物由豐富走向稀缺。所以在這種危機到來之前，必須對人口的無序增長進行有效控制。

在人類、食物與生態的相互關係方面，當今存在的最大問題是人口增長。相對於比較有限的食物資源，人口增長堪稱爆炸式的。西元前 7 萬年，世界人口約為 100 萬人；此後經過 6 萬多年的發展，至西元前 8000 年，才達到 500 萬人；西元 1 年的人口數為 2 億人；1340 年增加到 4.5 億人；1804 年左右突破 10 億人；1927 年突破 20 億人；1960 年突破了 30 億人；1974 年突破 40 億人；1987 突破 50 億人；1999 年突破 60

表 4-3　到 2050 年，世界需要解決 56% 的食物缺口 *

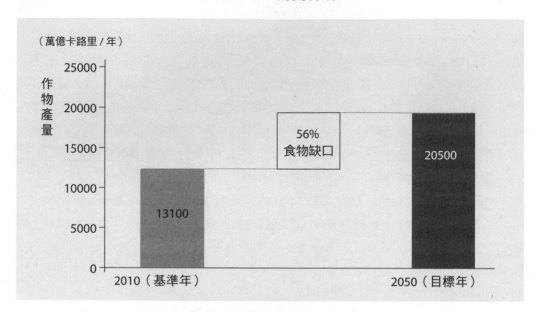

* 世界資源研究所（WRI）：《創造可持續發展的食物未來 —— 在 2050 年養活近百億人口的解決方案》（*Creating a Sustainable Food Future: A Menu of Solutions to Feed Nearly 10 Billion People by 2050*），2019 年版，第 17 頁，部分修改後引用。

億人；聯合國的資料顯示 2011 年 10 月世界人口突破 70 億人；至今這一數字已經達到 77.1 億人。短短 200 餘年間，就增加了 66 億人口，而與此同時，世界可耕地約 14 億公頃，生產穀物 26.11 億噸。人均占有可耕地和食物產量，已經接近地球自然資源的「天花板」，控制人口無序增長已經成為迫在眉睫的任務。

　　控制人口增長屬於食事行政組織的社會功能，食事行政手段可發揮較好的對人口繼續增長的控制效應。食政的干預，可在一定程度上防止人類與食物的供需平衡被打破。一份 2012 年國際人口行動組織的報告[7]發現：人口增長和食物安全之間存在密切關聯。大多數面臨食物安全問題的國家均有最高的生育率和最快的人口增長速度。撒哈拉以南的非洲地區有世界上最高的人口增長速度。即使增長速度下降，到 2050 年，這個地區

---

[7]　〔美〕國際人口行動組織（Population Action International）：《為何世界人口對食物安全很要緊》（*Why World Population Matters to Food Security*）（https://pai.org/wpcontent/uploads/2012/02/PAI-1293-FOOD_compressed.pdf），2011 年。

的人口數量也將翻番。而這個地區恰恰有著世界上最大的食物不安全人群，每四人中就有一人營養不良。更重要的是，這個地區還有著世界上最低的農業生產率和最高的貧困線以下人口比例。

與食事經濟和食事法律一樣，尤其是發達國家，食事行政機構相對完備，食事行政功能相對強大。但是從全球視角看，世界性的食事行政機構還屬空白，這是人口失控、糧食分配不均等問題產生的重要原因。因此，創建一門全球視角的食事行政學，既是搭建食學體系的必須，也是構建全球食事行政體系的必須。

食事行政學的編碼是〔SS131300〕，是食學的四級學科，食事制約學的子學科。民以食為天，對人類食事的控制與管理是行政的重要內容。食事行政學是研究政府對食物、食為、人口的有效管理與控制的學科。食事經濟學中的許多觀點，例如設立統一管理的食政機構，農政向食政轉變，用行政手段控制人口的無序增長，用行政手段減少和杜絕浪費，等等，都讓這一學科體現了自身的價值。

食事行政學的定義

食事行政學是研究食事與政體之間關係及其規律的學科。食事行政學是從食物的角度研究社會秩序的學科，是研究政府對食物和食為及人口進行有效管理的學科，是用來解決人類食物和食為的行政問題的學科，是從政治的角度研究管理並控制食物資源的學科。

食事行政學的任務

食事行政學的任務是指導相關部門對食行為進行更有效的管理。食事行政學的具體任務包括整合與食相關的相對分散的行業，設立與食物相關的行政機構，制定並完善專門的法律法規，用行政手段控制人口；普及食業者教育，普及食者教育，提高人們的食學修養；提高食物生產效率，提高食物利用效率，控制人口總量，維護食物供給可持續。食事行政學當前一個重要的任務目標，是指導並促進食政進入 2.0 時代。

食事行政學的體系

食事行政學體系以食事行政的管轄領域劃分，分為食物母體行政學、食物野獲行政學、食物馴化行政學、人造食物行政學、食物加工行政學、食物流轉行政學、食為工具行政學、吃事行政學、吃療行政學、食事監管行政學、食學教育行政學和食者控制行政學 12 門食學五級學科（如圖 4-11 所示）。

圖 4-11　食事行政學體系

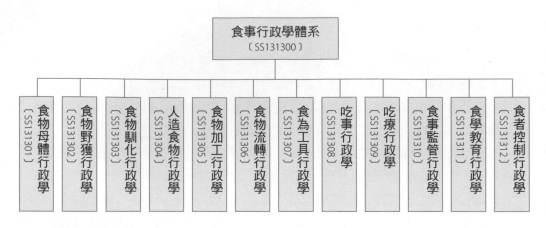

食物母體行政學。食物母體行政學是食學的五級學科，食事行政學的子學科。食物母體是指與食物直接相關的生態系統，食物母體行政學是研究對食物母體業實施行政管理的學科。食物母體行政管理部門在食物母體的保護、修復等方面擔負著多項職責，包括先期規劃、政策制定、監督執行以及對違規者給予行政處罰，等等。

食物野獲行政學。食物野獲行政學是食學的五級學科，食事行政學的子學科。食物野獲是指運用採摘、狩獵、捕撈、採集等方式對天然食物給予直接獲取，食物野獲行政學是研究對食物野獲業實施行政管理的學科。食物野獲與環境保護、資源管理、行業發展和食物的可持續息息相關，這些都不能離開行政手段的強力介入。

食物馴化行政學。食物馴化行政學是食學的五級學科，食事行政學的子學科。食物馴化是指用種植、養殖、培養等方式對天然食物進行人工馴化，食物馴化行政學是研究對食物馴化業實施行政管理的學科。食物馴化行業為人類提供了數量巨大、品種繁多、生產過程各異的食物，食物馴化行政管理的特點是管理對象眾多，管理內容繁雜，管理細則多樣。

人造食物行政學。人造食物行政學是食學的五級學科，食事行政學的子學科。人造食物是指以化學合成等方法製成的可食物質，人造食物行政學是研究對人造食物業實施行政管理的學科。人造食物是人類食物鏈的外來者和後來者，對它的行政管理有著不同於其他食物管理的特殊性。調物人造食物的濫用，調體人造食物的副作用，都在考驗著人造食物行政管理的能力和水準。

食物加工行政學。食物加工行政學是食學的五級學科，食事行政學的子學科。食物加工是指用碎解、烹飪、發酵等方式對食物進行加工，食物加工行政學是研究對食物加

工業實施行政管理的學科。食物加工行業分散，加工種類繁多，工業、商業和家庭三個加工場景有著很大區別，這給食物加工的行政管理帶來了很大難度。如何迎接上述挑戰，搞好對食物加工行業的全面、有效管理，是食物加工行政管理面臨的一項重要任務。

食物流轉行政學。食物流轉行政學是食學的五級學科，食事行政學的子學科。食物流轉是指對食物的貯藏、運輸與包裝，食物流轉行政學是研究對食物流轉業實施行政管理的學科。20世紀下半葉以來，當代科技的加入使得食物流轉業發生了巨大變化，數控貯藏設備的異軍突起，運輸工具的改變帶來的運輸速度提升，冷鏈的盛行，都對食物流轉行政管理提出了新的挑戰，要求它在管理理念、管理方式和管理手段上除舊布新。

食為工具行政學。食為工具行政學是食學的五級學科，食事行政學的子學科。食為工具是指人類為了提升食為效率而製造、使用的工具和器具。食為工具行政學是研究對食為工具業實施行政管理的學科。人類的食為工具是一個龐大的體系，橫跨食物生產、食物利用、食事秩序三大領域，既有傳承千百年的作坊式生產，也有最先進的數位化研製，這讓食為工具行政管理的方式方法也千變萬化，各有不同。食為工具行政管理的要點，就是要根據不同對象進行有針對性的管控。

吃事行政學。吃事行政學是食學的五級學科，食事行政學的子學科。人類吃事看似個體行為，其實其中諸多環節都與行政相關。例如，吃前階段的食物品質監管、食物安全監管，從標準制定到監督實施、違規懲戒，都需要行政手段的有力參與；膳食指南的廣泛推介，也需要行政手段給予支撐。

吃療行政學。吃療行政學是食學的五級學科，食事行政學的子學科。吃療是指用偏性食物和合成食物對患者予以調療，吃療行政學是研究對吃療業進行行政管理的學科。吃療行政涉及面較廣，包括相關政策制訂、吃療法典的制定審批、吃療機構審批、吃療工作檢查、吃療專業人員的工種劃分、職稱評定等諸多方面的工作內容。

食事監管行政學。食事監管行政學是食學的五級學科，食事行政學的子學科。食事監管是對食物生產、食物利用、食事秩序領域的多種行業、多個工作部門、多項工作內容進行行政監督管理，食事監管行政學是研究對上述對象實施行政監管的學科。在當今，食事行政監管部門呈現管理主體分散、管理責權重疊、管理效率低下的弊病，這是食事監管行政學要強化研究、重點突破的課題。

食學教育行政學。食學教育行政學是食學的五級學科，食事行政學的子學科。食學教育包括食者教育和食業者教育兩個領域，食學教育行政學是研究對這兩個領域進行行政管理的學科。教育是國家之本，食學教育中的政策制訂、院校設置、教育場所審批、

教育人員的資格認定等工作，都需要行政部門的參與。

食者控制行政學。食者控制行政學是食學的五級學科，食事行政學的子學科。食者控制即人口數量控制。當今人口正在處於爆炸階段，在 2050 年將達到近百億，而食物母體的產能已經接近極限。這兩者之間的矛盾，需要食事行政的強力參與，需要用強制性的行政手段予以制約、解決。

食政與人口

食政對世界人口的管理具有權威性、強制性和具體性。對食政人口的研究是食事行政學的一項主要內容，其作用是指導維持較好的食物供給與人口需求之間的關係。

從人類誕生到農業革命初期，人口一直呈緩慢增長趨勢。相關資料顯示，距今 10 萬年前，全世界的人口總量不過區區 1 萬人，之後經過 7 萬年，發展為 50 萬人，人口翻倍時間為 12403 年；後又經過 9 萬年的發展，才達到 600 萬人，人口翻倍時間為

表 4-4　西元前 10 萬年～西元 2000 年世界人口數量及增長速度 *

距今（年）	世界人口估計數	與前一日期相比每百年增長率（%）	所示翻倍時間（年）
10 萬	1 萬	——	——
3 萬	50 萬	0.56	12403
1 萬	600 萬	1.25	5580
5000	5000 萬	4.33	1635
3000	12000 萬	4.47	151583
2000	25000 萬	7.62	944
1000	25000 萬	0.00	∞
800	40000 萬	26.49	295
600	37500 萬	-3.18	不詳
400	57800 萬	24.5	320
300	68000 萬	17.65	427
200	95400 萬	40.29	205
100	163400 萬	71.28	129
50	253000 萬	139.74	79
0	600000 萬	462.42	40

* 〔美〕大衛‧克利斯蒂安（David Christian）著：《時間地圖：大歷史，130 億年前至今》（*Maps of Time: An Introduction to Big History*），中信出版集團 2017 年版，第 110 頁，轉引。

5580 年。這種狀況到了近現代，發生了根本性的變化，從 25 億人發展到 60 億人，只用了 40 年的時間（如表 4-4 所示）。

表 4-5　1800 ～ 2050 年世界人口增長趨勢 *

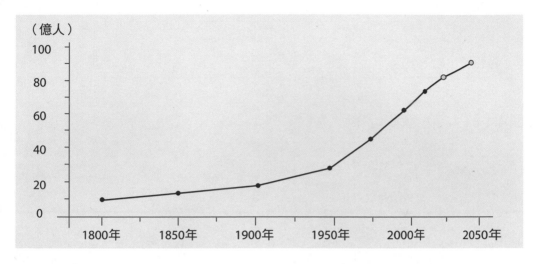

* 〔美〕丹尼爾．李伯曼（Daniel E. Lieberman）著：《人體的故事：進化、健康與疾病》（*The Story of the Human Body: Evolution, Health, and Disease*），浙江人民出版社 2017 年版，第 206 頁。

　　食物供給與人口需求的關係可分為三種：供大於求、供求平衡和供小於求（如圖 4-12、圖 4-13、圖 4-14 所示）。

圖 4-12　人類食物供大於求

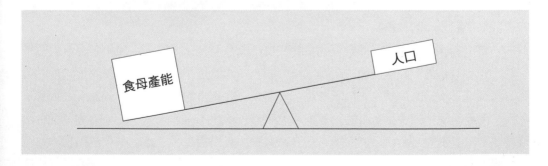

圖 4-13　人類食物供求平衡

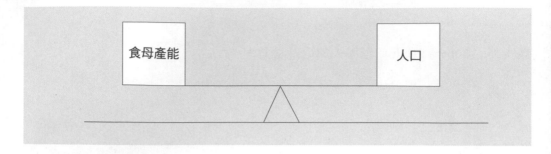

圖 4-14　人類食物求大於供

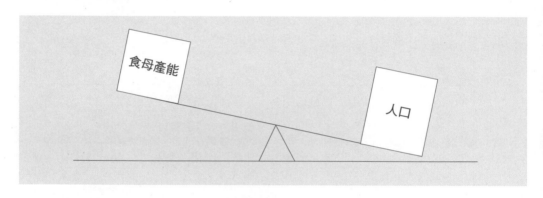

　　圖 4-12、圖 4-13、圖 4-14 所表現的是食母產能與人口數量的變化關係。例如，19 世紀初的全球人口約為 10 億人，食母體系統提供的食物充足。目前全球人口約為 77.1 億人，2017 年全球的穀物產量約為 26.11 億噸，食生態與人口呈現相對平衡狀態。如果按照每年世界人口增加 7800 萬人的速度計算，到 2070 年人口將近 120 億人，食母系統的產能將小於人口的食物需求。

　　人們的擇食觀隨著人口環境等因素的變化不斷改變。在早期，人類不考慮人口數量問題，也不擔心食母系統產能的問題，人們的基本思路是不斷擴大食物生產。食物的豐產，又促進了人口的增長；人口的增長，又帶來更大規模的食物生產，如此反覆走到了今天。然而食物的產能是有限的，並非取之不盡，用之不竭。人口不斷地增加，就會出現供小於求的狀態。食物產能有限，則食物有限，人口數量也應該有限。俗話說，吃飯穿衣量家當，如果人類人口數量不斷增長，不顧及食物的產能有限，以需求的無限來挑戰供給的有限，必然導致因失衡而引發的災難。

抑制食物浪費

　　這裡所說的食物浪費不僅是指糧食，還包括雞鴨魚肉、瓜果蔬菜、水鹽蛋奶等所有可食之物。食物浪費一直以來都是一個被關注的問題，也是一個沒有得到很好解決的問題。從某種角度看，「食物短缺」問題，並非是生產不足，而是過度的浪費和分配不均導致的。因此，徹底解決了食物浪費問題，就解決了當今的「食物短缺」問題。食物浪費具有複雜性、頑固性的特徵。食物浪費的本質是人類不當的食事行為，全面矯正這些不當的食事行為是一項非常艱巨的任務，需要從三個方面著力，即觀念的教育、法律的約束、習俗的養成。其中，習俗的養成，要有以敬畏食物為目的的餐前禮，這是根治食物浪費頑疾的良方，儀式小，作用大，且持續有效。據網媒《縱情歐洲》提供的資料，在全球範圍內，人類消費的食物中，大約有三分之一被丟失或浪費。其中在發展中國家，超過 40% 的食物損失發生在收穫後和加工過程中；在工業化國家，超過 40% 的食物浪費發生在零售和消費層面（如表 4-6 所示）。在歐盟諸國，每年大約有 8920 萬噸食物被浪費。其中，英國每年的食物浪費總量達 1430 萬噸、德國 1030 萬噸、荷蘭 940萬噸、法國 900 萬噸、波蘭 890 萬噸。由此可見，強化對食物浪費的管理刻不容緩。而

表 4-6　食物損失及浪費在食物供需鏈各階段的占比及在不同地區的差異 *

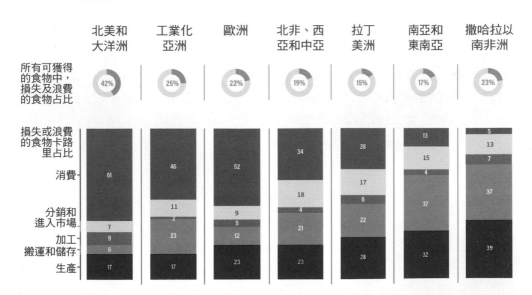

* 世界資源研究所（WRI）：《創造可持續發展的食物未來：在 2050 年養活近百億人口的解決方案》（*Creating a Sustainable Food Future: A Menu of Solutions to Feed Nearly 10 Billion People by 2050*），2019 年版， 第 55頁，部分修改後引用。

圖 4-15　食物浪費的類型

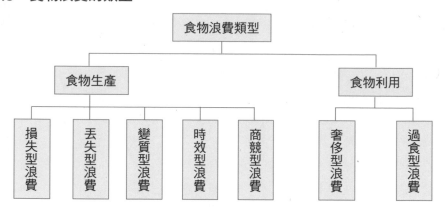

食事行政則可以對食物浪費起到強有力的監管作用，增強反食物浪費相關政策、法規的執行力度。

食物浪費遍布食物生產、食物利用等領域的多個環節，既有技術原因、設備原因，也有管理原因、習俗原因。聯合國糧食及農業組織[⑧] 根據蔬菜性食物和動物性食物的供應鏈的環節，將食物浪費劃分為五種類型：1. 農業生產（環節）；2. 作物收割以後的處理和儲藏（環節）；3. 加工（環節）；4. 分配（環節）；5. 消費（環節）。發展中國家40% 的食物浪費發生在第 2 和第 3 環節，而發達國家的食物浪費發生在第 5 環節。

食物浪費有七種類型（如圖 4-15 所示）。損失型浪費是指食物在生產加工中產生食物損失，導致食物未被利用，如莊稼收割不淨等；丟失型浪費是生產加工過程中的食物丟失，導致食物未被利用；變質型浪費是指生產加工過程中的食物變質，導致食物未被利用；奢侈型浪費是指食物利用過程中的鋪張，導致食物未被利用；時效型浪費是指時效標準不當導致食物未被利用。其實食物的品質有一個衰減期，即使過了這個期限也可以改作他用，銷毀既浪費資源，也浪費人力物力。例如，2010 年～ 2014 年期間挪威把食品標籤逐漸從「最佳期限」改為「使用期限」，就使過期問題帶來的浪費從 34%下降到了 23%。[⑨] 商競型浪費也叫穩價型浪費，是指惡性商業競爭導致食物未被人類利

---

⑧　聯合國糧食及農業組織（FAO）：《世界糧食損失和糧食浪費：程度、原因和預防》（*Global Food Losses and Food Waste: extent, causes and prevention*），2011 年版，第 2 頁、第 5 頁。
⑨　〔北歐〕北歐部長理事會（Nordic Council of Ministers）著：《北歐地區的食物再分配：第 2 階段：從改善的食物分配效果中確認最好的實踐模式》（*Food Redistribution in the Nordic Region : Phase II: Identification of best practice models for enhanced food redistribution*），北歐部長理事會出版社（Nordic Council of Ministers 出版社）2016年版，第 14 頁。

圖 4-16　食物浪費的場景

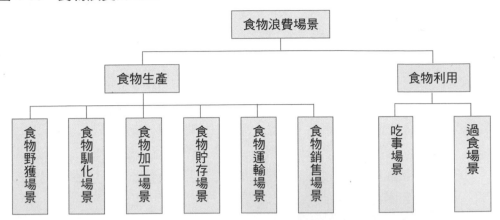

用。例如，商家為了維持既有價格，寧可把牛奶倒進海裡也不降價銷售；過食型浪費是指食物攝入量長期超過身體正常需求，既浪費食物，又浪費醫療資源。

食物浪費有八大場景（如圖 4-16 所示）。食物野獲場景的浪費，是指獲取野生食物時，採摘植物、狩獵動物、捕撈水生動植物、採集礦物過程中出現的食物浪費；食物馴化場景的浪費，是指種植植物、養殖動物、培養微生物過程中出現的食物浪費；食物加工場景的浪費，是指包括工廠、商企、家庭的烹飪食物、發酵食物、碎解食物過程中出現的食物浪費；食物貯藏場景的浪費，是指包括企業、家庭存放食物過程中出現的食物浪費；食物運輸場景的浪費，是指商業企業、個人在銷售食物過程中出現的食物浪費；吃事場景的浪費，是指在攝入食物過程中出現的食物浪費；過食場景的浪費，是指吃入超過肌體正常需要而帶來的食物浪費，包括過多吃入的合成物，這種浪費同時威脅肌體健康，違背了吃事的宗旨。

如何控制和減少食物浪費，是保障食物供給的一個重大課題。當今世界人口已有77.1 億之眾，食物母體系統的產能已接近極限。在這種情況下，減少和杜絕食物浪費，必須提高到一個更重要的位置加以對待。從食物生產與利用的七種浪費類型入手，建立更加嚴格的法律法規，宣導節儉食物為榮、浪費食物為恥的道德風尚，是保障食物供給的一個極其重要的方面。

拓寬食事行政範圍

工業革命以來，追求食產效率成為人類的優先目標，其結果是，「糧食安全」問題雖然得到緩解但尚未根本解決；與此同時，「食品安全」問題卻又日益突出，人類食事

陷入「兩個安全」相顧不暇的泥潭。

　　人類發展到今天，農事、農業、農政已遠遠涵蓋、替代不了食事、食業、食政，或者說，「農」只是「食」的一部分，「農政」只是「食政」的一部分。筆者認為，由「農政」向「食政」轉變，拓寬食事行政範圍，是 21 世紀人類食事行政的必由之路。

　　事實上，近一二十年來歐洲等少數國家已經開始了由「農政」向「食政」的過渡。

　　政制的設置需要與時俱進，為了更加科學、全面、有效地管理國家食事、食業，實現其治理體系和治理能力現代化，亟須整合現有的相關機構，組建統一的國家級別的食政機構，建立起符合當今食情的「新食秩序」。這對於有效解決糧食安全、食品安全問題，對於挖掘各種食產和食用資源的效益，對於提高人民的健康水準、促進人均壽命的提高，都有十分重要的意義。

▌當今食政管理的現狀與弊端

　　當今一些國家的食政管理，是在傳統「農政」體系上的延伸與擴展，總體上是職能交叉、權力分散、效率不高。以中國為例，當今中國的糧食安全和食品安全由農業、衛生、質監、工商、食藥等多部門負責，進出口由檢驗檢疫部門監管，發改委和商務、工信等部門也有相關職能，可謂「九龍治『食』」。這種「鐵路員警各管一段」的管理方式，缺少整體性、系統性和協調性，預警水準不高，各個部門之間職能既有交叉、有重複，也有空白。這種部門分散、權力分散、監管分散的狀態，造成了食政乏力、缺位、低效，已經不能適應國家治理現代化的需要。

　　這種分散、分段的食政管理，還造成了高效生產、低效利用、社會整體效率降低的弊病。傳統農政的不足，是以追求食產效率為中心，忽視食用效率，造成食產與食用的嚴重分離。種植業濫用化肥、農藥、除草劑，養殖業濫用激素、抗生素，各種追求「速生、速產」的「技術」氾濫。食產的「超高效」，是導致食品安全問題的一大根源，加之食品加工和餐飲業屢禁不止的不當添加等行為，食品安全問題嚴重威脅了飲食健康，從而降低了食用效率，其實質是背離了食產、食用的根本目的。

　　要想徹底解決「食物安全」和「食品安全」問題，實現飲食健康水準整體提高，分散管理和分段管理是遠遠不夠的，要把食物生產和食物利用作為一個整體系統來抓，在食政層面把它們整合為一個整體，才能從根本上解決問題。

▌由分散管理走向集中管理

　　面對分散管理的弊端，一些國家的食政機構設置正在發生變化，從分散走向集中，

表 4-7　食事部與不同國家食政機構管理範圍比較

國別	美國	德國	英國	愛爾蘭	日本	韓國	南非	中國
食事部	農業部	聯邦食物和農業部	環境、食品與農村事務部	農業與食品發展部	農林水產省	農林畜產食品部	農業、林業和漁業部	農業農村部
1 食物母體管理	自然資源和環境	可持續農業和林葉	環境保護	—	管理森林資源及保護其生產力，管理及保護水產資源	耕地	林業和自然資源管理	—
2 野生食物管理	—	—	—	—	發展農林水產業	—	漁業管理	水產業
3 食物種植管理	農業生產和保護	可持續農業	農業	農作物、環境和食品的發展	發展農林水產業，發揮農業多方面的功能	農業	農業生產農耕改革	農墾種植業
4 食物養殖管理	畜牧業生產和保護	動物健康	農業	動物和草地的研究與創新	發展農林水產業，發揮農業多方面的功能	漁業畜牧業	農業生產漁業管理	飼料工業水產業畜牧業
5 礦物食物管理	—	—	—	—	—	水利	—	—
6 人造食物管理	—	—	—	—	—	—	—	—
7 外食業管理	—	—	—	—	—	—	—	—
8 食品加工業管理	—	—	—	農作物、環境和食品的發展	—	食品產業振興	—	—
9 飲品加工業管理	—	—	—	農作物、環境和食品的發展	—	食品產業振興	—	—
10 食物流轉管理	—	—	—	—	—	農漁產品流通	—	—
11 食為工具管理	—	—	—	—	—	—	—	—
12 食者利益管理	食物、營養和消費者服務	營養、產品安全和創新	—	—	確保食物的穩定供給	—	食物保障健康和食物安全	—
13 吃病吃療管理	—	—	—	—	—	—	—	—
14 食事經貿管理	貿易和外國農業事務，市場推廣和規範	農業市場基於生態的經濟，歐盟政策、國際合作和漁業	—	支持和拓展生物經濟	振興農山漁村及山地	—	經濟發展、貿易和市場推廣	協調農村經濟宏觀管理
15 食事法規管理	—	—	消費者權益保護	—	—	—	—	—
16 食事數控管理	—	—	—	—	—	—	—	—
17 食事教育管理	研究、教育和經濟學	—	—	農產品的科技創新研發	—	—	—	—
18 食事監督管理	食物安全	食物安全	食品安全	—	—	農村開發	健康和食物安全	—
19 食物生產者的管理	—	—	—	—	增進農林漁業者的福利	—	—	—

從部分走向整體，進而實現生產與流通統一，食品安全與消費者保護統一，農村經濟與環境治理統一，由農業部變成了「農業部 ＋」。例如，當今美國農業部共有 8 項主要職責，除了「農牧生產和保護」屬於傳統農政範疇之外，其餘 7 項職責，如「自資源和環境」「市場推廣和規範」等，都已經向食政拓展。德國的聯邦食物和農業部的職能範圍，也涵蓋了營養、產品安全和創新等諸多非食物生產內容，同樣顯示了由農政向食政轉變的發展思路（如表 4-7 所示）。

綜上多國食政體系的名稱和設置，有這幾方面的變化：一是食政機構的名稱由短變長，且不再局限於傳統農業。這種名稱的變化說明農政正在向其他領域延伸與擴展。二是這種延伸擴展有多種模式，或是種植、養殖業與漁業、林業統管，或是農業與食品工業合併，或是農業與食母生態系統兼管，或是食物生產與市場銷售統籌，等等。總之都在積極探索變革。三是食政體制的變革力度與經濟發展的程度掛鉤，表現為經濟越發達的國家，農政向食政的擴展力度就越大；反之，例如南非，與美、德等國相比經濟發展程度相對滯後，多數食政職能仍局限於傳統農政範疇。

必須指出的是，上述政體變革只是一種趨勢性變化，並不能在整體層面上完全徹底改變單一農政的弊端。例如，美國雖然將食物安全劃歸於農業部的職權範圍，同時又設有食品藥品監督管理局（FDA）這樣的政府機構。這勢必造成政府部門職能交叉，責權重疊，最終導致管理效率下降。同時我們也看到，在上述表格中，即使是向食政方向轉型力度最大的食政部門，與表格中的食事部相比，與食事涵蓋的廣度寬度相比，其職權範圍仍有許多缺項，沒能將食物利用和食事秩序的一些領域包括在內。因此，依據食學體系的框架，設立一個對所有食事進行整體、統一管理的食事部，才是食政改革的最終方向。

▍構建整體的食事行政機構

既然人類的食事是一個不可分割的整體，由「農政」向「食政」的變革就是一個不可逆轉的歷史趨勢。其具體任務就是整合相關機構和資源，組建統一的國家「大食政」機構。而這種整合和組建，可以按照「一個轉變」「三個目標」「兩個統一」「三個階段」的路徑來推進。

一個轉變是由「農政」向「食政」轉變。農政是以食產為中心的，是建立在保障糧食等食物數量的基礎上的。工業革命以來，農政體系建設得到了加強，並發揮了積極作用，人類的食物供給得到了較大改善。人類社會 50 年的快速發展，使農政體系難以跟上社會前進的步伐，其不足越來越顯現出來。農政的本質是以食產為中心，而這種以生

產為中心的行政體系，是一種數量效率導向，當其效率超過一個限度時，則適得其反。我們現在遇到的種種食事問題，僅僅依靠農政是解決不了的，必須轉到以食物利用為中心、以民眾的健康和壽期為考核點，方能實現人類社會的可持續。

三個目標是保障食物供給數量、保證食物品質安全、提高國民平均壽命。保障食物供給數量，解決的是「夠吃」問題，這是一個基本目標；保證食物品質安全也被稱作「食品安全」。這個問題近二三十年來日益突出，劣質產品氾濫，威脅人類健康。在當前分段監管的行政體制下，食品安全「摁倒葫蘆起來瓢」，根本辦法是對食事和食業實行統一管理；國民人均壽命提高，這是食政的根本目標。這個目標不實現，其餘兩個目標也就失去了意義。

兩個統一是食物生產效率和食物利用效率的統一，食事行政效率與社會整體效率的統一。食政體系改革的核心是食事效率，包括食物生產效率和食物利用效率兩個方面，還會影響到社會整體效率。提食事行政效率，要遵循「兩個統一」的原則：一是食物生產效率和食物利用效率的統一，也就是說不能只追求食物生產效率而不顧食物利用效率。否則食物數量保障了，食物品質卻下降了；二是食事行政效率與社會整體效率的統一，也就是說不能只追求食物生產效率而不顧社會整體效率；也不能只追求他事效率而忽視食事效率。食政效率不是孤立的，它關係到社會整體效率。科學的食政應該給社會整體效率加分，而不是減分。社會效率是指時間單位社會整體民眾勞動量與民眾閒暇時間的比值。食事效率是社會效率的核心內容。由於今天的社會勞動，有 50% 以上是食事勞動，所以食事效率的提高，將大幅提高人類社會運轉的整體效率。這主要體現在兩個方面，一是減少因「吃病」而增加的巨額醫療費；二是減少因「食災」而增加的巨額環保費。食災是指食事行為帶來的威脅社群及人類生存的禍害。

三個階段是統管食物生產、納入食物利用管理、納入食事秩序管理。食政範圍拓寬是一個艱巨的大工程，不可能一蹴而就。在推進過程中，我們可以分為三個階段實施。

第一階段，統管食物生產。現代食物的生產是一個多環節的有機系統，目前這個系統呈現為分割狀態，這是制約食政效益的一個重要根源。對所有與食物生產相關的行業進行統一管理，對與食物生產相關的職能管理部門進行系統整合，這是食政改革的關鍵一步。

第二階段，納入食物利用管理。「食用」是食物的利用過程，即人們攝入食物維持生命健康的過程。從本質上看，「產」是為了「用」，我們不能一味地追求食生產的效率，而不顧食利用效益，捨本逐末，緣木求魚。把食生產和食利用統一起來管理，才能既管出糧食安全，又管出食品安全，最終實現提高國民健康水準和平均壽命的目標。

第三階段，納入食事秩序管理。食事秩序是食學三角不可或缺的組成部分，既包括食事經濟、食事法律、食事行政、食事數控這樣的硬性制約，也包括食學教育、食為習俗這樣的軟性教化，還包括野獲食史、馴化食史這樣的借鑒性、導向性的板塊。將食事秩序納入食政改革，可以使改革的範圍更廣，層級更深，力度更大。

從具象的部門設置來說，新的食政機構可以按照食學的分類，設置國家級別的食事部，以下分設食物母體管理局、食物野獲管理局、礦物食物管理局、食物種植管理局（含食物菌殖）、食物養殖管理局、人造食物管理局、外食業管理局、食品加工業管理局、飲品加工業管理局、食物流轉管理局、食為工具管理局、吃事管理局、吃病吃療管理局、食事經貿管理局、食事法規管理局、食事數控管理局、食事教育管理局和食事監督管理局等司局單位（如圖 4-17 示）。

圖 4-17　食事部設置

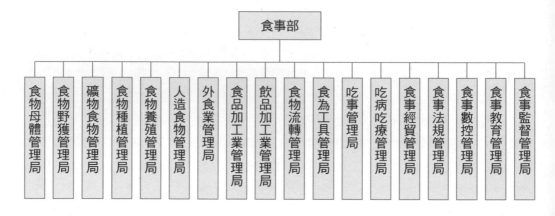

食事行政學面對的問題

食事行政學面對的問題主要有 4 個：缺少食事行政對象的整體認知、食事行政缺乏對食事問題的整體治理、食政部門設置分散和世界人口總量臨近食母產能。

▌ 缺少食事行政對象的整體認知

當今人類食物安全問題頻發，究其根源，缺乏從整體角度對食事行政對象進行整體認知和研究，是其中一個非常重要的問題。綜觀世界食政歷史，從局部管理向整體管理發展是總趨勢。一方面，食物生產、食物利用、食事秩序三者應該是一個整體，缺一不

可;另一方面，食物利用是中心，食物生產是為其服務的。但是在實際工作中，食事行政往往偏重於前者，忽視了後者，這也是造成食事問題叢生的一個主要原因。

▎食事行政缺乏對食事問題的整體治理

食事行政是個有別於現有機構職能的大食政概念，因為食行為牽扯到食物生產、食物利用和食事秩序的方方面面，絕非某一個職能單一的部門可以統管的。必須改變「鐵路員警各管一段」的行政機構設置，才能從源頭到結果，以至於到未來徹底解決好食事問題。否則，衛生部管食品衛生、農業部管農產品種植、輕工業部管食品加工，彼此之間缺乏統一部署和協同管理，這種分而治之的食事行政治理機制必須得到改變。

▎食政部門設置分散

工業革命以來，行業分工越來越細，對食業的行政管理也越來越分散。涉及食物管理的部門有農業、衛生、質監、工商、食藥、工業等多個食事行政主體機構。管理機構設置分散，令各個部門之間職能有交叉、有重複也有空白。這種部門、權力、監管狀態的分散，造成食事行政管理乏力、缺位、低效，缺少整體性、系統性和協調性，已經不能適應國家行政管理的實際需要。要解決這一問題，必須整合組建統一的國家大食政機構，對食事統一監管。但由於多種原因，這種整合組建還任重道遠。

▎世界人口總量臨近食母產能

全球人口增長已不可避免並可能帶來嚴重的政治、經濟和生態後果。2050 年，全球人口將達到 97 億人，2100 年將達到 112 億人。這是聯合國 7 月 29 日公布的報告提出的資料。印度將於 2022 年開始超過中國成為世界人口第一大國。有四個國家到 2050 年人口將超過 3 億人：巴基斯坦、印尼、美國和奈及利亞。世界糧食分布和各地區地理條件是密切相關的，在一些氣候條件惡劣的地區，比如非洲，這些地區除了赤道附近為熱帶雨林氣候，而更多的是熱帶沙漠氣候，長期的乾熱和少雨，為糧食生產帶來了限制。聯合國報告指出：「到本世紀中期，世界人口將增長 20 億，其中大部分人口會出生在貧瘠地區，他們將使饑餓、貧窮和環境問題雪上加霜。如果我們無法控制增長幅度，地球自然生態系統將會崩裂，人類將面臨滅頂之災。」可以說，如果不加以有效控制，世界人口總量必將突破食母產能的天花板，到那時候，人類該怎麼辦？

用數位技術提高食事效率

　　用數位技術控制食事行為，可以大幅提高食事效率。傳統的工具和設備只能提高食物生產環節的效率，數位技術可以提高包括食物生產、食物利用、食事秩序等食事全領域的人工效率。食事數控是指提高食事人工效率的數位工具。其最大的價值，是能夠在沒有全球政體的情況下，跳出國家政體局限，展示對全球不當食為的制約能力，解決全球性的食事問題。食事數控學研究食事數位平臺的構建，食事數位平臺既是一種新型的服務工具，也是一種高效的管控方法。

　　數位技術是一項與電子電腦相伴相生的科學技術，它是指借助一定的設備，將圖、文、聲、像等資訊轉化為電子電腦能識別的二進位數字「0」和「1」後，進行運算、加工、存儲、傳送、傳播、還原的技術。用數位技術管控食事，有許多優點，它成本低、公平性高、效率高、可全球化、可持續，可以有效彌補傳統食事制約方式的不足，為構建高效、和諧食事秩序開拓出全新的方式和路徑。

　　用數位技術控制食事秩序，當今仍處於起步階段。以區塊鏈應用於農業的現狀為例，據史丹佛大學商學研究生院社會創新中心統計，93% 的群體處於概念和試驗階段，7% 沒有此方面的資訊（如表 4-8 所示）。

表 4-8　區塊鏈應用於農業的現狀 *

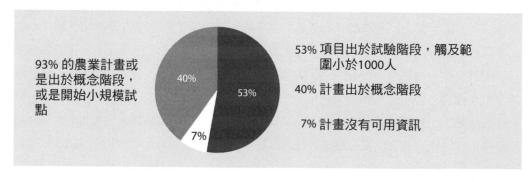

* 史丹佛商學研究生院社會創新中心（Stanford GSB Center for Social Innovation）：《區塊鏈社會影響：超越「炒作」》（*Blockchain for Social Impact- Moving Beyond the Hype*），2019 年版，第 13 頁。

近年來，食事的數位管控產品初露頭角，例如 Yelp、亞馬遜的涉食部分和一些餐飲原材料採購平臺。它們的出現，極大地簡化了食物供銷的環節和過程，改變了食物交易的方式，得到供需雙方的肯定和歡迎。美中不足的是，它們大多是具有兩三個聯結維度的平臺，都只聯結買賣雙方，無法進行食事全領域管理。而完整的食事數位平臺應該是一種五角結構的平臺，五個角代表著互聯的五個維度，即食物、食業機構、食者、食規和食具（如圖 4-18 所示）。五個維度之間既互通互聯，又相互監督、相互制約。

圖 4-18　食事數控結構圖

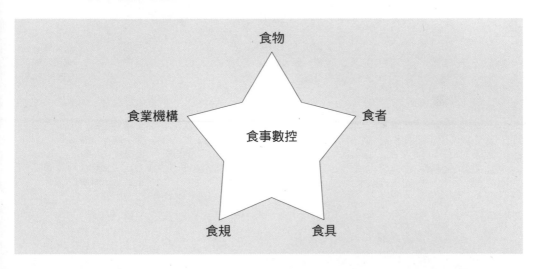

食事數位平臺是一種新生事物，要發展壯大，應該採用三步走的策略：第一步，從無到有。在這一階段，應允許非全維的數字平臺存在；第二步，從非全維到全維。將一些只有二個維度、三個維度的食事數位平臺，提升健全為五個維度的食事數位平臺；第三步，全球聯網。從某一國度的平臺上升到世界性的平臺，實現食事數位平臺的全球互聯。

「SEB 食事互聯網秩序平臺」是一種基於數位技術的全球維度的食事互聯網平臺，簡稱「食聯網」。它提出於 2019 年 11 月 17 日聯合國專家小組會議，是一個以可持續發展目標（SDGs）為任務，以構建食事秩序整體治理體系（SHIOLOGY）為理論支撐，以區塊鏈（Blockchain）等數位化科技為技術條件的行動方案，旨在從根本上解決人類現存的食事問題。SEB 三個字母分別是 SDGs（可持續發展目標）、SHIOLOGY（食事秩序 3-13-36 整體治理體系）和 Blockchain（區塊鏈）的首字母。它的出現，反

表 4-9　應用區塊鏈技術的魚產品供應鏈 *

步驟	捕魚作業	上陸	加工處理	分配經銷	通關	零售商	消費者
第一步	船長將以下資料輸入電子漁獲系統：FAO 主要漁區、漁獲物品種、漁船資訊捕魚方法、打撈過程中的檢查等	港務局確保在上陸當日上傳資料及漁獲物總重量，輸入或核對船隻的漁獲系統資料、認證書等	政府檢查設施接受漁獲物數據，備貨加工，在包裝中添加二維碼	從供應商處獲取魚產品，儲存並運輸送至零售商、餐廳及進口商處	進入國際貿易的魚產品要接受數位認證	運行基於機器學習的預測	通過 APP 掃碼
第二步		給漁獲物加上射頻識別晶片	上傳倉儲和加工條件資料、符合食品安全規定資訊證明、批號、認證書和二維碼等	上傳裝運和交貨的詳細資訊、儲存和運輸條件信息、以及倉庫、車輛食品安全、衛生措施等資訊	上傳停留時間、測試結果和清關細節的資料	相應調整訂單和促銷	接收有關魚產品的完整資訊，例如在何處捕獲，在何處以及如何加工和運輸等
第三步	基於全球魚類種群和漁業紀錄（GRSF），分配通用唯一標識碼（UUID）	上傳 DNA 數據以證明真實性			允許輸入產品，並通過智慧合約自動分散關稅	上傳傳送細節、庫存指標和衛生措施等資料，為終端消費者提供應用程（APP）	
第四步						上傳 DNA 數據以證明真實性	

感測器向區塊鏈即時發送資料及位置、條件等

物理流：船長 → 港務局 → 加工處理 → 分配經銷 → 通關 → 零售商 → 消費者

數字流：｜區塊鏈

* 聯合國糧食及農業組織（FAO），《2020 年世界漁業和水產養殖狀況——可持續發展在行動》（*The State of World Fisheries and Aquaculture 2020 Sustainability in action*），2020 年版，羅馬（Rome），第 187 頁，部分修改後引用。

表 4-10　智慧饑餓地圖（非洲部分）＊

＊ Alizila：阿里巴巴攜手世界糧食計畫署發布飢餓地圖（Alibaba, World Food Programme to Launch 'Hunger Map'），（https://www.alizila.com/alibaba-world-food-program-set-to-launch-hunger-map/），部分修改後引用。

映了我們生活中的數位技術和設備的蓬勃發展，預示著一個人類食為新時代的開始。可以預見，數位化所帶來的資料浪潮將以聞所未聞的量級席捲我們的世界，滲透進人類食生活的方方面面（如第 23 頁《食事 SEB 秩序》所示）。

食事數控學的編碼是〔SS131400〕，食事數控學是食學的四級學科，食事制約學的子學科。食事數控學是研究利用數位化的應用與管理提高食事效率的學科，是一個前景無限的學科。

食事數控學的定義

食事數控學是研究利用數位技術提高食事人工效率的學科，包括食物生產效率、食物利用效率、食事秩序效率。是研究用數位控制技術構建人類食事秩序共同體的學科。食事數控學是研究數位化平臺與食事效率之間關係及其規律的學科，是利用數位控制技術解決人類食事問題的學科。

食事數控，即運用數位技術對人類食事進行管控。它集成最先進的 LCD 技術、觸摸控制技術、FLASH 技術、視頻資料流程、傳感技術、雲計算、網路流媒體技術等功能於一體，具有成本低、效率高、自動化等優點，是數位時代人類有力的管控手段和工具。

食事數控學是利用數位技術構建囊括食物生產、食物利用和食事秩序三大領域的「食聯網」。

食事數控學的任務

食事數控學的任務有三個：一是圍繞食物的生產和利用，研究、製造出更高效、更易用、更智慧的數位管控方式；二是研究數位管控平臺的分類、使用對象、使用功能、社會功能等，提升其應用普及程度；三是構建世界食事整體秩序。在沒有世界性政體的狀況下，承擔全球食事的有效控制。

食事數控學的具體任務包括：通過實現從環境、資源到應用的全部數位化，在傳統食物、食具、食者、食業機構和食法規基礎上構建一個數位平臺，以拓展食事管控的時間和空間維度，擴展食事管控的業務功能，最終實現食事管控過程的全面自動化，從而大幅提高人類食事效率。

食事數控學的體系

食事數控學可以分出 5 門子學科，包括食物數控學、食者數控學、食業機構數控

圖 4-19 食事數控學體系

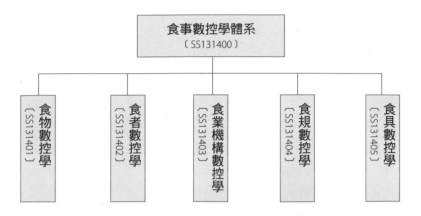

學、食規數控學和食具數控學 5 門食學五級學科（如圖 4-19 所示）。

食物數控學。食物數控學是食學的五級學科，是食事數控學的子學科。食物數字管控指的是給每一個食物建立一個 IP，納入數位平臺，進行數位管理。理論上數字技術的管理可以精細到每一個食物，現實中給每一粒植物性食物建立 IP 是一個難點，目前只能用「片組」的方式或以包裝為一個單位來解決。

食者數控學。食者數控學是食學的五級學科，食事數控學的子學科。食者數字管控指的是用數位化技術普及科學攝食知識，搭建面向食者健康的數位化平臺。食者數字管控平臺是一個關聯到每一個地球人的平臺，關聯的廣度和深度，決定著人類個體健康和種群延續。懂吃會吃，如何吃得健康，吃出應有的壽期，這些吃方法知識，都可以通過食者數位管控平臺在更大範圍裡進行精準性傳播。

食業機構數控學。食業機構數控學是食學的五級學科，食事數控學的子學科。食業機構是指與食事相關的單位。食事法人數位管控指的是通過數位化構建的平臺，鏈接食事機構之間的供求關係。數位化食業機構管理是一種現代化的管理方法，食業者在管理過程依靠的不再是感覺，而是資料。比如，食業機構能通過庫存資料來知道自己還有多少存貨，通過財務資料能知道公司每天的收入與支出，通過銷售資料來觀察自己的銷售額是多少。有了這些資料，食業機構才能制訂合理科學的管理策略，平衡收入與支付，調整生產與銷售，從而達到利益最大化，保證業務正常的流轉。

食規數控管理學。食規數控管理學是食學的五級學科，食事數控學的子學科。食規特指食事互聯網各要素之間運行規則。食規數控是對數位平臺的法律規範，是食事數字平臺的四個支點之一。要實現食事數控平臺的有效管理，相關法律法規的支撐必不可

少。食規在食事數控平臺中的作用有五個：一是指引作用，用法規指引平臺應該如何作為；二是評判作用，通過法規判斷平臺的行為是否合法；三是預測作用，體現在有了法規之後，可以預測到某種行為是否違規違法，違背了會受到什麼樣的制裁；四是教育作用，教育平臺上的食者、食業者如何守法；五是強制作用，對平臺上的違法現象給予強制性制裁。

食具數控學。食具數控學是食學的五級學科，食事數控學的子學科。食具數控指的是用數位技術連結控制單臺或多臺設備，是食事數位平臺的四個支點之一。食事數位設備除了能通過電腦、ipad 等裝置快速查看傳統設備管理軟體，能夠提供的各類資訊，如食物採購日期、食材供應商、設備維修紀錄、保養紀錄、保養週期等內容之外，還可以實現設備的各類過程資訊全程可追溯，如用於記錄食物資訊和加工參數的工況類資訊；用於影響因素、過程參數、環境參數等設備健康評估的狀態類信息。

食事數控學面對的問題

食事數控學面對的問題主要有 5 個：食物的連結不夠、食業機構的連結不夠、食者的連結不夠、食具的連結不夠和食事 APP 的連結不夠。

█ 食物的連結不夠

ID 指兩個英語單詞的縮寫，即 Identity Document，表示「身分檔」。數位化平臺時代，每一種食物的 ID，對於電腦檢索和場景應用至關重要。SEB 要鏈接世界上的每一組食物。大到一頭牛，小到一個漢堡，從加工完成的食品，到未經加工的原材料。在這些食物或包裝上安裝感測器，生成它們自己的 ID，使其可以在 SEB 上確立身分，得到認知，同時發送和捕獲各種資料。目前植物性食物需求量大，但由於基數等原因，均未建立獨立 ID，這是一個亟待解決的問題。

█ 食業機構的連結不夠

SEB 食聯網平臺將為食業企業開闢一片有廣闊盈利前景的新天地，創造新的商業價值。企業可以在 SEB 上放眼全球尋找供應商，採購商品，以最低成本拓展銷售管道，完成合同簽訂、審核等一系列手續，在縮短交易週期的同時降低交易成本和風險，實現自身利益的最大化。SEB 將為基金會和社團組織搭建視野廣泛、公正透明的公益平臺，不管是從事研究活動，還是慈善募集，都將取得事半功倍的效果。現階段，食業機構之間的連結遠遠不夠，其數位化連結標準亟待制定。

▋ 食者的連結不夠

所有的人都是食物消費者，亦即食者。要吃出健康，建立一個食者大膳食資料庫，把每個人每餐進食的種類、數量、口味、順序、快慢等資訊都發布到 SEB 的應用程序上，經過程式的智慧分類、整理，被編輯成可供自己應用和他人參考的進食資料庫，讓每位食者都可以對照自身情況找到有用的資料，形成最適合自己的科學進食方法。現階段，食者大資料庫還遠遠沒有實現。

▋ 食具的連結不夠

如果說電腦技術的出現和發展實現了人與機之間的直接對話，互聯網技術的廣泛應用滿足了人與人之間的快速交流，那麼物聯網的出現將實現人與物交流、物與物交流的場景。食聯網所要構建的正是這種人與物與機全方位互聯互通、互動互助的場景。其中的「物」包括食具，食具是食事工具的簡稱。連結食具，就是將人工智慧、大資料等數位技術裝備安裝到各種食為工具上，為它們建立屬於自己的 ID，實現對食具的自動化、智慧化管理，以及實現它們和食聯網上其他主體之間的智慧互動。儘管這些食具的連結已經在部分地區和一些食物的數控應用上得到了部分呈現，但是，距離實現全球化食聯網食具深度連結所需要的人力、技術、材料、製造等要求，還相距甚遠。

▋ 食事 APP 的連結不夠

手機軟體（Application）是指安裝在智慧手機上的軟體，需要有相應的手機系統來運行。其主要功能是完善原始系統的不足與個性化，使手機功能更加完善，為用戶提供更豐富的使用體驗。當前多機構已經開發出了相關產品的 APP 軟體，缺乏的是多款 APP 軟體之間的相互連結，從而充分利用移動互聯網的便捷高效優勢，將各種食物、食事、食者、食業者以及相關組織和機構連成一個互通共用的整體，這是食聯網的初心和未來使命。

傳承正確的食事行為

食為教化即對人類食為進行教育和感化，包括食學教育和食為習俗兩方面的內容。其目的是用教化的手段來傳承正確的食事行為，矯正不當的食事行為。

食學教育（Shiology Education）就是對人類食事行為的教育，是關於人類食識的教育。可分為食者教育和食業者教育兩個方面。食業者即食業的從業者，食業者教育是針對這一群體開展的教育。食者指所有人，當然也包括食業者，食者教育主要從食物利用的角度展開。食者教育要從娃娃抓起，要進入幼稚園、小學和中學課堂。食業者教育已較為普遍，但食者教育還處於一個初始階段。當今人類各種吃病的產生和蔓延，說明了食者教育的力度還很不夠。

食為習俗是指人們在長期的飲食活動中逐漸形成的相對穩定的、群體性的民間習俗。食為習俗作為一種文化現象，是世界各民族文化的重要組成部分。食俗分為良俗和陋俗，發揚良俗，革除陋俗，是人類當今在食為領域的一項重要任務。

構建人類的食事秩序，有控制和教化兩個方面，控制屬於法制層面，具有強制性；教化屬於道德層面，具有自覺性。只有二者攜手共建，人類食秩序的大廈才能根基牢固。

食為教化學的定義和任務

食為教化學的定義。食為教化學是研究傳承正確的食事行為、矯正不當食事行為的學科。食為教化學是研究利用教育、習俗等手段解決食事問題的學科。

食為教化學的任務。食為教化學的任務是傳承正確的食事行為方式，改變不當的食物生產行為習慣，與大自然和諧共處；改變不當的食物利用行為習慣，提高健康水準，減少醫療費用，減輕醫保負擔；改變不當的食事秩序行為習慣，助力構建人類食事命運

共同體。

食為教化學的體系

食為教化學是食學的 13 門三級學科之一，隸屬於食事秩序學，下轄 2 門食學四級
學科：食學教育學、食為習俗學（如圖 4-20 所示）。

圖 4-20　食為教化學體系

食為教化學的學術價值點有兩個：一是把食者教育和食業者教育放在同等地位，強
化食者教育的重要性；二是把食俗拆分為良俗和陋俗兩部分，強調了醜陋食俗對人類健
康成長的危害。

食為教化學面對的問題

食為教化學面對的問題主要是對食為教化的雙元認知不夠，對食者的教育長期被忽
視，對食業者的教育缺乏整體性。世界上除日本等極少數國家外，絕大多數國家和地區
還未建立對食者的系統教育體系，缺乏從包括牙牙學語的學齡前兒童一直到雪染雙鬢的
老者，不同時期的不同教學方案。其結果就是吃病的層出不窮，嚴重地影響了人類的肌
體健康。與此同時，儘管各國各地區都有食業者的教育機構，比如農學院、食品加工專
業、營養學研究等，但是大多缺乏從食物生產、食物利用到食事秩序的整體教育體系，
更沒有一所可稱之為「食業大學」的高等教育學府。這種分散式、割裂化的食業者教育
不利於培養全面的、複合型的食業人才。當下，具有強制約束力的世界性食事法律法規
尚不健全，解決不當食事問題，強化人們對食為教化的雙元認知和優良食俗的普及就顯
得尤為重要。

食學的普及與傳播

食學教育（Shiology Education），即食學的傳授，簡稱「食育」，分為通識教育和專業教育兩個方面（如圖 4-21 所示）。食學中的食物利用學，是每一個人的終身必修課。因為它是生存的必須，是學習如何「餵養自己」。為了自己的健康與長壽，為了種群的可持續，學食學應該從娃娃抓起，應該進入中小學課堂，應該終生學習並踐行。食物生產學和食事秩序學，是食業者的專業課。其教育目標是為人類提供充足、優質的食物與和諧的食事社會秩序。食學教育未來有兩個發展方向，一是食學專業教育的「由散到整」的轉變；二是食學通識教育的「從無到有」的確立。食學教育是人類生存、發展最重要的知識傳授之一。

圖 4-21　食學教育體系

食學教育應該是一種通識教育、全民教育。它關係到每一個人類個體的肌體健康，關係到人類的種群延續。學習如何餵養好自己的知識非常重要，應該排在語文、數學這些基礎課程之前，成為通識教育的主要課程之一。但是從當今食學教育的現狀看，無論是認知還是實踐層面，都遠遠未達到，需要我們不懈努力。

西元前 403 ～前 221 年間中國的《學記》是世界上最早專門論述教育問題的著作。作為教育科學體系中的一門獨立學科，教育學是在總結人類教育實踐中逐漸形成，經過長期積累而發展起來的。食學教育學也是如此，食學教育學的發展可以分為 3 個主要階段，第一個是體驗式教育階段；第二個是現代食業者教育階段；第三個是現代食者教育階段。

體驗式教育階段。最早出現的食學教育是一種體驗式的教育，即施育者不是通過課堂、課本教育，而是通過家庭、勞動場所進行經驗傳授式的教育。中國自古以來就有類似「食育」的思想，西元前 2 世紀典籍《禮記》有云：「子能食食，教以右手。」這反映了中國傳統食學教育家庭教育模式。另外，從《黃帝內經‧素問》對吃療吃補的闡述中，從《朱子家訓》對「飲食約而精，園蔬愈珍饈」的論述中，以及從「上床蘿蔔下床薑」等飲食養生諺語中，都可以看出古代食學教育一般都是通過對種植、養殖、農業生產過程中的經驗記錄、研究，對食為的理念進行傳播。

現代食業者教育階段。1896 年，日本明治時代學者石塚左玄提出「食育」一詞。石塚左玄是日本明治時代對西醫和營養學持批判態度的一位學者，他在《化學的食養長首論》中提到「體育、智育、才育，歸根結底皆是食育」。「食育」是日本獨特的教育理念，泛指以「食物」為載體的各種教育方式。食育包含感恩、環保、衛生、勞動、協作等各個層面。

工業文明以後，食學教育出現了系統的規劃。主要表現在院校裡有了飲食相關的專業，例如，食品科學與工程、食品生物技術、營養與食品安全、中醫學科等幾個專業。另外，還相繼設立了專業的農業院校。各國政府都高度重視食業者專業教育，美國開設農學類專業的大學院校有 140 多所，開設食品類專業的有 31 所；中國開設農林水專業的本科院校有 92 所，開設食品科學與營養類專業的高校約有 200 所。在中等、高等教育院校中，涉及食業的學科專業已有：種植、養殖、水產、畜牧獸醫、環境生態、生物技術、預防醫學、動植物檢疫、工商管理、農業經濟、海洋經濟、食品工程、農業林業水利工程、釀酒工程、食品包裝、酒店管理等幾十個專業門類。這一階段食學教育的主要針對人群是從業者的系統教育。

現代食者教育階段。近代，由於現代科技和食品工業化和商業化的劃時代發展，食品安全的問題已成為人們越來越關注的焦點，食品安全的教育不再為專業人士所獨有，針對一部分人群進行的食業者教育上升為針對全人類進行的食者教育。

2005 年，日本頒布了《食育基本法》，這是世界上規定國民飲食行為的第一部法律。日本更是在國家主導下開展了全國範圍的食育推進計畫，取得了令世界矚目的成績。每年 6 月是日本的「食育月」，每月 19 日為「食育日」。至 2012 年，日本學校營養教師數量達 4262 人，覆蓋全國 47 個都道府縣。歐盟國家並未像日本那樣形成了明確的食育法，但是它們有較為完善的食品安全立法體系、食品法規等，涵蓋了「從農田到餐桌」的所有食物鏈。同時，由於其相關食品安全機構的協調配合，以及合理的運行機制，使其擁有了其他國家無可比擬的優越性。而法律法規體系的完備也是推廣和保證飲

* 〔日〕農林水產省（Ministry of Agriculture, Forestry and Fisheries）：食育指南（*Syokuyiku Guide*）（https://www.maff.go.jp/j/syokuiku/guide/guide_201903.html）。

食教育的重要組成部分。英國教育部的具體課程規定，全國各公立中學必須開設烹飪課，面向 11 ～ 16 歲的中學生，總學時不少於 24 小時。學生將從這門課中瞭解到各種食物的基本成分和營養指數，熟悉如何烹飪才不會減損食物的營養，掌握基本的營養午餐搭配，能獨立製作一份營養餐。在美國，越來越多的學校開始採購更多的當地食物，並為學生提供強調食物、農業和營養的配套教育活動。這項全國性活動豐富了孩子的心靈，強壯了肌體，同時支持了當地經濟，被稱為「從農場到學校」運動。該運動包括動手實踐活動，如學校園藝、農場參觀、烹飪課等，並將食物相關的教育納入正規、標準的學校課程內容。

　　在當今世界，除了日本等極少數國家和地區外，食學教育不僅沒有被納入法律體系，對食者的教育同樣沒有被納入正規的教學單元。食學教育僅僅面向食業者是遠遠不

夠的，缺少食者教育，是人類長期不能徹底解決食事問題的一個主要原因。食事是每一個人之事，不僅是每一個人的生存與健康之事，更是社會和諧、種群持續之事。要想徹底解決人類食事問題，就離不開全民參與。食學教育的雙元法則，強調食業者教育與食者教育是一個不可分割的整體。

食學教育學的編碼是〔SS132100〕，是食學的四級學科，食為教化學的子學科。食學教育包括兩個方面：一是食業者教育，二是食者教育。食學教育學是一門對人類進行食學教育的學科。

食學教育學的定義

食學教育學是研究傳授和傳播食學知識及其規律的學科。食學教育學是研究食學知識與受教育者之間關係的學科。教育是以知識為工具教會他人思考的過程，食學教育是以人類的食事知識為工具，教會他人認識食物，端正食為的過程。食學教育學是研究食物生產、食物利用和食事秩序教育的學科，是對人類食事行為的教育，分為食者教育、食業者教育。從全球的發展情況看，食者教育還處於一種起步階段。

食學教育學的任務

食學教育學的任務是更好地向人類傳授、傳播、普及食學知識。食學教育學的物件分為兩類：一類是食者，一類是食業者。食學教育學的設立是為了解決人類食學教育缺失的問題，尤其是對食者教育的缺失；是為了增進人類對食物和食行為的瞭解，減少不當食行為帶來的問題。

食學教育學的任務具體包括推動建立完善的食學教育系統，針對食者和食業者兩類教育物件推出不同的食育課程單元，不斷完善食學理論體系。對各種營養健康知識科普工作進行梳理甄別，不僅能夠提高食業者的專業能力，而且還能向公眾普及正確的科學攝食知識和正確的食德理念及相關的食事法律知識。

食學教育學的世紀目標是，在 21 世紀內，培養出三代（25 年為一代）用食學武裝起來的年輕人。他們從小接受系統的食學教育，身體健康，行為自我約束，具有堅定的生態環保理念，以發揚光大食學理念為己任。

食學教育學的體系

食學教育學體系以受教育群體分類，共分為食者教育學、食業者教育學等 2 門食學五級子學科（如圖 4-22 所示）。

圖 4-22　食學教育學體系

食者教育學。食者教育學是研究食學通識教育方法及其規律的學科，是食學的五級學科，食學教育學的子學科。食者即具有攝食能力的自然人或群體。食者教育學是針對所有食者進行的一種食學教育，對人類的健康長壽具有十分重要的意義。食者教育要從未成年教育抓起，讓人從小就能建立正確的攝食觀，培養科學的攝食習慣，並貫穿食者終生。比較食業者教育學，食者教育學只在日本等極少數國家進入國家教育體系，在世界範圍還遠未普及。

食業者教育學。食業者教育學是食學的五級學科，食學教育學的子學科。食業者教育學是一門研究對食業從業者進行教育的學科。食業者教育是一種自古即有的教育，那些田間地頭的口傳心授，那些對於種植、養殖、培養過程的書面文字和圖片，都可劃為食業者教育的範疇。工業化社會以來，鑒於人類進行食為經驗傳授的需求，各式各樣的食專業學校興起，食業者教育開始進入課堂。發展至今，已經形成了一個從企業、行業自辦院校，到中等職業院校、高等職業院校，再到研究院校的龐大、完整的食業者教育體系。

食學通識教育從無到有

食學教育分為食者教育和食業者教育兩個方面。食者教育，即面向所有人的一種通識教育。

食者教育是研究對所有人進行食教育的學科，食者教育的對象是全體人類。通過加強食者教育，可以減少由飲食帶來的疾病，減少食物的浪費，普及食學的進食觀，減輕醫療負擔，節省醫療資源，提升人們的健康水準和生活品質，延長人的壽期。食者教育的內容覆蓋食物生產、食物利用和食事秩序三個領域，但重點是食物利用。

食者教育要從小抓起，從幼稚園開始，貫穿整個義務教育階段。只有把食學知識灌輸到每一個人的頭腦中，才能使個體的壽期充分實現。

筆者認為小學的基礎課程，應該是食學、語文、數學。這是因為學習如何餵養好自己的知識與習慣養成，不僅會使學生受益終生，而且一個健康的身體是學習其他知識有力的支撐。學習如何餵養好自己的知識，與學習數字、語文同等重要，需要儘快納入通識教育體系。

中學階段不能缺少食學教育，食學教育需要持續體驗，以更好地適應個體差異。

從健康長壽的角度看，食者教育不僅是一種課堂教育，也應該成為每一個人的終生課程。我們不可能每天、每時都去問醫生，並且醫生也不如我們自己更瞭解自己身體的變化。只有依靠對食者的教育，讓每一位食者都能懂吃、會吃，才能實現健康長壽的目標。在全體食者中推廣和普及食學教育，是社會文明進步的標誌，將對人類的發展產生積極的影響。

▋ 食學通識教育總綱

食學進入通識教育課堂，會對當今的教育產生重大影響，推動教育課程、教學時間、教育方法發生三個大的變化。

首先是教育課程的變化。食學進入中小學課堂後，使得中小學的學習課程單元中，多了一門重要學科。食學進入中小學課堂後，應該占據一個什麼樣的位置？筆者認為，食學應該成為一門重要的主課。因為從人的生存需求說，食學是每個人的必修課，學習內容與人的一生相伴，學習成果與個體的健康長壽緊密相關。從這個意義上說，食學可以排在語文和數學之前，成為中小學生最為重要的一門主課。而當前其他一些占據主課位置的學科，例如外語，可以降到副科位置。

其次是教學時間的變化。據測算，食學進入中小學課堂後，整體大約需要近 3000 課時，在當今中小學教育課時已排滿的情況下，如何擠出如此多的時間？在總課時無法增加的情況下，我們不妨縮減其他學科教學時間。在當今一些學科中，例如物理、化學、地理、自然、生物、手工、社會實踐等，一些內容與食學重疊，它們的這部分教學內容，完全可以劃歸到食學中來，這樣就可以在整體課時不增加的前提下，保證食學的教學時間。

最後是教學方法的變化。傳統中小學教育多為理論教學，通過課堂學習傳授知識。食學增加了體驗教學，即通過吃這一特有的方式，體驗過程，體驗結果，體驗吃與肌體健康的關係，這是其他學科所不具有的一種教學方式。此外，在食物生產加工實踐中體驗式的學習方式，也體現了食學教育的特性。

表 4-11　食學通識教育總綱

　　食者教育是針對所有人進行的「如何餵養自己」的食學教育。通過加強食者教育，可以普及科學的進食觀，減少由飲食帶來的疾病，減少食物的浪費，減輕醫療負擔，節省醫療資源，進而提升人們的健康水準和生活品質，延長人的壽期。

　　食者教育以食學為內容。食學創建於 21 世紀初葉，是一個新興的、以整體視角認知人類食事、旨在解決人類食事問題的科學體系。食者教育的重點內容是食學中的食物利用知識。

　　食者教育要從小抓起，從幼稚園開始，貫穿人的一生。食者教育既包括正規的小學、初中、高中的課堂教育，也包括其他形式的業餘教育。

　　從人類個體健康長壽和種群延續的角度看，食者教育具有不可替代的重要性。食者教育可以教會我們正確地認知食物、正確地認知自己的身體，進而正確地把握進食。只有讓每一個食者都能懂吃、會吃，才能吃出健康與人類應有的壽期。

　　本教育大綱是母綱，各教育部門可以根據各自的實際情況制定具體的子綱，以保障食者教育的順利實施。

層級	內容	課時	備註
幼稚園	食物辨識，錶盤吃法指南，兒童食學三字經，AWE 禮儀	360	可和遊戲、文體、美術、算數、識字課程結合
小學	食物種養，食物性格認知，錶盤吃法指南，AWE 禮儀，節約食物	1460	可和勞動、思想品德、語文、算數、自然等科目結合
初中	食物生產學基礎，食物利用學基礎，食事秩序學基礎	740	可和生物、化學、物理科目結合
高中	食物生產學進階，食物利用學進階，食事秩序學進階	740	可和生物、化學、物理科目結合
成人	吃學	（按實際需要）	社區、線上、業餘學習、老年大學

　　食學成為一種通識教育，是一種新生事物。因此，擬定一個食者通識教育總綱，對於強化食者教育，提高人類的健康長壽水準，都具有十分重要的意義（如表 4-11 所示）。需要說明的是，這個總綱只是一種粗線條的範本，放在此處的目的是拋磚引玉。

■ 幼教《食學三字經》

　　學齡前食學教育是食者教育中的一項重要內容。食學教育應該從娃娃開始，幼教《食學三字經》是針對 3 ～ 6 歲兒童的食學教育的材料，可以讓人類從幼兒階段就懂得敬畏食母、感恩食物、均衡飲食、遠離垃圾食品、遠離吃病、吃得安全、吃得健康、吃得科學、吃得文明。

　　《食學三字經》

　　人之初，母乳養，吃食物，我成長。大自然，食之母，須敬畏，要保護。

　　春天種，夏天長，秋天收，冬天藏。大米白，番茄紅，菠菜綠，玉米黃。

　　穀為主，肉為輔，蔬果多，蛋奶足。日三餐，心情爽，順時節，食材廣。

　　食不語，坐端莊，慢慢嚼，身體強。不要涼，不要燙，不多鹽，不多糖。

　　不浪費，飯適量，不偏瘦，不偏胖。愛挑食，偏食病，不洗手，汙食病。

　　吃太少，缺食病，吃太多，過食病。吃飯前，雙手合，捧手禮，感恩德。

　　食在前，醫在後，知食學，壽命長。

　　幼教《食學三字經》是根據 3 ～ 6 歲兒童的生理和心理特點編寫而成，其內容是根據食學科學體系而設計的，主要涉及 5 門食學的三級學科，即食物母體學、食物成分學、食者肌體學、吃學和食為教化學。

　　與食物母體學相關的內容是：大自然，食之母，須敬畏，要保護。春天種，夏天長，秋天收，冬天藏。

　　與食物成分學相關的內容是：大米白，番茄紅，菠菜綠，玉米黃。

　　與食者肌體學相關的內容是：心情爽，順時節，食不語，坐端莊。

　　與吃學相關的內容是：日三餐，心情爽，順時節，食材廣。食不語，坐端莊，慢慢嚼，身體強。不要涼，不要燙，不多鹽，不多糖。不浪費，飯適量，不偏瘦，不偏胖。愛挑食，偏食病，不洗手，汙食病。吃太少，缺食病，吃太多，過食病。食在前，醫在後，知食學，壽命長。

　　與食為教化學相關的內容是：不浪費，食不語，坐端莊，吃飯前，雙手合，捧手禮，感恩德。

　　幼教《食學三字經》的編寫力求通俗、簡短、押韻，共 156 字，四個韻腳，適合學齡前及小學低年級兒童誦讀。

▋小學食學教育

食學教育是小學教育的一個重要的組成部分，小學食學教育在幼稚園食學教育的基礎上增加了更多的知識內容。小學《食學》教育包括教學目的、教學要求、教學方式、教學內容等要件。

教學目的。通過對食學的學習，讓小學生初步認知食物，認知人體，學會全面正確的吃法，培養出正確的飲食習慣，學以致用，健康肌體，為長壽打下基礎。

教學要求。通過食學學習，讓小學生學會餵養自己，讓身體更加強壯；建立健康的食行為認知，養成正確的飲食習慣；建立對食學的整體認知，樹立正確的食事觀、食為觀、吃事觀。

教學方式。小學食學教學是一種「三元」教學。一是理論教學，即通過課堂學習食學知識；二是體驗教學，這是其他學科所不具備的特有教學方式，即通過吃來體驗自己身體的不同變化，判斷吃物與吃法的正確與否，領悟吃與健康的關係；三是手工教學，即通過參加食物生產和加工實踐，增加自己的食事技能和生存本領。

教學內容。小學階段的食學教學，包括 5 個單元，分別是食物單元、食者單元、吃法單元、食禮單元和體驗單元。涉及食物辨識、身體結構、吃方法、進食禮儀和食學體驗實踐等內容（如表 4-12 所示）。

▋中學食學教育

食學教育是中學教育的一個重要的組成部分，中學食學教育是小學食學教育的進階和完善。中學食學教學包括教學目的、教學要求、教學方式和教學內容等要件。

教學目的。通過對食學的學習，讓中學生深入認知食物，認知人體，學會全面、正確的吃法，培養出正確的飲食習慣；學以致用，健康肌體，為長壽打下基礎；初步掌握食物生產領域、食事秩序領域的相關知識。

教學要求。通過食學學習，讓中學生學會餵養自己，吃出健康的肌體；建立健康的食行為認知，養成正確的飲食習慣；建立對食事的整體認知，樹立正確的吃事觀、食為觀、飲食觀。

教學方式。中學食學教學是一種「三元」教學。一是理論教學，通過課堂傳授學習進階型的食學知識；二是體驗教學，通過吃的體驗過程，體驗吃，學會吃，吃出健康與長壽；三是手工教學，通過參加食物生產加工實踐，參加食事秩序管理實踐，加深對食學的整體認知。

教學內容。中學階段的食學教學，按照初中三年、高中三年設置，共 6 個單元，分

表 4-12　小學食學教學計畫

年級	學期	單元	週課時	總課時
一年級	上學期	食物單元：日常食物認知	1	20
		食者單元：食化器官	1	20
		吃法單元：食學三字經	1	20
		食禮單元：AWE	1	20
		體驗單元：食物味道	2	40
	下學期	食物單元：日常食物認知	1	20
		食者單元：食化器官	1	20
		吃法單元：進食心態	1	20
		食禮單元：珍惜食物	1	20
		體驗單元：食物氣味	2	40
二年級	上學期	食物單元：食物成分	1	20
		食者單元：食化系統	1	20
		吃法單元：認識錶盤吃法指南	1	20
		食禮單元：敬畏自然	1	20
		體驗單元：食物觸覺	2	40
	下學期	食物單元：食物品質	1	20
		食者單元：食化系統	1	20
		吃法單元：吃前 4 辯	1	20
		食禮單元：杜絕浪費	1	20
		體驗單元：食物形色	1	20
三年級	上學期	食物單元：食物性格	1	20
		食者單元：頭腦與食腦	1	20
		吃法單元：吃入 7 宜	1	20
		食禮單元：餐桌禮儀	1	20
		體驗單元：食物聽覺	1	20
	下學期	食物單元：食物性格	1	20
		食者單元：食物與健康	1	20
		吃法單元：吃入 7 宜	2	40
		食禮單元：餐桌禮儀	1	20
		體驗單元：食物觀察	2	40

表 4-12　小學食學教學計畫（續表）

年級	學期	單元	週課時	總課時
四年級	上學期	食物單元：食物性格應用	1	20
		食者單元：體徵認知	1	20
		吃法單元：吃出 2 驗	2	40
		食禮單元：食事良俗	1	20
		體驗單元：食物種養	2	40
	下學期	食物單元：食物性格應用	1	20
		食者單元：體徵認知	1	20
		吃法單元：五種美食家	1	20
		食禮單元：食為良俗	1	20
		體驗單元：食物種養	2	40
五年級	上學期	食物單元：天然食物	1	20
		食者單元：體徵認知	1	20
		吃法單元：不當吃行為	1	20
		食禮單元：食為陋俗	2	40
		體驗單元：食物種養	2	40
	下學期	食物單元：馴化食物	1	20
		食者單元：體徵認知	2	40
		吃法單元：不當吃行為	1	20
		食禮單元：食為陋俗	1	20
		體驗單元：食物種養	2	40
六年級	上學期	食物單元：合成食物	1	20
		食者單元：體構認知	2	40
		吃法單元：吃事身體反應	1	20
		食禮單元：國際食禮	1	20
		體驗單元：食物加工	1	20
	下學期	食物單元：加工食物	1	20
		食者單元：體構認知	2	40
		吃法單元：吃事精神反應	1	20
		食禮單元：國際食禮	1	20
		體驗單元：食物加工	2	40

別是食物單元、食者單元、吃法單元、食物生產單元、食事秩序單元和體驗單元。和小學相比，減少了食禮單元，增加了食物生產（初中階段）和食事秩序（高中階段）兩個單元（如表 4-13 所示）。

表 4-13　中學食學教學計畫

年級	學期	單元	週課時	總課時
初一	上學期	食物單元：食物性格	1	20
		食者單元：食者體徵	1	20
		吃法單元：吃事三階段	1	20
		食物生產單元：食物母體	1	20
		體驗單元：味覺吃審美	2	40
	下學期	食物單元：食物性格	1	20
		食者單元：食者體徵	1	20
		吃法單元：吃事五覺審美	1	20
		食物生產單元：食物野獲	1	20
		體驗單元：嗅覺吃審美	2	40
初二	上學期	食物單元：食物元素	1	20
		食者單元：食者體構	1	20
		吃法單元：吃事二元認知	1	20
		食物生產單元：食物馴化	1	20
		體驗單元：觸覺吃審美	2	40
	下學期	食物單元：食物元素	1	20
		食者單元：食者體構	1	20
		吃法單元：吃方法	1	20
		食物生產單元：人造食物	1	20
		體驗單元：視覺吃審美	2	40
初三	上學期	食物單元：食物性格應用	1	20
		食者單元：食腦	1	20
		吃法單元：吃方法	1	20
		食物生產單元：食物加工	1	20
		體驗單元：聽覺吃審美	2	40
	下學期	食物單元：食物性格應用	1	20
		食者單元：食物與健康	1	20

表 4-13　中學食學教學計畫（續表）

年級	學期	單元	週課時	總課時
		吃法單元：吃法指南	2	40
		食物生產單元：食物流轉	1	20
		體驗單元：食物觀察	2	40
高一	上學期	食物單元：世界食物	1	20
		食者單元：食物與人口	1	20
		吃法單元：吃病	1	20
		食事秩序單元：食事經濟	1	20
		體驗單元：食物種養	2	40
	下學期	食物單元：世界食物	1	20
		食者單元：人口與食物	1	20
		吃法單元：吃病	1	20
		食事秩序單元：食事法律	1	20
		體驗單元：食物種養	2	40
高二	上學期	食物單元：野獲食物	1	20
		食者單元：體徵認知	1	20
		吃法單元：偏性物吃療	1	20
		食事秩序單元：食事行政	1	20
		體驗單元：食物加工	2	40
	下學期	食物單元：馴化食物	1	20
		食者單元：體徵認知	2	40
		吃法單元：偏性物吃療	1	20
		食事秩序單元：食事數控	1	20
		體驗單元：食物加工	2	40
高三	上學期	食物單元：合成食物	1	20
		食者單元：體構認知	1	20
		吃法單元：合成物吃療	1	20
		食事秩序單元：食為教化	1	20
		體驗單元：食物流轉	2	40
	下學期	食物單元：加工食物	1	20
		食者單元：體構認知	1	20
		吃法單元：合成物吃療	1	20
		食事秩序單元：食事歷史	1	20
		體驗單元：食事數控	2	40

食學專業教育「由散到整」

食業者教育是針對食業從業者的教育，是針對一部分人群的食學專業教育。

食業者教育以食學為內容。食業者教育涉及食學中食物生產、食物利用和食事秩序三大領域，重點內容是食學中的食物生產知識。

食業者教育以兩種形式完成：一是正規的課堂教育和學歷教育；二是非學歷的培訓教育以及在工作場所進行的實踐性教育。

食學專業教育總綱

食業者教育學是研究食學專業教育方法及其規律的學科，食業者教育的對象是從業於食物生產、食物利用、食事秩序領域的一部分人類。對食業者的教育古已有之，進入工業革命時代後，食業者教育發展迅速，漸成系統，發展至今，已經形成了技校、高職、中專、大專、大本、碩士研究生、博士研究生等專業化、系列化的教育體系。

在教育體系日趨系統的同時，當今的食業者教育也存在教育內容不完備、發展不均衡、教學結構不合理的三大不足。在教育內容方面，許多學科片面強調提升本行業的效率，沒有從整體角度、人類角度、食學角度看待食現象和食問題，因而造成了超高效、偽高效、食品安全問題頻發。在教育平衡發展方面，食物生產領域的食業者教育比較完備，而食物利用、食事秩序領域的食業者教育相對較弱，甚至存在空白。在教學結構方面，也存在諸多不盡如人意的地方，例如目前在世界範圍內，還沒有一所集食物生產、食物利用、食事秩序三大領域教育於一體的「食業大學」；吃學等食學課程，還沒有堂堂正正進入正規的教育體系解決上述問題。因此，擬定一個食業者教育大綱，對提升食業者教育的品質，具有十分重要的意義（如表 4-14 所示）。

食學專業教育機構設置

食業教育機構是針對食業設置的教育機構，是集食事知識傳承、研究、融合創新於一體的學府，是食業者教育的一種重要方式，是人類文明走向食業文明階段的產物。

食業教育機構包括職業高中、中專、大專、大學和更高級別的專業教育機構，也包括企業、社會、各類組織設置的非專業教育機構。本節主要探討專業食業大學的設置。

人類的食事本來是一個不可分割的整體，但是目前在食業者教育領域內，呈現的是一種分割狀態。不僅食物生產、食物利用、食事秩序三個領域的食業者教育是分割的，就是在同一領域的不同行業之間，也以分割狀態存在。當今在食業者教育實踐中，雖然

表 4-14 食學專業教育總綱

　　食業者教育是針對食業從業者的教育。食業包括食物生產領域、食物利用領域和食事秩序領域。

　　食業者教育以食學為內容。食學創建於 21 世紀初葉，是一個新興的、以整體視角認知人類食事、旨在解決人類食事問題的學科體系。食業者教育涉及食學中的三大領域，重點內容是食學中的食物生產知識。

　　食業者教育以兩種形式完成：一是正規的課堂教育和學歷教育；二是非學歷的培訓教育以及在工作場所進行的實踐性教育。

　　對食業者的教育古已有之，進入工業革命時代後，食業者教育發展迅速，漸成系統，發展至今，已經形成了從技校、高職、中專、大專、大本到碩士研究生、博士研究生的專業化、系列化的教育體系。但是當今的食業者教育也存在三個方面的不足：一是教育內容沒有全覆蓋；二是各行業間教育發展不均衡；三是割裂化的教學結構不合理。目前在世界範圍內，還沒有一所集食物生產、食物利用、食事秩序三大領域教育於一體的「食業大學」；吃病學、食事數控學、吃美學等食學課程，也沒有納入正規的教育體系。彌補這三個方面的不足，讓食業者教育成為全覆蓋、均衡性，整體化的教育，是食業者教育的任務目標。

　　本教育大綱是母綱，各教育部門可以根據各自的實際情況制定具體的子綱，以保障食業者教育的順利實施。

層級	內容	課時	備註
中專	食學 36 門四級學科之一	600	
大專（高職）	食學 13 門三級學科之一	600	
大學	食學 3 門二級學科之一	800	
碩士研究生	食學體系基本研究	960	
博士研究生	食學體系進階研究	960	
非學歷實踐教育	食學 36 門學科的實踐課程	按實際需要設置	

　　有些大學開始了試驗性舉措，例如某些農業大學將食品工業納入自身的教育範疇，表現出了實踐先於理論的前瞻性，但是從整體性說，還沒有一所集食物生產、食物利用、食事秩序三大領域食業者教育於一體的食業教育機構出現。食業大學的創建，就是要填補

圖 4-23 食業大學

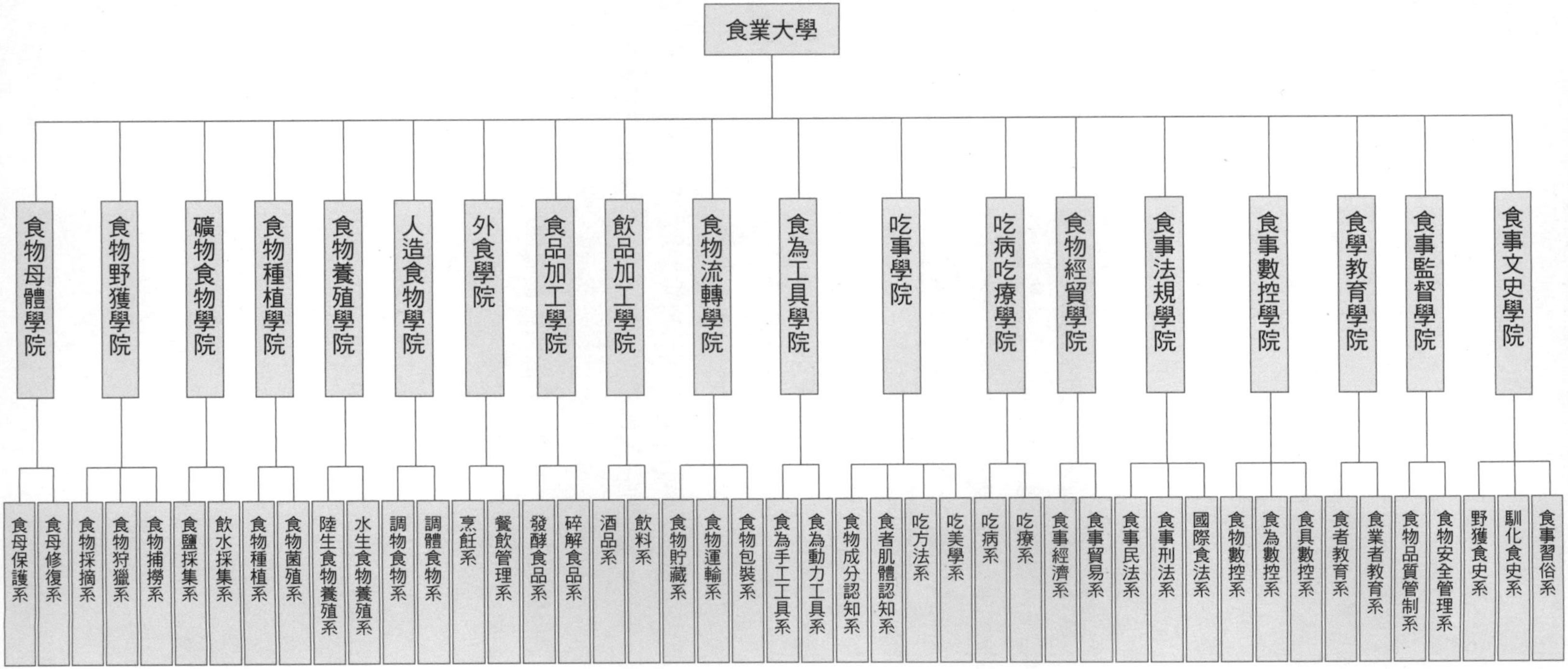

食業大學
- 食事文史學院
  - 食事習俗系
  - 馴化食史系
  - 野獲食史系
- 食事監督學院
  - 食物安全管理系
  - 食品品質管制系
- 食學教育學院
  - 食業者教育系
  - 食者教育系
- 食事數控學院
  - 食具數控系
  - 食為數控系
  - 食物數控系
- 食事法規學院
  - 國際食法系
  - 食事刑法系
  - 食事民法系
- 食物經貿學院
  - 食事貿易系
  - 食事經濟系
- 吃病吃療學院
  - 吃療系
  - 吃病系
- 吃事學院
  - 吃美學系
  - 吃方法系
  - 食者肌體認知系
  - 食物成分認知系
- 食為工具學院
  - 食為動力工具系
  - 食為手工具系
- 食物流轉學院
  - 食物包裝系
  - 食物運輸系
  - 食物貯藏系
- 飲品加工學院
  - 飲料系
  - 酒品系
- 食品加工學院
  - 碎解食品系
  - 發酵食品系
- 外食學院
  - 餐飲管理系
  - 烹飪系
- 人造食物學院
  - 調體食物系
  - 調成食物系
- 食物養殖學院
  - 水生食物養殖系
  - 陸生食物養殖系
- 食物種植學院
  - 食物園殖系
  - 食物種植系
- 礦物食物學院
  - 飲水採集系
  - 食鹽採集系
- 食物野獲學院
  - 食物捕撈系
  - 食物狩獵系
  - 食物採摘系
- 食物母體學院
  - 食母修復系
  - 食母保護系

這方面的空白，讓食業者教育體系更加完整、全面。

　　設置食業大學的價值，在於化分散為整體，實現食業者教育領域的全覆蓋，實現食業者教育資源的最佳配置和利用。

　　圖中的食業大學（如圖 4-23 所示），是一種示範性的範本。在具體辦學時，可以根據各國各地不同情況，設置開辦學科完整的食業大學，或是突出某部分教學內容的食業學院，乃至在其他相關院校裡設置食業系，在教育規模和內容方面有所增減。其名稱既可以叫食業大學，也可以叫食科大學、食事大學、食學大學。

食學研究機構設置

　　食學研究機構是針對食學研究設置的科研機構。它集食學理論研究、食事資料收集、食學成果推廣、食事問題應對於一體，是建設食學科學體系不可或缺的一環，是人類文明走向食業文明階段的產物。

　　食事是人類文明的重要內容，幾乎占據了遠古人類生活的全部。截至今天，仍然占據著人類社會活動的半壁江山。但是迄今為止，只有針對某類食事或某個食事行業進行分割式研究的院所，還沒有一個將人類所有食事貫穿一體、融為一爐，進行全面、整體性研究的科研機構。這與對食事進行整體認知的理念極不相符，與人類社會的食事現狀極不相符。食學研究機構的設置，就是要彌補這一空白，通過對食學整體性的深入研究，讓食學真正造福於人類，成為人類文明、進步的基石。

　　本書中所指的食學研究機構有三類：屬於政體類別的國家研究院所；屬於學體類別的院校研究院所；屬於社體類別的民間研究院所。這三類食學研究機構各有所長，都會為食學的發揚光大做出各自的貢獻。

　　設置食學研究機構的價值，在於化分散研究為整體研究，實現食事研究領域的全覆蓋，實現可持續的發展目標。

　　以下的食學研究院設置圖，是一種食學研究機構的示範範本。它只涉及研究院所的學術機構設置，未包含人財物管等其他部門。本圖中的食學研究院是一種整體框架性的規劃，在具體設置時，可以根據各國各地不同情況，在院所規模和研究對象多寡方面有所增減（如圖 4-24 所示）。

食學教育體系的價值

　　在食學教育學中，食學教育作為一個整體體系，價值何在？

　　其一，在理念上，它擴展了食育學舊有的範疇，將一門僅僅涉及食物利用的課程擴

圖 4-24　食學研究院設置圖

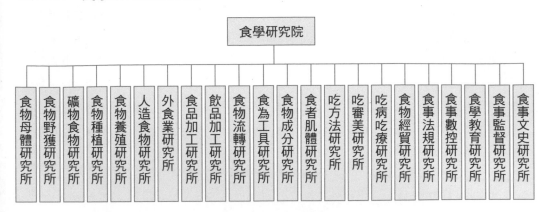

展到對食學整體科學體系的學習。

其二，在認識上，它將食者教育和食業者教育並列，兩條腿走路，改變了重食業者教育輕食者教育的不足。

其三，它力主將食業者教育由分散教育改變為整體教育，應合了食學的整體觀。

其四，它呼籲讓食者教育進入課堂，讓食學成為中小學教育中最重要的一門主科。

其五，它改變和增加了中小學的學習教育方法，增加了以吃體驗為特色的實踐教育方式。

其六，它設計了一套從小學到高中的食學課程單元，讓人類的食識進入通識教育課堂。

其七，它提出的食業大學體系規劃，會對今後的大學院校設置給予建設性地推動。

其八，它提出的食學研究體系規劃，會對今後的食學研究乃至整個科學研究體系產生重要影響。

總之，食學科學教育體系的實施，必將會影響和改變人類對於食事知識的學習、傳播，讓人類從幼稚園時期就養成科學進食的習慣，進而促進人的身體健康，延長人的壽期。

食學教育學面對的問題

食學教育學面對的問題主要有 3 個：食學教育雙元認知不夠、食者教育長期被忽視和食業者教育體系分散。

▌食學教育雙元認知不夠

食學教育的雙元認知指的是對食者教育和食業者教育兩個方面的認知。就世界範圍而言，食業者的教育儘管已經比較普及，比如各類關於農業種植、養殖、食品加工等的學校比比皆是。但是也應該看到，這種學院式的教學體制，更多地是從某一個專業的對口教育，缺乏從食物生產、食物利用到食事秩序全方面的整體教育。此外，對於更為廣泛的食者教育的認知缺口很大。全球除了日本等極少數國家構建了相對完備的食育國民教育體系外，絕大多數國家在食者教育方面仍屬空白。這大多是由於對食學教育的雙元認知不夠的緣故所致。

▌食者教育長期被忽視

每個人都要靠攝取食物維持生命，每個人都是食者，都需要接受食者教育。然而現實情況是，世界上絕大多數的國家的食者教育都還沒有提上議事日程、沒有法律規範，更沒有變成國民教育內容進入正規課堂。食者教育有必要像語文、數學那樣，成為義務教育科目；食者教育應該成為提升國民綜合素質的基礎教育；開展對食者的教育應該上升到國策的高度。這將是今後各國政府調整管理的重要內容。

▌食業者教育體系分散

目前絕大多數的國家和地區都設有食業者教育，問題在於教育內容分散，沒有形成貫通食物生產、食物利用、食事秩序三大領域的整體教育體系。即使在各領域之內，其教育內容也呈分散、割裂態勢，例如在食物生產領域，對食業者的教育內容孤立分散於農學、食品科學等院校中，缺少一體化的食生產教育。當今已經有一些教育院校看到了這種分散、割裂的弊病，對院系和教學內容進行了調整，例如農業院校也增加了生產、加工的內容。但是從整體看，這種調整還很不夠，也沒有影響到教育體系的大局。

食俗的弘揚與摒棄

習俗即民間風俗。食俗是人類在長期飲食活動中逐漸形成的相對穩定的民間習俗，其內容和形式，約定俗成，代代相傳。在這個過程中同時形成了各種飲食禮儀和規則，也成為食俗的一部分。由於人類所處的地理環境、民族國度、歷史進程以及宗教信仰等方面的差異，形成了多姿多彩，各自不同的食俗，構成了人類食俗龐大紛繁的體系。

食為習俗有優劣之分，我們要對其進行雙元性的認知，不能一味地強調繼承。對於良俗要大力發揚；對那些醜陋的食俗，要人人喊打；對那些頑固的醜陋習俗，例如浪費食物，要利用法律來約束。食為習俗是一種軟性的道德約束，但在某些方面，例如針對陋俗，也需輔以強制性約束，如制定、實施「反浪費食物法」，違反者需要承擔相應的法律責任。

自遠古時期開始，人們就喜歡把美食與節慶、禮儀活動結合在一起，年節、生喪婚壽的祭典和宴請活動，都是表現食俗文化風格最集中、最有特色、最富情趣的活動。一個地區的食俗並不是一成不變的，民族間、地區間、國家間的交往，經濟的發展，科技的進步都推動著食俗的演變。回顧人類食俗的歷史，可以分為食俗的形成和食俗的現狀兩個階段。

食俗的形成。經濟基礎決定上層建築，食俗作為一種文化現象，其形成與發展必然受物質條件的制約。例如，由於食用器具、食用場所的限制，春秋、戰國等歷史階段的宴會主要為坐席分食，並產生了相應的分食食俗；到了明清兩代有了火鍋，圍鍋共食的習俗得以出現。食俗作為一種文化現象，同樣受政治因素的影響，當權者的習慣會輻射到民間。例如，唐代一度禁食鯉魚，元朝時期盛行吃羊肉等。食俗的形成也受到空間環境的影響，如中國常見的北鹹南甜、北麥南稻現象。民俗還受到宗教的影響，現存的很多食俗都有原始宗教活動的影子，如佛教過午不食等食俗。另外民族英雄的故事和傳說對食俗影響頗深，如中國的端午節吃粽子、中秋節吃月餅等習俗。

不同族群對食物的認知不同，因而形成不同的進食習慣。進食習慣建立在地域物質基礎之上，受到地域物質生活的制約。按食材類型來分，進食習慣可以分為主肉、主素和全素三大類。

食俗的現狀。人類的進食文化發展至今，形成了三大流派，即手食、箸食、叉食。

插圖 4-4　中國宋代官宦宴席

三大進食方式孕育了各自不同的燦爛文化。以手抓食是人類最早使用的進食方式，從手進食到用筷子、刀叉進食，是人類文明的不同表達。在現代社會，直接用手進食仍是普遍存在的現象，手食文化的主要代表是阿拉伯伊斯蘭文化和印度文化。手食者能夠更好地體驗食物的質感和靈性，他們認為用手進食比用其他工具更潔淨、更安全，飯前洗手比洗工具更可靠、更衛生。箸食是東方人特有的進食方式，用筷子食用穀物最方便，所以筷子只能出現在以農耕為主的東方。箸食至少已有兩千多年歷史，竹木製的箸是農業文明的象徵。西方進食的餐具主要是刀和叉，這與西方以肉食為主有關，叉食人群主要分布在歐洲和北美洲，金屬製的叉是工業文明的象徵。

　　食為習俗是一種軟性的教化，比起強制性的食事行政和食事法律，它更容易深入人心、為人接受。食為習俗學把食俗從民俗中分離出來，獨立成學，並把食俗分為良俗學和陋俗學，填補了學科空白（如圖 4-25 所示）。

　　食為習俗學的編碼是〔SS132200〕，是食學的四級學科，食為教化學的子學科。食俗是人類在長期飲食活動中逐漸形成的相對穩定的民間習俗，食為習俗學是研究食者與食物的習俗關係的學科。分辨食俗中的良俗、陋俗，發揚良俗，改正陋俗，對傳承民族地域文化，改善人類飲食習慣，都具有重要意義。

圖 4-25　食俗中良俗和陋俗分類

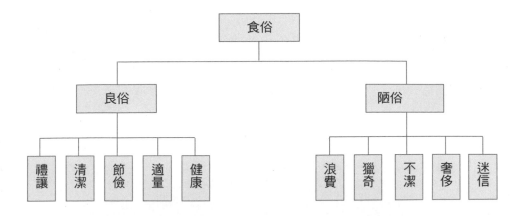

食為習俗學的定義

　　食俗是民間長期沿襲並自覺遵守的群體食事行為模式。食為習俗學是研究長期沿襲並自覺遵守的民間食事行為群體模式，及其規律的學科，食為習俗學是研究食者與食物之間習俗關係的學科，食為習俗學是研究食俗及所有與食俗相關的事物的學科，食為習俗學是研究解決人類食俗問題的學科。

　　食俗並不是一成不變的，民族間、地區間、國家間的交往，經濟的發展，科技的進步都推動著食俗的演變，食俗既是一個國家悠久而普遍的歷史文化傳承，又是一個民族約定俗成的社會標準，還是一個地區言行、心理上的日常生活慣例或慣制。

食為習俗學的任務

　　食為習俗學的任務是研究地理環境、歷史進程、人文傳承、宗教差異以及其他促使食俗形成的原因，瞭解不同地域、不同民族的飲食文化習俗，分辨其中的良俗、陋俗，推動人類在食行為領域發揚良俗，改正陋俗。食為習俗學來源於大眾生活，是相關從業者需要掌握的知識。傳承好的食俗對於發展烹飪業、服務業，調節人類飲食習慣，傳承民族地域文化具有重要意義。

食為習俗學的體系

　　食為習俗學體系按照習俗的類別劃分，分為事件食俗學、年節食俗學、宗教食俗學、地域食俗學和食俗禮儀學 5 門食學五級學科（如圖 4-27 所示）。

圖 4-26　食俗與食學任務的關係

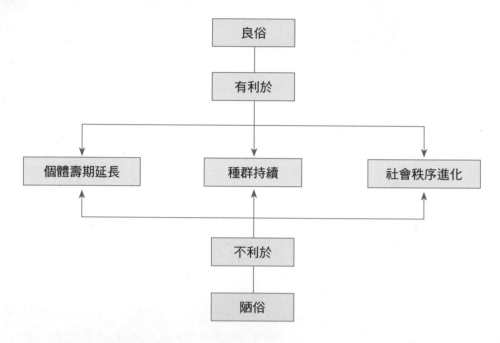

圖 4-27　食為習俗學體系

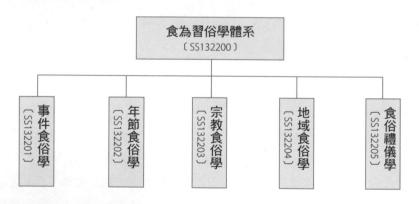

　　事件食俗學。事件食俗學是食學的五級學科，食為習俗學的子學科。事件食為習俗是指以飲食生活作為主要方式的食俗，如婚嫁、生日、小孩滿月、搬家等事件的食俗。中國人婚嫁新人多喝喜茶，吃喜糖、喜蛋、喜餅、喜麵，以示喜慶；日本婚宴中必不可少的是蝦、黑豆、海葡萄，寓意長壽、多金與多子多孫；西式婚宴中情調尤為重要，注重以酒配菜，主要有各式牛肉、羊肉類菜肴搭配適合的紅葡萄酒；在埃及，生日時候一

定要吃很多水果，象徵生命和繁衍；在南美的圭亞那，咖哩、雞、鴨、羊是生日的主食；在韓國，過生日多喝海帶湯。

年節食俗學。年節食俗學是食學的五級學科，食為習俗學的子學科。年節食為習俗是指重大節日食俗。年節食俗把美食與節慶、禮儀活動結合在一起，年節祭典和宴請活動是表現食俗文化風格最集中、最有特色、最富情趣的活動。中國的年節食俗多種多樣，是悠久歷史文化的一個重要組成部分。例如，除夕之夜闔家團圓吃年夜飯，農曆五月初五端午節吃粽子，農曆八月十五中秋節吃月餅，等等。這些都表達了人們對團聚、安康的美好祝願。世界各地食俗有異，即使是同一節日，其食俗也不同。例如，慶賀新年，法國人喝完「餘酒」，西班牙人吃葡萄，瑞士人吃黃瓜，阿根廷人喝蒜瓣湯，日本人吃素三天。

宗教食俗學。宗教食俗學是食學的五級學科，食為習俗學的子學科。宗教食為習俗是指不同宗教體系裡獨特的飲食習俗。在食俗的形成和演變過程中，宗教產生了強大的影響。伊斯蘭教宣導穆斯林有所食有所不食，只吃伊斯蘭教教法許可的有益於人體健康的食品，對一些有損人們身心健康的食物形成了一定的飲食禁忌；佛教有過午不食的說法，規定僧人食素，不食五葷，不食有異味的食品，不飲酒；歐美各國普遍信仰基督教，耶誕節是基督教最重要的節日。耶誕節不僅是教徒們要隆重紀念的日子，也是每個家庭聚會的大喜日子。在美國，聖誕晚餐的主要食物是烤火雞，復活節多吃羔羊肉、麵包、火腿、彩蛋。

地域食俗學。地域食俗學是食學的五級學科，食為習俗學的子學科。地域食為習俗是指具有地域特色的食俗。例如，辣椒是墨西哥的三大基本食品之一，墨西哥人喜歡將又香又甜的芒果切開，撒上一層辣椒末再吃；烏干達盛產香蕉，客人光臨，先敬一杯香蕉酒，再品嘗烤蕉點心；韓國人吃狗肉世界聞名，韓國每年要吃掉 200 萬隻狗，「狗肉生意」是一項大產業；印度人喜食咖哩，常用的咖哩粉就有二十多種。

食俗禮儀學。食俗禮儀學是食學的五級學科，食為習俗學的子學科。食事是人類生活中的一件頂級大事，出於對食物的敬重，全世界許多民族和宗教群體，都有自己的食俗禮儀。例如，日本人在食前要念いただきます，並做出雙手合十托夾筷子的手勢；伊斯蘭教在進食前要念「太思迷」；基督教在進食前要進行禱告，感謝主賜予自己食物。對食為食俗禮儀的研究，有利於我們深入瞭解不同民族的飲食觀念，理解食物在人類心中的重要位置。

圖 4-28　食為陋俗現象

食為的五大陋俗

　　食為陋俗即人們在食為領域的醜陋習俗，主要表現在以下幾個方面（如圖 4-28 所示）。

　　浪費。人類食物浪費的現象令人觸目驚心。食俗中的餐桌浪費尤為嚴重，演化成「以豐為貴」的不良習俗。中國許多宴席以「滿」「多」「全」為標準，桌子要滿，菜量要大，菜品要全，於是造成嚴重浪費。聯合國糧農組織 2011 年發布的報告指出，全世界每年浪費的食物高達 13 億噸，約占全球糧食生產總量的三分之一，直接經濟損失大約 7.5 千億美元，相當於瑞士一年的 GDP。

　　奢侈。奢侈反映在與飲食有關的各個方面，包括原料的挑剔、環境的豪華、餐具的過分精緻、菜品的繁多、價格的昂貴以及包裝的貴重等。奢侈的食為不僅浪費了大量資源，而且給社會風氣和人的精神品質帶來了腐蝕及汙染，是一種萬人側目的醜陋食俗。

　　獵奇。在獵奇心態的驅使下，部分人群逐漸形成了「以奇為貴」的不良食俗，野生動物成了人們的盤中餐。餐桌上的野生動物大都被毒餌獵殺並以不衛生的方式由非法管道運輸，沒有經過檢疫，進食時有可能使野生動物所攜帶的細菌、病毒和寄生蟲等傳染病源在人類中間傳播，食用後對健康有害無益。過度捕食野生動物也使一些物種在地球上瀕臨滅絕。

　　不潔。由於世界經濟發展的不平衡，許多地區的人們長期以來未能形成衛生的進食習慣。不講衛生的習俗表現在食材的選擇、初加工、烹飪、就餐的整個過程中。這種情況在貧困地區表現得更為明顯，成了一種習慣。有些地區有在不採取任何衛生措施的情況下生食魚肉的習俗，以及將家畜或內臟放置發酵後生食的習俗。

　　迷信。人們對飲食中的某些食材，受到長期形成的習慣偏見的影響，而出現一種近乎迷信的觀念。如人們迷信燕窩魚翅，但其實這兩種食物對人體並無多大功效，民間流

行的「食物相剋」，除極少的案例外，更多的是「以訛傳訛」，是另一類飲食中的迷信。

世界吃前 AWE 禮儀

今天，食物對於人類有兩大特性，即必須性和稀缺性。其必須性是與生俱來的，沒有食物人類就無法生存；其稀缺性是隨著 300 年來人口劇增呈現出來的，並且沒有任何緩解的跡象。食物的這兩個特性，決定了我們今天和未來對待食物的態度，就是敬畏和珍惜。如何把這種態度變成行為，變成每一個人的行為，變成每一個人的持續行為，是一個非常難的問題，也是一個全人類都要面對的問題。為此，筆者提出了一個「AWE禮儀」方案，以號召全人類從每一餐開始，敬畏食物，珍惜食物。「AWE 禮儀」包括敬語和手勢兩部分（如圖 4-29 所示）。

AWE 的發音。AWE 是世界語，含義是敬畏，其發音為〔awì〕，漢語可發「阿喂」。選用世界語，是為了突出它的世界性，方便五大洲不同種族和國家的發音。

圖 4-29　吃前 AWE 禮儀

AWE 的手勢。先雙手相捧，持續 2 秒，念敬語 AWE，1 秒後雙手併攏於嘴前，靜止 1 秒後收攏十指緩緩放下。這種手勢，參考了已有的禮儀手勢，便於世界不同國家、種族的理解和普及。

食前 AWE 禮儀方案的制訂、實施和普及，有利於喚醒每一個心靈，面對必須、珍稀的食物，再也不能無動於衷。人類要通過這個禮儀，敬畏食物、珍惜食物，為美好的生活而 AWE，為子孫延續而 AWE。我希望全世界各國各民族都能有適合本地的「餐前禮」，讓敬畏食物、節約食物成為人類世代傳承的文化基因。

中華餐前捧手禮

中國古代有許多的敬畏食物、節約食物的禮儀。但是，歷代都缺少一個敬畏食物、節約糧食的餐前禮儀，這是浪費食物的頑疾陋俗得不到徹底解決的重要原因。浪費食物的本質是不當的食事行為，改變固有的不當行為習慣是非常艱難的，需要確立一個日常的行為儀式持續矯正。

一、名稱：中華餐前捧手禮。

二、簡稱：捧手禮。

三、解讀：捧手貼心吟，粒粒皆辛苦。

四、行禮範圍：中華民族大家庭的每一個人，每一個中國人。

五、行禮要求：自覺行禮，心存感恩。每餐前，先行禮，後吃飯。

六、儀式：由一句敬語和一組手勢組成。

　　1. 一句敬語：粒粒皆辛苦。或其他更適合本地習俗的敬畏食物的俗語、諺語。

　　2. 一組手勢：雙手捧起並貼在胸前。具體分為六個步驟。

第一步，端坐在餐桌前，雙手放在雙腿上。

第二步，伸出雙手，掌心向上，雙手四指相疊，搭在一起。男士右手在上；女士左手在上。

第三步，捧起手掌，拇指搭在食指上，牢牢攏緊，形成碗狀。猶如捧著清泉，不能漏掉一滴。

第四步，吟誦（或默念）「粒粒皆辛苦」，同時把雙手移到胸前。

第五步，把雙手貼在胸前放平，男士左手在外；女士右手在外。語畢，停留 3 秒。

第六步，把雙手放回雙腿上。禮成。

七、圖示

圖 4-30　中華餐前捧手禮

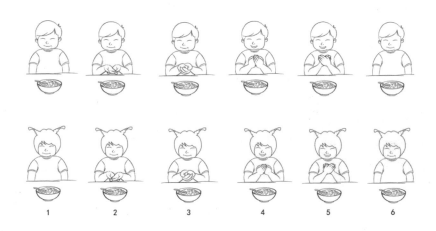

　　確立中華餐前捧手禮（如圖 4-30 所示），根治浪費食物的頑疾。讓珍惜食物不僅
停留在經典詩歌中，讓制止食物浪費不僅是一時的運動，讓節約食物成為中國優秀文化
中的一個實踐組成。

食為習俗學面對的問題

　　食為習俗學面對的問題主要有 3 個：食為習俗雙元認知不夠、對醜陋食俗遏制不力
和對優良食俗發揚不夠。

▌食為習俗雙元認知不夠

　　食為習俗雙元認知包括優良食俗認知和醜陋世俗認知兩個方面。人類數千年的文明
史積澱了眾多的優良的食俗，也滋生了諸多的醜陋食俗，二者必須整體認知，方能有針
對性地在大力發揚良俗的同時，逐步遏制陋俗。現實社會中，盲目攀比、追求奢侈、濫
殺野生動物等陋俗之所以未得到全面遏制，在一定意義上，與優良食俗的教育、宣傳、
普及和推廣不力有關。因此，全面認知食為習俗的雙元性至關重要。

▌對醜陋食俗遏制不力

「浪費、奢侈、獵奇、不潔、迷信」這五大醜陋的食俗，既有損於人類道德，又有損於人體健康，理應得到人類的一致摒棄。但是從現狀看，這些陋俗不僅長期存在，有些還「陋而不臭」，得到某些人的推崇。例如奢侈，對環境、餐具、菜品、包裝等過分的追求，對身體並無益處，還造成了大量浪費，但對於某些群體和個人來說，對此非但不去譴責，反而成了追逐的目標。又如獵奇食俗中的濫吃珍稀野生動植物，不僅導致物種減少生物鏈被破壞，一些人也因此致病，失去了健康。儘管這樣的醜陋食俗一再被批判，但是濫吃珍稀野生動植物的行為一直沒有得到完全禁止。這說明對醜陋食俗的遏制力度還非常不夠，在遏制方法上也沒有做到軟硬兩手抓。

▌對優良食俗發揚不夠

優良食俗是人類食俗中值得大力發揚的部分，具有正能量導向。但是，人類目前對「禮讓、清潔、節儉、適量、健康」這些優良的食俗的發揚力度還非常不夠。以中國為例，針對節儉食俗，曾經發起過「光碟行動」、宴請中的「四菜一湯」等多項活動。但是有的成了一陣風，宣導一段時間後便無疾而終；有的表面上還在延續，卻被各種各樣的「對策」改變了初始模樣。要想把優良的食俗傳承下去，發揚光大，人類面前的道路還很漫長。

第 13 章

食事歷史學

回顧過往食事以矯正當今食為

　　食事歷史是指人類過去與食物生產、利用、秩序相關的行為及其結果。研究人類的食事歷史，可以幫助我們追憶、借鑒祖先食事活動的得失，以指導我們今天的食事行為，不再重複昨天的錯誤。

　　歷史學按照現代學科分類，可以有多種維度的劃分。一是按地域維度劃分，例如世界史、亞洲史、美國史、韓國史，等等；二是按時間維度劃分，例如史前史、古代史、近代史、現代史，等等；三是按學科維度劃分，例如哲學史、宗教史、藝術史、文學史、教育史、醫學史、交通史，等等；四是按物種界別維度劃分，例如人類史、動物史、植物史、地球史，等等；五是按研究對象身分維度劃分，例如個人史（傳記）、畫家史、教師史，等等；六是按記載的可靠性維度劃分，例如正史、野史，等等。食事歷史是一種按照學科維度劃分的歷史。

　　食事歷史學依據人類的獲食方式，將人類食事歷史分為兩個階段：野獲食事歷史階段和馴化食事歷史階段，並由此設立了兩個四級學科：野獲食史學、馴化食史學。

　　野獲食事歷史上至約 550 萬年前的人類萌芽時代，下至約西元前 1 萬年農業革命開始前夕。在這一階段，人類以採摘、狩獵、捕撈和採集等直接獲取的方式獲食；獲食工具從無到有，早期只能和動物一樣使用自己的身體，到後期的可以製作、使用簡單的石製、木製、繩製工具；食物加工方法為簡單的碎解、發酵和用火烹飪；在吃法上，早期為茹毛飲血的生食，後期加入了熟食和酵食。平均壽命較短，遠低於哺乳動物應該達到的壽期。

　　馴化食事歷史從西元前 1 萬年的農業革命開始，下至當今。馴化讓人類的食物來源趨於穩定，人口數量增加，也帶來了和食母系統產生衝突、食物種類單一等弊端。這一歷史階段最顯著的特徵，是人類的獲食方式由野獲轉為馴化，採用種植、養殖和培養等

方式生產食物；前期的獲食工具為日益進化的手工工具，後期有大批動力食用工具加入；農藥、化肥、激素等化學添加物從無到有，形成大面積應用；加工方法也進化為機械化的碎解、發酵和烹飪；吃法從注重單一的數量維度進步到注重多種維度；食者的平均壽命比較野獲食事時期有了較大進步，1900 年，美國的人均壽命為 47 歲，英國為 46 歲，法國為 45 歲，日本為 44 歲，德國為 45 歲；至 2019 年，全球人類的平均壽期已達到 72.82 歲（如表 4-15 所示）。

表 4-15　野獲、馴化食事歷史階段對比

	野獲食事階段	馴化食事階段
時間	550 萬年前 - 西元前 1 萬年	西元前 1 萬年至今
獲食手段	野獲（採摘、狩獵、捕撈、採集）	馴化（種植、養殖、培養）
工具發展	無、石製、木質	金屬、動力
化學合成物	無	有
加工方法	碎解、烹飪、發酵	碎解、烹飪、發酵
食物	生食＋熟食＋酵食	熟食＋酵食＋生食
吃法	單維（數量）	多維
平均壽期	＜ 20 歲	72.82 歲（2019 年）

食事歷史學的定義和任務

食事歷史學的定義。食事歷史學是研究人類過去與食物生產、利用、秩序相關的行為及其結果的學科，是研究人類食事歷史與食事行為之間關係的學科，是研究借鑒過去食事以解決當今食事問題的學科。

食事歷史學的任務。食事歷史學的任務是通過研究人類歷史食事行為紀錄及其規律，借鑒人類過去食事經驗，矯正當今食事行為，減少當今因不重視歷史教訓而重複產生的食事問題。

食事歷史學的體系

食事歷史學是食學的 13 門三級學科之一，隸屬於食事秩序學，下轄 2 門食學四級學科：野獲食史學、馴化食史學（如圖 4-31 所示）。

圖 4-31　食事歷史學體系

食事歷史學的學術價值，在於首次從人類食事的角度觀察歷史、研究歷史、歸納總結歷史，為今天的人類食為提供寶貴的歷史借鑒。

食事歷史學的文獻體系

進入 20 世紀以來，人類關於食事的思考越來越多，文獻越來越多，各種各樣的食事歷史文獻汗牛充棟，層出不窮。從分類上說，涵蓋了論文、專著、教材、工作計畫、新聞報導乃至文藝宣傳等多種記錄形式；從載體上說，有文字、圖片、音訊、視頻、類比、數位等多種記錄方式。但令人遺憾的是，如此豐富的歷史資料，在現行的圖書館文獻分類體系中卻缺少它們的位置，沒有一家圖書館設有一個獨立的食學類目。

由於食學文獻缺少自己的「家」，在當今的圖書館體系中，食學文獻被散置於其他圖書類目中。例如，食物種植、食物養殖文獻被置於農業類目之下；食物加工文獻被放在輕工業類目之下；吃病吃療文獻被放在醫學類目之下；更多的食事認知則散落在其他各種各樣的類目之下，難覓蹤跡。這既不利於對人類食事歷史的研究查找，更不符合食事在人類社會生活中的實際地位。

要解決這個問題，必須對現有的圖書館文獻體系進行調整，在其中建立一個新的食學類目。目前國際通行的圖書館文獻體系分類法，是國際文獻聯合會制定的《國際十進位圖書分類法（UDC）》，是由兩位比利時書目專家保羅‧奧特萊和 亨利‧拉方丹於 19 世紀末在杜威十進位圖書分類法的基礎上繼續研發的分類方法。它將學科體系分為 10 大類，分別是：0. 總類；1. 哲學、心理學；2. 宗教、神學；3. 社會科學；4. 留空（備用）；5. 數學和自然科學；6. 應用科學、醫學、技術；7. 藝術、娛樂、體育；8. 語言、語言學、文學；9. 地理、傳記、歷史。在這裡筆者要感謝保羅‧奧特萊和亨利‧拉方丹兩位先生的視野與格局，預留了一個空位「4.」。由於食學是關係到人類生存、發展及可持續的知識體系，筆者主張以食學啟用「4.」的位置，即「4. 食學」，但願沒有

圖 4-32　食學文獻體系（UDC）

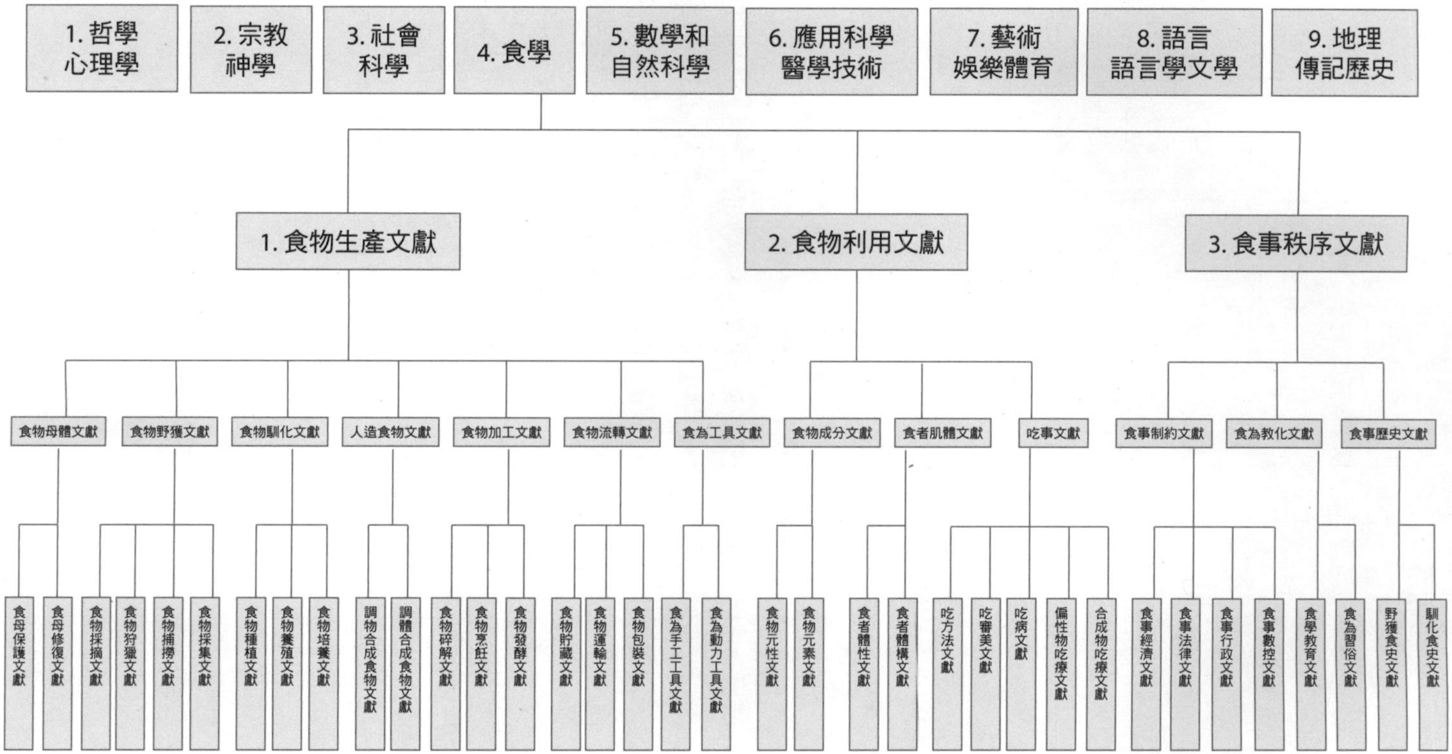

| 1. 哲學
心理學 | 2. 宗教
神學 | 3. 社會
科學 | 4. 食學 | 5. 數學和
自然科學 | 6. 應用科學
醫學技術 | 7. 藝術
娛樂體育 | 8. 語言
語言學文學 | 9. 地理
傳記歷史 |

1. 食物生產文獻

- 食物母體文獻
  - 食母保護文獻
  - 食母修復文獻
- 食物野獲文獻
  - 食物採捕文獻
  - 食物馴養文獻
  - 食物採摘文獻
  - 食物捕獵文獻
- 食物馴化文獻
  - 食物種植文獻
  - 食物養殖文獻
  - 食物培育文獻
- 人造食物文獻
  - 調體合成食物文獻
  - 調性合成食物文獻
- 食物加工文獻
  - 食物碎解文獻
  - 食物烹飪文獻
  - 食物發酵文獻
- 食物流轉文獻
  - 食物貯藏文獻
  - 食物運輸文獻
  - 食物包裝文獻
- 食為工具文獻
  - 食為手工工具文獻
  - 食為動力工具文獻

2. 食物利用文獻

- 食物成分文獻
  - 食物元素文獻
  - 食物元素力文獻
- 食者肌體文獻
  - 食者體構文獻
  - 食者體性文獻
- 吃事文獻
  - 吃方法文獻
  - 吃審美文獻
  - 吃病文獻
  - 偏性吃療文獻
  - 合成物吃療文獻

3. 食事秩序文獻

- 食事制約文獻
  - 食事經濟文獻
  - 食事法律文獻
  - 食事行政文獻
  - 食事數控文獻
- 食為教化文獻
  - 食學教育文獻
  - 食為習俗文獻
- 食事歷史文獻
  - 野獲食史文獻
  - 馴化食史文獻

違背兩位先生預留空位的初衷。

「4. 食學」只是圖書館文獻大類分類，在其後還可以進行多個層級的細分。例如，可以設定第二層級「食物生產文獻」「食物利用文獻」「食事秩序文獻」，第三層級「食物母體文獻」「食物野獲文獻」「食物馴化文獻」，第四層級「食母保護文獻」「食母修復文獻」「食物採摘文獻」，等等（如圖 4-32 所示）。

調整後的食學文獻類目，是一個類目包，它可以嵌入國際十進分類法中，也可以嵌入其他有代表性的圖書館文獻分類法中，例如美國國會圖書館圖書分類法、中國圖書館圖書分類法、杜威十進圖書分類法（DDC）等。

美國國會圖書館圖書分類法沒有分出部類，而是直接列出 21 個大類。它們是：A. 總類；B. 哲學、心理學、宗教；C. 歷史學總論；D. 世界史（不含美國史）；E. 美國史；F. 拉丁美洲史；G. 地理、人類學、休閒；H. 社會科學；J. 政治科學；K. 法律；L. 教育；M. 音樂；N. 藝術；P. 語言與文學；Q. 科學；R. 醫學；S. 農業；T. 技術；U. 軍事科學；V. 海軍科學；Z. 目錄學、圖書館科學。在這個分類法中，S 類被劃分給農業，其實，農業只是食業的一部分，不能涵蓋所有食事，因此，可以用食學取代其位置，即「S. 食學」。

中國圖書館圖書分類法包括馬列主義毛澤東思想、哲學、社會科學、自然科學、綜合性圖書五大部類，其下再細分為：A. 馬列毛鄧理論；B. 哲學；C. 社會科學總論；D. 政治、法律；E. 軍事；F. 經濟；G. 文化科學、教育、體育；H. 語言文字；I. 文學；J. 藝術；K. 歷史、地理；N. 自然科學總論；O. 數理化學；P. 天文、地球科學；Q. 生物；R. 醫藥、衛生；S. 農業；T. 工業技術；U. 交通運輸；V. 航空、航太；X. 環境、勞動保護；Z. 綜合性圖書。同理，在上述 22 個基本大類中，同樣可以用食學取代「S. 農業」的位置。

杜威十進圖書分類法（DDC）是由美國圖書館專家麥爾威‧杜威發明的，對世界圖書館分類學有相當大的影響，並被許多圖書館採用。杜威十進位圖書分類法於 1876 年首次發表，歷經 23 次的大改版後，內容已有相當程度的修改與擴充。該分類法以三位數字代表分類碼，共可分為 10 個大分類、100 個中分類及 1000 個小分類，食學完全可以在其中占據一席之地。

食學文獻類目的建立，具有多方面的價值：它首次將散居於各個圖書類目下的食學文獻剝離出來，建立起一個完整全面的人類食事史料體系。它將人類所有的食事認知集納一處，給予多層級的科學分類，給讀者的查找研究和圖書館的資料管理，都帶來極大的便利。

食事歷史學的史料挽救

人類的食事歷史紀錄浩如煙海，但多數是混雜在眾多的非食史紀錄中，以割據化、碎片化的狀態存在。這種存在狀態，極易造成食事歷史學的史料流失。

從世界範圍說，各國、各地區的食事歷史也是以分散、割裂的狀態存在，迄今為止，還沒有一部從世界角度出發，將全人類的食事歷史集納餘一處的著作。這既不利於人類食史的研究，也不利於它們的利用。

為了彌補食史界的這一缺憾，挽救食事文獻，世界各地的食史學者正在做出努力，其中由北京東方美食研究院組織編輯出版的《食學文庫》，頗具開創性意義。《食學文庫》站在全球視角，以洲際、國家、地區分卷，以食物生產、食物利用、食事秩序維度分類，集納了從遠古至西元 19 世紀世界各國各民族的食事文獻，涉及 200 多個國家和地區。全書分為 68 卷 5320 餘冊，總字數約 10 億。其中的中國古籍卷已經出版樣書，其餘的計畫於 20 年內出齊。這套集人類食事歷史之大成的文庫，可以像諾亞方舟為人類保存食物的種子一樣，讓人類食事認知的精神食糧得以保存。借助這套文庫，當代人類可以更清晰地認知食事對人類社會、人類文明發展的歷史影響，更正確地認知隱藏在人類食事歷史背後的經驗、教訓和規律，更好地以史為鑒，理解和解決當今的食事問題。

食事歷史學面對的問題

食事歷史學面對的問題主要有三個：一是學科建設不力。民以食為天，人類歷史在很大程度上是一部食事歷史，許許多多的人類社會發展問題歸根結底都是食事問題。但是迄今為止，歷史學只有戰爭史、教育史、貿易史、文學史等分支，還沒有一門專門研究食事歷史的學科；二是對食事歷史學的重要性認知不夠。食事歷史研究向我們揭示了人類食事古往今來的發展演變規律，蘊含了海量的瞭解昨天、把握今天、開創明天的智慧。食事歷史研究最重要的價值，就是以史為鑒，總結吸取前人的經驗和教訓，發現其中的規律，供今人解決食事問題。但是如今的許多食史研究還停留在低起點和低層次，與食事歷史學的學術目標相差甚遠；三是對食史的借鑒不夠。許多研究機構研究人員只重視對食事文獻的收集，輕視對其中導向的研究和經驗教訓的總結，結果是未能做到古為今用，導致人類食事問題反覆出現。

依靠野生食物的生存方式

　　人類的食物野獲歷史是指人類過去取得與利用野生食物的行為及其結果，簡稱「野獲食史」。從 550 萬年前早期人類誕生，到西元前 1 萬年農業革命開始，人類一直以野獲食物為主要生存手段，食學將其歸納為野獲食事歷史階段。這一階段與人類的原始文明階段相對應。

　　顧名思義，在野獲食事歷史階段，人類的主要獲食方式是野獲，即以採摘、狩獵、捕撈和採集的方式，對天然食物進行直接獲取。在這一階段，人類的勞動效率不高，獲食能力低下。由於還沒有掌握馴化食物的本領，只能隨著季節變化，追隨植物的生長週期和動物的遷徙路線，進行不斷的遷移。即使有時會在食物來源特別豐富的地方落腳，甚至在水產水禽豐富的河邊和海邊建立半固定的漁村，但是從總體上說，還較少出現長時間的定居。

　　在野獲食事歷史階段，人類的獲食工具經歷了一個從無到有的過程。最早的人類在進行野獲時，只能如同其他動物一樣，使用自己的手腳和牙齒。之後，隨著大腦的發達和雙手的進步，人類學會了製作、使用簡單的工具，例如將石塊繫於木棒上進行狩獵，將木棒削尖後用於捕魚，等等。工具提升了人類的獲食效率，也將野獲食事歷史細分為兩個階段：無食用工具階段和簡單食用工具階段。

　　除了生產勞動外，原始人類還會對食物進行簡單的加工，比如將水果曬乾、製作肉餅、製作魚乾，等等。受大自然的啟發，碎解、烹飪、發酵等食物加工模式，漸次在原始人群中出現。尤其是對火的掌握和使用，讓食物由生變熟，人類的吃法也從早期的生食，進化為生食＋熟食＋酵食。

　　壽期是指人的生命長度，是考量吃事的最終標準。在野獲食事歷史階段，由於食物來源的不確定，原始人類的平均壽命較短，例如北京猿人，考古顯示，死於 14 歲以下的孩童占 39.%，死於 30 歲的占 7%，死於 50 歲的占 7.9%，死於 50 ～ 60 歲的占 2.6%，其平均壽命只有 15 歲。

　　在野獲食事歷史階段，文字還沒有出現，這一階段的食事歷史紀錄多為古人類留下的石製生產加工工具，飲食器具上的紋飾圖案，以及描繪早期人類食為活動的岩洞壁畫等等（如插圖 4-5 所示）。

插圖 4-5　西元前 13000 ～ 12700 年印度比莫貝卡特岩畫上描繪的食物狩獵場景。

　　野獲食史學的編碼是〔SS133100〕，野獲食史學是食學的四級學科，食事歷史學的子學科。用野獲方式獲取食物，占據了人類誕生以來 99% 以上的時長。野獲食史學的確立，對研究人類的發展歷史，具有非常重要的意義。

野獲食史學的定義

　　野獲食史學是研究人類過去取得與利用野生食物的行為及其結果的學科，是研究古代食事與當今食事行為之間關係及其規律的學科，是研究借鑒過去的野獲食事以解決當今食事問題的學科。

野獲食史學的任務

　　回溯歷史是為了指導當下的實踐活動，野獲食史學的首要任務是從人類野獲食事階段留下的食事行為紀錄中，尋找、總結人類食事的歷史經驗，吸取、借鑒食事行為的歷史教訓，匡正現在的不當食事行為，為當今的人類食為提供借鑒，更好地解決當今的食事問題。

野獲食史學的具體任務還包括利用當代科學技術，對野獲食事歷史階段的史料進行挖掘、發現、整理和保存，以便這些珍貴的史料能夠長久地傳承下去。

野獲食史學的體系

野獲食史學的體系以野獲的方式分類，將野獲食事歷史分為食物採摘歷史學、食物狩獵歷史學、食物捕撈歷史學和食物採集歷史學，4門食學五級子學科（如圖4-33所示）。

圖4-33　野獲食史學體系

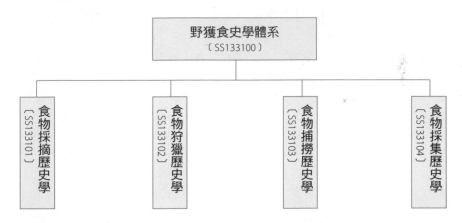

食物採摘歷史學。食物採摘歷史學是食學的五級學科，野獲食史學的子學科。食物採摘是指對天然食用植物進行採摘，包括對天然食用菌類的採摘。食物採摘曾經是人類不可或缺的生存手段之一。比較用狩獵方式獲取食物，採摘方式更為方便、簡單、安全，在食源方面也更有保證。因此，在食物野獲歷史階段，食物採摘的地位要高於食物狩獵。

食物狩獵歷史學。食物狩獵歷史學是食學的五級學科，野獲食史學的子學科。食物狩獵是指對天然陸生食用動物進行捕獵的活動。食物狩獵曾經是人類極為重要的生存手段之一。在世界各地的人類遺跡考古活動中，都發現過大量的獸骨，其中有的獸骨上還留下了人類使用石製工具的痕跡。人體一些必須的營養成分，需要通過肉類食物補充。所以說，沒有歷史上的食物狩獵就沒有人類的個體健康和種群延續。

食物捕撈歷史學。食物捕撈歷史學是食學的五級學科，野獲食史學的子學科。食物捕撈是指對水域食用動物進行捕撈。食物捕撈曾經是人類重要的生存手段之一。在北京

周口店山頂洞文化（距今約 1.6 ～ 3.4 萬年）的遺跡中，發現過許多當時人類食用後的魚骨；在中國另一處陝西半坡遺址中，發現過骨製的魚叉和魚鉤。這說明在遠古時代，對水域食用動物的捕撈已經成為當時人類的一種主要獲食方式。

食物採集歷史學。食物採集歷史學是食學的五級學科，野獲食史學的子學科。食物採集是指對水、鹽等天然礦物食物資源進行收集與提取。食物採集曾經是人類重要的生存手段，對於今天的人類依然重要。水是人類生存的必須食物，所以早期人類的生存足跡總是逐水而居。考古中發現的人類早期食用器具中，有相當一部分是汲器和飲器。由於原始人類可以從動物血肉中攝取所需的鹽分，所以鹽的採集歷史比水的採集歷史要短。

野獲食史學面對的問題

野獲食史學面對的主要問題有兩個：對野獲食史重視不夠、缺少野獲食史的研究機構和人才。

▌對野獲食史的重視不夠

野獲食物歷史，是人類食事史中歷時最長、涉及人數最多的歷史階段，對人類文明和人類社會發展都具有十分重要的意義。但是這樣一個重要的歷史階段，由於距離遙遠，史料缺乏，採摘、狩獵等行業逐漸萎縮，因而沒有得到當今史界的重視。在當今許多歷史學教材中，僅僅把它當作人類的一個早期階段一帶而過，缺少深入細緻的解讀；也沒有一個專門的科研機構對其進行深入研究。當今的野獲食事歷史研究，被劃歸為考古學的一部分，無形中降低了它對當今食事的借鑒指導意義。

▌缺少野獲食史的研究機構和人才

對野獲食事歷史的重視程度不夠，直接導致了食物野獲歷史研究機構的缺失；食物野獲歷史研究機構的缺失，又導致了野獲食事歷史研究人員的流失和缺失、導致了這一領域缺乏專門的研究人才。為了彌補這一缺憾，必須重視相關科研院所的建立，相關教學院系的設置，以及相關教材的編寫，相關人才的培養，相關教職人員的充實。

食物供給穩定的生存方式

　　人類的食物馴化的歷史是指人類過去馴化與利用食物的行為及其結果，簡稱「馴化食史」。食物馴化是農業文明的標誌，是將天然可食動植物的自然繁殖變為人工控制。馴化食物始於西元前 1 萬年，直到今天，人類仍然處於馴化食物階段。馴化食事歷史與農業文明、工業文明對應。

　　馴化食物包括三個方面：一是對可食性植物的種植；二是對可食性動物的養殖；三是對菌類食物的培養。馴化使人類的食物來源趨於穩定和充實。它不僅改變了人類食物生產的方式，還改變了人類食物利用的方式以及食事管理的方式。

　　從歷史發展看，人類對野生天然食物的馴化可以分為兩個階段：農業馴化階段和工業馴化階段。在農業馴化階段，人類憑藉著種養技術的進步，以及食用工具尤其是金屬食用工具的使用，將生產效率提升到一個新的高度。在工業馴化階段，動力工具的出現、化學合成物的使用，使得食物生產效率得到超高的發展，同時也降低了食物的品質，帶來了食品安全等一系列食事問題。

　　農業馴化階段。大約西元前 1 萬年，人類社會發生了農業革命，在西亞、東南亞、中南美洲地區，人類在長期的實踐中，逐步觀察和熟悉了某些植物的生長規律，由採集野生小麥發展為有意識栽種，由遷徙逐步過渡到半定居、定居的農耕模式。考古資料顯示，西亞的札格羅斯山區、小亞細亞半島南部、東地中海沿岸的約旦、巴勒斯坦、黎巴嫩等地，是世界上最早的大麥、小麥、小扁豆等栽種地。在中國黃河中上游、長江中下游地區，最早種植的是粟和水稻。在中南美洲的墨西哥、祕魯和玻利維亞等地，也開始出現玉米、豆類、馬鈴薯等馴化食物。狗和綿羊是最早被人馴養的動物，在伊拉克的帕勒高拉洞穴遺址內，發現了西元前 1 萬年家養狗的骨骼；居住在近東的人類開始養殖山羊、綿羊、牛和豬；東南亞人開始養雞。比較對食物的種植、養殖，對食用菌的馴化則要晚得多。人類對菌類食物的採摘利用已有數百萬年的歷史，但菌類食物的人工馴化則出現於中國的東漢時期（西元 25 年～ 220 年），距今不到 2000 年。

　　在這一時期出現的早期文字，如刻在泥板上的楔形文字，青銅器上的銘文，寫在羊皮、紙莎草和竹簡上的古文，等等，記錄了農業馴化階段的史實。西元前 40 世紀中期，蘇美人首先發明了圖畫文字，例如要表示「食物」，就畫一個盛著食物的碗。西元

前 3200 年，兩河流域出現的楔形文字，其中許多與食相關。象形之外，還有會意字，例如由 SAG（頭）和 NINDA（麵包）兩個字組成「吃」，將杵和臼放在一起就是「搗碎」「舂」（如圖 4-34 所示）。

圖 4-34　與食物有關的原始楔形文字

在農業馴化階段，食用工具也取得了長足的進步。冶煉技術的發明和金屬器具的製造，尤其是鐮刀、鋤頭、釘耙、鍬、鎬等鐵質食用工具的出現，使食物馴化的人工效率大為提高。而鐵質工具的出現，又帶動了食物貯藏、運輸、交通、包裝用具的全面發展，帶動了食物流通和交流。中國漢代建元三年（西元前 138 年），張騫任使者通西域，開闢了「絲綢之路」，這也是一條人類食物的國際交流之路。1492 年，義大利探險家哥倫布的遠航更開啟了人類食物的洲際交流。歐洲人在新大陸上培育出高產的糧食作物，不僅成為土著和新來者必不可少的主食，也跨越大西洋為現代人口增長奠定了基礎：小麥、蔗糖、稻米和香蕉西移，玉米、馬鈴薯、番茄、番薯和巧克力東移，阿拉伯咖啡和印度胡椒被移植到印尼，南美洲的馬鈴薯被移植到北美洲。在這一歷史階段，食物的交流與再分配重新塑造了世界，玉米和番薯的到來使中國的人口從 1650 年的 1.4 億人增加到 1850 年的 4 億人，歐洲的人口從 1650 年的 1.03 億人增長到 1850 年的 2.74 億人。

工業馴化階段。18 世紀 60 年代工業革命發生，它不僅為人類進入工業文明時代吹響了號角，同時也為人類的食物馴化帶來了巨變。動力機械進入食物馴化領域，農藥、

化肥、工業殺蟲劑和各種激素類藥物被大規模運用到食物種植養殖中,都對人類的食物馴化產生了重大影響。

在工業革命時代,曳引機、播種機、收割機等動力食用機械設備,被源源不斷地設計、製造出來,以往那些使用人工食用工具的地方,幾乎全部被它們占領。動力設備代替了人力,使得食物生產的人工效率得以十倍百倍地提升。與此同時,新的動力貯運設備、包裝器材紛紛問世。飛機、火車和汽車等動力機械開始跨越大陸和海洋,將糧食、水果、蔬菜和肉類運送到遠方市場,改變了人類食物的生產和消費結構。

19 世紀中葉,伴隨著化學工業的發展,用於食物的化學合成物開始出現。此後面向食物馴化領域的化學合成物和化工提取物,例如化肥、農藥、獸藥和各種用於食物生產的激素,等等,爭先恐後地湧向田間地頭。它們的應用,極大地提升了食物種養的效率,也帶來了人類與食母系統的衝突,帶來了食物安全問題。

綜觀人類的食事歷史,食物馴化其實是一把「雙刃劍」。它穩定了人類的食源,促進了人類社會發展,但與此同時也讓人類的食源趨於狹窄化,影響了人類的食用健康以及與食母系統的和諧發展。

馴化食史學的編碼是〔SS133200〕,是食學的四級學科,食事歷史學的子學科。馴化食事歷史是人類重要的發展階段,但是迄今為止,歷史學體系中並沒有一門專門研究馴化食事史的學科。馴化食史學的設立,會讓這一不足產生根本性的改觀。

馴化食史學的定義

馴化食史學是研究人類過去馴化與利用食物的行為及其結果的學科,是研究馴化歷史與當今人類食事行為之間關係及其規律的學科,是研究借鑒過去的馴化食事以解決當今食事問題的學科。馴化食事歷史是對人類以往食物馴化過程和經驗的記載。

馴化食史學的任務

馴化食史學的任務是借鑒人類過去馴化食事的經驗,矯正當今食事行為,解決當今食事問題。

馴化食史學的具體任務包括:通過對馴化食事歷史的整理和研究,瞭解人類在馴化食事歷史階段的食事行為特點,發現人類在食物馴化領域存在的問題,對解決這些問題提供經驗性的幫助。

馴化食史學的體系

馴化食史學體系以馴化的種類為分類依據，分為種植馴化歷史學、養殖馴化歷史學和菌殖馴化歷史學 3 門食學五級子學科（如圖 4-35 所示）。

圖 4-35　馴化食史學體系

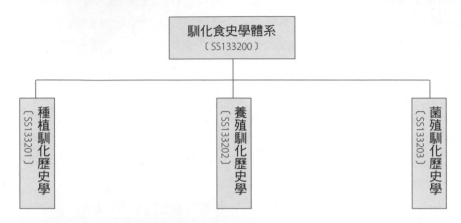

種植馴化歷史學。種植馴化歷史學是食學的五級學科，馴化食史學的子學科。食物種植是指以獲取食物為目的，通過對植物的人工馴化，取得糧食、蔬菜、水果等食物，從而保障人類植物性食物的數量與品質。食物種植是人類一個古老的行業，發展至今，人類食物生產總量的近 80% 都是食物種植業所貢獻的。如何溫故知新，從歷史中發現經驗教訓，促進食物種植從化學種植向數位種植、生態種植轉化，是種植馴化歷史學的一個重要任務。

養殖馴化歷史學。養殖馴化歷史學是食學的五級學科，馴化食史學的子學科。食物養殖是指以獲取食物為目的，通過對可食性陸地動物進行人工繁殖和培育。食物的養殖馴化是從原始時代的狩獵中發展起來的，它使人類的動物性食物來源趨於穩定，但養殖馴化也帶來了一系列弊病：占用土地過多，料肉比過高，大量排放二氧化碳等氣體給自然環境帶來巨大的傷害。從養殖歷史中發現客觀規律，促進食物養殖的正向轉化，是養殖馴化歷史學的一項重要任務。

菌殖馴化歷史學。菌殖馴化歷史學是食學的五級學科，馴化食史學學的子學科。食物的培養是指對食用菌類食物進行人工馴化。人類對菌類食物的人工培養已有將近兩千年的歷史，當今菌類食物已經成了繼糧、棉、油、果、菜之後第六大食用產品。菌殖馴

化歷史學的任務，就是要古為今用，從食用菌類的馴化歷史中找出有益的經驗教訓，為當今的食用菌生產和利用提供借鑒。

馴化食史學面對的問題

馴化食史學面對的問題主要有兩個：馴化食史的研究方向有偏差，馴化食史文獻的全球共享不夠。

▌馴化食史的研究方向有偏差

比較野獲食事歷史研究，馴化食事歷史的研究豐富多彩，數量眾多，但是在研究方向上有偏差：一是重記錄，輕結論，理論探索不足；二是研究領域碎片化，缺少將食物生產、食物利用和食事秩序合為一體的整體性研究；三是錯誤地理解古為今用方針，多數為為了某個企業的某個產品在故紙堆中尋找來歷，缺少對歷史食事經驗的歸納與總結，缺少導向型的、可供當今食事借鑒的理論研究成果。

▌馴化食史文獻的全球共享不夠

馴化食事歷史散置於不同國家、不同地區、不同民族之間，由於語言、文化和地區的差異，影響了它的共知共享。當今世界上的語言約有 2790 多種，馴化食事歷史文獻多為本國、本民族語言記錄，缺少相應整理、翻譯，很難進行世界性的傳播和共享。對散存於世界各地的馴化食事歷史文獻進行必要的搜集、整理、翻譯、傳播，這是馴化食事歷史領域亟須進行的一項工作。

第五部

食事文明

本章重點討論食事與文明的關係、食事問題與文明的關係、食事問題的分布與體系、食事問題的部分解決與整體解決、食事問題的階段解決與徹底解決等。

從食事的角度看，在原始文明階段，人類幾近百分之百的精力，都用在解決食事問題上。農業文明就是以解決食事問題為主要內容的文明。工業文明為應對食事問題做出了巨大貢獻，在解決了很多食事問題的同時，又產生了新的食事問題。儘管食事問題是關係到人類生存與文明的根問題，但食事問題一直沒有得到全面解決、徹底解決。食事文明既是一種對人類文明新的劃分方式（見第 505 頁食事文明階段劃分），也是一種食事問題得到全面徹底解決的結果。

在人類文明歷史階段中，食事與食事問題一直貫穿其中。尋找食物是原始文明階段人類的第一要務；農業文明是以食物馴化為標誌的，本質也是食事的文明；工業文明給食事帶來了巨大的變革，動力設備使勞動效率大幅提高，化學合成物提高了食物生產的面積效率和生長效率。與此同時，工業文明也給食事帶來三個新問題：一是化學合成物的副作用威脅日增；二是人口爆炸導致食物需求暴增；三是對生態的干擾威脅食物可持續供給。要想全面徹底解決上述問題，必須對工業文明不可持續的行為進行反思，對當今的社會產業劃分進行新的認知，讓食物利用重歸人類食事的核心地位。

人類食事問題從來沒有得到全面徹底的解決，食事問題的全面徹底解決，將是人類文明進程中一個偉大的里程碑。

食事與文明

中國有句俗語，「開門七件事，柴米油鹽醬醋茶」，是說每天都離不開食事。德國諺語「Der Mensch ist, was er isst（其食造就其人）」，是說食物的稟賦成就了人的稟賦。地球上每個人的食事，都與家庭、民族、國家、種群的發展息息相關。食事不僅與人的肌體、壽命相關，並且與人類文明的起源、演化息息相關。弗里德里希·恩格斯說「勞動創造了人本身」。[1] 很顯然，那時的勞動，是獲取食物的勞動、是食事。食事先於文明而存在。

食事是人類文明起源的動能

人類的文明主要體現在 6 個維度，即智、美、禮、權、序、嗣。從這 6 個緯度看，食事是人類文明的源頭，是促進人類腦容量增長的主要因素。第一，智源於食事。尋找食物的過程中，工具的製作與使用，是開啟人類智慧的鑰匙。石斧、石鐮等工具的出現，都是食事啟迪智慧的體現，是人類與動物之間拉開智慧距離的標誌；第二，美源於食事。人之初無美感，最早的美感來源於食事，來源於植物果實的甜美和動物熟食的醇香。換句話說，人類最初的美感來源於味覺而不是視覺；第三，禮源於食事。讓是禮儀的核心內容，對食物的謙讓，是人類禮儀的濫觴。敬是禮儀的重要內容，敬天、敬人都離不開食事。吃是人的第一需求，食禮也是人類萬禮之祖；第四，權源於食事。誰控制了食物，就獲得了尊重與服從，這就是權力。正如一句流傳很廣的話說的那樣，「誰控制了糧食，誰就控制了人類」。鼎在中國本來是飲食器具，後來演化成為權力的象徵，就是這個道理；第五，序源於食事。爭搶食物是人類衝突的重要因素，合理的分配食物資源是維持秩序的根本。食物短缺是人類衝突的基本原因，食物充足是社會和諧的前提。食事是社會秩序的核心內容；第六，嗣源於食事，家族的延續、種群的延續都依賴

---

[1] 〔德〕弗里德里希·恩格斯（Friedrich Engels）著：《自然辯證法》（*Dialektik derNatur*），中共中央馬克思恩格斯列寧史達林著作編譯局譯，人民出版社 1971 年，第 149 頁。

食物的可持續供給。假如沒有食物，人類連自身生命都無從保障，何談傳承、接續、延續？

食事是人類文明內容的核心

食事，是當今文明的核心內容。上述 6 個維度的文明內容，依舊是人類今天文明的主體。食事的體量非常龐大，進入 21 世紀，全世界仍然有 50% 以上的人口在為食事而勞作，沒有任何一個行業的規模能與之相比。人們的生存、生活品質與食事相關，和平還是衝突、貧窮還是富有、疾病還是健康，無不與食事息息相伴。食事決定生存，食事決定生活，食事決定每一個人的健康長壽，食事決定社會秩序的和諧穩定。當今人類文明的表現形式更加豐富多彩、更加任性不羈，有時似乎遠離了文明的初心。人類文明既要有所為，也要有所不為。食事是文明的主體，如果沒有食事的支撐，一切文明都是空中樓閣。今天的文明，還不是人類的整體文明，因為地球上還有 8.2 億人處於饑餓中，食事問題還沒有得到全面解決。人類整體文明的首要標誌，就是食事問題得到了徹底解決。食事問題徹底解決之日，就是步入人類整體文明之時。

食事是人類文明持續的基石

食事不僅成就了人類文明，而且決定著人類文明的未來。食事是人類生存之事，也是人類社會發展之事。如果食物供給不能持續，人類社會就不可持續。食事問題處理不好，不僅威脅到人類文明的持續，更會威脅人類種群的持續。

2015 年 9 月 25 日，聯合國可持續發展峰會在紐約總部召開，聯合國 193 個成員國在峰會上正式通過了可持續發展目標（Sustainable Development Goals），可持續發展目標旨在以綜合的方式徹底解決社會、經濟和環境三個維度的發展問題，並使之轉向可持續發展道路，其首要目標是在世界上每一個角落永遠消除貧困。不難看出，食物短缺是貧困的重要標誌。在這 17 個目標中有 12 個與食事相關，可見食事問題是可持續發展的重要因素。2019 年 6 月 24 日，大阪 G20 首腦峰會之世界食學論壇發布的《淡路島宣言》，達成了關於食事的四大共識，其中第一個共識就是「食事問題的有效解決是人類可持續發展的前提」。[②] 人類的食事認知能力與食事問題應對能力，決定著人類文明的未來。

---

② 日本，2019 年 6 月大阪 G20 峰會之世界食學論壇《淡路島宣言》。

食事文明階段劃分

食事文明是對人類文明的一種新的理論探討，是建立在食事基礎上，對人類文明的一種新的認知和劃分。

食事即所有人類與食相關的內容，包括食物生產、食物利用和食為秩序。人類文明包括物質文明和精神文明，二者都建立在食事的基礎上。正如上文所說，食事是人類文明的來源，是人類文明的基礎，是人類文明的紐帶，是人類文明的核心內容。人類的智、美、權、禮、序、嗣等6個維度的文明內容，都來源於食事。直至今天，食事依舊是人類文明的主體。

食事文明階段是依據食事文明理論，對人類文明進行的階段劃分。不同於對文明階段的主流觀點，它以人類的食事變遷作為劃分依據，將人類的文明階段劃分為六個階段。

一是生食文明階段。這一文明階段與食事歷史中的生吃階段對應，表現特徵為以採捕野生動植物為食，隨著植物的生長期和動物的生長地而流徙，對食物的加工只有碎解，沒有烹飪。

二是熟食文明階段。這一文明階段與食事歷史中的熟吃階段對應，表現特徵為人類對火的掌握和利用，使食物由生吃轉為製熟，讓人類的食物範圍大為拓展，促進了大腦的發育。

三是馴化文明階段。這一文明階段與食事歷史中的馴化階段對應，表現特徵為人類開啟了種植、養殖等馴化食物的歷程，保證了食物來源的穩定，並促進了村莊、城市等定居場所的誕生。

四是動化文明階段。這一文明階段與食事歷史中的動力機械和化學合成物介入階段對應，表現特徵為動力機械和化學合成物大量進入食事領域，極大地促進了食事效率的提高，促進了食物產量的提升，但同時也對食母系統和人的肌體帶來了負面影響。

五是數控文明階段。這一文明階段與食事歷史中的數位技術介入階段對應，表現特徵為通過對食事數位平臺等數位控制技術和手段的應用，讓人類的食事得到各領域間的互聯，全球的互聯，從而讓人類的食事治理上升到一個新的階段。

六是食業文明階段。這一文明階段與食事歷史中的食業文明階段相對應，表現特徵為通過對不當食為的矯正，食事問題全面解決，人類叩響了理想世界的大門。

以食事為主要特徵對人類文明進行劃分，比較傳統的人類文明劃分，更體現了人類文明的本質（如表5-1所示）。

表 5-1　文明階段對比表

食事文明階段劃分	傳統文明階段劃分
生食文明	原始文明
熟食文明	
馴化文明	農業文明
動化文明	工業文明
數控文明	後工業文明、知識文明
食業文明	生態文明

食事問題

食事問題（Shiance Issues）是指在食物生產、利用、秩序領域出現的矛盾和疑難，英文縮寫為 SI。食事問題是人類文明的「根問題」。食學是為了解決客觀存在的食事問題而生，食事問題是食學研究的真正起點，食學的任務就是解決人類所有的食事問題。人類的食事問題多如牛毛，它既包括老問題和新問題，又包括局部的問題和全域的問題，也包括近期的問題和長遠的問題，還包括顯性問題和隱性問題。從時間維度看，人類對食事問題的應對，經歷了單項應對、組合應對、部落應對、政體應對四個階段，正在走向全球應對階段。食事問題的百年治理，是著眼百年的食事問題應對機制；食事問題的百年解決，是食事問題解決效果可以持續百年。食事問題的千年治理，是著眼千年的食事問題應對機制；食事問題的千年解決，是食事問題解決效果可以持續千年。

找到問題的本質，是解決問題的前提。在此之前，許多學者研究食事問題，一般著眼點是食物、食文化、食生活、食思想等。筆者認為最重要的應該是食為，因為當今諸多食事問題均是由不當的食為帶來的，它們之間是因果關係，不當食為是因，食事問題是果。矯正不當食為，是解決食事問題可落地的具體方法。食為系統的三大關係，是認識食事問題的核心（如圖 5-2 所示）。三大系統中的不當食為及三者關係失衡是當今人類食問題的根源所在。

食事問題是社會運行的根問題，每當重大衝突來臨，無論是人類內部的衝突，還是人類與生態之間的外部衝突，食事問題的根性特徵就會顯現出來。所有的社會問題都會服從食事問題，因為食事問題決定人類的生存與發展，這就是其「根性」的緣由所在。

食事問題的定義

食事是人類與食物生產、利用、秩序相關的行為及其結果。食事問題是因人類在食物生產、利用、秩序領域出現的矛盾和疑問。

人類面臨的食事問題有多種維度。從時間維度方面看，人類誕生之初就一直與之相伴；從空間維度方面看，它不僅遍布各國各地區，還遍布食物生產、食物利用和食事秩

圖 5-1　食事問題五個方面示意圖

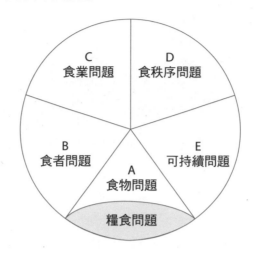

圖 5-2　食為系統的三大關係

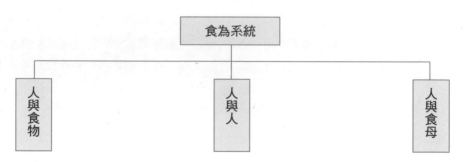

序的全領域，有人的地方就有食事問題。從食事問題的層級看，人類面臨著多層級的食事問題。從食事問題的類型看，既有老問題也有新問題，既有局部問題也有整體問題；從問題的性質和解決的緊迫程度看，食事問題既是人類面臨的各項問題中的基礎問題，又是發展道路上必須解決的首要問題。

　　只有對食事問題整體認知，整體解決，才能徹底解決困擾了人類數千年的食事問題。

食事問題體系

　　食事問題體系有 A、B、C 三種分類方法。食事問題體系的建設，是一項基礎性的工作，把食事問題釐清，有助於我們從整體的角度去認知食事問題，有助於我們有的放

矢地去解決人類的食事問題，從而更加有效地應對人類今天所面臨的食事困境。

▌食事問題 A 體系

食事問題 A 體系又稱 9-32 食事問題體系，它是以食事問題內在特徵和屬性分類。

其中的 9 是指食事問題可以按屬性拆分為 9 個方面，即食物數量類、食物品質類、食物可持續類、食事致病類、食者壽期類、食物浪費類、食者權利類、食事汙染類和食事衝突類。

其中的 32 是指人類面臨的三級食事問題有 32 個。它們是食物數量類中的耕地減少問題、水資源貧乏問題、自然災害問題、粗耕粗作問題；食物品質類中的食物汙染問題、化學添加問題、腐敗變質問題、病蟲危害問題；食物可持續類中的人糧互增臨限問題、威脅種群延續問題；食事致病類中的進食維度不全問題、缺食病問題、汙食病問題、偏食病問題、過食病問題、敏食病問題、厭食病問題；食者壽期類中的壽期不充分問題、認知錯位問題；食物浪費類中的損失型問題、丟失型問題、變質型問題、奢侈型問題、時效型問題、商競型問題、過食型問題；食者權利類中的沒有權利問題、受到威脅問題；食事汙染類中的食母汙染問題、食母破壞問題；食事衝突類中的引發戰亂問題、他事衝擊問題（如圖 5-3A 所示）。

隨著研究的深入，食事問題 A 體系還需要進一步完善和增加層級。例如，食權受到威脅的三級問題下還可以拆分出更具體、更細緻的四級食事問題，如種子商業控制問題、糧食商業控制問題、環境破壞問題、戰亂影響問題，等等。對食事問題研究的越深入越細緻，人類食事問題體系就越完善。

本章對食事問題的研究，是建立在食事問題 A 型分類法之上的研究。

▌食事問題 B 體系

食事問題 B 體系是以食學體系和食事問題屬性相結合的方法進行分類的，以此構成一個整體體系。食事問題 B 分類法又稱 4-36 分類法，其中的 4 是把人類的食事問題分為四個層級：第一層級是食學層級食事問題；第二層級是食物生產、食物利用和食事秩序層級的食事問題；第三層級是食學 13 個三級學科層級的食事問題；第四層級是食學 36 門四級學科層次的食事問題（如圖 5-3B 所示）。

食事問題 B 型分類法是依據食學科學體系搭建。它的四級問題體系，與食學四級學科體系相對應。它的構建方式，也與食學體系的構建方式一致，例如它的二級問題為 3 個，與食學體系的 3 門二級學科一致；三級問題有 13 個，與食學體系的 13 門三級學

圖 5-3A　食事問題 A 體系

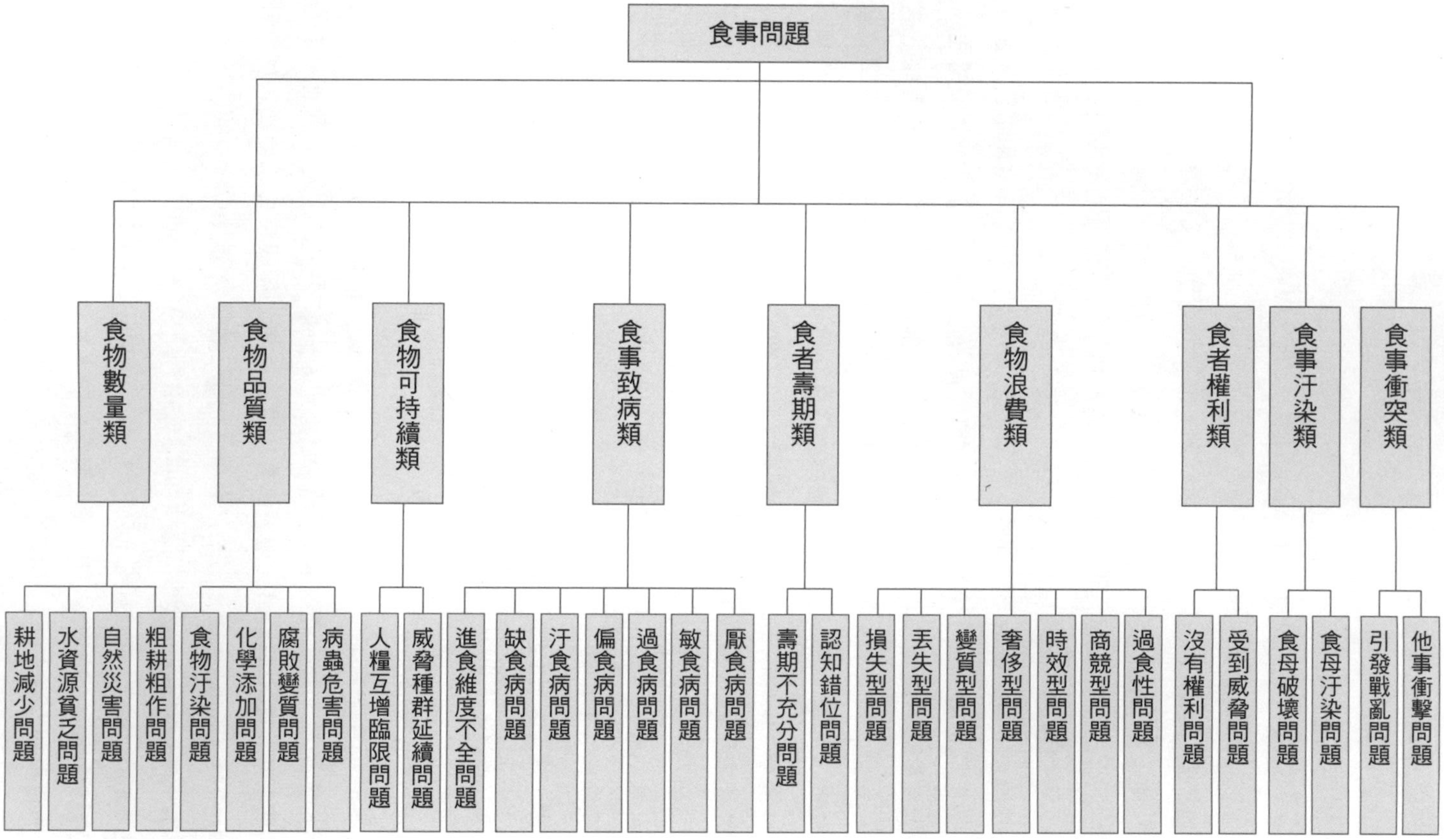

食事問題

- 食事衝突類
  - 他事衝擊問題
  - 引發戰亂問題
- 食事汙染類
  - 食母汙染問題
  - 食母破壞問題
- 食者權利類
  - 受到威脅問題
  - 沒有權利問題
- 食物浪費類
  - 過食性問題
  - 商競型問題
  - 時效型問題
  - 奢侈型問題
  - 變質型問題
  - 丟失型問題
  - 損失型問題
- 食者壽期類
  - 認知錯位問題
  - 壽期不充分問題
- 食事致病類
  - 厭食病問題
  - 敏食病問題
  - 過食病問題
  - 偏食病問題
  - 汙食病問題
  - 缺食病問題
  - 進食維度不全問題
- 食物可持續類
  - 威脅種群延續問題
  - 人糧互增賭限問題
- 食物品質類
  - 病蟲危害問題
  - 腐敗變質問題
  - 化學添加問題
  - 食物汙染問題
- 食物數量類
  - 粗耕粗作問題
  - 自然災害問題
  - 水資源匱乏問題
  - 耕地減少問題

圖 5-3B　食事問題 B 體系

圖 5-3B　食事問題 B 體系

種群不可持續問題

- 世界食秩序不和諧問題
  - 食事歷史類問題
    - 馴化食內類問題
    - 野獲食內類問題
  - 食為教化類問題
    - 食為習俗類問題
    - 食學教育類問題
  - 食事制約類問題
    - 食事數控類問題
    - 食事行政類問題
    - 食事法律類問題
    - 食事經濟類問題
- 個體健康壽期問題
  - 吃事類問題
    - 合成物吃療類問題
    - 偏性物吃療類問題
    - 吃病類問題
    - 吃美類問題
    - 吃法類問題
  - 食者肌體類問題
    - 食者體構類問題
    - 食者體性類問題
  - 食物成分類問題
    - 食物元素類問題
    - 食物元性類問題
- 食物供給不可持續問題
  - 食為工具類問題
    - 食為動力工具類問題
    - 食為手工具類問題
  - 食物流轉類問題
    - 食物包接類問題
    - 食物運輸類問題
    - 食物貯藏類問題
  - 食物加工類問題
    - 食物發酵類問題
    - 食物熟化類問題
    - 食物碎解類問題
  - 人造食物類問題
    - 調體合成食物類問題
    - 調物合成食物類問題
  - 食物馴化類問題
    - 食物菌殖類問題
    - 食物養殖類問題
    - 食物種植類問題
  - 食物野獲類問題
    - 食物採集類問題
    - 食物捕撈類問題
    - 食物狩獵類問題
    - 食物採摘類問題
  - 食物母體類問題
    - 食母修復類問題
    - 食母保護類問題

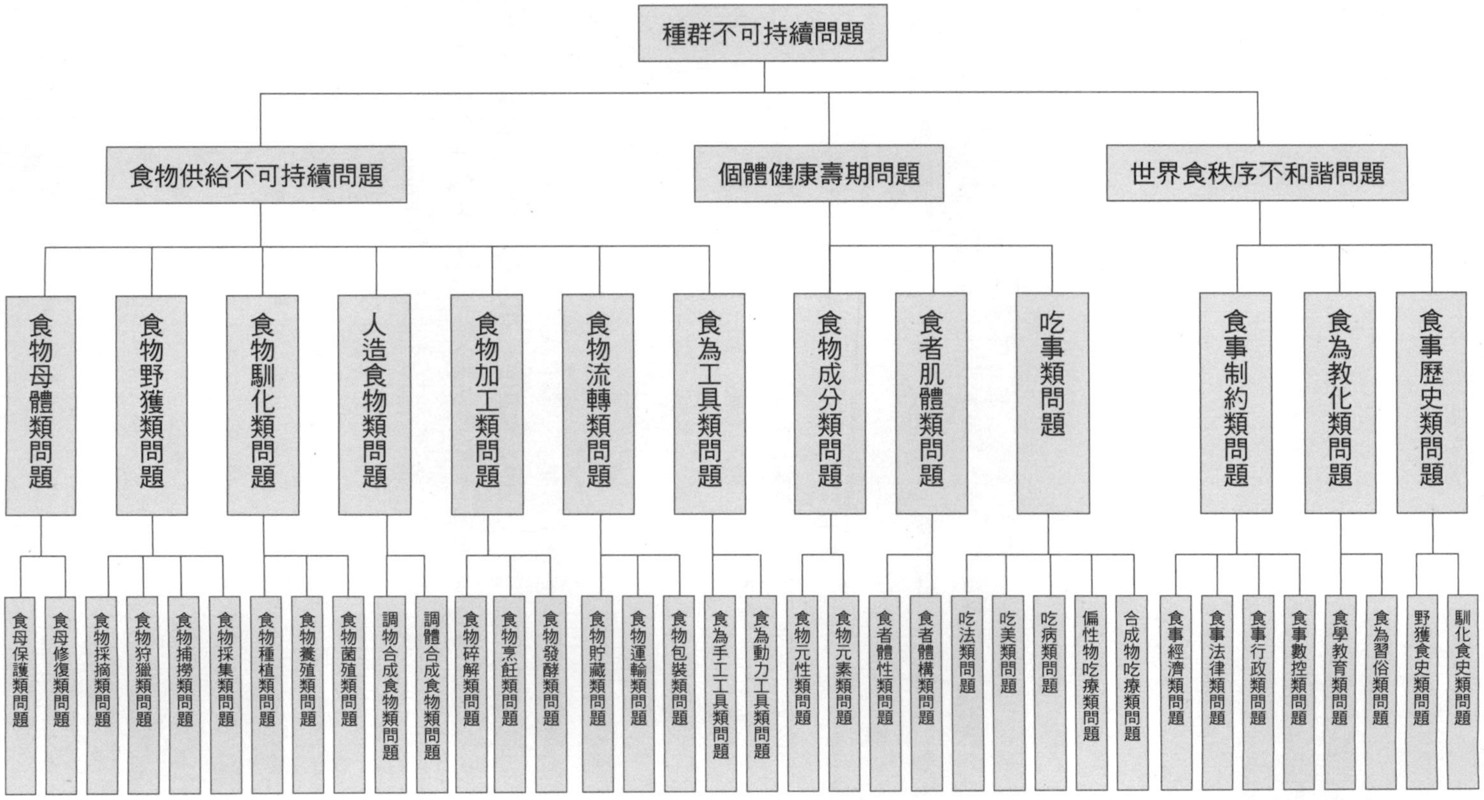

科一致；四級問題有 36 個，與食學體系的 36 門四級學科一致。

▌食事問題 C 體系

食事問題 C 體系，又稱「1-3-7-21-69-201」食事問題體系。

食事問題 C 體系，把食事問題分為六個層級。其中一級食事問題 1 個，即食事問題本體；二級食事問題 3 個，為食母問題、食物問題和食者問題；三級食事問題 7 個，四級食事問題 21 個，五級食事問題 69 個，六級食事問題 201 個，分別為 3 個二級食事問題的下層、深入、細分的解析。

食事問題 C 體系是食事問題的最新研究成果，也是迄今為止層級最多、包容最全的食事問題體系（如拉頁 2 所示）。

食事問題的三種體系類型，是從不同角度對食事問題的劃分。它們的並存，可以讓我們對食事問題進行多角度的觀察和審視，從而對人類食事問題的認知更全面、更清晰，也更立體。

需要說明的是，無論是食事問題的哪種分類法，到了五級問題即具體食事問題階段，乃至今後要研究補充的六級食事問題階段，兩者的重疊就會越來越多。這是因為，具體的食事問題是一種客觀存在，無論怎樣分類，都不會改變問題自身。我們最終都要直面它們，認知和解決它們。

食事問題體系編碼

食學體系分類法中各級食事問題分別設有編碼，其設置原則如下：

食事問題體系編碼由 6 位阿拉伯數字組成：第一位數表示一級層級的食事問題；第二位數表示二級層級的食事問題；第三位數表示三級層級的食事問題；第四位數表示四級層級的食事問題；第五、第六位數表示五級層級的食事問題。例如在食事問題 B 體系中，「種群不可持續問題」屬於第一層級的問題，編號為〔SIb100000〕，「食物供給不可持續問題」屬於第二層級的問題，編號為〔SIb110000〕，「食物母體類問題」屬於第三層級的問題，編號為〔SIb111000〕，「食母保護類問題」屬於第四層級的問題，編號為〔SIb111100〕，「人類對食母系統干擾加劇」屬於第五層級的問題，編號為〔SIb111101〕。

食事問題體系編碼的價值在於對每個食事問題的唯一性進行了界定，讓每一個食事問題都具有了自己的「身分證」，便於人們查找和電腦檢索。

由於食事問題存在三個分類體系，需要在編碼上予以區分。區分的方式是在食事

問題 A 體系編碼前加「SIa」，在食學問題 B 體系編碼前加「SIb」，在食學問題 C 體系編碼前加「SIc」。表中的 X 代表 1-9，0 代表空位，SI 是 Shiance Issue 的縮寫，含義為「食事問題」。以下的食事問題編碼以 B 體系示例（如表 5-2、5-3、5-4、5-5 所示）。

表 5-2　食事問題體系編碼表

等級＼數位	1 位	2 位	3 位	4 位	5 位	6 位
第一層級	X	0	0	0	0	0
第二層級	X	X	0	0	0	0
第三層級	X	X	X	0	0	0
第四層級	X	X	X	X	0	0
第五層級	X	X	X	X	X	X

注：字母 X=1-9

表 5-3　一、二、三級食事問題編碼表

一級食事問題（1 個）	二級食事問題（3 個）	三級食事問題（13 個）
種群不可持續問題〔SIb100000〕	食物供給不可持續問題〔SIb110000〕	食物母體類問題〔SIb111000〕
	個體健康壽期問題〔SIb120000〕	食物野獲類問題〔SIb112000〕
	世界食秩序不和諧問題〔SIb130000〕	食物馴化類問題〔SIb113000〕
		人造食物類問題〔SIb114000〕
		食物加工類問題〔SIb115000〕
		食物流轉類問題〔SIb116000〕
		食為工具類問題〔SIb117000〕
		食物成分類問題〔SIb121000〕
		食者肌體類問題〔SIb122000〕
		吃事類問題〔SIb123000〕
		食事制約類問題〔SIb131000〕
		食為教化類問題〔SIb132000〕
		食事歷史類問題〔SIb133000〕

表 5-4　四級食事問題編碼表

四級食事問題（36 個）	
食母保護類問題〔SIb111100〕	食為動力工具類問題〔SIb117200〕
食母修復類問題〔SIb111100〕	食物元性類問題〔SIb121100〕
食物採摘類問題〔SIb112100〕	食物元素類問題〔SIb121200〕
食物狩獵類問題〔SIb112200〕	食者體性類問題〔SIb122100〕
食物捕撈類問題〔SIb112300〕	食者體構類問題〔SIb122200〕
食物採集類問題〔SIb112400〕	吃法類問題〔SIb123100〕
食物種植類問題〔SIb113100〕	吃美類問題〔SIb123200〕
食物養殖類問題〔SIb113200〕	吃病類問題〔SIb123300〕
食物菌殖類問題〔SIb113300〕	偏性物吃療類問題〔SIb123400〕
調物合成食物類問題〔SIb114100〕	合成物吃療類問題〔SIb123500〕
調體合成食物類問題〔SIb114200〕	食事經濟類問題〔SIb131100〕
食物碎解類問題〔SIb115100〕	食事法律類問題〔SIb131200〕
食物烹飪類問題〔SIb115200〕	食事行政類問題〔SIb131300〕
食物發酵類問題〔SIb115300〕	食事數控類問題〔SIb131400〕
食物貯藏類問題〔SIb116100〕	食學教育類問題〔SIb132100〕
食物運輸類問題〔SIb116200〕	食為習俗類問題〔SIb132200〕
食物包裝類問題〔SIb116300〕	野獲食史類問題〔SIb133100〕
食為手工工具類問題〔SIb117100〕	馴化食史類問題〔SIb133200〕

表 5-5　五級食事問題編碼表

五級食事問題（116 個）	
人類對食母系統干擾加劇〔SIb111101〕	食物捕撈的過度〔SIb112301〕
食母系統保護法律不健全〔SIb111102〕	食物捕撈的汙染〔SIb112302〕
食母系統保護力度不均衡〔SIb111103〕	食物捕撈的浪費〔SIb112303〕
食母系統破壞大於修復速度〔SIb111201〕	食物捕撈傳統技藝失傳〔SIb112304〕
食母系統修復與經濟發展的衝突〔SIb111202〕	食物採集的過度〔SIb112401〕
食母系統修復缺乏全球治理〔SIb111203〕	食物採集的浪費〔SIb112402〕
食物採摘的過度〔SIb112101〕	食物採集傳統技藝失傳〔SIb112403〕
食物採摘的浪費〔SIb112102〕	食物種植開發過度〔SIb113101〕
食物採摘傳統技藝失傳〔SIb112103〕	食物種植的汙染〔SIb113102〕
食物狩獵的過度〔SIb112201〕	食物種植的浪費〔SIb113103〕
食物狩獵傳統技藝失傳〔SIb112202〕	食物種植的低效〔SIb113104〕

表 5-5　五級食事問題編碼表（續表）

五級食事問題（116 個）	
食物種植中合成物施用過度〔SIb113105〕	食為傳統手工工具消失〔SIb117101〕
種子的優選與安全〔SIb113106〕	食為傳統手工工具製作技藝失傳〔SIb117102〕
食物種植傳統技藝失傳〔SIb113107〕	食為動力工具的汙染〔SIb117201〕
食物養殖中合成物施用過度〔SIb113201〕	食為動力工具的能耗高〔SIb117202〕
食物養殖育種的優化與安全〔SIb113202〕	食為動力工具的數位化程度不夠〔SIb117203〕
食物養殖有害氣體排放〔SIb113203〕	食物性格的認知不夠〔SIb121101〕
食物養殖傳統技藝失傳〔SIb113204〕	食物性格的利用不夠〔SIb121102〕
食物菌殖的效率低〔SIb113301〕	食物元性認知未納入現代科學體系〔SIb121103〕
食物菌殖缺乏統一標準〔SIb113302〕	無養素的認知不夠〔SIb121201〕
合成食物的汙染〔SIb114101〕	未知素有待探求〔SIb121202〕
合成食物的有害成分〔SIb114102〕	食者體性的認知不夠〔SIb122101〕
合成食物的非法濫用〔SIb114103〕	食者體性的利用不夠〔SIb122102〕
合成食物的環境汙染〔SIb114201〕	食者體性認知未納入現代科學體系
合成食物的副作用〔SIb114202〕	〔SIb122103〕
食物碎解的汙染〔SIb115101〕	食者肌體整體認知薄弱〔SIb122201〕
食物碎解的浪費〔SIb115102〕	食腦機理研究不夠〔SIb122202〕
食物碎解合成物添加過度〔SIb115103〕	未把「吃事三階段」視為一個整體
食物碎解傳統技藝失傳〔SIb115104〕	〔SIb123101〕
食物發酵的汙染〔SIb115201〕	缺乏全維度進食認知〔SIb123102〕
食物發酵的浪費〔SIb115202〕	對吃法個體差異研究不夠〔SIb123103〕
食物發酵傳統技藝失傳〔SIb115203〕	「錶盤吃法指南」利用不夠〔SIb123104〕
食物發酵的汙染〔SIb115301〕	不當進食影響健康〔SIb123105〕
食物發酵的浪費〔SIb115302〕	吃事認知未納入現代科學體系〔SIb123106〕
食物發酵傳統技藝失傳〔SIb115303〕	吃事五覺審美的認知不夠〔SIb123201〕
食物貯藏合成物使用過度〔SIb116101〕	吃事審美雙元反應的認知不夠〔SIb123202〕
食物貯藏的浪費〔SIb116102〕	吃美學認知未納入現代科學體系〔SIb123203〕
食物貯藏傳統技藝失傳〔SIb116103〕	對吃病的認知不夠〔SIb123301〕
食物運輸的浪費〔SIb116201〕	世界近 1/10 的人口有汙食病〔SIb123302〕
食物運輸冷鏈普及不夠〔SIb116202〕	世界 1/10 的人口有缺食病〔SIb123303〕
食物的過度包裝〔SIb116301〕	世界 2/10 的人口有過食病〔SIb123304〕
食物包裝物汙染食物〔SIb116302〕	吃病認知未納入現代科學體系〔SIb123305〕
食物包裝物汙染環境〔SIb116303〕	偏性食物吃療認知不夠〔SIb123401〕
食物包裝的再利用〔SIb116304〕	偏性食物吃療利用不夠〔SIb123402〕

表 5-5　五級食事問題編碼表（續表）

五級食事問題（116 個）	
偏性食物吃療部分驗方失傳〔SIb123403〕	世界人口總量臨近食母產能〔SIb131304〕
偏性食物吃療後繼乏人〔SIb123404〕	食物的連結不夠〔SIb131401〕
偏性食物吃療認知未納入現代科學體系 〔SIb123405〕	食業機構的連結不夠〔SIb131402〕
	食者的連結不夠〔SIb131403〕
給人體帶來毒副作用〔SIb123501〕	食具的連結不夠〔SIb131404〕
合成食物的抗藥性〔SIb123502〕	食事 APP 的連結不夠〔SIb131405〕
缺少食事經濟整體認知〔SIb131101〕	食學教育雙元認知不夠〔SIb132101〕
缺少食事經濟整體機制〔SIb131102〕	食者教育長期被忽視〔SIb132102〕
世界食事經濟秩序有待升級〔SIb131103〕	食業者教育體系分散〔SIb132103〕
缺少食事法律整體認知〔SIb131201〕	食為習俗雙元認知不夠〔SIb132201〕
缺少食事法律整體體系〔SIb131202〕	對醜陋食俗遏制不力〔SIb132202〕
缺少世界食為公約體系〔SIb131203〕	對優良食俗發揚不夠〔SIb132203〕
缺少食事行政對象的整體認知〔SIb131301〕	對野獲食史的重視不夠〔SIb133101〕
食事行政缺乏對食事問題的整體治理 〔SIb131302〕	缺少野獲食史的研究機構和人才〔SIb133102〕
	馴化食史的研究方向有偏差〔SIb133201〕
食政部門設置分散〔SIb131303〕	馴化食史文獻的全球共享不夠〔SIb133202〕

老問題與新問題

　　依據時間分類，以 20 世紀元年，即 1900 年為節點，可以將人類的食事問題分為兩個階段。第一個階段的食事問題屬於「食事老問題」；第二個階段的食事問題屬於「食事新問題」（如圖 5-4 所示）。這樣的區分，有利於我們看清食事問題的複雜性，看清解決食事問題的艱巨性。

　　所謂老問題，是指那些一直伴隨人類，至今沒有解決的問題，例如食物數量方面的缺食（饑餓）問題，從早期人類算起，已有數百萬年了，但是今天依然有 11% 的人口處於生理饑餓狀態，缺食帶來的種種疾病威脅著他們的健康與壽命。又如食者壽命也是老問題，從生理的角度看，人類還沒有活到哺乳動物應有的壽期。

　　所謂新問題，是指 20 世紀以來新發生的食事問題，例如食物品質問題日益突出。進入工業化社會以來，追求食物生產的超高效率，各種食物生產環節的化學添加物的出現，嚴重威脅到食物的品質。又如大型動力機械和化肥、農藥進入食業後，對環境造成大量汙染，給食母系統帶來的巨大壓力。食物母體的產能是有限的，食物供給的是否可

圖 5-4　時間維度食事問題體系

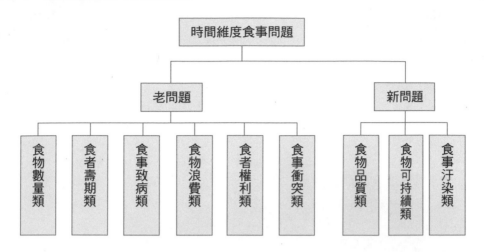

持續，直接威脅到種群的可持續。

面對人類食事的老問題，我們應該深刻反思：為什麼這些老問題伴隨我們數百萬年依然沒有徹底解決？為何現代科技可以知宇宙、識量子，卻依舊沒有能力解決這些生存的基本問題？這恐怕不僅是因為這些老問題自身具有的艱巨性，更重要的是我們對待這些問題的認識是否正確。認識一旦走進誤區，就會導致我們把更多的智力與財力投向非生存必須，甚至威脅生存行業，投向其他領域。正因如此，人類老的食事問題還沒有徹底解決，諸多新的食事問題又浮出水面，層出不窮，亂象橫生。如此尷尬的局面，正在拷問著人類的智慧與文明。

局部問題與整體問題

從空間維度劃分，食事問題還可以分為局部問題和整體問題。局部問題是指地區性的問題，整體問題是指全球性的問題。

食學學科體系建立後，人們不僅可以應對局部食事問題，更可以應對整體食事問題。從局部認知到整體認知是一個昇華，食學學科體系的建立，使人類有了應對所有食事問題的理論工具。

從認知程度看，局部問題多數屬於已被認知範疇，少數屬於未被認知範疇和錯位認知範疇。而整體問題則相反，少數屬於已被認知範疇，多數屬於未被認知和錯位認知範疇，需要以全球治理的眼光給予整體認知和整體應對。

從食事問題的分布看，食物數量、食物品質、食者權利、食事衝突屬於局部問題，

即地區性問題。例如在亞洲、非洲的一些國家，存在比較嚴重的食物數量不足問題，在歐美發達國家卻沒有這樣的問題。食物浪費、食事致病、食者壽期、食物可持續、食事汙染屬於整體問題，即全球、全人類都存在的問題（如圖 5-5 所示）。需要說明的是，同一個問題也可以有不同的表現方式，例如食事致病問題，在一部分人群中表現為過食病，另一部分人群中則表現為缺食病。

在全球、國家、族群、家庭和肌體五個認知對象中，都有局部認知與整體認知問題。

圖 5-5　空間維度食事問題體系

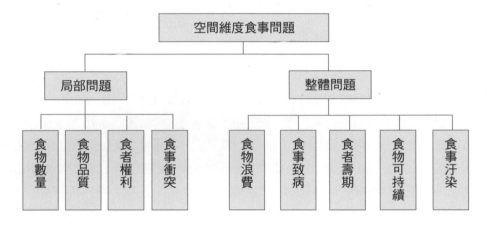

已認知問題與未認知問題

從人類認知的角度來看，食事問題可以分為已認知問題和未認知問題（如圖 5-6 所示）。食學科學體系建立前，人們對食事的認知是孤立的、分散的和碎片的，因此只擅長應對局部問題中，不擅長應對全域問題、整體問題；未被認知的問題屬於認知空白，所以沒有應對方案，此領域的食事問題屬於隱性的；錯位認知的問題雖有認知，但方向偏離，認知不正確，應對方案效果差，甚至應對起來南轅北轍，文不對題。食學體系的構建，就是要全面的認知食事問題，力爭不漏掉每一個食事問題。

顯性問題和隱性問題

食事問題還可從性狀維度認知，分為顯性問題和隱性問題。

所謂顯性食事問題，是指性質或性狀表現在外的食事問題。九大食事問題中的食物

圖 5-6　認知維度食事問題體系

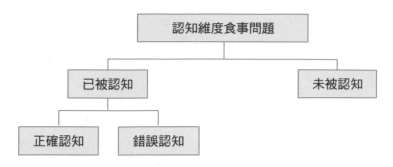

數量、食物品質、食事衝突和食物浪費，屬於顯性食事問題。它們與食物直接相關，與人類的個體生存、種群延續、社會安定息息相關，所以很容易引起人們的警覺和關注。

　　所謂隱性問題，是指性質或性狀不表現在外的食事問題。食事致病、食者壽期、食者權利、食事汙染和食物可持續都是隱性食事問題。由於它們與食物的關聯不如顯性食事問題明顯，所以經常被錯位認知，例如食者壽期被認為是醫事問題，食者權利被認為是法律問題，等等。

　　從性狀維度認知食事問題具有重要意義。現在很多人一提食事問題，就僅僅盯著幾個食事顯性問題，忽略了食事的隱性問題，或者把食事隱性問題當成他事問題。從對食事問題的認知看，這是一個普遍存在誤區。只有認知正確，人類的食事問題才能得徹底解決（如圖 5-7 所示）。

圖 5-7　性狀維度食事問題體系

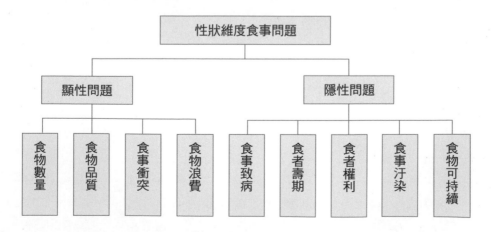

食事問題分布

食事問題的分布，也可以分為時間和空間兩類。其中空間角度的食事問題分布，是依據不同國家和地區的經濟發展水準劃分；時間角度的食事問題分布，是依據不同食事歷史階段的食事問題劃分。

不同經濟體的食事問題

截至 2019 年，世界上共有 233 個國家和地區，其中國家有 195 個。這些國家按經濟發展水準區分，可分為發達國家、發展中國家和最不發達國家三類。

從食事問題的類型看，上述三類國家雖然都存在各種各樣的食問題，但是重點有別。其中食事致病、食物浪費、食者壽期是各國都會面對的問題，只是在程度和表現形式上有所差異。例如同樣是食物浪費問題，發達國家主要表現在食物利用領域；發展中國家主要表現在食物生產領域。在食物數量、食物品質、食者權利等問題上，三類國家各有不同，例如，食物數量和食者權利，是最不發達國家面臨的兩個亟須解決的問題；在發達國家，這兩個問題問題已經基本解決。值得注意的是，面對食物可持續和食事汙染這兩個問題，三種類型國家交出的答案都不能令人滿意。這也說明這兩個問題是世界

表 5-6　不同經濟體的食事問題分布

	經濟發展不同程度的國家							全人類	
	食物數量	食物品質	食物浪費	食事致病	食者壽期	食者權利	食事衝突	食物可持續	食事汙染
最不發達國家	***	**	—	***	***	***	***	**	*
發展中國家	*	***	**	**	**	**	*	**	***
發達國家	☺	*	**	*	*	☺	☺	**	**
食業文明	☺	☺	☺	☺	☺	☺	☺	☺	☺

注：*** 問題嚴重，** 問題較重，* 有問題，☺ 問題得到解決。

性的問題，是舉全球之力才能解決的食事問題。

到了食業文明時代，上述九大食事問題都可以得到圓滿解決（如表 5-6 所示）。

不同歷史階段的食事問題

依據食學的社會劃分，人類社會可以劃分為缺食社會、足食社會、優食社會三個階段。不同的社會階段，都會面對形形色色的食問題。

食者壽期、食事致病問題，是前兩個社會階段都會面臨的食事問題，但是具體內容有別。例如，缺食社會的「食事致病」多數是缺食病；足食社會的「食事致病」，則多數是過食病。在缺食社會，首當其衝的食事問題是食物數量問題；在足食社會，食物數量是充足的，但食物品質得不到保障，食物品質因而成了一個大問題。上述食事問題均得到有效解決，即優食社會（如表 5-7 所示）。

表 5-7　食事社會的食事問題分布

	食物數量	食物品質	食物可持續	食物浪費	食事致病	食者壽期	食者權利	食事衝突	食事汙染
缺食社會	***	*	*	—	**	***	**	***	*
足食社會	—	***	***	**	**	**	*	*	**
優食社會	☺	☺	☺	☺	☺	☺	☺	☺	☺

注：*** 問題嚴重，** 問題較重，* 有問題，☺ 問題得到解決。

21 世紀十大食事問題[③]

步入 21 世紀，食問題並沒有因為新世紀的到來而減少。由於認知的錯位和實踐的偏差，反而產生和延續了許多威脅著人類生存的食問題，這必須引起我們的深刻反思。這些問題主要有十個方面。

1. 世界「食物稀缺時代」到來，人類社會面臨前所未有的挑戰和變革。由於食物母體的產能有限，食物生產的效率提升有限，隨著百億人口時代的即將到來，食物一定會變得越來越稀缺。那種貌似取之不盡用之不竭的情景，將會一去不

---

③　劉廣偉 2019 年 2 月 28 日在日本東京「第三屆世界食學論壇」第一次新聞發布會上的發言。

復返。

2. 人類把「合成物」引進食物鏈是把「雙刃劍」，必須深度反思，盡早防範。作為人類食物鏈的外來者和後來者，合成食物一方面改善了食物外觀與口感，延長了保質期，口服藥片還可以直接作用於人體健康；但是，另一方面，合成食物只是改變了食物的外觀和口感，並沒有改變食物的營養成分，而這些化學合成物的超量超範圍使用，更是對人類的健康帶來了很大的威脅。

3. 穀賤傷農且傷民，好食物是真正的奢侈品的觀念還沒有普遍建立。在當代追求高效率低價格的商業模式下，食物生產者的利益受損，被迫減少投入，造成食物品質嚴重下降，威脅到廣大消費者的健康。作為食者，應樹立「好食物是第一奢侈品」的理念，樂於為好食物的成本埋單，才能可持續地吃到好食物。美國有機農業先驅艾略特・科爾曼④ 曾感歎：「有機農業對我充滿吸引力，因為它充滿對自然路徑的探尋和發現，它和化學農業千篇一律的方式截然相反。有機農業的魅力是無窮的。這座山沒有頂峰，這條河沒有終點。」

4. 「吃病」危及 40% 的人類健康，食事與健康的關係嚴重被低估。當今 77 億人中，有 11 億多人因吃不飽飯患有缺食病，同時還有 20 億人因吃的過多患有過食病，兩者相加達到人類總數的 40%，讓人觸目驚心。美國開國元勳之一班傑明・富蘭克林⑤ 有一個著名的判斷：「總的說來，人類，自從烹飪技術改善以來，實際進食量常常是自然需要的兩倍。」

5. 食在醫前的理念還沒有被更多的人群所認知。從人類健康的角度看，食是醫的上游，如果會吃食物，就會少吃藥物；如果不會吃食物，就會多吃藥物。西方醫學奠基人、古希臘醫師希波克拉底⑥ 的名言是：「讓食物成為您的藥物，讓藥物成為您的食物。」出生於西班牙的中世紀著名猶太哲學家、醫生、神學家邁蒙尼提斯⑦ 也說過：「如果可以用飲食治療一種疾病，就絕不要用其他治療手

---

④ 〔美〕艾略特・科爾曼（Eliot Coleman）著：《新有機種植者》（*The New Organic Grower*），切爾西・格林出版社（Chelsea Green Publishing），1995 年版，第 288 頁。

⑤ 〔美〕班傑明・富蘭克林（Benjamin Franklin）著：《班傑明・富蘭克林的作品》（*The Works of Benjamin Franklin*），薩塔出版社（W. Suttaby）1809 年版，第 200 頁。

⑥ 〔丹〕葛列格斯・韋格納（Gregers Wegener）著：《「讓食物成為您的藥物，讓藥物成為您的食物」：希波克拉底再探》（*'Let food be thy medicine, and medicine be thy food' :Hippocrates revisited*），《神經精神病學雜誌》（*Acta Neuropsychiatrica*），劍橋大學出版社（Cambridge University Press）2014 年 2 月 6 日刊，第 1 頁。

⑦ 〔美〕羅伯特・泰勒（Robert B. Taylor）著：《白色大衣的故事：醫學的英雄、傳承和不幸事件》（*White Coat Tales: Medicine's Heroes, Heritage, and Misadventures*），施普林格科學與商業媒體出版社（Springer Science & Business Media），2010 年版，第 124 頁。

段。」食在醫前，如果人類都會利用「食物性格」有針對性地進食，便會大大減輕醫療、醫保的負擔。在 21 世紀，這一理論應該為更多的人們所認知。

6. 「膳食金字塔指南」過於片面。風行一時的「膳食金字塔指南」雖然開國民膳食指南之先河，但是它只有品種、數量 2 個維度，只有「吃中」一個階段，只關注到群體沒有關注到個人，因而難以科學、全面地指導人類進食。「錶盤吃法指南」把關注維度擴展到 12 個，把關注階段擴展到「吃前」「吃中」「吃後」三個階段，把關注點細化到每一個個體，將人類進食理論提升到科學、系統、整體的層面。

7. 當今食政的分段管理造成管控乏力，無法應對整體的「食事問題」。在當前食秩序領域，「盲人摸象」式的認知導致了「鐵路員警各管一段」的政體設計，各行其是，政出多門，導致效率低下，無法應對整體的「食事問題」。要改變這種狀況，必須設置對食業整體管理的食業部，統一食政，把行政考核指標從糧食產量改為國民壽期。

8. 食物浪費嚴重，在軟性的道德約束之外，缺乏硬性的立法控制。當今浪費問題已經成了世界性的問題，不僅遍及發展中國家和發達國家，而且遍及食物生產、食物利用和食事秩序領域，浪費的食物達到人類食物產量的三分之一。對這種長久存在、數量巨大、影響嚴重的負面現象，軟性的道德約束之外，必須要有硬性的法律規範才能給予徹底根除。要盡快制定、實施《反食物浪費法》等法律、法規。早在 2012 年，聯合國糧農組織（FAO）就和聯合國環境署（UNEP）[8] 以及一些合作機構共同發起了一個名為「思前‧食後‧勵行節約——減少你的耗糧足跡（Think.Eat.Save.ReduceYour Foodprint）」的國際運動。在向國際社會介紹這個運動時，現任聯合國副祕書長、聯合國開發計畫署署長阿奇姆‧施泰納說：「這個世界現在有 70 億人口，到 2050 年將有 90 億人口。在這樣人口龐大的世界裡，浪費糧食是沒有道理可言的——經濟方面、環境方面、道德方面。這還不算上隱含的成本，比如所有的土地、水、化肥和勞力，更不要說分解和運輸食物過程中產生的溫室氣體。而最終，這些食物中的很多還卻被浪費了。」

9. 對吃權的重視程度遠遠不夠。「吃權」是人權的基礎，人類失去食物，生命都

---

⑧ 聯合國糧食及農業組織（FAO）：《思前‧食後‧勵行節約：聯合國糧農組織、聯合國環境署和合作機構發起減少食物浪費的國際運動》（ *Think, Eat, Save: FAO, UNEP and partners launch global campaign on food waste* ），（http://www.fao.org/news/story/en/item/168515/icode/.asp）。

無法延續，何談人權？吃權也是「人類食事共同體」的基礎，通過「人類食事共同體」的建立，可以讓「人類命運共同體」有了一個堅實的支撐，為人類邁入理想社會叩開大門。1948 年 12 月 10 日，聯合國大會通過第 217A（II）號決議並頒布《世界人權宣言》，[⑨] 其中第 25 條內容為「人人有權享受為維持他本人和家屬的健康和福利所需的生活水準，包括食物、衣著、住房、醫療和必要的社會服務」。當今對吃權的重視程度還遠遠不夠，沒有把它提升到維護人權、人類命運共同體的高度，更沒有把它和人類的未來聯在一起。

10. 人類的「食事共識」尚未普及，難以凝聚起巨大的「食事共力」。「人人需食、天天需食、食皆同源、食皆求壽、食皆求嗣」，這個人類的「食事共識」雖已提出，但是還沒有普及。食事認知是食事實踐的燈塔和路標，只有讓食事共識成為每一個地球人的共識，才可以凝聚共力，去解決人類大大小小的食問題，推動食業文明時代早日到來。

---

⑨ 聯合國《世界人權宣言》（*The Universal Declaration of Human Rights*），（https://www.un.org/en/universal-declaration-human-rights/），1948 年。

食事問題應對

任何問題的提出，都是為了問題的應對和解決，食事問題也不例外。

要想全面正確地應對食事問題，我們必須找到它的根源，瞭解它的歷史階段，端正應對的態度，著眼於食事問題的全球治理。

食事問題的根源

人類所有的食事問題，均來自自身的食為失當。小的食事問題，來自小範圍的食為失當；大的食事問題，來自大規模的食為失當；持久的食事問題，來自持續的食為失當。

從本質上看，食為的失當來自食知的片面性。理論上的「盲人摸象」帶來了實踐上的「鐵路員警各管一段」，從而帶來了種種食問題。也可以這樣說，食事認知的非整體性，是當今人類食事問題的溫床（如圖 5-8 所示）。

圖 5-8　食事問題的根源

食學是食為的主觀認知，食為是食學的認知客體，兩者之間相互作用、相互規定。換句話說，食為是食學的研究對象，食學的所有討論都是圍繞著食為這個認知客體而展開的。人類只有整體認知食為系統的運動軌跡，主動調節食為系統的發展方向，才能把握住自己的命運。食為系統因為食學的作用而產生變化，世界會因此系統的積極變化而變得更加美好。

食事問題既是每一個個體的生理問題，又是一個綜合性的社會問題，更是一個種群延續的生存問題。要想徹底解決人類當今的食事問題，僅依靠農學、食品科學、醫學，是不能得到全面、徹底解決的。食學科學體系的確立，為我們提供了一條全面、徹底解

決人類食事問題的大道。它不僅是一個全新的科學體系，更是一個全新的實踐體系。

應對的五個階段

從歷史發展看，人類應對食事問題經歷了五個階段：單項應對階段、組合應對階段、部落應對階段、政體應對階段和全球應對階段（如圖 5-9 所示）。

圖 5-9　食事問題應對五個階段

單項應對階段。單項應對階段存在於原始時期，食者是猿人；獲取食物的方式是通過個人的單打獨鬥獲取小動物、野果、野菜等小型食物；食事目標是食物數量；解決食問題的時效是一餐、一時、一事。

組合應對階段。組合應對階段存在於文明起源時期，食者是直立人；獲取食物的方式是數人組合在一起獲取野牛、大象等大型食物；食事目標是食物數量；解決問題的時效是數天。

部落應對階段。部落應對階段存在於農業文明時期，食者是現代人；食物獲取方式是在一個地區多方位獲取；食事目標是食物數量、品質加上儲存；解決食問題的時效延長到 1 年至數十年。

政體應對階段。政體應對階段存在於工業文明時期，食者是當代人；獲取食物的方式是在一個國家、地區範圍內全方位的獲取；食事目標是食物數量、品質加上規模；在這一階段，各國都根據自己的需求和利益，制訂整體的、長時間的食問題應對方案；解決食問題的時效延長到百年。

全球應對階段。全球應對階段存在於食業文明時期，食者是未來人；食物獲取方式是全體地球人在世界範圍全方位、可持續獲取；食事目標是食物的數量、品質、規模和人的長壽、社會和諧、可持續；食事問題的全球應對是一種千年治理方式，可以在全球範圍長治久安地解決人類食事問題。這裡所說的千年治理不是要治理一千年，而是要通過百年治理，達成千年目標，實現千年效果。即全球治理的效果要持續一千年，千年內人類不再受食事問題的困擾，從而更加快樂、和諧地生存。

食事問題的擔子壓了人類數百萬年，一直不願離開我們的肩頭。食學所有的工作，都是研究、探討如何放下它。千年治理，至少千年放下。

應對的四種態度

對人類食事問題的應對，除了摸清它的根源、瞭解應對的歷史階段外，還有一個至關重要的問題，這就是端正應對態度。

過去對人類九大食事問題的認知，可以分成四類：一貫重視、偶爾重視、不夠重視、認知錯位。

屬於一貫重視的有食物數量問題；屬於偶爾重視的有食物品質問題；屬於不夠重視的有食物可持續、食物浪費、食者權利、食事汙染問題；屬於認知錯位的有食者壽期、

表 5-8　當今應對食事問題的四種態度

	食物數量	食物品質	食物可持續	食物致病	食事浪費	食者壽期	食者權利	食事汙染	食事衝突
一貫重視	√	—	—	—	—	—	—	—	—
偶爾重視	—	√	—	—	—	—	—	—	—
不夠重視	—	—	√	—	√	—	√	√	—
認知錯位	—	—	—	√	—	√	—	—	√
高度重視	√	√	√	√	√	√	√	√	√

食事致病、食事衝突問題（如表 5-8 所示）。

從可持續發展角度來說，人類食事的這九個問題都是亟須解決的大問題，都應該得到高度重視。如果把上述一貫重視、偶爾重視、不夠重視、認知錯位都變成高度重視，人類的食事問題將解決有期。

食事問題全球治理

食事問題既是人類共同面對的重大問題，也是世紀難題，直接關係到人類的可持續發展。在科技日益發展、交通日益發達、人類交流範圍日益擴大、地球日益縮小為「村」的今天，需要構建一個全球性的食事問題治理體系，才能有效地應對它們，全面徹底地解決它們。為此，筆者提出了一個食事問題全球治理體系（如圖 5-10 所示）。

全球治理體系圖由兩個相套的環形組成，九角形的內環是人類面臨的九大食事問題，圓形的外環是應對、解決食事問題的治理體系。該治理體系由 36 個領域組成，它們是食母保護領域、食母修復領域、食物採摘領域、食物狩獵領域、食物捕撈領域、食物採集領域、食物種植領域、食物養殖領域、食物菌殖領域、調物食物領域、調體食物領域、食物碎解領域、食物烹飪領域、食物發酵領域、食物貯藏領域、食物運輸領域、食物包裝領域、食為手工工具領域、食為動力工具領域、食物元性領域、食物元素領域、食者體性領域、食者體構領域、吃方法領域、吃美學領域、吃病領域、偏性物吃療領域、合成物吃療領域、食事經濟領域、食事法律領域、食事行政領域、食事數控領域、食學教育領域、食為習俗領域、野獲食史領域、馴化食史領域。

人類食事問題是一個非常複雜的問題體系，有的是一因多果，有的是一果多因。例如食物母體遭到汙染和破壞，既影響到食物的可持續，又威脅到食者的個體健康和種群延續。又如食物浪費是一種結果，原因卻遍布在食物生產領域、食物利用領域和食事秩序領域。所以，對全球食事問題的治理，不是由某一領域單獨應對某一問題，而是由多個領域共同參與，對問題進行多角度、整體性的綜合治理。正是由於這個原因，食事問題全球治理體系圖被設計成圓形，各治理領域下方的箭頭只指向內圓，並沒有直接對應某一類食問題。這樣的設計，更能顯示出人類食事問題的複雜性，以及食事問題全球治理體系的整體性。

食事問題全球治理體系關係圖（如圖 5-11 所示），由一個圓形底盤和兩個相套的圓環組成。其中內環為食物利用環，包括食物成分、食者肌體、吃三部分，共 9 個方面；外環為食物生產環，包括食物母體、食物野獲、食物馴化、人造食物、食物加工、食物流轉、食為工具 7 部分，16 個方面；底盤為食事秩序環，分為食事經濟、食事法

圖 5-10　食事問題全球治理體系

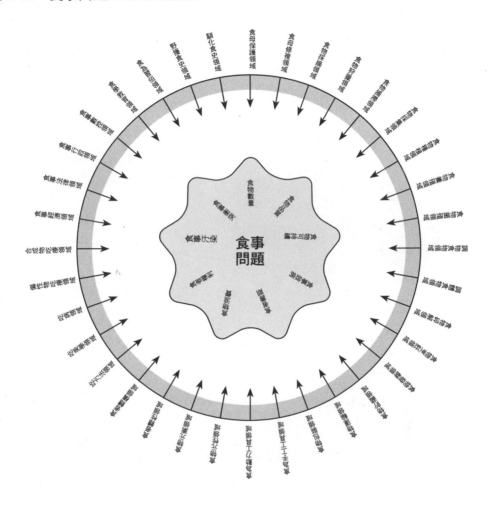

律、食事行政、食事數控、食學教育、食為習俗、野獲食史、馴化食史 8 個方面。

　　上述圖表清晰地展示了食事問題全球治理體系的關係：一是食事秩序是為食物生產和食物利用服務的，它們之間的關係是服務與被服務；二是食物利用是核心，食物利用是食物生產的目的，食物生產是食物利用的手段。

圖 5-11　食事問題全球治理體系關係

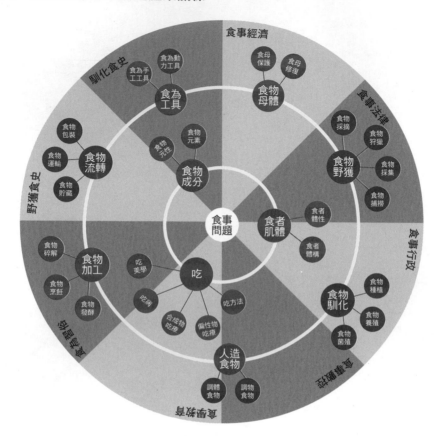

食事互聯網

食事互聯網，簡稱食聯網，是由食物、食者、食業機構、食具、食規等節點構成的線上食事運行工具，是用數位技術提高食事效率，解決食事問題的具體方案。全球食聯網的構建，將是徹底解決食事問題的一個世紀級的可行方案。

本節包括食事互聯網（以下簡稱「食聯網」）的結構（三角結構）、方式（五個連結）、發展階段及價值四個方面內容。

食聯網的結構

食聯網是一個以落實可持續發展為任務，以食學體系為理論基礎，以區塊鏈數位化科技為技術條件的行動方案。人類可持續發展、食學體系和數位化科技構成了食聯網的三角結構（如圖 5-12 所示）。

我們之所以相信食聯網能夠成為有效解決全球食事問題的方案，是因為它的任務和目標建立在人類對未來社會發展的共識之上，它的理論基礎有力地彌補了原有學科體系的局限，它所需要的技術條件已經發展成熟，並具有變革時代的力量。

圖 5-12　食聯網的三角結構

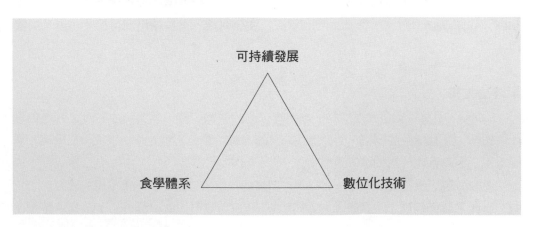

圖 5-13　與食事相關的 12 項可持續發展目標及內容

▌任務和目標

　　構建食聯網是為了解決食事問題。回望人類歷史，食事的重要性不言而喻。然而遺憾的是，儘管人類社會幾經轉型，新的社會文明一次又一次被建立起來，可是食事問題不但沒有解決，反而愈演愈烈。這說明，第一，食事問題一直沒能得到應有的重視；第二，原有的解決方法不夠完善。現在，食事問題已經成為威脅人類生存的世界性難題。構建食聯網，就是要高度重視食事問題，準確理解食事問題，創新思路解決食事問題。

　　構建食聯網是為了落實人類可持續發展。2015 年 9 月，聯合國制定了 17 項可持續發展目標和 169 項子目標，為未來 15 年全球推進可持續發展指明了具體方向。在 17 項可持續發展目標中，食事是貫穿首尾的關鍵主題，至少有 12 項可持續發展目標與食事相關（如圖 5-13 所示）。因此，唯有解決好食事問題，可持續發展目標才可能真正實現。

▌理論支撐

　　正如 17 項可持續發展目標是一個不可分割的整體一樣，蘊含其中的食事問題也是環環相扣、互為依存的關係。對於這些複雜的食事問題，人類的認知呈現一貫重視、偶爾重視、不夠重視、認知錯位四種狀態。

　　要徹底解決這些食事問題，必須將它們歸納為一個整體，以一貫重視的態度加以認知。為此，我們構建了「食學 3-13-36 體系」（以下簡稱「食學體系」）。食學體系在

表 5-9 2018 年世界互聯網及智慧手機成人用戶占比 *

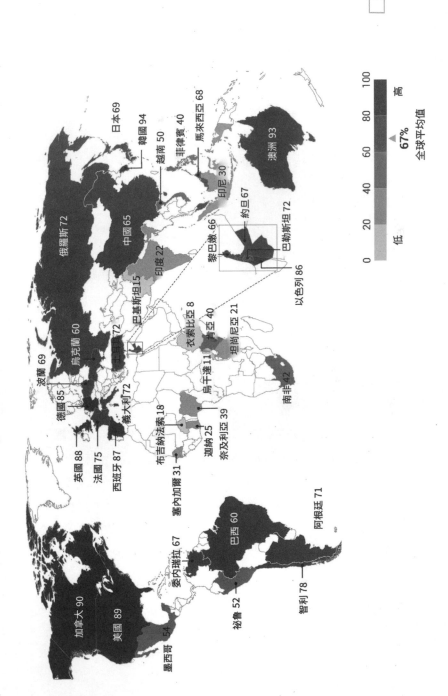

加拿大 90
美國 89
墨西哥 54
委內瑞拉 67
祕魯 52
巴西 60
智利 78
阿根廷 71

英國 88
法國 75
西班牙 87
德國 85
波蘭 69
烏克蘭 60
義大利 72
土耳其 72
俄羅斯 72

塞內加爾 31
布吉納法索 18
迦納 25
奈及利亞 39
烏干達 11
衣索比亞 8
肯亞 40
坦尚尼亞 21
南非 42

黎巴嫩 66
約旦 67
以色列 86
巴勒斯坦 72

印度 22
巴基斯坦 15
中國 65
日本 69
韓國 94
越南 50
菲律賓 40
印尼 30
馬來西亞 68
澳洲 93

無數據

低　高
0　20　40　60　80　100
67%
全球平均值

* 聯合國教科文組織（UNESCO）：《2019 聯合國世界水發展報告——不讓任何人掉隊》（*The United Nations world water development report 2019: leaving no one behind*），2019 年版，第 33 頁。

空間上強調全球視野，在內容上彙集所有食事相關領域及利益主體，在方法上統籌各方資訊，平衡各方利益，統一規劃，強調不同利益主體要在同一平臺上相互制衡，反對追求自我利益最大化行為。食學體系將推動人類食事問題從「局部治理」向「整體治理」轉變，從「百年效果」向「千年效果」升級，推動建立更為和諧的全球食事秩序，進而促進實現人類社會可持續發展。

只有食學體系中的 13 個構件全部連結在一起，才能形成完整的食聯網。現實生活中已經出現包含單個或幾個構件的食聯網，我們把包含 1-6 個構件的稱為基本食聯網；把包含 7-13 個構件的稱為次完整食聯網；把包含 13 個構件的稱為完整食聯網。食聯網的連結方式包括交叉連結和同類連結，前者指不同構件之間的連結，後者指同類構件之間的連結。

■ 技術條件

科技向善。我們必須讓科技的進步應用於解決地球面臨的最大挑戰，支撐人類可持續發展。解決食事問題，單純依靠人的大腦註定行不通，借助區塊鏈、雲存儲、大資料、人工智慧等數位平臺技術是必由之路。

互聯網的普及和移動設備的廣泛應用為構建數位平臺掃清了障礙。2018 年，世界主要經濟體的互聯網及智慧手機成人用戶占比均超過或接近 70%，其中加拿大、美國、德國、英國、西班牙、以色列、澳洲、韓國等國占比超過 85%（如表 5-9 所示）。截至 2019 年 1 月，全球近 77 億人口中，互聯網用戶已達 43.9 億，目前還在以每秒 11 人的速度增加。[10] 從 2014 年到 2019 年，人們使用互聯網的方式迅速變化，手機上網時間越來越長，目前已接近上網總時長的一半。預計到 2025 年，5G 網路將覆蓋全球三分之一的人口，[11] 移動設備將具備更強大的處理能力，成為更綜合的資訊處理平臺。

食聯網的核心數位技術包括人工智慧、雲計算、大資料和區塊鏈等。人工智慧將資料轉化為知識，再通過智慧演算法形成決策性判斷，讓機器具備理解和決策能力；雲計算擁有強大的計算、存儲和通道能力，大資料通過資料疊加產生海量、高增長率、多樣化和真實性的資訊資產；區塊鏈則表現為一種分散式的資料庫形式，從集中式記帳演進

---

[10] We are Social and Hootsuite：數位 2019：全球互聯網使用加速（*DIGITAL 2019: GLOBAL INTERNET USE ACCELERATES*），（https://wearesocial.com/blog/2019/01/digital-2019global-internet-use-accelerates）。

[11] Next Big Future：唯一移動用戶今年將超 50 億，到 2020 年將達到 57 億，占世界人口 75%（Unique Mobile users will pass 5 billon this year and hit 5.7billion by 2020 which will be 75% of world population），（https://www.nextbigfuture.com/2017/02/uniquemobile-users-will-pass-5-billon.html）。

到分散式記帳；從隨意增刪改查到不可篡改；從單方維護到多方維護；從外掛合約到內置合約，以此構建全新的信任體系。

數位平臺成本低、公平性高、效率高、易全球化、可持續，擅長處理參與主體多、驗真成本高、交易流程長的複雜場景，可以有效解決食物行業傳統運營方式的痛點。隨著人與數位技術系統達成互聯互通，沉默的技術系統將獲得語境感知，具備更強大的處理能力和感應能力，人類也將開拓出全新的解決問題的方式和路徑。

食聯網的方式

食聯網既要實現萬物之間的互聯，也要實現萬物與人的互聯。具體而言，食聯網連結的主體主要包括食者、食物、食具、食業機構和食規。同時，食聯網還將衍生出更多的新模式、新業態，為解決食事問題帶來更科學的認知，既規範每一個食者的食行為，也規範每一個食業機構的食行為。

▌ 連結食者

食者是指具有攝食能力的自然人。食聯網要連結每一位食者，他們的身分證號碼就是 ID。所有的人都是食者，吃出健康是食者的基本訴求。為此，我們在食學體系的食物利用環節提出了適用於所有人的《錶盤吃法指南》。它最大的特點是從吃前、吃中、吃後 3 個階段，12 個維度全面指導進食。該指南充分考慮到每位食者的個體差異性，僅指明了進食要關注的 12 個幅度，而不對這些維度制定出群體平均值的量化標準。

要發揮《錶盤吃法指南》的指導作用，需要連結所有人共同構建膳食資料庫，發動每個人把每餐進食的種類、數量、口味、順序、快慢等資訊都發布到食聯網的應用程式上。這些海量的資訊經過程式的智慧分類、整理，被編輯成可供其他人參考的進食資料庫，讓每位食者都可以對照自身情況找到有用的資料。久而久之，總結出最適合自己的科學進食方法。

▌ 連結食物

食聯網要連結世界上的每一個、每一組食物和食物包裝。大到一頭牛，小到一粒玉米，從原生食物，到加工完成的食品，都要建立它們自己的 ID，在這些食物或包裝上安裝感測器，使其可以在食聯網上確立身分，得到認知，同時發送和捕獲各種數據。

在食學體系的食物加工環節，我們為食品設計了一個由數字和英文字母組成的產品編碼體系，可以使每個產品都擁有唯一的 ID。烹飪、發酵等產品均可以生成一個唯一

的 ID，都可以連結到食聯網上。按照應用程式的指令高效率運轉，編碼裡的各種的資訊將進入各條傳播路徑，與其他設備或個體連結，形成智慧的交互。

▌連結食具

食具是食為工具的簡稱，它指人類在食為活動中為提升人工效率而生產和使用的工具，包括手工工具和動力工具。連結食具，就是將人工智慧、大資料等數位技術裝備安裝到各種食為工具上，為它們建立屬於自己的 ID，實現對食具的自動化、智慧化管理，以及實現它們和食聯網上其他主體之間的智慧互動。

進入食聯網的食具將食者、食物、食業機構、食事應用程式（APP）等各主體連成一體，安裝在食具裡的晶片、感測器及無線通訊系統將接受來自其他主體發出的各種指令，並進行相應的運算、分析、傳輸，進而完成各種操作。

可以想像，一旦實現智慧連結的食具被廣泛應用於食物生產、食物利用和食事秩序的各個方面，它們將對解決人類食事問題產生根本性地推動作用。比如，餐桌上的餐具可能從單純的手工工具，變身為可以指導人們合理進食的健康膳食「專家」；農田裡的動力工具可以根據指令，在規定的時間、地點，用規定的方式，安全、高效、精準地完成規定的工作，並即時傳送工作報告。而且，在數位技術的保障下，各種作業還將更加節能和環保，對食母系統造成的汙染將大幅降低，更有利於實現人類社會的可持續發展。

▌連結食業機構

食聯網還將連結全球各地的食業機構，包括食學體系中 36 個領域的成千上萬家企業、事業單位、基金會及社團等，食業機構的執照號碼就是它的 ID。

食聯網將為食業企業開闢一片有廣闊盈利前景的新天地，創造新的商業價值。企業可以在食聯網上放眼全球尋找供應商，採購商品，以最低成本拓展銷售管道，完成合同簽訂、審核等一系列手續，在縮短交易週期的同時降低交易成本和風險，實現交互利益的最大化。

事業單位將在食聯網上實現治理理念、資料品質和資訊安全的升級。治理理念方面，食聯網去中心化的特點將有利於實現多元化的治理理念；資料品質方面，分布式記帳及不可篡改性將保證資料的完善、透明；資訊安全方面，雲存儲和隱私保護技術將讓存儲變得更安全。

食聯網還將為基金會和社團組織搭建視野廣泛、公正透明的公益平臺，不管是從事

研究活動，還是慈善募集，都將取得事半功倍的效果。

▌連結食規

食規是食聯網平臺上的要素運行規則，也是所有食者和食業機構的行為準則。各種食事應用程式（APP）將保障食規的實施和落實。

截至 2019 年第一季度，全球可供下載的 Android 系統應用程式達 260 萬個，iOS 系統應用程式 220 萬個，[12] 海量的 APP 已經成為人們的工作和生活不可或缺的組成部分。

食聯網將連結食學體系中食物生產、食物利用、食事秩序三個方面的海量食事 APP，讓原本功能單一的 APP 彼此互通，創造更大能量，它們的 IP 就可以是 ID。這些 APP 將與各類設備、B 端及 C 端共同形成智慧系統閉環，應對紛繁複雜的食事問題。具體地說，食物生產方面，可以通過分析食母系統、食物產量、商品價格等資料，提升農作物產量、協調食物生產品類、調度食物供應等，幫助食業機構生產好食物；食物利用方面，可以提供溯源資訊、分析食物偏性、合理膳食搭配、監控食物安全、減少食物浪費等，幫助食者獲得健康；食事秩序方面，可以宣傳食事政策規範、提升監管力度、普及各種食育、收集食文獻、開展食事研究等。

食聯網的發展階段

食聯網可以分為兩個階段，即解決特定問題階段和多點多級遞進階段。在解決特定問題階段，特定區域的食者、食物、食具、食業機構、特定功能的 APP 將被鏈接起來，為了解決某個特定的食事問題聯合工作。這個階段主要以解決相對單純的食事問題為主，覆蓋區域相對較小，會形成一定數量的小型食聯網。進入多點多級遞進階段，兩個或兩個以上的小規模食聯網將為解決更複雜的食事問題快速連結起來，結成一個整體。在這個階段，大量小型食聯網會迅速成長為中型和大型食聯網，最終覆蓋全球。

▌解決特定問題階段

目前，人類已經進入食聯網的初級階段，連結食者、食業機構等利益主體的小型食聯網已經出現。比如，應用數位技術的咖啡供應鏈就是其中之一。

2017 年，美國區塊鏈技術公司 Bext360 開始運用機器學習、人工智慧和區塊鏈技術

---

⑫ Business of Apps：2019 年應用程式下載及使用統計（APP Download and Usage Statistics 2019），（https://www.businessofapps.com/data/app-statistics/#1）。

來打造智慧咖啡供應鏈。他們設計出一種布滿感測器的機器，把咖啡果分出三個等級，據此定價。他們把分析資料公布給收購商，同時通過智慧合約，按此資料從線上向生產者付款。

咖啡的出處、品質、收購者、支付詳情等資料，連同咖啡到達終端消費者過程中的每條資訊都被存儲在一個區塊鏈上，以確保供應鏈的透明性和可追溯性，而且終端消費者還可以查詢批發商或零售商的忠誠度紀錄。

這條供應鏈的創新價值在於，它運用區塊鏈等數位技術，解決了傳統供應鏈中利益相關者之間缺乏可見性和透明度的問題，進而幫助生產者獲得更公平的價格和更高效的交易速度，說明消費者為咖啡追根溯源，說明交易雙方省去中間手段，讓利潤最大化。

目前，這條供應鏈已通過衣索比亞、尼加拉瓜等國的小型專案惠及數千名農民。展望未來，它可以作為小型食聯網典型，應用於全球大部分農產品交易。[13]

▋ 多點多級遞進階段

在多點多級遞進階段，為了解決更複雜的食事問題，兩個或兩個以上的小型食聯網將合為一體，分享彼此資料，自動化某些過程。

在多點多級遞進過程中，小型食聯網在空間上將向城市、國家、洲際擴大，在達到足夠規模之後，形成更大型的食聯網。當數個大型食聯網實現彼此共通之後，互聯網的力量便將呈指數增長，產生可以生成自身智慧的協同系統，實現「整體大於部分之和」的網路效應，最終形成覆蓋全球的食聯網。正如「梅特卡夫定律」所闡釋的那樣，互聯網的價值與其用戶數的平方成正比，實現萬物互聯的食聯網，將產生令人難以置信的強大能量。

食聯網的價值

21 世紀人類面臨的挑戰是全球層面的。當氣候變化引發生態災難時，人類會怎樣？當我們的食母系統資源走向枯竭時，人類又會怎樣？當食事引發傳染性疾病時，人

---

⑬　本案例參考以下資料，財富（*Fortune*）：這家新興區塊鏈公司將咖啡與加密技術連接在一起（This Blockchain Startup Ties Coffee to Crypto），（https://fortune.com/2017/09/29/national-coffee-day-starbucks-blockchain/）；福布斯（*Forbes*）：科技農業及區塊鏈新興公司 Bext360 募集 335 萬美元，為商品提供可溯源性（AgTech Blockchain Startup Bext360 Raises $3.35 Million To Provide Traceability To Commodities），（https://www.forbes.com/sites/alexknapp/2018/06/01/agtech-blockchain-startup-bext360-raises-3-35-million-toprovide-traceability-to-commodities/#3d1c4fa36d25）；bext360 官網（https://www.bext360.com）。

類如何應對？當全球饑餓人口不斷增加，同時食物浪費又日趨嚴重時，等待我們的又將是什麼？對於這些問題，不同國家、地區、種族的人們可能會有不同意見，產生激烈的爭論。但同時，我們不得不承認，這些問題既無法憑藉某一方的力量解決，也不可能單純依靠人類的大腦解決。在這些難題面前，我們唯有攜起手來，借助高科技，整體認知，整體解決。

古往今來，沒有什麼問題比食事問題更值得重視，沒有什麼問題比食事問題更能讓地球村民受益，沒有什麼問題比食事問題更能把全球最廣泛的力量團結在一起。食聯網可以更加高效地解決食事問題。功能強大的智慧化控制系統在降低人類食事勞動強度的同時，提升其效率、標準化和精準度，讓食事體系運轉得更加科學、合理。同時，食聯網有強制性，可以全球化，對於解決全人類整體的食事問題有得天獨厚的優勢，更有劃時代的意義和價值。

我們相信，食聯網可以讓解決食事問題的創新想法成為現實，推動落實可持續發展目標，構建可以關照全球 77.1 億人的食事新秩序，讓人類最終迎來食事文明的曙光。

食業文明時代

縱觀人類文明史,可以分為原始文明、農業文明、工業文明三個階段,食事一直貫穿文明始終。其實,食事的存在遠早於文明的出現,文明因食事而生,因食事而存,亦可因食事而亡。

在原始文明時代,對野生食物直接的獲取,一直是人類生存的主要行為,原始文明是食事的文明。西元前 1 萬年發生了第一次農業革命,其本質是食物馴化,農業文明的本質是食事文明的一次飛躍。300 年前誕生的工業文明,同樣蘊含著食事的進步與變革。一是帶來了動能工具,大大提高了食物馴化的人工效率;二是化學合成物的引入,大幅提高了食物馴化的面積效率和成長效率。

三大文明之後,人類的食事問題不斷得到解決,但是沒有得到徹底解決,還有很多食事問題在圍繞著人類,威脅著人類。今天的文明沒有全面解決 77 億人的食事問題。食事問題的徹底解決,既是食事文明的根本標誌,又是人類整體文明的重要標誌。

食事文明和食業文明時代

食事文明,是以食事特徵對人類文明的劃分。食業文明是是食事問題得到徹底解決的社會形態,是食事文明的一個歷史階段。

食業文明是指食物數量、食物品質和吃方法問題的有效解決;是指食物母體與種群延續之間問題的有效解決;是指食物轉化與健康長壽之間問題的有效解決。食業文明,是食事問題得到徹底解決後的社會文明。

食業文明時代是指繼人類前期文明之後的一個人類的新的文明時代。它的本質內容即食事文明。考慮到農業文明、工業文明的習慣稱謂,食事文明的這一歷史階段的表達,可以稱之為食業文明時代。食業文明時代比較之前的人類文明時代,更接近人類理想世界的大門。

以傳統的人類文明劃分方式計,原始文明歷經的時間最長,是人類文明的原始形式。在這一階段,人類主要依靠採摘、狩獵、捕撈、採集食物為生,在還沒有學會用火

之前，一直過的是茹毛飲血的生活。有人曾形象地描繪這一階段人與自然的關係是「人類匍匐在自然的腳下」，但這也是迄今為止人類與自然最為和諧的文明。

農業文明亦稱農耕文明，始於西元前 10000 年，突出的標誌是對食物的馴化，即種植業、養殖業的興起。農業文明是一種與自然共生的文明，是一種建立在以家庭為生產單位、分散耕作上的文明。在農業文明時代，食物生產效率得到提升，食物供給相對穩定。由於食物剩餘的增加，具備了誕生其他職業的基本條件，社會結構日益多樣，人們生活品質日漸提高。

工業文明從 18 世紀英國工業革命起始，是以工業化為重要標誌的一種文明狀態。它高舉生產效率的大旗，追求勞動方式最優化、勞動分工精細化、勞動節奏同步化、勞動組織集中化、生產規模化和經濟集權化，讓人類的社會生產效率攀上一個前所未有的高峰。與此同時，工業文明對地球資源的消耗與對食母系統的汙染，也是前所未有的。它對生產效率追求的無極限性，最終威脅到人類自身的生存與延續。最為錯誤的是，它將提高社會生產效率當成了文明的最終目標，忽略了個體健康長壽和種群延續。全球發展問題專家傑佛瑞·薩克斯[14] 曾這樣提醒：「我們很容易忘記經濟政策的終極目標：人們的生活滿意度。人有一項不可撼動的權利，那就是追求幸福。那麼，任何國家只要是以這個為宗旨建立起來的，都應該不遺餘力地實現這個終極目標。」

人類文明的核心，應該是對文明的主體「人」更進一步的關懷。要整體實現人類的發展目標，維護人類個體健康與長壽，促進世界秩序進化，維護人類種群和食母系統的可持續，只能依賴於食業文明時代的到來。

食業文明時代的必要條件

任何文明的實現都需要主客觀條件的達成。食業文明時代的實現，主要體現在下述九大任務指標的完滿實現：

1. 食物數量得到保障。食業文明時代，由於人類掌握了科學先進的種養方法，有效地控制了人口數量，食物數量得到有效保障。人們不再需要依靠大量使用化學添加劑來提高食物數量的偽高效。

2. 食物品質得到保障。食業文明時代，原生性的食物得到推崇，綠色種養、綠色加

---

[14] 〔美〕傑佛瑞·薩克斯（Jeffrey Sachs）著：《文明的代價：回歸繁榮之路》（*The Priceof Civilization：Reawakening American Virtue and Prosperity*），鐘振明譯，浙江大學出版社 2014 年版，第 75 頁。

插圖 5-1　西元前 15 世紀古埃及墓室壁畫上描繪的食事行為

工得到普及。高品質的食物雖然成了必須的「奢侈品」，但人們仍然樂於為它埋單。正如美國著名環境和食物作家麥可·波倫[15] 所說：「每個主要食品製造商現在都有一個有機部門。現在比過往任何時候都有更多資本進入有機農業。」

3. 食物可持續得到保障。食業文明時代，無論是食物生產還是食物加工，無論是對食物的利用還是對食秩序的管理，都與大自然和諧一致。食物的可持續得到保障，並且由於食物的可持續，從而保障了人類的可持續。

4. 吃方法科學全面。食業文明時代，1-3-12 科學吃方法得到全球普及。地球村民人人掌握科學、全面的吃方法，個個懂吃會吃，會用掌握的食學知識管理自己的食行為。1903 年，發明家愛迪生就有這樣的大膽預言：「未來的醫生將不開藥，而將指導病人維護人體，指導病人合理飲食，以及疾病的原因和預防」。[16]

5. 食物浪費得到有效抑制。食業文明時代，伴隨著人們道德水準的提升，伴隨著反浪費法律法規的制定和執行，得益於對食物生產、食物利用諸領域的統一管理，損失、丟失、變質、奢侈、時效、商競、過食七大類型的浪費現象消失，延續數千年的食物浪費陋習得到有效抑制。

6. 吃病減少直至消失。食業文明時代，食物數量、食物品質均得到有效保障，人人掌握了科學的吃方法，缺食病、汙食病、過食病消失，為個人和社會節約了大量的醫藥費；食物吃療學的發展，食學的普及，讓偏食病、敏食病和厭食病的患病率也大為降低。人類迎來了一個吃病不再猖獗的時代。

7. 食者數量得到有效控制。食業文明時代，食者數量被控制在一個科學合理的範圍內，不會發生「人口爆炸」，不會因為人類自身的無序發展觸及到自然資源的天花板，不會傷及地球生態環境。

8. 食者壽期充分。食業文明時代，由於食物品質得到有效把控，科學的吃方法得到廣泛普及，人類平均壽期大大超過當今的七八十歲，達到 120 歲的理想目標，並向 150 歲的更高目標邁進。

9. 食者權利得到普遍尊重。食業文明時代，食權利關照到地球村的每一位食者。在這一時代，人人有獲取食物的權利，人人有分享食物的義務，不會有一個人

---

[15] 〔美〕海倫·瓦根沃德（Helen Wagenvoord）著：《最便宜的卡路里讓你最胖》（*The Cheapest Calories Make You the Fattest*），https://vault.sierraclub.org/sierra/200409/interview.asp。

[16] 〔美〕麥可·格萊格爾（Michael Greger）、傑納·史東（Gene Stone）著，《如何不死：發現科學證明可預防和逆轉疾病的食物》（*How Not to Die: Discover the Foods Scientifically Proven to Prevent and Reverse Disease*），烙鐵圖書出版社（Flatiron Books），第 1 頁。

因缺食致病，更不會有一個人因缺食而致死。

食業文明時代的 6 個特徵

　　食業文明時代是人類文明的高級階段，距離人類理想社會只有一步之遙。食業文明時代和當前的工業文明時代相比較，具有六大明顯不同的特徵。它是一種整體文明、可持續文明、長壽文明、閒暇文明、限欲文明和地球文明。

1. 整體文明。工業文明關照的不是 77 億地球人的整體秩序，它以國家利益而不是人類利益為核心去認知、應對食事問題。從而加重了地球村食事問題的嚴峻性，使之成為威脅可持續發展的梗阻和路障。食事文明社會強調對人類的食事問題應給予整體認知、整體治理，從而徹底地解決了每一個地球角落的食事問題。食事文明是人類的整體文明。

2. 可持續文明。工業文明追求利潤的可持續，不顧及資源的可持續，致使食物生產的「面積效率」和「生長效率」已經接近「天花板」。這種文明是一種不可持續文明。沒有食物供給的可持續，就沒有人類的可持續。食業文明是徹底解決了人與自然之間食事矛盾的文明，是人類與地球和諧共處的文明，是可持續的文明。

3. 長壽文明。工業文明滿足了人類對食物數量的需求，改善了人類的醫療條件，使人的壽期得到較大提升。而工業化對環境的汙染，一些化學添加劑在食物生產中的不當使用，又同時影響到人類的生存品質，影響到人類達到哺乳動物應有的壽期。食事文明的一個重要指標就是人類壽期得到充分實現，位列哺乳動物平均壽期的前茅。

4. 閒暇文明。工業文明大大提升了生產效率，同時也增加了人類生存的緊張度，擠占了人類大量的閒暇時間，讓人變成了肉體機器。追求閒暇、追求快樂是人的本能，食業文明時代，在保持食物高產效率的同時，將最大限度地提高社會效率。社會效率是社會的整體勞動量與國民閒暇時間的比值。閒暇文明，就是人類社會的「高效文明」。

5. 限欲文明。印度國父、民族主義領袖甘地有一句廣為人知的警句[17]：「地球提供

---

[17] 〔印〕Y. P. 阿南德（Y. P. Anand）、〔美〕馬克・林德利（Mark Lindley）著：《甘地關於節儉和貪婪的觀點》（ *Gandhi on Providence and Greed* ），（ https://www.academia.edu/303042/Gandhi_on_providence_and_greed ），2015 年 2 月 12 日。

著足夠的東西來滿足每個人的需求，但是不提供足夠的東西來滿足所有人的貪婪。」人的欲望是無限的，而地球資源是有限的。有限的資源滿足不了無限的欲望。所以人類必須學會約束自己，有所為有所不為。保留生存必須欲望，發展生存必須產業，控制威脅生存的欲望，革除生存非必須產業，節制生存非必須欲望，限制威脅生存的產業，是食業文明的重要標誌。

6. 地球文明。面對不斷爆炸的人口和日益枯竭的地球資源，有一種說法是人類可以離開地球，移民到其他星球。中國有句古語，「橘生淮南則為橘，生於淮北則為枳」，何況人乎？即使有能力把某個人送出去，也不代表能夠實現整個種群的遷移，任何向外星球移民的宣傳都是一種不負責任的忽悠。地球是人類食物的唯一來源，人類因此而成為一個共同體。食業文明是地球文明，不是他球文明。

食事是人類諸事之根本，是人類諸文明之根本，是人類生存和幸福之根本，是種群延續之根本。食業文明時代是人類一個前所未有、光輝燦爛的新時代，它正在向我們走來。

附錄一

食學詞表

專業詞彙表

序號	編碼	詞彙	定義
1	1001	事 thing or matter	自然界和社會中行為及結果。
2	1002	食事 shiance	謀得食物與吃入食物的行為及結果。
3	1003	食業 shiance industry	「食事行業」的簡稱。即從事食物生產、利用的法人和自然人等群體構成的社會體系。
4	1004	食為 shiance behavior	人類有關食物生產、利用的活動。
5	1005	食俗 shiance convention	「食為習俗」的簡稱。
6	1006	食序 shiance order	「食事秩序」的簡稱。
7	1007	食禮 shiance etiquette	「食事禮儀」的簡稱。
8	1008	食政 shiance administration	「食事行政」的簡稱。
9	1009	食史 shiance history	「食事歷史」的簡稱。
10	1010	食知 shiance knowledge	「食事認知」的簡稱。
11	1011	食界 shiance sphere	「食事界限」的簡稱
12	1012	食界三角 shiance sphere triangle	由食物母體系統、食事行為系統、食物轉化系統三者構成的客觀整體。
13	1013	食事部 Ministry of Shiance	國家管理食事的行政部門。
14	1014	食事界限 shiance sphere	人類食事客體的範圍。簡稱「食界」。
15	1015	食事衝突 shiance conflict	人類在食物生產、利用過程中發生的各種形式的爭執與爭鬥。
16	1016	食事秩序 shiance order	人類食事行為的條理性和連續性。簡稱「食序」。
17	1017	食事禮儀 shiance etiquette	人類在食物生產、利用過程中的禮節和儀式。簡稱「食禮」。
18	1018	食事行為 shiance behavior	食事的動作體系，簡稱食為。
19	1019	食事法律 shiance law	由國家政權保證執行的食事行為規則。也稱「食為法律」。
20	1020	食事經濟 shiance economy	食物生產、分配、流通、消費以滿足人的吃事需求的活動和關係的系統。

序號	編碼	詞彙	定義
21	1021	食事行政 shiance administration	國家對食物生產、利用的秩序管理活動。簡稱「食政」。
22	1022	食事歷史 shiance history	人類過去的食物生產、利用相關的現象和活動。
23	1023	食事教化 shiance cultivation	傳承正確食事行為、矯正不當食事行為的形式。也稱「食為教化」。
24	1024	食事控制 shiance control	掌握住不使食物生產、利用的相關行為超出範圍或任意活動。
25	1025	控制食事 shiance control	同食事控制。
26	1026	食事認知 shiance knowledge	人類對食事客體的主觀反應。簡稱「食知」。
27	1027	食事認知海量化 voluminosity of shiance knowledge	食事認知數量的極大狀態。
28	1028	食事認知割據化 voluminosity of shiance knowledge	食事認知的多個獨立部分的非整體狀態。
29	1029	食事認知碎片化 fragmentariness of shiance knowledge	食事認知的小而散的無序狀態。
30	1030	食事認知誤區 erroneous cognitive zones of shiance cognition	食事認知的錯誤與錯位。
31	1031	食事認知盲區 blind cognitive zones of shiance cognition	食事認知的空白領域。
32	1032	食事共識 common consensus on shiance	人類對食事的共同認知。即人人需食，天天需食，食皆同源，食皆求壽，食皆求嗣。
33	1033	食事效率 shiance efficiency	食事與生命長度的比值。簡稱「食效」。包括食母面積效率、食物生長效率量、食為人工效率、食物利用效率。
34	1034	食效 shiance efficiency	「食事效率」的簡稱。
35	1035	食事文明 shiance civilization	食事問題得到全面徹底解決後的社會形態。
36	1036	食事文明階段 era of shiance civilization	人類食事問題得到全面徹底解決的歷史時期。
37	1037	食事行業 shiance industry	從事食物生產、利用相關事務的自然人與法人形成的社會體系。簡稱「食業」。
38	1038	食事制約 shiance control	矯正人類不當食事行為的強制手段。
39	1039	制約食事 shiance control	同食事制約。
40	1040	食事人工效率 shiance labor efficiency	食事勞動量與時間單位的比值。
41	1041	食事災難 shiance disaster	來自自然與人為的威脅人類及群體食事的禍害。簡稱「食災」。
42	1042	食災 shiance disaster	「食事災難」的簡稱。
43	1043	食事客體 shiance object	在自然界和社會中與人類食物生產、利用相關的現象和活動的客觀存在。
44	1044	食事系統 shiance system	按照一定秩序和內部結構聯繫組成的食事整體。
45	1045	食事互聯網 shiance internet	由食物、食者、食業者、食具、食規等節點構成的電腦網路系統。
46	1046	食事歷史階段 historical periods of shiance	從食事角度對人類歷史的分期。

序號	編碼	詞彙	定義
47	1047	生食階段 stage of raw foods	人類以採摘野生蔬果、捕捉小型動物為主的歷史時期。
48	1048	熟食開啟階段 stage of cooked foods	開始用火熟食的歷史時期。
49	1049	馴化食物開啟階段 stage of domesticated foods	開始人工控制野生食物繁殖的歷史時期。
50	1050	合成物介入階段 stage of synthetic foods	開始使用化學合成物的歷史時期。
51	1051	數位控制介入階段 stage of digital control	利用數位技術提高食事效率的時期。
52	1052	食事 SEB 秩序 shiance SEB order	2019 年 12 月劉廣偉向聯合國提交的構建世界食事新秩序的項目。S 即可持續發展目標（SDGs），E 即構建食學體系（shiology），B 即區塊鏈（blockchain）等數位技術。
53	1053	食事數位控制 shiance digital control	利用數位技術提高食事效率。簡稱「食事數控」。
54	1054	食事數控 shiance digital control	「食事數位控制」的簡稱。
55	1055	食事社會 shiance society	從食事角度認知人類社會。
56	1056	食事社會狀態 states of shiance society	從食事角度對人類社會的分類。即缺食社會、足食社會、優食社會。
57	1057	食業機構 shiance industry institution	食事相關的社會單位。
58	1058	食業文明 shiance industry civilization	食事文明的代用詞。特指人類社會文明的一個階段。
59	1059	食業特點 defining traits of shiance industry	食業不同於其他行業的地方。即人類元業、無限持續、規模最大、人數最多、產能有限。
60	1060	食業正迴圈 virtuous circle of thsshiance industry	能夠提高食物利用效率、保障食物可持續供給的食物生產的周而復始。
61	1061	食業負迴圈 vicious circle of shianceindustry	危害食物利用和可持續供給的食物生產的周而複始。
62	1062	食業者教育 education for shianceindustry professionals	向食事從業者傳授食事知識體系。
63	1063	食事文明特徵 defining featurss of the era of shiance civilization	不同於其他文明時代的地方。即整體文明、可持續文明、長壽文明、閒暇文明、限欲文明、地球文明。
64	1064	食為系統 shiance behavior system	人類食事行為活動的整體。
65	1065	食為系統體系 cosmos of shiance behavior system	由個體、家庭、族群、國家、區域和世界食為系統構成的整體。
66	1066	食為法律 shiance behavior law	同「食事法律」。
67	1067	食為效率 shiance behavior efficiency	食事行為付出與收穫的比值。
68	1068	食為習俗 shiance behaviorconvention	民間長期沿襲並自覺遵守的群體食事行為模式及規律。簡稱「食俗」。
69	1069	食為良俗 good shiance behaviorconvention	民間長期沿襲並自覺遵守的禮讓、清潔、節儉、適量、健康等食事行為模式及規律。也稱「食事良俗」。

序號	編碼	詞彙	定義
70	1070	食為陋俗 undssirable customs ofshiance behavior	民間長期沿襲並自覺遵守浪費、奢侈、獵奇、不潔、迷信等食事行為模式及規律。也稱「食事陋俗」。
71	1071	食事習俗 shiance convention	同「食為習俗」。簡稱「食俗」。
72	1072	食事良俗 good shiance convention	同「食為良俗」。
73	1073	食事陋俗 bad shiance convention	同「食為陋俗」。
74	1074	食為教化 shiance behavior cultivation	同「食事教化」。
75	1075	不當食為 improper shiance behavior	危害個體健康、群體和諧、種群持續的食事行為。
76	1076	食為 5 階段 5 stages of shiance behaviors	猿人食為階段、直立人食為階段、智人食為階段、古代人食為階段、現代人食為階段。
77	1077	吃事 eatance	攝入食物的過程和現象。
78	1078	吃事行為 eatance behavior	攝入食物的動作系統。
79	1079	食事秩序行為 shiance order behavior	維持食事條理性和連續性的動作系統。
80	1080	食事法律行為 shiance law behavior	為國家制定並強制執行食事規則的動作系統。。
81	1081	食事教育行為 shiance education behavior	傳承正確的食事認知體系的動作系統。
82	1082	食事行政行為 shiance administration behavior	為國家管理食物生產、利用的動作系統。
83	1083	吃事疾病 eatance disease	因不當食物和不當吃法引發的肌體不正常狀態。簡稱「吃病」。
84	1084	系統 system	同類事物按一定關係組成的整體。
85	1085	食事行為系統 shiance behavior system	所有食事行為組成的整體，簡稱食為系統。
86	1086	個體食為系統 personal shiance behavior system	某個體食事行為組成的整體。
87	1087	家庭食為系統 family shiance behavior system	某家庭食事行為組成的整體。
88	1088	族群食為系統 group shiance behavior system	某族群食事行為組成的整體。
89	1089	國家食為系統 state shiance behavior system	某國家食事行為組成的整體。
90	1090	區域食為系統 regional shiance behavior system	某區域食事行為組成的整體。
91	1091	世界食為系統 global shiance behavior system	全人類食事行為組成的整體。
92	1092	吃事功能 eatance functions	攝入食物的作用。即充饑、致疾、防疾、療疾。
93	1093	吃事養體 eatance nurturing	攝入尋常食物維持生存與健康。簡稱「吃養」。
94	1094	吃養 eatance nurturing	「吃事養體」的縮寫。
95	1095	吃事調體 eatance tonifying	攝入偏性食物矯正肌體亞衡。簡稱「吃調」。

序號	編碼	詞彙	定義
96	1096	吃調 eatance tonifying	「吃事調體」的縮寫。
97	1097	吃事療疾 eatance therapeutics	利用吃物和吃法治療疾病。簡稱「吃療」。
98	1098	吃療疾 eatance therapeutics	「吃事療疾」的縮寫。
99	1099	六大吃病 6 eating-induced diseasss	缺吃病、汙吃病、偏吃病、過吃病、敏吃病、厭吃病。
100	1100	吃事 3 階段 3 stages of eating matters	吃前、吃中、吃後。
101	1101	吃事 3 形態 3 types of functions of eating matters	吃養、吃調、吃療。
102	1102	吃事審美 dining aesthetics	吃事審美是指進食過程中心理、生理愉悅的體驗與感受。簡稱「吃審美」。
103	1103	吃審美 Dining aesthetics	「吃事審美」的縮寫。
104	1104	吃事 AWE AWE etiquette	餐前敬語和手勢。AWE 是世界語，敬畏之意，發音為〔awì〕。
105	1105	五覺審美 five-sense aesthetics	品鑒食物的嗅覺、味覺、觸覺、視覺、聽覺五個要素。
106	1106	吃者教育 shiance education for eaters	同「食者教育」。
107	1107	吃者八維 8 states (dimensions) ofeaters	認知吃者的 8 個角度。即遺傳、性別、年齡、體性、體構、動量、心態、疾態。
108	1108	吃事方法 eating methods	滿足食物轉化系統需求的攝入方式。攝入食物時的多維度把握以使身體更加健康長壽。簡稱「吃方法」、「吃法」。
109	1109	吃方法 eating methodology	「吃事方法」的縮寫。
110	1110	吃方法 5 進階 5 stages of human eating methods	原始吃法、經驗吃法、理性吃法、科學吃法、數控吃法。
111	1111	吃方法指導 3 階段 3 stages of humans' eating instruction	口傳吃法指導、多維吃法指導、全維吃法指導。
112	1112	錶盤吃法指南 Dial Dietary Guide	由 1 個中心，3 個階段，12 個關注點組成的攝食方法的圓形圖。也稱「世界健康膳食指南」、「錶盤膳食指南」、「錶盤吃事指南」。
113	1113	錶盤吃事指南 Dial Eatance Guide	同「錶盤吃法指南」。
114	1114	錶盤膳食指南 Dial Dietary Guide	同「錶盤吃法指南」。
115	1115	世界健康膳食指南 World Dietary Guide Dial	同「錶盤吃法指南」。
116	1116	吃事方法指南 eating methods guide	吃事方法的指導工具。簡稱「吃法指南」。
117	1117	吃法指南 dietary guide	「吃事方法指南」的縮寫。
118	1118	吃事方法羅盤 compass of eating methods	由吃者、吃物、吃法和吃出物、吃後徵組成的圓形吃事方法指導工具。簡稱「吃法羅盤」。
119	1119	吃法羅盤 compass of eating methods	「吃事方法羅盤」的縮寫。
120	1120	吃事方法座標 coordinatss of eatance methods	由吃者、吃物、吃法和吃出物、吃後徵等要件組成的橫豎軸形吃事方法指導工具。簡稱「吃法座標」。
121	1121	吃法座標 coordinatss of eating methods	「吃事方法座標」的縮寫。

序號	編碼	詞彙	定義
122	1122	吃物過多 overeating	攝入了過多食物。簡稱「過吃」。同「過食」。
123	1123	吃物汙染 foodborne disease	吃物被汙染。簡稱「汙吃」。同「汙食」。
124	1124	吃物過敏 food allergy	吃後過敏。簡稱「敏吃」。同「敏食」。
125	1125	吃物 eaten substance	吃事場景中的食物。
126	1126	吃欲 eatance appetite	渴望得到食物的生理本能。
127	1127	吃物者 eater	攝食場景中的人。簡稱「吃者」。
128	1128	吃者 eater	「吃物者」的簡稱。
129	1129	吃物權 eatance right	人類個體獲得維持生存的食物的權益。簡稱「吃權」。吃權是人權的基礎。
130	1130	吃權 eatance right	「吃物權」的簡稱。
131	1131	吃物順序 eaten substance sequence	攝入吃物的先後次序。
132	1132	吃物溫度 temperature of eaten substance	吃物的冷熱程度。
133	1133	吃物熟態 degree of raw and cooked of eaten substance	吃物是否加熱。也稱「吃物生熟」。
134	1134	吃物生熟 degree of raw and cooked of eaten substance	同「吃物熟態」。
135	1135	吃物數量 quantity of eaten substance	吃物的多少。
136	1136	吃物種類 eaten substance type	吃物的類別。
137	1137	吃出物 eating-out substance	吃物被肌體利用後釋出的固體、液體、氣體等物質。包括大便、小便、眼屎、耳屎等所有釋出物質。
138	1138	吃後徵 post-eating sign	吃後肌體的不同狀況。
139	1139	吃者體徵 eaters' physiological signs	同「食者體性」。
140	1140	吃者體性 eaters' physiological natures	同「食者體性」。
141	2001	食物 food	維持人類生存與健康的入口之物。
142	2002	天然食物 natural food	自然界存在與生長的可食物質。
143	2003	人造食物 man-made food	非天然的食物。用化學合成等方式製成的可食物質。
144	2004	真菌食物 fungus food	菌的可食物質。
145	2005	植物食物 plant food	植物性的可食物質。
146	2006	動物食物 animal food	動物性的可食物質。
147	2007	礦物食物 mineral food	礦物性的可食物質。
148	2008	野生食物 wild food	自然界中未被人類馴化的可食物質。
149	2009	原生食物 original food	在未被人類干擾的原生態環境裡生長的可食物質。
150	2010	原生野生食物 natural wild food	未被人類干擾的環境中的野生食物質。
151	2011	汙生野生食物 Contaminated wild food	被人類干擾的環境中的野生食物質。
152	2012	馴化食物 domesticated food	人工控制繁殖的天然可食物質。

序號	編碼	詞彙	定義
153	2013	食物馴化 domesticated food	同馴化食物。
154	2014	無化馴化食物 domesticated foods that are not chemically disturbed	未被化學干擾的馴化食物。
155	2015	有馴化食物 domesticated foods that are chemically disturbed	被化學干擾的馴化食物。
156	2016	合成食物 synthetic food	用化學方式製成的入口物質。
157	2017	調物合成食物 synthetic food as flavor	用於調節食物感官的化學合成食物。
158	2018	調體合成食物 synthetic food as tonifier	用於調節肌體失衡的化學合成食物。
159	2019	有機食物 organic food	來自有機食物生產體系的食物。
160	2020	本草食物 medical herbal food	具有療疾功能而沒有充饑功能的天然可食物。
161	2021	偏性食物 biased food	能夠以原性來調理、治療肌體失衡的天然食物質。
162	2022	胞殖食物 food of cellular reproduction	用動物細胞培殖出來的可食物質。
163	2023	烹飪食品 cooking foods	以加熱方式加工食物而形成的產品。
164	2024	食品烹飪 foods cooking	同烹飪食品。
165	2025	碎解食品 fragmentating foods	以非加熱的物理方式加工食物而形成的產品。
166	2026	食品碎解 foods fragmentating	同碎解食品。
167	2027	工業食品 industrial food	用動力設備批量加工食物而形成的產品。
168	2028	手工食品 handmade food	不用動力設備加工食物而形成的產品。
169	2029	吃物轉化 food conversion	同「食物轉化」。
170	2030	食產 food production	「食物生產」的簡稱。
171	2031	食物轉化之腦 foodvert brain	肌體內轉化食物的智慧系統。簡稱「食腦」。
172	2032	食腦 foodvert brain	「食物轉化之腦」的簡稱。
173	2033	食物攝入 food intake	吃。也稱「攝入食物」。
174	2034	攝入食物 ingesting food	吃。簡稱「攝食」。
175	2035	攝食 ingesting food	「攝入食物」的簡稱。
176	2036	進食 ingestion	吃。「攝入食物」的簡稱。
177	2037	進食目的 objectivss of food ingestion	吃事想要得到的結果。即滋養生命、調理亞衡、治療疾病。
178	2038	母體 matrix	指孕育幼體的人或雌性動物的身體（引自《現代漢語詞典》第 7 版）。
179	2039	食物母體 food matrix	孕育食物的本體。包括陽光、土地、水域。簡稱「食母」。
180	2040	食母 food matrix	「食物母體」的簡稱。
181	2041	食物母體系統 food maternal system	孕育食物的生態整體。簡稱「食母系統」。
182	2042	食母系統 food maternal system	「食物母體系統」的簡稱。
183	2043	轉化 conversion	轉變與改變。

序號	編碼	詞彙	定義
184	2044	食物轉化 food conversion	食物轉變為肌體構成、能量釋放、資訊傳遞、廢物排泄的過程，簡稱食化。
185	2045	轉化食物 food conversion	同食物轉化。
186	2046	食物轉化系統 food conversion system	食物與肌體構成、能量釋放、資訊傳遞、廢物排泄的關係過程的整體
187	2047	食化系統 food conversion system	食物轉化系統的簡稱。
188	2048	食物元性 food nature	食物所蘊含的溫熱寒凍平等不同的屬性。
189	2049	食物野獲 food obtaining	用採摘、狩獵、捕撈、採集方式獲取野生食物的方法。
190	2050	食物野獲 food obtaining	同野獲食物。
191	2051	食物採摘 food picking	取得植物和菌類食物的方法。
192	2052	採摘食物 food picking	同食物採摘。
193	2053	食物狩獵 food hunting	獲得陸生動物性食物的方法。
194	2054	狩獵食物 food hunting	同食物狩獵。
195	2055	食物捕撈 food fishing	獲得天然水生食物的方法。
196	2056	捕撈食物 food fishing	同食物捕撈。
197	2057	食物採集 food harvesting	取得礦物性食物的方法。
198	2058	採集食物 food harvesting	同食物採集。
199	2059	食物種植 food planting	馴化可食性植物的方法。
200	2060	種植食物 food planting	同食物種植。
201	2061	食物養殖 food farming	馴化可食性動物的方法。
202	2062	養殖食物 food farming	同食物養殖。
203	2063	食物菌殖 food cultivation	人工控制可食性真菌繁殖的方法。
204	2064	食物加工 food processing	對食物進行提高利用價值的處理方法。屬於食物的再次生產。
205	2065	加工食物 food processing	同食物加工。
206	2066	食物碎解 food disintegration	以非熱的物理方式提高食物的利用價值的方法。
207	2067	碎解食物 food disintegration	同食物碎解。
208	2068	食物發酵 food fermentation	以微生物分解、改變、轉化的方式提高食物利用價值的方法。
209	2069	發酵食物 food fermentation	同食物發酵。
210	2070	食物烹飪 food cooking	以加熱的方式提高食物的利用價值的方法。
211	2071	烹飪食物 food cooking	同食物烹飪。
212	2072	食物流轉 food distribution	以貯藏、運輸和包裝等方式提高食物便捷性的方法。
213	2073	流轉食物 food distribution	同食物流轉。
214	2074	食物貯藏 food storage	置放食物的方法。
215	2075	貯藏食物 food storage	同食物貯藏。
216	2076	食物運輸 food transportation	移動食物的方法。
217	2077	運輸食物 food transportation	同食物運輸。
218	2078	食物包裝 food packaging	給食物添加人工外衣的方法。

序號	編碼	詞彙	定義
219	2079	包裝食物 food packaging	同食物包裝。
220	2080	食物偏性 imbalanced nature of food	可以矯正肌體失衡的食物元性成分。
221	2081	食物轉化 foodvert	食物與肌體構成、能量釋放、資訊傳遞、廢物排泄的關係過程。
222	2082	食化 foodvert	「食物轉化」的縮寫。
223	2083	食物生產學三角 triangular structure of food production science	食物生產學體系的結構。即食源、獲取、輔助。
224	2084	食物利用 food utilization	食物進入人體的過程及結果。
225	2085	食用 food utilization	食物利用的簡稱。
226	2086	利用食物 food utilization	同食物利用。
227	2087	食物成分 food elements	食物的內涵。包括食物元性與食物元素兩部分。
228	2088	食物性格 food natures	食物所蘊含的溫熱寒涼等不同屬性。
229	2089	食物元素 food elements	食物成分中可見的微觀物質。
230	2090	食物生產 food production	獲取、加工、流轉食物。
231	2091	食產 food production	食物生產的簡稱。
232	2092	食物利用者 food consumer	用食物維持生存健康的人。
233	2093	食物生產短鏈 short chain of food production	食物生產過程中的最少環節。簡稱「食產短鏈」。
234	2094	食產短鏈 short chain of food production	「食物生產短鏈」的簡稱。
235	2095	食母面積效率 food production area efficiency	土地、水域面積單位與出產食物數量的比值。
236	2096	食物生長效率 food production growth efficiency	動植物、菌類食物時間單位與成熟度的比值。
237	2097	食物生產效率 food production efficiency	時間單位獲得優質食物數量的比值。包括面積效率、成長效率、人工效率。
238	2098	食物生產人工效率 food production labor efficiency	食事勞動量與時間單位的比值。
239	2099	食產面積效率 food production area efficiency	同「食母面積效率」。
240	2100	食產成長效率 food production growth efficiency	同「食物生產效率」。
241	2101	食產效率 4 次飛躍 4 leaps of food production efficiency	馴化技術、動力工具、化學合成物、數位技術。
242	2102	食物利用效率 food utilization efficiency	吃物與生命健康長度的比值。簡稱「食用效率」。
243	2103	食用效率 food utilization efficiency	「食物利用效率」的簡稱。
244	2104	食物加工 3 模式 3 modes of food processing	碎解、烹飪、發酵。
245	2105	食物烹飪 3 場景 3 scenss of food processing	家庭、商業、工業。

序號	編碼	詞彙	定義
246	2106	食物發酵 3 場景 3 scenss of food fermentation	家庭、商業、工業。
247	2107	食物利用者教育 shiance education for food consumers	同「吃者教育」。
248	2108	劉氏食品 ID 編碼體系 Liu's food ID coding system	由 8 個維度、28 位數字組成的食品身分證系統。
249	2109	缺食物 undereating	缺少吃物。簡稱「缺食」。
250	2110	缺食 food deficiency	「缺食物」的縮寫。
251	2111	缺食者 food-deficient individual	吃不飽的個體。缺少吃物的個體。
252	2112	缺食群 food-deficient demographic	吃不飽的群體。缺少吃物的群體。
253	2113	缺食病 undereating-induced disease	吃物缺少引發的肌體不正常狀態。
254	2114	缺食社會 food-deficient society	缺食群為主體的社會形態。
255	2115	足食物 food-sufficient	吃物充足。簡稱「足食」。
256	2116	狩獵食物之事 matter of food hunting	直接獲得陸生動物性食物的行為及結果。
257	2117	採集食物事 Matter of food harvesting	直接獲取礦物學可食物的行為及結果。
258	2118	馴化食物事 matter of food domestication	控制野生動植物和菌類繁殖的行為及結果。
259	2119	種植食物事 matter of food planting	馴化可食性植物的行為及結果
260	2120	養殖食物事 matter of food farming	馴化可食性動物的行為及結果。
261	2121	菌植食物事 matter of fungi food	控制可食性真菌繁殖的行為及結果。
262	2122	加工食物事 matter of food processing	提高食物利用價值的行為及結果。
263	2123	烹飪食物事 matter of food cooking	以加熱方式提高食物利用價值的行為及結果。
264	2124	發酵食物事 matter of food fermentation	以微生物分解、改變、轉化的方式提高食物利用價值的行為及結果。
265	2125	碎解食物事 matter of food disintegration	以非加熱的物理方式提高食物利用價值的行為及結果。
266	2126	運輸食物事 matter of food transportation	長距離移動食物的行為及結果。
267	2127	貯藏食物事 matter of food storage	長時間置放食物的行為及結果。
268	2128	包裝食物事 matter of food package	給食物添加方便流轉的外衣的行為及結果。
269	2129	利用食物事 matter of food utilization	食物進入肌體的過程及結果。
270	2130	生食階段 stage of raw foods	人類以採摘野生蔬果、捕捉小型動物為主的歷史時期。
271	2131	熟食開啟階段 stage of cooked foods	開始用火熟食的歷史時期。
272	2132	馴化食物開啟階段 stage of domesticated foods	開始人工控制野生食物繁殖的歷史時期。

序號	編碼	詞彙	定義
273	2133	行為 behavior	人的動作系統。
274	2134	生產食物行為 food producing behavior	生產食物的動作系統。
275	2135	種植食物行為 food planting behavior	種植食物的動作系統。
276	2136	養殖食物行為 food faming behavior	養殖食物的動作系統。
277	2137	菌殖食物行為 fungus food behavior	菌殖食物的動作系統。
278	2138	烹飪食物行為 food cooking behavior	烹飪食物的動作系統。
279	2139	發酵食物行為 food fermenting behavior	發酵食物的動作系統。
280	2140	碎解食物行為 food fragmentating behavior	碎解食物的動作系統。
281	2141	運輸食物行為 food transporting behavior	運輸食物的動作系統。
282	2142	貯藏食物行為 food storing behavior	貯藏食物的動作系統。
283	2143	包裝食物行為 food packing behavior	包裝食物的動作系統。
284	2144	利用食物行為 food utilizing behavior	攝入食物的動作系統。
285	2145	吃事行為 eatance behavior	攝入食物的動作系統。
286	2146	吃病認知行為 cognitive behavior of eating disease	認知吃病的動作系統。
287	2147	吃審美行為 eating aesthetic behavior	吃審美認知的動作系統。
288	2148	吃療疾行為 curing disease behavior by eating	以吃療疾的動作系統。
289	2149	食事秩序行為 shiance order behavior	維持食事條理性和連續性的動作系統。
290	2150	食物經濟行為 food economic behavior	用經濟手段配置食物的動作系統。
291	2151	食事法律行為 shiance law behavior	國家制定並強制執行食事規則的動作系統。
292	2152	食事行政行為 shiance administration behavior	國家管理食物生產、利用的動作系統。
293	2153	食為數控行為 shiance behavior digital control behavior	運用數位平臺管控食事的行為系統。
294	5154	食學教育行為 shiology education behavior	傳承正確的食事認知體系的動作系統。
295	5155	食為習俗行為 shiance custom behavior	在道德層面匡正食俗的行為系統。

序號	編碼	詞彙	定義
296	5156	食史研究行為 shiance history study behavior	借鑒歷史經驗教訓匡正當今食事的行為系統。
297	3001	美食家 gourmet	吃事創美與審美的專家。
298	3002	5 種美食家 5 types of gourmets	烹飪藝術家、發酵藝術家、品鑒美食家、長壽美食家、美食大家。
299	3003	品鑒美食家 gourmet	精通食物品鑒且善於表達的人。
300	3004	長壽美食家 macrobiotic gourmet	精通食物品鑒且健康長壽的人。
301	3005	美食大家 master gourmet	精通美食創造和美食品鑒且健康長壽的人。
302	3006	發酵藝術家 fermentation artist	精通食物發酵工藝且形成獨特風格的人。
303	3007	烹飪藝術家 culinary artist	精通食物烹飪工藝且形成獨特風格的人。
304	4001	食事工具 shiance tool	提高食物生產效率的器物。也稱「食為工具」。
305	4002	食為工具 shiance behavior tool	同「食事工具」。
306	4003	食為手工工具 shiance behavior non-power tool	提高食事人工效率的無動力器物。
307	4004	食為動力工具 shiance behavior power tool	提高食事人工效率的動力器物。
308	4005	食為手工工具學 shiance behavior non-power tool science	研究無動力器物與食事效率之間關係的學科。食學的四級學科。
309	4006	食為動力工具學 shiance behavior power tool science	研究動力器物與食事效率之間關係的學科。食學的四級學科。
310	5001	食學 shiology	研究人與食物之間關係及其規律的科學。研究解決人類食事問題的科學。研究人類食事認識及其規律的科學。研究人類食事行為發生、發展及其演變規律的科學。
311	5002	食學三角 shiology triangle	由食物生產、食物利用、食事秩序組成的食學體系的核心結構。
312	5003	食學三角轉動 rotation of shiology triangle	食學三角之間各要素的權重變化。
313	5004	食學體系 system of shiology	食事認知的知識整體。
314	5005	食學任務 objectivss of shiology	減少吃事與肌體衝突使人健康長壽，減少群體之間食事衝突使社會更和諧，減少食事與生態衝突使種群延續。
315	5006	食學定律 rules of shiology	對人類食事在一定條件下發生一定變化過程的必然關係的認知。
316	5007	食學原理 principles of shiology	對人類食事的最基本的規律的認知。
317	5008	食學法則 laws of shiology	對食事的內部某些不變性的規則的認知。
318	5009	食學名詞 terminology of shiology	表示人類食事的專有概念。
319	5010	食學教育 shiology education	傳授食事知識系統。
320	5011	食育 shiology education	食學教育的簡稱。
321	5012	食學通識教育 general shiology education	面向食者的以吃學為主的食學教育。
322	5013	食學專業教育 professional shiology education	面向食事從業者的食學教育。

序號	編碼	詞彙	定義
323	5014	食學三字經 Three Character Classic of Shiology	針對 3-6 歲兒童的食學教育材料。
324	5015	食學學科 shiology subject	食學所屬的分支。
325	5016	食學學科體系 system of shiology subjects	食學所屬分支構成的整體。
326	5017	食學二級學科 tier-2 subjects of shiology	食物生產學、食物利用學、食事秩序學。
327	5018	食學三級學科 tier-3 subjects of shiology	食學體系第二層類別。即由人類食事的 13 個基本範式組成。食學二級學科下屬類別。
328	5019	食學四級學科 tier-4 subjects of shiology	食學三級學科下屬類別。由 36 門學科組成。
329	5020	食學五級學科 tier-5 subjects of shiology	食學四級學科下屬類別。
330	5021	食學學科編碼 shiology subject code	食學各門學科的數字代號。由 2 個字母和 6 位數字組成。
331	5022	食學教育學 shiology education science	研究傳授食學知識及其規律的學科。食學的四級學科。
332	5023	食事歷史學 shiance history science	研究人類過去與食物生產、利用、秩序相關的行為及其結果的學科。食學的三級學科。
333	5024	食事秩序學 shiance order science	研究人類食事行為條理性、連續性及其規律的學科。
334	5025	食事經濟學 shiance economics science	研究對食物資源配置以滿足每一個人吃事需求的學科。
335	5026	食事法律學 shiance law science	研究強制規範人類不當食行為的學科。也稱「食為法律學」。
336	5027	食事行政學 Shiance administration science	研究食事與政體之間關係及其規律的學科。
337	5028	食事數控學 shiance digital control science	研究利用數位技術提高食事效率的學科。
338	5029	食事習俗學 shiance convention nscience	研究民間長期沿襲並自覺遵守的群體食事行為模式及規律的學科。食學的四級學科。也稱「食為習俗學」。
339	5030	食母保護學 food matrix protection science	研究持續維護食源體原始性的學科。
340	5031	食物生產學 food production science	研究人類持續獲得與加工食物的方式及其規律的學科。食學的二級學科。
341	5032	食物母體學 food matrix science	研究人類與食源體之間關係及其規律的學科。食學的三級學科。
342	5033	食物野獲學 food obtaining science	研究用採摘、狩獵、捕撈、採集方式持續獲得野生食物及其規律的學科。食學的三級學科。
343	5034	食物馴化學 food domestication 5035 science	研究人工控制野生性食物繁殖的方法及其規律的學科。食學的三級學科。
344	5035	食物加工學 food processing science	研究對食物進行提高利用價值的處理及其規律的學科。食學的三級學科。
345	5036	食物流轉學 food distribution science	研究食物的時空管理與控制的學科。食學的三級學科。

序號	編碼	詞彙	定義
346	5037	食物成分學 food elements science	研究食物內在特徵的學科。食學的三級學科。
347	5038	人造食物學 man-made foods science	研究利用化學合成等方法製成可食物質的學科。食學的三級學科。
348	5039	食物生產學體系 system of food production science	食物生產學所屬學科的整體。即食物母體學、食物野獲學、食物馴化學、人造食物學、食物加工學、食物流轉學和食為工具學組成。
349	5040	食物利用學體系 structure of food utilization science	食物利用學所屬學科的整體。
350	5041	食物採摘學 food picking science	研究持續獲得植物和菌類食物的方法及其規律的學科。食學的四級學科。
351	5042	食物狩獵學 food hunting science	研究持續獲得陸生動物性食物的方法及其規律的學科。食學的四級學科。
352	5043	食物捕撈學 food fishing science	研究持續獲得天然水生食物的方法及其規律的學科。食學的四級學科。
353	5044	食物採集學 food harvesting science	研究持續獲得礦物性食物的方法及其規律的學科。食學的四級學科。
354	5045	食物種植學 food planting science	研究馴化可食性植物的方法及其規律的學科。食學的四級學科。
355	5046	食物養殖學 food farming science	研究馴化可食性動物的方法及其規律的學科。食學的四級學科。
356	5047	食物菌殖學 food cultivation science	研究人工控制可食性真菌繁殖的方法及其規律的學科。食學的四級學科。
357	5048	食物解碎學 food disintegration science	研究以非熱的物理方式提高食物的利用效率及其規律的學科。食學的四級學科。
358	5049	食物烹飪學 food cooking science	研究以加熱的方式提高食物的利用效率及其規律的學科。食學的四級學科。
359	5050	食物發酵學 food fermentation science	利用微生物提高食物利用效率的學科。食學的四級學科。
360	5051	食物貯藏學 food storage science	研究食物存放時間及其規律的學科。食學的四級學科。
361	5052	食物運輸學 food transport science	研究食物的空間移動及其規律的學科。食學的四級學科。
362	5053	食物包裝學 food packaging science	研究食物的人工外衣及其規律的學科。食學的四級學科。
363	5054	食物元性學 food natures science	研究從非微觀視覺角度認知食物成份差異性的學科。食學的四級學科。
364	5055	食物元素學 food components science	研究從微觀視覺角度認知食物成分差異性的學科。食學的四級學科。
365	5056	調物合成食物學 synthetic foods as flavors science	研究食物感官與合成物之間關係及其規律的學科。食學的四級學科。
366	5057	調體合成食物學 synthetic foods as tonifiers science	研究疾病與合成物之間關係及其規律的學科。食學的四級學科。
367	5058	食母修復學 food matrix restoration science	研究持續恢復被破壞的食源體的學科。食學的四級學科。

序號	編碼	詞彙	定義
368	5059	吃學 eatology	研究吃事與個體健康長壽之間關係及規律的學科。研究吃物、吃法與肌體健康長壽之間關係及其規律的學科。研究如何吃出健康長壽的學科。研究如何餵養好自己的學科。研究解決吃事問題的學科。研究吃物充饑、療疾作用與肌體健康關係及其規律的學科。食學的三級學科。
369	5060	吃方法學 eating methodology science	研究最大限度滿足每一個人的食物轉化系統需求的學科。食學的四級學科。也稱「吃事方法學」。
370	5061	吃學體系 system of eatology	吃事認知的知識整體。
371	5062	吃學定律 rules of eatology	反映吃事在一定條件下發生一定變化過程的必然關係。
372	5063	吃學法則 rules of eatology	反映吃事內部某些不變性的規則。
373	5064	吃美學 dining aesthetics science	研究進食行為與心理和生理之間和諧美好關係的學科。食學的四級學科。也稱「吃事美學」。
374	5065	吃病學 shition diseasss science	研究食物、吃法與疾病之間關係的學科。食學的四級學科。也稱「吃事疾病學」。
375	5066	吃學任務 objectivss of eatology	減少吃物與肌體的衝突，使人更加健康長壽。
376	5067	吃學定律 rules of eatology	反映吃事在一定條件下發生一定變化過程的必然關係。
377	5068	吃學法則 rules of eatology	反映吃事內部某些不變性的規則。
378	5069	食為教化學 shiance behavior cultivation science	研究傳承正確食事行為、矯正不當食事行為的學科。食學的三級學科。
379	5070	食者體性學 eaters' physiological signs science	從食物角度研究人體徵候及與食物之間關係的學科。食學的四級學科。
380	5071	食者體構學 eaters' physiological structurss science	從食物角度研究人體結構及與食物之間關係的學科。食學的四級學科。
381	5072	偏性物吃療學 eating therapeutics with foods of imbalanced nature science	研究食物性格與肌體不正常狀態之間關係及其規律的學科。食學的四級學科。
382	5073	合成物吃療學 eating therapeutics with synthetic foods science	研究合成食物與肌體不正常狀態之間關係及其規律的學科。食學的四級學科。
383	5074	食界三角定律 rule of shiance sphere triangle	人類食事運行離不開食物母體系統、食事行為系統和食物轉化系統的範圍。
384	5075	食事雙原生性定律 rule of dual originality	人是原生性的生物，只有依靠原生性食物才能維持生存與健康，不能依靠人造物。
385	5076	食母產能有限定律 Rule of limited production capacity of food matrix	食源體供給人類食物的總量是有限的，不是無限的。
386	5077	食事優先定律 Rule of prioritizing shiance	食事是決定生存的要素，必需優先應對才能保障生存。
387	5078	食為二循定律 Rule of shiance behavior complying with two systems	食事行為必須適應食物母體系統和食物轉化系統的運行規律的原則。
388	5079	食腦為君定律 Rule of the food brain as the king	食腦維持生存，頭腦指揮行為，頭腦服務於食腦。
389	5080	對徵而食定律 Rule of eating according to physiological signs	根據自己的肌體特徵，選擇最適合自己的食物和吃方法，才能吃出健康與長壽。

序號	編碼	詞彙	定義
390	5081	食在醫前定律 Rule of eating before medicine	充饑在前療疾在後，食療在前藥療在後。
391	5082	藥食同理定律 Rule of medications and food are of same nature.	食物和口服藥物都是吃入並通過胃腸等器官作用於肌體健康的機制是一樣的。
392	5083	食物元性療疾定律 Rule of food natures curing diseasss	食物元性能夠作用於肌體不正常狀態，可以預防疾病和治療疾病。
393	5084	穀賤傷民定律 Rule of low grain prices hurting farmers	食物價格過低，表面傷害的是生產者，最終傷害的是消費者。
394	5085	食效不同步法則 Rule of asynchrony of three types of food production efficiency	食物生產的面積效率、成長效率、人工效率是不一致的。
395	5086	食物認知雙元法則 Rule of dual perception of food cognition	從食物性格和食物元素兩個方面來認知食物。
396	5087	肌體認知雙元法則 Rule of dual perception of human bodies	從肌體結構和肌體徵候兩個方面來認知肌體。
397	5088	食化核心法則 Rule of foodvert as the core	食物轉化系統是所有食事的核心。
398	5089	吃事 3 階段法則 Rule of three stages of eatance	把吃前、吃入、吃出視為一個整體，才能健康長壽。
399	5090	化添劑魔術法則 Rule of chemical additives as magic	化學食品添加劑可以欺騙頭腦卻欺騙不了食腦的本質屬性。
400	5091	吃事五覺審美法則 Rule of five-sense aesthetics in shiance	吃事是味覺、嗅覺、觸覺（口腔）和視覺、聽覺的鑒賞過程。
401	5092	美食家雙元法則 Rule law of gourmets	吃事的心理和生理統一的審美機制。
402	5093	人糧互增法則 Rule of mutual enrichment of food output and population	人口數量與糧食數量互相促進的狀態。
403	5094	食為矯正雙元法則 Rule of dual shiance behavior correction	從強制與教化兩個方面矯正不當食事行為。
404	5095	食學教育雙元法則 Rule dual shiology education	從食者和食業者兩個方面進行食學教育。
405	5096	食俗認知雙元法則 Rule of dual cognition of eating conventions	從優良和醜陋兩個角度認知食事習俗。
406	5097	過食四因法則 Rule of four causes of overeating.	過食病的主要誘因是人的嗜甜嗜香的偏好性、食物能量的儲存性、飽腹感反應的延遲性、缺食行為的慣性。
407	5098	好食物是奢侈品法則 Rule of good food as a luxury	優質食物所具有的稀缺性和珍貴性。
408	6001	人事 human behavior	人的行為及結果。
409	6002	非人事 non-human behavior	自然界之事。
410	6003	衣事 clothing things	謀製穿用防寒遮羞貼身物的行為及結果。
411	6004	住事 living things	謀造防寒避暑建築物的行為及結果。
412	6005	行事 transportation matters	謀求人體長距離快速移動的行為及結果。

序號	編碼	詞彙	定義
413	6006	訊事 communication matters	利用設備傳遞人類感知的行為及結果。
414	6007	醫事 medicine	治療疾病的行為及結果。
415	6008	軍事 military	利用現代武器威脅雙方生命的行為及結果。
416	6009	娛事 entertainment	謀求快樂的行為及結果。
417	6010	農事 agriculture	馴化動植物的行為及結果。
418	6011	自然界之事 natural things	自然界中的非人為的現象。
419	6012	生存必需之事 necessary things for survival	人類生存必需的行為及結果。是人類生存要事。
420	6013	生存非必需之事 non-necessary things for survival	人類非生存必需的行為及結果。
421	6014	威脅生存之事 things threatening survival	威脅到人類生存的行為及結果。
422	6015	生存三要 3 factors of survival	人類生存必需的條件。即氧氣、食物、溫度。
423	6016	健康六要 6 factors of health	人類健康的條件。即吃事、基因、環境、運動、心態、醫事。
424	6017	生存三狀態 three states of survival	肌體的不同品質。即健康、亞衡、疾病。
425	6018	世界秩序 4.0 階段 world order 4.0	食事文明時代。
426	6019	威脅種群延續 4 因素 4 factors threatening the continuity of human species	基因變異、生態災難、資源短缺、科技失控。
427	6020	生存性產業分類法「classification by degree of essentiality to survival」model	按人類生存需求程度要素劃分社會產業的方式。
428	6021	生存必需產業 industries essential for survival	人類生存離不開的產業。即食業、衣業、屋業、醫業。
429	6022	生存非必需產業 non-essential industries for survival	豐富人類生活的產業。即交通業、資訊業、服務業、娛樂業等。
430	6023	威脅生存產業 survival-threatening industries	傷害對方和自己的產業。即毒品業、軍火業及科技失控等。
431	6024	壽期 lifespan	人的生命長度。
432	6025	壽期不充分 unfulfilled lifespan	沒有達到哺乳動物應有的平均值。
433	6026	群體平均值 average value of a group	對某個群體某個維度認知的平均數值。
434	6027	個體趨準值 individual quasi-accurate value	對某個個體的某個維度認知的接近準確的數值。
435	7001	食事問題 shiance issues	人類在食物生產、利用過程中遇到的疑難和矛盾。
436	7002	食母問題 food matrix issues	維護食物母體可持續的過程中遇到的疑難和矛盾。
437	7003	食物問題 food issues	保障食物數量、品質過程中遇到的疑難和矛盾。
438	7004	食者問題 eaters' issues	吃出健康長壽過程中遇到的疑難和矛盾。
439	7005	破壞食母問題 issues of dsstructing food matrix	使食物母體受到損害的疑難和矛盾。
440	7006	汙染食母問題 issues of pollution of food matrix	有害物質混入食物母體而造成危害的疑難和矛盾

序號	編碼	詞彙	定義
441	7007	食為用具問題 issue of shiance behavior tools	製造、使用食為工具的過程中遇到的疑難和矛盾。簡稱食具問題。
442	7008	食具問題 issue of shiance tools	食為用具問題的簡稱。
443	7009	食者壽期問題 issues of the eaters' life span	吃出健康長壽過程中遇到的疑難和矛盾。
444	7010	食者行為問題 issues of the eaters' behaviors	不當食事行為過程中遇到的疑難和矛盾。簡稱食為問題。
445	7011	食為問題 issues of shiance behaviors	食事行為問題的簡稱。
446	7012	食為干擾食母系統問題 issue of food matrix interfered by shiance behaviors	食事行為破壞、汙染食物母體的疑難和矛盾
447	7013	自然災害破壞食母系統問題 issue of food matrix dsstructed by natural disasters	非人為使食物母體受到損害的疑難和矛盾。
448	7014	汙染耕地問題 farmland pollution issues	有害物質混入土壤中而造成危害的疑難和矛盾。
449	7015	汙染水體問題 water pollution issue	有害物質混入水體中而造成危害的疑難和矛盾。
450	7016	汙染大氣問題 air pollution issue	有害物質混入大氣中而造成危害的疑難和矛盾。
451	7017	食物產量不足問題 insufficient food production issue	保障食物產量充足過程中遇到的疑難和矛盾。
452	7018	浪費食物問題 food waste issues	食物未被充分利用的疑難和矛盾。也稱食物浪費問題。
453	7019	食物需求增加問題 Issue of increasing demand for food	人口增長過程中遇到疑難和矛盾。
454	7020	汙染食物問題 food wasting issues	有害物質混入食物中而造成危害的疑難和矛盾
455	7021	食物變質問題 food deterioration issues	食物變的不可食用的過程中遇到的疑難和矛盾。
456	7022	不當使用合成物問題 issue of improper use of chemical compounds…	不恰當使用化學合成物過程中遇到的疑難和矛盾。
457	7023	食具研發不夠問題 issue of insufficient research and development on shiance behavior tools	食為工具研發不充分過程中遇到的疑難和矛盾。
458	7024	食具使用不當問題 issues of improper use of shiance behavior tools	食為工具使用不當過程中遇到的疑難和矛盾。
459	7025	食物成分認知不全面問題 issue of Incomplete cognition of food composition	片面認知食物成分過程中遇到的疑難和矛盾。
460	7026	食者肌體認知不全面問題 issue of incomplete body cognition of eaters	片面認知食者肌體過程中遇到的疑難和矛盾。

序號	編碼	詞彙	定義
461	7027	吃事方法不全面問題 Issue of incomplete eatance methods	片面的吃事方法過程中遇到的疑難和矛盾。
462	7028	吃事審美認知不全面問題 issue of incomplete cognition of the eatance beauty appreciation	片面認知吃事審美過程中遇到的疑難和矛盾。
463	7029	吃病普遍存在問題 issue of eating disease commonly exist	因吃而病的普遍存在的疑難和矛盾。
464	7030	食為矯正乏力問題 issues of lack of correction on shiance behavior	矯正不當食事行為無力的疑難和矛盾。
465	7031	食為教化不足問題 issues of insufficient education on shiance behavior	對食者教化不充分的過程中遇到的疑難和矛盾。
466	7032	食史借鑒不夠問題 issues of insufficient taking lsssons from the shiance history	對人類食事歷史研究借鑒不夠的疑難和矛盾。
467	7033	過度採捕食物問題 issue of excessive picking and fishing	超過適當的限度採集捕撈食物過程中遇到的疑難和矛盾。
468	7034	過度種養食物問題 issue of excessive planting and farming	超過適當的限度種植養殖食物過程中遇到的疑難和矛盾。
469	7035	亂砍濫伐破壞食母問題 issues of food matrix dsstructed by excessive deforestation	損害森林而干擾食物母體過程中遇到的疑難和矛盾。
470	7036	不當造田問題 issues of improper farm land reclamation	不恰當的再造耕地過程中遇到的疑難和矛盾。
471	7037	不當毀田問題 issues of improper damaging to farm land	不恰當的減少耕地過程中遇到的疑難和矛盾。
472	7038	水土流失問題 soil erosion issue	耕地減少過程中的疑難和矛盾。
473	7039	土地沙化問題 soil dssertification issue	耕地失去生長食物價值過程中遇到的疑難和矛盾。
474	7040	林草退化問題 degradation of forest and grass issue	森林草原減少過程中遇到的疑難和矛盾。
475	7041	工業汙染耕地問題 issue of farmland polluted by industry	工業有害物質混入土地的而造成危害的疑難和矛盾。
476	7042	交通汙染耕地問題 issue of farmland polluted by transportation	交通業有害物質混入土地的而造成危害的疑難和矛盾。
477	7043	食業汙染耕地問題 issue of farmland polluted by agriculture	食業有害物質混入土地的而造成危害的疑難和矛盾。
478	7044	生活垃圾汙染耕地問題 issue of farmland polluted by domestic sewage and garbage	生活垃圾中有害物質混入土地的而造成危害的疑難和矛盾。
479	7045	無機物汙染水體問題 issue of water bodies polluted by inorganic material	單質和無機化合物混入水體的而造成危害的疑難和矛盾。

序號	編碼	詞彙	定義
480	7046	有機物汙染水體問題 issue of water bodies polluted by organic material	有機化合物混入水體的而造成危害的疑難和矛盾。
481	7047	自然汙染大氣問題 issue of air pollution caused by nature	自然因素導致有害物質混入大氣的而造成危害的疑難和矛盾。
482	7048	人為汙染大氣問題 issue of air pollution caused by human being	人為因素將有害物質混入大氣的而造成危害的疑難和矛盾。
483	7049	耕地面積不足問題 issues of insufficient farmland	耕地面積不能滿足人口需求過程中遇到的疑難和矛盾。
484	7050	養殖水域面積不足問題 issue of insufficient aquaculture water areas	養殖水域面積缺少過程中遇到的疑難和矛盾。
485	7051	育種優化不足問題 insufficient species optimization issue	培育良種不足過程中遇到的疑難和矛盾。
486	7052	食具利用不足問題 issue of insufficient use of shiance behavior tools	食物生產工具利用不足過程中遇到的疑難和矛盾。
487	7053	自然災害頻發問題 frequent natural disasters issue	自然災害經常出現的過程中遇到的疑難和矛盾。
488	7054	損失型食物浪費問題 issue food losing waste	食物生產加工時防止損失食物過程中遇到的疑難和矛盾。
489	7055	丟失型食物浪費問題 issue food throwing waste	食物生產加工時防止食物變質過程中遇到的疑難和矛盾。
490	7056	變質型食物浪費問題 issue food spoiling waste	食物生產加工時防止丟失食物過程中遇到的疑難和矛盾。
491	7057	奢侈型食物浪費問題 issue of extravagant food consumption	食物利用時防止鋪張過程中遇到的疑難和矛盾。
492	7058	時效型食物浪費問題 issue of food waste due to quality guarantee period	食物利用時防止時效標準不當過程中遇到的疑難和矛盾。
493	7059	商競型食物浪費問題 issue of food waste due to vicious business competition	惡性商業競爭而遺棄食物過程中遇到的疑難和矛盾。
494	7060	過食型食物浪費問題 issue of food waste due to overeating	食物利用時過度攝入食物過程中遇到的疑難和矛盾。
495	7061	食物供需矛盾加劇問題 issue of intensified contradiction between food supply and demand	人口暴增過程中遇到的食物供給的疑難和矛盾。
496	7062	飲食結構變化問題 issue of changes in dietary structure	食物結構變化帶來疾病的過程中遇到的疑難和矛盾。
497	7053	工業用食物量增加問題 issue of increasing use of food sources by industry	非人食用的食物消耗增加過程中遇到的疑難和矛盾。
498	7064	生物性汙染食物問題 issue of food contaminated biologically	有害生物混入食物過程中遇到的疑難和矛盾。

序號	編碼	詞彙	定義
499	7065	化學性物質汙染食物問題 issue of food contaminated by harmful chemicals	化學有害物質混入食物過程中遇到的疑難和矛盾。
500	7066	物理性物質汙染食物問題 issue of food contaminated physically	物理性有害物質混入食物過程中遇到的疑難和矛盾。
501	7067	微生物引起食物變質問題 issue of food deterioration caused by microorganisms	微生物致使食物變為不可食用過程中遇到的疑難和矛盾。
502	7068	酶引起食物變質問題 issue of food deterioration caused by enzyme	酶致使食物變為不可食用過程中遇到的疑難和矛盾。
503	7069	化學反應引起食物變質問題 issue of food deterioration caused by chemical reaction	化學反應致使食物變為不可食用過程中遇到的疑難和矛盾。
504	7070	馴化食物時合成物不當使用問題 issue of improper use of chemical compounds in domesticating	馴化食物時使用化學合成物的過程中遇到的疑難和矛盾。
505	7071	加工食物時不當添加合成物問題 issue of improper use of chemical compounds in food processing	加工食物時使用化學合成物過程中遇到的疑難和矛盾。
506	7072	食具問題 issue of shiance behavior tools	製造、使用食為工具的過程中遇到的疑難和矛盾。
507	7073	食具汙染問題 issue of contamination of shiance behavior tools	製造、使用食為工具使有害物質混入食物母體的過程中遇到的疑難和矛盾。
508	7074	食具能耗問題 issue of energy consumption of shiance behavior tools	食為工具能源消耗大的過程中遇到的疑難和矛盾。
509	7075	食具使用安全事故問題 issue of accidents occurred during the use of shiance behavior tools	安全使用食為工具過程中遇到的疑難和矛盾。
510	7076	食具技藝失傳問題 issue of the loss of shiance behavior tool skills	保留傳統食為工具生產、使用技藝過程中遇到的疑難和矛盾。
511	7077	食物元性偏值未被重視問題 issue of meta value of food not fully considered	食物偏性與肌體偏性發生作用的價值被低估過程中遇到的疑難和矛盾。
512	7078	食物偏性價值未被重視問題 issue of bias foods value is unvalued	食物偏性價值被忽視過程中遇到的疑難和矛盾。
513	7079	吃事範圍認知過窄問題 issue of narrow cognition of eatance scope	沒有從吃前、吃中、吃後三個階段認識吃事範圍的過程中遇到的疑難和矛盾。
514	7080	國民膳食指南不全面問題 issue of non-comprehensive national dietary guidelines	沒有從吃中 7 個維度提供群體平均參考值和個體趨準值過程中遇到的疑難和矛盾。
515	7081	偏性食物療疾應用不夠問題 issue of insufficient application of biased food for curing diseases	利用食物偏性應對肌體偏性不足的過程中遇到的疑難和矛盾。

序號	編碼	詞彙	定義
516	7082	過度依賴合成食物療疾問題 issue of over reliance on synthetic food for disease treatment	過度食用化學合成物治療疾病的過程中遇到的疑難和矛盾。
517	7083	缺少吃事審美雙元認知問題 issue of lacking of dual cognition on eatance beauty appreciation	只有食物審美沒有肌體審美的過程中遇到的疑難和矛盾。
518	7084	缺少對美食家全面認知問題 issue of lacking of comprehensive understanding of gourmets	沒有五種美食家認知過程中遇到的疑難和矛盾。
519	7085	對五覺審美認知不全問題 issue of incomplete cognition of five senses in the process of eatance	沒有五種感官審美認知過程中遇到的疑難和矛盾。
520	7086	存在缺食病問題 issue of existing disease caused by lack of food	攝入食物不足的過程中遇到的疑難和矛盾。
521	7087	存在汙食病問題 issue of existing disease caused by spoiled food	攝入汙染、變質食物的過程中遇到的疑難和矛盾。
522	7088	存在偏食病問題 issue of existing disease caused by dietary bias	某種食物攝入過多或過少的過程中遇到的疑難和矛盾。
523	7089	存在過食病問題 issue of existing disease caused by overeating	攝入過多食物過程中遇到的疑難和矛盾。
524	7090	存在敏食病問題 issue of existing disease caused by allergic food	某些人攝入某種食物引發疾病的過程中遇到的疑難和矛盾。
525	7091	存在厭食病問題 issue of existing disease caused by nervosa	食欲減退過程中遇到的疑難和矛盾。
526	7092	食事法律不健全問題 issue of lack of corrssponding law on shiance	構建整體食事法律體系過程中遇到的疑難和矛盾。
527	7093	食事行政範圍窄化問題 issue of narrow administrative scope on shiance	構建整體食事行政機構過程中遇到的疑難和矛盾。
528	7094	缺少全球食事經濟體系問題 issue of lacking of global shiance economic system	構建世界食事經濟體系過程中遇到的疑難和矛盾。
529	7095	食事數位化程度不夠問題 issue of insufficient digitization on shiance	構建全面食事數位控制平臺過程中遇到的疑難和矛盾。
530	7096	缺乏食者通識教育問題 issue of lacking of general education to the eaters	開展食學通識教育過程中遇到的疑難和矛盾。
531	7097	食業者教育未形成整體問題 issue of lacking of whole system education on the shiance industry	構建整體食業者教育體系過程中遇到的疑難和矛盾。
532	7098	食為陋俗認知與摒棄不夠問題 issue of incomplete abandon of vulgar customs of shiance behavior	摒棄食事行為陋俗過程中遇到的疑難和矛盾。

序號	編碼	詞彙	定義
533	7099	食事歷史研究不夠問題 issue of insufficient research on shiance history	深入開展食事歷史研究過程中遇到的疑難和矛盾。
534	7100	食事文獻共享不夠問題 issue of insufficient sharing of the shiance historical documents	全面利用食事文獻過程中遇到的疑難和矛盾。
535	7101	食事問題 shiance issues	人類在食物生產、利用過程中遇到的疑難和矛盾。
536	7102	食事問題百年應對 century-long management of shiances	著眼百年的食事問題應對機制。
537	7103	食事問題千年應對 millennium-long management of shiances	著眼千年的食事問題應對機制。
538	7104	食事問題百年治理 centurylong governance of shiance issues	食事問題的解決效果可持續百年。
539	7105	食事問題千年治理 millennium-long governance of shiance issues	食事問題的解決效果可持續千年。
540	7106	食事問題應對階段 stages of shiance issue rssponse strategies	人類應對食事問題不同方式的歷史時期。即個體應對階段、合作應對階段、部落應對階段、政體應對階段、全球應對階段。
541	7107	食事問題應對態度 attitudss of shiance issue rssponsss	人類面對食事問題的不同看法和做法。即一貫重視、偶爾重視、不夠重視、認知錯位、尚未認知。
542	7108	食物生產問題 Issue of food production	獲取、加工、流轉食物的過程中遇到的疑難和矛盾。
543	7109	食物利用問題 issue of food utilizaition	吃出健康長壽過程中遇到的疑難和矛盾。
544	7110	食事秩序問題 issue of shiance order	維護食事行為的條理性和連續性的過程中遇到的疑難和矛盾。
545	7111	時間食事問題 Issue of shiance in terms of time	保障食物數量、品質過程中遇到的空間維度的疑難和矛盾。
546	7112	空間食事問題 issue of shiance in terms of space	保障食物數量、品質過程中遇到的時間維度的疑難和矛盾。
547	7113	族群食事問題 issue of shiance in terms of ethinic groups	保障食物數量、品質過程中遇到的族群維度的疑難和矛盾。
548	7114	食事問題表現 apperances of shiance issues	保障食物數量、品質過程中遇到的疑難和矛盾的顯示。
549	7115	食事問題權重 importance of shiance issues	保障食物數量、品質過程中遇到的各種疑難和矛盾的重要程度。
550	7116	食事問題難度 difficulty of shiance issues	保障食物數量、品質過程中遇到的疑難和矛盾的應對的難易程度。
551	7117	農產品 agricultural products	食物和食物生產資料的總稱。

索引

示意圖索引

圖 1-1 立足於食文化視角的食事認知結構 ⋯⋯⋯ 39
圖 1-2 食事認知局限性示意圖 ⋯⋯⋯⋯⋯⋯⋯⋯ 39
圖 1-3 食事與認知示意圖 ⋯⋯⋯⋯⋯⋯⋯⋯⋯⋯ 41
圖 1-4 食物體系 ⋯⋯⋯⋯⋯⋯⋯⋯⋯⋯⋯⋯⋯⋯ 42
圖 1-5 原生性角度的食物體系 ⋯⋯⋯⋯⋯⋯⋯⋯ 43
圖 1-6 食事體系 ⋯⋯⋯⋯⋯⋯⋯⋯⋯⋯⋯⋯⋯⋯ 45
圖 1-7 食為體系 ⋯⋯⋯⋯⋯⋯⋯⋯⋯⋯⋯⋯⋯⋯ 45
圖 1-8 人類食為五階段 ⋯⋯⋯⋯⋯⋯⋯⋯⋯⋯⋯ 46
圖 1-9 食為系統體系 ⋯⋯⋯⋯⋯⋯⋯⋯⋯⋯⋯⋯ 48
圖 1-10 食化系統功能 ⋯⋯⋯⋯⋯⋯⋯⋯⋯⋯⋯ 49
圖 1-11 食物旅行 ⋯⋯⋯⋯⋯⋯⋯⋯⋯⋯⋯⋯⋯ 49
圖 1-12 食化系統過程 ⋯⋯⋯⋯⋯⋯⋯⋯⋯⋯⋯ 50
圖 1-13 食界三系統起源 ⋯⋯⋯⋯⋯⋯⋯⋯⋯⋯ 51
圖 1-14 食界三角 ⋯⋯⋯⋯⋯⋯⋯⋯⋯⋯⋯⋯⋯ 52
圖 1-15 缺食社會 ⋯⋯⋯⋯⋯⋯⋯⋯⋯⋯⋯⋯⋯ 53
圖 1-16 足食社會 ⋯⋯⋯⋯⋯⋯⋯⋯⋯⋯⋯⋯⋯ 53
圖 1-17 優食社會 ⋯⋯⋯⋯⋯⋯⋯⋯⋯⋯⋯⋯⋯ 53
圖 1-18 食事社會三階段 ⋯⋯⋯⋯⋯⋯⋯⋯⋯⋯ 53
圖 1-19 食學定義維度 ⋯⋯⋯⋯⋯⋯⋯⋯⋯⋯⋯ 57
圖 1-20 長壽因素 ⋯⋯⋯⋯⋯⋯⋯⋯⋯⋯⋯⋯⋯ 60
圖 1-21 食學、醫學與健康關係 ⋯⋯⋯⋯⋯⋯⋯ 61
圖 1-22 威脅種群延續四因素 ⋯⋯⋯⋯⋯⋯⋯⋯ 63
圖 1-23 聯合國可持續發展 17 個目標中，
　　　 有 12 個與食事問題相關 ⋯⋯⋯⋯⋯ 65
圖 1-24 食學三角 ⋯⋯⋯⋯⋯⋯⋯⋯⋯⋯⋯⋯⋯ 66
圖 1-25 食學三角第一次轉動 ⋯⋯⋯⋯⋯⋯⋯⋯ 68
圖 1-26 食學三角第二次轉動 ⋯⋯⋯⋯⋯⋯⋯⋯ 69
圖 1-27 食學二級學科體系 ⋯⋯⋯⋯⋯⋯⋯⋯⋯ 70
圖 1-28 食事 13 基本範式 ⋯⋯⋯⋯⋯⋯⋯⋯⋯ 72
圖 1-29 食學三級學科體系 ⋯⋯⋯⋯⋯⋯⋯⋯⋯ 73
圖 1-30 食學基本體系 ⋯⋯⋯⋯⋯⋯⋯⋯⋯⋯⋯ 82
圖 1-31 食學科學屬性體系 ⋯⋯⋯⋯⋯⋯⋯⋯⋯ 84
圖 1-32 食學科學進度體系 ⋯⋯⋯⋯⋯⋯⋯⋯⋯ 85
圖 1-33 食學科學結構體系 ⋯⋯⋯⋯⋯⋯⋯⋯⋯ 86

圖 1-34 食學與現有學科的關係 ⋯⋯⋯⋯⋯⋯⋯ 88
圖 1-35 食學和生態學關係圖 ⋯⋯⋯⋯⋯⋯⋯⋯ 93
圖 1-36 食學和農學關係圖 ⋯⋯⋯⋯⋯⋯⋯⋯⋯ 94
圖 1-37 食學和食品科學關係圖 ⋯⋯⋯⋯⋯⋯⋯ 95
圖 1-38 食學和醫學關係圖 ⋯⋯⋯⋯⋯⋯⋯⋯⋯ 96
圖 1-39 食學的位置 ⋯⋯⋯⋯⋯⋯⋯⋯⋯⋯⋯⋯ 98
圖 1-40 食事權重示意圖 ⋯⋯⋯⋯⋯⋯⋯⋯⋯ 102
圖 1-41 食學價值鏈 ⋯⋯⋯⋯⋯⋯⋯⋯⋯⋯⋯ 117
圖 2-1 食物生產學的三角結構 ⋯⋯⋯⋯⋯⋯⋯ 126
圖 2-2 食物獲取 7+2 結構 ⋯⋯⋯⋯⋯⋯⋯⋯⋯ 127
圖 2-3 食物生產學體系 ⋯⋯⋯⋯⋯⋯⋯⋯⋯⋯ 128
圖 2-4 食物原生性遞減 ⋯⋯⋯⋯⋯⋯⋯⋯⋯⋯ 130
圖 2-5 食物生產效率 ⋯⋯⋯⋯⋯⋯⋯⋯⋯⋯⋯ 131
圖 2-6 食物生產效率的「四次飛躍」⋯⋯⋯⋯ 132
圖 2-7 人口數量和食物數量的三個關係 ⋯⋯⋯ 134
圖 2-8 食物母體學體系 ⋯⋯⋯⋯⋯⋯⋯⋯⋯⋯ 139
圖 2-9 食母保護學體系 ⋯⋯⋯⋯⋯⋯⋯⋯⋯⋯ 142
圖 2-10 食母修復學體系 ⋯⋯⋯⋯⋯⋯⋯⋯⋯ 146
圖 2-11 食物野獲學體系 ⋯⋯⋯⋯⋯⋯⋯⋯⋯ 151
圖 2-12 食物採摘學體系 ⋯⋯⋯⋯⋯⋯⋯⋯⋯ 154
圖 2-13 食物狩獵學體系 ⋯⋯⋯⋯⋯⋯⋯⋯⋯ 160
圖 2-14 食物捕撈學體系 ⋯⋯⋯⋯⋯⋯⋯⋯⋯ 165
圖 2-15 食物採集學體系 ⋯⋯⋯⋯⋯⋯⋯⋯⋯ 171
圖 2-16 馴化食物的三種模式 ⋯⋯⋯⋯⋯⋯⋯ 175
圖 2-17 食物馴化學體系 ⋯⋯⋯⋯⋯⋯⋯⋯⋯ 177
圖 2-18 食物種植的三個階段 ⋯⋯⋯⋯⋯⋯⋯ 179
圖 2-19 食物種植學體系 ⋯⋯⋯⋯⋯⋯⋯⋯⋯ 184
圖 2-20 食物養殖的三種模式 ⋯⋯⋯⋯⋯⋯⋯ 189
圖 2-21 食物養殖學體系 ⋯⋯⋯⋯⋯⋯⋯⋯⋯ 195
圖 2-22 食物菌殖學體系 ⋯⋯⋯⋯⋯⋯⋯⋯⋯ 202
圖 2-23 人造食物學體系 ⋯⋯⋯⋯⋯⋯⋯⋯⋯ 205
圖 2-24 調物合成食物學體系 ⋯⋯⋯⋯⋯⋯⋯ 208
圖 2-25 調體合成食物學體系 ⋯⋯⋯⋯⋯⋯⋯ 212
圖 2-26 加工食物四大目的 ⋯⋯⋯⋯⋯⋯⋯⋯ 216

圖 2-27 食物加工三大模式 ⋯⋯⋯⋯⋯ 217
圖 2-28 食物加工學體系 ⋯⋯⋯⋯⋯⋯ 218
圖 2-29 食物碎解的三個生產場景 ⋯⋯ 223
圖 2-30 食物碎解學體系 ⋯⋯⋯⋯⋯⋯ 224
圖 2-31 烹飪的三場景 ⋯⋯⋯⋯⋯⋯⋯ 230
圖 2-32 食物烹飪學體系 ⋯⋯⋯⋯⋯⋯ 231
圖 2-33 烹飪工藝 5-3 體系 ⋯⋯⋯⋯⋯ 234
圖 2-34 烹飪產品 7 級體系 ⋯⋯⋯⋯⋯ 235
圖 2-35 烹飪產品十大認知維度 ⋯⋯⋯ 236
圖 2-36 食物發酵的三個生產場景 ⋯⋯ 242
圖 2-37 食物發酵學體系 ⋯⋯⋯⋯⋯⋯ 243
圖 2-38 食物流轉學體系 ⋯⋯⋯⋯⋯⋯ 247
圖 2-39 食物貯藏學體系 ⋯⋯⋯⋯⋯⋯ 251
圖 2-40 食物運輸學體系 ⋯⋯⋯⋯⋯⋯ 258
圖 2-41 食物包裝學體系 ⋯⋯⋯⋯⋯⋯ 262
圖 2-42 食為工具的應用場景 ⋯⋯⋯⋯ 266
圖 2-43 食為工具學體系 ⋯⋯⋯⋯⋯⋯ 266
圖 2-44 食為手工工具學體系 ⋯⋯⋯⋯ 270
圖 2-45 食為動力工具學體系 ⋯⋯⋯⋯ 274
圖 3-1 食物利用學的六星結構 ⋯⋯⋯⋯ 286
圖 3-2 食物利用學體系 ⋯⋯⋯⋯⋯⋯⋯ 287
圖 3-3 人體生存狀態 3 階段 ⋯⋯⋯⋯⋯ 289
圖 3-4 人體「三壽」結構模型 ⋯⋯⋯⋯ 289
圖 3-5 食物成分學體系 ⋯⋯⋯⋯⋯⋯⋯ 293
圖 3-6 食物元性分類 ⋯⋯⋯⋯⋯⋯⋯⋯ 296
圖 3-7 食物元性學體系 ⋯⋯⋯⋯⋯⋯⋯ 299
圖 3-8 食物元素學體系 ⋯⋯⋯⋯⋯⋯⋯ 304
圖 3-9 食物元素的構成 ⋯⋯⋯⋯⋯⋯⋯ 305
圖 3-10 食者肌體學體系 ⋯⋯⋯⋯⋯⋯ 308
圖 3-11 食者體性學體系 ⋯⋯⋯⋯⋯⋯ 312
圖 3-12 食者體構學體系 ⋯⋯⋯⋯⋯⋯ 318
圖 3-13 食物利用順序 ⋯⋯⋯⋯⋯⋯⋯ 321
圖 3-14 吃學的結構 ⋯⋯⋯⋯⋯⋯⋯⋯ 325
圖 3-15 吃學體系 ⋯⋯⋯⋯⋯⋯⋯⋯⋯ 325
圖 3-16 人類進食目的 ⋯⋯⋯⋯⋯⋯⋯ 327
圖 3-17 人類吃方法的五個進階 ⋯⋯⋯ 328
圖 3-18 吃事方法認知過程 ⋯⋯⋯⋯⋯ 329
圖 3-19 吃方法學體系 ⋯⋯⋯⋯⋯⋯⋯ 332
圖 3-20 釋出物種類 ⋯⋯⋯⋯⋯⋯⋯⋯ 335
圖 3-21 食者八維 ⋯⋯⋯⋯⋯⋯⋯⋯⋯ 337
圖 3-22 吃的三個階段 ⋯⋯⋯⋯⋯⋯⋯ 338
圖 3-23 吃法座標 ⋯⋯⋯⋯⋯⋯⋯⋯⋯ 339
圖 3-24 吃法羅盤 ⋯⋯⋯⋯⋯⋯⋯⋯⋯ 340
圖 3-25 吃法指導 ⋯⋯⋯⋯⋯⋯⋯⋯⋯ 341
圖 3-26 錶盤吃法指南 ⋯⋯⋯⋯⋯⋯⋯ 346
圖 3-27 五覺吃審美權重 ⋯⋯⋯⋯⋯⋯ 354
圖 3-28 吃美學體系 ⋯⋯⋯⋯⋯⋯⋯⋯ 355
圖 3-29 吃事味覺感知 ⋯⋯⋯⋯⋯⋯⋯ 356
圖 3-30 吃事嗅覺感知 ⋯⋯⋯⋯⋯⋯⋯ 356
圖 3-31 吃事觸覺感知 ⋯⋯⋯⋯⋯⋯⋯ 357
圖 3-32 吃事視覺感知 ⋯⋯⋯⋯⋯⋯⋯ 357
圖 3-33 吃事聽覺感知 ⋯⋯⋯⋯⋯⋯⋯ 358
圖 3-34 吃病學體系 ⋯⋯⋯⋯⋯⋯⋯⋯ 366
圖 3-35 汙食病成因 ⋯⋯⋯⋯⋯⋯⋯⋯ 367

圖 3-36 食物汙染來源 ⋯⋯⋯⋯⋯⋯⋯ 367
圖 3-37 病因體系 ⋯⋯⋯⋯⋯⋯⋯⋯⋯ 369
圖 3-38 偏性物吃療學體系 ⋯⋯⋯⋯⋯ 379
圖 3-39 合成物吃療學體系 ⋯⋯⋯⋯⋯ 391
圖 4-1 食事秩序學的三角結構 ⋯⋯⋯⋯ 398
圖 4-2 食事秩序學體系 ⋯⋯⋯⋯⋯⋯⋯ 399
圖 4-3 吃權體系 ⋯⋯⋯⋯⋯⋯⋯⋯⋯⋯ 400
圖 4-4 人類文明五大階段 ⋯⋯⋯⋯⋯⋯ 401
圖 4-5 食事制約學體系 ⋯⋯⋯⋯⋯⋯⋯ 405
圖 4-6 食事經濟學體系 ⋯⋯⋯⋯⋯⋯⋯ 409
圖 4-7 食業 ⋯⋯⋯⋯⋯⋯⋯⋯⋯⋯⋯⋯ 410
圖 4-8 食業特點 ⋯⋯⋯⋯⋯⋯⋯⋯⋯⋯ 411
圖 4-9 生存性產業分類體系 ⋯⋯⋯⋯⋯ 416
圖 4-10 食為法律學體系 ⋯⋯⋯⋯⋯⋯ 424
圖 4-11 食事行政學體系 ⋯⋯⋯⋯⋯⋯ 432
圖 4-12 人類食物供大於求 ⋯⋯⋯⋯⋯ 435
圖 4-13 人類食物供求平衡 ⋯⋯⋯⋯⋯ 436
圖 4-14 人類食物求大於供 ⋯⋯⋯⋯⋯ 436
圖 4-15 食物浪費的類型 ⋯⋯⋯⋯⋯⋯ 438
圖 4-16 食物浪費的場景 ⋯⋯⋯⋯⋯⋯ 439
圖 4-17 食事部設置 ⋯⋯⋯⋯⋯⋯⋯⋯ 444
圖 4-18 食事數控結構圖 ⋯⋯⋯⋯⋯⋯ 447
圖 4-19 食事數控學體系 ⋯⋯⋯⋯⋯⋯ 451
圖 4-20 食為教化學體系 ⋯⋯⋯⋯⋯⋯ 455
圖 4-21 食學教育體系 ⋯⋯⋯⋯⋯⋯⋯ 456
圖 4-22 食學教育學體系 ⋯⋯⋯⋯⋯⋯ 460
圖 4-23 食業大學 ⋯⋯⋯⋯⋯⋯⋯⋯⋯ 471
圖 4-24 食學研究院設置圖 ⋯⋯⋯⋯⋯ 473
圖 4-25 食俗中良俗和陋俗分類 ⋯⋯⋯ 477
圖 4-26 食俗與食學任務的關係 ⋯⋯⋯ 478
圖 4-27 食為習俗學體系 ⋯⋯⋯⋯⋯⋯ 478
圖 4-28 食為陋俗現象 ⋯⋯⋯⋯⋯⋯⋯ 480
圖 4-29 吃前 AWE 禮儀 ⋯⋯⋯⋯⋯⋯⋯ 481
圖 4-30 中華餐前捧手禮 ⋯⋯⋯⋯⋯⋯ 483
圖 4-31 食事歷史學體系 ⋯⋯⋯⋯⋯⋯ 487
圖 4-32 食學文獻體系（UDC） ⋯⋯⋯ 488
圖 4-33 野獲食史學體系 ⋯⋯⋯⋯⋯⋯ 493
圖 4-34 與食物有關的原始楔形文字 ⋯ 496
圖 4-35 馴化食史學體系 ⋯⋯⋯⋯⋯⋯ 498
圖 5-1 食事問題五個方面示意圖 ⋯⋯⋯ 508
圖 5-2 食為系統的三大關係 ⋯⋯⋯⋯⋯ 508
圖 5-3A 食事問題 A 體系 ⋯⋯⋯⋯⋯⋯ 510
圖 5-3B 食事問題 B 體系 ⋯⋯⋯⋯⋯⋯ 511
圖 5-4 時間維度食事問題體系 ⋯⋯⋯⋯ 517
圖 5-5 空間維度食事問題體系 ⋯⋯⋯⋯ 518
圖 5-6 認知維度食事問題體系 ⋯⋯⋯⋯ 519
圖 5-7 性狀維度食事問題體系 ⋯⋯⋯⋯ 519
圖 5-8 食事問題的根源 ⋯⋯⋯⋯⋯⋯⋯ 525
圖 5-9 食事問題應對五個階段 ⋯⋯⋯⋯ 526
圖 5-10 食事問題全球治理體系 ⋯⋯⋯ 529
圖 5-11 食事問題全球治理體系關係 ⋯ 530
圖 5-12 食聯網的三角結構 ⋯⋯⋯⋯⋯ 531
圖 5-13 與食事相關的 12 項可持續發展目標及
　　　 內容 ⋯⋯⋯⋯⋯⋯⋯⋯⋯⋯⋯⋯ 532

插圖索引

插圖 1-1 2019 年世界饑餓地圖 ··· 34～35
插圖 2-1 健康的食物母體系統 ·· 141
插圖 2-2 中國東漢畫像磚上描繪的食物捕撈場景 ················· 162
插圖 2-3 西元前 1200 年古埃及食物種植 ······························· 178
插圖 2-4 糖精分子式 ··· 207
插圖 2-5 西元前 12500-9500 年黎凡特納土夫文化製造的石杵和石臼 ····· 222
插圖 2-6 中國漢代畫像磚上描繪的烹飪場景 ························· 229
插圖 2-7 出土於中國山東龍山文化晚期的陶甗 ····················· 233
插圖 2-8 古埃及國王谷拉美西斯三世陵墓中的麵包製作圖 ···· 241
插圖 2-9 為古埃及第 18 王朝女王遠征裝載食物 ···················· 255
插圖 2-10 西元前 13500-前 12000 年用馴鹿角雕刻的勺子 ····· 269
插圖 3-1 荷蘭人安東尼・范・列文霍克改良顯微鏡，並首次將其用於觀察微生物 ····· 302
插圖 3-2 解剖學巨匠安德雷亞斯・維薩里與《人體構造》 ···· 316
插圖 3-3 吃中七維度 ··· 336
插圖 3-4 美國膳食金字塔指南（1992） ·································· 343
插圖 3-5 中國膳食寶塔指南（2007） ·································· 344
插圖 3-6 日本膳食平衡指南（2005） ·································· 344
插圖 3-7 地中海地區國家——西班牙膳食指南 ······················ 345
插圖 3-8 台灣 2022 年衛福部官網公告的「每日飲食指南」涵蓋六大類食物；並針對 7 種熱量需求量
　　　　分別提出建議分量 ··· 345
插圖 3-9 1750 年出版的《美學》 ··· 352
插圖 3-10 中國醫藥學家李時珍（1518-1593） ······················ 376
插圖 3-11 德國科學家保羅・埃爾利希 ··································· 388
插圖 4-1 西元前 18 世紀頒布的《漢摩拉比法典》 ················ 421
插圖 4-2 中國河南省出土的後母戊鼎 ··································· 428
插圖 4-3 2019 年日本農林水產省發布的食育指南 ················ 458
插圖 4-4 中國宋代官宦宴席 ·· 476
插圖 4-5 西元前 13000-前 12700 年印度比莫貝卡特岩畫上描繪的食物狩獵場景 ····· 492
插圖 5-1 西元前 15 世紀古埃及墓室壁畫上描繪的食事行為 ··· 542

表格索引

表 1-1 食事社會階段主要特徵 55
表 1-2 食學詞性分析表 56
表 1-3 聯合國糧食及農業組織對營養不良人口數量預測 64
表 1-4 食學四級學科體系表 76
表 1-5 食學學科編碼位數表 87
表 1-6 一、二、三級食學學科編碼表 89
表 1-7 四級食學學科編碼表 89
表 1-8 五級食學學科編碼表 90～92
表 1-9 四大食事效率 120
表 2-1 1900-2050 年全球人口量推移 125
表 2-2 食物生產效率結構 131
表 2-3 2016 年從收穫到流通階段的糧食損失種類百分比 135
表 2-4 2016 年從收穫到流通階段的糧食損失區域百分比 135
表 2-5 五次物種大滅絕 138
表 2-6 2020 年全球森林面積最大的 10 個國家 143
表 2-7 1990-2020 年全球森林面積變化率 147
表 2-8 1990-2020 年全球森林擴張和砍伐面積對比 148
表 2-9 部分歐洲國家獵人數量 158
表 2-10 1974-2017 年世界海洋魚類種群狀況全球趨勢 163
表 2-11 水產養殖必須繼續增長以滿足世界魚產品需求 167
表 2-12 2013-2017 年中國瓶裝水產量增長 170
表 2-13 2015 年全球鹽消費結構百分比 170
表 2-14 淡水使用量在可再生的水資源總量中的占比 173
表 2-15 世界早期主要作物類型舉例 180
表 2-16 1961-2015 年全球灌溉總面積 182
表 2-17 大型哺乳動物馴化得到證明的大致年代 190
表 2-18 1956-2016 年水產養殖與捕撈漁業對人類消費魚產品的貢獻變化 191
表 2-19 主要畜牧物種二氧化碳排放量占比 192
表 2-20 全球各地區主要畜牧物種二氧化碳排放量 193
表 2-21 菌類食物主要種類的首次栽培 199～200
表 2-22 食物加工三大場景 217
表 2-23 劉氏食品 ID 編碼體系 219
表 2-24 食品 ID 編碼維度對比 220
表 2-25 人類對不同溫度的利用 227
表 2-26 不同壓力下水的沸點 232
表 2-27 2016-2018 年全球 20 個冷庫容量最大國及其冷庫容量 249
表 2-28 2014-2018 年全球城市居民人均冷庫容量 250
表 2-29 2012-2013 年全球幾個典型國家食物運輸市場規模 256
表 2-30 亞太、南美、歐洲、北美地區運輸業占 GDP 比例 257
表 3-1 平均壽命超過 80 歲的國家排名 279
表 3-2 平均壽命 70-80 歲的國家排名 280～282
表 3-3 平均壽命 60-70 歲的國家排名 283～284
表 3-4 平均壽命不足 60 歲的國家排名 285
表 3-5 肌體狀態與吃事應對 288
表 3-6 食物元性利用表 296
表 3-7 常用食物元性 300
表 3-8 食者肌體雙元認知 307

表 3-9 食腦與腹腦的區別 320
表 3-10 吃法與健康關係 328
表 3-11 動物吃事頻率最長間隔表 334
表 3-12 吃事指南維度對比 348
表 3-13 吃事的五覺審美 353
表 3-14 美食家分類 358
表 3-15 全球主要地區 18 歲以上糖尿病患者人數 362
表 3-16 1975-2015 年全球成年人超重百分比推移 362
表 3-17 2016 年全球各地區成年人超重百分比 363
表 3-18 2005-2018 年全球饑餓人口推移 364
表 3-19 吃病病因 370
表 3-20 2011-2020 年中國偏性物吃療市場規模 378
表 3-21 偏性物的吃療功效 381 ～ 385
表 3-22 2008-2018 年全球醫藥支出及增長 389
表 3-23 2009-2018 年全球醫藥增長 390
表 4-1 2007-2011 年穀類和澱粉根類食物的各國糧食自給率地圖 408
表 4-2 涉及食物的全球協議 423
表 4-3 到 2050 年，世界需要解決 56% 的食物缺口 430
表 4-4 西元前 10 萬年 - 西元 2000 年世界人口數量及增長速度 434
表 4-5 1800-2050 年世界人口增長趨勢 435
表 4-6 食物損失及浪費在食物供需鏈各階段的占比及在不同地區的差異 437
表 4-7 食事部與不同國家食政機構管理範圍比較 441
表 4-8 區塊鏈應用於農業的現狀 446
表 4-9 應用區塊鏈技術的魚產品供應鏈 448
表 4-10 智慧饑餓地圖（非洲部分） 449
表 4-11 食學通識教育總綱 462
表 4-12 小學食學教學計畫 465 ～ 466
表 4-13 中學食學教學計畫 467 ～ 468
表 4-14 食學專業教育總綱 470
表 4-15 野獲、馴化食事歷史階段對比 486
表 5-1 文明階段對比表 506
表 5-2 食事問題體系編碼表 513
表 5-3 一、二、三級食事問題編碼表 513
表 5-4 四級食事問題編碼表 514
表 5-5 五級食事問題編碼表 514 ～ 516
表 5-6 不同經濟體的食事問題分布 519
表 5-7 食事社會的食事問題分布 521
表 5-8 當今應對食事問題的四種態度 527
表 5-9 2018 年世界互聯網及智慧手機成人用戶占比 533

附錄三

參考書目

〔1〕〔德〕卡爾‧馬克思，《資本論》，北京：人民出版社，1975

〔2〕〔德〕弗里德里希‧恩格斯，《勞動在從猿到人轉變過程中的作用》，北京：人民出版社，1949

〔3〕〔德〕弗里德里希‧恩格斯，《自然辯證法》，北京：人民出版社，1971

〔4〕〔美〕康拉德‧菲力浦‧科塔克，《人類學》，北京：中國人民大學出版社，2012

〔5〕〔以色列〕尤瓦爾‧赫拉利，《人類簡史》，北京：中信出版社，2014

〔6〕〔英〕阿諾德‧湯因比，《人類與大地母親》，北京：上海人民出版社，2001

〔7〕〔挪威〕湯瑪斯‧許蘭德，《埃里克森，全球化的關鍵概念》，南京：譯林出版社，2012

〔8〕Benjamin Franklin, The Works of Benjamin Franklin, W，Suttaby.1809

〔9〕Eliot Coleman, The New Organic Grower, Chelsea Green Publishing,1995

〔10〕Janet Chrzan, John Brett, Food Culture:Anthropology, Linguistics and Food Studies, Berghahn Books,2017

〔11〕〔美〕西敏司，《飲食人類學》，北京：電子工業出版社，2015

〔12〕〔法〕德日進，《人的現象》，南京：譯林出版社，2012

〔13〕〔美〕房龍，《人的解放》，北京：北京出版社，1999

〔14〕〔加〕馬克‧德‧威利耶，《人類的出路》，北京：中國人民大學出版社，2012

〔15〕〔中〕胡家奇，《拯救人類》，北京：同心出版社，2007

〔16〕〔美〕大衛‧珀爾馬特克莉絲汀‧洛伯格，《穀物大腦》，北京：機械工業出版社，2016

〔17〕〔英〕理查‧福提，《生命簡史》，北京：中信出版集團，2018

〔18〕〔英〕W.C 丹皮爾，《科學史》，桂林：廣西師範大學出版社，2009

〔19〕〔美〕亨利‧基辛格，《世界秩序》，北京：中信出版集團，2015

〔20〕〔美〕傑里‧本特利郝伯特‧齊格勒，《新全球史》，北京：北京大學出版社，2014

〔21〕〔美〕傑瑞米‧里夫金，《同理心文明》，北京：中信出版集團，2015

〔22〕〔美〕撒母爾‧亨廷頓，《文明的衝突》，北京：新華出版社，2002

〔23〕Jeremiah POstriker, Charlotte V Kuh, JamesAVoytuk：A Data-BasedAssessment of Research-Doctorate Programs in the United States,National Academy Press,2011

〔24〕〔美〕萊斯特‧R‧布朗，《地球不堪重負》，北京：東方出版社，2005

〔25〕〔美〕蘭德爾‧菲茨傑拉德，《百年謊言》，北京：北京師範大學出版社，2014

〔26〕〔印度〕讓‧阿瑪蒂亞‧森，《饑餓與公共行為》，北京：社會科學文獻出版社，2006

〔27〕〔美〕湯姆‧斯丹迪奇，《上帝之飲——六個瓶子裡的歷史》，北京：中信出版集團，2017

〔28〕〔中〕劉廣偉、張振楣，《食學概論》，北京：華夏出版社，2013

〔29〕〔美〕威爾‧塔特爾，《世界和平飲食》，西安：陝西師範大學出版社，2016

〔30〕〔美〕傑瑞米‧里夫金，《第三次工業革命》，北京：中信出版社，2012

〔31〕〔美〕瑪格麗特‧維薩，《飲食行為學》，北京：電子工業出版社，2015

〔32〕〔德〕貢特爾‧希施費爾德，《歐洲飲食文化史》，南寧：廣西師範大學出版社，2006

〔33〕〔美〕佛蘭克林‧H，金，《四千年農夫》，北京：東方出版社，2011

〔34〕〔美〕布蘭達‧大衛斯桑托‧《梅琳娜，素食聖經》，廣州：廣東科技出版社，2015

〔35〕Michael D，Gershon, The Second Brain, Harper Perennial,1999

〔36〕Michael Greger, Gene Stone, How Not to Die: Discover the Foods Scientifically Proven to Prevent and Reverse Disease, Flatiron Books,2015

〔37〕〔美〕馬克・科爾蘭斯基，《鹽的故事》，北京：中信出版集團，2017

〔38〕〔美〕保羅・弗里德曼，《食物味道的歷史》，杭州：浙江大學出版社，2015

〔39〕〔美〕南森・梅爾沃德，《現代主義烹調》，北京：北京美術攝影出版社，2016

〔40〕〔中〕劉廣偉，《中國菜 34-4 體系》，北京：中國地質出版社，2018

〔41〕〔加〕莫德・巴羅、托尼・克拉克，《水資源戰爭》，北京：當代中國出版社，2008

〔42〕〔美〕詹姆斯・亨德森，《健康經濟學》，北京：人民郵電出版社，2008

〔43〕Robert B，Taylor, White Coat Tales: Medicine's Heroes, Heritage,and Misadventures, Springer Science & Business Media,2010

〔44〕〔美〕瑪麗恩・內斯特爾，《食品政治：影響我們健康的食品行業》，北京：社會科學文獻出版社，2004

〔45〕〔美〕邁克爾・莫斯，《鹽糖脂》，北京：中信出版集團，2015

〔46〕〔中〕中國營養協會，《中國居民膳食指南》，拉薩：西藏人民出版社，2010

〔47〕〔美〕T，柯林・坎貝爾、霍華德・雅各森，《救命飲食》，北京：中信出版社，2015

〔48〕〔日〕石塚左玄『食醫石塚左玄の食べもの健康法』，農山漁村文化協會，2004

〔49〕〔美〕賈德・戴蒙，《槍炮、病菌與鋼鐵》，北京：上海譯文出版社，2014

〔50〕〔美〕威廉・麥克尼爾，《西方的興起》，北京：中信出版社，2015

〔51〕〔加〕羅伯特・阿布里坦，《大對比——人類是飽的還是餓的》，天津：南開大學出版社，2013

〔52〕〔古希臘〕西波克拉底，《希波克拉底文集》，北京：中國中醫藥出版社，2007

〔53〕〔德〕黑格爾，《美學》，北京：商務印書館，1981

〔54〕〔英〕B・鮑桑葵，《美學史》，南寧：廣西師範大學出版社，2009

〔55〕〔中〕賈思勰，《齊民要術》，北京：中華書局，2017

〔56〕〔中〕佚名，《食物本草》，北京：華夏出版社，2000

〔57〕〔中〕孟軻，《孟子》，北京：浙江古籍出版社，2011

〔58〕〔中〕佚名，《黃帝內經》，北京：高等教育出版社，1985

〔59〕〔中〕忽思慧，《飲膳正要》，赤峰：內蒙古科學技術出版社，2002

〔60〕〔中〕張仲景，《傷寒雜病論》，北京：河北科學技術出版社，2003

〔61〕〔奧地利〕埃爾溫・薛丁格，《生命是什麼》，長沙：湖南科學技術出版社，2003

〔62〕〔美〕伊恩・塔特索爾，《地球的主人：探尋人類的起源》，北京：浙江大學出版社，2015

〔63〕〔美〕提姆・朗、麥克・希斯密，《食品戰爭——飲食、觀念與市場的全球之爭》，北京：中央編譯出版社，2011

〔64〕Vandana Shiva, Earth Democracy: Justice, Sustainability and Peace, Zed Books,2006

〔65〕Warren Belasco, Meals to Come:A History of the Future of Food,University of California Press,2006

〔66〕〔美〕斯塔夫里阿諾斯，《全球通史：從史前史到 21 世紀》，北京：北京大學出版社，2012

〔67〕〔美〕威廉・麥克尼爾，《西方的興起：人類共同體史》，北京：中信出版社，2015

〔68〕〔英〕菲力浦・費爾南多 - 阿梅斯托，《吃：食物如何改變我們人類和全球歷史》，北京：中信出版集團，2020

〔69〕〔加拿大〕羅伯特・阿爾布里坦，《大對比：人類是飽的還是餓的？》，天津：南開大學出版社，2013

〔70〕〔美〕大衛・克利斯蒂安，《時間地圖：大歷史，130 億年前至今》，北京：中信出版集團，2017

〔71〕〔美〕傑佛瑞・薩克斯，《文明的代價：回歸繁榮之路》，杭州：浙江大學出版社，2014

View_觀點 03

食學——全球第一本！以食事提問，從食物源頭到餐桌的新興知識體系

作　　者：劉廣偉
責任編輯：林慧美
校　　稿：尹文琦
封面設計：倪旻鋒
美術設計：邱介惠

發行人兼總編輯：林慧美
法律顧問：葉宏基律師事務所
出　　版：木果文創有限公司
地　　址：苗栗縣竹南鎮福德路124-1號1樓
電話／傳真：(037) 476-621
客服信箱：movego.service@gmail.com
官　　網：www.move-go-tw.com

總 經 銷：聯合發行股份有限公司
電　　話：(02) 2917-8022　　傳真：(02) 2915-7212
製版印刷：禾耕彩色印刷事業股份有限公司
初　　版：2022年4月
定　　價：680元
I S B N：978-986-99576-7-0（精裝）

國家圖書館出版品預行編目(CIP)資料

食學：全球第一本！以食事提問，從食物源頭到餐桌的新興知識
體系 =Shiology ／劉廣偉著 . -- 初版 . -- 苗栗縣竹南鎮：木果文創有
限公司 , 2022.04
576 面；16.7×23 公分 . --（View 觀點；3）
ISBN 978-986-99576-7-0（精裝）

1.CST: 飲食　2.CST: 文化　3.CST: 永續發展

427　　　　　　　　　　　　　　　　　　111002260